Johann Friedrich Brandt

**Untersuchungen über die fossilen und subfossilen Cetaceen**

**Europa's**

Johann Friedrich Brandt

**Untersuchungen über die fossilen und subfossilen Cetaceen Europa's**

ISBN/EAN: 9783744698115

Hergestellt in Europa, USA, Kanada, Australien, Japan

Cover: Foto ©berggeist007 / pixelio.de

Weitere Bücher finden Sie auf **www.hansebooks.com**

# MÉMOIRES

DE

## L'ACADÉMIE IMPÉRIALE DES SCIENCES DE ST.-PÉTERSBOURG, VIIᵉ SÉRIE.

## TOME XX, Nº 1.

# UNTERSUCHUNGEN

ÜBER

# DIE FOSSILEN UND SUBFOSSILEN CETACEEN EUROPA'S

VON

## J. F. Brandt

MIT

BEITRÄGEN VON VAN BENEDEN, CORNALIA, GASTALDI, QUENSTEDT UND PAULSON NEBST EINEM GEOLOGISCHEN ANHANGE VON BARBOT DE MARNY, G. V. HELMERSEN, A. GOEBEL UND TH. FUCHS

DURCH

XXXIV TAFELN ERLÄUTERT.

(Lu le 8 février 1872.)

ST.-PÉTERSBOURG, 1873.

Commissionnaires de l'Académie Impériale des sciences:

| À St.-Pétersbourg: | À Riga: | À Odessa: | À Leipzig: |

MM. Eggers et Cⁱᵉ, H. Schmitzdorff,   M. N. Kymmel;   M. A. E. Kechribardshi;   M. Leopold Voss.
J. Issakof et A. Tcherkessof;

Prix: 5 Roubl. 95 Kop. = 6 Thlr. 18 Ngr.

Imprimé par ordre de l'Académie Impériale des sciences.

Juin 1873

C. Vessélofski, Secrétaire perpétuel.

Imprimerie de l'Académie Impériale des sciences.
(Vass.-Ostr., 9 ligne, № 12.)

# INHALT.

——

Einige Bemerkungen über das Alter des Typus der Cetaceen, das morphologische Verhältniss der lebenden Formen derselben zu den untergegangenen, ihre Zahl, ihre Verbreitung, so wie die muthmaasslichen Ursachen ihres Verschwindens, nebst einigen Erörterungen der Frage über die Abstammung des Typus der Wale. S. 3—12.

Bereits im Jahre 1842 sah ich mich veranlasst im südlichen Russland, namentlich auf Taman, ferner bei Kertsch und Anapa, gefundene *Cetaceen*-Reste einer eigenen *Balaenoptera* ähnlichen Gattung (*Cetotherium*) zu vindiziren und unserer Akademie ein darauf bezügliches Memoire zu überreichen, dessen Druck indessen unterblieb, weil ich den Schluss der Eschricht'schen Untersuchungen über die Wale abwarten und inzwischen auch das osteologische Material des akademischen Museums im Betreff der lebenden *Cetaceen* vermehren wollte. Van Beneden's Arbeiten in der Ostéographie, namentlich seine Auffassung der Gattung *Cetotherium*, veranlassten mich jedoch derselben meine Aufmerksamkeit von neuem zuzuwenden und gleichzeitig auch die fossilen *Delphine* Russlands zu berücksichtigen. Es konnte dies mit um so grösserer Aussicht auf Erfolg geschehen, da nicht allein das Museum der Akademie durch v. Nordmann und ganz besonders durch die höchst anerkennenswerthen Bemühungen der Herren Klinder und Focke einen namhaften Zuwachs an *Cetaceen*-Resten aus den Küstenländern des schwarzen Meeres erhalten hatte, sondern auch durch die Güte meiner Herren Collegen v. Helmersen und Kokscharow mir einerseits die reichen *Cetotherien*-Materialien des Kais. Berginstitutes, andererseits mehrere interessante Stücke der mineralogischen Gesellschaft zu Gebote standen; Materialien, die Herr Dr. Radde durch Mittheilung zahlreicher, im tifliser Museum befindlicher, Objecte freundlichst vermehrte. Ueberdies verschaffte mir eine 1869 in Folge einer gütigen Aufforderung des Herrn Professors Suess nach Wien unternommene Reise die Benutzung der so reichen Ausbeute von *Cetaceen*-Resten aus der Umgegend Wiens, welche theils im dortigen K. K. Hofmineralienkabinet, theils in der Sammlung des Herrn v. Letocha aufbewahrt werden.

Als ich später in St. Petersburg bemüht war die Bearbeitung der erwähnten Schätze zu beenden, wobei mir die gefällige Unterstützung der Herren Professoren Wiis und Maeklin durch Mittheilung mehrerer interessanten Stücke aus Nordmann's, in Helsingfors befindlicher, Sammlung zu Theil wurde, stellte sich im vorigen Sommer die Nothwendigkeit einer zweiten Reise nach Wien heraus, welche das Wohlwollen unserer Akademie, wie die frühere, begünstigte. Der zweite mehrwöchentliche, dortige Aufenthalt gestattete nicht nur die Ergänzung meiner früheren Beobachtungen und Zeichnungen, sondern lieferte selbst neue, wichtige Materialien. Herr v. Letocha hatte nämlich kurz vor meiner Ankunft die wichtige Ausbeute eines die meisten Theile des Rumpfskeletes und der Extremitäten eines *Pachyacanthus* enthaltenden, unweit Wien gemachten, Fundes acquirirt und mir wohlwollend zur Verfügung gestellt, während ich die Objecte eines zweiten, ebendaselbst gemachten, welche Herr Dr. Fuchs für das K. K. Hofmineralienkabinet erwarb, durch die Güte des Herrn Directors Tschermak benutzen konnte.

Ein achttägiger Aufenthalt in Linz verschaffte mir durch die Freundlichkeit des Herrn Custos Ehrlich die Gelegenheit mehrere höchst interessante, im dortigen Museum aufbewahrte, *Cetaceen*-Reste zu untersuchen und von neuem zeichnen zu lassen.

Durch Herrn Professor Zittel's Güte war ich in den Stand gesetzt in der so reichen paläontologischen Sammlung Münchens mehrere Wirbel zu beschreiben, welche Herr Prof. Van Beneden als *Plesiocetus* angehörige eingesandt hatte, sowie den wichtigen schriftlichen und iconographischen Nachlass H. v. Meyer's für meine Zwecke auszubeuten.

In Wien wurden übrigens meine Studien durch die grosse, anerkennenswerthe Gefälligkeit des Herrn Custos Dr. Fuchs, in München durch die des Herrn Dr. Becker wesentlich gefördert.

Zu besonderem Danke verpflichtet fühle ich mich überdies den Herren Van Beneden, Cornalia, O. Fraas, Gastaldi, Geinitz, Malm, Barbot de Marny, Steenstrup, Suess, Quenstedt, ebenso wie den Herren Goebel, Karrer, Paulson, Wiis und Maeklin, welche die Güte hatten mich theils durch wissenschaftliche Beiträge oder Materialien, theils durch Belehrung zu unterstützen.

Die namhafte Fülle der Materialien, welche zu Gebote standen, veranlassten mich es nicht bei der Beschreibung der Reste neuer oder ungenügend bekannter Arten bewenden zu lassen, sondern gleichzeitig auch die bisher in Europa überhaupt gemachten Funde von fossilen, subfossilen oder zweifelhaften *Cetaceen*-Resten nach Maassgabe ihres Werthes critisch zusammenzustellen, ja selbst die in Nord-Amerika gefundenen, meist sehr unvollständig gekannten, wenigstens zu erwähnen.

Was die Annahme von Familien und Gattungen der *Cetaceen* anlangt, so wurde, den bereits in meinem Aufsatze über die Classification der Bartenwale angedeuteten Principien gemäss, die zur Mode gewordene Aufstellung vieler neuer Gattungen möglichst beschränkt.

Auch hielt ich es für nöthig die unsicheren Arten mit einem ? zu versehen.

Da neuerdings die rein wissenschaftlichen Beschreibungen naturhistorischer Gegenstände häufig in ästhetisch-stylistischer Form abgefasst werden, so wird Mancher vielleicht die streng systematische Form meiner Arbeit tadeln. Mir will es indessen scheinen, dass sie eine bessere, namentlich übersichtlichere, Kenntniss der Objekte verschafft.

Ich übergebe daher den so entstandenen ersten Versuch einer *Fauna* der fossilen *Cetaceen* Europas der Nachsicht der Paläontologen, da ich sehr wohl weiss, wie leicht, trotz der grössten Sorgfalt, Irrthümer unterlaufen können, namentlich wenn es sich um die richtige Deutung vereinzelt gefundener Knochen, ja selbst solcher bedeutenden Skelettheile handelt, denen sich keine namhaften Schädelreste zugesellen lassen.

Einige Bemerkungen über das Alter des Typus der Cetaceen, das morphologische Verhältniss der lebenden Formen derselben zu den Untergegangenen, ihre Zahl, ihre Verbreitung, sowie die muthmasslichen Ursachen ihres Verschwindens, nebst einigen Erörterungen der Frage über die Abstammung des Typus der Wale.

Als nachweislich älteste (wohl noch nicht allerälteste?) Reste von *Cetaceen* sind wohl die nach Sedgwick aus dem Kimmeridge oder Oxford Clay (einem dem oberen Jura zugezählten Gebilde) ausgewaschenen Halswirbel einer *Cetacee* anzusehen, welche Owen (*Brit. foss. mamm.* p. 520) beschrieb und einer *Delphinide* vindizirte, während Seeley (*The geol. Magaz. II. 1865,* p. 54—56) sie einer *Balaena* verwandten Gattung, *Palaeoccetus,* als *Pal. Sedgwicki* zuschrieb. Auch Buckland (*Geol. Trans. new ser. II.* p. 349) sagt, es seien Walfischknochen im Jura gefunden worden. Funde von Walfischknochen im Jura können, als von Wasserthieren stammend, um so weniger auffallen, da Owen in seinem schönen *Monograph of the fossil mammalia of the mesozoic formation* (*Palaeontogr. Soc. 1871*) nicht nur bereits 11 Gattungen (22 Arten) von marsupialen Landthieren aus den Purbeck Beds (einem zwischen dem oberen Jura, namentlich dem oberen (Portland) Oolith, und dem Wealden zu versetzenden Gebilde), sondern ausserdem 3 Gattungen (4 Arten) aus dem unteren Oolith beschrieb; ja sogar den genannten *Marsupialien* eine drei Arten umfassende Gattung aus der rhätischen Stufe der Trias hinzufügte.

Dass man an einigen Orten Englands im Eocän Reste von Walen gefunden habe berichtete Owen (*Brit. foss. mamm.* p. 542). Jedoch erst in den miocänen und noch jüngeren Ablagerungen wurden bisher solche zahlreiche Skelettheile entdeckt, welche namhaftere und genauere Deutungen ermöglichen. Die in den über den miocänen Schichten angetroffenen Reste gehörten übrigens theilweis untergegangenen oder sehr selten gewordenen, den lebenden verwandten, Arten, sehr häufig aber auch noch lebenden an.

In namhafter Zahl sind besonders solche Reste entfernt von den Küsten über dem jetzigen Meeresspiegel gefunden worden, so namentlich in England (Cornwall), Schottland, Schweden, Frankreich, Nordamerika.

Das Brüsseler Museum besitzt Knochen eines Bartenwales, die man an der Küste von Tripoli, wenige Meter über dem Meere, entdeckte (Van Bened. *Ostéogr.* p. 254).

Van Beneden (*Ostéogr.* p. 253) sah im Museum zu Cambridge Reste von Walen,

1*

die man in Torflagern angetroffen hatte. In England (im Forest-Bed und an den Gestaden Norfolks) hat man Walreste im Verein mit menschlichen Kunstproducten ausgegraben.

Den obigen Mittheilungen zu Folge wäre demnach wohl die Existenz des Cetaceentypus weit über die Tertiärzeit hinaus zu versetzen. Auch fehlte es ja schon lange vor der Tertiärzeit weder an geeigneten Aufenthaltsorten (grossen Meeren), noch auch an Nahrungsstoffen (wirbellosen Thieren und Fischen), welche die Existenz von Cetaceen ermöglichen konnten. Erwägen wir nun, dass in den ältesten Schichten nur Seethierreste gefunden werden, dass ferner die Urformen aller Thiere wohl anfangs Bewohner des Wassers waren, und dass die Embryonen der Säugethiere sich im Fruchtwasser schwimmend entwickeln, ja sogar in einer gewissen Periode einige Aehnlichkeit mit Schwimmthieren zeigen, so könnten möglicherweise die *Sirenien* nebst den *Cetaceen* (von welchen Letzteren überdies die *Delphinoiden*, besonders aber die *Zeuglodonten*, etwas an manche der grossen ausgestorbenen Saurier Erinnerndes bieten), sogar die ältesten Säugethiere unseres Planeten gewesen sein. Ob die *Sirenien* vor den *Cetaceen* auftraten, lässt sich bis jetzt nicht beantworten. Es war für sie allerdings schon in den ältesten Perioden eine ihrer Haupt-Existenzbedingungen (Meere mit Algen erfüllt) vorhanden.

In morphologischer Beziehung sind aus den tertiären Schichten nicht nur Reste aus den beiden Hauptgruppen (Unterordnungen) der noch lebenden *Cetaceen*, der der *Balaenen* und der *Delphine*, sondern sogar die eines eigenthümlichen dritten Typus von *Cetaceen*, des der *Zeuglodonten*, entdeckt worden, welche Letztere um so mehr Interesse bieten, als sie durch ihre Hinneigung zu den *Robben* die zwischen den *Cetaceen* und *Landraubthieren* bestehende Lücke weniger bedeutend erscheinen lassen.

Die tertiäre *Cetaceen-Fauna* war übrigens nicht blos um eine Unterordnung (die der *Zeuglodonten*) reicher, sondern enthielt auch sowohl in der Abtheilung der *Bartenwale*, als auch der der *Delphine*, ausser den noch lebenden Gattungen, gar manche ausgestorbene. Aus der Gruppe der *Bartenwale* fanden sich z. B. ausser den Gattungen *Balaena*, *Megaptera* s. *Kyphobalaena* und *Balaenoptera* s. *Pterobalaena* auch eine etwa gleiche Zahl solcher (*Cetotherium*, *Plesiocetus*, *Cetotheriopsis* und *Pachyacanthus*), deren lebende Repräsentanten (bis jetzt wenigstens) vermisst werden. Ein ähnliches Verhältniss fand hinsichtlich mancher *Delphinoiden*, namentlich *Ziphiiden* u. s. w. statt. Die miocäne *Fauna* bot demnach, wie dies auch in Bezug auf die Typen ihrer Landthierfaunen gilt, in Betreff der Mannigfaltigkeit der Formen das bis jetzt bekannte Maximum der Entwickelung des *Cetaceen-Typus*, der nach Erreichung dieses Höhepunetes hinsichtlich der Zahl der Typen nach und nach abnahm und im Laufe der Zeit in Folge von Vertilgungen noch mehr verkümmern wird; zunächst wohl durch Verlust an *Bartenwalen* und grossen *Zahnwalen*. Schon in alter Zeit waren, wie noch heute, manche Typen an Artenzahl vorherrschend, so überwogen unter den *Bartenwalen* die *Balänopteriden* die *Baläniden*. Es liegen jedoch keine Beweise vor, welche die Annahme Van Beneden's rechtfertigen könnten, dass die *Balaenopteriden* die ältesten Bartenwale gewesen seien. *Palacocetus* und *Balaena primigenia* widersprechen einer solchen Ansicht.

Was die Grössenverhältnisse der Arten der *Wale* anlangt, so haben sich seit der Tertiärzeit dieselben insofern geändert, als es damals sowohl grosse, als sehr kleine *Bartenwale* gab (wie noch jetzt grosse und kleine *Delphinoiden* existiren), während gegenwärtig nur mehr oder weniger riesige Bartenwale leben.

Die Frage, ob die Gesammtzahl der ausgestorbenen, oder die der noch lebenden Arten von *Cetaceen* die grössere sei, lässt sich bei dem jetzigen Stande der Wissenschaft nicht genügend beantworten. Selbst die Kenntniss der lebenden Arten ist trotz der neuerdings gemachten, namhaften Fortschritte noch eine sehr lückenhafte. Einerseits werden nicht selten noch neue Formen entdeckt und neue Gattungen und Arten aufgestellt, andererseits zweifelhafte Arten, ja sogar Gattungen, constatirt oder verworfen. Ueberhaupt sind selbst die bisher in den grössten Sammlungen vorhandenen, auf die lebenden *Cetaceen* bezüglichen Materialien noch viel zu gering und zerstreut, um im Betracht von möglichen artlichen oder selbst individuellen, bei den *Cetaceen* nicht eben seltenen Variationen, über einen nicht unbedeutenden Theil der angenommenen Arten ein ganz sicheres Urtheil zu gestatten. Die Frage, wie viel haltbare Arten noch lebender *Cetaceen* existiren, ist daher, genau genommen, eine noch schwebende. Sind doch selbst die seit Jahrhunderten vielfach verfolgten nordischen polaren, subpolaren und etwas südlicher wohnenden *Balaeniden* erst neuerdings besonders durch Eschricht, Gray, Van Beneden u. A. genauer bekannt geworden.

Wir dürfen uns also nicht wundern, wenn die nach fossilen, leider meist sehr unvollständigen, aus einzelnen, häufig noch wohl erhaltenen Knochenresten aufgestellten, also nur zu oft nicht gehörig begründeten Arten, noch weniger einen sicheren Anhaltungspunct für die angeregte Frage liefern. Ziehen wir indessen den Umstand in Betracht, dass mehrere Entdeckungen bereits darauf hindeuten, dass noch lebende Arten schon mit den ausgestorbenen, namentlich zur Tertiärzeit, vorhanden waren, so dürfen wir wohl der Ansicht sein, es habe früher (wenigstens während der miocänen Periode) auch hinsichtlich der Arten das Maximum der Entwickelung des *Typus* der *Cetaceen* existirt.

Wenn man nun die zahlreichen, als haltbare anzusehenden, Arten der untergegangenen *Cetaceen* mit den bekannten lebenden, ebenfalls als haltbare geltenden, annähernd in Vergleich stellt, so scheinen die Ersteren mit den Letzteren ziemlich rivalisiren zu können. Erwägt man indessen, wie wenig fossile Reste wir bis jetzt kennen, so dürfte die Zahl der ausgestorbenen Arten schliesslich doch wohl zur überwiegenden werden.

Im Einklange mit einer maximalen Abnahme der *Cetaceen* würde übrigens die Erscheinung stehen, dass seit der Miocänzeit auch eine überaus grosse Menge zum Theil ganz eigenthümlicher, typischer Landsäugethiere in Folge climatischer, physikalischer, terrestrischer und dadurch hervorgebrachter vegetativer Veränderungen, welche ihr Wohngebiet erlitt, völlig unterging, während noch jetzt lebende Gattungen, z. B. die der *Elephanten* und *Nashörner*, nebst sehr vielen anderen Säugethieren, ärmer an Arten wurden.

Die Verbreitung der Reste fossiler (theilweis subfossiler) *Cetaceen* ist eine sehr ausgedehnte. Das südliche und mittlere Russland, Oesterreich (namentlich das Wiener Becken), Deutschland (namentlich Sachsen, Mecklenburg, Westphalen und Würtemberg), ferner die Schweiz, Italien, Portugal, Frankreich, Belgien, Holland, England und Schweden, sowie Nordamerika lieferten bereits mehr oder weniger zahlreiche Quantitäten. Aus diesen geht hervor, dass die *Cetaceen* in der Tertiärzeit, namentlich nachweislich zur Zeit der miocänen, theilweis wenigstens auch noch pliocänen, Ablagerungen, in Folge der grösseren Ausdehnung des die genannten Länder mehr oder weniger überfluthenden, von Westeuropa bis Mittelasien, ja wohl auch Nordchina, von Süden (wenigstens theilweis bis ins jetzige Eismeer sich erstreckenden Meeres,[1]) viel weiter verbreitet waren als jetzt. Es lebten darin auf manchen Puncten, wie bereits erwähnt, sogar Formen, die man unter den lebenden bisher noch nicht beobachtet hat.[2] Indessen kamen ohne Frage auch den lebenden identische oder sehr ähnliche Arten vor, wie gleichfalls schon oben angedeutet wurde. Es lässt sich sogar vermuthen, dass, wenn der grosse nordische, der atlantische, der stille und der südliche Ocean, wie man wohl mit Sicherheit annehmen darf, bereits schon zur Tertiärzeit vorhanden waren, in denselben bereits die cosmopolitischen Gattungen der Bartenwale (*Balaena*, *Balaenoptera* und *Megaptera*) und der *Delphinoiden*, wenn auch in anderen südlicheren oder nördlicheren Verbreitungsgebieten sich in einer grösseren Zahl von Arten und Individuen als jetzt tummelten, da sie die häufigen vernichtenden Nachstellungen der Menschen noch nicht zu fürchten hatten.

Schon zur Tertiärzeit scheint es solche Gattungen und Arten gegeben zu haben, die, wie manche lebende (*Inia*, *Platanista*), nur auf kleineren, beschränkteren Gebieten vorkamen, wohin die bis jetzt nur im Wiener Becken entdeckten *Pachyacanthen* gehört haben möchten. Ebenso fehlt es aber auch keineswegs, wenigstens nach Massgabe der bisher bekannten Fundorte, an solchen Gattungen und Arten, die, wie manche lebende, zwar ein ziemlich grosses, jedoch nicht gerade ein von einem Pole zum anderen gehendes, Verbreitungsgebiet, wie die erwähnten Cosmopoliten, besassen. Als solche möchten namentlich die *Cetotherien* und *Plesiocelen* gelten können. Das Gesetz der Vertheilung gewisser Arten und Gattungen von Cetaceen auf bestimmte grössere oder kleinere Räume scheint demnach seit der Tertiärzeit keine Veränderung erlitten zu haben.

Wenn man daher in den mittleren Tertiärschichten von Ländergebieten, die jetzt nicht

---

[1] Eine treffende kurze Schilderung über die Ausdehnung dieser grossen Oceane finden wir bei Boné (*Sitzungsber. d. K. Akademie der Wissenschaften, Wien 1870, Bd. LXII, S. 435.*)

[2] Für eine solche Annahme spricht namentlich die Verbreitung der fossilen Cetaceen und Sirenen. Im Wiener Becken kommen Reste von *Halitherien* und *Squalodonten* mit denen von *Cetotherien*, im Antwerpener gleichfalls *Sirenen* und *Squalodonten* mit *Cetotherien* (*Plesiocelen*) vor. Die Plesiocelen-Reste gehen von England, Belgien und Frankreich an in östlicher Richtung bis Mecklenburg und Oberitalien. Knochen von echten Cetotherien wurden nicht nur vom Caspischen Meere bis zum Wiener Becken, sondern auch in Portugal gefunden.

mehr vom Ocean überfluthet sind, nur Reste untergegangener Arten von *Cetaceen* fand, so kann dies nicht Wunder nehmen, da die jetzt lebenden Arten, als die Polargegenden noch gar nicht oder wenig vereist waren, wohl südlicher oder nördlicher als jetzt wohnten, indem weder eine neue, während oder nach der Tertiärzeit erfolgte Cetaceenschöpfung, noch eine Transformation untergegangener tertiärer Cetaceen in die noch lebenden nachzuweisen ist. Der Umstand, dass die Urheimath der nordasiatisch-europäischen und nordamerikanischen Flora nach O. Heer's ausgezeichneten Untersuchungen in Grönland und Spitzbergen zu suchen ist, macht dies auch hinsichtlich der Fauna höchst wahrscheinlich, wie ich dies bereits in meinen Beiträgen zur Naturgeschichte des Eleus (*Mém. de l'Acad. Imp. de St.-Pétersb. VII. Sér. T. XVI. no. 5, p. 39*) nachzuweisen versuchte.

Das Aussterben von Seethieren hat auf den ersten Blick mehr Befremdendes als das der Landsäugethiere. Namentlich fühlt man sich zu der Meinung hingezogen, dass die Bewohner des Meeres in ihrem weit ausgedehnten, überall mehr oder weniger durch Thiere belebten, Elemente Gelegenheit gehabt hätten sich durch Auswanderungen den von aussen her schädlich auf sie einwirkenden Einflüssen zu entziehen, ohne Mangel an Nahrung zu leiden, besonders wenn dies keine plötzlichen waren. Genauer erwogen dürfte indessen diese Meinung keine allgemeine Geltung haben. Selbst die grössten Meeresbecken können theilweis oder gänzlich verschwinden und namhafte terrestrische, marine, physikalische, sowie chemische und als Folge davon auch biologische Veränderungen erleiden. Als Beispiel eines solchen früheren, sehr ausgedehnten, von West- und Südeuropa bis Centralasien ausgedehnten Meeresbeckens dient der grosse zur Miocänzeit und auch wohl noch später bestandene Ocean, der, als er seine grösste Ausdehnung besass, bis in das Eismeer sich fortsetzte, im Süden aber mit tropischen Meeren communicirte. Ein solcher Ocean musste wesentlich nicht blos eine höhere Temperatur der mittleren Breiten begünstigen, sondern auch zur Erwärmung der nördlichen Gegenden wesentlich beitragen, und nicht blos ihren Floren, sondern auch ihren Faunen einen günstigeren, von dem jetzigen sehr verschiedenen Charakter verleihen. Dieser Zustand war aber keineswegs ein bleibender. Die allmälige Hebung des Landes führte eine Trennung von dem südlichen subtropischen oder tropischen Meeren und eine Beschränkung seiner Ausdehnung herbei, während seine Wärme sich verminderte. Noch mehr war dies aber mit der seines grossen nordischen Verbindungsmeeres der Fall, namentlich nachdem die vom allmäligen Verschwinden desselben begleitete Absonderung desselben in mehr oder weniger getrennte Becken erfolgte. Die früher üppige, von einem wärmeren, feuchteren Clima begünstigte, reichere Vegetation und Animalisation des Festlandes veränderten ihren Charakter und nahmen ab. Dem Meere selbst wurden daher weniger auf dem Lande erzeugte organische Stoffe zugeführt, welche die Ernährung zahlreicher, kleiner Seethiere begünstigen konnten, während gleichzeitig auf das quantitativ verminderte Meereswasser der Zufluss von süssem Wasser einen grösseren Einfluss ausübte. Zu diesem die Ernährung der Meeresbewohner hemmenden, ja offenbar ihre Existenz benachtheiligenden, Ereignissen gesellte sich noch das schon erwähnte, durch

Hebung des Landes bewirkte, allmälige Zerfallen des grossen Oceans in zahlreiche Becken,[1]) welche die Auswanderung verhinderten, während ihre veränderte Constitution sich in Folge ihrer Sonderung noch steigerte. Als Belege dafür dienen das Schwarze, Caspische und Aral-Meer, die am längsten in einem, wenn auch zuletzt schwachen, Zusammenhange blieben, und mehrere centralasiatische Seen. Diejenigen Arten von Evertebraten und Fischen, welche vermöge ihrer eigenthümlichen Organisation nur in einem grossen, freien, keineswegs in einem binnenländischen Meere mit verändertem Salzgehalte existiren konnten und sich den veränderten physikalischen, thermischen und biologischen Verhältnissen nicht zu accommodiren vermochten, starben nebst den Cetaceen darin aus. Die übrig gebliebenen Thiere, welche sich den Verhältnissen zu fügen im Stande waren, so manche Mollusken u. s. w. nahmen an Grösse ab.

Ein Blick auf die gegenwärtigen Faunen der fraglichen Ueberreste des grossen tertiären Oceans zeigt uns namentlich in Betreff der Wirbelthiere folgende allgemeine Thatsachen. Die centralasiatischen Seen, selbst das Aral-Meer und das Caspische, besitzen jetzt gar keine *Cetaceen*, ebenso keine *Selachier* mehr. Als einzige marine Säugethiere sind im Aral- und Caspi-Meer nur noch *Robben* vorhanden, die einer Art angehören. Die Ordnungen der *Echinodermen*, *Polypen* und *Quallen* sind darin noch gar nicht nachgewiesen.

Das schwarze Meer bietet, als wenigstens im Westen durch eine Meerenge mit dem Mittelmeer verbundenes Becken, zwar eine viel reichere Evertebraten-Fauna, jedoch nur sehr wenige *Echinodermen*, *Polypen* und *Quallen*, und eine durch einige *Selachier* (zwei *Rochen* und einen *Hai*) verstärkte, weit artenreichere, der des Mittelmeeres sich annähernde, aber bei weitem nicht an Zahl der Gattungen und Arten erreichende, Fischfauna, als das Caspische. Von Meersäugethieren finden sich indessen nur zwei Arten von *Seehunden* und drei Arten cosmopolitischer (möglicherweise zum Theil periodisch erscheinender?) *Delphine* (*Delphinus Delphis*, *phocaena* und *Tursio*). Einen *Bartenwal* hat aber Niemand mehr darin beobachtet, nicht einmal einen verirrten.

Zum Aussterben der früher in ihm vorhandenen, eigenthümlichen, aus mehreren Arten bestehenden, *Bartenwale* und eigenartiger, zahlreicher *Delphine*, die, nach Massgabe ihrer Reste, im grossen tertiären Ocean sich tummelten, dürften aber nicht blos die geschilderten Verhältnisse, namentlich der Verlust ihrer, möglicherweise ganz eigenthümlichen, ausschliesslich, oder wenigstens hauptsächlich, von ihnen verspeisten Nährthiere, z. B. ge-

---

1) Es liegen keine Beweise vor, dass die Erhebung des Bodens des fraglichen Oceans erst in einer jüngeren Epoche begonnen habe, wie Van Beneden (Ostéogr. p. 244) glaubt, indem er sagt: man finde Wirbel von *Walen* und *Delphinen*, so von *Delphinus phocaena* und *Tursio*, die noch heute im schwarzen Meere leben, im Diluvium. Mir ist ein solches Vorkommen nicht bekannt. Auch führt Van Beneden keine Quelle an. Auf v. Nordmann (Palaeont. Südrussl. p. 350) kann er sich nicht stützen, da dieser durchaus nicht sagt, dass er Wirbel der genannten Arten von *Delphinen* im Diluvium gefunden habe, sondern im Gegentheil seine Delphinreste einer *Phocaena euxinica* und einem *Delphinus bessarabicus* vindizirt. — Selbst diluviale Knochen von *Delphinus phocaena* und *Tursio* am schwarzen Meere gefunden würden keineswegs beweisend sein, da man sie frühern Einwanderern zuschreiben könnte.

wisser in grossen Schaaren lebender Evertebraten und echter Seefische, sondern auch ein anderer Umstand beigetragen haben. Wie bekannt gehören nämlich nach neueren Beobachtungen auch die *Cetaceen*, mit Ausschluss weniger Cosmopoliten, z. B. der bereits oben genannten drei *Delphine*, wie die meisten anderen Säugethiere, zu denjenigen Arten, die nur an gewissen, wenn auch mehr oder weniger ausgedehnten, Wohngebieten sich aufhalten, worin sie allerdings, wohl in Folge von Nahrungsbedürfnissen (z. B. zur Erreichung von Fischzügen) oder vielleicht auch wegen anderer Verhältnisse, z. B. Behufs der Fortpflanzung, ihre Standorte wechseln. Nach Massgabe des auf gewisse Gebiete beschränkten Vorkommens der fossilen Reste bestimmter Arten oder Gattungen ausgestorbener *Cetaceen* kamen dieselben grösstentheils, wie die noch lebenden, nur in bestimmten Gebieten vor. Ein solche Localisation konnte gleichfalls, besonders unter manchen Verhältnissen, so namentlich, wenn vorzugsweis ihr eingeschränktes Wohngebiet in Folge äusserer nachtheiliger Einflüsse Veränderungen erlitt, denen sie sich nicht durch Auswanderungen in andere Meere entziehen konnten, ihren Untergang veranlassen. Wären die drontenartigen Vögel der Maskarenen, der riesenhafte *Aepiornis* Madagaskars, die neuseeländischen *Dinornis* und die auf das Gebiet der Behrings- und Kupferinsel zurückgedrängte *nordische Seekuh* keine auf beschränkte Wohngebiete angewiesenen Thiere gewesen, so hätten selbst die Menschen ihre Vertilgung, wenigstens nicht sobald, bewerkstelligen können.

Die eben vorgetragenen Versuche, die Ursachen des Untergangs der ausgestorbenen *Walthiere* zu erklären, dürften indessen nur insofern zulässig erscheinen, als sie sich auf denjenigen Theil des grossen miocänen Oceans beziehen lassen, der sich vom mittleren und südlichen Deutschland bis nach Centralasien hinein ausdehnte und in getrennte Becken zerfiel. Schwieriger möchte aber der Versuch der Erklärung sein, wodurch solche *Walthiere* zu Grunde gingen, deren Reste man in grösserer oder geringer Nähe noch jetzt sehr ausgedehnter, zusammenhängender, von Cetaceen bevölkerter Meere in früheren Absätzen derselben gefunden hat. Ich meine damit die Reste der untergegangenen *Cetotherien*, welche man in Oberitalien, in Portugal (unweit Lissabon), in Belgien, Holland, England und Mecklenburg entdeckte, da man voraussetzen könnte, sie hätten schädlichen äusseren Einwirkungen, die ihre Existenz gefährdeten oder unmöglich machten (wie die erkältenden, das Leben vieler Thiere, die ihnen zur Speise dienen mochten, ertödtenden Einflüsse der Eiszeit, die noch dazu nur allmählich eintraten), schon dadurch entgehen können, wenn sie sich weiter hinein ins Meer nach Süden zogen, also ihre Aufenthaltsorte wechselten und gleichzeitig neue Nahrungsquellen und andere ihrer Organisation angemessene Lebensbedingungen zu gewinnen suchten. Als Bewohnern bestimmter, eigens modifizirter, und vielleicht von eigenthümlichen Thieren, die ihre Nahrung ausmachten, bevölkerter Aufenthaltsorte könnte indessen ihnen die Eigenschaft gefehlt haben, sich neuen veränderten Verhältnissen zu fügen und eine ungewohnte Concurrenz mit den bereits an ihrem Zufluchtsorte vorhandenen, zahlreichen Meeresbewohnern auszuhalten, so dass sie im Kampf ums Dasein zu Grunde gingen. Von Menschen, obgleich solche, wie es nicht unwahrscheinlich ist, zur Miocänzeit ebenfalls schon lebten, dürften sie, da denselben die raffinirten zur Erbeutung der Walthiere in Anwendung gebrachten Vertilgungsmittel der Neuzeit keineswegs zu Gebote standen, offenbar nicht ausgerottet worden sein. Ebenso lässt sich auch nicht wohl an eine Vertilgung durch andere Thiere denken.

Was endlich den Ursprung der *Cetaceen* in Betreff der Transformationstheorie anlangt, so möchte einer der Verfechter der extremsten (rein hypothetischen) Consequenzen derselben (Haeckel, *Generelle Morphologie Bd. II, p. CXLVI, Taf. VIII*) die pflanzenfressenden *Seekühe* für die Urtypen der fleischfressenden *Wale* ansehen. Zu Gunsten dieser Hypothese verband er, im völligen Widerspruch mit den neueren umfassenden, gründlichen Untersuchungen, die *Sirenien* als *Phycoceta* mit den ächten *Cetaceen* (seinen *Autoceta*) und den *Zeuglodonten* (seinen *Zeugloceta*), während er die so gebildete Trias als *Pycnodermu* bezeichnete und als zweite Ordnung (*Cetacea*) seiner zweiten Sublegion der Indeciduen (d. h. keine *Decidua* bietenden) einreihte. Zur näheren Begründung dieser Gruppirung machte er übrigens folgende Bemerkungen: «Die *Wale* seien den *Ungulaten* (die er ebenfalls zu den Indeciduen zählt) nach Massgabe des Baues zunächst verwandt und verhielten sich wie die *Pinnipedien* zu den *Carnivoren*, der Ursprung der *Cetaceen* aus den *Ungulaten* sei kaum zweifelhaft. Die *Sirenien* wären, so fährt er weiter fort, wahrscheinlich zunächst aus den *Artiodactylen Ungulaten* hervorgegangen, unter denen die *Obesa (Hippopotamus)* ihnen am nächsten ständen; die *Autoceten* und *Zeuglodonten* seien wahrscheinlich Aeste der *Phycoceten (Sirenien)*.»

Die Resultate meiner eingehenden vergleichenden Studien über die gegenseitigen Verwandtschaften der *Ungulaten, Sirenien, Cetaceen* und *Zeuglodonten*, welche in den *Symbolis Sirenologicis* besonders *Fasc. III, Cap. VII, p. 349—355* und noch an anderen Orten dieser Schrift mitgetheilt sind, begünstigen keineswegs Haeckel's Ansicht. Die *Sirenien* sind mit den *Cetaceen* und *Zeuglodonten* nur durch ihre, dem beständigen Aufenthalt im Wasser angepasste Körperform und den damit im Zusammenhange stehenden allgemeinen Bau des Rumpfskelets verwandt, während sie der Bau ihres Schädels, sowie ihrer meisten Weichtheile, im Verein mit ihrer Ernährungsweise im Gegensatz zu den *carnivoren Cetaceen* und *Zeuglodonten* zu ächten *Phytophagen* stempelt. Die Eigenschaften, worin die *Sirenien* mit den *Ungulaten* übereinstimmen, überwiegen die Verwandtschaft mit den *Cetaceen*. Uebrigens besitzen die Seekühe auch solche Charaktere, wodurch sie sich als selbständige Abtheilung dergestalt bekunden, dass sie nicht einmal als huftragende Wasserthiere (*Ungulata hygrobia*), noch weniger aber als eine Abtheilung der carnivoren *Cetaceen* oder *Zeuglodonten* angesehen werden können. Warum sollen sie also nicht als selbständiger Typus sich betrachten lassen? Stichhaltige Gründe gegen die Bejahung dieser Frage kenne ich nicht. Der allen genannten Gruppen gemeinsame Charakter, die fehlende *Decidua* (über deren Wichtigkeit sich wohl auch noch streiten liesse), kann natürlich in Erwägung des Grundsatzes, dass bei der Ableitung von Stammformen und Aufstellung von Verwandtschaften das Ubi plurima nitent in Betracht kommen muss, keine entscheidende Bedeutung haben.

Gegen Haeckel's Descendenz-Hypothese dürfte aber auch die Thatsache sprechen, dass bis jetzt kein Grund vorliegt, die *Sirenien* für älter als die *Cetaceen* und *Zeuglodonten* zu erklären, da die Reste von allen dreien zuweilen sogar zusammen in denselben Schichten gefunden werden, ohne Spur von Uebergangsformen. Selbst wenn aber auch, was ich gerade nicht verneinen möchte, die pflanzenfressenden Sirenien noch älter wären, als die fleischfressenden *Cetaceen*, so folgt daraus nicht, dass sie der Stammtypus derselben seien. So lange keine Mittelformen nachgewiesen werden, würde eine solche Annahme unbegründet dastehen. Es liegen aber auch durchaus keine Beweise vor, welche die Ansicht Haeckel's begünstigen, dass die *Sirenien* wahrscheinlich zunächst aus den *Artiodactylen Ungulaten* hervorgegangen seien. Es lassen sich im Gegentheil folgende Einwürfe dagegen erheben. Sowohl die *Sirenien* als die *Artiodactylen Ungulaten* sind Glieder der miocänen *Fauna* oder *Faunen*. Ein höheres Alter der letzteren lässt sich nicht nachweisen; es spricht im Gegentheil der Umstand, dass in den älteren geologischen Perioden zuerst die Wasserthiere nebst den Meeresalgen auftraten, gegen eine solche Ansicht. Auch würde die mit einer Vervollkommnung der Organisation verbundene Transformation, also die Umbildung von Wasserthiere in Landthiere eher mit dem Gange der Entwickelung harmoniren, welche wir bei der Bildung des Embryos der Säugethiere und der Amphibien wahrnehmen. Ich halte daher an der bereits in den *Symbolis* (*Fasc. III, p. 371*) ausgesprochenen Ansicht fest, dass die *Sirenien* einen eigenthümlichen, selbstständigen, in der genannten Schrift (*a. a. O. p. 368 ff.*) näher nachgewiesenen Typus darstellen, über dessen Entstehung oder Umbildung keine Beweise, sondern nur keineswegs stichhaltige Hypothesen vorliegen.

Wie ich bereits in meinem Aufsatze über die *Classification der Bartenwale* (*Bull. sc. d. l'Acad. Imp. d. sc. d. St.-Pétersbourg T. XVII, p. 123* und *Mélang. biolog. T. VIII, p. 331*) nachwies, hat Gill (*Proceed. of Essex Institute Vol. VI, 9. 2 Salem 1871, p. 121*) ohne Haeckel zu beachten, eine andere Hypothese über den Ursprung der *Cetaceen* aufgestellt, wobei er wenigstens, sehr passend, die *Sirenien* ganz aus dem Spiele gelassen hat. Er meint nämlich, die *Cetaceen* (d. h. die *Bartenwale*, nebst den *Delphiniden*) seien aus den *Zeuglodonten* der Tertiärzeit in Folge einer nach zwei Richtungen erfolgten Entwickelung hervorgegangen, die einerseits *Delphiniden*, andererseits *Bartenwale* hervorbrachte; denn die *Delphiniden* weichen durch die Schädelform, den Zahnbau u. s. w., die *Bartenwale* aber durch das Geruchsorgan und die Nasenbeine weniger von den typischen Formen der Säugethiere ab. Ich vermag auch indessen auch mit den eben erwähnten Annahmen Gill's durchaus nicht einverstanden zu erklären. Nicht blos die Schädel der *Bartenwale*, sondern auch die der *Delphiniden* erscheinen nach meiner Ansicht im Vergleich mit den Schädeln der Landsäugethiere auf eigenthümliche Weise ziemlich gleich anomal und bilden zwei für den Aufenthalt im hohen Meere geeignete, selbstständige Schädeltypen, denen sich als dritter, gleichwerthiger, zu den *Phocaceen* hinneigender Schädeltypus, der der *Zeuglodonten*, zu Folge meiner bereits in den *Symbolis sirenologicis Fasc. III. Cap. IV, p. 332* und *Cap. VII, p. 349* mitgetheilten ausführlichen vergleichenden Untersuchungen, anschliesst.

Dass auf die so variabeln Zähne der *Sirenien* und *Cetaceen* kein sonderliches Gewicht zu legen sei, habe ich bereits vor drei Jahren (*Symbol. sirenol. Fasc. II, Cap. V, p. 94*) erörtert, kann daher auch ihnen kein solches bei der Ableitung der *Cetaceentypen* zuerkennen. Dass die *Bartenwale* durch das Geruchsorgan und die Nasenbeine weniger von den typischen Formen der Säugethiere abweichen, hat zwar seine gleichfalls schon früher von mir (a. a. O.) anerkannte Richtigkeit; da sich aber dieses Verhalten keineswegs auf die *Delphinoiden* übertragen lässt, so kann dasselbe gleichfalls keine Geltung beanspruchen.

Die von Gill angeführten morphologischen Angaben vermögen also keinen einzigen Beweis für seine Abstammungstheorie der *Cetaceen* zu liefern. Um überhaupt einen solchen mit Erfolg aufzustellen müssen nothwendig auf paläontologischem Wege Formen constatirt werden, welche als unabweisliche Uebergangsglieder zwischen den *Zeuglodontoiden* und *Delphinoiden* einerseits, sowie den *Zeuglodontoiden* und *Balaenoiden* andererseits sich herausstellen. Die bisherigen paläontologischen Funde zeigten aber bis jetzt keine solchen Verbindungsglieder. Wir wissen im Gegentheil, wie schon erwähnt, dass die Reste von *Zeuglodonten* in denselben Schichten mit denen von *Delphinoiden* und *Balaenoiden* vergesellschaftet vorkamen, ohne Spur von Uebergängen. Strenge Darwinianer möchten auch wohl überhaupt, im Einklange mit ihrer Vervollkommnungstheorie, die *Zeuglodonten* nicht als Stammväter der anderen *Cetaceen* ansehen können, da die ersteren wegen ihrer Beziehungen zu den *Phoken* höher standen als die letzteren. Ebenso lassen sich weder die bisher nur für die Tertiärzeit nachgewiesenen *Cetotherien*, noch selbst die einerseits zwischen den *Cetotherien*, andererseits den *Balaenopteren* stehenden *Cetotheriopsen* als Prototypen der *Bartenwale* der Jetztzeit nachweisen, da die letzteren ebenfalls schon zur Tertiärzeit existirten.

Die Faunen der Tertiärzeit enthielten überdies, so weit wir sie kennen, nur bereits fertige artliche, wie generische u. s. w. Typen. Primäre oder in der Entwickelung begriffene Stadien der Urtypen, die wohl in eine weit frühere Zeit zu versetzen sind, hat man nicht nachgewiesen. Wie noch jetzt, so gab es schon damals constante und in gewissen Grenzen variabele Arten. Aus den Letzteren gingen, ausser einer Menge constanter, auch solche zahlreiche Formen hervor, die den Anschein von Arten haben, jedoch auf ihre einzelnen artlichen Stammformen sich zurückführen lassen, also, streng genommen, keine echten Arten sind, sondern nur in gewissen Grenzen stattfindende Abänderungen ihres artlichen Typus darstellen.

Dass alle Thierarten aus niederen, aber endgültig nur gewisse Arten entwickelnden, überaus zahlreichen (nicht wenigen) typischen, artlichen Urformen entstanden sein möchten, erscheint allerdings als die naturgemässeste Schöpfungshypothese. Es dient ihr wenigstens, wenn auch nur als Analogie, die noch jetzt zu beobachtende Entwickelungsgeschichte der organischen Wesen zum wichtigen Anknüpfungspunct. Da indessen die eigentliche Urzeugung, trotz zahlreicher Bemühungen, noch nicht hat beobachtet werden können, so fehlt ihr noch, trotz der in neuester Zeit so häufigen Erörterungen, der stricte Nachweis.

# Ordo Cetacea.

Im zweiten Fasciel meiner *Symbolae Sirenologicae* (*Cap. XII, p. 206*) lieferte ich zwar bereits die allgemeinen osteologischen Charaktere der Ordnung der echten Wale (*Cetacea*), ebenso wurde ebendaselbst im dritten Fasciel (*Cap. III, p. 326—30*) eine ziemlich ausführliche, jedoch in conciser Form abgefasste, Aufzählung solcher Charaktere mitgetheilt, wodurch die eigentlichen *Cetaceen* von den früher damit vereinigten *Sirenien* sich scharf unterscheiden. Da indessen, als die erwähnten, von späteren Cetologen übersehenen, Charakteristiken verfasst wurden, weder die *Ostéographie des Cétacés* von Van Beneden und Gervais, nebst den neuesten Arbeiten Gray's, Lilljeborg's und einiger Anderer, noch die reichen Materialien über *Cetotherinen* benutzt werden konnten, so halte ich es für nöthig hier nachstehende Zusätze oder Verbesserungen zu meiner Charakteristik der Ordnung der *Cetaceen* mitzutheilen.

Der spindelförmige Körper bietet einen horizontalen, äusserlich durch keinen Hals vom Körper abgesetzten, meist mit einer mehr oder weniger zugespitzten oder stumpflichen Schnautze versehenen Kopf.

Die meist dünne, beim Erfassen der Nahrung unwirksame Oberlippe umfasst nur selten die Unterlippe, die letztere bietet indessen bei den *Balaeniden* zur Umfassung der Barten eine mehr oder weniger ansehnliche Höhe. Die einfache oder doppelte äussere Nasenöffnung findet sich gewöhnlich in der Stirnnähe, so dass die kleinen Augen meist unter ihr liegen. — Die aus Weichtheilen gebildete, gegabelte Schwanzflosse wird nur in der Mitte ihres Basaltheiles von kleinen Endwirbeln der Wirbelsäule, keineswegs von Spuren hinterer Extremitäten gestützt. Weder die Unterarmknochen sind mit den Handwurzelknochen, noch diese mit den Metacarpalknochen gelenkartig verbunden. Auch zwischen den Metacarpal- und Fingerknochen, sowie zwischen den Fingerknochen selbst, fehlen gelenkartige Verbindungen. Nägel oder Krallen sind gleichfalls nicht vorhanden. Die Brustflossen dienen nur für die Seitenbewegungen und zur Erhaltung des Gleichgewichts. Die Mitte oder der hintere Theil des Rückens trägt bei den meisten eine nur aus Weichtheilen gebildete, zugespitzte Flosse, die bei manchen durch einen Höcker ersetzt wird oder ganz fehlt. Die in je einer, nach aussen durch eine Spalte geöffneten, Grube in der Afternähe liegenden Brüste sind einpaarig.

Das Hinterhauptsloch der überaus ansehnlichen Hinterhauptsschuppe liegt nach hinten und oben. Die dünnen, oben schmalen Scheitelbeine sind mehr oder weniger, oft grösstentheils, von der Hinterhauptsschuppe bedeckt. — Ein Zwischenscheitelbein ist, wenigstens bei den jungen Thieren, vorhanden. — Die ebenfalls oben schmalen Stirnbeine bieten einen starken Augenfortsatz, der oft mit dem oberen Theile des Jochfortsatzes des Schläfenbeins sich verbindet.

Die Schläfenbeine besitzen eine ebene Gelenkfläche. Die Felsenbeine sind etwas länger als breite, mehr oder weniger gerundete Knochen.

Die Thränenbeine, wenn sie vorhanden, erscheinen meist als platte, stets undurchbohrte, selten mit den Nachbarknochen fest verbundene Knochen.

Die Nasenbeine überwölben die Nasenöffnung oder liegen hinter derselben.

Die nach vorn zu mehr oder weniger zugespitzten Oberkieferknochen sind die grössten Knochen des Skelets. Ihre Gaumentheile werden in der Mittellinie meist durch den unteren Theil des Vomer getrennt.

Die langen Intermaxillarknochen sind oft unsymmetrisch und überragen häufig die anderen Kieferknochen.

Der sehr ansehnliche, lange Vomer ist V-förmig und bietet daher eine ansehnliche meist dreieckige, nach oben gerichtete Höhle.

Die Basaltheile der Oberkiefer, Zwischenkiefer und des Vomer schliessen den meist knorpligen Theil des Siebbeins ein.

Das Jochbein liegt entweder als ziemlich gerader, sehr schmaler, dünner Knochen unter der Augenhöhle, oder bildet als fast ringförmiger, dickerer, den unteren Saum derselben.

Die Gaumenbeine sind mehr oder weniger entwickelt.

Die Flügelbeine bilden den hinteren Theil der Wände der Choanen, bieten einen eigenen, mit der *Tuba Eustachii* in Connex stehenden Sinus und bilden vorn die Wände einer Röhre, die eine directe Verbindung der Nasenhöhle mit dem inneren Ohr vermittelt, so dass die Töne direct in das Gehörorgan gelangen.

Das *Foramen inframaxillare* ist hinten immer sehr breit.

Die einzelnen Zahnalveolen sind nicht immer von einander gesondert. Die Zahl der, mit Ausschluss der *Zeuglodonten*, stets einfachen, einwurzligen Zähne ist überhaupt sehr verschieden, bis 260, die Form ist zwar meist, jedoch nicht immer conisch. Manche besitzen nur im Unterkiefer 2—4 Zähne. Viele bieten im erwachsenen Zustand nur einige oder gar nur einen, sehr viele gar keine, aber als Ersatz im Oberkiefer befindliche Hornplatten (Barten).

Die kleine Hirnhöhle des Schädels ist mehr oder weniger in die Breite ausgezogen. Die Gruben für das kleine Hirn sind nach oben gewendet.

Der Türkensattel nebst der Grube für die Hypophysis erscheinen sehr schwach. Eine Crista galli des Siebbeins fehlt.

Die Wirbelsäule nebst dem Schädel zeichnet sich durch ihre ziemlich gerade Richtung und geringe Krümmung und den Mangel eines deutlich abgesetzten Sakraltheiles, sowie den sehr stark entwickelten Lenden- und vorderen Schwanzwirbeltheil aus. Die schon im Fötus vorhandene Gesamtzahl der Wirbel steigt im Allgemeinen auf 44 bis 84. Die Epiphysen bleiben lange getrennt. Der Wirbelkanal ist in seinem Umfange meist breiter als hoch, dann erscheint er zwar meist bis zur letzten Schwanzhälfte, in der er aufhört, höher als breit, nicht selten aber auch breiter als hoch. Die Wirbel sind weniger innig als bei den Landthieren vereint, gestatten daher leichtere, freiere Bewegungen. Die Querfortsätze der Lendenwirbel sind lang und oft gleichzeitig breit. Die mehr oder weniger langen und breiten Dornfortsätze der Rücken- und Lendenwirbel erscheinen nach hinten gewendet. Aus dem Bogen der Rücken- und Lendenwirbel tritt jederseits ein eigenthümlicher Fortsatz nach vorn, der meist mit einer Apophyse des Dornfortsatses des vorhergehenden Wirbels sich beweglich verbindet. Untere Dornfortsätze sind stets am Schwanztheil der Wirbelsäule 11—30 vorhanden.

In der Lendenwirbelgegend biegen sich die den Intercostales entsprechenden Arterien um die Querfortsätze. An den vorderen Schwanzwirbeln durchbohren sie die Querfortsätze, während sie an den mittleren Schwanzwirbeln in einer Furche oder einem Canal verlaufen.

Dem Atlas fehlt meist, jedoch nicht immer, die Gelenkgrube für den Processus odontoideus, er kann frei oder mit den anderen Halswirbeln verschmolzen sein. Der Epistropheus besitzt meist statt des Zahnfortsatzes nur einen niedrigen Vorsprung. Der genannte Wirbel bietet übrigens, wie die folgenden Halswirbel, oft obere und untere variabele Querfortsätze, die sich oft später vereinen und dann einen Gefässkanal darbieten.[1]

Die Halswirbel können getrennt oder verwachsen erscheinen. Im letzteren Falle sind die mittleren und hinteren Halswirbel mehr oder weniger rudimentär.

Rippen finden sich 9—15, jedoch kann ein und dieselbe Art 1 oder 2 Rippen mehr als gewöhnlich darbieten. Die erste Rippe erscheint zuweilen als individuelle Abweichung durch Verschmelzung mit einer vor ihr liegenden kleinen, nicht constanten, accessorischen, oben gegabelt (Van Beneden). Das Brustbein ist entweder einfach oder besteht aus mehreren, 2—5 verschmolzenen oder gesonderten Stücken. Es kann daher nur einem oder 2—5 Paaren von Rippen zur Befestigung dienen.

Was die Insertion der übrigen Rippen anlangt, so können die vorderen Paare derselben mit dem Körper und den Querfortsätzen, die hintern aber blos mit Querfortsätzen, oder alle blos mit den Querfortsätzen articuliren.

Das Becken besteht aus zwei paarigen Knochen, denen sich zuweilen das Rudiment eines Femur (so bei *Balaenoptera communis* nach Flower) oder ausserdem auch noch das einer Tibia (so nach Eschricht und Reinhardt bei *Balaena mysticetus*) zugesellt.

Das Schulterblatt ist meist breiter als hoch, besitzt eine kleine Spina und oben meist ein Acromion, unten einen schwachen oder stärkeren *Processus coracoideus*.

Die Knochen der vorderen Extremitäten, ganz besonders die des Vorderarmes, sind

---

1) Mit Recht bemerkt Van Beneden (*Ostéogr. p. 19*), dass die Modificationen der Bildung der Querfortsätze der Halswirbel keine Merkmale für generische Trennung abgeben können, da sie nach dem Alter der Individuen variiren. Dasselbe gilt nach ihm (p. 23) von der variabeln Gestalt des Brustbeins und der Rippen.

mehr oder weniger platt. Der sehr kurze Humerus besitzt eine ansehnliche Tuberosität und ist mit dem Unterarm nur durch Synarthrose verbunden, was auch von den einzelnen Metacarpial- und Fingerknochen gilt. Der Radius ist breiter als die Ulna, welche meist ein mehr oder weniger entwickeltes Olecranum bietet, das aber zuweilen sehr klein erscheint oder ganz fehlt (*Pachyacanthus*). Die Zahl der rauhen, platten Carpialknochen variirt. Meist sind ihrer fünf (drei in der ersten und zwei in der zweiten Reihe), oft sind deren mehr vorhanden. Gelenkflächen fehlen ihnen, so dass sie mit den Knochen des Vorderarms durch einen ansehnlichen Knorpel gesondert werden. Metacarpialknochen sind vier oder fünf vorhanden. Die einzelnen Finger der verschiedenen Cetaceen bieten eine sehr ungleiche Zahl von Phalangen (1—13). Am Daumen bemerkte man 1—3, am Zeigefinger 5—13, am Mittelfinger 4—9, am Ringfinger 2—3, am kleinen Finger 1.

Was die Entwickelung der Muskeln anlangt, so zeigt sich dieselbe am Lenden- und Schwanztheil in ihrer grössten Stärke, da der Schwanz das hauptsächlichste Bewegungsorgan des Körpers darstellt. Die Kiefer der Cetaceen besitzen dagegen im Verhältniss nur schwache Muskeln.

In Betreff der Eigenthümlichkeiten der anderen Weichtheile verweise ich, da diese hier nicht direkt in Betracht kommen, auf meine Mittheilungen in den *Symbolis sirenologicis Fascic. III, Cap. III, p. 328—330*.

Der Gesammtbau des Körpers, besonders die auf der Oberseite des Kopfes angebrachten, das Athmen während des stetigen Aufenthaltes in einem tropfbarflüssigen Element begünstigenden, Luft nebst fein zertheiltem Wasser answerfenden, Nasenöffnungen, ihr Modificationen und das Temperatur ausgleichender und das Schwimmen erleichternder Fettreichthum, sowie ihr, ein überaus mächtiges Bewegungsorgan darstellender Schwanz und die selbst keinen Uferaufenthalt gestattenden, für die seitlichen Bewegungen und zur Erhaltung des Gleichgewichts des Körpers bestimmten Brustflossenfüsse, stempeln die Cetaceen vor allen anderen Säugethieren zu echten Wasserbewohnern. Wir sehen sie daher auch meist als Bewohner des Meeres auftreten, wenn auch Arten in grössere Flüsse oder damit verbundene Süsswasserbecken aufsteigen, ja manche beständig darin sich aufhalten.

Nach neuern Erfahrungen lässt sich nur eine geringe Zahl derselben mehr oder weniger als Cosmopoliten betrachten. Die meisten halten sich, wie dies schon zur Miocänzeit der Fall gewesen zu sein scheint, an gewissen geographischen Stationen, in denen sie nach den Jahreszeiten, wohl nach Maassgabe von Temperatur- und Nahrungsverhältnissen oder Behufs der Fortpflanzung und Jungenpflege ihren Aufenthalt wechseln.

Ihre Nahrung besteht lediglich aus kleineren oder grösseren Wasserthieren (Evertebraten oder Fischen). Bemerkenswerth erscheint, dass, im Gegensatz zu den Fleischfressern des Festlandes, gerade einige der allergrössten der lebenden Cetaceen (die langbartigen Bartenwale) nur von kleinen Thieren (Mollusken und Krebsen) sich nähren, wobei ihnen die Barten als Fangorgane behülflich sind.

Zu den echten *Cetaceen* rechne ich als Unterordnungen die *Bartenwale* (*Balaenoidea*), die *Delphinartigen* (*Delphinoidea*) und die *Zeuglodonten* (*Zeuglodontoidea*). Die gegenseitigen verwandtschaftlichen Beziehungen und Differenzen derselben nebst den auf die *Sirenien* bezüglichen, wurden bereits in meinen *Symbolis sirenologicis Fasc. II, Cap. XVI, p. 205, Cap. XVII, p. 206, Cap. XX, p. 214* und *Cap. XXI, p. 220*, sowie *Fasc. III, Cap. VII, IX* und *XI* ausführlich erörtert. Es schien dies um so nöthiger, da Haeckel, der allerdings meine eingehenden Untersuchungen noch nicht kennen konnte, in seiner *Generellen Morphologie Bd. II, p. CLVI* ganz entgegengesetzte, von mir bereits oben widerlegte, Ansichten vorgetragen hat.

## Subordo Balaenoidea seu Cetacea lamellifera.

Als durchgreifende äussere Kennzeichen lassen sich nur die reihigen, innen durch Borsten gefranzten, Hornplatten des Oberkiefers (Barten), als Erzeugnisse des Gaumenepitheliums, nebst den doppelten Nasenöffnungen anführen. Sehr zahlreiche Unterschiede von den *Delphinoiden* und *Zeuglodontoiden* bietet aber das Skelet. Dieselben wurden von mir bereits in den *Symbolis sirenologicis Fasc. II, Cap. XIX, p. 212* ausführlich besprochen. Ich erlaube mir daher hier nur einen Theil der auffallenderen anzuführen.

Die von oben gesehene Hirnkapsel des Schädels bietet eine dreieckige, vorn verschmälerte Gestalt. Die grosse, dreieckige, vorn verschmälerte, mehr oder weniger eingedrückte Hinterhauptsschuppe ist in schräger Richtung nach vorn und oben geneigt, so dass ihr vorderes Ende mehr oder weniger dem Augenfortsatze des Stirnbeins gegenüber liegt. — Die ansehnlichen Augenfortsätze der Stirnbeine bedecken die hinteren Basaltheile der Oberkiefer. — Die ziemlich gekrümmten Jochbeine bilden den unteren Saum der Augenhöhle, welche daher nach aussen geschlossen erscheint. — Die Thränenbeine stellen platte, meist unverwachsene, jederseits zwischen den Stirnbeinen und dem Oberkiefer befindliche, nicht durchbohrte Knochen dar. — Die mehr oder weniger verdickten symmetrischen, länglichen oder pyramidalen, vorn meist nur unmerklich, zuweilen stark abgeplatteten Nasenbeine überwölben den Ausgang der Nasenhöhle. — Die Zwischenkiefer bilden einen ansehnlichen Theil der oberen Seite der Nasenwand. — Die zahlosen, gekrümmten Oberkiefer liegen mit ihrem schmalen Stirnfortsatz vor den Stirnbeinen ohne sie zu bedecken und besitzen einen in seiner ganzen Länge mehr oder weniger tief grubenartig ausgehöhlten Gaumentheil zur Insertion der Barten. Die horizontalen Choanen öffnen sich weit nach hinten, der Gelenkfläche des Unterkiefers gegenüber. Die Bullae tympani sind am Felsenbein befestigt. — Der Hammer ist mit der ihm entsprechenden Bulla vereint. — Die bogenförmig nach aussen gekrümmten, vorn nicht vereinten zahn- und bartenlosen Aeste des Unterkiefers, welche hinten nur wenig höher als vorn erscheinen, besitzen auf dem oberen Rande eine Furche, auf der mehr oder weniger convexen Aussenfläche aber mehrere einreihige, längliche Gefässöffnungen.

18 J. F. Brandt,

Der Schädelbau der bis jetzt bekannten lebenden oder fossilen Bartenwale bietet übrigens zwei Haupttypen hinsichtlich seiner allgemeinen Gestaltung. Der eine dieser Typen wird durch die eigentlichen *Balaeniden*, der andere durch die *Balaenopteriden* (oder *Pterobalaeniden*) repräsentirt. Der Schädel der letztgenannten zeigt übrigens seinerseits einige typische Besonderheiten, die Anlass zur Aufstellung mehrerer Untertypen (**Unterfamilien**) geben, welche später näher zu charakterisiren sein werden.

Die Zahl der Wirbel (48—64) erscheint im Ganzen geringer als bei den *Delphinoiden*, bei welchen man bis 80 oder gar 84 beobachtet hat. Die Rippen, mit Ausschluss der vorderen der *Cetotherinen*, sind nur an den Querfortsätzen befestigt. Bei den meisten (d. h. nur mit Ausnahme von *Pachyacanthus*) tritt nur die erste unten meist sehr breite an das Brustbein.

Das schild-, herz- oder kreuzförmige Brustbein besteht meist aus einem Stück, selten (*Pachyacanthus*) aus zweien.

Bei den Bartenwalen scheint der Mittelfinger, bei den *Delphinoiden* der Zeigefinger die meisten Glieder zu besitzen.

Bemerkenswerth ist, dass man bei *Balaena* am Beckenknochen das Rudiment eines Femur und einer Tibia (Eschricht, Reinhardt), bei einer *Balaenoptera* aber nur das eines Femur (Flower) beobachtet hat.

Die Vertheilung der Gattungen der *Bartenwale* in nur zwei Familien, *Balaenidae* und *Balaenopteridae*, seu *Pterobalaenidae*, erscheint um so annehmbarer, da sie nicht blos durch äussere Kennzeichen, sondern auch durch mehrere augenfällige craniologische Unterschiede sich rechtfertigen lässt. Der vorgeschlagenen Aufstellung einer noch grösseren Zahl von Familien vermag ich nicht beizustimmen. Sie stört den natürlichen Zusammenhang, schafft ohne Bedürfniss auf Grundlage unbedeutender, künstlich gesuchter, oft variabeler, selbst individueller Merkmale, die eine sehr untergeordnete morphologische Bedeutung haben, neue complicirte Eintheilungen und neue belästigende Namen. Was die Gattungen der lebenden Bartenwale anlangt, so können alle unter *Balaena*, *Agaphelus*, *Kyphobalaena* seu *Megaptera* und *Pterobalaena* seu *Balaenoptera* (= *Balaenoptera* Lacép. c. p.) ganz bequem untergebracht werden, wie auch Van Beneden meint, indem er sogar die Ehre einer Gattung (*Benedenia*) ablehnt.

### Familia I. Balaenidae.
#### (Langbartige Wale.)

##### Subordo Balaenoidea Gray.

Der Kopf ¼ bis ⅓ der Körperlänge. Die mächtige Unterlippe erhebt sich zur Bedeckung der Barten zu einer ansehnlichen Höhe. Die längsten Barten sind länger als die halbe Kopflänge. Die kurzen, breiten Brustflossenglieder sind **fünffingrig**. — (Die Brust und der Bauch erscheinen stets furchenlos. Der Rücken ohne Flosse.) Die Hirnkapsel des

Schädels [1]) steigt mit ihrer hinteren Wand weit steiler in die Höhe. — Der Gelenktheil und der Jochfortsatz der Schläfenbeine sind länger und weit stärker nach unten geschoben. — Der Augenfortsatz des Stirnbeins ist viel schmäler, etwas länger, oben etwas gewölbt und steigt, wie der längere Augenfortsatz des Oberkiefers, nach unten und hinten, so dass selbst der Augenbrauenbogen mit der schmälern Augenhöhle weiter nach hinten, etwas hinter dem vordern Ende der Hinterhauptschuppe zu liegen kommt. — Der längere, schmälere Oberkiefertheil des Schädels steigt nach oben in einem beträchtlichen Bogen in die Höhe, der sich aber mit seinem mittleren und vorderen Theile gleichzeitig stark nach unten und hinten senkt, während er nach vorn sich allmählich ausserordentlich verschmälert und überaus stark zuspitzt, so dass die Breite seines mittleren Theiles schmäler erscheint, als die Hälfte der grössten Schädelbreite. Zwischen ihm und dem Unterkiefer wird daher ein weit ansehnlicherer, halbmondförmiger Zwischenraum wahrgenommen.

Die schmälern, spitzern, weit stärker gebogenen, zum grossen Theil nach aussen und unten geneigten Oberkiefer nebst den Zwischenkiefern sind stärker nach unten gewendet. Ihr Gaumentheil bietet eine tiefere Grube zur Anheftung der Barten.

Die Unterkieferäste erscheinen viel stärker nach aussen gekrümmt, als bei den *Balaenopteriden*, vom Oberkiefer nicht blos in der Richtung von oben nach unten, sondern auch nach aussen, wie schon angedeutet, viel weiter entfernt, ein Verhältniss, welches die Gegenwart viel längerer Barten bedingt. Der Kronenfortsatz derselben ist schwächer. Ihr freies Ende bietet eine breite Furche.

Die Halswirbel sind abweichend von denen der *Balaenopteriden*, stets vereint und schmäler, nur der Atlas ist bei manchen frei. — Die kräftigen, verkürzten Lenden- und Schwanzwirbel tendiren weniger zu denen von *Balaenoptera*, als zu denen von *Megaptera* und denen der *Cetotherinen*.

Die Rippen sind nur an den Querfortsätzen der Wirbel befestigt.

Das Schulterblatt erscheint weniger von hinten nach vorn entwickelt und bietet meist oder oft ein Acromion nebst einem Processus coracoideus. — Der Humerus ist etwa so lang als die sehr kurzen Unterarmknochen. — Phalangen sind für fünf Finger vorhanden. Hinsichtlich der nicht verlängerten Mittelfinger nähern sich die *Balaenen* den *Pterobalaenen*.

Dem Becken ist ein rudimentärer Schenkel und diesem das Rudiment eines Schienbeins angehängt.

Den Typus der *Balänen* finden wir schon zur Tertiärzeit repräsentirt und, wie es

---

1) Ich liefere hier eine im Vergleich mit der der *Balaenopteridae* abgefasste osteologische Charakteristik der Familie der *Balaenidae*. Bereits in der *Medizinischen Zoologie*, Bd. I, S. 114 veröffentlichte ich übrigens concise Angaben der Differenzen der Schädel der Gattungen *Balaena* und *Balaenoptera*, die im Wesentlichen mit der jetzt gelieferten revidirten übereinstimmen, jedoch ganz unbeachtet blieben. Dies gilt übrigens überhaupt von den im genannten Werke niedergelegten concisen vergleichend-osteologischen Bemerkungen über *Balaeniden*, obgleich sie auf die Materialien des Berliner Museums basirt wurden.

scheint, artenreicher und weiter verbreitet als gegenwärtig, obgleich noch jetzt *Baläniden* in allen grossen Oceanen bis in die nördlichen und südlichen Polargegenden vorkommen. Die im Verhältniss nur schwache Vermehrung, die Gefahren, welchen ihre Jungen durch grosse Seeraubthiere ausgesetzt sind, und ganz besonders die häufigen Nachstellungen von Seite der Menschen haben übrigens nicht blos die Zahl der Individuen der noch in der Jetztzeit lebenden Arten namhaft verringert, sondern könnten selbst auch den Verlust mancher Arten bereits herbeigeführt, sicher wenigstens angebahnt haben. Die Ursachen des Unterganges der seit der Tertiärzeit ausgestorbenen Arten möchten dagegen wohl (wenigstens vorzugsweis) auf maritime, terrestrische und physikalische Veränderungen ihrer partiellen Wohngebiete und die damit in Connex getretenen veränderten Nahrungsverhältnisse zurückzuführen sein.

Die Nahrung der Balänen besteht bekanntlich in kleinen, in manchen Theilen der grossen Oceane in ungeheurer Menge vorhandenen Weichthieren und Krebsen, zu deren Fang ihnen ihre mächtigen Barten behülflich sind. Man kann sie daher biologisch als malakophage *Bartenwale* charakterisiren.

Die lebenden Arten der *Balaeniden* können sehr wohl in einer einzigen von Lacépède etablirten Gattung *Balaena* Platz finden, welche Ansicht auch schon Van Beneden vertheidigte, worüber ich bereits in meinem Aufsatze: Ueber die Classification der *Bartenwale* Bullet. Sc. d. l'Acad. Imp. d. St.-Pétersb., T. XVII, p. 113 ff. und Mélang. biol. T. VIII, p. 321) mich ausgesprochen habe.

Selbst die bisher aufgefundenen, der Familie der *Balaeniden* angehörigen fossilen oder subfossilen Reste dürften vorläufig noch zu *Balaena* gezogen werden können, eine Ansicht, worin ich ebenfalls Van Beneden mich anschliesse. Es gilt dies zunächst für die, wie mir mit Van Beneden scheint, für jetzt noch ungenügend motivirte Gattung *Protobalaena Du Bus*. Etwas zweifelhafter als die vorläufige Vereinigung der letzterwähnten Gattung mit *Balaena*, jedoch nicht unwahrscheinlich, erscheint mir indessen die Zuziehung der Gattung *Palaeocetus Seeley*, weshalb ich dieselbe als nur muthmasslichen, obgleich bisher nur auf einige Halswirbel gestützten, Gattungscandidaten noch beibehielt, jedoch mit einem Fragezeichen versah.

### 1. Genus Balaena Lacép. Linn. e. p.

(Gen. Balaena, Eubalaena, Hunterius, Caperea et Macleayius Gray, ?Genus Protobalaena Du Bus, ?Palaeocetus Seeley?)

#### Spec. 1. Balaena primigenia Van Dened.

Balaena primigenia *Van Bened. Ostéogr. p. 262, Pl. VIII, Fig. 1—7.*

Unter den Resten des Crag von Antwerpen wurden nicht blos von Van Beneden, sondern auch vom Vicomte Du Bus solche entdeckt, welche auf Thiere bezogen werden können, die *Balaena mysticetus* ähnelten. Du Bus war indessen geneigt (*Discours prononcé*

*1867 à l'Académie belgique Bull. de l'Acad roy. Belg. 2 sér. T. XXIV (1867) p. 573*, sowie *L'Institut Sc. math. 1868 p. 281* und besonders *287*), sie mehreren an Grösse verschiedenen Arten einer eigenen Gattung (*Protobalaena*) zuzuschreiben, wobei er zusammengewachsene Halswirbel und mehrere zugerundete (nicht comprimirte) Bullae tympani[1]) im Auge hatte. Van Beneden gründete dagegen, wohl nach Maassgabe ähnlicher, wie es scheint an Zahl geringerer Reste, seine *Balaena primigenia*. Dieselbe stützt er bis jetzt namentlich auf dem mit sehr stark entwickelten Seitenflügeln, wie bei den Embryonen der *Balaenen*, versehenen hinteren Keilbein und den nicht gerundeten, sondern gewinkelten und comprimirten, einem leeren Geldtäschchen (Porte-monnaie) ähnlichen Bullae tympani (Fig. 1—3).

Das Vorkommen dieser Reste im Verein mit denen von *Plesioceten* und *Squalodonten* weist entschieden auf die Gleichzeitigkeit der Reste der echten *Balaenen* und ein hohes, wohl mindestens in die Tertiärzeit zu versetzendes, Alter dieses, wie bekannt, noch lebenden, Gattungstypus hin.

Zu bedauern ist es, dass Herr Vicomte Du Bus keine näheren Details über die Charactere seiner *Protobalaenen* bekannt gemacht hat. Was er darüber zeither a. a. O. verlauten liess, besteht in folgenden Mittheilungen: «On peut reconnaître par la caisse auditive, ainsi que par le rocher et ses apophyses, qui fournissent de bons caractères, que le type de notre *Balaine franche* avait des représentants pendant la période tertiaire. Cette opinion est confirmée par la présence d'autres fragments non moins caractéristiques, notamment des vertèbres de la region cervicale, toutes soudées entre elles, et dont la forme rappelle tout-à-fait celle de la *Balaine franche* de la mer Polaire. Il y en avait plusieurs espèces de taille différente que je designerai sous le nom de *Protobalaena*.»

### Spec. 2. ?Balaena Lamanoni Desmoul.

Lamanon *Journ. de phys. T. XVII, p. 393, Pl. 2. — Daubent. Mém. de l'Acad. des sc. de Paris 1782, p. 211. — G. Cuv. Rech. s. l. oss. foss. 4. éd., T. VIII, P. 2, p. 315, Pl. 228, fig. 16. — Balaena Lamanoni Desmoulins Dict. cl. d'hist. nat. T. II, p. 167; Gervais Zool. et Pal. franc. 2. éd., p. 313; Pictet Paléont. I, p. 321; Van Beneden et Gervais Ostéograph. p. 264.*

Diese als *B. Lamanoni* von Desmoulins bezeichnete zweifelhafte Art gründet sich, wie bekannt, auf einem einzigen, nicht sonderlich characteristischen, bereits 1779 zu Paris in der Rue Dauphine in einem Keller ausgegrabenen Fragment, dem zwar schon Lamanon und Daubenton ihre Aufmerksamkeit schenkten, welches aber erst Cuvier als Theil des Schläfenbeins eines der *Balaena mysticetus* und *australis* ähnlichen, jedoch, wie es ihm schien, da-

---

1) So gute spezifische Charaktere auch die Bullae tympani lieferten, so scheinen sie mir doch zur Aufstellung generischer nicht geeignet. Die Bullae tympani des *Cetotherium Rathkei, priscum* und *Mayeri* (siehe meine Taf. XII) sind so verschieden, dass nach Maassgabe einer solchen Differenz sich drei Gattungen aufstellen liessen. Die *Cetotherien* würden dann aber oder jedes Erforderniss gegen den Grundsatz: *ubi plurima nitent* auseinandergerissen und die Wissenschaft mit einigen neuen Namen belästigt werden.

von verschiedenen fossilen *Wales* anzusehen geneigt war. Das fragliche Fragment befindet sich gegenwärtig im Teyler'schen Museum zu Harlem. Es ähnelt nach Merian dem entsprechenden Theile von *Bal. mysticetus* und ist, wie er glaubt, wohl nicht fossil. Van Beneden (*Ostéogr.* a. a. O.) sagt zwar, es sei vom entsprechenden Theil der *Balaena mysticetus* verschieden, meint jedoch, es sei wegen Mangels an Material schwer zu sagen, ob das Fragment einer bekannten oder neuen Art zuzuschreiben wäre, wobei er vielleicht auch an die Möglichkeit einer Identität mit *Balaena primigenia* oder einer der *Protobalaenen Du Bus's* und *Balaena biscayensis* dachte. P. Fischer (*Ann. de Sc. nat. V. Sér., T. XV, p. 15*) stellt es geradezu als subfossil zu *Balaena biscayensis*.

Mir will es scheinen, dass bei der Würdigung des Fragmentes allerdings ganz besonders auch *Balaena biscayensis* in Betracht zu ziehen wäre, da es möglicherweise einem Individuum dieser Thierart angehören könnte, welches zu jener Zeit seinen Untergang fand, als sein Fundort oder die Nähe desselben noch vom Meere überfluthet wurde. Da nach Maassgabe des Gesagten es zweifelhaft bleibt, welcher untergegangenen oder lebenden Art das Fragment angehörte, so habe ich die ihm ertheilte Benennung mit einem ? versehen.

Vielleicht geben künftig auch die vor einigen Jahren ebenfalls in der Rue Dauphine gefundenen Walfischwirbel (*Van Beneden Ostéogr.* p. 245), oder die von Du Bus noch nicht veröffentlichten Beschreibungen der Antwerpener Reste, einige weitere Anhaltungspuncte.

### Spec. 3. Balaena Svedenborgii Lilljeb. Van Bened.

Den Svedenborgska Hvalen *Lilljeborg Upsala Universitets Årsskrift 1862. — Oversigt af de Hvalartade Däggdjur Cetacea Fam. Balaenidae p. 60 spp.* — Hunterius Svedenborgii n. sp. *Lilljeborg Nov. Act. Soc. Scient. Upsaliensis ser. 3, Vol. VI, Upsaliae 1868, p. 35, Pl. IX—XI, Gray Synops. p. 1.* — Balaena Svedenborgii *Van Bened. Ostéogr.* p. 258, Pl. VIII, Fig. 8—16.

Da auch ich, namentlich in Bezug auf die Mittheilungen Van Beneden's und Bambeke's über die Variation der Rippen bei den Walen (*L'Institut Sc. math. Nov. 1868, p. 381*), die Abweichungen der Rippen (so namentlich die sogenannte Spaltung der vordersten) nicht für solche Merkmale halten kann, welche generische Sonderungen gestatten, da ferner auch weder, wie Van Beneden (*Ostéogr.* p. 19) mit Recht sagt, die übertriebene Bedeutung der Querfortsätze des Atlas und der anderen Wirbel, noch auch, nach meiner Ansicht, selbst die mannigfachen Modificationen der Fortsätze des Schulterblattes und die Bullae tympani zu generischen Trennungen berechtigen, so ziehe ich *Hunterius Svedenborgii* nach Van Beneden's Vorgange zu *Balaena.*

Der Hauptunterschied von *Balaena mysticetus* scheint in der Form des längern, schmälern, fast ovalen, hinten kurz und stumpf zugespitzten Brustbeins zu liegen.

Zur völlig sicheren Begründung der Art, der nur Reste eines jungen Thieres ohne Schädel zur Grundlage dienten, dürften die vorhandenen Theile keineswegs ausreichen.

Die Angabe, dass sie subfossile sein sollen, lässt zunächst einen genauen Vergleich mit entsprechenden von *Balaena biscayensis* wünschen, der P. Fischer (*Annal. de sc. nat. V. sér. Zool., T. XV. p. 19*) jedoch noch mit einigem Bedenken, die *B. Svedenborgii* als Synonym zutheilt.

Der Umstand, dass die Reste in Gothland 80 englische Meilen von der Küste entfernt, 330 Fuss über dem Meeresspiegel gefunden wurden, berechtigt allerdings zu dem Schlusse, sie wären in einer längst vergangenen Zeit abgesetzt worden und könnten deshalb möglicherweise einer untergegangenen Art von *Balaena* zugeschrieben werden. Wenn nun aber Lilljeborg die Existenz seines *Hunterus* in eine noch frühere Periode als die verweist, während der *Balaena mysticetus* (vielleicht auch *biscayensis*) das baltische Meer besuchte; einer Periode, die vielleicht mit jener gemässigten zusammenfiel, während der *Emys europaea* noch im Norden Gothlands lebte, so dürften doch noch nähere Beweise für diese Ansicht wünschenswerth sein. Die fraglichen, von Lilljeborg beschriebenen Ueberreste weisen indessen sicher auf kein hohes Alter hin. Sie können also auch hinsichtlich des ersten Auftretens der Gattung *Balaena* keinen solchen Anhaltungspunct gewähren, wie Van Beneden's *Balaena primigenia*.

### Spec. 4. Balaena mysticetus (fossilis).

Balaena prisca *Nilsson Scandin. Faun. 2 upplagan Del. I. Däggdjuren p. 643 c. p.*
Balaena mysticetus *Nilsson Ofversigt af Kongl. Vetensk. Academ. Förhandlingar (14. März) 1840, p. 105.*

In der *Scandinavisk Fauna* a. a. O. schrieb Nilsson ein bei Ystad im Sande 1722 gefundenes Schulterblatt eines jungen Wales, welches er Fig. 9 abbilden liess, nebst Schädelfragmenten und zwei Wirbeln, darunter ein Atlas, die zu Gammelstorp im westlichen Göinge Härad entdeckt worden waren, einer *Balaena prisca* zu. Später (*Ofversigt* a. a. O.) sah er, nach Vergleich eines Copenhagener Skeletes der *Balaena mysticetus*, ganz richtig ein, dass das fragliche Schulterblatt nebst einigen Rippen offenbar *Balaena mysticetus* angehöre, während der Atlas und die anderen von ihm auf *B. prisca* bezogenen Fragmente, die bei Landskrona ausgegraben wurden, auf *Balaenoptera musculus* zu beziehen seien. Es gab also eine Zeit, wo *Balaena mysticetus* die Ostsee besuchte, ein Umstand, der auch wohl *Balaena Svedenborgii* bedrohen möchte.

### Zweifelhafte Balaenen.

#### A. Balaena Tannenbergensis?

Balaena Tannenbergii *Van Bened. Ostéogr. p. 250 et 261.*

Diese sehr fragliche Art von *Balaena* gründet sich nur auf ein von Rathke (*Preuss. Provinzialblätter 1837, Dez., S. 562*) beschriebenes, bei Tannenberg gefundenes Schulterblatt, welches nach Rathke dem der Capschen *Balaena* (*Cuv. rech. V. Pl. 27, Fig. 7*) ähneln

soll, nach A. Müller aber der *B. mysticetus* angehören könnte. — Ein solches Fragment
dürfte wohl nicht geeignet sein eine neue fossile Art zu begründen.

### B. Balaena molassica Jaeger.

*B.* molassica *Jaeger, Fossile Säugeth. Würtemb. S. 7, Taf. 1, Fig. 26.*

Das aus der Molasse von Baltringen stammende, entschieden einer *Balaenide* angehörige, nur kurz beschriebene und abgebildete Unterkiefer-Fragment ist sicher keiner
echten *Balaena*, sondern, nach Maassgabe seiner Grösse und seines Vorkommens mit *Delphinus canaliculatus*, wohl einer *Cetotherine* zu vindiziren. Ich möchte jedoch nicht dabei
mit Van Beneden (*Ostéogr. p. 276*) an einen *Plesiocetus*, sondern eher an *Cetotherium* oder
*Pachyacanthus* denken. Herr Professor Quenstedt, den ich wegen des von Schübler
*Jahrb. f. Miner. 1832, S. 79*) erwähnten, ebenfalls dort gefundenen Unterkiefer-Fragmen-
tes einer wohl mit der Jäger'schen zu identificirenden *Balaenide*, um Auskunft bat, hatte
die Güte, mir nachstehende Mittheilungen darüber zu machen, die Jäger's Angaben ergänzen. «Die *Balaena* kann sich nur auf ein kleines Stück von 1 Decimeter Länge, 25 Millimeter Breite und 16 Millimeter Höhe beziehen, welches auf der Breitseite sehr schiefe
Löcher hat, die im Mittel 15 Millimeter auseinander stehen. Ein Längskanal durchzieht
das Stück, worin die Löcher sehr verjüngt münden. Ich habe sie so reinigen können, dass
ich eine Schweinsborste durchstecken kann und sogar das Licht durchscheint, so dass an
einer Communication der Löcher mit dem Längskanal nicht gezweifelt werden kann. —
Mir sind nur wenige Stücke davon zu Händen gekommen. Die kleine Skizze mit vier
Löchern stellt das Beste davon dar.»

Der Vergleich dieser unten stehenden xylographirten Skizze

mit der Jäger'schen Figur zeigt, dass sie niedriger als diese ist, daher wohl mehr dem
Endtheil des Kiefers angehörte.

### C. Balaena sp.? Nordm.
#### (*Balaena Nordmanni?*)

Nordmann (*Palaeontol. Südrussl. p. 349*) führt einen im Diluvium des Chersonschen
Gouvernements, etwa eine Werst von der Mündung des Tiligul, gefundenen, 6″ breiten,
ebenso hohen, aber nur 3″ breiten Wirbel an, den er für einen der mittleren Schwanzwirbel einer *Balaena sp.* erklärt. Die Seitenflächen desselben sollen concav und mit vielen
grösseren und kleineren Gruben versehen sein, während seine untere Fläche 5 Zoll von
einander entfernte Fortsätze für die unteren Dornen darbietet. Ich wage es für jetzt nicht,

den fraglichen Wirbel zu deuten. Erst künftige umfassendere, darauf zu beziehende Funde können darüber entscheiden, ob zur Tertiärzeit im vom Meer bedeckten jetzigen Gouvernement Cherson noch echte *Balaenen* schwammen, worauf Nordmann's Name Anwendung finden könnte. Für jetzt erscheint eine solche *Balaena* ohne Fragezeichen unzulässig. — Selbst wenn Nordmann's Wirbel einer *Balaenoide* angehörte, brauchte er ja nicht gerade der einer echten *Balaena* zu sein. Er konnte auch einer *Balaenopteride* angehören.

## 2. Genus Palaeocetus H. Seeley.

### 1. Palaeocetus Sedgwicki H. Seeley.

*The geological Magazine II, 1865, p. 54—56, Pl. III. — J. E. Gray ib. p. 57. — Jahrbuch f. Mineral., 1865, S. 762.*

Unter obigem Namen hat Seeley einige früher von Owen (*Brit. Assoc. Reports, Brit. foss. mamm. p. 520* und *Palaeontol. p. 355*) einem Delphin von der Grösse des *Grampsus* vindizirte Halswirbel eines *Cetaceum*'s der Sedgwick'schen Sammlung beschrieben, welche im Oolith gefunden, namentlich aus dem Kimmeridge (oder dem Oxford) Clay ausgewaschen worden sein sollen.

Die Reste bestehen aus dem freien Atlas, dem dritten mit dem vierten anchylosirten Halswirbel nebst dem Neuralbogen des fünften Halswirbels. Der Verfasser schliesst seine in Wahrheit keine sicheren charakteristischen Merkmale bietende Beschreibung mit den Worten: None of these characters are very important (worin er Recht haben möchte) und dann mit den Worten but the sum of them will justefy a separation of the old Oolitic fossil.

J. E. Gray (ebend. p. 57) bemerkte zum Aufsatze Seeley's: «*Palaeocetus* stimmt mit *Balaena* durch die anchylosirten Halswirbel überein, weicht aber durch den freien Atlas ab und nähert sich hierin der Gattung *Macleayius*; *Palaeocetus* entfernt sich aber von den beiden genannten Gattungen durch die Gestalt der Querfortsätze der erwähnten Halswirbel und nähert sich dadurch *Physalus*.» Er fühlt sich daher schliesslich veranlasst eine Familie *Palaeocetidae* als Vorläuferin zahlreicher, fossiler Arten vorzuschlagen.

Auf Grundlage dreier Halswirbel eine Familie aufzustellen möchte doch mehr als gewagt sein. Man darf sogar Bedenken tragen darauf eine von *Balaena* verschiedene Gattung zu begründen, deren einziger Unterschied der freie Atlas wäre. Was *Palaeocetus* als Gattung anlangt, so wäre übrigens noch nachzuweisen, ob sie nicht möglicherweise mit der tertären *Protobalaena Du Bus's* (*Discours à l'Acad. belg. 1867. L'Institut Sc. math. 1868, p. 287; Van Beneden Ostéogr. p. 262*) zusammenfällt, die gleichfalls anchylosirte Halswirbel besass.

Zur Sicherstellung der fraglichen fossilen *Balaenide* würde auch zu untersuchen sein, ob nicht etwa *Balaena primigenia* ein Synonym derselben wäre. — Man wird gegen diese Bedenken allerdings den älteren Ursprung der Wirbel des *Palaeocetus* geltend zu machen versuchen. Wer kann aber gegenwärtig beweisen, dass *Palaeocetus* zur Tertiärzeit ausgestorben war? Der Meeres-Aufenthalt bot ihm wenigstens mehr Chancen für seine Existenz, als den oolithischen Landthieren.

Die Gattung *Palaeocetus* harrt demnach noch einer künftigen weiteren Bestätigung.

### Familia II. Balaenopteridae seu Pterobalaenidae.

### (Kurzbartige Wale.)

### Subordo Balaenopteroidea Gray.

Der Kopf kürzer als der vierte Theil der Körperlänge. Die Unterlippe kürzer nach Massgabe der Barten. Die längeren Barten etwa nur $\frac{1}{7}$ oder $\frac{1}{2}$ der Kopflänge. Die langen oder kurzen Brustflossenglieder sind vierfingrig.[1]

Die Hirnkapsel des Schädels steigt mit ihrer hinteren Wand weniger in die Höhe als bei den Balaeniden. — Der Gelenktheil des Schläfenbeins und der Jochfortsatz desselben sind kürzer und treten weniger nach unten. — Der Augenfortsatz des Stirnbeins ist viel breiter, mehr oder weniger plattenförmig und horizontal. — Der kürzere Augenfortsatz des Oberkiefers wendet sich gleichfalls in horizontaler Richtung nach aussen. — Die breiteren Seitentheile des Schnautzentheiles des Oberkiefers dachen sich weniger nach unten und zur Seite ab und bieten eine weniger tiefe Grube für die Insertion der Barten. — Der Schnautzentheil des Schädels ist weniger zugespitzt und dem Unterkiefer viel näher. Die Bulla tympani zeigt eine verschiedene Gestalt. — Die Unterkieferäste sind weniger gekrümmt und besitzen einen grösseren Kronenfortsatz.

Die ansehnlicheren Halswirbel sind sämmtlich frei, obgleich individuelle Anchylosen derselben ausnahmsweise vorkommen mögen, die Rippen bei den einen nur mit den Querfortsätzen verbunden, während bei anderen die vordersten auch mit dem Körper artikuliren.

Das Brustbein ist schild-, herz- oder kreuzförmig und nimmt, wie es scheint, im letzteren Falle zuweilen zwei Rippen auf.

Das Schulterblatt bietet zwar in der Regel ein Acromion und einen Processus coracoideus; es kann aber auch der letztere Fortsatz oder beide fehlen. — Der Humerus ist

---

[1] Als ich meine Classification der Bartenwale (*Bullet. Sc. T. XVII, p. 113, Mélang. biol. T. VIII, p. 321, cl. 326*) verfasste, wurden irrthümlich noch als Charaktere der Balaenopteriden die entwickelte oder rudimentäre Rückenflosse und der gefurchte Bauch beibehalten. Sie können indessen ferner nicht mehr als Familienkennzeichen gelten, da es nach Cope (*Proceed. of the Acad. of nat. sc. of Philad. 1868, p. 159*) kurzbartige Wale giebt, denen ausser den Bauchfurchen auch die Rückenflosse fehlt, welche er als Gattung *Agaphelus* bezeichnete und deren er später noch eine zweite (*Rhachianectes*) hinzu-fügte. Beide Gattungen bildem bei Gill (*Proceed. of the Essex Institute Vol. VII, P. II, 1871, p 124 und 126*) die Subfamilie *Agaphelinae* seiner Familie der *Balaenopteriden*. In einer Classification, wobei die osteologischen Charaktere wegen der fossilen Gattungen vorwalten haben, scheinen mir die *Agaphelinae* als Unterfamilie, wegen Mangels osteologischer Charaktere, noch zweifelhaft. Da weder Europa noch Amerika nachweislich fossile Reste derselben bis jetzt lieferte, so erfordert übrigens meine Arbeit keine nähere Erörterung derselben.

zwar meist kürzer als die Ulna und der Radius, kann aber auch gleich lang sein. — Phalangen sind nur für vier Finger vorhanden.

Am Becken kennt man bisher nur das Rudiment eines Schenkels (Flower).

Die Zahl der lebenden Arten der *Balaenopteriden* ist grösser als die der *Balaeniden*. In früheren Erdepochen, namentlich, so viel wir wissen, bereits in der Tertiärzeit, als es noch *Cetotherinen* und *Cetotheriopsinen* gab, scheint aber nach Maassgabe der bekannten Reste das numerische Verhältniss der *Balaenopteriden* ein noch grösseres gewesen zu sein, während damals gleichzeitig auch nicht blos von den lebenden durch den Skeletbau abweichende, sehr grosse (*Plesiocetus*), sondern auch sehr kleine Arten (*Cetotherien*) die weiter (und anders) ausgedehnten Oceane bevölkerten.[1]

Die *Balaenopteriden* sind im Gegensatz zu den *Balaeniden* Fischfresser, unterscheiden sich also von Letzteren auch in biologischer Hinsicht.

Die *Balaenopteriden* lassen zu Folge meiner vergleichenden Untersuchungen der fossilen Formen mit den lebenden nach ihrem Skeletbau drei verschiedene Untertypen oder Unterfamilien (*Balaenopterinae* seu *Pterobalaeninae*, *Cetotheriopsinae* und *Cetotherinae*) wahrnehmen, die ich in meinem erwähnten Aufsatze über die Classification der Baläniden (*Bull. Sc. T. XVII, p. 119, Mél. biol. T. VIII, p. 327—29*) bereits kurz charakterisirte. Die erstgenannte Unterfamilie umfasst die noch lebenden (vielleicht richtiger wenigstens zum Theil noch lebenden), die zweite und dritte von mir vorgeschlagene Unterfamilie enthält dagegen, so viel bis jetzt bekannt, nur ausgestorbene, durch namhafte Reste dokumentirte Formen, die drei oder vier verschiedenen Gattungen angehören.

## 1. Subfamilia seu Subtypus.

### Balaenopterinae seu Pterobalaeninae J. F. Brdt.

(*Subordo Balaenopteroidea Gray* cui adnumerandum *Genus Flowerius Lilleborg* et forsan etiam addendae pro tempore *Agaphelinae Gill*.)[2]

Der hintere Theil des Schädels ist etwas convex. Das vorn zugerundete oder abgestutzte vordere Ende der Hinterhauptsschuppe tritt weniger nach oben, jedoch mehr nach vorn, so dass es stets über den Augenfortsätzen der Stirnbeine, als nach vorn gerückter

---

1) Dass die ersten (ältesten) *Bartenwale Balaenopteriden* gewesen seien, da die Knochen der *Balaenen* überall selten seien, wie Van Beneden (*Ostéogr. p. 255*) meint, möchte ich nicht behaupten. Seine eigene *Balaena primigenia* spricht dagegen.

2) Ob die durch den Mangel von Bauchfurchen und dem einer Rückenflosse von den *Balaenopteriden* abweichenden *Agaphelinae Gill's (Proceed. of the Essex Institute u. a. O.)* craniologisch von *Balaenoptera* und *Megaptera* sich unterscheiden, ist mir nicht bekannt. Weichen

sie auch durch mehrere craniologische Kennzeichen von meinen *Balaenopterinae* ab, so würden sie, wegen ihrer Hinneigung zu den *Balaeniden*, als *Subfamilia Agaphelinae Gill* vor den *Balaenopterinae* Platz finden. Böten sie keinen abweichenden craniologischen Charakter, so könnten sie nur als erste Unterabtheilung der *Balaenopterinae* gelten. Meine *Balaenopterinen* würden dann in zwei Gruppen A. *Agaphelinae* und B. *Pterobalaeninae propriae* zu zerfallen sein. Die Charaktere dieser Gruppen würden sich vorläufig auf folgende Weise feststellen lassen.

4*

Scheiteltheil, wahrgenommen wird. Die Längsleiste der oberen Fläche der Hinterhauptsschuppe dehnt sich seltener auf ihren vorderen, meist auf ihren mittleren und hinteren
Theil aus. — Die weniger perpendiculäre Schläfenschuppe ist aussen vertieft, mit ihrem
oberen Saume aber nach aussen und etwas nach unten gebogen. — Die Seitenflächen der
Scheitelbeine sind tief ausgehöhlt und, wie die Schläfenschuppen, mit einem nach aussen
und etwas nach unten gebogenen Saume versehen. — Die Jochfortsätze der Schläfenbeine bieten oben nur einen schwachen, mehr oder weniger geraden Kamm. — Die vorderen, in der Mitte des Schädels oft vom Stirnbein verdrängten Enden der Scheitelbeine
erscheinen, wie die der Stirnbeine, auf der Oberseite des Schädels nur als schmaler, dem
vorderen Theile der Augenfortsätze der Stirnbeine gegenüber bemerkbarer Rand. — Die
von ihrer Oberseite gesehenen Augenfortsätze des Stirnbeins stellen ansehnliche, oben
meist ebene, stellenweis jedoch eingedrückte, stark nach hinten ausgedehnte Gebilde dar,
welche mit ihrem hinteren Theile unten den vorderen Theil der Schläfenöffnung stark verengen. — Die von den Stirnbeinen, den Scheitel- und Schläfenbeinen gebildeten, innen
stark vertieften, oben von dem nach unten gebogenen oberen Saume der Hinterhaupts-
und Schläfenschuppe, sowie dem der Scheitel- und Stirnbeine, überwölbten Schläfengruben
geben in unten fast nierenförmige und kleinere Schläfenöffnungen über, die in Folge der
erwähnten Ueberwölbung der Schläfengrube nicht völlig frei nach oben münden. — Der
hintere obere Rand der Augentheile der Oberkiefer ist viel stärker nach hinten gebogen.
— Die Oberkiefer neigen sich, besonders vor ihrem Grunde, nicht blos mehr oder weniger
mit ihrer äusseren, sondern auch ganz besonders mit ihrer inneren Hälfte nach unten, so
dass die letztgenannte Hälfte sogar stets in mehr oder weniger perpendiculärer Richtung
nach unten tritt. Ihr Gaumentheil bietet also eine tiefere, unten schmälere, stumpf dreieckige Grube zum Ansatz der Barten, als bei den *Cetotherien*. — Die denen der echten
*Balaenen* ähnlichen Nasenbeine stellen dicke, unten nur vorn etwas ausgeschweifte Knochen
dar. — Die kleinen Muscheln sind in der Mitte getrennt. — Die stark angeschwollenen
und gewölbten, mit einer sehr geräumigen Höhle versehenen Bullae tympani erscheinen
nicht fast frei auf der Unterseite des Schädels, sondern werden innen und hinten von einem
kammförmigen, innen ausgehöhlten, gebogenen, plattenartigen Fortsatz des Hinterhaupts
umfasst, vorn aber vom sehr ansehnlichen, plattenförmigen, gebogenen, innen ausgehöhlten
und nach aussen umgebogenen Keilbeinflügel umgeben, so dass die Bullae grösstentheils
in einer Höhlung liegen, woraus sie nur nach unten frei vorragen. — Der Vomer ist hinten
etwas schmäler und zeigt einen etwas höheren Kamm, der später etwas hinter den Augenfortsätzen des Stirnbeins, vor den Flügelbeinen, beginnt. — Die Gaumenbeine sind kurz

---

A. *Agaphelinae Gill.* Der Rücken ohne Flosse. Die Brust
und der Bauch furchenlos. Durch die genannten äussern
Merkmale, wodurch sie von den *Protobalaenen* abweichen,
nähern sie sich den *Balaenen.* — B. *Pterobalaeninae.*
Der Rücken mit einer Flosse oder einer höckerartigen

Spur derselben versehen. Die Brust und der Bauch von
Längsfurchen durchzogen. (*Eigentliche Bobäopterinen.*)
— Wie sich die *Agaphelinen* osteologisch zu den *Ceto-
therien* verhalten, muss die Zukunft lehren.

und besitzen einen geraden inneren Rand. Ihre inneren Ränder neigen sich so dicht gegen einander, sowie gegen den Kamm des Vomer, dass sie die Choanen auch hinten unten fast ganz schliessen. Die letzteren werden daher als fast herzförmige nach hinten gerichtete Oeffnung hinter dem Augenfortsatze des Stirnbeins wahrgenommen. — Die Unterkieferäste erscheinen meist etwas stärker gebogen.

Den vordersten Rückenwirbeln fehlt die Grube zur Rippenanlage. — Die Lenden- und Schwankwirbel sind selbst bei sehr alten Exemplaren nicht verdickt. Der Rückenmarkskanal der Lenden- und Schwanzwirbel ist mehr in der Richtung der Höhe als der Breite entwickelt, nicht namhaft verengt. — Die unteren Dornfortsätze, namentlich die vorderen und besonders die mittleren, sind länger als unten breit und in der Mitte verschmälert.

Die Rippen erscheinen dünner, platter und auf der Innenfläche ziemlich eben, die mittleren und hinteren überdies schmäler. — Das erste Paar derselben ist breiter, besonders unten. — Die Rippen sind nur den Querfortsätzen angeheftet. Das Brustbein dient nur einem Rippenpaar zur Befestigung.

Der Humerus ist im Verhältniss zu den längeren Armknochen gegen ⅓ kürzer. Phalangen sind nur für vier Finger vorhanden; wovon die der beiden Mittelfinger oft zahlreicher sind und eine grössere Verlängerung der genannten Finger bedingen.

Zu Folge meiner Untersuchungen und reductiven, classificatorischen Ansichten gehören mit Sicherheit in diese Abtheilung die Gattungen: 1) *Agaphelus Cope*. 2) *Kyphobalaena Eschricht* = *Balaenoptera Lacép e. p.* = *Megaptera Gray e. p.* = *Familia Megapteridae Gray e. p.* — 3) *Pterobalaena Eschr.* = *Balaenoptera Lacép e. p.* = *Familia Physalinidae et Balaenopteridae Gray.*

## 1. Genus Kyphobalaena Eschr.

### (*Megaptera Van Bened. Megaptera et Poescopia Gray.*)[1]

Der Rumpf dicker und weniger gestreckt als bei den eigentlichen *Balaenopteriden* (*Pterobalaenen*). — Statt der Rückenflosse ein blosser Höcker. Brust und Bauch von Längsfurchen durchzogen. Die lanzettförmig-länglichen Brustflossen verlängert, etwa ¼ der Totallänge des Körpers und gleichzeitig am Ende schmäler und stumpfer. Die Mittelfinger in Folge zahlreicherer Fingerglieder stark verlängert.

Vergebens habe ich mich bis jetzt nach solchen Kennzeichen umgesehen, wodurch die langflossigen *Balaenopteriden* (die *Kyphobalaenen*, die Familie der *Megapteriden Gray's*) von den kurzflossigen *Balaenopteriden* (den *Pterobalaenen Eschricht's*) sich craniologisch

---

1) Was die von Gray auf Grundlage von *Balaenoptera* | wozu Gray sie stempelte, noch überhaupt als nöthig und robusta *Lilljeborg* aufgestellte Gattung *Eschrichtius* an- | wohl begründet ansehen. langt, so lässt sie sich weder als *Megapteride* nachweisen, |

scharf unterscheiden. Anfangs glaubte ich, dass der bei *Kyphobalaena longimana* schmäler als bei den echten *Balaenopteren* erscheinende Augenfortsatz des Stirnbeins (als eine Hinneigung zu *Balaena*) ein Merkmal abgeben könnte, eine Ansicht, die aber, nachdem der homologe Theil der *Kyphobalaena Lalandii* damit verglichen worden war, aufgegeben werden musste.

Ausser dem eigenthümlichen Verhalten der Finger bot auch der Vergleich der übrigen Theile des Skelets[1]) keine durchgreifenden generischen Unterscheidungs-Merkmale. Dass die Wirbel der *Kyphobalaenen*, als Hinneigung zu denen der *Balaenen*, kürzer und dicker sind als die der *Pterobalaenen*, kann allerdings in Betracht kommen, obgleich auch die *Cetotherien* ein ähnliches Verhältniss bieten. Die etwas grössere Höhe der Schulterblätter kann wohl nicht als sehr wesentlicher unterscheidender Charakter gelten, wohl aber die Bildung ihres vorderen Theiles. Die vorderen Fortsätze des Schulterblattes (Acromion und Processus coracoideus) fehlen nämlich bei *Kyphobalaena longimana* ganz, während *Kyphobalaena Lalandii* (wie *Balaena antipodarum* = *Caperea antipodarum* Gray), ein sehr kleines Acromion nach Van Beneden *Ostéogr.* p. 133 bietet, das *Gray* als kleinen Processus coracoideus bezeichnet, ein Unterschied, worauf Letzterer seine nach meiner Ansicht unnöthige Gattung *Poescopia* gründet.

Ein ebenfalls namhaftes generisches Kennzeichen bieten ferner, abgesehen vom blossen Flossenhöcker, die besonders in Folge der beiden aus zahlreicheren Phalangen zusammengesetzten Mittelfinger sehr verlängerten, lanzettförmig-länglichen, am Ende zugerundeten Brustflossen, sowie die etwas schlankeren, in der Mitte verengten Glieder aller Finger.

Obgleich die *Kyphobalaenen* durch die Mehrzahl ihrer Kennzeichen mit den *Pterobalaenen* übereinstimmen, so neigen sie doch durch ihren gedrungenen Körper und die damit in Connex stehenden kürzeren Wirbel, die verkümmerte Rückenflosse, sowie durch das Verhalten des Schulterblattes der *Kyphobalaena Lalandii* mehr zu den *Balaenen*, namentlich zu *Balaena antipodarum*, als zu den *Balaenopteren* im engeren Sinne hin.

Nach Van Beneden *Ostéogr.* p. 265 würden zur eben charakterisirten Gattung folgende Ueberreste gehören:

1. Kyphobalaena boops Fabr. s. Kyphobalaena longimana Rudolphi.

Megaptera boops *Van Bened. Ostéogr.* p. 120.

Wie schon oben bemerkt, vindizirte Nilsson die bei Landskrona ausgegrabenen Schädelreste und Wirbel, worauf er theilweis seine *Balaena prisca* (*Scandin. Faun. 2. Aufl.* p.643) gründete; später (*Öfversigt af Kongl. Acad. Förhandl. 1860. Stockholm 1861*, p. 105) theilt er aber am 14. März der Stockholmer Akademie Folgendes mit: »Der Atlas, den er

---

[1]) Es sei erlaubt hier an die bereits 1848 von mir im Berliner Museum verfasste selbständige, vergleichende Osteologie der *Kyphobalaena longimana* und *Balaenoptera laticeps seu borealis* (*B. rostrata Rudolphi*) zu erinnern, die in der *Medizinischen Zoologie* Bd. 1, p. 127 sich befindet und von keinem der neueren Cetologen berücksichtigt wurde.

in der *Fauna p. 644, Fig. 7* abgebildet habe, sei von einer *Balaenoptera musculus* und gehöre nebst den Bruchstücken eines Craniums, einem Armknochen und einigen Rippen zu den bei Landskrona ausgegrabenen Resten, die im Museum zu Lund aufbewahrt werden.» Nach Lilljeborg (*Upsala Universitets Årsskrift 1862, p. 54 Anm.*) würden aber der hintere Schädeltheil nebst dem Atlas mit den homologen Theilen von *Megaptera boops* stimmen. Van Beneden (*Ostéogr. p. 265*) bemerkt übrigens nicht ganz richtig, nach Lilljeborg gehörten alle von Nilsson zu *Balaena prisca* gezogenen Reste zu *Megaptera Boops*.

## ?2. Kyphobalaena syncondylus Balaenoptera syncondylus A. Müller.

Die sehr fragliche Art wurde auf Grundlage eines an der kurischen Nehrung bei Nidden gefundenen Schädelbruchstückes einer *Balaenopterine* von A. Müller (*De fragmento cranii. etc. Regiomonti. 1862, 4.* und Ueber das Bruchstück vom Schädel eines Finnwales, *Balaenoptera syncondylus*, welches 1860 von der Ostsee in der kurischen Nehrung ausgeworfen wurde (*Schriften d. physikalischen Gesellschaft zu Königsberg, Jahrgang IV, 1863, mit 3 Tafeln, 4.*) aufgestellt. Schon früher hatten übrigens bereits Hensche und Hagen (*Schriften d. physikalischen Gesellschaft, Jahrg. I, S. 147, mit 1 Taf.*) dasselbe Fragment beschrieben. H. v. Meyer in seinem Nachlasse bemerkt hinsichtlich desselben: «Ob fossil? Möglicherweise noch lebend?» Ich neige mich ebenfalls zu seiner Ansicht hin. Walfische kommen noch jetzt zuweilen in die Ostsee. Noch im Jahre 1850 strandete ein *Kyphobalaena longimana* bei Reval, deren Haut und Skelet sich im St. Petersburger Museum befinden. Die angegebenen Kennzeichen scheinen mir übrigens für die sichere Feststellung der Art nicht hinreichend. Ueberhaupt dürfte ein solches Fragment nur eine annähernde spezifische Bestimmung gestatten. Es fragt sich sogar, ob das Fragment einer *Kyphobalaena* angehört.

Als fossile, d. h. subfossile Reste werden von Van Beneden (*Ostéogr. a. a. O.*) auch noch folgende der Gattung *Megaptera* seu *Kyphobalaena* zugeschrieben, jedoch einer genaueren Prüfung anheimgestellt.

1) Ein Skelet, welches nach Hensche bei Friedrichshall in Norwegen 250 Fuss über dem Meeresspiegel gefunden wurde und nach Van Beneden's Meinung die Charaktere von *Megaptera* zeigt.

2) Ein bei Neu-Orleans, 160 Meilen von der Küste, 75 Fuss über dem Meeresspiegel entdecktes 1700 Pfund wiegendes Skelet, dessen lithographirter Schädel die Kennzeichen der Gattung *Megaptera* bietet, wie Van Beneden ausdrücklich sagt.

3) Der von Eichwald (*Bullet. d. nat. d. Mosc. 1846, 1. S. 135*) mitten in Schweden, unweit des Wettersees, gefundene, einer *Balaenoptera longimana* vindizirte Unterkiefer von 20 Fuss Länge. Derselbe dürfte indessen, selbst wenn er auch das frühere, dortige Vorkommen einer *Balaenopterine* dokumentirt, in Bezug auf Artbestimmung einer Revision bedürfen. Die angegebene Länge ist für den Unterkiefer einer *Balaenoptera longimana*, die

höchstens 60 Fuss erreicht, zu gross. Wahrscheinlicher gehörte daher derselbe der 80 Fuss und mehr erreichenden *Balaenoptera musculus* oder der eine ähnliche Grösse bietenden *Balaenoptera Sibbaldi* an. — Auf keinen Fall kann wohl der Kiefer als Rest einer untergegangenen Art angesehen werden.

## 2. Genus Pterobalaena Eschr.

Balaenoptera *Van Bened.*, Balaenoptera *Lacép. e. p.* = (*Familia Physalinidae* et *Balaenopteridae Gray* nec von Genus *Eschrichtius Gray*).

Der Rumpf gestreckter, schlanker, auf der Bauchseite von Längsfurchen durchzogen. Auf dem Rücken eine dreieckige, zugespitzte Flosse. Die fast lanzettförmigen, zugespitzten Brustflossen viel kürzer als ¼ der Totallänge des Körpers. Die Mittelfinger von mässiger Länge.

Die im Vergleich mit den Kyphobalaenen zahlreichere Arten bietenden *Pterobalaenen* lassen sich als die am meisten normalen und daher wahrhaft typischen Formen der Familie der *Pterobalaeniden* oder *Balaenopteriden*, namentlich in Betreff der am meisten mit der der grösseren Zahl anderer Cetaceen übereinstimmenden Gestalt ihres schlankeren Körpers, sowie ihrer kürzeren Flossen ansehen.

Dass sie craniologisch im Wesentlichen mit den *Kyphobalaenen* übereinstimmen, ist bereits bemerkt. Ebenso wurde aber auch angedeutet, dass ihre Wirbel weniger kurz und dick erscheinen und daher einen gestreckteren Körper bedingen, wodurch sie von den *Kyphobalaenen* und echten *Balaenen* abweichen.

Einen besseren osteologischen Unterschied als die längeren Wirbel dürfte indessen das sehr breite, zu dem der *Delphinoiden* tendirende, stets mit einem ausgebildeten Acromion und einem entwickelten Processus coracoidens versehene Schulterblatt darbieten. Auch die kürzeren, in der Mitte weniger vereugten, an den Mittelfingern in geringerer Zahl vorhandenen Phalangen lassen sich im Vergleich mit den *Kyphobalaenen* als Unterscheidungsmerkmale ansehen.

Wenn nun aber auch die *Pterobalaenen* durch den schlankeren Körper und das breitere, etwas niedrigere Schulterblatt den echten *Balaenen* unähnlicher erscheinen, als die *Kyphobalaenen* (*Megapteren*), so nähern sie sich doch durch die kürzeren Glieder ihrer zugespitzten Brustflossen und die kürzeren mit breitern Gliedern ausgestatteten Mittelfinger mehr den *Balaenen* als dies mit den *Kyphobalaenen* der Fall ist. Die eben angedeuteten verwandtschaftlichen Verhältnisse gestatten es daher nicht an eine strenge stufenweise (reihige), von den *Balaenen*, *Pterobalaenen* oder *Kyphobalaenen* beginnende Entwicklungsreihe zu denken oder die eine oder andere der drei Gattungen als wahre Mittelstufe zwischen den beiden übrigen zu betrachten. Alle drei dürften vielmehr als gesonderte Gattungstypen zu gelten haben.

Bemerkenswerth ist es, dass sich von den in Europa gefundenen Resten von *Balaenopteriden* noch keine mit Sicherheit auf eine untergegangene *Pterobalaena* haben beziehen lassen.

Möglich wäre es indessen, dass die von Leidy in seiner *Synopsis of the mammalian remains of North America p. 441* aufgeführten *Eschrichtien*, wenn auch nur theilweis, *Balaenopteren* wären.

### Spec. 1. Balaenoptera robusta Lilljeb.

Balaenoptera robusta *Lilljeborg Öfversigt af Skandinaviens Hvaldjur in Upsala Universitets Årsskrift 1862, p. 39.* — Van Bened. *Ostéogr. p. 250.* — Eschrichtius robustus J. E. *Gray Catal. p. 133, Synops. of the spec. of Whales p. 2, u. III;* Lilljeborg *Nov. Act. Soc. Scient. Upsaliens. ser. 3, Vol. VI. Upsaliae 1868, p. 16, Pl. 1—VIII.* — Van Bened. *l. l. 255.*

Auf einer von einem Herrn v. Friesen in den Scheeren des Roslag angestellten Excursion wurde in der Kirche auf Gräsö der Wirbel eines Wales wahrgenommen, was Veranlassung zu weiteren Nachforschungen gab, die zunächst zur Ermittelung zweier Wirbel und eines Rippenbruchstücks führten, welche in dem Graben eines Ackers bei Norrboda auf dem nördlichen Theile von Gräsö lagen. Später veranstaltete Lilljeborg Nachgrabungen auf dem erwähnten, vom Meeresstrande 840 Fuss entfernten und ungefähr 20 Fuss über dem Meeresspiegel gelegenen, etwas vertieften Acker, die ausser Wirbeln und Rippen den Unterkiefer, den Atlas, das Sternum, die Scapula und den Radius nebst der Ulna zu Tage förderten, während in der Nähe der Knochen und neben ihnen sich eine Menge von *Tellina baltica* und *Mytilus edulis* fand.

Diese Knochen sind es, die Lilljeborg vorerst zu einer vorläufigen Mittheilung (*Öfversigt af K. V. Akad. Förhandl. 1859, no. 7, p. 327,* übers. v. Kreplin, siehe *Zeitschrift f. d. gesammten Naturwiss. v. Giebel und Heintz, Berlin 1860, S. 279*) und später zu den in den oben erwähnten 1862 und 1868 erschienen Schriften enthaltenen, durch treffliche Abbildungen erläuterten ausführlichen Beschreibung derselben und (offenbar wegen der getrennten Halswirbel, sowie der mässigen Krümmung der Unterkiefer) zur Aufstellung einer neuen Art von *Balaenopterinen* Anlass gaben, deren Länge er nach Massgabe seiner Reste auf etwa 20 Fuss anschlägt. Hinsichtlich der Dicke und Kürze der Wirbel nähert sich die fragliche Form, wie er richtig bemerkt, der *Kyphobalaena longimana*, weshalb er sie auch sehr passend mit dem Epitheton *robusta* bezeichnet; besonders da auch die Unterkiefer sogar noch dicker als bei *K. longimana* sein sollen. Die abweichende Gestalt des Brustbeins und des Ober- wie Unterarms nebst dem mit ausgebildeten Acromion und Processus coracoideus versehenen Schulterblatt sprechen indessen gegen eine Vereinigung mit der Gattung *Kyphobalaena*. Auch lässt sich eine solche Vereinigung ohne Kenntniss der Knochen der langen Finger nicht nachweisen, die aber noch nicht gefunden wurden. Ich vermag deshalb nicht mit Gray (a. a. O.) übereinzustimmen, wenn er die in *Eschrichtius robustus* ohne gehörigen Grund umgetaufte *Balaenoptera robusta Lilljb.* seiner Familie der *Megapteriden* einverleibt. Van Beneden scheint meiner Ansicht zu sein, da er sie sonst wohl unter seiner Gattung *Megaptera* p. 119 oder 267 aufgeführt hätte.

Mémoires de l'Acad. Imp. des sciences, VII Série.   5

Nach Maassgabe der von Lilljeborg beschriebenen Skelettheile bietet das Brustbein und Schulterblatt solche Kennzeichen, welche *Balaenoptera robusta* von den anderen bekannten, namentlich nordischen *Balaenopterinen*, allerdings unterscheiden. Das Brustbein ähnelt zwar am meisten hinsichtlich seiner vorderen Hälfte dem von *Balaenoptera musculus*, ist aber breiter, vorn weniger ausgerandet ·und hinten in eine viel längere Spitze ausgezogen, wodurch es an das von *Balaenoptera rostrata* erinnert, wovon es aber durch seinen breiteren Vordertheil abweicht.

Das Schulterblatt nähert sich in der Totalform, namentlich dem weniger entwickelten hinteren Theil, allerdings etwas dem von *Kyphobalaena longimana*, weicht aber, wie schon erwähnt, durch die, wie bei allen echten *Balaenopteren*, nebst dem Acromion stark entwickelten Processus coracoideus ab. *Balaenoptera robusta* lässt sich also auch in Betreff der eben erörterten Verhältnisse nicht zu den Gray'schen *Megapteriden* bringen.

Nach Maassgabe des wohl erhaltenen Zustandes und oben erwähnten Fundortes der Knochen und der mit ihnen vorgekommenen noch lebenden Arten angehörigen Conchylien sind die Skeletreste wohl einem Individuum zuzuschreiben, welches erst in neueren Zeiten, wenn auch möglicherweise schon vor mehreren hundert Jahren, seinen Untergang fand, also zu den in der gegenwärtigen Periode noch lebenden Arten gehörte. Ob nun *Balaenoptera robusta* als erst durch Lilljeborg's treffliche Untersuchungen begründete Art (an einen Bastard zwischen *Balaenoptera musculus* und *longimana* oder *rostrata* lässt sich doch wohl nicht denken) noch jetzt, vielleicht als verkannte Seltenheit, in den nordischen Meeren lebt, oder, wie die *Rhytina*, zu den in den letzten Jahrhunderten vertilgten, oder auf eine andere Weise untergegangenen Thieren gehört, oder doch nur die Varietät einer bekannten Art darstellt, müssen künftige Untersuchungen entscheiden. Für das vermuthlich hohe, nach Maassgabe anderer *Balaenopteriden* wohl mindestens in die Miocänzeit zu verlegende Alter der Gattung der *Balaenopteren* vermögen demnach die Lilljeborg'schen Reste keinen Stützpunct zu verschaffen. Ihre Besprechung konnte indessen nicht unterbleiben, da sie möglicherweise doch einer untergegangenen Art angehören könnten.

### Spec. 2. Balaenoptera Cuvieri et Cortesii Desmoul.

Balaenoptera Cuvieri et Cortesii *Dictionn. univ. d'hist. nat. Balaines foss. p. 445.* — Plesiocetus Cortesii *Van Bened. Ostéogr. p. 288.*

Eine Art, die Van Beneden zum Typus seiner Gattung *Plesiocetus* erhoben hat, welche daher unten näher besprochen werden soll.

### Spec. 3. Rorqualus priscus Gerv.

Die Art wurde auf einer Bulla und dem Fragment eines Unterkiefers von Gervais begründet. Van Beneden (*Ostéogr. p. 287*) erklärte indessen den *Rorqualus priscus* für einen *Plesiocetus* und nannte ihn *Plesiocetus Gervaisii.* Man vergleiche meine Bemerkungen über diese Gattung.

### Spec. 4. Balaenoptera sp.? Nordm.

V. Nordmann, *Palaeontol. Südrussl. p. 348, Taf. XVII, Fig. 13, 14*.

Unter obigem Titel beschrieb v. Nordmann einige Wirbel, die meinen Untersuchungen zu Folge, welche sich auf einen der durch die Güte der Herrn Professoren Wiis und Maeklin in Helsingfors mitgetheilten Nordmann'schen Original-Exemplare der Wirbel stützen, einem sehr grossen *Delphin* angehörte, den ich *Delphinus (Orca?) Nordmanni* benannt habe, wovon übrigens noch andere zahlreiche Reste mir vorliegen.

### Spec. 5. Balaenoptera Ow.

Der Walwirbel aus dem Antwerpener Becken, dessen Lyell (*Quart Journ. geol. Soc. London 1852, Vol. VIII, p. 381*) erwähnt, wurde allerdings von Owen (ebd.) für den Lendenwirbel einer *Balaenoptera* erklärt. Dies geschah indessen sieben Jahre früher als (1859) Van Beneden die von ihm noch früher (1835) ebenfalls für Balänopterenreste gehaltenen Knochen seiner Gattung *Plesiocetus* zuschrieb. Der fragliche Wirbel könnte also mit Van Beneden (*Ostéogr. p. 274*) sehr wohl dieser Gattung zuzuweisen sein. Er vermag daher, wenigstens für jetzt, keinen Stützpunct für den Nachweis echter miocäner oder pliocäner Balänopteren zu liefern.

## ANHANG.

### Einige Worte über die von Du Bus und Van Beneden untersuchten Antwerpener Reste von Balaenopteriden.

So reich auch das Antwerpener Becken an Resten von Cetaceen und namentlich auch an *Balaenopteriden* ist, so hat doch Van Beneden keine dort gefundene echte *Balaenoptera* aufgestellt, denn die Reste, welche er 1835 (*Bull. de l'Acad. roy. belg. II, p. 67*) dafür hielt, wurden 1859 von ihm (*ebd. 2. sér. T. VIII, p. 128 sqq.*) einer neuen, allerdings der Familie der *Balaenopteriden* angehörigen Gattung (*Plesiocetus*) zugeschrieben und drei Arten (*Pl. Garopii, Burtini* und *Hupschii*) vindizirt. Er spricht indessen von noch unbestimmten Walfischwirbeln, worunter auch echten *Balaenopteren* angehörige sein könnten.

Herr Vicomte Du Bus bemerkt (*L'Institut sc. math. 1868, p. 287*), von *Balaenopteriden* fanden sich auch bei Antwerpen mehrere Arten, die Van Beneden seiner Gattung *Plesiocetus* zuwies. Ueber das dortige Vorkommen echter *Balaenopteren* (= *Pterobalaenen*) schweigt indessen auch er.

Die antwerpener Funde liefern also ebenfalls bis jetzt keinen directen Beweis für die Altersbestimmung der Gattung *Balaenoptera* seu *Pterobalaena*. Da indessen die Gattung *Balaena* bereits in der Tertiärzeit existirte, so dürfte sie wohl auch schon damals gelebt haben.

Bemerkungen über die der Familie der Balaenopteriden angehörigen, von Owen beschriebenen und abgebildeten, einer muthmasslichen Gattung (Balaenodon) vindicirten Bullae tympani von Felixstow (Suffolk).

Schon Cuvier unterschied wegen des abweichenden Baues der Bullae tympani Bal. australis von Balaena mysticetus. — Owen nahm sie daher auch (Brit. foss. mam. p. 529) als Charakter für die Unterscheidung der fossilen Arten. Van Beneden benutzte in der Ostéographie ebenfalls die von ihm bereits früher (L'Institut 1836 und Ann. de sc. nat. 2. sér. Vol. VI. p. 158) nachdrücklich gewürdigte Gestalt der Bullae zur Charakteristik der Arten der Balaeniden. Auch ich konnte nicht umhin, ihnen bei meiner Beschreibung der fossilen Balaeniden den gebührenden Platz einzuräumen. Als ich daher die Bullae meiner Cetotherien mit denen der Owen'schen Balaenodonten und denen der Van Beneden-schen Plesiocetcn verglich, gelangte ich zu folgenden Resultaten.

Wie bekannt, beschrieb R. Owen vier im Crag von Felixstow (Suffolk) gefundene fossile Bullae tympani zuerst im Quart. Journ. of the geol. Soc. of Lond. 1843, II, p. 37, dann in seinen Brit. foss. mam. p. 530. Er erklärte dieselben anfangs für Reste mehrerer Arten von Balaena, später aber in einer Tabelle p. XLII der Brit. foss. mam. vindizirte er sie muthmasslich einer mit Zähnen bewaffneten Balaeniden-Gattung (Balaenodon). Es sind dies dieselben, von denen Van Beneden (Ostéogr. p. 294) sagt, sie proviennent probablement d'une même espèce plus voisine des Baleinoptères que des Baleines, worin ich in Bezug auf artliche Identität wenigstens 'nach Maassgabe der Abbildungen nicht seiner Meinung sein möchte. Sie dürften mindestens auf zwei oder drei Arten hindeuten. Wenn er aber später p. 262 bemerkt, die Owen'schen Bullae gehörten keinen echten Balaenen, sondern Balaines à ailerons an, so kann ich ihm hierin im Allgemeinen nur beistimmen.

Die Bulla des Owen'schen Balaenodon gibbosus und emarginatus nähert sich gestalt-lich im Allgemeinen, namentlich durch ihr hakig gebogenes Ende ebenso wie durch die Form ihrer Windung und Mündung, denen mancher, dem Balaenopteren viel näher als den Balaenen stehenden, Cetotherien, namentlich der Bulla meines Cetotherium Mayeri, sowie der welche ich fraglich zu Cetotherium Klinderi ziehen möchte. Die Letztgenannte ist dieselbe, welche schon Nordmann Paleont. p. 243 den Bullae des Balaenodon gibbosus und emargi-natus ähnlich fand. — Uebrigens erinnert die Bulla des Balaenodon affinis etwas an die vom Cetotherium priscum, welche letztere Van Beneden (Pl. XVII, Fig. 7) irrigerweise Cetotherium Rathkei vindizirte.

Die mir vorliegenden Cetotherien-Bullae sind indessen nicht allein bedeutend kleiner, als die von Owen (Brit. foss. mam. p. 530 seqq.) beschriebenen ebendaselbst Fig. 221 als einer Balaena affinis, Fig. 222 als einer Balaena difinita, Fig. 223 als einer Balaena gib-bosa und Fig. 224 als einer Balaena emarginata angehörig abgebildeten, sondern sie weichen sämmtlich durch ihre Form von meinen Bullae der Cetotherien namhaft ab, wovon sich jeder, der meine Tafel XII vergleicht, ohne Schwierigkeit überzeugen kann.

Da nun keine der von Owen beschriebenen Bullae einem der von mir beschriebenen *Cetotherien* angehören kann, in der Nähe des von England nur wenig entfernten Antwerpens aber die Reste mehrerer Arten der *Cetotherium* mindestens nahe verwandten Gattung *Plesiocetus* gefunden wurden, so liegt die Frage nah, ob nicht die Bulla des *Balaenodon affinis*, *gibbosus* und *emarginatus* drei Arten von *Plesiocetus* angehört haben könnten. In der That finden wir auch, dass Van Beneden sich zu einer solchen Ansicht hinneigte, denn er führt Owen *Brit. foss. mamm.* und Lankester als Synonyme der Gattung *Plesiocetus* an.

Vergleicht man aber die in der *Ostéographie d. Cétac. Pl. XVI, Fig. 2, 3, 10, 18* und *19* von Van Beneden dargestellten Bullae des *Plesiocetus Garopii, Burtini* und *Hupschii*, so findet sich, dass nur die Bulla des *Plesiocetus Garopii* eine gewisse, jedoch nicht sehr auffallende, Hinneigung zu der des *Balaenodon affinis* zeigt, während die Bullae meines *Cetotherium Mayeri* und *Klinderi* denen von *Balaenodon gibbosus* und *emarginatus* ähnlicher erscheinen. Es liesse sich demnach vermuthen: die Balaenodonten, welche Lankester (*Ann. a. Magaz. nat. hist. 1864, Vol. XIV, p. 359*) meist als *Balaenen* aufführt, während er später (*Geolog. Mag. Vol. II, 1865, p. 128*) die ihnen zugeschriebenen Zähne der Gattung *Squalodon* und *Ziphius* zuweist, wogegen Owen *Palaeontogr. Soc. Vol. XXIII, f. 1868, p. 38*) replicirt, seien eher *Cetotherien* als *Plesioceten* gewesen. — Man kann daher noch einige Zweifel hegen, ob mehrere von Van Beneden zur Gattung *Plesiocetus* (*Ostéogr. p. 274*) gezogene Synonyme wirklich auf echte *Plesioceten* zu beziehen sind. Ich meine namentlich die Citate, welche auf die soeben besprochenen, von Owen (*Ann. a. Mag. nat hist. IV, 1848, Brit. foss. mamm., Quart. Journ. geol. soc. London, T. XII, 1856*) und Lankester (*Proc. geol. Soc. 1865*) beschriebenen Bullae Bezug haben. *Cetotherium* und *Plesiocetus* sind freilich Gattungen, deren trennende Charaktere noch nicht scharf festgestellt sind. — Der Umstand, dass ein aus Suffolk, dem Fundorte der Owen'schen Bullae, stammendes, im Cambridger Museum befindliches Schädelfragment nach Van Beneden (*Ostéogr. p. 276*) dem *Plesiocetus Hupschii* angehöre, lässt freilich wieder noch eher daran denken, dass auch die Owen'schen Bullae *Plesioceten* angehörten.

In Betreff des *Balaenodon physaloides Ow.*, worüber Lankester a. a. O. p. 359 bemerkt: (Also at Antwerpen, several species, probably, are included under this name), so wage ich darüber gleichfalls kein sicheres Urtheil zu fällen, möchte aber damit die eine oder andere noch zu ermittelnde *Cetotherine* (Art von *Plesiocetus* oder *Cetotherium*) gleichfalls in Connex bringen.

### ? 2. Subtypus seu Subfamilia

### Cetotheriopsinae J. F. Brdt.

R. Owen (*Brit. foss. mam. p. 536* und besonders p. 541) stellte (wie schon im vorigen Abschnitt angedeutet wurde) bekanntlich die Vermuthung auf, dass fossile, denen der Cachelots ähnliche, aber durch ihren feineren Bau (Owen a. a. O. p. 538—39) davon abweichende Zähne und denen der *Balacniden* ähnliche Paukenbeine (Bullae tympani), die im Red-Crag von Felixstow (Suffolk) gefunden wurden, einer Gattung von Walthieren angehörten, die mit den Charakteren von Bartenwalen Zähne verband, also hinsichtlich derselben einen weiter entwickelten Fötalzustand der Bartenwale darstellte und nannte dieselbe (ebd. im *Conspectus p. XLVI*) *Balaenodon.*

Bereits im Jahre 1847 berichtete H. v. Meyer (*Neues Jahrbuch f. Mineral. 1847, S. 189*): im Tertiärsande der Umgegend von Linz habe man fossile Knochen ausgegraben, die drei Gattungen von *Cetaceen*: der *Halianassa Collinii* (welche für den Tertiärsand von Flonheim so bezeichnend sei), dem *Squalodon Grateloupi* und einem weit grösseren *Cetaceum* als die genannten angehörten, welche aber damals nur aus mehreren Wirbeln und einem Zahn bestanden.

Die Wirbel des Letzteren wurden 1849 auf Grundlage von C. Ehrlich gesandter Zeichnungen von Joh. Müller (*Die Zeuglodonten p. 29*) für die eines *Zeuglodon* erklärt.

Um dieselbe Zeit entdeckte man bei Linz in demselben Sandlager das Schädelfragment eines walartigen Thieres, welches H. v. Meyer (*N. Jahrb. f. Mineral. 1849, S. 549*) nach Maassgabe eines ihm vom Herrn Custos Ehrlich mitgetheilten Gypsabgusses als das jenes oben (a. a. O. S. 189) erwähnten grösseren *Cetaceum* nahm, wovon er früher nur den Atlas nebst einigen anderen Wirbeln und einen Zahn kannte. Obgleich ihm nun, wie er selbst gesteht, der walartige Bau des Schädels im Vergleich mit dem Zahn wenig zusagte, so fand er sich doch veranlasst, die fraglichen Reste Owen's hypothetischer Gattung *Balaenodon* einzureihen und darauf einen *Balaenodon lintianus* zu gründen, unter welchem Namen sie im Linzer Museum aufgestellt wurden.

Im folgenden Jahre äusserte H. v. Meyer (*N. Jahrb. f. Mineral. 1850, p. 205*), das Schädelfragment seines *Balaenodon* besitze mehr Aehnlichkeit mit *Zeuglodon* als der Schädel von *Squalodon.* Ferner bemerkt er, dass er sich mit der Müller'schen Deutung der linzer Wirbel nicht ganz einverstanden erklären könne. Die Wirbel glichen nur in so weit denen der *Zeuglodonten*, als diese den Wirbeln anderer *Cetaceen* gleichen. Er führt dann weiter fort, dass die Wirbel ferner eine linzer Bulla tympani, die er nebst dem erwähnten Zahn seinem *Balaenodon* vindizirt, sich von den entsprechenden Theilen der *Zeuglodonten* unterscheiden, also wahrscheinlich nicht zum *Genus Zeuglodon* gehörten, er wolle aber nicht damit sagen, dass sie wirklich auf *Balaenodon* zu beziehen wären.

Die von H. v. Meyer dem *Balaenodon lintianus* (er wollte wohl sagen *linzianus*) vindizirten Reste wurden bald darauf unter dem Meyer'schen Namen vom Herrn Custos Ehrlich beschrieben und abgebildet. Man vergleiche hierüber seine Arbeit: *Ueber die nordöstlichen Alpen, Linz 1850, Taf. II, III, IV*, dann seine *Geognostische Wanderungen in die N. O. Alpen, Linz 1854, S. S. 82*, sowie seine *Beiträge z. Palaeontologie, Linz 1855, S. 8*. Bei Bronn (*Lethaea, 3. Aufl., III, p. 757*), Pictet (*Traité d. Paléont. 2. éd. I, p. 379* und Giebel, *Die Säugethiere, p. 111, Note*, werden sie unter demselben Namen besprochen.

In Folge eines dem Linzer Museum abgestatteten Besuches bemerkte Herr Prof.

Van Beneden beiläufig in seinem Discours (*La côte d'Ostende et les Fouilles d'Anvers, Bullet. de l'Acad. roy. Belgique sec. sér. T. XII. 1862. no. 12. p. 479. Extrait p. 32*): «Le *Balaenodon* de Linz est plutôt un *Ziphoïde*. La caisse du tympan le rapproche des *Hyperodons* ou de *Ziphoïdes*. Ce *Balaenodon* est désigné, dans nos cartons, sous le nom de *Aulocète*, à cause du sillon cranien.» In einer Anmerkung sagt er ferner ebend.: «Mais ce que nous ne comprenons pas, c'est que le savant paléontologiste (H. v. Meyer) ai pu trouver plus d'affinité entre le *Balaenodon* et le *Zeuglodon* qu'entre lui et le *Squalodon*.»

Wie ich in München aus H. v. Meyer's Nachlass ersah, hatte übrigens dieser ausgezeichnete Paläontologe später die Ansicht völlig aufgegeben, dass sein *Balaenodon lintianus* ein *Balaenodon* sei, ohne jedoch dafür einen anderen Namen vorzuschlagen und über die systematische Stellung des Thieres, dem die fraglichen linzer Reste angehörten, sich eingehend auszusprechen. Nur beiläufig sagt er: «*Balaenodon lintianus* ist nicht *Balaenodon*».

Im Sommer des Jahres 1871 verweilte ich eine Woche in Linz und hatte durch die nicht genug zu rühmende Freundlichkeit des Custos des dortigen Museums, des Herrn Carl Ehrlich, Gelegenheit, das fragliche, interessante Schädelfragment nebst den anderen auf dasselbe bezogenen Resten zu untersuchen und zeichnen zu lassen.

Wer meine auf Tafel XIX. Fig. 1—3 gelieferten Abbildungen des Schädelfragmentes mit den homologen Theilen des auf Tafel I. Fig. 1, 2, 4, 5 dargestellten Schädelfragmentes vom *Cethotherium Rathkei* vergleicht, wird zwischen beiden eine unverkennbare allgemeine Aehnlichkeit des Bildungstypus finden, obgleich allerdings beide Fragmente sehr abweichen.

Genauer betrachtet erscheint nämlich das linzer Fragment durch die Gestalt der Hirnkapsel in mancher Beziehung dem anderer *Balaenoiden* noch ähnlicher. Namentlich nähert es sich durch die vertieften, theilweis überwölbten, Schläfengruben den *Balaenopterinen*. Da dasselbe aber auch solche Charaktere bietet, wodurch es sowohl von *Cethotherium* als auch von *Balaena* und den echten *Balaenopterinen* abweicht, so dürfte es vielleicht nach Maassgabe eines solchen Verhaltens nicht blos als Grundlage eines eigenen Gattungstypus, sondern einer eigenen Unterabtheilung (*Subfamilia s. Subtypus*) zu betrachten sein, wofür ich bereits 1871 in zwei Aufsätzen des *Bulletins* unserer *Akademie* nach Maassgabe der oben angedeuteten verwandtschaftlichen Beziehungen zur Bezeichnung der Gattung den Namen *Cetotheriopsis*, zur Benennung der Abtheilung aber den Namen *Cetotheriopsinae* vorschlug.

Dass Van Beneden's frühere, später von ihm selbst verworfene, Ansicht: sein *Aulocète* wäre eine *Ziphiide*, in der That keine sei, wurde unten näher erörtert. Ich vermag ihm indessen auch darin nicht beizustimmen, wenn er später das fragliche linzer Schädelfragment nebst der oben erwähnten einer *Zeuglodontine* angehörigen *Bulla*, ferner einen ebenfalls einer *Zeuglodontine* angehörigen Zahn als Theile einer neuen Gattung von *Zeuglodontinen* Namens *Stenodon* (*Mém. d. l'Acad. roy. d. Belg. T. XXXV. p. 73 sqq.*) beschreibt.

Die Gründe welche mich veranlassen auch dieser Ansicht nicht beizutreten, habe ich theils nachstehend, theils im Abschnitte über die Zeuglodontinen angegeben.

## 1. Subfamilia seu Subtypus.

### Charakteristik der Cetotheriopsinae.

Cetotheriopsinae Brandt *Bull. sc. d. l'Acad. Imp. d. Sc. d. St.-Pétersb. T. XVII. p. 120. Mél. biol. T. VIII. p. 327.*

Der vordere, über den ihm fehlenden, Augenhöhlenfortsatz befindliche, Theil des Schädelfragmentes weit schmäler als bei irgend einer anderen *Balaenoide*. Der Hinterkopf sehr niedrig, niedriger als bei den anderen *Balaenoiden*, in der Mitte seines oberen Theiles stark ausgeschweift. Die dreieckige, vorn stark zugespitzte, mit einer dreieckigen, weit tiefer als bei den anderen *Balaenoiden* eingedrückten Grube versehene Hinterhauptsschuppe besitzt eine, jedoch nicht auf ihren hinteren Theil ausgedehnte, centrale Längsleiste und bildet mittelst ihrer Lambdaränder im Verein mit den oberen Rändern der Scheitelbeine sehr starke, nach aussen gewendete Seitenkämme. Die oben nur grösstentheils offenen, stark nach hinten ausgedehnten, längeren als breiteren Schläfenöffnungen gehen nach innen in eine tiefe, theilweis überwölbte Schläfengrube über.

Die einzige mir bekannte, auch nur eine Art umfassende, hierher gehörige Gattung ist die Gattung *Cetotheriopsis*.

### 1. Genus Cetotheriopsis J. F. Brdt. (1871).

Cetotheriopsis J. F. Brandt *Bull. sc. d. l'Acad. Imp. d. Sc. d. St.-Pétersb. T. XVI. p. 565 u. T. XVII. p. 121., sowie Mél. biol. (T. VIII. p. 196 u. 327. (Balaenodon H. v. Meyer und Ehrlich a. a. O.—Aulocetc und Stenodon Van Beneden a. a. O.)*

#### 1. Species Cetotheriopsis linziana nob.

##### Tafel XIX. Fig. 1—6.

Balaenodon lintianus H. v. Meyer und Ehrlich a. a. O. — Stenodon lentianus Van Beneden a. a. O. p. 79.

Das genauer untersuchte Schädelfragment (Tafel XIX. Fig. 1—4) stellt den Hirntheil des Schädels dar, dessen obere Hälfte im Ganzen wohl erhalten ist, während der untere Theil seiner Seiten und die meisten Knochen der Schädelbasis nebst dem Gesichtstheil vermisst werden. Der theilweise Mangel der Schädelbasis ist die Ursache, weshalb das Fragment auffallend niedriger erscheint, als es sonst der Fall sein würde. Hinten viel niedriger als bei den anderen *Balaenoiden* dürfte aber doch der Schädel von *Cetotheriopsis* (Tafel XIX. Fig. 3) gewesen sein. In seinem hinteren Theile ist derselbe übrigens weit stärker, in seinem vorderen aber weit weniger in die Breite als bei *Cetotherium* und anderen *Balaenoiden* entwickelt. Vorn, wo das Schädelfragment abgebrochen ist, erscheint dasselbe auffallend schmal, ja stark comprimirt. Seine hintere, grösste Breite beträgt 530, seine vordere nur 100, seine grösste Länge in gerader Linie 400, seine grösste hintere Höhe aber 150 Millimeter.

Wenn man das Fragment von der Oberseite (Tafel XIX, Fig. 1) betrachtet, so fällt zunächst die centrale, überaus tiefe, dreieckige, beträchtliche, in ihrer Mitte 60—65 mm. tiefe, hinten 150, vorn nur 40 mm. breite, also ungemein schmale Grube auf, die zwar grösstentheils von der stark nach vorn und unten gerichteten, grubig eingedrückten, sehr ansehnlichen, dreiseitigen Hinterhauptschuppe gebildet wird, an deren Bildung aber hinten auch wohl die Schläfenbeine, vorn aber die Scheitelbeine Antheil nehmen. Die fragliche, hinten in ihrem breitesten Theile offene, vorn durch einen niedrigen Rand begrenzte Grube ist an den Seiten von zwei beträchtlichen, kammartigen, hinten breiteren und in einen convexen Höcker endenden, vorn dünneren, innen ziemlich convexen und nach innen abschüssigen, auf der äusseren Fläche ausgehöhlten, ziemlich perpendiculären, nach vorn convergirenden Erhabenheiten begrenzt, die theils der Hinterhauptschuppe, theils den Schläfen- und Scheitelbeinen ihren Ursprung verdanken und als kammartige Lambdanaht anzusehen sind. Das Centrum der Grube wird von einer längeren und vorn breiteren längslaufenden Leiste als beim *Cetotherium* durchzogen, die aber nicht auf dem hinteren Drittel der Hinterhauptschuppe, wie bei *Balaenoptera* und *Megaptera*, wahrgenommen wird, sondern wie bei *Cetotherium* auf dem hinteren Drittel der fraglichen Schuppe fehlt.

Das vordere, sehr schmale, eine dreieckige Form bietende, oben schmälere, stumpfleistige, unten viel breitere, wohl aus dem vordersten Theile der Scheitelbeine und einem sehr kleinen (hintersten) Theil der Stirnbeine gebildete Stück des Schädelfragmentes bietet schräg von oben nach unten abgedachte, ziemlich ebene Wände.

Die Schläfenbeine zeigen einen ansehnlichen rauhen, hinten und oben von einer länglich-eirunden, längslaufenden Grube eingedrückten, nach vorn gewendeten, vorn und unten verbrochenen Jochfortsatz, unter dem sich eine zweite, sehr grosse, fast ovale Grube befindet.

Die Schläfengruben sind nicht allein höher, sondern in der Mitte breiter als bei *Cetotherium* und weichen gleichzeitig dadurch namhaft ab, dass die sie bildenden hinteren, schräg nach vorn gewendeten und vorderen senkrecht stehenden Wände tiefgrubig eingedrückt erscheinen, wodurch sie mehr denen von *Balaenoptera* ähneln.

Der von hinten gesehene, sehr breite, aber niedrige, oben in der Mitte tief ausgeschnitten erscheinende Hinterhauptstheil des Schädelfragmentes (Fig. 3) bietet in der Mitte ein ansehnliches, fast viereckiges, unten etwas schmäleres und stark bogig ausgeschweiftes Hinterhauptsloch, neben welchem die stark nach unten gebogenen Condylen hervortreten. Die Condylen werden nach aussen von einer gebogenen Furche begrenzt, neben welcher nach aussen jederseits ein sehr ansehnlicher, mit seinem unteren Theile die Condylen überragender Processus mastoideus occipitalis hervortritt.

Nach Maassgabe der dicken, abgebrochenen, hinteren Enden der Schläfenbeine scheinen diesen auch namhafte Zitzenfortsätze keineswegs gefehlt zu haben. Der hintere obere Theil der Schläfenbeine ist grubig eingedrückt.

Die Unterseite des Schädels (Fig. 4) ist leider, mit Ausnahme eines Theiles ihrer

Ränder und des rechten, unvollständigen, dreiseitigen Os petrosum, gänzlich abgebrochen. Der obere Theil der Schädelhöhle ist mit erhärtetem Sande dermaassen angefüllt, dass man über seine Bildung erst nach einer zeitraubenden Entfernung des Sandes (wozu mir die Zeit fehlte) und die Beschaffenheit des oberen Theiles der Hirnhöhle würde etwas sagen können. Jedenfalls war die Hirnhöhle nicht beträchtlich.

In der Linzer Sammlung entdeckte ich zwei nicht bestimmte, platte, ansehnliche Knochenfragmente (Taf. XIX, Fig. 5 a, b und Fig. 6), von denen das eine 230 mm. lang, 100 mm. breit, das andere aber 132 mm. lang und 120 mm. breit ist. Beide Knochenstücke lassen sich sehr wohl als Theile eines grösseren Bruchstückes ansehen, ja fast zusammenpassen und zeigen bei genauerer Betrachtung ganz entschieden den Charakter von Oberkieferstücken einer *Balaenide*. Sie bestehen nämlich aus Maxillartheilen, die den bekannten dünneren, äusseren Rand und neben demselben auf der Unterseite ihres Gaumentheiles (Fig. 6 b', b', b') die breite, charakteristische Rinne zeigen, welche bei den *Balaeniden* zur Aufnahme der Barten dient, die indessen (ähnlich der der *Cetotherien*) weniger tief als bei den noch lebenden *Balaeniden* erscheint. Die Oberseite der Fragmente dacht sich mässig nach unten ab und bietet nebst einigen Längseindrücken einige längslaufende Gefässfurchen. Ihre Gestalt scheint auf eine ziemlich lange Schnautze hinzudeuten.

Dass die in demselben Sandlager, wie das Schädelfragment, wenn auch nachweislich nicht gleichzeitig, gefundenen, oben charakterisirten Oberkieferfragmente als Theile derselben Thierart gelten können, lässt sich daraus vermuthen, dass sie in morphologischer, wie proportioneller und histologischer Beziehung sehr wohl zum fraglichen Schädelfragment passen.

Ausser den beschriebenen Schädeltheilen der *Cetotheriopsis* fand ich in dem Linzer Museum keine anderen, welche sich ihr vindiziren lassen. H. v. Meyer, C. Ehrlich und Van Beneden waren zwar, wie schon oben bemerkt, geneigt, dem Schädeltheil der *Cetotheriopsis* auch eine *Bulla tympani* zuzugesellen, welche ebenfalls im Linzer Sandlager, aber weder gleichzeitig, noch in seiner Nähe gefunden wurde. Ein genaueres, unten ausführlicher zu besprechendes Studium dieser Bulla ergab indessen, dass sie einem *Zeuglodon* oder *Squalodon* angehörte, von welcher letzteren Gattung übrigens das genannte Sandlager ansehnliche Schädelreste lieferte.

Auch einen konischen, gleichfalls in der Linzer Sammlung vorhandenen Hauzahn aus demselben Sandlager wollte man (wie schon oben bemerkt) zum Schädelfragment von *Cetotheriopsis* ziehen; eine Ansicht, der ich gleichfalls nicht zustimmen kann, da er, wie die Bulla, sehr gut auf *Zeuglodon* oder *Squalodon* passt, wie ebenfalls später genauer unter *Squalodon* nachgewiesen werden soll.

Sieben gleichfalls in den Linzer Sandablagerungen gefundene Wirbel (Tafel XVIII, Fig. 5—11) gehören indessen wohl nach Maassgabe der zu den Condylen des Schädelfragments passenden Gelenkgruben des darunter befindlichen Atlases (Fig. 5, 6 a und Fig. 7, 8) und der proportionel zu Letzterem, sowie zur Grösse des Schädelfragmentes passenden anderen sechs Wirbel zum als *Cetotheriopsis* bezeichneten Schädelfragment, wie dies übrigens bereits H. v. Meyer und Ehrlich mit Recht annahmen.

Der Atlas (Tafel XVIII, Fig. 7 und 8) hat einen Querdurchmesser von 145 mm. und eine Höhe von 100 mm. Er gleicht einem etwas deprimirten Ringe. Vom Bogentheil ist nur der Basaltheil vorhanden, der dicke, nur theilweis erhaltene Querfortsätze absendet, welche anfangs auf dem Bogen (der innen am Grunde stark grubig eingedrückt ist) als viereckige Erhabenheiten erscheinen. Die Grube für den Epistropheus ist breit und ziemlich tief. Die Gelenkgruben für die Condylen sind ansehnlich und innen einander ziemlich genähert. Zwischen dem die Condylen oben begrenzenden Rande und der Basis des Querfortsatzes verläuft eine breite Kreisfurche. Die untere gekrümmte Fläche ist ohne jeden Fortsatz.

Drei der Wirbel (b, c, d) sind unvollständige Lendenwirbel. Sie erscheinen im Ganzen dick, mässig lang und sind hinten namhaft höher und breiter als vorn. Ihre mit einem stark vorspringenden vorderen und besonders hinteren Rande versehenen Körper zeigen namentlich vorn sehr stark grubig eingedrückte Seitenflächen. Die obere Fläche der Körper bietet in der vorderen Hälfte eine starke, längliche Furche zur Einlagerung der unteren Fläche des Rückenmarkes. Die an den Seiten abgeplatteten, mässig breiten, etwas schief nach vorn gerichteten, oben jederseits von einer Längsfurche eingedrückten Bögen senden sehr lange, längliche, platte, oben und unten geradrandige, durch einen bogenförmigen Ausschnitt getrennte, stark nach aussen divergirende, Fortsätze nach vorn. Statt des abgebrochenen oberen Dorns ist nur eine sehr niedrige Leiste bemerkbar, welche auf eine nicht ansehnliche Entwickelung desselben hindeutet. Die Querfortsätze sind nach Maassgabe eines vollständigeren mässig breit. Die untere, hinten weit stärker als vorn vortretende Fläche des Körpers ist in der Mitte vertieft und unter den Querfortsätzen grubig eingedrückt. Der Rückenmarkskanal hat eine mässige Weite. Bei zweien der Wirbel (Fig. 9, 10 b, c) ist er nur wenig quer, fast rund, beim dritten (d) aber deutlich quer.

Die drei Schwanzwirbel e, f, g sind leider sehr unvollständig. Die Körper erinnern, die Grösse ausgenommen, an die der Lendenwirbel, nur treten auf der Unterseite an ihnen Höcker zur Anheftung unterer Dornen auf, welche bei dem kleinsten der Wirbel jederseits (wie bei anderen Balaeniden) durch eine Längsleiste verbunden sind.

Der angestellte Vergleich der oben beschriebenen Wirbel mit denen anderer *Cetaceen* lieferte folgende Ergebnisse.

Der Atlas (a) ähnelt entschieden dem der *Balaeniden*. Sein hinterer Rand sendet aber keinen centralen Fortsatz aus, wie der des *Cetotherium* und *Pachyacanthus*, sondern er stimmt in dieser Beziehung mit dem mancher lebenden *Balaeniden* überein.

Der allgemeine morphologische Charakter der anderen vorhandenen Wirbel, abgesehen von manchen Abweichungen, dürfte für eine Aehnlichkeit mit denen der lebenden *Balaeniden* sprechen, insoweit sich nach den Resten ein Urtheil fällen lässt.

Die Körper der Lendenwirbel (b, c, d) erscheinen mir namentlich denen der echten *Balaenen* am ähnlichsten. Ganz entschieden unterscheiden sie sich von denen der *Cetotherien* und denen der Gattung *Pachyacanthus*, jedoch nähern sich manche, so der Wirbel d, durch den queren, niedrigen Rückenmarkskanal denen von *Cetotherium*, während andere (so die Wirbel b, c) einen zugerundeten Rückenmarkskanal als Abweichung von allen anderen uns bekannten *Bartenwalen* bieten. Als auffallende Abweichung von denen der meisten anderen *Balaeniden* sind auch die schmäleren, längeren, sehr stark nach aussen gewendeten Seitenfortsätze der Bögen (Fig. 6 b) zu bezeichnen, die durch ihre geringe Breite und ansehnliche Länge, nicht aber durch ihre Richtung, an die von *Pachyacanthus* erinnern.

Was die mittleren Schwanzwirbel (e, f) anlangt, so erscheinen sie etwas mehr verlängert, als bei manchen anderen *Balaeniden*, mit Ausnahme derer von *Pachyacanthus*, zu welchen sie in dieser Beziehung etwas hinneigen.

Das Ergebniss des Wirbelvergleiches weist also, wie das Schädelfragment, darauf hin, dass die Wirbel wohl mit diesem einer eigenthümlichen Gattung von *Balaeniden* angehörten, welche den lebenden Gattungen in manchen Beziehungen näher stand als *Cetotherium*, in anderen Beziehungen ihr ähnelte, in noch anderen aber Eigenthümlichkeiten darbot.

Bemerkenswerth scheint, dass, wenn der Atlas nicht genau zu den Condylen des Hinterhauptes des Schädelfragmentes von *Cetotheriopsis* passen und also offenbar zu den oben beschriebenen Wirbeln, denen ihn schon mit Recht H. v. Meyer und Ehrlich zugesellten, gehören würde, sich die Frage aufwerfen liesse, ob nicht das einer eigenthümlichen Gattung (*Cetotheriopsis*) von mir vindizirte Schädelfragment ein Rest des bisher vermissten Schädels des in der Wiener Umgegend (also nicht so gar weit von Linz) gefundenen *Pachyacanthus Suessii* sei. Die nur geringe, oben angedeutete Aehnlichkeit der Wirbel der Letzteren mit denen, welche man *Cetotheriopsis* vindiziren darf, gestatten es indessen durchaus nicht diese Frage zu bejahen, wie jeder aus dem Vergleich der Darstellungen der Wirbel beider Gattungen auf den ersten Blick wahrnehmen kann. Reste von *Pachyacanthus Suessii* hat man übrigens bei Linz ebenso wenig gefunden, als die von *Cetotherien*, was natürlich keineswegs die Möglichkeit ausschliesst, dass sie auch dort künftig noch entdeckt werden könnten, obgleich die Linzer Sandablagerung, worin die Reste der *Cetotheriopsis* gefunden wurden, älter sein soll als der untersarmatische Tegel der Wiener Umgegend, der die Skeletreste von *Pachyacanthus* lieferte.

*Cetotheriopsis linziana* scheint eine Länge von etwa 12 Fuss oder vielleicht etwas mehr besessen zu haben.

### ANHANG.

### Abweichung der Reste der Cetotheriopsis von den ihnen homologen Theilen der Heteroodonten und Zeuglodonten.

Obgleich durch die vorstehenden Mittheilungen nach meiner Ansicht der *Balaenopteriden*-Charakter der *Cetotheriopsis* wohl sicher festgestellt sein dürfte, so kann ich es doch nicht unterlassen, auf die mehrfachen, wesentlichen Merkmale aufmerksam zu machen, wodurch die Reste derselben von den ihnen homologen Theilen der *Delphinoïden*, namentlich der *Hyperoodonten*, dann aber auch von den *Zeuglodonten* abweichen, da, wie oben angeführt, Van Beneden *Cetotheriopsis* zu *Hyperoodon* oder den ihnen nahe stehenden *Ziphien* zu stellen geneigt ist, Joh. Müller die Wirbel der *Cetotheriopsis* für die einer *Zeuglodontide* hielt und H. v. Meyer auf Beziehungen von *Cetotheriopsis* zu *Zeuglodon* wenigstens hindeutet. Ich habe zu diesem Zwecke sowohl die im Berliner, als auch im hiesigen Museum befindlichen Materialien mit den linzer Resten verglichen und in Betreff der *Cetotheriopsis* mit Unrecht vindizirten Bulla Herrn Prof. Steenstrups Güte in Anspruch genommen.

### Vergleichung des Schädelfragmentes und der Wirbel von Cetotheriopsis mit den homologen Theilen der Hyperoodonten.

Der Hintertheil des Schädels der *Hyperoodonten* und *Ziphien* unterscheidet sich durch die viel grössere Höhe seiner hintern Wand, die fast perpendiculäre, anders gestaltete, weiter nach hinten gerückte, aussen mehr oder weniger gewölbte, vorn breitere und kiellose Hinterhauptsschuppe, die viel höheren, stärker ausgehöhlten Jochfortsätze der Schläfenbeine und die kleineren, nur auf der Oberseite des Schädels ausgedehnten Schläfengruben auffallend von den ihm homologen Theilen des Schädelfragmentes der *Cetotheriopsis*. Dasselbe stimmt vielmehr, wie schon oben gezeigt, in Betreff der genannten Abweichungen mit den anderen *Balaeniden* im Wesentlichen überein. In craniologischer Beziehung kann es also nur zu den Letzteren, nicht zu den einen ganz differenten, delphinartigen Schädeltypus bietenden *Hyperoodonten* oder der ihnen so nahe stehenden *Ziphien* gezählt werden.

Gehören nun vollends die oben beschriebenen, von mir in der linzer Sammlung aufgefundenen, offenbar einer kleineren *Balaenide* zu vindizirenden, Reste des Oberkiefers, wie es mehr als wahrscheinlich ist, *Cetotheriopsis* an, so kann man nicht im geringsten daran zweifeln, *Cetotheriopsis* sei als *Balaenide* anzusehen.

Beachtenswerth dürfte übrigens hierbei der Umstand sein, dass schon H. v. Meyer das Schädelfragment der *Cetotheriopsis* für das eines *Bartenwales* hielt, indem er es anfangs der von Owen gemuthmassten Gattung *Balaenodon* zuwies.

Im völligen Widerspruch mit diesem Resultate steht nun aber die oben bereits mitgetheilte Annahme Van Beneden's: «Le *Balaenodon* de Linz est plutôt un *Ziphoïde*. La caisse du tympan le rapprochent des *Hyperoodon* on des *Ziphoïdes*.» Herr Prof. Van Beneden legte bei dieser, die Stellung des sogenannten *Balaenodon de Linz* bestimmenden Ansicht jene von H. v. Meyer und Ehrlich ihm vindizirte Bulla zu Grunde, die ich schon zu Ende der Beschreibung der Schädelreste als nicht zu *Cetotheriopsis* gehörig bezeichnete. Es fragt sich nun, ob die fragliche Bulla, wie Van Beneden meint, dennoch nicht einer *Hyperoodonte* oder *Ziphoïde* angehört haben kann. Da mir weder hier noch in Berlin das zur Entscheidung dieser Frage erforderliche Material zu Gebote stand, so wandte ich mich an meinen gefälligen Copenhagener Collegen, den Herrn Etatsrath und Professor Japetus Steenstrup, und sandte ihm zwei treue Copien der linzer Bulla

Derselbe hatte die ausserordentliche Freundlichkeit, mir telegrammisch, und noch ausführlicher brieflich, mitzutheilen, dass die linzer Bulla der eines *Hyperodon* ganz unähnlich sei und seine Mittheilungen durch instructive Zeichnungen der Bulla von *Hyperodon* gütigst zu unterstützen. Ich kann nicht umhin, seiner gewichtigen Auctorität völlig beizustimmen. Die fast birnförmige Gestalt der linzer Bulla, ihre grössere Länge, ihre anders gestaltete engere, gebogene Mündung, sowie ihre stärkere, an ihrem breiteren Ende viel höhere, aussen von fächerförmig verlaufenden Furchen durchzogene Windung lassen dieselbe auf den ersten Blick als von der abgerundet-viereckigen, mit einer niedrigeren Windung, aber weiteren Mündung versehenen der *Hyperoodonten* unterscheiden.

Da Herrn Prof. Steenstrup keine Bulla tympani einer echten *Ziphiide* zu Gebote stand, so hatte er die Güte, die ihm von mir gesandte Zeichnung der linzer Bulla an Herrn Prof. Malm in Gothenburg zu senden, der mir in einem überaus gefälligen Schreiben, welches zwei schöne Abbildungen der Bulla des *Ziphius cavirostris* begleiteten, nachstehende Mittheilungen zu machen die Güte hatte, wodurch ausser Zweifel gestellt wird, dass die letztgenannte Bulla noch mehr als die des *Hyperoodon* von der linzer abweicht. Herr Prof. Malm schreibt mir nämlich: «Die von Ihnen abgebildete Bulla tympani gehört weder *Hyperoodon* noch *Ziphius cavirostris Cuv.* oder *Micropteron bidens Sow.*, aber auch keiner anderen Ziphiide an. Alle drei genannten *Ziphiiden* haben aussen auf der Bulla sehr ausgesprochene Falten. Die Columella ist gleichfalls mit grossen und kleinen Falten versehen. *Ziphius cavirostris* hat eine mehr oblonge, *Hyperoodon* eine mehr verkürzte, und *Micropteron bidens* eine noch stärker verkürzte Bulla tympani. Beim Letzteren verhält sich nach Millimetern die Länge zur Breite derselben wie 46 : 31½.» Er fügt dann noch hinzu, dass nach seiner Meinung die Bulla einer Familie angehöre, die zwischen den *Balaenopteriden* und *Ziphiiden* zu stellen wäre.

Selbst wenn also auch die linzer Bulla, was nur vermuthet wurde, zum Schädelfragment der *Cetotheriopsis* gehört hätte, so könnte sie doch nicht zu Gunsten der Ansicht Van Beneden's sprechen, dass *Cetotheriopsis* eine *Ziphiide* sei. — Da nun aber die linzer Bulla der von *Zeuglodon* täuschend ähnelt, wovon ich mich durch den Vergleich vieler von Koch nach Dresden gebrachter Bullae, wovon mir Herr Prof. Geinitz zwei gütigst schenkte, zu überzeugen Gelegenheit fand, so dürfte sie wohl einem *Zeuglodonten* (vielleicht dem wie *Cetotheriopsis* bei Linz gefundenen *Squalodon linzianus*) angehört haben; eine Ansicht, die auch Steenstrup sehr palpabel findet.[1]

Demnach kann sie also auch aus diesem Grunde nicht auf das Schädelfragment von *Cetotheriopsis* bezogen werden, da dieses offenbar das einer *Balaenopteride* darstellt.

Die unzweifelhaft dem Schädelfragment von *Cetotheriopsis* angehörigen, oben charakte-

---

[1] Eine solche Deutung würde indessen mit Malm's Meinung, dass die linzer Bulla einer Familie angehöre, die zwischen den *Balaenopteriden* und *Ziphiiden* zu stellen wäre, in keinem sonderlichen Widerspruche sich befinden, da die *Zeuglodonten*, obgleich sie den *Delphinoiden*, also auch den *Ziphiiden*, weit näher stehen, als den *Balaenoiden*, dessen ungeachtet mit Letzteren einzelne craniologische Beziehungen bieten. (Siehe unten.)

risirten Wirbel weichen gleichfalls von denen der *Hyperoodonten* ab und nähern sich, wie schon gezeigt wurde, mehr denen der *Balaeniden*.

Die Wirbel der *Hyperoodonten* bieten namentlich von denen der *Cetotheriopsis* folgende Abweichungen. — Die Halswirbel sind alle dergestalt verwachsen, dass die Körper und die Dornen fest vereint erscheinen. Die Körper derselben, namentlich die der hinteren sind übrigens sehr schmal. — Die Rücken- und Lendenwirbel erscheinen, wie bei den *Delphinen*, niedriger, vorn wie auch hinten gleich hoch und bieten auf der unteren Fläche einen Längskiel. — Die kürzeren vorderen Fortsätze der Wirbelbögen zeigen eine horizontale, nicht stark nach aussen divergirende Richtung. Der dreieckige Wirbelkanal ist höher und unten breiter. — Die oberen Dornfortsätze sind kräftiger entwickelt. — Auch nach Maassgabe des Wirbelbaues kann also *Cetotheriopsis* nicht den *Hyperoodonten* oder ihren nahen Verwandten, den *Ziphien*, zugezählt werden.

Ueber gewisse Aehnlichkeiten der Zeuglodonten mit Cetotheriopsis.

Bereits oben S. 38 wurde bemerkt, dass H. v. Meyer den Schädel seines *Balaenodon traxianus*, also den der *Cetotheriopsis*, dem der Gattung *Zeuglodon* ähnlich fand, während J. Müller die später von H. v. Meyer, Ehrlich und mir zu *Cetotheriopsis* gerechneten Wirbel sogar für *Zeuglodon*-Wirbel erklärte.

Wer die von J. Müller (*Die fossilen Reste d. Zeuglodonten, Taf. I und XXIV*) gelieferten Abbildungen mit den ihnen entsprechenden Theilen des Schädelrestes der *Cetotheriopsis* unserer Tafel vergleicht, wird nicht leugnen können, dass eine mehrfache, formelle, freilich nur allgemeine, Aehnlichkeit des Hirntheils des Schädels zwischen *Cetotheriopsis* und *Zeuglodon* bestehe.

Beide besitzen einen weit stärker in horizontaler, nicht (wie bei den *Delphinoiden*) in verticaler Richtung entwickelten, daher, besonders hinten, niedrigen und ausserdem sehr breiten, vorn sehr stark verschmälerten Hintertheil des Schädels, woran gleichfalls eine sehr deprimirte, in schräger Richtung stark nach vorn geneigte Hinterhauptsschuppe wahrgenommen wird. Die fraglichen Aehnlichkeiten bringen indess die *Zeuglodonten* nicht blos mit *Cetotheriopsis*, sondern mit den *Balaeniden* überhaupt in Beziehung, wie ich bereits in meinen *Symbol. Sirenolog. Fasc. III, Cap. VI, p. 333* ausführlicher, also weit früher, andeutete, als *Cetotheriopsis* als *Balaeniden*-Form von mir aufgestellt wurde. Diese Deutung findet nun durch ihre eben erörterten craniologischen Beziehungen zu *Zeuglodon* eine neue indirecte Bestätigung. Man könnte freilich nach Maassgabe der eben besprochenen Schädelbeziehungen vielleicht die Frage aufwerfen, ob nicht die Bulla tympani von *Cetotheriopsis* zu der der *Zeuglodonten* in morphologischer Beziehung weit mehr hinneigt, als die der anderen *Balaeniden*, so dass also die von H. v. Meyer ihr vindizirte Bulla trotz der oben ausgesprochenen Daten ihr dennoch möglicherweise angehört haben könnte. Gegen eine solche Annahme spricht aber offenbar der Umstand, dass die Bulla tympani in bestimmten Gruppen von *Cetaceen* eigenthümliche Charaktere zu bieten pflegt.

Vergleicht man die Profilansicht des bei J. Müller *a. a. O. Taf. XXI, Fig. 6* abgebildeten Wirbels eines *Zeuglodon* mit den auf unserer Tafel XIX, Fig. 9—11 als b, c, d bezeichneten Wirbeln der *Cetotheriopsis*, so findet man zwischen den Körpern beider unverkennbare Aehnlichkeiten. Die Form des Rückenmarkkanales und die Richtung der vorderen Bogenfortsätze lassen sich ebenfalls als Aehnlichkeits-Beziehungen ansehen. (Vergl. hierüber die Abbildungen der Wirbel bei J. Müller *a. a. O. Taf. XX, n. 7* unten.) Beim erwähnten *Zeuglodon*-Wirbel sind jedoch als Abweichung die Querfortsätze von einer Gefässöffnung durchbohrt. Auch bieten, meinen im Berliner Museum angestellten Untersuchungen zu Folge, die Wirbel von *Zeuglodon* im Vergleich mit denen von *Cetotheriopsis* noch folgende Unterschiede. Die vorderen Bogenfortsätze sind auffallend dicker und kürzer, divergiren daher auch nur sehr wenig nach aussen. Die Bogentheile der Wirbel erscheinen hinten stärker verlängert, so dass auch die Dornfortsätze breiter und höher waren.

Trotz der oben angeführten Aehnlichkeiten der *Cetotheriopsis* vindizirten Wirbel mit denen von *Zeuglodon* (Aehnlichkeiten, die sich wohl auf mehrere Uebereinstimmungen im Skeletbau zwischen den *Zeuglodonten* und *Balaeniden* im Allgemeinen zurückführen lassen) finden sich daher auch beachtenswerthe Abweichungen, welche es nicht gestatten, die fraglichen Wirbel für die eines *Zeuglodonten* zu erklären. Gegen eine solche Deutung spricht übrigens auch der genau zu den Condylen des Schädelfragmentes der *Cetotheriopsis* passende Atlas, der mit dem bei Müller (Taf. XIII, Fig. 1, 2) abgebildeten Fragment des *Zeuglodon*-Atlasses nicht übereinstimmt.

### 3. Subfamilia seu Subtypus

#### Cetotherinae J. F. Brdt.

Cetotherinae *J. F. Brdt. Bull. sc. d. l'Acad. Imp. d. Sc. d. St.-Péterb., T. XVII (1872). p. 120, Mél. biol. T. VIII, p. 328.*

Während die *Cetotheriopsinen* den typischen *Balaenopterinen*, namentlich hinsichtlich der Ueberdachung der Schläfengruben, näher stehen als die *Cetotherinen*, entfernen sich die Letzteren nicht blos dadurch, sondern auch durch zahlreiche andere mehr oder weniger wesentliche Charactere von den eigentlichen *Balaenopteriden*, den *Balaenopterinen*. Ehe ich jedoch zur eingehenden Aufzählung dieser unterscheidenden Charactere[1] der *Cetotherinen* schreite, möge es gestattet sein, eine kleine Auswahl der (wesentlichen) augenfälligeren derselben mit folgenden Worten anzudeuten.

Die Nasenbeine sind vorn abgeplattet und auf ihrer ganzen inneren Fläche ausgehöhlt. Die Muscheln des Siebbeins bestehen aus queren, in der Mittellinie zusammenfliessenden,

---

[1] Was die *Cetotheriopsinen* anlangt, so weichen sie von den *Cetotherinen* nach Massgabe ihres sehr unvollständigen Schädelrestes durch die sehr geringe Höhe des Hinterhaupts, die viel tiefer eingedrückte Hinter- hauptschuppe, die überwölbten Schläfengruben, den sehr schmalen Stirntheil und die sehr stark nach aussen gewendeten Querfortsätze der Wirbelbögen, sowie die Gestalt der Wirbel ab.

etwas verästeten Plättchen. Die Lambdasäume des Schädels stehen perpendikulär. Die Schläfengruben sind daher oben ganz offen. Die Augenfortsätze der Stirnbeine erscheinen von ihrer oberen, convexen Fläche gesehen fast trichterförmig. Der Rückenmarkskanal der vorderen und mittleren Schwanzwirbel ist breiter als hoch und mehr oder weniger stark verengt.

Für die eingehende allgemeine Schilderung des Skeletbaues der *Cetotherinen* konnte ich zwei namhafte Fragmente von Schädeln, namentlich die vom *Cetotherium Rathkei* und *Helmersenii* nebst fast allen anderen Theilen des Skelets, ebenso wie von *Pachyacanthus* das ganze Rumpfskelet benutzen. Leider aber fehlt der Schädel der letztgenannten Gattung, da er noch nicht aufgefunden wurde. Von *Plesiocetus* standen nur das von Cuvier abgebildete Skelet der *Balaenoptera Cortesii Desmoul.* (= *Plesiocetus Cortesii Van Bened.*)[1] nebst zahlreichen Darstellungen von Skelettheilen derselben (siehe meine Tafel XX), welche ich der Güte des Herrn Prof. Gastaldi in Turin verdanke, dann einige aus Antwerpen von Van Beneden stammende, im Münchener Museum von mir untersuchte, Wirbel nebst der *Ostéographie* Van Beneden's und Gervais' zu Gebote.

Die Resultate meiner auf Grundlage der erwähnten Materialien angestellten vergleichenden Untersuchungen des Skeletbaues der *Cetotherinen* lieferten folgende Unterschiede desselben von dem der *Balaenopterinen*.

Die zwar ziemlich spitzwinklige, aber nur kurz zugespitzte Hinterhauptsschuppe steigt viel stärker gegen den höheren, breiteren, weit hinter den Augenfortsätzen der Stirnbeine wahrnehmbaren Scheitel nach oben. Sie ragt daher auch weniger nach vorn, so dass ihr vorderes Ende weit hinter den Augenfortsätzen der Stirnbeine auf dem höchsten Puncte des Schädels wahrgenommen wird, der dem vorderen Theile der Schläfengruben gegenüber liegt. Die vorn breitere Längsleiste der oberen Fläche der Hinterhauptsschuppe bleibt dem Hinterhauptsloch fern.

Die aussen mässig gewölbte Schläfenschuppe mit den ebenfalls schwach gewölbten, nur oben schwach eingedrückten, Seitentheilen der Scheitelbeine steht fast vertical, und beide erscheinen, nebst den ihnen gebildeten Schläfengruben, etwas nach aussen, oben und hinten gewendet. Der von den genannten Knochen gebildete, kräftige Lambdakamm ist nach oben gerichtet und setzt sich in S-förmiger Biegung als ansehliche Leiste auf die Jochfortsätze der Schläfenbeine fort. Die Schläfengruben werden daher in Folge der verticalen Richtung des Lambdakammes nicht überwölbt. In Folge davon münden auch die fast ovalen Schläfenöffnungen frei nach oben, ja zeigen sogar oben eine grössere Ausdehnung.

Die vorderen, hinter den Augenfortsätzen der Stirnbeine sichtbaren, oberen Enden der

---

1) Der Vergleich des Schädels des von Cuvier abgebildeten Skeletes der Cortesi'schen *Balaenoptera* (*Rech. s. l. oss. foss. IV. 238, Fig. I*), welche Van Beneden (*Ostéogr. p. 285*) als *Plesiocetus Cortesii* aufführt, lässt indessen, genau genommen, keinen generischen Unterschied vom *Cetotherium* wahrnehmen, wenn man nicht die kürzere Schnautze des Cortesi'schen Thieres als solchen mit Van Beneden betrachtet.

**Scheitelbeine** erscheinen auf der Oberfläche des Schädels als hinter den Stirnbeinen vor der Hinterhauptsschuppe wahrnehmbares, schmales Band dem vorderen Theile der Schläfengrube gegenüber. **Die** vor ihnen liegenden oberen Theile der Stirnbeine sind ebenfalls breiter als bei den *Balaenopterinen* und liegen hinter den fast halbtrichterförmigen, am inneren Ende verschmälerten, auf der Oberfläche **gewölbten, jedoch in der** Mitte bogenförmig ausgeschweiften, mit einem stärker vortretenden, **mehr nach oben** steigenden und einen grösseren, namentlich unten breiteren **Bogen bildenden** Orbitalrändern der Augenfortsätze der **Stirnbeine.** Die Augenhöhlen sind daher, besonders vorn, geräumiger. Die Augen waren desshalb vermuthlich **etwas grösser als bei den** *Balaenopterinen.*

Die nur schwach nach unten gebogenen **Oberkiefer** bieten einen an seiner inneren Hälfte **nicht stark vertical nach** unten steigenden, mässig gekrümmten Ganmentheil, der eine fast *S*-**förmige**, weniger tiefe Grube zum Bartenansatz wahrnehmen lässt. Ihr **hinterer Rand ist weniger** nach hinten gebogen.

**Sehr charakteristisch sind die** von denen aller lebenden *Balaeniden* abweichenden **Nasenbeine, welche nach** Massgabe **ihrer Gestalt, wenn auch nicht Veranlassung zur Annahme einer eigenen,** den anderen *Balaeniden*-**Gruppen äquivalenten Gruppe, wenigstens doch die Grundlage für** eine besondere Unterabtheilung der *Balaenopteriden* zu bieten vermögen.

**Die stärker als bei den** *Balaenopterinen* verlängerten, dünneren, mit ihrem **mehr oder weniger zugespitzten Grunde** dem hinteren Saume des Augenfortsatzes des Stirnbeins **gegenüberliegenden Nasenbeine** sind nämlich auf der oberen, sowie der äusseren, ebenen **Fläche** (Taf. I, **Fig.** 1 und 6) pyramidal und vorn fast viermal oder doppelt so **breit als hinten.**

**Anstatt der inneren** (bei *Balaena* und *Balaenoptera* bemerkbaren) **Fläche besitzen sie** oben fast nur einen **inneren Rand.** Ihr vorderes Ende erscheint plattenartig verdünnt, auf seiner unteren Fläche aber (Taf. **I, Fig. 7 unten und Taf. II, Fig. 6 nu)** dermaassen grubig, **nach innen** tiefer, vorn breiter ausgehöhlt, **dass** die Aushöhlungen **der vorderen** Nasenbein**enden in eine nach** vorn breitere, gemeinschaftliche Grube zusammenfliessen, die etwas gebogen **und in der Mitte** am tiefsten erscheint.

**Besonders eigenthümlich** und merkwürdig zeigte sich, **wie ich** durch höchst mühsame **Untersuchung der** Nasenhöhle des Schädels des *Cetotherium Rathkei*, nach sorgfältiger Entfernung **des dieselbe** anfüllenden kohlensauren **Kalkes durch** Säure, ermittelte, die Gestalt der Muscheln. Dieselben (Taf. I, **Fig. 3 und Taf. II,** Fig. 6 m) bestehen nämlich **aus** mehreren horizontalen, häufig getheilten, **auf jeder** der Seiten der Nasenhöhle entspringenden **Blättchen, die sich** in der Mitte **der Nasenhöhle mit** einander verbinden.

Die stärker vortretenden *Bullae tympani* **haben** innen nur einen ansehnlichen Höcker des Hinterhauptes **neben** sich, von welchem sie jedoch selbst **nicht einmal** theilweis umgeben werden. Die verschieden gestalteten Bullae tympani sind überdies weniger gewölbt und aufgetrieben als bei den *Balaenopterinen*, besitzen daher eine etwas kleinere Höhle **und etwas** engere Mündung.

Der Vomer ist hinten etwas breiter und zeigt einen früher, den Flügelbeinen gegenüber, beginnenden Kamm, der aber im Ganzen niedriger sein dürfte.

Die Gaumenbeine sind länger und breiter, hinten am inneren Rande ausgeschweift.

Die weiteren Choanen setzen sich als auch nach unten frei klaffende, längliche, fast dreieckige Spalten dermaassen zwischen dem kammförmigen Vomer und den Gaumenbeinen nach vorn fort, dass ihr vorderes Ende dem hinteren Saume der Augentheile der Stirnbeine gegenüber sich befindet.

Die Unterkieferäste erscheinen, besonders nach Maassgabe der des *Cetotherium Rathkei*, niedriger, schmäler, länger und gerader, sowie aussen und oben etwas gewölbter. Der obere Saum ihres Grundtheils ist weniger kammförmig.

Nach Maassgabe der Verkürzung der Wirbel ähneln die *Cetotherien* am meisten den *Kyphobalaenen* (*Megaptera*), denen sie auch wohl hinsichtlich der dadurch bedingten grösseren Gedrungenheit ihres Rumpfes sich mehr als den *Balaenopteren* näherten.

Der Atlas bietet in der Mitte seines hinteren, unteren Randes einen Höcker.

Die übrigen Halswirbel sind frei, jedoch bleibt noch festzustellen, ob der Epistropheus stets einen oben völlig geschlossenen Bogen besass.[1]

Die Körper der vordersten Rückenwirbel der *Cetotherien* besitzen jederseits eine Grube, die offenbar zum Ansatz des Capitulum einer Rippe diente.

Die Lendenwirbel, besonders die hinteren, nebst den vorderen und mittleren Schwanzwirbeln, sind namentlich bei den ausgewachsenen Individuen massiver, rundlicher und dicker (stärker angeschwollen) und zeichnen sich besonders durch dickere, mehr oder weniger angeschwollene Bögen und Fortsätze aus. Der Wirbelkanal der Schwanzwirbel von *Cetotherium*, namentlich der der mittleren, ist mehr, oft auffallend stärker, spaltenartig verengt und, abweichend von dem der lebenden Bartenwale, sowie von *Plesiocetus Cortesii*, vorzugsweise in querer Richtung entwickelt.

Die unteren Dornfortsätze sind viel niedriger und an ihrem unteren Theile breiter, so dass sie alle weit breiter als lang erscheinen.

Die meisten der dickeren, mehr gekrümmten Rippen sind stark gerundet, namentlich vorn und hinten, innen schwach convex, und die mittleren und hinteren stärker (oft unge-

---

1) Den Figuren des Epistropheus des *Cetotherium priscum* bei Nordmann (*Palaeontogr. Taf. XXVIII, Fig. 4, und 4a, b*), sowie deren seines *Cetotherium pusillum* (ebd. *Fig. 6 und 6a*) fehlen die oberen Bögen. Dies gilt auch vom Epistropheus des *Plesiocetus Burtini* Van Beneden's (*das Ost. Pl. XVI, Fig. 12*), sowie dem des *Cetotherium Klinderi* (siehe meine Taf. V, Fig. 7, 8). Da nun bei den genannten Cetaceen-Formen, wie dies an dem mir vorliegenden Epistropheus des *Cetotherium Klinderi* deutlich hervortritt, die oberen Bogenfortsätze kurz und zugespitzt (keineswegs oben abgebrochen) erscheinen, so könnte bei den genannten *Cetotherien* und *Plesiocetus Burtini* ein oberer Bogen mit dem Dornfortsatz gefehlt haben, vielleicht aber nur im Jugendzustande. Was die Querfortsätze des Epistropheus anlangt, so war bei den genannten, wohl jugendlicheren, Cetotherien und beim erwähnten *Plesiocetus* ihre untere Hälfte zwar vorhanden, jedoch kürzer als bei den lebenden Balaeniden, die obere aber durch einen winkligen Vorsprung nur mehr oder weniger angedeutet. Bei *Plesiocetus Garropii* (Van Beneden ib. Fig. 5) und Hupschii (Van Bened. ib. Fig. 21) sind dagegen grosse, einfache, flügelartige, von einer ansehnlichen Oeffnung durchbohrte Fortsätze, wie bei den alten lebenden Balaeniden, vorhanden.

mein stark) in die Breite entwickelt, besonders nach unten zu. Das obere Ende der Rippen
scheint sich etwas stärker nach vorn, das untere nach hinten zu biegen.

Nach Maassgabe von *Cetotherium Klinderi* würde das erste, ungetheilte, Rippenpaar
der *Cetotherien* durch geringere Breite, sowie durch stärkere Wölbung und Dicke seiner
unteren Hälfte abweichen.

Die vorderen Rippen waren auch an den Wirbelkörpern mittelst des Capitulum befestigt.

Am Brustbein könnten statt eines Rippenpaares bei manchen deren zwei, so, wie es
scheint, beim *Cetotherium priscum*, sich befestigt haben.

Der Humerus erscheint im Vergleich mit den Unterarmknochen etwas weniger verkürzt als bei den *Balaenopteren* (*Pterobalaenen*) und *Megapteren* (*Kyphobalaenen*).

## Ueber die muthmaassliche äussere Form der Cetotherien nach Maassgabe ihres Skeletbaues.

Der Bau des Skeletes der als *Cetotherium* bezeichneten echten *Cetotherinen* lässt uns
dieselben als mehr oder weniger langschnautzige, nach Maassgabe der verkürzten Wirbel
hinsichtlich der Rumpfgestalt dick- und kurzbäuchige, hierin den langflossigen *Balaenopteriden* ähnliche, aber auch zu den echten *Balaenen* hinneigende *Waltthiere* ansehen. Die wenn
auch, aus Mangel an Schädelresten, noch nicht hinreichend als wahre *Cetotherinen* documentirten *Pachyacanthen* ähnelten in der Rumpfgestalt den echten *Cetotherinen* (*Genus Cetotherium*), besassen aber (wenigstens in Bezug auf ihren Ober- und besonders Unterarm-
theil) viel kürzere Brustflossen. Die bei Cuvier (*Recherch. Pl. 228, Fig. 1*) befindliche Abbildung des *Plesiocetus Cortesii Van Bened.* nebst den Gastaldi'schen Zeichnungen deuten,
wegen ihrer kurzen Wirbel, gleichfalls eher auf einen kürzeren, massiveren, als auf einen
schlankeren Rumpf hin, ja ihr Bau erscheint in Bezug auf die etwas kürzere Schnautze
noch gedrungener als der der *Cetotherien*. Ich bin daher in Verlegenheit, wie ich den in
der *Ostéogr. p. 278* von Van Beneden ganz im Allgemeinen gethanen Ausspruch deuten
soll: «Tout semble indiquer que ces *Mysticètes* (d. h. die *Plesioceten*) étaient plus effilés encore que ceux d'aujourd'hui et que le corps était plus souple.» Er hatte wohl, als er dies
niederschrieb, nur die belgischen Plesiocetenreste im Auge, obgleich er *Plesiocetus Cortesii*
als typische Art der Gattung betrachtet.

Die Gestalt der Brustflossen von *Cetotherium* scheint der der echten *Balaenopteraen*
ähnlich gewesen zu sein, was auch wohl von denen des *Plesiocetus Cortesii* galt. Die bereits
erwähnten so kurzen Brustflossen der *Pachyacanthen* ähnelten denen der echten *Balaeniden*
(*Genus Balaena*). Ob die *Cetotherinen* eine Rückenflosse besassen, oder ob dieselbe ihnen
fehlte, lässt sich nicht entscheiden, ebenso wenig aber auch, ob ein Rudiment derselben
vorhanden war.

Wäre darauf Gewicht zu legen, dass die mit kürzeren Dornfortsätzen an den Lenden-
und hinteren Rückenwirbeln als die *Balaenopteren* seu *Pterobalaenen* versehenen *Balaenen*

und *Megapteren* (*Kyphobalaenen*) auch keine Rückenflosse oder nur ein höckerartiges Rudiment derselben besitzen, so würde man aus den kürzeren Dornfortsätzen der *Cetotherinen* wohl schliessen können auch ihnen habe, wenigstens eine entwickelte, Rückenflosse gefehlt.

Die Barten der *Cetotherinen* scheinen nach Maassgabe des weniger vertieften Gaumentheils des Oberkiefers fast noch weniger ausgebildet als bei den *Balaenopterinen* gewesen zu sein.

### Ueber die Grösse der Cetotherien.

Dass sich Herr v. Eichwald selbst nach den ihm widersprechenden Veröffentlichungen seines Freundes v. Nordmann, noch im Jahre 1860 (*Bullet. d. natur. d. Moscou ann. 1860, p. 400*), ohne allen Grund, gegen die Thatsache sperrt: es hätten früher in Südrussland viel kleinere Arten von *Balaeniden* als die jetzt lebenden existirt (namentlich solche, die zum Theil nur eine Länge von 7—10 Fuss erreichten), beweisen zur Evidenz die mir vorliegenden, höchst bedeutenden Schädelreste des *Cetotherium Rathkei* und *Helmersenii*, woran die Nähte, welche die Knochen der Hirnkapsel vereinen, nur mit Mühe wahrgenommen werden. Am Schädel des *Cetotherium Rathkei* sind nämlich das Hinterhauptsbein mit den Keilbeinen, den Schläfen- und den Scheitelbeinen, die Letzteren aber mit den Stirnbeinen durch kaum bemerkbare Nähte fest vereint, während die Augenfortsätze der Stirnbeine mit den Oberkiefern und diese mit den Zwischenkiefern und dem Vomer, die Nasenbeine aber mit den Zwischenkiefern durch Symphyse innig verbunden erscheinen.

Das, freilich bei weitem unvollständigere, Schädelfragment des *Cetotherium Helmersenii* bietet mehrere ähnliche Verhältnisse.

Es sind indessen nicht blos die Schädel, welche auf die frühere Existenz kleiner *Balaeniden* schliessen lassen, sondern auch die zahlreichen in Südrussland gefundenen, theilweis von Herrn v. Eichwald selbst abgebildeten, Wirbel des *Cetotherium priscum*, welche, indem sie sich durch die dicht verwachsenen Epiphysen, sowie ihre Dicke, offenbar als die erwachsenen, ja zum Theil sehr alten, Thieren, angehörige bekunden, dennoch viel kleiner als die der lebenden *Bartenwale* sind. Die bereits nicht selten gefundenen Theile des Unterkiefers, ebenso wie die Rippen und Oberarmknochen sprechen ebenfalls für eine solche Annahme.

Dasselbe gilt von den zahlreichen Skeletresten des *Pachyacanthus Sussii nob.* des K. K. Hofnaturalien-Cabinetes zu Wien und der Sammlung des Herrn Letocha.

Damit soll indessen keineswegs behauptet werden, dass es keine *Cetotherinen* gegeben habe, die in Bezug auf ihre Grösse mit manchen lebenden *Balaeniden*, namentlich *Balaenoptera rostrata s. minor Knox* übereinstimmten oder sich ihnen mehr oder weniger näherten. Aus der Zahl der in Südrussland früher heimischen Arten übertraf namentlich *Cetotherium priscum Cetotherium Rathkei* an Grösse. Das erstere scheint etwa 10 Fuss und etwas darüber, das letztere nur 7—8 Fuss lang gewesen zu sein.

Nach Van Beneden dürfte *Plesiocetus Hupschii* nach Maassgabe der natürlichen

Grösse des von ihm (*Ostéogr. Pl. XVII, Fig. 1* und *2*) zu ⅙ abgebildeten Hinterhauptstheils des Schädels, wie er auch (*a. a. O. p. 282*) angiebt, wie *Balaenoptera rostrata* 20—25 Fuss, *Plesiocetus Cortesii* etwa eben so gross und *Plesiocetus Burtinii* nach Van Beneden (p. 224) 30—40 Fuss lang gewesen sein, *Plesiocetus Garopii* (ib. p. 225) aber sogar die Länge der grössten lebenden *Balaenopteren* besessen haben. Ob im Gegentheil *Plesiocetus Gervaisii*, welchen Van Beneden (p. 287) als kleinste Balaenide bezeichnet, noch kleiner als *Cetotherium Rathkei* oder *Pachyacanthus Suessii* war, lässt sich für jetzt noch nicht entscheiden.

Der Gattung *Cetotherium* (wenn *Plesiocetus* davon zu sondern ist) würden daher bis jetzt nur kleine, hinter *Balaenoptera rostrata seu minor* an Grösse zurückstehende Arten, *Plesiocetus* dagegen sehr grosse, mässig grosse und kleine angehören. Wären beide Gattungen als *Cetotherium* zu vereinen, so enthielt diese Gattung natürlich Arten der verschiedensten Grösse.

Van Beneden (*Ostéogr. p. 254*) meint übrigens, unter den ausgestorbenen *Bartenwalen* seien (d. h. soviel wir bis jetzt wissen) keine grösseren als unter den lebenden gewesen. Nicht ganz passend dürfte indessen der Zusatz sein, es schiene im Gegentheil, die lebenden wären weit grösser, da man wenig Knochen fände, welche denen der grössten lebenden gleich kämen.

Jedenfalls beweisen die besprochenen Grössenverhältnisse der *Cetotherinen*, dass zur Tertiärzeit die Bartenwale ebenso an Grösse variirten, wie noch jetzt die Zahnwale von den riesigen *Pottfischen* an bis zu den kleinen *Delphinen* eine stufenweise Abnahme des Körper-Volums bekunden. Die *Bartenwale* hatten nur das Schicksal, dass durch das Aussterben der *Cetotherinen* die ihnen mit den *Delphiniden* früher gemeinsame, sehr verschiedenartige Grössenentwickelung im Laufe der Zeiten bei ihnen derartig verschwand, dass nur sehr grosse, der Gattung *Balaena*, *Balaenoptera seu Pterobalaena* und *Megaptera seu Kyphobalaena* angehörige Arten übrig blieben. Da nun die kleinen ausgestorbenen, erst vor nicht langer Zeit nachgewiesenen, *Cetotherinen* wenig oder gar nicht bekannt waren, so dachte man sich zeither unter einem Bartenwal gewöhnlich ein Thier von riesenhafter Grösse. Es lässt sich übrigens bei der gegenwärtig verhältnissmässig geringen Menge fossiler, noch dazu nicht immer genau bestimmbarer, Reste keineswegs schon jetzt behaupten: der Verlust an kleineren Arten von *Bartenwalen* sei nur in Folge des Aussterbens von *Cetotherinen* entstanden. Es kann ja auch früher sehr kleine, den noch lebenden Gattungen angehörige, noch unbekannte *Balaenopterinen* gegeben haben. Eine solche Annahme gewinnt an Wahrscheinlichkeit, wenn wir erwägen, dass die, wie es mir scheint, zwischen *Balaenopterinen* und *Cetotherinen* zu stellende Gattung *Cetotheriopsis* ebenfalls eine ziemlich geringe Grösse besass.

#### Bemerkungen über die muthmaassliche Lebensweise und Wohnorte der Cetotherinen.

Die nachgewiesene osteologische Organisation der *Cetotherien* stempelt dieselben, wie wir sahen, offenbar zu Gliedern der Abtheilung der Bartenwale, wir werden daher auch zur Annahme berechtigt sein, dass ihre Lebensweise eine ähnliche war.

Sie hielten sich wohl ebenso ausschliesslich im offenen Meere auf wie dies mit den noch lebenden *Bartenwalen* der Fall ist, keineswegs aber im brakischen, trotz der darin vorkommenden *Cardien, Adacnen* und *Monodacnen*, thierarmen Wasser, wie dies Eichwald (*Bull. d. nat. d. Mosc. 1860, p. 384*) annahm, indem er auch (was bereits Van Beneden rügte) die *Ziphien* für Bewohner eines solchen Elementes wohl deshalb erklärt, weil er dadurch seinen *Ziphius priscus* von der Gattung *Cetotherium* ausschliessen zu können glaubte. Wenn man daher auch *Cetotherien*-Reste in brakischen Schichten fand, so wurden sie offenbar nicht am Wohnorte der Thiere abgesetzt, sondern geriethen wohl nur z. B. durch Strandung der Thiere oder Losspülung aus Meeresabsätzen in dieselben.

Da die kurzbartigen Verwandten der *Cetotherinen*, so z. B. die nordischen *Balaenopteren* (*Balaenoptera musculus, Sibbaldi* und *rostrata*) sich nach Holböll und R. Brown von Fischen nähren und den Fischzügen (so in den Nordmeeren denen der Häringe, der Schellfische und des *Mallotus arcticus*) folgen, so dürfen wir auch wohl bei den *Cetotherien* eine ähnliche Ernährungsweise annehmen. An Fischen mangelte es bekanntlich nicht nur zur Tertiärzeit, sondern, selbst weit früher, durchaus nicht, wie die Mittheilungen Agassiz's, Heckel's, Steindachner's, Owen's, Giebel's und Anderer nachweisen. Die *Cetotherien* mögen indessen vielleicht auch kleinere, weiche Krebse und zarte Weichthiere keineswegs verschmäht haben, da wir durch Holböll (Eschricht, *Nord. Walthiere S 150*) wissen, dass *Megaptera* seu *Kyphobalaena boops* nicht blos von Fischen (z. B. bei Grönland häuptsächlich von *Mallotus arcticus, Ammodytes tobianus* und *Gadus agilis*) sich nährt, sondern verschiedene Krebse und zarte Weichthiere, so *Limacina arctica* ebenfalls in grosser Menge verschluckt.

Betrachtet man das massive Rumpfskelet, namentlich die starken, dicken Schädelknochen, nebst den sehr dicken, kräftigen Lenden- und Schwanzwirbeln, welche ihrem offenbar sehr muskulösen Schwanze, ihrem Hauptbewegungsorgan, zur Grundlage dienten, ferner die dicken, nicht selten sehr breiten Rippen, so wird man zu der Vermuthung veranlasst, dass die *Cetotherien* in einem sehr bewegten Element gelebt haben dürften, dem sie durch ihren kräftigen Bau und die dadurch ermöglichten zweckmässigen Bewegungen gehörigen Widerstand zu leisten hatten. Vielleicht besass demnach ihr früherer Wohnort, der tertiäre Ocean, bereits (wenigstens theilweis) die stürmischen Eigenschaften mancher seiner Ueberreste, des Schwarzen und Caspischen Meeres. War dies wirklich der Fall, so konnten die plumpen *Cetotherien* leicht, besonders an manchen Orten (wie noch jetzt die lebenden Wale bei Verfolgung der Fischzüge) aus Ufer getrieben werden.

### Verbreitung der Cetotherinen.

Die Existenz von solchen *Cetotherinen*-Resten, welche der Gattung *Cetotherium* angehören, wurde zuerst in einigen Uferländern des Asow'schen, namentlich aber des Schwarzen Meeres, so in Bessarabien (bei Kischenew), bei Nicolajew und Anapa, besonders aber im Gebiete von Kertsch und Taman nachgewiesen. Die so häufige Auffindung von *Ceto-*

*therien*-Resten an den beiden letztgenannten Orten dürfte übrigens die Vermuthung gestatten, dass dieselben möglicherweise Strandungsplätze waren.

Die Entdeckung eines Wirbels des *Cetotherium Mayeri Brdt.* am Ostufer des Caspischen Meeres durch Goebel dehnte ihr Vorkommen weiter nach Osten aus. Ein im K. K. Hofnaturalienkabinet zu Wien befindlicher Humerus des *Cetotherium priscum* und der Wirbel einer noch zweifelhaften Art (*Cetotherium ambiguum?*) documentirt ihr Vorkommen im Wiener Becken. Die in der Molasse von Baltringen in Würtemberg gefundenen Unterkieferreste einer kleinen *Balaenide* (*Balaena molassica Jaeger*) gehörten wahrscheinlich auch einer *Cetotherine* an. Der letztere Fundort bezeichnet jedoch noch nicht die westlichste, bis jetzt bekannte, Grenze der Verbreitung der Reste der Gattung *Cetotherium*, da Van Beneden die von Vandelli beschriebenen, in Portugal unweit Lissabon gefundenen, bedeutenden Schädelreste eines *Cetaceums* mit vollem Rechte einem *Cetotherium* (*Cetotherium Vandellii*) vindizirte.

Die bis jetzt nachgewiesene östlichste (wohl aber in Wirklichkeit viel östlichere) Verbreitungsgrenze der *Cetotherien* würde demnach das Caspische Becken, die westlichste Portugal sein.

Reste von Bartenwalen, die Van Beneden seiner *Cetotherium* sehr nahe verwandten Gattung *Plesiocetus* zuweist, sind nach ihm in Oberitalien, in Frankreich, Belgien, Holland, Deutschland (Mecklenburg) und England (Suffolk) entdeckt worden.

Ueberreste der Gattung *Pachyacanthus*, welche ich aus Mangel von Theilen des Schädels, wiewohl das fast vollständig ermittelte Rumpfskelet auf eine *Cetotherine* hinweist, noch nicht mit völliger Sicherheit der Gruppe der *Cetotherinen* einzureihen vermag, wurden bisher nur zu Hernals und Nussdorf bei Wien in zahlreicher Menge gefunden.

Die in einer Entfernung vom Caspischen Meere bis Portugal an verschiedenen Orten entdeckten Reste von eigentlichen *Cetotherien* deuten auf eine weite Verbreitung dieser Gattung in der Vorzeit hin, obgleich man sie bis jetzt mit Sicherheit erst aus Europa kennt. Die in Russland gemachten Funde mit den österreichischen verglichen möchten darauf hinweisen, dass die *Cetotherien*, welche im Osten (in Russland) lebten, von den westlichen meist (mit Ausnahme von *Cetotherium priscum*) spezifisch abwichen.

Das Verbreitungsgebiet der *Plesioceten* erscheint dagegen bis jetzt nur auf die bereits oben erwähnten Ländergebiete ausgedehnt. Dass wenigstens die *Plesioceten*, also auch wohl die *Cetotherinen* überhaupt, nicht als Ersatz (als ersetzende, vicariirende Formen) der noch lebenden Gattungen von *Bartenwalen* betrachtet werden können, geht unverkennbar daraus hervor, dass Van Beneden die frühere Existenz einer *Balaena primigenia* nach Maassgabe belgischer Reste nachwies, die im Verein mit denen von *Plesioceten* ausgegraben wurden. Während Du Bus sogar von in Belgien gefundenen Resten mehrerer Arten von *Balaenen* (seinen von Van Beneden zu *Balaena* gezogenen *Protobalaenen*) spricht. Auch finden wir bei Leidy (*Synops. of the mamm. remains of North America p. 440*) eine *Balaena mysticetoides* und *Protobalaena palaeatlantica* erwähnt. Ueberdies scheint es mehr als

wahrscheinlich, dass unter den noch nicht gehörig bestimmten Resten von *Bartenwalen*
sich auch die von echten *Balaenopteren* finden lassen dürften. Cope (*Procced. nat. sc.
Philad. 1868, p. 159*) erwähnt namentlich, freilich nur auf Grundlage eines Unterkieferfragmentes einer aus der Miocänformation Marylands stammenden *Balaenoptera pusilla*,
die Leidy a. a. O. nebst vier anderen Arten zu *Eschrichtius* (= *Balaenoptera*) zieht und dieselben als *Eschrichtius priscus, cephalus, expansus* und *leptocentrus* bezeichnet.

Bemerkenswerth erscheint, dass nach Van Beneden (*Ostéogr. p. 252*) Gibbes von
Resten nordamerikanischer Bartenwale spricht, die denen der *Balaena affinis* Owen's (*Brit.
foss. mam.*) ähneln sollen, möglicherweise also auf in Nordamerika gefundene *Cetotherium*-
Reste zu beziehen sein könnten.

Bekanntlich hat man, wie schon oben angedeutet, in neueren Zeiten constatirt, dass
die einzelnen Arten von *Bartenwalen* in gewissen grossen, nördlicher oder südlicher, östlicher oder westlicher gelegenen Distrikten sich aufhalten, in denen sie aber, wohl in Folge
des Nahrungsbedürfnisses, vielleicht auch der Temperaturveränderung, sowie Behufs der
Fortpflanzung die für ihre Existenz erforderlichen Wanderungen unternehmen.

Wie namentlich Van Beneden in Bezug auf *Balaena mysticetus, biscayensis (Nord-
caper)* und *australis* in mehreren seiner Schriften nachwies, bewohnen die genannten *Mysticeten* gewisse Districte, wandern aber in denselben periodisch im Sommer nach Norden.
*Balaena mysticetus* hält sich im Sommer bis zum 78 ° n. Br. Man sah ihn überhaupt nicht
südlicher als bis zum 64 ° n. Br. *Balaena biscayensis* bewohnt die gemässigten Strecken
des nördlichen Theiles des atlantischen Meeres und besucht Europa nur im Winter. *Balaena australis* wandert im Sommer bis an die afrikanischen Küsten, im Winter fängt man
ihn bei den Inseln Tristan d'Acunha.

Die oben mitgetheilten Bemerkungen über die wenigstens bisher wahrgenommene,
beschränktere Verbreitung der *Plesioceten* im Vergleich mit den *Cetotherien*, noch mehr
aber die bis jetzt im Wiener Becken gefundenen Reste der *Pachyacanthen* scheinen darauf
hinzudeuten, dass schon zur Tertiärzeit manche Gattungen ein mehr oder weniger begrenz-
tes Verbreitungsgebiet bewohnt zu haben scheinen. Der Umstand, dass das portugiesische
*Cetotherium* von denen Südrusslands und die belgischen *Plesioceten* von den französischen
und italienischen artlich abwichen, so dass man an östliche und westliche Formen denken
kann, spricht noch mehr für die Ansicht, dass, wie noch jetzt, so auch schon zur Tertiärzeit gewisse eigenthümliche Arten oder selbst Gattungen von *Balaenoiden* bestimmte ocea-
nische Districte entweder allein bewohnten oder dieselben mit anderen, ihrem Wohngebiete
ebenfalls eigenthümlichen, *Bartenwalen* theilten.

Die Thatsache, dass ich in Wien unter den zahlreichen, in der Umgegend gefundenen
Resten des *Pachyspondylus Suessii* einen Humerus des *Cetotherium priscum* fand, scheint
allerdings nicht für das völlig localisirte Vorkommen aller *Cetotherien*-Arten zu sprechen.
Da indessen manche Thierarten einer Gattung sich weiter verbreiten als andere, so könn-

ten auch einzelne Arten von *Cetotherien*, namentlich *Cetotherium priscum* weiter verbreitet gewesen sein.

In Bezug auf die Begleiter (Tischgenossen) der *Cetotherinen* möge noch die Bemerkung Platz finden, dass im Wien-Linzer Becken *Cetotherien*-Reste mit denen von *Cetotheriopsis*, *Squalodon* und *Halitherium* gefunden wurden, während man nach Van Beneden (Ostéogr. p. 275) fünf Lieues von Mastricht, im Meusethal, Knochen von *Squalodon* und *Halitherium* mit denen von *Plesioceten* entdeckte und in Bessarabien bei Kischenew Reste einer *Manatide* nebst denen von *Cetotherien* gefunden wurden (*Nordmann Palaeontol.*).

*Sirenien*, *Squalodonten*, *Cetotherien*, *Cetotheriopsen*, *Plesioceten* und *Pachyacanthen* waren daher gleichzeitig vorhandene Glieder der *tertiären Fauna*, denen, wie die antwerpener Funde nachweisen, auch echte *Balaenen* beigesellt waren. Ob sie in noch früheren Zeiten bereits dort lebten dürfte sich vielleicht wohl eher bejahen als verneinen lassen.

### Ueber die geognostischen Fundorte der Reste der Cetotherinen.

Als Fundhorizont der Reste der *Cetotherien* im südlichen europäischen Russland wird (für jetzt wenigstens) die sarmatische Etage (= Murchison's obere und untere caspische Bildungen, Hofmann's und Verneuil's Steppenkalk, Eichwald's Küstenkalk) angesehen; eine Bildung, die aus Trümmern von *Cardium littorale* und *Dreissena Brardii* besteht. Man hat aber auch *Cetotherien*-Reste bei Kertsch und Anapa in dem dortigen, Schaalen von *Cardium sulcatum*, *subcarinatum*, *acardo*, *incertum*, *crassatellum*, sowie *decemcostatum* enthaltenden, eisenschüssigen, im südlichen Russland auch anderwärts häufigen, wie der Steppenkalk, über dem Miocän gelagerten, Sande nicht selten gefunden.[1]) Das Museum der Akademie erhielt aus dem bei Anapa befindlichen fraglichen Sande ausser Schaalen von *Cardium crassatellum* Desh., *Cardium edentulum* Desh. und *Mytilus rostriformis* Desh. einige Schwanzwirbel, nebst dem Fragment eines Schulterblattes und Oberarmes von *Cetotherien*. Die genannten Knochen sind theils dunkelbraun, ja fast schwarz, theils heller oder dunkler rostbraun oder rostgelb und bieten eine geglättete, glänzende, mehr oder weniger abgeriebene Oberfläche. Die im festen Steppenkalk eingeschlossenen Knochen, so z. B. der Schädel des *Cetotherium Rathkei*, zeigen dagegen eine hell-rostbraune Färbung und glatte Oberfläche. Die von lockerem, erdigen Kalk umschlossenen können grau oder granbraun sein und eine intacte oder eine weisse, verwitterte Oberfläche bieten, ja selbst mehr oder weniger verwittert erscheinen.

Der von Adolph Goebel am Ostufer des Caspischen Meeres, namentlich am Mangischlak, entdeckte Rückenwirbel eines jungen *Cetotherium Mayeri* besitzt eine graue Farbe und geglättete Oberfläche. Er fand sich mit kleinen Haifischzähnen in einem kalkigen Gebilde (Steppenkalk).

---

1) Van Beneden (*Ostéogr.* p. 241) führt an, dass die | Molasse des Beckens des Schwarzen und Asowschen Reste der südrussischen *Cetotherien* hauptsächlich in der | Meeres sich finden.

Ganze, vollständige Skelete von echten *Cetotherien* sind noch nicht bekannt, wiewohl man einige Male sehr viele Knochen des Rumpfs und der Extremitäten desselben Individuums (so die des *Cetotherium Klinderi* Taf. V), ferner namhafte Theile der Wirbelsäule vom *Cetotherium priscum* (Taf. VIII) und *Mayeri* (Taf. X) entdeckte. Nur zwei Mal wurden sehr ansehnliche Theile des Schädels zweier Arten (des *Cetotherium Rathkei* und *Helmersenii*) gefunden. Am häufigsten erhielt man bis jetzt Wirbel, namentlich besonders häufig die festeren, dichteren, vorderen Schwanzwirbel. Einzelne Unterkieferstücke, einige Bullae tympani, Fragmente von Rippen, Brustbeine, Schulterblätter, dann Ober- und Unterarmknochen wurden gleichfalls vereinzelt oder mit einzelnen anderen Knochen ausgegraben. Die bisherigen Ausgrabungen vermögen indessen ein ziemlich vollständiges Gesammtbild vom Skelet der *Cetotherien* zu verschaffen. Die vereinzelt gefundenen Knochen, namentlich die geglätteten, abgeriebenen, könnten vielleicht, wenigstens theilweis, älter sein als die Ablagerungen, in denen man sie fand, da sie möglicherweise in Folge der Losspülung aus älteren Ablagerungen in ihre jüngeren Fundorte geriethen. — Ich muss gestehen, dass ich mich nicht mit der Ansicht befreunden kann, die russischen *Cetotherien* hätten nur zur Zeit der Ablagerung des Steppenkalkes und oben erwähnten Sandes, nicht früher, gelebt. Die Wiener, unten angedeuteten, Verhältnisse scheinen mir für ihre frühere Existenz zu sprechen. Namentlich bin ich geneigt sie vorläufig mindestens den miocänen Thieren zuzuzählen.

Im Wiener Becken hat man bisher nur einzelne Reste von *Cetotherien* (einen Wirbel und einen Humerus) zu Tage gefördert. Dagegen wurden in der sarmatischen Stufe sehr zahlreiche, oft sehr wohl erhaltene, Knochen von *Pachyacanthen* entdeckt, meist zwar vereinzelt, jedoch auch zuweilen in grösserer Menge, so mehrere Lenden- und Schwanzwirbel nebst Rippen desselben Individuums. Ein Mal glückte es sogar Herrn v. Letocha die meisten Theile des Rumpfskeletes zusammenzubringen.

Die dem älteren, marinen Steppenkalk Südrusslands, der dortigen Fundstätte der *Cetotherien*, entsprechenden Ablagerungen der sarmatischen Stufe des Wiener Beckens bestehen 1. aus Sand und Kalk (Cerithien-Sand oder -Kalk) und 2. aus Tegel (Tegel von Hernals). Die untere, an Conchylien, namentlich an Bivalven, arme, an den unweit Wien gelegenen Orten Hernals und besonders Nussdorf zur Ziegelbereitung benutzte Schicht des Tegels ist es, welche die Reste der *Cetotherinen* nebst denen von *Phoken* und *Fischen*, aber auch die einer *Trionyx* (*Trionyx vindobonensis*)[1] enthält.

Dass die *Cetotherien* und *Pachyacanthen* in einem Meere lebten, welches arm an Schaalthieren, namentlich an grösseren, war, welches man deshalb für ein brakisches erklärte, lässt sich nicht wohl annehmen. Ich möchte mich daher zu der Ansicht neigen: der an Resten

1) Das Vorkommen der Reste einer Flussschildkröte (*Trionyx*) mit denen von hochmeerischen Bartenwalen, die gewöhnlich nicht in derselben Localität mit ihr zusammenleben, ist weniger auffallend, wenn wir erfahren, dass *Trionyx aegyptiacus* im Meere 3—4 Kilometer von der Mündung des Gabon gefangen wurde (A. Duméril, *Archiv d. Museum* X, p. 168. Note 1).

von Schalthieren so arme Tegel von Hernals sei die Ablagerung eines Busens, der mehr oder weniger brakisches Wasser enthielt, worin die aus dem höheren Meere, vielleicht durch heftige Stürme, verschlagenen Walthiere strandeten. Die Vermischung ihrer Reste mit denen von *Triongx* würde sich wohl dadurch erklären lassen, dass in den fraglichen Busen vermuthlich ein Fluss mündete, aus welchem die Schildkröten auch in den Busen selbst wanderten.

Das Vorkommen der *Cetaceen*-Reste im Wiener Becken ist indessen keineswegs auf die sarmatische Stufe beschränkt. Man hat vielmehr einzelne, bisher noch nicht näher bestimmbare, Reste auch in der echt marinen, molluskenreichen Mediterranstufe entdeckt. Die fraglichen Reste stammen also aus einer älteren Zeit als die in der sarmatischen gefundenen. Es lässt sich daher nicht wohl annehmen, dass die in den sarmatischen Ablagerungen entdeckten Cetaceenreste solchen Arten angehörten, die nur zur Zeit dieser Ablagerungen, nicht aber schon früher existirten. Für die frühere Existenz spricht übrigens auch der Umstand, dass sowohl in der mediterranen, als auch in der sarmatischen Stufe die Reste derselben Arten von Landthieren sich finden. Es ist aber kein Grund vorhanden, weshalb die Wasserthiere ein anderes Verhalten hätten zeigen sollen als die Landthiere, um so mehr, da nach Maassgabe unserer bisherigen Kenntnisse auf unserem Planeten die Wasserthiere den Landthieren vorangingen.

Nach Maassgabe der von Jaeger einer *Balaena molassica* vindizirten, oben beschriebenen Fragmente des Unterkiefers, der wohl einer *Cetotherine* angehörte, dürfte auch die Molasse Würtembergs hier zu erwähnen sein.

In Belgien kommen nach Van Beneden (*Ostéogr.* p. 254) die den *Cetotherien* sehr nahe stehenden *Plesioceten* nur in den oberen tertiären Ablagerungen vor. Sie finden sich häufig im schwarzen Sande von Diestien oder im grauen und gelben Crag. Mehrmals erschienen sie auch im Rupelien, jedoch nur in der oberen Lage desselben, in Verbindung mit Muscheln einer späteren Epoche.

*Plesiocetus Cortesii Van Bened.* (*Balaenoptera Cortesii et Cuvieri Desmoul.*) wurde in Oberitalien am östlichen Theile des Monte Pulgnasco in einem bläulichen, Meeresmuscheln enthaltenden Thone gefunden (Cuvier).

Die in Portugal, nicht gar weit von Lissabon, entdeckten Schädelreste des *Cetotherium Vandellii Van Bened.* stammten aus einem harten, marinen, dunkelgrünen Kalkstein, der zahlreiche Muscheln enthält, wovon manche noch ihren Perlmutterglanz besitzen.

### Einige Worte über die Gattungen der Cetotherinen.

Was die Gattungen anbetrifft in welche die *Cetotherinen* sich vertheilen lassen, so dürfte wohl die Gattung *Cetotherium* als völlig gesichert anzusehen sein. Auch wird, sollte ich meinen, jeder auf ihre Existenz bezügliche Zweifel von Seiten **Gervais's** (*Compt. rend. d. l'Acad. d. Paris*, T. *LXXII* (*1871*), p. *663*) schwinden, wenn er die von mir gelieferte, durch zahlreiche Abbildungen erläuterte Charakteristik der *Cetotherien* in genauere Erwägung zieht. Wohl aber liesse sich möglicherweise fürchten, dass ein Zoologe, der Gray's zersplitternde Ansichten theilt, veranlasst werden könnte, nach Maassgabe der so abweichenden Gestalt der Bullae tympani (Tafel XII, Fig. 1—4) der verschiedenen von mir aufgestellten Arten von *Cetotherien*, dieselben, freilich ohne irgend eine Nothwendigkeit, in drei Gattungen künstlich zu zerfällen und die Wissenschaft mit neuen Gattungsnamen zu belästigen. Eine, auch von Gervais a. a. O. aufgeworfene, Frage ist es: ob die, so viel ich bis jetzt ermitteln konnte, wie schon oben angedeutet, der Gattung *Cetotherium* in craniologischer Hinsicht so nahe stehende Gattung *Plesiocetus* als selbstständige beibehalten oder nur als eine Unterabtheilung (Subgenus) angesehen werden könne. Was endlich die Gattung *Pachyacanthus* anlangt, so ziehe ich sie nur nach Maassgabe des verwaltend cetotherienähnlichen Baues des Rumpfskelets zu den *Cetotherien*, eine Stellung, die aber erst noch durch die Entdeckung von namhaften Schädelresten ausser Zweifel zu stellen sein wird, da sich nicht nachweisen lässt, dass der von mir auf *Pachyacanthus* bezogene Rest des Unterkiefers gleichzeitig mit anderen Skeletresten der fraglichen Gattung gefunden wurde, wiewohl der Fundort desselben allerdings sehr zahlreiche andere Skeletreste lieferte.

Es gehören demnach zu den *Cetotherien*: die Gattung *Cetotherium* J. F. Brdt. (1842), die Gattung oder möglicherweise Untergattung *Plesiocetus Van Bened.* (1859) und vermuthlich auch die Gattung *Pachyacanthus Brdt.* (1871).

## 1. Genus Cetotherium J. F. Brdt. (1842).

### Wesentlicher Charakter.

Der stark zugespitzte Schnautzentheil des Schädels ist länger als die doppelte Länge der Hirnkapsel. Die Wirbelbögen sind mehr oder weniger verdickt. Die Dornfortsätze der hinteren Rückenwirbel, der Lendenwirbel und Schwanzwirbel erscheinen stets abgeplattet. Die Lenden- und Schwanzwirbel besitzen stets einen queren, meist sehr niedrigen, zuweilen spaltenförmigen, engen Rückenmarkskanal. Das Brustbein ist einfach. Die hinteren Rippen sind mässig breit. Das Oberarmbein erscheint kürzer als der Unterarm. Die Ulna bietet ein Olecranum. Die Lendenwirbel sind kürzer und breiter als bei *Pachyacanthus*.

*Cetotherium* J. F. Brandt, Nordmann, Bronn, Pictet, Quenstedt, Van Beneden et Gervais. *Zeiphius* et *Choneziphius* Eichwald e. p. — *Cetotherium* Eichwald e. p.

Kleine Art Cete, Pallas *Bemerkungen auf einer Reise in die südlichen Statthalterschaften des Russischen Reiches, Bd. II, S. 289.*

Fischwirbel G. Fischer, *Mémoir. d. nat. d. Moscou, T. VII, 1829, p. 298, Taf. XXI, Fig. 1.*

Den lebenden Balaenopteren verwandtes, aber davon abweichendes Thier Rathke (1833), *Mémoir. d. savans étrang. d. l'Acad. Imp. d. St.-Pétersbourg, T. II (1835), p. 331.*[1])

Petite espèce de Baleine ou peut-être grande espèce de Ziphins Laurillard bei Verneuil in den *Mémoires d. l. Soc. géolog. d. France, T. III, P. I (1837), p. 14.*

Der Gattung Manatus oder Halicore nahe stehendes Seesäugethier aus der Familie der Manaten! Eichwald, *Bullet. scientif. d. l'Acad. Imp. d. sc. d. St.-Pétersbourg, 1. Sér. T. VI (1838), p. 261* und *265.* — Leonhard und Bronn, *Jahrb. f. Miner. 1840, p. 494.*

Ziphius Eichwald, Первобытный мір Россіи Тетрадъ I, Ст. Петербургъ 1840, 8. стр. 18, Табл. I и II, übersetzt unter dem Titel: *Die Urwelt Russlands, St. Petersburg 1840, 8. Heft 1, Abhandl. II, S. 31,* mit *Tab. I* und *II.* — Im Auszuge mitgetheilt in Leonhard's und Bronn's, *Jahrb. 1840, p. 731* und im *Bullet. d. natur. d. Moscou, T. XIII, p. 473.*

Cetotherium J. F. Brandt, *Bullet. d. l. Classe phys. math. d. l'Acad. Imp. d. sc. d. St.-Pétersbourg (1842), T. I, p. 146.* — *L'Institut sc. math. phys., 1843, p. 270 (Extrait).*

Cetotherium Al. v. Nordmann (1842), *Bullet. sc. d. l'Acad. Imp. d. sc. d. St.-Pétersbourg cl. phys. math., T. I, p. 202.*

Cetotherium J. F. Brandt, *Verhandlungen d. Kais. Russ. mineralogischen Gesellschaft zu St. Petersburg, Jahrg. 1844, S. 239.*

Ziphius Hyot *Voyage de Demidoff II (1842), p. 440* und *758.*

Cetotherium Giebel, *Fauna d. Vorwelt, Bd. I, S. 238.*

Cetotherium et Ziphius Eichwald, *Lethaea rossica III (1853), p. 332 et 335, Tab. XII.*

Cetotherium Al. v. Nordmann, *Palaeontologie Südrusslands. Helsingfors 1860, 4. mit Atlas in fol., p. 337, Taf. XXVII—XXVIII.*

Choneziphius Eichwald e. p. *Bullet. d. nat. d. Moscou, ann. 1860, p. 339.*

Cetotherium Bronn, *Lethaea, 3. Ausg., III (1856), p. 754.*

Cetotherium Pictet, *Traité de Paléontologie, 2. éd., Tom. I (1853), p. 388.*

Cetotherium Quenstedt, *Handbuch der Petrefactenkunde, 2. Aufl., Tübingen 1867, 8. p. 90.*

Cetotherium Günther, *Sitzgsber. d. naturw. Gesellschaft Isis in Dresden, Jahrg. 1870, S. 255.*

Cetotherium *Ostéographie des Cétacés vivants et fossiles par Van Beneden et Paul Gervais, Paris (1870), 4. avec atl. in fol., p. 267, Pl. XVII, Fig. 5—8.*[2])

---

1) In der Ostéographie von Van Beneden und Gervais, p. 268, werden auch die Preussischen Provinzialblätter, Bd. 18 (1837), als Synonym zu *Cetotherium* citirt. Rathke hat indessen darin keinen Cetotheriumrest, wohl aber in der Dezember-Nummer der genannten Schrift, S. 265, das bei Tannenberg gefundene Schulterblatt eines Wales beschrieben, den er nicht artlich bestimmte.

2) Wenn die Plesioceten nach Maassgabe von *Plesiocetus Cortesii Van Beneden* nur durch den kurzen Schnautzentheil des Schädels sich von *Cetotherium* unterscheiden, worauf die bisherigen, freilich noch mangelhaften, Untersuchungen hindeuten, so würden sie nach meiner Ansicht nur als Subgenus der Gattung *Cetotherium* gelten, keineswegs eine gleichwerthige Gattung

Ueber die Deutung der in einzelnen Ländergebieten Europas vorgekommenen
Reste der Gattung Cetotherium.

Man findet zwar über den fraglichen Gegenstand bereits eine Zusammenstellung der
Angaben bei v. Nordmann (*Palaeontologie Südrusslands S. 334*), dann in Van Beneden's
und Gervais's *Ostéographie des Cétacés p. 243—244*. Es gestatten indessen diese Angaben
vielfache Ergänzungen, weshalb es nicht überflüssig sein dürfte den Gegenstand von neuem
zu erörtern.

Als ältesten bis jetzt, wenigstens in Bezug auf Russland, nachweisbaren Fund eines
Cetotherium-Restes darf man wohl den aus Taman stammenden, halb mineralisirten Wirbel
ansehen; welchen Pallas (*Bemerkungen auf einer Reise in die südlichen Statthalterschaften
des Russischen Reiches, Bd. II, S. 289*) einem Thier zuschrieb, welches er als kleine Art
einer *Cete* bezeichnet. Ob noch früher in einem anderen Lande, oder selbst vielleicht in
einigen anderen Ländern, Cetotherien-Knochen entdeckt wurden, wird das fortgesetzte, genauere Studium der Reste dieser Thiergattung nachweisen. Ihr häufiges Vorkommen, sowie ihre namhafte Verbreitung, machen es nicht unwahrscheinlich, dass bereits anderswo,
vor Pallas, der Gattung *Cetotherium* angehörige Skelettheile von *Cetaceen* gefunden wurden, die man bis jetzt verkannte, mit anderen Namen bezeichnete, oder gänzlich unbeachtet liess.

Nach Pallas war G. Fischer der erste, der einen aus Russland (Taman) stammenden *Cetotherien*-Wirbel, den er von C. A. Meyer, dem bekannten russischen Botaniker, erhalten hatte, unter der Rubrik *Poissons* 1829 beschrieb und sehr undeutlich abbilden liess.
Man vergleiche *Mém. d. l. Soc. d. nat. d. Moscou, T. VII. Nouv. Mém., T. I, p. 298,
Taf. XXI, Fig. 1.*

Ein in Portugal gefundenes, von Vandelli erst 1831 in den Memoiren der Lissaboner
Akademie beschriebenes und durch mehrere Figuren erläutertes Schädelfragment wurde
von Van Beneden mit Recht einem *Cetotherium (C. Vandellii)* vindizirt.

Auf seiner im Jahre 1833 in die Krym unternommenen Reise fand Rathke im Alter-
thums-Museum zu Kertsch einen auf der Halbinsel Taman, dem Vorgebirge Takal gegenüber,
entdeckten, grösstentheils von sehr hartem Muschelkalk umgebenen und damit ausgefüllten, des Gesichtstheiles grösstentheils ermangelnden Schädel, welchen er, nach theilweiser
Blosslegung des Hinterhaupts und der linken Seite der oberen Fläche desselben, einem den
lebenden *Balaenopteren* verwandten, aber davon abweichenden, walfischartigen Thier zuschrieb und abbildete (*Mémoires d. savants étrang. d. l'Acad. Imp. d. St.-Pétersb., T. II,
1835, p. 332, Taf. Fig. 1 und 2*).

Ausser dem Schädel hat Rathke ebendaselbst unter Figur 4 auch einen der Wirbel
abgebildet, den er freilich für keinen Cetaceenwirbel ansah.

---

bilden können. Die Gattung *Plesiocetus* Van Beneden | solchen Auffassung zu Folge zum Genus *Cetotherium* zu
(*Ostéogr. p. 271*) mit ihren Synonymen wurde einer | ziehen sein.

Verneuil erhielt in der Festung Phanagoria einen Cetaceenwirbel, den Laurillard für einen Schwanzwirbel einer kleinen *Balaena* oder eines grösseren *Ziphius* erklärte. (*Mém. d. l. Soc. géolog. d. France*, *T. III. P. I* (*1837*), *p. 14. Formation tertiaire d. l. Crimée p. 13. Jahrb. f. Mineral. 1838, S. 555.*)

Im folgenden Jahre beschrieb Eichwald (*Bullet. scient. d. l'Acad. Imp. d. sc. d. St.-Pétersb., 1. Sér., T. IV, p. 261*) zwei Wirbel, drei (angebliche) Rippenfragmente und einen vermeintlichen Fingerknochen vom *Cetotherium*, welche die Kaiserliche Mineralogische Gesellschaft aus der Krym erhalten hatte, als Reste eines der Gattung *Manatus* oder *Halicore* nahe stehenden grossen Seesäugethiers. Hinsichtlich des von Rathke beschriebenen Schädels wurde bei dieser Gelegenheit von ihm (S. 264) bemerkt: »derselbe könnte weniger einem walfischartigen als einem anderen Thier aus der Familie der *Manaten* angehört haben, ebenso wie die von mir (d. h. von ihm selbst) beschriebenen Knochen. «Laurillard's oben erwähnte Deutung des Verneuil'schen Wirbels und v. Baer's Bemerkung, dass zwei seiner vermeintlichen Rippenfragmente Unterkieferbruchstücke eines walfischartigen Thieres seien, scheint ihn später veranlasst zu haben, seine Ansicht über die Deutung der fraglichen Reste zu ändern, denn in seiner, sowohl in deutscher als russischer Sprache begonnenen, von Seiten der St. Petersburger Mineralogischen Gesellschaft erfolgten Herausgabe einer Urwelt Russlands (*Die Urwelt Russlands*, *St. Petersburg 1840, S. Heft I, Abhandlg. II, p.25, mit Abbild.*) vindizirt er dieselben einem *Ziphius priscus*. Einer Balaenide scheinen sie deshalb nicht von ihm zugeschrieben worden zu sein, weil er sich einestheils gegen Rathke's richtige Deutung ausgesprochen hatte und der Meinung war: die Arten der Bartenwale hätten, nach Maassgabe der noch lebenden, stets nur als riesige Formen existirt, andererseits aber, weil Laurillard's Auctorität ihm passender erschien die Rücknahme der von ihm früher irrthümlich behaupteten Manatiden-Natur weniger auffällig zu machen, für welche Zwecke ihm die Verweisung der Reste in die Gattung *Ziphius* als der beste Ausweg erscheinen mochte.

Die Akademie der Wissenschaften erhielt 1841 auf Kaiserlichen Befehl das Fragment eines Schulterblattes, eines Oberarmknochens und den Schwanzwirbel eines Cetaceums, die beim Bau der Festung Anapa ausgegraben wurden. Nach Maassgabe der Form des Schwanzwirbels und der damit im Einklange stehenden Verhältnisse des Schulterblattes erkannte ich dieselben als Theile jener Balaenidenform, welcher der von Rathke beschriebene Schädel, ebenso wie die von Eichwald beschriebenen vermeintlichen *Ziphius*-Reste angehörten, welche letztere die Mineralogische Gesellschaft mir gütigst zur Disposition stellte. In Folge dieser Untersuchungen veranlasste ich die Akademie, sich die von Rathke beschriebenen Cetaceenreste nebst anderen ihnen ähnlichen vom Kertscher Museum zu erbitten. Das Museum der Akademie erhielt von dort in Folge dieses Ansuchens ausser dem von Rathke beschriebenen Schädel die Bruchstücke eines fast vollständigen, offenbar dazu gehörigen Unterkiefers und mehrere Wirbel.

Durch mehrmonatliche mühsame Arbeit wurden alle Knochen des Schädels vom festen

Kalkstein dermaassen von mir befreit, dass ihre Gestalt klar vor Augen stand. Ich sah nun deutlich, dass der fragliche Schädel ohne Zweifel der einer echten *Balaenoide* sei, die sich durch eine solche Menge von wesentlichen craniologischen Merkmalen nicht blos von den echten *Balaenen*, sondern auch selbst von den ihr näher stehenden *Balaenopteren* unterschiede und daher nicht blos als Typus einer eigenen Gattung, sondern sogar einer eigenen Unterabtheilung der Familie der Balaenopteriden anzusehen wäre.

Die Gattung wurde von mir mit dem Namen *Cetotherium* belegt.

H. v. Nordmann, der von meinen Untersuchungen Kunde erhielt, berichtete in seinem Aufsatze: Ueber die bis jetzt ihm bekannt gewordenen Fundorte von fossilen Knochen in Südrussland (*Bullet. sc. d. l'Acad. Imp. d. Sc: d. St.-Pétersbourg, cl. phys. math., T. I, p. 202, Nov., 4. 1841*), dass einige Knochen, meistens Wirbel, vom *Cetotherium* aus Kertsch und dem Asow'schen Meere (wohl aus dem Küstengebiet dieses Meeres) in der dendrologisch-mineralogischen Sammlung von Odessa und beim Herrn Dimtschewitsch aufbewahrt würden.

Die Resultate meiner Untersuchungen wurden in einer über hundert Quartseiten starken Abhandlung verzeichnet, die ich unter dem Titel: *De Cetotherio novo Balaenarum familiae genere in Rossia australi effosso* der Akademie nebst einem darüber abgestatteten, für das *Bulletin* bestimmten Bericht bereits am 21. October 1842 vorlegte. Die Abhandlung war von zahlreichen Abbildungen begleitet. Es erschien jedoch nur der erwähnte Bericht im *Bullet. d. l. classe phys. math d. l'Acad. Imp. d. sc. d. St.-Pétersb., T. I, n. 10,* worin zwei Arten von *Cetotherium* (*C. priscum* und *Rathkei*) als sicher angenommen wurden, während ich eine dritte (die *Balaenoptera Cortesii Desmoul.*) als *Cetotherium Cortesii* mit einem ? bezeichnete. Da die fragliche Abhandlung sich nicht blos auf die Beschreibung der Cetotherien-Reste beschränkte, sondern auch, zur näheren Ausmittelung der speciellsten Verwandtschaften der *Cetotherien*, die Sichtung der zu jener Zeit noch so verworrenen Arten der *Balaeniden* darin versucht wurde, so unterblieb die Veröffentlichung derselben in Folge der damals begonnenen, so ausgezeichneten cetologischen Arbeiten Eschricht's, deren baldiges Ende ich abwarten zu können hoffte. Das Interesse für das *Cetotherium* trat desshalb durch andere Arbeiten in den Hintergrund. Ich hielt mich jedoch etwas später (1844) in Folge der von der Mineralogischen Gesellschaft mir anvertrauten, von Eichwald in seiner «Urwelt» beschriebenen, irrigerweise einem *Ziphius* vindizirten, Cetotherien-Reste, für verpflichtet, dem genannten Verein eine Notiz: *«Ueber die fossilen Knochen des Cetotheriums»* vorzulegen, die in seinen *Verhandlungen vom Jahre 1844, S. 239—244* erschien. Wie schon früher, wurde auch in diesem Aufsatze bemerkt, dass die *Balaenen* und *Balaenopteren* einerseits, die *Cetotherien* andererseits als besondere Gruppen der Familie der *Balaeniden* sich ansehen liessen, von denen die *Cetotherien* mehr zu den *Sirenien* hinneigten, wodurch die *Balaeniden* und *Sirenien* einander etwas näher gebracht würden. Dass ich aber die *Cetotherien*, wie Eichwald angiebt, als Uebergangsform zu den *Sirenien* und Typus einer eigenen Ordnung betrachtet hätte (er sagt nämlich, *Lethaea III, p. 333:* Mr. Brandt en a fait une *Baleine* à fanons d'un *ordre à part* qui fait passage aux Sirenia) sprach ich keineswegs aus. Sie wurden von mir auch weder, wie H. v. Nordmann (*Palaeontol. Süd-russlands, p. 336*) sagt, als Uebergang von den Bartenwalen zu den Sirenien, noch auch für animaux intermédiaires entre les siréniens et les mysticètes erklärt, wie in der *Ostéo-graphie des Cétacés par Van Beneden et Gervais, p. 269* steht, so dass also die der letzt-erwähnten Angabe folgende Vermuthung (c'est le mélange de quelques os de siréniens avec ceux de *Cetotherium* qui l'a conduit, pensons-nous, à cette idée, qui est évidemment erronée. Les *Cétothériums* sont, sous tous les rapports, de vrais *Mysticètes*), die auf Nordmann's oder Eichwald's falscher Angabe zu beruhen scheint, als unbegründet sich herausstellt. Hätte ich jemals ein «mélange des quelques os des siréniens avec ceux de *Cetotherium*» vor Augen gehabt, so würde ich auch in Folge meiner langjährigen, schon seit 1832 datirenden sirenologischen, durch die *Symbolae Sirenologicae*, sollte man meinen, hinreichend docu-mentirten und die für die *Medizinische Zoologie* schon 1828 gemachten selbstständigen baläuologischen Studien die Knochen der *Sirenien* (wovon ich die in Russland gefundenen erst später durch Nordmann kennen lernte) sehr wohl herausgefunden haben. Uebrigens muss ich bemerken, dass ich noch jetzt, wenn die Frage aufgeworfen würde, ob die *Ceto-therien* oder die anderen *Balaeniden* den Sirenien in craniologischer Beziehung ähnlicher seien, nur für die grössere Aehnlichkeit der Ersteren stimmen könnte.

Hyot (*Voyage de Demidoff II, 1842, p. 440* und 758) spricht von einem im rothen Thon bei Ak-Burun gefundenen Wirbel des *Ziphius priscus Eichw.* (= *Cetotherium pris-cum Brdt.*).

Ansehnliche Skeletreste, welche sich im Museum des hiesigen K. Berginstituts befinden, wurden vom Berg-Ingenieur-Offizier Antipow bei Kertsch, laut Angabe der Etiquetten, am Vorgebirge Ak-Burun entdeckt und von Eichwald (*Lethaea ross. III, St. Petersb. 1853, p. 335*) als Reste seines, den *Rhynchoceti Eschricht*'s zugezählten, *Ziphius priscus* (meines *Cetotherium priscum*) beschrieben und auf Tafel XII in natürlicher Grösse kenntlich abge-bildet, während er die Gattung *Cetotherium* auf *Cetotherium Rathkei* beschränkte.

Nordmann (*Palaeontologie Südrusslands, Helsingfors 1860, 4. Atlas in fol., p. 337*) erhielt zahlreiche Reste von *Cetotherien* aus Taman, Kertsch und Bessarabien (Kischenew), die er beschreibt, theilweis abbildet und meist dem *Cetotherium priscum* vindizirt, während er bemerkt: der Unterkiefer, welchen Eichwald seinem *Ziphius priscus* zuschreibt, sei so ver-schieden von dem des *Ziphius*, dass diese beiden Thiere nimmermehr zu einer Gruppe ge-hört haben könnten. Er meint indessen auch p. 347, dass kleine in Bessarabien gefundene Wirbel ihn zur Annahme einer kleineren Art veranlassen, die er vorläufig als *Cetotherium pusillum* bezeichne. — Als er seine *Palaeontologie Südrusslands* bereits vollendet hatte, machte ihm Herr A. Doengingk eine neue Sendung fossiler Reste von Säugethieren, die aus den in der Umgegend von Kischenew befindlichen Steinbrüchen stammten, worunter auch einige Knochen von *Cetotherium* waren (*Bullet. d. natural. d. Moscou, 1861, n. 2, p. 582, Taf. XII*). Auch spricht er ebendaselbst p. 586 von einem ungewöhnlich grossen

Rückenwirbel des *Cetotheriums* aus Kertsch, welchen er in Sympheropol von einem Herrn Bobrowsky erhielt.

Bemerkenswerth erscheint noch, dass im Wiener K. K. Hofmineralienkabinet der Humerus des *Cetotherium priscum* und der Wirbel einer anderen, mir noch zweifelhaften Art von *Cetotherium (C. ambiguum?)* aufbewahrt werden, die in der Umgegend von Wien gefunden wurden.

Obgleich die Arbeiten Nordmann's die Begründung der Gattung *Cetotherium* ausser Zweifel gestellt hatten, so versuchte es dennoch Herr v. Eichwald, seine unhaltbare Ansicht, dass die *Cetotherien Ziphiiden* seien, von neuem zu vertheidigen. Im *Bullet. d. nat. d. Moscou, ann. 1860, p. 399*) spricht er nämlich nicht nur von fossilen *Ziphoiden* auf der Halbinsel Taman bei Kertsch und in Bessarabien, wozu er namentlich seinen *Ziphius priscus* zählt, den er ohne Grund zu einem *Choneziphius Duv.* stempelt, sondern wiederholt sogar, dass der von Rathke beschriebene Schädel kaum einem Bartenwalle angehören könnte! Bronn (*Lethaea III, 1856, p. 754*), Pictet (*Paléont. sec. éd., T. I, 1853, p. 388*) und Quenstedt (*Petrefactenkunde, 2. Aufl., 1867, S. 90*) hatten inzwischen die Gattung *Cetotherium* bereits angenommen, was später auch Van Beneden (Ostéographie des Cétacés) that. Der Letztere wollte zwar dieselbe nebst seiner Gattung *Plesiocetus* anfangs (*p. 268*) nur als Untergattung von *Balaenoptera* gelten lassen, sagt aber später (*p. 270*) ausdrücklich, dass nach Maassgabe des Schädels die *Cetotherien* als eigene Gattung beibehalten zu werden verdienen, als deren Arten er p. 271 ff. nach dem Vorgange v. Nordmann's *Cetotherium Rathkei Brdt. priscum Brdt.(Ziphius priscus Eichw.)* und *C. pusillum Nordm.* aufführt, und diesen noch eine neue Art (*Ct. Vandelli*) hinzufügt. Ueberdies lieferte er Pl. XVII, Fig. 6. eine ihm von mir mitgetheilte Ansicht des Schädels vom *Cetotherium Rathkei*, nebst die einer Bulla tympani aus Nordmann. die jedoch nicht, wie er meint, *C. Rathkei*, sondern *Cetotherium priscum* angehörte.

Ursprünglich (*Bullet. sc. et. phys. math. d. l'Acad. Imp. d. sc. d. St.-Pétersb., T. I, p. 146*) nahm ich, wie schon bemerkt, nur zwei Arten von *Cetotherien (C. priscum* und *Rathkei)* an, wies jedoch später (*Verhandl. d. K. Mineral. Gesellsch. z. St. Petersb., 1844, S. 241*) auf die Aehnlichkeit der von Cuvier beschriebenen und abgebildeten Cortesi'schen *Balaenoptera* mit den *Cetotherien* hin, ja bezeichnete dieselbe sogar in dem oben erwähnten, der St. Petersburger Akademie vorgelegten, freilich leider nicht publizirten, Manuscripte über die Gattung *Cetotherium* als *Cetotherium-Cortesii?*

Van Beneden (*Ostéogr. p. 288*), dem allerdings die letztere Ansicht nicht bekannt sein konnte, betrachtete indessen die ebengenannte Art als Typus seiner Gattung *Plesiocetus*, während sein Mitarbeiter P. Gervais ganz neuerdings (*Compte-rendu d. l'Acad. d. Paris. T. LXXII, 1872, p. 670*) nicht blos gegen die Stichhaltigkeit der Gattungen *Plesiocetus* und *Palaeobalaena* (er meint wohl *Palaeocetus*), sondern sogar auch mit Unrecht gegen die von *Cetotherium* Zweifel erhob.

Die nach meinen oben erwähnten Publicationen durch *Cetotherien*-Reste ungemein be-

reicherten Sammlungen der Kaiserlichen Akademie der Wissenschaften und des Kaiserlichen Berginstitutes gestatteten nicht nur die genauere Unterscheidung des *Cetotherium
priscum* und *Rathkei* nach Maassgabe abweichender Grössenverhältnisse, sowie der verschiedenen Gestalt des Unterkiefers und besonders der Bulla tympani, sondern veranlassten
sogar die Annahme dreier anderen, von den beiden genannten verschiedenen Arten (*Cetotherium Helmersenii, Mayeri* und *Klinderi*). *Cetotherium Helmersenii* weicht durch die Bildung des Basaltheiles seines Unterkiefers von allen genannten Arten ungemein ab. *Cetotherium Mayeri* unterscheidet sich durch den Bau seiner Bullae tympani ohne Frage von
*Cetotherium Rathkei* und *priscum*, obgleich es hinsichtlich seines Wirbel- und Unterkiefer-
baues der letzteren Art ähnelt. Was *Cetotherium Klinderi* anlangt, so ähneln seine Wirbel
sehr dem des *Cetotherium Rathkei*, jedoch sind seine Unterkieferfragmente viel stärker aufgetrieben. Da nun eine eigenthümliche, einem *Cetotherium* vindizirbare, von der des *C.
Rathkei, priscum* und *Mayeri* sehr verschiedene Bulla tympani in der Nordmann'schen
Sammlung vorhanden ist, die proportionel sehr gut zu *C. Klinderi* passt, der Unterkiefer des
*C. Helmersenii* aber, wie schon erwähnt, von dem des *Klinderi* abweicht, so habe ich sie,
wiewohl mit einem Fragezeichen, dem *C. Klinderi* vindizirt und dasselbe als eigene Art auf
geführt. Die Existenz eines *Cetotherium pusillum* vermochte ich nicht zu constatiren, dagegen halte ich *C. Vandelli Van Bened.* für eine unantastbare Art.

### Spec. 1. Cetotherium Rathkei J. F. Brdt.¹)
#### Tafel I—IV.

Den lebenden Balaenopteren verwandtes Thier, *Rathke, Mémoir. d. sav. étr. d. l'Acad.
Imp. d. St.-Pétersbourg, T. II, p. 331, mit Abb. d. Schädelfragmentes und eines
Wirbels desselben.* — *Cetotherium Rathkei, J. F. Brandt, Bullet. sc. d. l. classe
phys. math. d. l'Acad. Imp. d. sc. d. St.-Pétersb. (1842), p. 146. Verhandl. d.
Kais. Russ. Mineral. Gesellschaft zu St. Petersburg, Jahr. 1844, S. 239.* —
*Murchison, Adress of th. Geol. Soc. of London, 17. Febr. 1843, p. 108.* — *Ceto-
therium Rathkei und Cetotherium priscum, Giebel, Fauna d. Vorwelt. Bd. I, Ab-
theilung 1, S. 238.* — *Eichwald, Lethaea ross. III (1853), p. 333.* — *Pictet,
Traité d. Paléont., 2. éd., T. I (1853), p. 388.* — *Bronn, Lethaea, 3. Aufl.,
III (1856), p. 755.* — *Al. e. Nordmann, Palaeont. Südrusslands (1860), p. 341
e. p.* — *Quenstedt, Handbuch der Petrefactenkunde, 2. Aufl., 1867, S. 90.* — *Van
Beneden, Ostéogr. d. Cétac. par Van Beneden et Gervais p. 271, Pl. XVII, Fig. 6
(nicht aber Fig. 7).*

#### Wesentlicher Charakter.

Die hintere Wand der Schläfengrube nur mit der Spur einer Längsleiste. Die Aussenfläche des am oberen Rande schmalen Unterkiefers mässig convex, die Innenfläche desselben

---

1) Die Art habe ich, da sie namenlos war, nach dem verdienstvollen Naturforscher H. Rathke benannt, da er
die erste Beschreibung ihres Schädelfragmentes lieferte.

senkrecht. Die Bulla tympani (Taf. III, Fig. 4, 5 und Taf. XII, Fig. 3 a, b) nur ¹⁄₂ so breit als lang, fast abgerundet-viereckig, vorn etwas höher als hinten, und dort nur wenig zusammengedrückt. Die Oberfläche völlig glatt. Die hinten pyramidal vortretende, furchenlose Windung derselben ist am vordersten Ende nur unmerklich bogenförmig ausgeschnitten. Körperlänge etwa 6—7 Fuss.

## Beschreibung.

Ich beginne die nähere Beschreibung der Reste der Arten der Gattung *Cetotherium* mit *C. Rathkei*, weil von dieser Grösse der von Rathke nur ungenügend beschriebene und abgebildete, so charakteristische Schädel (Taf. I und II) vorliegt, dem nur der allergrösste Theil des Gesichtstheiles, die Jochbeine, die Thränenbeine und die, jedoch noch von Rathke beobachtete und abgebildete Pars condyloidea des Hinterhaupts fehlen,[1] welche letztere daher leider erst nach Rathke's Untersuchung in Kertsch verloren ging.

Mit dem Schädel (dessen vollständige Reinigung vom fest anliegenden, in die kleinsten Gruben, Oeffnungen und Höhlen desselben eingedrungenen, sehr zahlreiche Muschelreste enthaltenden, festen Kalke mir mehrere Monate kostete) erhielt das Museum der Kaiserlichen Akademie der Wissenschaften aus dem Kertscher Museum für Alterthümer auch mehrere Fragmente vom Unterkiefer einer *Balaenide*, die, obgleich sie meist eine andere (graue, nicht braune) Färbung und einen anderen, schlechteren Zustand der Conservation zeigen, in Betreff ihres Baues und ihrer Grösse sehr wohl zum fraglichen Schädel passen. Es liess sich aus diesen Stücken nach Maassgabe der Gestalt ihrer Bruchflächen eine, mit Ausnahme der Endtheile, fast vollständige, nur des vordersten Endes ermangelnde, rechte und eine unvollständigere linke Kieferhälfte zusammensetzen.[2] Ausser den genannten Bruchstücken wurde dem Museum der Akademie, ebenfalls mit dem Schädel, noch ein Fragment des Basaltheiles des Unterkiefers, das nicht blos hinsichtlich der Grösse, sondern sogar seiner Conservation und Färbung zum erwähnten Schädel passt, nebst mehreren, offenbar dem Oberkiefer und Zwischenkiefer angehörigen, Fragmenten, gesandt. Dass der fragliche Schädel, trotz seiner geringen Grösse (siehe die unten angeführten Dimensionen) keinem ganz jugendlichen Thiere einer grösseren Art angehörte, habe ich bereits oben S. 53 bei Gelegenheit der Erörterung der Grössenverhältnisse der Balaeniden nachgewiesen. Der offenbar in Folge der damals sehr geringen Entblössung der Schädelknochen erhobene Zweifel Rathke's: er wage es nicht zu entscheiden, ob die Kleinheit des Schädels einen Jugendzustand oder eine Artverschiedenheit bezeichne, fällt demnach weg.

Da das fragliche, bedeutende Schädelfragment die Hauptgrundlage der Charaktere der Gattung *Cetotherium* liefert, so dürfte wohl ohne Frage die detaillirte Beschreibung

---

1) Da indessen die Rathke'sche Abbildung die von mir nicht beobachteten Condylen zeigt, so wurden dieselben auf meiner Taf. I, Fig. 5, welche die hintere Ansicht des Schädels darstellt, hinzugefügt.

2) Wie Herr v. Eichwald (*Bullet. d. nat. d. Moscou.*

1857, p. 399) von diesen so bedeutenden Ueberresten wesentlich dem Schädel, sagen konnte: dieselbe könne wohl kaum einem *Bartwurm* zugehören, muss jedem Naturforscher auffallen, der den Schädelbau der Cetaceen, namentlich der Balaenoiden, nur einigermassen kennt.

desselben am Orte sein. Es ist dies dieselbe, welche der Akademie bereits 1842 einge
reicht, jedoch neuerdings mannigfach ergänzt wurde.

Dasselbe besitzt im Allgemeinen eine braune, stellenweis ins Gelbliche, Röthliche oder
Schwarze fallende Farbe. Seine Knochen sind zwar im Ganzen fest, doch etwas spröde.

Der Hirntheil desselben ist höher und etwas mehr verlängert als bei den *Balaenopteren* und *Balaenen*.

### Obere Schädelansicht.

#### (Tafel I und II, Figur 1.)

Die obere Schädelansicht zeigt die Hinterhauptsschuppe (Taf. II, Fig. 1 a' a') mit ihren
Zitzenhöckern, den Schuppentheil (b) und Jochtheil (c, c') der Schläfenbeine, die Scheitelbeine (d, d', d''), den Stirntheil (f) und Augenfortsatz (f') der Stirnbeine, einen kleinen Theil
des grossen Keilbeinflügels (g). den Kiefertheil (h), Stirntheil (h') und Augentheil (h'') der
Oberkiefer, den Grundtheil der Zwischenkiefer (i i), die Nasenbeine (n, n) nebst der Nasenhöhle und einem Theile des Vomer (l). Auf dem Scheitel des Schädels, zwischen den Scheitel-
und Stirnbeinen, scheint sogar noch eine geringe Spur des Zwischenscheitelbeins vorhanden zu sein.

Ausser den erwähnten Knochen fanden sich noch Reste des mittleren Theiles des
linken Oberkiefers (h''') und Zwischenkiefers (i', i', i'), die auf Taf. II, Fig. 1, gehörigen
Orts angebracht wurden.

Die dreieckige, in einem weniger spitzen Winkel als bei anderen Balaenoiden nach
vorn geneigte Hinterhauptsschuppe (Taf. I, Fig. 1 und Taf. II, Fig. 1 a', a') bietet einen
jederseits neben den Condylen bogenförmig ausgeschnittenen hinteren Saum (Taf. I, Fig. 5).
Die Seitenränder der Hinterhauptsschuppe sind hinten nach rückwärts gewendet, während
ihre vorderen Theile nach vorn so stark in einen spitzen Winkel convergiren, dass der vordere Rand der Schuppe überaus kurz erscheint. Wegen ihrer perpendiculären, von der der
anderen Balaenoiden abweichenden Richtung bleiben sie von den Stirnbeinen entfernter, sind
weniger nach vorn geneigt und überragen die Scheitelbeine nicht, sondern erscheinen als
hintere Wand des von ihnen und den Scheitelbeinen gebildeten queren, aufrechten Hinterhauptskammes. — Der vordere Theil der Hinterhauptsschuppe befindet sich über der Mitte
der frei nach oben mündenden Schläfenzwischenräume (*Interstitia temporalia*)[1]) und wird
einerseits durch den oberen, ziemlich ansehnlichen Fortsatz des Scheitelbeins (d'), sowie
auch, wie es scheint, durch ein rudimentäres Zwischenscheitelbein vom Stirnbein gesondert.

Die äussere, wenig convexe, an den Seiten jedoch erhabene, Fläche der Hinterhauptsschuppe bietet jederseits eine dreieckige, vorn tiefere, hinten neben den Condylen aber eine

---

1) Mit diesen Namen bezeichne ich zur Unterscheidung | allerdings in die Schläfengrube übergehenden Raum,
von den auf den Knochen eingedrückten Schläfengruben | dessen verschiedene Gestalt manche beachtenswerthe
(Fossae temporales) den zwischen den Schläfenbeinen, | Kennzeichen bietet.
Scheitelbeinen. Jochbeinen und der Orbita befindlichen,

sichelförmige Grube. Ihr vorderer Winkel sendet eine ansehnliche, centrale, vorn breitere und höhere, hinten verschmälerte und allmählig niedriger erscheinende Längsleiste ab, welche nur bis über die Mitte der Schuppe verläuft und die erwähnten dreieckigen Gruben sondert.

Die ansehnlichen, fast abgerundet-kegelförmigen, vorn und unten eingedrückten, hinten am unteren Rande gekielten Zitzenfortsätze des Hinterhauptknochens (Taf. II, Fig. 1 a″, a″) treten stark über dem Gehörgange, sowie über den Seitentheilen der Hinterhauptsschuppe vor.

Die Schläfenschuppe (Taf. II, Fig. 1 b) ist ansehnlich, fast vertical, etwas nach hinten gewendet, ziemlich viereckig, am vorderen mit dem Scheitelbein (d) verbundenen Rande bogenförmig ausgeschweift und erhebt sich dort in einen sehr schwachen gekrümmten, linearen Kamm. Ihr Grund wie auch ihre Mitte sind convex, ihr oberer Theil erscheint dagegen eingedrückt und bietet an seinem hinteren Winkel sogar eine dreieckige Grube. Ihr ziemlich senkrechter oberer Rand erhebt sich als senkrechter Kamm, der die Aussenfläche des Hinterhauptskammes bedeckt und in den Kamm des Jochfortsatzes (c, c') übergeht.

Der sehr grosse Jochfortsatz der Schläfenbeine zeigt drei Schenkel, einen vorderen ausgehöhlten, vorn stumpf zugespitzten, einen hinteren dreieckigen und einen unteren, welcher die beiden anderen an Grösse übertrifft.

Die ziemlich ansehnlichen und fast perpendikulären Scheitelbeine (Taf. II, Fig. 1d, d') sind in der Mitte mässig gewölbt. Ihr oberer, eingedrückter Theil sendet einen 7″' breiten Fortsatz zum Scheitel des Schädels, der zwischen der Hinterhauptsschuppe der Spur des kleinen Zwischenscheitelbeins und dem oberen Theil des Stirnbeins, über dem hinteren Saume der Augenhöhle wahrgenommen wird. — Der untere Theil des Scheitelbeins ist wenig ausgerandet und eingedrückt. Der sehr dünne Augen-Stirntheil (d″) derselben verbindet sich mit dem hinteren Theil des Augenfortsatzes des Stirnbeins durch eine fast stumpfwinklige, kaum bemerkbare Naht. — Der obere, verticale Rand der Scheitelbeine bedeckt den vorderen Theil des Lambdarandes des Hinterhaupts und vereint sich mittelst des so gebildeten Kammes mit dem bereits erwähnten, gebogenen Schläfenkamm.

Oben auf dem Scheitel zwischen der Hinterhauptsschuppe, den Scheitel- und Stirnbeinen scheint noch die Spur eines sehr kleinen, fast viereckigen Zwischenscheitelbeins vorhanden zu sein.

Die Stirnbeine (Taf. II, Fig. 1 f, f') besitzen einen bandartigen, 4″' breiten, oben stumpf zugespitzten, gekrümmten, oben etwas ausgehöhlten, vorn niedergedrückten und fast geradrandigen, hinten bogenförmig ausgeschweiften Stirntheil. — Ihr hinten ausgeschweifter, oben gewölbter, jedoch in der Mitte deprimirter, vorn gebogener, ganzrandiger, hinten bogenförmig ausgeschweifter Augentheil (f') wendet sich mit seinem inneren, schmäleren Basaltheil stumpfwinklig nach aussen, mit seiner äusseren, weit breiteren, am Ende stark nach unten gekrümmten Hälfte aber etwas nach hinten. Von oben gesehen ähnelt er daher einem gebogenen Trichter. Sein Augenrand ist stark verdickt und bietet am hinteren Winkel einen Eindruck zur Aufnahme des vorderen Endes des Jochfortsatzes.

Sein vorderer Rand wird zwar vom Oberkiefer durch eine schmale, aussen breitere Spalte getrennt, worin ich aber kein Thränenbein zu finden vermochte, welches wohl verloren gegangen ist.

Von den Oberkiefern (Taf. II, Fig. 1, 2 h, h′, h″, h‴) findet sich, wie schon angedeutet, an unserem Schädelfragment nur der Stirnnasentheil (h′), der Augentheil (h″) und die Basis des eigentlichen Kiefertheils (h) derselben.

Der Nasentheil (h′) bedeckt als fast verlängert-dreieckiger, hinten stumpf zugespitzter Fortsatz den vorderen Saum der Stirnbeine. Der innere, gerade dem Nasenbein zugewendete Rand erhebt sich in einen stumpfen, vorn höhern Kamm. Der hintere, gekrümmte Rand ist sehr kurz und der äussere bogenförmig ausgerandet. Die obere, nur oben ebene, Fläche desselben neigt sich grösstentheils nach aussen und unten, überragt aber oben die Nasenbeine und Zwischenkiefer und bietet der Mitte der Nasenbeine gegenüber ein längliches, ziemlich ansehnliches Unteraugenhöhlenloch nebst zwei länglichen Gefässfurchen. Die innere Fläche des Nasentheils ist eben.

Der Augentheil (h″) erscheint als dicke, nur mit ihrem oberen Saume auf der Oberfläche des Schädels sichtbare, stumpfwinklig nach hinten und abwärts gerichtete Platte, deren äusserer Saum eine doppelte Ausrandung besitzt, wodurch derselbe in drei Höcker geschieden wird.

Die erhaltenen Bruchstücke des eigentlichen Kiefertheiles (h) stellen fast rhomboidale, nach vorn verschmälerte, ziemlich horizontale, nur wenig nach aussen geneigte, einige kleine, in Furchen auslaufende Gefässöffnungen bietende Platten dar.

Die Zwischenkiefer (Taf. II, Fig. 1 i, i) sind durch Bruchstücke repräsentirt, deren vorderer Theil dreieckig und innen gerinnt ist, während der hintere, weit breitere, eine fast eirunde, perpendikuläre, auf der Innenfläche eine ovale Grube bietende Platte darstellt, welche einen dünnen, plattenförmigen Fortsatz nach oben sendet, der zwischen den Nasenbeinen und den Nasenfortsätzen des Oberkiefers wahrgenommen wird.

Die oben erwähnten, auf Tafel II, Fig. 1 angebrachten, mit h‴, i′, i′ bezeichneten Fragmente des mittleren Kiefertheils des Schädels, die aus Theilen des Ober- (h‴) und Zwischenkiefers (i′, i′ i′) bestehen, liessen sich zu einem kürzeren, kleineren, hinteren und grösseren, längeren, dem mittleren und vorderen Schnauzentheil angehörigen Bruchstück vereinen.

Der Vomer (Taf. II, Fig. 1 und 2 l) ist dreieckig, oben dicker als unten und schliesst mittelst seiner beiden inneren, ebenen und unteren, gerinnten Fläche einen stumpf-dreieckigen, oben breiteren, oben geöffneten Raum (Theil der Nasenhöhle) ein.

Die abwärts geneigten, zum Theil von den Zwischenkiefern überragten Nasenbeine (Taf. II, Fig. 1 n, n) bieten eine verlängert-pyramidale Form und eine ziemlich ebene, obere Fläche. Vorn sind sie mehr als drei Mal so breit als an ihrem hinteren, stark verschmälerten, zugespitzten Ende. Die vorderen, stark verdünnten, fast plattenförmigen, am vorderen Rande abgestutzten Hälften der Nasenbeine sind durch eine Spalte, die oberen Hälften aber nur durch eine zweischenklige Furche geschieden. Die innere Fläche ist besonders vorn stark ausgehöhlt.

So viel sich aus der geringen Breite und seitlichen Ausrandung des erhaltenen Basaltheiles der Oberkiefer, dann aus den erhaltenen Bruchstücken ihres mittleren Theiles, ferner den demselben Theile und theilweis dem vorderen angehörigen Resten der Zwischenkiefer, sowie endlich aus der Länge und geringen Krümmung der unten näher zu beschreibenden Bruchstücke des Unterkiefers schliessen lässt, besass *Cetotherium Rathkei* einen sehr verlängerten, schmalen Schnautzentheil des Schädels, etwa wie er auf Taf. II, Fig. 1 durch Punkte angedeutet wurde.

### Untere Schädelansicht.
### (Tafel I, Fig. 2 und Tafel II, Fig. 2.)

Die untere Schädelansicht lässt folgende Verhältnisse wahrnehmen.

Der Grundtheil des Hinterhaupts (Taf. II, Fig. 2 a, a''') erscheint viereckig. Sein mittlerer Theil (a) ist vorn vom hinteren Theile des Vomer (l') bedeckt, während der hintere breiter, unbedeckt und in der Mitte stärker eingedrückt erscheint. An den Seiten des Basaltheiles treten zwei Höckerpaare, ein vorderes (a'') und ein hinteres (a''') auf. Das vordere Paar (Processus anonymi) stellt ansehnlich verlängert-dreieckige, nur auf der äusseren, der Bulla tympani zugekehrten Fläche abgeplattete, sonst aber ziemlich gerundete, hie und da, besonders vorn und hinten etwas eingedrückte Höcker dar, die mit ihrem vorderen Theile an den Keilbeinkörper stossen, während ihre innere, von der Bulla tympani überragte Fläche durch eine Spalte von ihr getrennt wird. Die einzelnen, kleineren Höcker des hinteren Paares (a''') bieten eine fast halbmondförmige Gestalt und eine gerundete untere Fläche.

Die untere Fläche des Körpers des vorderen und hinteren Keilbeins ist ziemlich viereckig und eben, steigt an den Seiten etwas in die Höhe, wird aber grösstentheils vom Vomer (l, l) und den Gaumenbeinen (n, n) bedeckt. — Der hintere Theil der eine geringe Grösse bietenden grossen Keilbeinflügel (m, m) bildet die Decke einer ansehnlichen, zwischen den ungenannten Fortsätzen (a''', a''') des Hinterhaupts, der Bulla tympani (b, b) und den Flügelbeinen (g, g') befindlichen, beträchtlichen, mittelst einer fast elliptischen, ansehnlichen Mündung unten offenen Höhle zur Aufnahme der Tuba Eustachii. Ein kleiner, fast halbmondförmiger, zur Seite des Schädels liegender Theil der Keilbeine sendet einen dreieckigen, innen gerinnten, Fortsatz (g') zur Augenhöhle. — Die von den Bullae tympani (b b) unten überragten Flügelbeine (g, g) besitzen einen vorderen, gefurchten Theil, der den Anfangstheil der Choanenwand bildet und werden durch einen Ausschnitt ihres hinteren Theils in zwei Schenkel getheilt, einen äusseren und einen inneren. Der innere Schenkel stellt einen fast länglichen Fortsatz dar, der hinten sich mit dem Processus innominatus des Hinterhaupts verbindet und mit Ausnahme des freien äusseren, die innere Wand der für die Eustachische Röhre bestimmten Höhle bildenden, Saumes vom hinteren Seitentheile des

Vomer bedeckt ist. Der äussere, fast viereckige, nach innen geneigte, innen ausgehöhlte, aussen platte und eingedrückte Schenkel erscheint mittelst seines äusseren Randes mit dem Gelenktheil des Schläfenbeins (c, c), mittelst seines vorderen Randes aber durch eine deutliche, quere, nach unten und innen gewendete Naht mit den Gaumenbeinen (n, n, n′, n′) vereint. Sein hinterer, ausgeschweifter Saum sendet aus seinem inneren Winkel einen kegelförmigen, oben abgeflachten, nach hinten etwas aufwärts gewendeten Fortsatz (Hamulus g″) ab, während sein äusserer, schief abgestutzter, Winkel neben dem oberen Theile der Bulla tympani gelagert erscheint.

Die schneckenförmigen, ansehnlichen Bullae tympani (Taf. II, Fig. 2 b, Taf. III, Fig. 4, 5 und Taf. XII, Fig. 3 a. b) sind länglich-abgerundet-viereckig, ′, so breit als lang, stark convex, mehr oder weniger aufgetrieben, vorn höher als hinten, nur wenig comprimirt und mit einer völlig glatten Oberfläche versehen. Sie überragen nicht blos den Gelenktheil des Schläfenbeins nebst dem Gehörgange, sondern auch die Processus innominati des Hinterhaupts nebst den Flügelbeinen.

Die untere Fläche der Bullae ist zwar gewölbt, erscheint aber oft in der Richtung ihrer Längenachse mehr oder weniger eingedrückt. Die vordere, gebogene, gleichfalls convexe oder mehr oder weniger eingedrückte Fläche ist etwas höher, aber schmäler als die hintere. Die hintere, ziemlich convexe, unten eingedrückte Fläche liegt hinter dem einen Halbkanal darstellenden Gehörgange.

Ihre ziemlich ebene, innere Fläche zeigt auf ihrer oberen Hälfte einen hinten breiteren, nach vorn und abwärts gerichteten Ausschnitt, der in die centrale (unten von einem nach innen gebogenen Saum der genannten Fläche begrenzte) Höhle der Bulla übergeht. — Die obere, vorn convexe, wenig eingedrückte und ausgerandete Fläche der Bulla sendet aus ihrem hinteren, fast dreieckig tief ausgeschnittenen Theile vier kleine Fortsätze ab. Der vordere derselben ist kleiner, namentlich schmäler als die anderen und mit dem vorderen Saume des Gehörganges verbunden. Der zweite Fortsatz zeigt eine ansehnlichere Grösse als der erste und dritte und stellt ein frei im Gehörgange vorragendes Plättchen dar. Der Dritte erscheint als kurzes, am unteren Rande freies Plättchen. Der vierte, hintere, grösste der Fortsätze ist mässig gebogen, innen ausgehöhlt und steht mit dem hinteren Saume des Gehörganges in Verbindung. Der erste oder vorderste Fortsatz, wie der zweite, werden durch eine kleine, der dritte vom vierten (hintersten) durch eine grosse, viereckige Ausrandung geschieden. — Die obere Fläche der Bullae wird von einer grossen, länglichen, fast elliptischen, schräg von oben nach unten und vorn gehenden Oeffnung (Mündung) durchbrochen, die in die Höhlung derselben führt. Die Windung, welche die Mündung nach aussen begrenzt, tritt in pyramidaler Form vor, bietet keine Furchen und ist am vordersten Ende nur wenig ausgerandet.

Bei genauerer Betrachtung erscheinen die beiden Bullae (was beachtenswerth sein möchte) keineswegs von völlig gleicher Gestalt.

Die rechte Bulla ist vorn etwas comprimirt, daher schmäler, unten flacher und mit einem Längseindruck versehen, auf der Aussenfläche aber gewölbter. Die linke Bulla ist unten convexer, und nur hinter der Mitte eingedrückt, vorn jedoch breiter und gewölbter. Eine einzige Bulla kann also keine genauen spezifischen Kennzeichen abgeben.

Der Theil des Schläfenbeins, welcher den als unten nicht geschlossener Halbkanal auftretenden Gehörgang (o) enthält, erscheint als vom Zitzenfortsatz durch keine Naht gesonderter, vom Jochfortsatz stark überragter Streifen. Der Gehörgang bietet einen vorderen und hinteren Saum. Der letztere, nach innen stärker vorragende, bildet eine hinten gefurchte, kleine Erhabenheit, die, wie es scheint, als Zitzenfortsatz des Schläfenbeins zu deuten ist. Der Gehörgang selbst zerfällt in einen äusseren, oberen, länglichen, schmäleren, etwas gekrümmten, nach abwärts, innen und vorn gerichteten, und einen inneren, ziemlich geraden, fast eirunden Theil, der die doppelte Breite des äusseren zeigt und der Bulla tympani zugewendet ist. Der äussere Theil wird oben durch einen kurzen, halbkreisförmigen, knöchernen, unten ausgerandeten Vorsprung vom inneren geschieden.

Hinter der Bulla tympani (Taf. II, Fig. 2 b) und dem Gehörgang (o) findet sich das Foramen jugulare.

Der fast rhomboidale, ziemlich horizontale, dicke Gelenktheil des Schläfenbeins (Taf. II, Fig. 2 c) bietet eine ziemlich flache, fast dreieckige, hinten schmälere Gelenkgrube und erscheint mit den Flügelbeinen zu einem Knochen verschmolzen, der ein neben dem inneren Theile der Gelenkgrube, vor der Bulla tympani, in die für die Tuba Eustachii bestimmte Höhle sich öffnendes ansehnliches Loch zeigt, welches das gemeinschaftliche Foramen rotundum und ovale darstellt. Eine andere, hinter der Gelenkhöhle, vor dem vorderen Saume des Gehörganges, neben dem vorderen Theil der Aussenfläche befindliche Öffnung ist die des Canalis caroticus.

Der beträchtliche Jochfortsatz der Schläfenbeine (Taf. II, Fig. 1 und 2 c', c') überragt zur Seite nach aussen mit seinem hinteren Theile alle anderen Schädelknochen. Er erscheint als stark angeschwollener, an der unteren und äusseren Fläche convexer, auf der inneren eingedrückter, auf der äusseren gebogener und convexer, auf der hinteren tief ausgeschnittener, mit einem oberen, scharfen, kammförmigen Saum versehener Knochentheil. Das vordere Ende desselben bildet überdies einen nach innen gebogenen, dicken, unten mit einer grösseren und kleineren Ausrandung versehenen Fortsatz, dessen vordere, wenig eingedrückte Fläche sich nur theilweis an die Augenhöhle legt, mit dem anderen Theile aber wohl sich mit dem (unserem Schädelfragment fehlenden) Jochbein verband.

Die Gaumenbeine (Taf. II, Fig. 2 n, n, n', n') erscheinen, streng von unten gesehen, als länglich-viereckige, in einen ziemlich stumpfen Winkel von oben und aussen, nach unten und innen gegen den Vomer geneigte Platten. Der hintere, der Mitte der Schläfengrube und dem hinteren Theile der Augenhöhle gegenüber liegende Theil (n') derselben ist der dickere und besitzt vor seinem hinteren Rande eine fast dreieckige Grube; der äussere, besonders aber der innere Rand desselben sind ausgeschweift. Der mittlere und vordere Theil der Gaumenbeine (n, n) bieten eine untere, ziemlich ebene Fläche und einen inneren,

10*

wie äusseren, ziemlich geraden Rand. Der vordere, gebogene Rand liegt dem vorderen
Saume der Augenhöhle gegenüber. — Genauer betrachtet, bilden indessen die Gaumenbeine in ihrem hinteren Theile keine viereckigen, einfachen Platten, sondern senden aus
ihrem äusseren, hinteren Saume ein niedriges, kammförmiges Seitenplättchen nach oben.

Der mit seinem hintersten Theile (Taf. II, Fig. 2 *l'*, *l'*) zwischen den Processus innominati des Hinterhaupts (Taf. II, Fig. 2 a''', a''') und den Flügelbeinen (g''', g''') sichtbare
Vomer (l, l, l', l') beginnt dort als horizontale, verlängert-viereckige, hinten etwas verschmälerte Platte (l', l'), welche den vorderen Grundtheil des Hinterhaupts, die Basis
seines Processus innominati und die Keilbeinkörper überdeckt. Die untere Fläche der
Vomer-Platte erhebt sich an den Seiten mehr oder weniger, ist aber in der Mitte stärker
oder schwächer ausgehöhlt. Der hinterste, fast rhomboidale Theil (l') besitzt einen sehr
kurzen, abgestutzten, geraden, hintern und je einen seitlichen, zwar geraden, aber schief
nach vorn und aussen gewendeten Rand, nebst einer centralen Längsfurche, vor welcher sich
der Anfang eines kleinen Kammes erhebt. Der zwischen den Flügelbeinen (g' g') und den hinteren Gaumenbeinenden befindliche Theil des Vomer ist zwar gleichfalls plattenförmig,
jedoch steigen seine beiden Plattenhälften nach oben und haben eine breitere und höhere
Leiste zwischen sich. Zwischen der Mitte der Gaumenbeine (n, n) und dem hinteren Theile
des Oberkiefers (h', h') bildet der centrale Theil des Vomer (l) bereits einen ansehnlichen,
stumpfen, centralen Kamm.

Die obere Wand der trichterförmigen Augenhöhlen wird nur am Grunde von einem
kleinen, dreieckigen, unten ausgehöhlten Theil des Keilbeins (g, g'), sonst aber vom dicken,
aussen ganz bogenförmigen, vom Grunde an auf seiner ganzen inneren (unteren) Fläche
trichterförmig ausgehöhlten Augenfortsatz des Stirnbeins (Taf. II, Fig. 2 f') gebildet. Aus
der vorderen, oberen Hälfte des genannten Fortsatzes tritt übrigens ein nach vorn gewendeter, rhomboidaler, ausgehöhlter Fortsatz vor, dessen innerer Theil sich mit dem inneren
Fortsatz des Augentheiles des Oberkiefers (h) vereint, während sein äusserer mit dem
hinteren, inneren Theile des genannten Oberkiefertheils sich verbindet. Es wird durch ein
solches Verhalten eine fast vierwinklige, sehr tiefe Grube gebildet, die vom Augentheil des
Stirnbeins und Oberkiefers, sowie auch von den Seitentheilen der Gaumenbeine umgeben
wird, mittelst ihres vorderen Theiles aber mit der trichterförmigen Augenhöhle verschmilzt
und gleichsam einen Anhang derselben darstellt.

Der Augentheil des Oberkiefers (Taf. II, Fig. 1 h'' und 2 h) stellt einen dicken, am
Grunde viereckigen, innen ausgehöhlten, in der Mitte etwas gekrümmten, aber gleichzeitig
comprimirten und eingedrückten, vorn verschmälerten, am äusseren Rande verdickten und
mit einer doppelten Ausrandung versehenen, theilweis schon oben geschilderten Fortsatz
dar. In Folge der erwähnten Ausrandungen des Randes derselben werden die bereits erwähnten drei Höcker abgesondert, ein ebener, gerundeter, fast kegelförmiger, sehr dicker
und zwei quere, längliche, abgerundete, dünnere, wovon der mittlere der grösste ist.

Die Basis des Gaumentheils der Oberkiefer (Taf. II, Fig. 2 h', h') stellt an unserem

Schädelfragment eine nur mässig, ja noch etwas weniger als bei den *Balaenopterinen*, gebogene Platte dar. Die äussere Hälfte ihres hinteren Saumes bietet einen kleineren, die innere einen grösseren Ausschnitt, wodurch zwischen ihnen ein fast dreieckiger, ausgehöhlter Vorsprung entsteht. Der grössere, längere, äussere Fortsatz geht in zwei dreieckige Gefässfurchen, eine innere, längere, und äussere, kürzere über. Vor dem inneren bemerkt man übrigens zwei längliche Gefässöffnungen, eine hintere und eine vordere. Die den Vomer bedeckende innere Hälfte der Platte ist mässig gewölbt, die äussere nur schwach, fast noch weniger als bei den *Balaenopterinen* ausgehöhlt; ein Umstand, der auf kurze Barten hinweist.

Gleichzeitig mit dem Schädel des *Cetotherium Rathkei* wurden auch mehrere Bruchstücke von Knochen eingesandt, welche durch ihre Gestalt, namentlich ihren grossen, centralen Gefässkanal, dann durch die hie und da vorhandenen länglichen, so charakteristischen Gefässöffnungen sich als Theile einer Balänoide und zwar nach Maassgabe ihrer geringen Grösse als die eines kleineren Individuums oder einer kleineren Art erwiesen. Der Umstand, dass sie mit dem Schädelfragment gesandt worden waren, führte zur Frage, ob sie nicht in der That zu ihm gehört haben könnten. Der Versuch, dieselben zusammen zu passen, glückte in so weit, als die einen derselben zur rechten, die anderen zur linken Unterkieferhälfte sich vereinen liessen (siehe Taf. II, Fig. 1 und 2 A, B, und Fig. 3, 4, 5). Ausser den so vereinten Bruchstücken fand sich aber noch ein gesondertes, unten sehr defectes, Basalstück (Taf. I, Fig. 8), welches nicht direct sich anpassen liess. Nach Maassgabe der Grösse der geschilderten Fragmente und des sonstigen Verhaltens der theilweis restitutirten Kieferreste trug ich daher kein Bedenken, sie als Reste des Unterkiefers des Schädelfragments des *Cetotherium Rathkei* anzusehen. Die genauere Betrachtung der Fragmente zeigt, dass sie durch geringere Höhe, Dicke und Krümmung, sowie durch eine weniger gewölbte Aussenfläche von denen der lebenden *Balaenoiden* abweichen, und dass in Folge dieser Abweichungen die durch ihre Vereinigung entstandenen beiden ansehnlichen Kieferbruchstücke darauf hindeuten, die Unterkiefer des *Cetotherium Rathkei* seien schlanker und weniger gekrümmt, überdies aber auch noch länger als bei den lebenden Balaenoiden gewesen. Für ihre grössere Länge sprechen auch die Stellen, welche den oben besprochenen Fragmenten des Ober- und Zwischenkiefers (Taf. II, Fig. 1 h''' und i' i' i') auf dem Schnautzentheil des Schädels auzuweisen war, ebenso, wie es scheint, das Fragment des schmalen Schnauzentheils von *Cetotherium Helmersenii* (Taf. VI, Fig. 1). Die im Wesentlichen der der *Balaenopterinen* ähnliche Gestalt der Unterkiefer weist übrigens (ebenso wie die der Schnautze nebst dem wenig vertieften Gaumentheil der Oberkiefer) gleichfalls darauf hin, dass die *Cetotherien* nur kurze Barten besessen haben, wie die *Balaenopterinae*, wenngleich dieselben bei den langschnautzigen *Cetotherien*, wegen der Oberkieferlänge wohl zahlreicher waren als bei den *Balaenopterinen* und den kurzschnautzigen *Cetotherien* (den *Plesioceten* Van Beneden's).

### Vordere Schädelansicht.
#### (Tafel I, Fig. 3.)

Das von vorn betrachtete Schädelfragment bietet im Hintergrunde den Hinterhauptstheil, dann vor ihm den von den Scheitelbeinen und Stirnbein gebildeten, etwas niedrigeren,
aber höher als bei den anderen *Balaenoiden* aufsteigenden und der Mitte der Schläfengrube
(nicht wie bei anderen *Balaenoiden* der Augenhöhle) opponirten Scheiteltheil. Die Jochfortsätze der Schläfenbeine ragen hinter den Augenhöhlen nur mit ihren Seitentheilen nach
aussen. Die gebogenen, convexen, mit einem dicken äusseren, vorn dreihöckerigen Rande
versehenen Augenhöhlenwände überragen nach oben die vordere Hälfte der Nasenbeine, die
Jochfortsätze, sowie den Nasen- und Kiefertheil der Oberkiefer. Die Stirntheile der letzteren treten indessen, wie bei den anderen *Balaenopteriden*, über den Orbiten vor. Der vor
seinem Grunde abgebrochene Schnautzentheil des Schädels erscheint als stumpf-dreieckige,
aus Theilen der Oberkiefer, der Zwischenkiefer und des Vomer gebildete Knochenmasse,
welche die oben von den intacten Nasenbeinen bedeckte Nasenhöhle bilden, in deren Hintergrunde man die Riechmuscheln wahrnimmt.

### Seitenansicht des Schädels.
#### (Tafel I, Fig. 4.)

Die Seitenansicht des Schädels bietet hinter den dem unteren Theil der Orbita opponirten Zitzenfortsatz des Hinterhaupts und vor demselben den beträchtlichen, dreischenkligen, mit seinem vorderen, schmalen, horizontalen Schenkel an die Orbita gelehnten, mit
seinem sehr grossen unteren, aussen fast zitzenförmigen, innen abgeplatteten Schenkel nach
hinten gerichteten, mit seinem oberen, kammartigen Schenkel mit dem Lambdakamm
vereinten Jochfortsatz des Schläfenbeins. Ueber demselben bemerkt man die oben ganz
offene Schläfengrube, deren glatte Innenwand die nur mit Mühe am Schädel wahrnehmbaren Nathverbindungen der sie bildenden Knochen, namentlich der Schläfenschuppen der
Scheitelbeine und der Stirnbeine erkennen lässt. Vor den Letzteren zeigt sich der an seinem
vorderen Rande dreieckige, äussere Saum der Orbitalwand. Ueber derselben bemerkt man
den Stirnnasentheil und vor derselben den eigentlichen basalen Kiefertheil des Oberkiefers
mit seinem Gaumentheil. Unter ihm und unter der Orbita verläuft ein Theil des Vomer.

### Hintere Ansicht des Schädels.
#### (Taf. I, Fig. 5.)

Die hintere Schädelansicht lässt die ganze, oben jederseits grubig eingedrückte, in
ihrer oberen, vorderen, Hälfte mit einem vorn breiteren Längskiele versehene, die oben
ihr zur Seite bemerkbaren Orbitae überragende, Hinterhauptschuppe, ferner das Hinter-

hauptsloch mit den zu ihrer Seite liegenden Condylen,[1]) nach aussen und etwas nach unten von ihnen aber die ansehnlichen Zitzenfortsätze des Hinterhaupts wahrnehmen. Unten und innen von diesen Zitzenfortsätzen befinden sich die Processus innominati. Nach innen von denselben ragen die Hamuli pterygoidei hervor. Neben der Aussenwand der Processus innominati liegen die Bullae tympani. Nach aussen von den Zitzenfortsätzen des Hinterhaupts endlich sieht man die sehr beträchtlichen Jochfortsätze der Schläfenbeine.

### Schädelhöhlen.

#### Bildung der Hirnhöhle.

Die Hirnhöhle des Schädels der *Cetotherien*, über deren Beschaffenheit ich dadurch Kenntniss erhielt, dass während der Reinigung des Schädelfragmentes die linke Hälfte der Hirnkapsel sich von der rechten trennte, weicht nicht nur durch ihre grössere Höhe, sondern auch durch ihre Breite von der der lebenden *Balaenoiden* ab. Ein das kleine Hirn vom grossen absonderndes knöchernes Zelt, oder statt desselben eine knöcherne Sichel, konnte ich nicht wahrnehmen. Unter der Mitte des hinteren Theiles der Hinterhauptsschuppe, über dem hinteren Theile der Pars petrosa der Schläfenbeine erhebt sich jedoch (Taf. III, Fig. 1) ein kleiner zitzenförmiger Höcker, der als Andeutung der genannten Theile angesehen werden kann.

Aus der inneren Fläche der Pars petrosa (ebd. Fig. 1) treten zwar in Form eines vorderen und hinteren Schenkels desselben Plättchen hervor, die denen eines Tentoriums ähneln, welche jedoch, da sie einen Theil der unteren Schädelwand bilden, das kleine Hirn vom grossen nicht zu sondern vermögen, keineswegs als Theile eines Hirnzeltes angesehen werden können.

Die Pars petrosa, da sie unten von der Bulla tympani bedeckt wird, erscheint abweichend von der der Landthiere, ganz als innerer Schädeltheil. Sie war beim vorliegenden Fragment dicht von Kalkmasse umgeben. Als ich sie mit vieler Mühe davon befreit hatte, bot sie einen Knochen (Taf. III, Fig. 1, 2, 3) dar, der in drei Schenkel, einen vorderen, mittleren oder unteren und einen hinteren zerfällt. Der untere Schenkel bildet die eigentliche Pars petrosa, während die beiden anderen Schenkel nur als Anhänge derselben angesehen werden können. — Die eigentliche Pars petrosa (Taf. III, Fig. 1, 2, 3) erscheint sowohl von innen, als auch von unten gesehen, als in einem schwachen, spitzen Winkel nach hinten geneigte, kurze Pyramide mit ziemlich ebener, die genannten Schenkel aussendender, mit schwachen, unregelmässigen Furchen versehener, oberer Fläche und bietet einen äusseren, etwas ausgeschweiften Rand. Ihr unterer, die halbcirkelförmigen Canäle einschliessender, convexer, fast birnförmiger Theil ist innen von einer gebogenen Furche durchzogen, während er unten, auf der der Trommelhöhle zugewendeten Stelle zwei Oeff-

---

1) Die Condylen sind nach Rathke's Abbildung ergänzt

nungen zeigt; eine vordere (das ovale Fenster) und eine hintere (das runde Fenster). Die innere dreieckige Fläche der Pyramide, welche kleiner als die übrigen ist, lässt zwei Oeffnungen wahrnehmen: eine spaltenförmige (Aquaeductus) und eine runde (Foramen canalis carotici). Die ebenfalls dreieckige, hintere Pyramidenfläche ist auf ihrem äusseren, breiteren Theile von einer Querfurche durchzogen und von einer Oeffnung (Porus acuticus) durchbohrt, während sie auf ihrem oberen Theile eine ziemlich tiefe, pyramidale Furche zeigt. die gleichfalls ein Löchelchen zu enthalten scheint.

Der vordere Schenkel der pyramidenförmigen Pars petrosa, welcher von ihrer oberen Fläche entspringt, bildet eine viereckige, horizontale, jedoch etwas gebogene, oben ausgehöhlte, am äusseren Rande ausgerandete Platte, die mit dem Keil- und Flügelbein verbunden erscheint. — Der hintere Schenkel der Pars petrosa stellt eine sehr kurze, der Hinterhauptsschuppe gegenüberliegende, aber durch einen ziemlich viereckigen Zwischenraum davon gesonderte Platte dar.

Hinter der Pars petrosa sieht man eine ziemlich tiefe, fast keulenförmige, nach aussen breitere Grube (Sinus), die zwischen dem hinteren Schenkel der Pars petrosa und einem kleinen, zitzenförmigen, aus der Hinterhauptsschuppe hervortretenden Fortsatz (der schwachen Andeutung eines Tentoriums) nach oben steigt und in eine auf dem äusseren Rande der Pars petrosa befindliche, nach vorn verlaufende Furche (Sinus) übergeht.

### Bildung der Nasenhöhle.

(Taf. I, Fig. 3 und 7. und Taf. II, Fig. 6.)

Die Bildung der Nasenhöhle des *Cetotherium Rathkei*, auf deren vorsichtige Befreiung von dem sie ausfüllenden Kalke ich eine ganz besondere, mehrwöchentliche Mühe verwandte, bietet, wie bereits oben hie und da, jedoch nicht eingehend, bemerkt wurde, mannigfache Abweichungen von der anderer Balänoiden, namentlich hinsichtlich der Beschaffenheit der inneren Fläche der Nasenbeine und des eigenthümlichen Baues der Muscheln.

Der vordere, obere Theil der Nasenhöhle wird von den, abweichend von denen der *Balaeniden* und *Balaenopterinen* gestalteten, Nasenbeinen (Taf. I, Fig. 3, 6, 7, Taf. II, Fig. 6) gebildet. Diese (Taf. I, Fig. 7, und Taf. II, Fig. 6a, a) sind nämlich auf ihrer ganzen unteren, nach innen gerichteten Fläche rinnenförmig, vorn tiefer ausgehöhlt und senden scheinbar innerhalb der Nasenhöhle aus ihrem hinteren Theile jederseits ein fast länglich-ovales, theilweis gefurchtes und mit Grübchen versehenes, flügelartiges Plättchen nach vorn und unten, welches von einer Vertiefung des Zwischenkiefers aufgenommen ist und trotz seines, wohl nur scheinbaren, Ursprungs vermuthlich dem Siebbein angehört, mit den Nasenbeinen also nur verschmolzen wäre.

Hinter und etwas über den eben beschriebenen Plättchen entsteht jederseits ein anderes, fast abgerundet-viereckiges, auf der Innenfläche zart genetztes, am Grunde tiefgrubig ausgehöhltes und mit dem der entgegengesetzten Seite verschmolzenes, ebenfalls mit dem Zwischenkiefer verbundenes Plättchen. Die eben geschilderten, in Folge ihrer basalen Verschmelzung einen bogenförmigen, zweiflügligen, in der Mitte mit einer tiefen Grube versehenen Körper (Taf. I, Fig. 7 oben) darstellenden Plättchen, obgleich sie hinten mit den Nasenbeinen zusammenhängen, sind aber wohl noch mit mehr Recht als die eben geschilderten Plättchen als vordere Theile des Siebbeins zu deuten. Für eine solche Annahme spricht der Umstand, dass ihr ausgehöhlter Basaltheil hinten sich in einen gebogenen, eingedrückten Theil fortsetzt (Taf. I, Fig. 3, und besonders Taf. II, Fig. 6 m), aus dessen bogenartig gekrümmten Seitenwänden etwa 8 quere, etwas gewellte, einfache, getheilte oder schwach verästelte Knochenplättchen (Siebbeinmuscheln) entspringen, die, merkwürdig genug, in der Mitte der Nasenhöhle derartig verschmelzen, dass die der einen Seite in die der anderen übergehen. Das obere und untere der genannten Querplättchen erschien mir übrigens einfach.

Der eben geschilderte, die so eigenthümlich und abweichend gestalteten Muscheln absendende, Theil des Siebbeins (Taf. II, Fig. 6 m) erscheint vorn als unten eingedrücktes Plättchen, welches an seinem oberen, freien Rande jederseits ausgerandet ist, aus der Mitte desselben aber einen dreiseitigen Fortsatz nach oben sendet. Die Basis des eben erwähnten vordern Theils des genannten Plättchens ist mit einer unter ihm liegenden queren, mit dem Vomer verschmolzenen, Scheidewand vereint. Die hintere Hälfte des Vomer wird nämlich im Inneren der Nasenhöhle oben durch eine quere, abwärts gekrümmte, unten offene, oben genannte Scheidewand von seiner zweischenkligen, unten abgerundeten, eine der inneren Fläche der Nasenhöhle zugekehrte, stumpf dreieckige Höhle einschliessenden vorderen, grösseren, namentlich längeren, Hälfte gesondert. Die Scheidewand dürfte aber vielleicht nicht ihm, sondern ursprünglich dem Siebbein angehören.

Der obere Theil der Seitenwände der Nasenhöhle wird von den jederseits über dem Vomer wahrnehmbaren Zwischenkiefern, namentlich vom hinteren breiten, fast spatelförmigen, Theile derselben gebildet. Die Oberkiefer begrenzen dagegen den mehr oberen, äusseren Theil der Nasenhöhle.

Die Choanen (Taf. I, Fig. 2, und Taf. II, Fig. 2) erscheinen hinten als nach unten mündende, längliche, vorn zugespitzte, ziemlich weit nach vorn ausgedehnte, zwischen den Flügelfortsätzen, den innen ausgeschweiften Gaumenbeinen und dem Vomer befindliche, mit ihrem vordersten Ende der Spitze des Jochfortsatzes gegenüber liegende, Oeffnungen.

### Einige Dimensionen des Schädelfragmentes.

Länge desselben vom Hinterhaupt bis zum vorderen Ende des abgebrochenen Basaltheiles des Oberkiefers in der Krümmung gemessen 320 Millimeter.

Vom Hinterhaupt bis zum vorderen Rande der Nasenbeine 220 Millimeter.

Breite des Schädelfragments zwischen den Zitzenfortsätzen des Hinterhaupts 220 Millimeter.

Breite desselben zwischen den Jochfortsätzen (grösste Schädelbreite) 310 Millimeter.

Breite desselben zwischen der Mitte der Augenbraunbögen 270 Millimeter.

Länge der Orbitalfortsätze des Stirnbeins in der Mitte nach der Krümmung gemessen 80 Millimeter.

Breitendurchmesser derselben vorn und unten 83 Millimeter.

Länge der Nasenbeine 71 Millimeter.

Vordere Breite derselben 10 Millimeter.

Hintere Breite derselben 3 Millimeter.

Dicke derselben vorn in der Mitte 3 Millimeter.

Obere Breite der Hinterhauptsschuppe 33 Millimeter.

Obere Breite der Scheitelbeine 20 Millimeter.

Obere Breite der Stirnbeine 12 Millimeter.

Grösste Schädelhöhe 122 Millimeter.


## Ueber die Reste des Rumpfskeletes des Cetotherium Rathkei.

### (Taf. IV und Taf. XIII, Fig. 9—14.)

Während der eben ausführlich beschriebene Schädel ohne Frage nicht blos als Grundlage zur Aufstellung einer untergegangenen Art, sondern sogar, da er eine auffallende Modification des Schädeltypus der *Balaenopteriden* darstellt, als besonderer Untertypus (*Cetotherium*) derselben anzusehen ist, lässt sich leider über das Rumpfskelet des *Cetotherium Rathkei* oder einzelne Theile desselben bisher nichts mit völliger Sicherheit sagen. Das Museum der hiesigen Akademie besitzt allerdings einen Lendenwirbel nebst dem Fragment eines Schulterblattes, und das Kaiserliche Berginstitut ebenfalls einen Lendenwirbel, welche ich eher auf *Cetotherium Rathkei* als auf eine andere der unten beschriebenen Arten, am wenigsten auf *Cetotherium priscum*, *Helmersenii* und *Mayeri* zu beziehen geneigt bin.

Mit dem Schädel und den ihm offenbar zugehörigen Fragmenten des Ober- und Unterkiefers wurde nämlich dem Museum unserer Akademie ein schon von Rathke, *Mém. d. sav. ét. de l'Acad. II, p. 33* erwähnter und ebend. abgebildeter, jedoch für den Wirbel eines Mammuth gehaltener Wirbel (Tafel IV Fig. 1—4) zugeschickt, den ich als einen der hinteren Lendenwirbel eines *Cetotheriums* erkannte. Seine geringe Grösse (seine Körperlänge beträgt 50, seine Höhe 52 und sein Querdurchmesser 75 Millimeter), seine, der des Schädels ähnliche, braune Färbung, sowie sein Fundort veranlassten mich zu der Vermuthung, dass der fragliche Wirbel zum Schädel gehören könnte. Diese Vermuthung erhielt später dadurch neue Stützpunkte, dass er von den ihm im Allgemeinen allerdings ähnlichen homologen Wirbeln des *Cetotherium priscum*, abgesehen von seiner geringeren Grösse, durch seinen besonders unten niedrigern, weniger comprimirten, flachen Körper, seine viel dickern Bögen, seine weit dickern convexern Querfortsätze, sowie den engern Rückenmarkskanal abweicht und morphologisch mehr mit dem ihm homologen Wirbel des noch etwas fraglichen, vielleicht mit C. Rathkei identischen, *Cetotherium Klinderi* übereinstimmt. Was aber meine Vermuthung, dass er zum Schädel (den ich nach Maassgabe seiner Knochenverbindungen keinem jungen Thier vindiziren möchte) gehörte, zweifelhaft erscheinen lässt, ist der Umstand, dass ihm die Epiphysen fehlen. Er könnte aber dessenungeachtet der eines jüngern Individuums des *Cetotherium Rathkei* sein.

Unter den von Herrn Antipow dem Berginstitut gesandten *Cetotherien*-Resten findet sich ein durch seine schwarze, stark glänzende Färbung ausgezeichneter, fast vollständiger Lendenwirbel (Siehe meine Tafel IV Fig. 5, 6, 7). Es ist derselbe, welchen schon Eichwald in der *Lethaea* beschrieb, auf seiner Taf. XII Fig. 1 und 2 abbilden liess und seinem *Ziphius priscus* (d. h. *Cetotherium priscum*) vindizirte. Wie die bereits verwachsenen Reste seiner grösstentheils abgesprengten Epiphysen, sowie seine ziemlich verdickten Bögen mit ihren Fortsätzen beweisen, gehörte er aber wohl keineswegs einem jüngern Thier an, er kann also schon nach Maassgabe seiner geringen Grösse durchaus nicht auf ein älteres *Cetotherium priscum* bezogen werden. Sein Körper bietet nämlich nur einen Längendurchmesser von 45 und einen Querdurchmesser von 65 Millimetern. Er ist demnach also kleiner als der zuerst beschriebene Wirbel, und noch weit kleiner als die ihm homologen Lendenwirbel der Individuen des *Cetotherium priscum* mittleren Alters, bei denen die Wirbelbögen und Fortsätze weit weniger verdickt und angeschwollen als bei ihm erscheinen, denn der Längendurchmesser des Körpers solcher Wirbel des *C. priscum* beträgt 65, der Querdurchmesser 80 Millimeter. Da ich nun den fraglichen Wirbel auch nicht mit den ihm am ähnlichsten erscheinenden homologen Wirbeln des *Cetotherium Klinderi* (welche durch einen weit engern Rückenmarkskanal und breitere, etwas convexere Querfortsätze abweichen), noch weniger aber mit denen des alten *Cetotherium Helmersenii* und *Mayeri* in Beziehung bringen kann, so möchte ich ihn aus diesen Gesichtspunkten *Cetotherium Rathkei* vindiziren. Vom erstgenannten, dem *Cetotherium Rathkei* vermuthungsweis vindizirten, Wirbel weicht er allerdings durch etwas geringere Grösse, etwas dünnere, schmälere, weniger convexe Querfortsätze, den an den Seiten stärker eingedrückten Körper, sowie den weit grösseren Rückenmarkskanal ab. Die eben angeführten Unterschiede lassen sich aber dadurch erklären, dass er einer der vordern (den hintersten an Grösse nachstehenden) Lendenwirbeln sei, wofür besonders sein viel grösserer Rückenmarkskanal spricht.

Auf meiner Tafel IV Fig. 10 bis 14 finden sich noch die Darstellungen zweier Wirbel, die ich anfangs wegen ihrer geringen Grösse im Verein mit ihrem kräftigen Bau ebenfalls für die des *Cetotherium Rathkei* halten zu können glaubte. Später bin ich jedoch über eine solche Bestimmung etwas zweifelhaft geworden, möchte sie aber doch nicht geradezu, namentlich nicht den Lendenwirbel (Fig. 10—12), für die eines kleinen Individuums von *Cetotherium priscum* halten.

Der eine davon Fig. 13 und 14 ist ein hinterer Rückenwirbel, welcher ungeachtet der ihm fehlenden Epiphysen sehr kräftig erscheint. Er stammt aus der Antipow'schen Sendung des K. Berginstituts.

Der andere davon (Fig. 10, 11, 12) gehört dem Akademischen Museum, wurde bei Anapa gefunden und repräsentirt einen kräftigen, stark angeschwollen und gerundeten

11*

mit stark verdickten Bögen und Fortsätzen, so wie einen sehr engen Rückenmarkskanal versehenen Lendenwirbel, also den eines sehr alten Individuums. Sein **Körper** zeigt indessen eine geringere Grösse, als die mit weniger angeschwollenen Bögen und Fortsätzen versehenen homologen Wirbel des *Cetotherium priscum*. Die Länge seines Körpers beträgt nämlich nur 55, die Breite desselben 85 M., während bei *C. priscum* die Körperlänge auf **65**, die Körperbreite aber gegen 90 Millimeter sich beläuft. Der letztgenannte könnte daher doch einem *Cetotherium Rathkei* angehören.

Beim Bau der Festung Anapa wurde unter anderen auch das bedeutende, stark geglättete, schwarz gefärbte Fragment eines Schulterblattes (Tafel IV. Fig. 8, 9) ausgegraben, welches nach Maassgabe seiner Dicke und der mit ihm zusammen gefundenen *Cetotherium*-Wirbel wohl als das eines *Cetotheriums* anzusehen ist. Sein Ansehen, namentlich seine dicht verwachsene Gelenkepiphyse weisen darauf hin, dass es einem alten Individuum angehörte, während seine Dimensionen (es ist 100 M. hoch, oben 135, in der Mitte 110, ganz unten aber 60 Millimeter breit) dasselbe als ein einem kleinern Thier angehöriges ansehen lassen. Der obere Saum fehlt. Das Acromion und der Processus coracoideus erscheinen nur als abgeriebene Höcker. Die Gelenkgrube ist grösser und von stärker aufgetriebenen Rändern eingefasst als bei den mir bekannten Resten von Schulterblättern des *Cetotherium Mayeri, priscum* und *Klinderi*. Am meisten ähnelt dasselbe jedoch den ansehnlichen Fragmenten der Schulterblätter vom *Cetotherium Klinderi*. Es weicht jedoch davon, ausser dem schon angeführten Verhalten des Gelenktheiles, durch seinen weniger nach hinten ausgedehnten hintern Winkel ab. Man kann daher wohl die Vermuthung aussprechen, dass es einem alten *Cetotherium Rathkei* angehört haben könne, womit seine Grösse im Verhältniss zum Schädel sehr gut harmoniren möchte.

Gleichzeitig mit dem Schädelfragment, den Unterkieferresten und dem oben beschriebenen Wirbel wurden auch elf Fragmente von Rippen eingesandt, die in Bezug auf Färbung und Conservation dem Schädelfragment ähneln. Sie sind kleiner, namentlich dünner als selbst die des jugendlichen *Cetotherium Klinderi*, würden also einem noch jüngern Individuum als dieses zu vindiciren sein, sich also auf das Schädelfragment von *Cetotherium Rathkei*, welches nach Maassgabe seiner stark vereinten Schädelnähte wohl keinem noch jüngern Exemplar als *Cetotherium Klinderi* angehörte, wenigstens in individueller Hinsicht, nicht wohl beziehen lassen. Die Rippen bieten übrigens im Ganzen den Charakter von Rippen einer *Cetotherine*, namentlich ähneln sie, bis auf die weit ansehnlichere Grösse, auch denen des sehr jungen *Pachyacanthus Suessii*. Sie könnten deshalb, da sie mit Resten vom *Cetotherium Rathkei* zusammen vorgekommen zu sein scheinen, einem jüngern Individuum dieser Art angehört haben. Wäre dies der Fall, so dürfte man vielleicht annehmen können: die Rippen des *Cetotherium Rathkei* seien schwächer, als die von *Klinderi, priscum* und *Helmersenii* gewesen. Für eine solche Vermuthung würde auch der Umstand sprechen, dass *Cetotherium Rathkei* kleiner, also wohl weniger kräftig gebaut war, als die drei letztgenannten Arten. Da nun aber nur einige Wahrscheinlichkeit vorliegt, dass die fraglichen

Rippenfragmente einem jungen *Cetotherium Rathkei* angehören könnten, besonders da hierbei auch noch möglicherweise an Nordmann's allerdings sehr zweifelhaftes *Cetotherium pusillum* zu denken wäre, so habe ich die am meisten charakteristischen Stücke derselben auf Tafel XIII, Fig. 9—13 darstellen lassen.

Auch der Taf. III, Fig. 7, 8 abgebildete Humerus könnte *Cetotherium Rathkei* angehört haben.

### Einige Worte über den natürlichen Kalkabguss des Hirns des Cetotherium Rathkei.

#### (Taf. III, Fig. 6.)

Da die rechte Hälfte des Hirntheils des Schädels sich bei der Reinigung, wie schon erwähnt, fast ganz von der linken trennte und die ganze Hirnhöhle mit Kalkmasse angefüllt war, so wurde es möglich, eine, wenn auch sehr unvollkommene, Seitenansicht von der Form des Hirns zu erhalten. Leider ist das Modell des kleinen Hirns nur theilweis vorhanden.

Im Ganzen macht der Abguss den Eindruck eines *Balaeenidengehirns*. Das von *Cetotherium* erscheint indessen etwas höher und etwas mehr nach vorn verlängert. Spuren von Windungen sind vorhanden. Der von Kalkmasse bedeckte Nervus opticus lässt sich bis zur Augenhöhle verfolgen.

### Verbreitung des Cetotherium Rathkei.

Was die Verbreitung des *Cetotherium Rathkei* anlangt, so kann bis jetzt nur angeführt werden, dass das Schädelfragment, die Fragmente des Unterkiefers, so wie vermuthlich auch der zuerst beschriebene Wirbel nebst den Rippenfragmenten auf der der östlichen Krym gegenüberliegenden Halbinsel Taman, gegenüber dem Vorgebirge Takal, 7 Werst von den Ueberresten der Stadt Corocondan, nach Westen zu, ausgegraben wurden, während man den zur Antipow'schen Sendung gehörigen Wirbel bei Kertsch und das Fragment des Schulterblattes bei Anapa auffand.

### Grösse des Cetotherium Rathkei.

Nach Maassgabe des mit dem Schädel eines fast 27 Fuss langen Skelettes der *Kyphobalaena longimana*[1]) des hiesigen Museums in Vergleich gestellten Schädels des *Cetotherium Rathkei* würde das Individuum, welchem er angehörte, etwa nur 7 Fuss lang gewesen sein.

---

1) Es wurde gerade dieses Skelet gewählt, weil die echten *Cetotherien* hinsichtlich des kürzeren Rumpf- skelets (in Folge der verkürzten Wirbel) mehr mit den *Kyphobalaenen* als mit den eigentlichen, langstreckige- ren, längere Wirbel bietenden, *Balaenopteren* übereinstimmen.

Spec. 2. **Cetotherium Klinderi? J. F. Brdt.**[1])

Tafel V.

Cetotherium Klinderi *J. F. Brandt, Bullet. sc. d. l'Acad. Imp. d. St.-Pétersb., T. XVI,*
*(1871), p. 563. Mélang. biolog. T. VIII, p. 217.*

### Wesentlicher Charakter.

Der Schädel mit Ausschluss einiger Bruchstücke des Unterkiefers noch unbekannt.
Die Aussenfläche des Unterkiefers nach Massgabe der Reste ungemein gewölbt, sogar etwas aufgetrieben. Die ihm von mir, jedoch nur muthmaasslich, zugeschriebene Bulla tympani (Tafel XII, Fig. 4 a, b) fast pyramidal, doppelt so lang als hinten breit, nach vorn zu
sehr stark verschmälert und gekrümmt. Der untere Rand derselben etwas ausgeschweift.
Ihre Oberfläche etwas rauh. Die fast pyramidale, vorn sehr verschmälerte und nicht ausgerandete, quer und schräg gefurchte Windung springt hinten als abgerundet-viereckiger
Fortsatz vor. Auf der Innenfläche keine Längsleiste.

### Beschreibung.

Bei dem in der Region des Steppenkalkes liegenden Nikolajew wurden, als man den
Bug und die Constaninow'sche Batterie regulirte, im Jahre 1865 die Reste eines *Cetothe-*
*riums* ausgegraben, die durch die Güte des Herrn Ingenieur-Capitäns K l i n d e r an das Museum der Kayserlichen Akademie der Wissenschaften gelangten.

Dieselben lagen dort in einem ziemlich weichen, bröckligen, theilweis unregelmässig
granulirten, theilweis kreideähnlichen, in Verwitterung begriffenen Kalkstein.

Sämmtliche theilweis verwittere oder in begonnener Verwitterung befindliche Knochenreste bieten daher auf ihrer Oberfläche eine weisse Farbe und ein kalkartiges Ansehen
und hinterlassen bei der Berührung an den Fingern einen weissen, pulvrigen Staub. Unter
der weissen, oft rauhen, häufig mit ausgefressenen Gruben versehenen Oberfläche zeigt
die bereits in den ersten Act der Zersetzung befindliche Knochensubstanz, da sie aus Mangel der organischen Substanz nicht mehr ihre natürliche Festigkeit besitzt, eine bräunliche
oder weissliche Färbung.

Die Reste bestehen: 1) Aus zwei grössern Bruchstücken (Taf. V, Fig. 1, 2 und 3 A, B)
und einem kleinen des Basaltheiles des Unterkiefers. 2) Dem fast vollständigen Atlas (eb.
daselbst Fig. 6). 3) Dem vollständigen Epistropheus (Fig. 7, 8, 9). 4) Vier Bögen der linken
(Fig. 5 A, B, C, D) und einem der rechten (Fig. 5 E, d) Seite der vorderen Rückenwirbel.
5) Vier namhaften, theilweis von mir restaurirten, Fragmenten von mittlern oder hintern

---

[1) Die noch etwas zweifelhafte, daher mit einem Fragezeichen versehene Art, wurde nach ihrem Entdecker, dem
Herrn Ingenieur-Capitän K l i n d e r, benannt.

Rückenwirbeln (Tafel V, Fig. 5 F, G, H, I). 6) Drei Fragmenten von Lendenwirbeln (Fig. 5 K, L, M). 7) Fünf theilweis unvollständigen Schwanzwirbeln (ebd. N, O, P, Q, R). 8) Mehreren gesonderten Quer- (m, i, k, l) und Dornfortsätzen (ebd. a, b, c, e, f, g, h) verschiedener Wirbel nebst zahlreichen Bruchstücken von Wirbelkörpern. 9) Acht durch Restauration vervollständigten Rippen von verschiedener Grösse und Form nebst 17 mehr oder weniger ansehnlichen, auf besondere Rippen hinweisenden Rippenfragmenten und einzelnen, wohl den genannten Fragmenten angehörigen, aber aus Mangel vieler Bruchstücke nicht damit zu vereinenden, kleineren Rippenresten. 10) Einem gesonderten Processus spinosus inferior (Fig. 5 n unter Q, R). 11) Dem vollständigen Brustbein (Fig. 13 A, B). 12) Den beiden theilweis beschädigten Schulterblättern, wovon das linke Fig. 14 A abgebildet ist. 13) Den beiden Oberarmknochen, wovon der linke Fig. 14 B dargestellt wurde. 14) Der linken Ulna (ebd. D) nebst der rechten. 15) Dem linken Radius (ebd. C) und einem Bruchstück des rechten. Der Umstand, dass die Epiphysen aller Knochen der Skeletreste noch getrennt sind, weist darauf hin, dass sie einem jungen Individuum angehörten.

### Beschreibung der einzelnen Reste.

Der Basaltheil des Unterkiefers (Taf. V, Fig. 1, 2 und 3 A, B) zeichnet sich durch seinen im Verhältniss langen, ziemlich stark nach aussen gebogenen Gelenktheil, den, wie es scheint, etwas stark nach vorn geschobenen, grösstentheils abgebrochenen Kronenfortsatz, sowie die unter und vor demselben stark angeschwollene, und daher stark gewölbte, äussere Fläche aus. Von dem entsprechenden Theil des *Cetotherium Rathkei* (ebd. Fig. 4 A, B) weicht derselbe durch grössere Dicke und Höhe, so wie die stärkere Wölbung der untern und äussern Fläche ab. Auch fehlt seinem untern Randsaume die bei *C. Rathkei* (Fig. 4) vorhandene Andeutung einer Längsfurche gänzlich. Die obere Längsfurche scheint, so viel das Fragment zeigt, ebenfalls schwächer als bei *Cetotherium Rathkei* gewesen zu sein.

Eine Bulla tympani findet sich zwar nicht unter den vom Herrn Klinder dem Museum geschenkten Resten. Ich kann jedoch nicht umhin hier die Beschreibung der von Nordmann (*Palaeont. p. 343*) erwähnten, unter Fig. 3 und Fig. 3 a auf seiner Taf. XXVIII dargestellten kleinen *Bulla tympani* eines *Cetotheriums*, deren Original mir durch die Güte der Herren Helsingforser Professoren Wiik und Mäklin zu Gebote stand, hier einzuschalten und dieselbe von neuem exacter (Tafel XII, Fig. 4 a, b) abbilden zu lassen, da sie nach meiner Ansicht eher zu einem jungen *Cetotherium Klinderi*, als zu einem der andern von mir aufgestellten *Cetotherien* zu passen scheint. Ihre geringe Grösse und völlig abweichende Form verbieten es sie zum *Cetotherium Rathkei*, *priscum* und *Mayeri* zu ziehen, ebenso passt sie ihrer Kleinheit wegen nicht zum Schädel des *Cetotherium Helmersenii* und umgekehrt ihrer ansehnlichern Grösse wegen nicht zum kleinen *Epistrophens* Nordmann's (*Palaeont. p. 347, Taf. XXVIII, Fig. 6, 6 a*), worauf die Annahme seines *Cetotherium pusillum* gestützt ist, wozu übrigens dieselbe auch Nordmann nicht zog. Es ist offenbar diejenige Bulla, die er der von *Balaedon gibbossus* und *emarginatus* Owen's (*Brit. foss. mamm. p. 53.2* und 533 Fig. 223 und 224) ähnlich fand. Die fragliche Bulla (Tafel XII, Fig. 4 a, b) ist fast pyramidal, doppelt so lang als hinten breit, nach vorn zu stark verschmälert und gebogen, am untern Rande ausgeschweift, auf der äussern Oberfläche etwas rauh. Die fast pyramidale, quer und schräg gefurchte, vorn sehr verschmälerte, nicht ausgerandete, Windung derselben springt hinten als abgerundet-viereckiger, sehr charakteristischer Fortsatz vor. Auf der Innenfläche sieht man keine Längsleiste.

    Der Atlas (ebd. Fig. 6), welcher auf mannigfache Weise verstümmelt und abgerieben erscheint, weist hinsichtlich seiner allgemeinen Gestalt auf den vom *Cetotherium priscum*, aber auch auf den von *Plesiocetus Burtinii Van Beneden's* (*Ostéogr. Pl. XVI Fig. 11*) und dem von *Plesiocetus Garopii Van Beneden's* (ebd. Fig. 4) hin. Die sehr kurzen, nur als fast unmerkliche Höcker angedeuteten, Querfortsätze, so wie seine etwas mehr runde Gestalt unterscheiden ihn von dem von *Plesiocetus Garopii*, ein, wenn auch nur höckerartiger, unterer zitzenartiger Fortsatz von dem des *Plesiocetus Burtinii*. Von beiden weicht er durch die unten einen etwas breitern Bogen bildende Oeffnung des Rückenmarkskanals ab. Vom Atlas des *Cetotherium priscum* unterscheidet sich der von *Klinderi* durch viel geringere Grösse, die kaum angedeuteten Querfortsätze und einen nur kleinen aus der Mitte des hintern, untern Saumes nach hinten gerichteten Zitzenfortsatz, Unterschiede, die jedoch, wenigstens theilweis, nur jugendliche sein könnten.

    Der Epistropheus (Tafel V, Fig. 7, 8, 9) ähnelt nicht blos dem bei Nordmann (*Palaeont. Taf. XXVIII, Fig. 4* und *Fig. 4 a* und *b*) dargestellten, grössern, dem *Cetotherium priscum* von ihm vindizirten, Epistropheus, sondern auch dem von *Plesiocetus Burtinii* (*Van Beneden Ostéogr. Pl. XVI, Fig. 12*). Er weicht indessen von dem des eben genannten *Plesiocetus* durch viel breitern, hinten stärker vertieften Rückenmarkskanal, den halbmondförmigen am untern Saum mit einer centralen, queren Grube versehenen, in der Mitte nicht zitzenartig vortretenden, Processus odontoideus, seinen freien, geradlinigen untern Rand und die stärker divergirenden Bogenfortsätze ab. Der bei Nordmann dem *Cet. priscum* vindizirte Epistropheus unterscheidet sich nicht blos durch ansehnlichere Grösse, sondern auch durch einen, auf der über dem Processus odontoideus befindlichen, abschüssigen, Fläche vorhandenen Kiel, ferner durch die etwas geringere Distanz der Bogenfortsätze, und die unter der Mitte des Processus odontoideus mit einer Längsgrube, statt einer Quergrube, versehene vordere Fläche. Bemerkenswerth ist ferner, dass die hintere Fläche des genannten Wirbels des *Cetotherium Klinderi* unter ihrer concaven (nicht wie beim Nordmannschen Wirbel convexen) Mitte, über ihrem untern Saume, eine Längsgrube besitzt, die in der Figur des Nordmann'schen Epistropheus fehlt.

    Von den übrigen Halswirbeln konnte ich keine sichere Spuren entdecken, vermag also auch nicht zu sagen, ob sie (als einem jungen Individuum angehörige), wie es beim Epistropheus (Taf. V, Fig. 7, 8) der Fall zu sein scheint, noch keine oben geschlossenen Bögen und also auch keine oberen Dornen besassen, oder ob diese Bögen nur sehr schwache waren, etwa wie bei

den bei Van Beneden auf Pl. XVI abgebildeten Halswirbeln der *Plesiocetus*. Die sehr ent
wickelte hintere Gelenkfläche des Epistropheus gestattet übrigens den Schluss, dass wenigstens der dritte Halswirbel vorn frei war. Vermuthlich aber waren es alle, wie bei *Balaenoptera* und *Megaptera* im Gegensatz zu *Balaena*; eine Vermuthung, welche einerseit
durch einen bei Nordmann (*Palaeontol.*) dargestellten mitleren oder hinteren Halswirbel
eines *Cetotheriums*, andererseits durch die bei Van Beneden a. a. O. abgebildeten Halswirbel seiner *Plesiocetn* einen sehr hohen Grad von Wahrscheinlichkeit gewinnt.

Von den fünf vordersten Rückenwirbeln (Fig. 5 A—E) ist nur ein sehr kleiner Theil
des Körpers nebst den unteren Bogentheilen und den Querfortsätzen erhalten, so dass von
den Wirbeln A, B, C, D die linke, vom Wirbel E aber nur die rechte Hälfte übrig geblie-
ben ist. Die erhaltenen Theile zeigen den Character derer der *Balaenoiden*, unterscheiden
sich aber, wie es scheint, von denen der *Megapteren* durch im Verhältniss kürzere und
dickere Querfortsätze, die auf kräftigere Rippen hinweisen. Fig. 10 der Taf. V stellt einen
theilweis restaurirten der vordersten Rückenwirbel dar, dem der grösste Theil des Körpers
und der Dornfortsatz fehlt.

Ausser den eben genannten sind die Fragmente von vier Wirbeln (F, G, H, I) vorhanden, die ich nach Maassgabe ihrer dickeren, am Ende abgestutzten, Querfortsätze, der
Kürze, so wie der Rundung ihrer unteren Fläche und der Grösse ihres Rückenmarkskanals
theils für mittlere, theils hinterste Rückenwirbel ansehen möchte. So viel ich beobachten
konnte, unterscheiden sie sich von denen der gleich grossen Individuen des *Cetotherium
Mayeri* durch etwas kürzere Körper, sowie durch dickere, auf ihrer Aussenfläche weniger
eingedrückte Basaltheile ihrer Bögen. Einen, den ich für einen der hintersten Rückenwirbel halte, stellt Fig. 11 A von der Vorderseite dar.

Theils vordern, theils mittlern Rückenwirbeln sind auch wohl drei obere Dornfortsätze zu vindiziren, welche ich auf Taf. V, Fig. a, b, c und e — b getrennt über den Resten
des Rückentheils der Wirbelsäule des *Cetotherium Klinderi* habe darstellen lassen.

Fragmente von Lendenwirbeln sind drei (K, L, M) mit Sicherheit nachweisbar, von
denen aber nur der hinterste (Fig. 5 M und Fig. 11 B), mit Ausschluss des grösstentheils
fehlenden Dornfortsatzes, vollständig ist, während von den zwei anderen der eine nur durch
die linke Hälfte, der andere durch vier Fragmente repräsentirt wird, die ich zusammenpasste.
Wie bei den anderen *Balaenoiden* weichen die meisten Lendenwirbel durch lange, am Ende
gerundete, weil nicht Rippen tragende, Querfortsätze, grössere Körper und einen kleineren
Rückenmarkskanal von den Rückenwirbeln ab. Die vordersten Lendenwirbel dürften sogar
ziemlich schmale, etwas zugespitzte Querfortsätze besessen haben, da ich zwei Wirbelstücke
(Taf. V, Fig. 5 l, m) nur als Enden von Querfortsätzen zweier Lendenwirbel zu deuten ver-
mag, wozu mich auch der Umstand veranlasst, dass bei anderen *Balaenoiden* die vorderen
Lendenwirbel schmälere und in Verhältniss etwas spitzere Querfortsätze bieten.

Von denen des *Cetotherium priscum* unterscheiden sich die Lendenwirbel des *Ceto-*

*therium Klindcri*, so viel die erwähnten Reste erkennen lassen, durch die am Grunde weit dickeren und am vorderen, wie hinteren, Rande schwach zugerundeten oder etwas abgeplatteten (nicht verdünnten), besonders an den vorderen Wirbeln schmäleren, Querfortsätze, ferner die dickeren, auf der äusseren Fläche schwächer eingedrückten, an ihrem vorderen und hinteren Rande nicht comprimirten Basaltheile ihrer breiteren Bögen, die kürzeren, an den Seiten über den Querfortsätzen weniger eingedrückten Körper, sowie die weit schmäleren, niedrigeren, dickeren, conischen, schieferen und die schmäleren, dickeren, weniger comprimirten, oberen Dornfortsätze. Sie kommen dadurch im Allgemeinen mit dem Leudenwirbel überein, welche ich oben dem *Cetotherium Rathkei* vindizirt habe und · auf Taf. IV, Fig. 1—4 darstellen liess.

Schwanzwirbel (Taf. V, Fig. 5 N—R), denen meist die Bögen und oberen Dornfortsätze, oft auch theilweis die Querfortsätze fehlen, finden sich im Ganzen fünf. Sie gehören · sehr verschiedenen Gegenden des Schwanzes an.

Der vorderste der vorhandenen Schwanzwirbel (Taf. V, Fig. 5 N) weicht von den vorhandenen (wohl mehr vorderen) Leudenwirbeln durch seinen weit grösseren Körper, die kürzeren, weit breiteren, dickeren, auf der Oberfläche convexeren Querfortsätze, die dickeren, fast abgerundet dreieckigen Basaltheile der Bögen, den engeren, weit niedrigeren Wirbelkanal und durch zwei auf dem hinteren Saume der Unterfläche seines Körpers befindliche Höcker zur Anheftung des vordersten, unteren Dornfortsatzes ab.

Drei weiter nach hinten gehörige Schwanzwirbel, denen die Bögen nebst ihren Fortsätzen ebenfalls fehlen, gleichen gestaltlich dem eben beschriebenen, nur nehmen sie allmählich an Grösse ab. Ihre Querfortsätze sind kürzer. Ihr unten stark abgeriebener Körper bietet auch auf seinem vorderen Saume Spuren eines zur Anheftung von unteren Dornen bestimmten Höckerpaares.

Alle eben erwähnten Schwanzwirbel unterscheiden sich von den homologen des *Cetotherium priscum* durch niedrigere, mehr der Quere — als der Länge nach ovale Körper, dickere, auf der Oberfläche schwach gewölbte, etwas längere und schmälere Seitenfortsätze, schmälere Bögen, einen mehr dreieckigen Rückenmarkskanal, und nach Maassgabe des vorderen derselben, auch, wie es scheint, durch schmälere, obere Dornen und dickere, schmälere, fast dreieckige, accessorische Fortsätze, ebenso wie durch schwächere Höcker für die Anheftung der unteren Dornfortsätze.

Die zwei hinteren, dem Grunde des Endtheils angehörigen, Wirbel (Q, R), die theilweis verletzt und abgerieben erscheinen, bieten, so viel sich wahrnehmen lässt, ebenfalls etwas kürzere und niedrigere Körper und ein wenig schmälere obere Dornen als die von *Cetotherium priscum*.

Aus der Zahl der unteren Dornfortsätze wurde nur das Fragment eines einzigen (Fig. 5 n unter Q, R) vorgefunden. Dasselbe (u) ähnelt zwar den entsprechenden Theilen vom *Cetotherium priscum*, unterscheidet sich aber durch folgende Kennzeichen: Die untere

Hälfte desselben ist im Verhältniss dicker, die aufsteigenden Seitenflügel erscheinen höher und dünner, die Aussenfläche derselben ist kaum vertieft.

Unter den vorliegenden Resten des *Cetotherium Klinderi* finden sich auch die Ueberbleibsel von 23 grösseren Rippen (Taf. V, Fig. 12[1]), wovon manche mehr oder weniger vollständig sind, während andere obere oder untere Theile derselben repräsentiren, noch andere theilweis durch zahlreiche, von mir sorgfältig zusammengefügte, Bruchstücke hergestellt wurden. Die Reste von zwei der grösseren Rippen konnten nicht wahrgenommen werden. Ausser den grösseren finden sich linkerseits noch zwei kleine, eine grössere und eine weit kleinere, deren jede auf ein besonderes accessorisches Rippenpaar hindeutet.

Der linken Seite scheinen 11 grössere accessorischen nebst der vorletzten accessorischen, der rechten dagegen 12 grössere nebst der letzten accessorischen angehört zu haben. Das *Cetotherium Klinderi* besass daher wohl, wie *Megaptera longimana*, 14 Paar Rippen, die jedoch ausser ihrer Gestalt auch durch ihr Grössenverhältniss von denen des letztgenannten Bartenwales sich unterscheiden.[2]

Die grösseren, im Ganzen massiveren Rippen weichen, mit Ausnahme derer des ersten (vordersten) Paares und der beiden hintersten Paare, von denen der *Balaenopteren* durch grössere Dicke, — besonders des oberen, stärker gekrümmten, etwas mehr nach vorn gewendeten Theiles, den etwas stärker nach hinten gerichteten hinteren und die dadurch gebildete mehr oder weniger zur Spirale hinneigende Biegung der meisten Rippen, ferner die convexeren, äusseren und in ihrer ganzen Ausdehnung, mit Ausnahme ihres oberen und unteren Endes, gleichfalls, obgleich nur mässig, convexe innere Fläche, so wie den inneren, wie äusseren, stets zugerundeten Rand ab. Die untere Hälfte der meisten Rippen erscheint, im Vergleich mit der oberen, mehr oder weniger verbreitert und überhaupt im Verhältniss zu ihrer Grösse, breiter.

Die erste Rippe bietet zwar eine starke Abplattung, weicht aber durch ihr nur wenig verbreitertes, aber verdicktes unteres Ende und ihre innere, besonders merklich auf dem unteren, verdickten Rippentheile, convexe Fläche von der von *Megaptera* bedeutend ab. Die untere Hälfte derselben zeigt übrigens auch noch als Abweichung auf ihrem etwas verschmälerten und comprimirten äussersten Ende nur eine ziemlich kleine, elliptische Grube zur Vereinigung mit der ihr entsprechenden des oberen Seitentheiles des Brustbeins.

Das vorletzte (vordere accessorische [?]) Rippenpaar gleicht gestaltlich dem der dreizehnten, ihm vorhergehenden, Rippe, war aber etwa gegen ⅓ kleiner. Das letzte accessorische Rippenpaar ist fast ½ kürzer, schmäler und weit dünner als das vorletzte.

---

1) Die bezeichnete Figur stellt sämmtliche Rippen naturgetreu abgebildet, aber in idealer Zusammenstellung dar, wovon die vorderste sich an das Brustbein (13 B) lehnt.

2) *Balaena australis* und *Balaenoptera musculus* bieten indessen 15 Rippenpaare, während *Plesiocetus Cortesii* Van Beneden (*Ostéogr. p. 278*) nur 12 gehabt haben soll.

In Nikolajew erhielt ich durch die Güte des Directors der dortigen Sternwarte, Herrn Knorre, und eines Herrn Schleiden je ein dort ausgegrabenes oberes Rippenstück (Taf. V, Fig. 15, 16), die beide in Betracht des Fundortes und nach Maassgabe ihrer Grösse und sonstigen Verhältnisse sehr wohl einem alten *Cetotherium Klinderi* angehören könnten.

Wodurch die Rippen vom *Cetotherium Klinderi* von denen des *Cetotherium Rathkei* und *priscum* abweichen wage ich nicht zu entscheiden, da die mit dem Schädel des *Cetotherium Rathkei* aus Kertsch gesandten, oben beschriebenen Rippenfragmente (Taf. XIII, Fig. 9—14) mir als solche noch etwas zweifelhaft erscheinen, obgleich sie einem jüngeren Individuum desselben angehört haben könnten.

Was die bis jetzt nur in vereinzelten Bruchstücken vorhandenen, mir vorliegenden, nur muthmasslich dem *Cetotherium priscum* zu vindizirenden, Rippenfragmente anlangt, so verschaffen sie ebenfalls keine sicheren vergleichenden Kennzeichen, da nur eine einzige, fast vollständige, von mir künstlich zusammengesetzte, Rippe desselben sich darunter befindet. Jedoch lässt ihr Anblick schliessen, dass sie grösser und bei alten Individuen viel massiver gewesen seien, als beim *Cetotherium Klinderi*.

Die Rippenfragmente, welche ich dem *Cetotherium Helmerseni* (Taf. VI, Fig. 13—16) vindiziren zu können glaube, dürften, trotz ihrer Unvollständigkeit, ebenfalls auf Verschiedenheit hindeuten.

Die Gestalt des Brustbeins erscheint herzförmig, dem vom *Balaenoptera musculus* ähnlich, nur vorn weniger tief ausgerandet, hinten aber mit einer kürzeren Endspitze versehen. Die vordere Fläche ist stark gewölbt, die hintere (innere 13 A) in der oberen Hälfte etwas ausgeschweift.

Die beiden, mehr oder weniger gut erhaltenen Schulterblätter des *Cetotherium Klinderi* (Taf. V, Fig. 14 A) sind im Allgemeinen gestaltlich denjenigen der echten *Balaenopteren*, namentlich denen von *Bal. musculus* (Van Beneden, *Ostéogr. Pl. XII, Fig. 19*) ähnlich, denn sie besitzen gleich diesen, wie die ansehnlichen, am linken vorhandenen Grundtheile des Acromion und Processus coronoideus nachweisen, ein entwickeltes Acromion, sowie einen deutlichen Processus coracoideus, unterscheiden sich also von denen der *Megaptera longimana*. Von denen der *Balaenoptera musculus* weichen sie übrigens durch den stärker nach hinten vorgezogenen Winkel ab, wodurch sie mehr denen von *Balaenoptera rostrata* (Van Beneden ib. *Fig. 6*) ähneln.

Wenn das oben S. 84 dem *Cetotherium Rathkei* vermuthungsweise vindizirte Schulterblatt (Taf. IV, Fig. 8, 9) diesem angehört, so würde, wie es mir scheint, das *Cetotherium Klinderi* durch eine etwas kleinere Gelenkgrube und den stärker entwickelten hinteren, oberen Winkel sich von dem des *Cetotherium Rathkei* unterschieden haben. Da ich vom *Cetotherium Mayeri* nur das Fragment eines Schulterblattes (Taf. XI, Fig. 7) vor mir habe, so kann ich nur bemerken, dass auch bei ihm, wie bei *Cetotherium Klinderi*, der hintere, bere Winkel des Schulterblattes sehr entwickelt ist.

Sehr fraglich ist es, ob ein von Trofimowski geschenktes Schulterblatt, obgleich es hinsichtlich der meisten gestaltlichen Verhältnisse dem des *Cetotherium Klinderi* sehr ähnelt, dieser Art vindizirt werden könne, da es auch, wegen seiner Grösse, auf *Cetotherium priscum* sich beziehen lässt; eine Beziehung, die ich sogar für wahrscheinlicher halte. Ich habe daher dasselbe in einem den nicht mit Sicherheit bestimmbaren Cetotherien-Resten gewidmeten Abschnitte besprochen und auf Taf. XIII, Fig. 14 a, b abbilden lassen.

Der Humerus des *Cetotherium Klinderi* (Taf. V, Fig. 14 B [1]) gleicht nicht nur dem der *Balaenoiden* überhaupt, sondern auch in formeller Beziehung dem des *Cetotherium priscum*, ist jedoch nach Maassgabe seiner Breite, wie es scheint, etwas länger als beim Letzteren. Auch erscheint er überhaupt im Verhältniss ein wenig länger als bei den lebenden *Balaenopteren*.

Die Ulna und der Radius ähneln zwar denen der *Balaenopteren*, erscheinen aber im Verhältniss zum Humerus, sowie im Allgemeinen, etwas kürzer, dünner, platter und auf ihrem hinteren Rande scharfrandiger.

Handwurzelknochen und Fingerknochen habe ich unter den Resten nicht auffinden können. Es lässt sich daher durch die Reste selbst nicht nachweisen, ob die *Cetotherien* Lang- oder Kurzflosser waren, da bei *Megaptera* die Flossenlänge von zahlreicheren und längeren Fingergliedern herrührt.

Die denen von *Megaptera* in Bezug auf Verkürzung ähnlichen Wirbel und der, wie es scheint, mehr ihr als den echten *Balaenopteren* ähnliche, plumpere Rumpf könnten eher für Langflosser sprechen. Auch scheint mir das Verhältniss des Humerus zur Ulna und dem Radius unseres *Cetotherium's* mehr mit dem von *Megaptera* übereinzustimmen. Das Schulterblatt ähnelte freilich durch die deutliche Entwickelung des Acromium und Processus coracoideus dem der *Balaenopteren*. Da indessen die kurzflossigen *Balaenen* einen kürzeren Rumpf besitzen, da ferner der kurzflossigen *Balaena antipodarum*, ebenso wie der langflossigen *Megaptera longimana*, die genannten Fortsätze fehlen, während sie *B. mysticetus* besitzt, so stehen wohl die genannten Eigenschaften in keiner Beziehung zur Lang- oder Kurzflossigkeit. Es bleibt daher zwar zweifelhaft, ob *Cetotherium Klinderi* kurze oder lange Brustflossenfüsse besass. Ich möchte jedoch eher für kurze stimmen.

Zieht man die Beweggründe in Betracht, welche mich veranlassten, *Cetotherium Klinderi*, wenigstens vorläufig, als Art anzusehen und von dem, wie es scheint, ihm wohl zunächst stehenden *Cetotherium Rathkei* zu unterscheiden, so stellt sich Folgendes heraus.

Die Reste von *Cetotherium Klinderi* gehören nach Maassgabe aller getrennten Knochen-epiphysen einem jüngeren Thiere an, welches in Betracht des wohl einem erwachsenen Exemplar angehörigen, oben beschriebenen, Schädels des *Cetotherium Rathkei* im er-

---

1) Dem Humerus fehlt die verloren gegangene untere Epiphyse, deren Gegenwart ihn sonst länger erscheinen lassen würde.

wachsenen Zustande wohl grösser als dieses, also vermuthlich länger als 7 Fuss war. Ferner passt die Gestalt des Basaltheiles des weit dickeren, gewölbteren Unterkiefers des *Cetotherium Klinderi* nicht auf den dünneren, weniger convexen des *Cetotherium Rathkei.* Dasselbe gilt von dem gestaltlich, ebenso wie durch geringere Grösse, von dem des *Cetotherium Klinderi* abweichenden Schulterblatt, welches ich dem *Cetotherium Rathkei* vindiziren zu können glaube.

Gehört endlich die oben vermuthungsweise dem *Cetotherium Klinderi* zugeschriebene, von der des *Cetotherium Rathkei, priscum* und *Mayeri* so abweichende, Bulla tympani wirklich dem *Cetotherium Klinderi* an, so liefert dieselbe nicht bloss ein Haupt-Unterscheidungsmerkmal vom *Cetotherium Rathkei,* sondern auch von den beiden anderen oben genannten Arten von *Cetotherien.*

Was die Beziehungen des *Cetotherium Klinderi* zu *Cetotherium priscum* anlangt, so wäre zu bemerken, dass weder die Gestalt der Wirbel, noch das ganz besonders abweichende, dem Letzteren von mir vindizirte, Brustbein (Taf. VII, Fig. 18, 19), ja selbst wohl auch nicht die Gestalt des Unterkiefers, für die Identität beider sprechen. Sollte indessen das vom Herrn Trofimovski geschenkte Schulterblatt *Cetotherium priscum* angehören, so würde allerdings die eben genannte Art dadurch *Cetotherium Klinderi* ähneln.

Nach Maassgabe der überaus abweichenden Gestalt des oben viel stärker abgeplatteten und breiteren, aussen weit weniger convexen, mit einer inneren, schiefen Fläche versehenen, von mir dem *Cetotherium Helmersenii* zugeschriebenen, Fragmente des Basaltheiles des Unterkiefers weicht *Cetotherium Klinderi* von *C. Helmersenii* so bedeutend ab, dass an eine Vereinigung dieser Formen nicht zu denken ist, abgesehen davon, dass *Cetotherium Helmersenii* im Wirbelbau mehr *Cetotherium priscum* ähnelte.

Da der Epistropheus, den Nordmann (*Palaeont. p. 347, Taf. XXVIII, Fig. 6, 6 a*), nebst anderen kleineren Wirbeln, seinem *Cetotherium pusillum* zuschreibt (indem er sie positiv für Theile eines erwachsenen Individuums erklärt), durch Gestalt und viel geringere Grösse von dem Epistropheus des offenbar jugendlichen *Cetotherium Klinderi* namhaft abweicht, so kann Letzteres auch nicht zu *Cetotherium pusillum* gezogen werden.

Endlich könnte vielleicht in Bezug auf die artliche Begründung des *Cetotherium Klinderi* auch der mehr westliche Fundort seiner Reste (die Umgegend von Nikolajew) im Gegensatz zu den weit östlicheren, bei Kertsch oder auf Taman befindlichen, Lagerstätten des *Cetotherium Rathkei, Helmersenii, priscum* und *Mayeri* einige Berücksichtigung verdienen.

Hinsichtlich der Grösse lässt sich nichts Bestimmtes angeben. Jedenfalls scheint es grösser als *Cetotherium Rathkei* gewesen zu sein. Gehörten die beiden oben erwähnten, bei Nikolajew gefundenen, Rippenfragmente wirklich einem alten *Cetotherium Klinderi* an, so dürfte es vielleicht hinsichtlich der Grösse sich *Cetotherium priscum* angenähert haben.

#### Spec. 3. Cetotherium Helmersenii J. F. Brdt.

Tafel VI.

Cetotherium Helmersenii *J. F. Brandt, Bullet. sc. d. l'Acad. Imp. d. sc. d. St.-Péters-bourg, T. XVI (1871), p. 563; Mél. biolog. T. VIII, p. 217.*

##### Wesentlicher Charakter.

Die hintere Wand der Schläfengrube mit einer ansehnlichen Querleiste und über derselben eine Längsleiste nebst einigen Höckern. Die Innenfläche des am oberen Rande etwas verbreiterten Unterkiefers verläuft schräge von oben nach unten. Die Aussenfläche desselben ist nur mässig convex. — Die Gestalt der Bulla tympani bisher unbekannt. Körperlänge etwa gegen 8—9 Fuss.

##### Beschreibung.

Beim Vorgebirge Pekla am Ufer des schwarzen Meeres fand man zahlreiche Reste von *Cetotherien*, die vom Herrn Prof. Romanowski an das Museum des Kaiserlichen Berg-Instituts eingesandt und durch die Güte meines Freundes, des Herrn v. Helmersen, mir zur Benutzung anvertraut wurden.

Sie bestehen aus zahlreichen Schädelfragmenten, welche sich, nachdem der sie zum grossen Theil noch umhüllende Kalk von mir sorgfältig entfernt worden war, grösstentheils zu einem namhaften Schädelfragment vereinen liessen, zwei Bruchstücken von Unterkiefern, zwei Schwanzwirbeln, mehreren Rippenfragmenten, einem Brustbein, zwei grossen, fast vollständigen Humeri, dem Fragment des oberen Endes eines kleinen Humerus und einer Ulna, deren oberes Ende abgebrochen ist.

Mit dem bedeutenden, sehr charakteristischen Schädelfragment lassen sich indessen nach meiner, in Folge genauerer Untersuchungen, gewonnenen Ansicht nicht alle der eben aufgeführten Theile, wegen ihrer sehr verschiedenen Grösse und mannigfacher formeller Abweichungen, in Einklang bringen. Die Annahme, dass sie ein und demselben Individuum angehörten, ist daher unzulässig. Sie gehören ganz entschieden zwei Individuen an, die unverkennbar auf zwei verschiedene Arten von *Cetotherien* hinweisen.

Ein sehr hohes, breites, dickes Unterkieferstück (Taf. VII, Fig. 3), einen sehr dicken, stark angeschwollenen, massiven, ersten Schwanzwirbel, ein ebenfalls sehr massiven mittleren Schwanzwirbel, nebst der Hälfte eines ebensolchen Schwanzwirbels, zwei vollständige grosse Humeri, nebst dem Fragment einer grossen Ulna, dem das obere Ende fehlt, sowie ein unvollständiges Brustbein (Taf. VII, Fig. 18, 19), welches fast doppelt so gross als das von *Cetotherium Klinderi*, aber nur ½ so gross als das des Skeletes der *Megaptera seu Kyphobalaena longimana* unseres Museums ist, möchte ich nach Maasgabe der Gestalt und Grösse des Unterkieferfragmentes und der Wirbel *Cetotherium priscum* vindiziren.

Die anderen der erwähnten, auf Taf. VI abgebildeten Reste bestehen aus sieben, offenbar zusammengehörigen Fragmenten des Schädels, worunter ein Basaltheil des rechten Astes des Unterkiefers (Fig. 2, 3) sich befindet, zwei Schwanzwirbeln, sechs Rippenstücken und einem stark abgeriebenen oberen Theile eines Humerus. Auch ist wohl den oben aufgezählten Schädeltheilen ein Fig. 4 dargestelltes achtes Bruchstück zuzuzählen, welches aus zertrümmerten Knochen des Basal- und hinteren Gaumentheiles des Schädels besteht. Die genannten Theile gehören nach Maassgabe des Unterkieferfragmentes und der Wirbel, sowie des Humerus, offenbar einem kleineren Thier als die oben aufgeführten Theile des *Cetotherium priscum* an. Dasselbe war aber, wie die stark angeschwollenen, mit fest verwachsenen Epiphysen versehenen Schwanzwirbel und die stark vereinten Schädelknochen beweisen, kein junges Individuum vom *Cetotherium priscum*, gegen welche Aunahme auch die ganz eigenthümliche Gestalt des Unterkieferfragmentes spricht.

Fünf der erstgenannten Schädelfragmente, aus einem Theil des Hinterhaupts und einem grossen Theile des linken Schläfenbeins, dem Augenfortsatz des Stirnbeins, den Nasenbeinen, den Basaltheilen des Oberkiefers und einem Theile des Zwischenkiefers bestehend, liessen sich ohne Schwierigkeit und Zwang zu einem namhaften Fragment der linken Schädelhälfte combiniren, wie es auf Taf. VI, Fig. 1 dargestellt ist. Erst später, als die eben citirte Tafel bereits abgedruckt war, gelang es mir, bei einer Durchsicht meiner Beschreibung auch ein ansehnliches sechstes Fragment dem inneren Rande des vorderen Basaltheiles des Oberkiefers genau so anzupassen, dass dadurch ein namhafter Theil der zur Aufnahme der Barten bestimmten, vom Oberkiefer gebildeten Gaumenrinne hergestellt und auch ein Fragment des Vomer sichtbar wird. Ich sehe mich daher genöthigt, in Folge dieser so gelungenen Anpassung auf Taf XXII unter Fig. 3 diesen Fund als Supplement zu Taf. VI mitzutheilen.

Das zusammengesetzte Fragment des Schädels (Taf. VI, Fig. 1) besteht demnach aus stark zusammengepressten, häufig stark zerbrochenen, oft mehr oder weniger verschobenen, zum Theil aber noch im Zusammenhange gebliebenen Knochen, des Hirntheils des Schädels, sowie des Grundes des Schnautzentheiles desselben. Die fraglichen Theile sind aber, wie schon bemerkt, nur auf der linken Seite des Fragments erhalten. Auf der rechten fehlte, wie die auf der citirten Figur angebrachten Punkte andeuten, der Schnautzentheil nebst den meisten anderen Knochen. Die untere Seite des Schädels hat dermaassen gelitten, dass sie leider nur wenige Punkte für die Untersuchung bietet. Trotz dieses mangelhaften Zustandes der Conservation des Schädelfragmentes vermag man darnach unter Zuziehung des Schädelfragmentes von *Cetotherium Rathkei* (Taf. I und II, Fig. 1) und des Schädels der lebenden *Balaenopteren* sich ein ziemlich vollständiges Bild von der Oberseite des Schädels, dem das Fragment angehörte, in intactem Zustande, mit Ausnahme des fehlenden oberen Scheitel- und Hinterhauptstheiles und vordersten Schnautzentheiles, zu machen, deren abgebrochene Theile leider verloren gegangen sind. Der erhaltene seitliche Hinterhauptstheil und Schläfentheil, der Augenfortsatz des Stirnbeins, der schmale Oberkiefer, die Gestalt der Nasenbeine und die der Schläfengrube zeigen im Allgemeinen den Schädeltypus der langschnautzigen *Cetotherien*.

Auch ergiebt sich aus der vergleichenden Betrachtung des Fragmentes, dass der Schädel zwar im Wesentlichen dem des *Cetotherium Rathkei* durch die Bildung der Schläfengruben, die Gestalt seiner Nasenbeine, die Bildung seines Schnauzentheils, und wie es scheint, auch Gaumentheils ähnlich ist und in den genannten Beziehungen von dem der *Balaenopteren* sich entfernt, jedoch genauer angesehen, nachstehende namhafte Unterschiede von dem des *Cetotherium Rathkei* bietet. Der Schädel war, wie es scheint, wenigstens in seinem Hirntheil, niedriger (neigte möglicherweise zu dem von *Cetotheriopsis* hin) und erscheint zwischen den Schläfengruben über den Nasenbeinen schmäler. Die aus dem Seitentheil des Scheitelbeins und der Schläfenschuppe gebildete hintere Wand der Schläfengrube zeigt unten eine von innen nach aussen gerichtete, also quere, gegen 5 Centimeter hohe, 10—15 Millimeter dicke, kammförmige Erhabenheit. Ueber dieser Erhabenheit gewahrt man auf dem äusseren Saume der hinteren Wand der Schläfengrube einen ziemlich ansehnlichen, von hinten nach vorn und unten gegen den Querkamm herabsteigenden Längskamm. Ueber der Mitte des Querkammes findet sich ein unterer, höherer und ein oberer, niedrigerer, aber breiterer Höcker. Ueber dem inneren Ende des Querkammes endlich bemerkt man ausserdem noch einen dritten Höcker. Die ovale, hinten stärker eingedrückte, Schläfengrube neigt sich stärker nach hinten. Der Schläfenraum erscheint im Gegensatz zu *Cetotherium Rathkei* innen viel breiter als aussen, wo er fast stumpfspitzig endet. Der Augenfortsatz des Stirnbeins ist namhaft breiter und weniger gewölbt. Die Nasenbeine sind sowohl unten, als auch oben dünner, platter und breiter, sowie überdies auf ihrer ganzen unteren Fläche, nicht blos auf der vorderen Hälfte derselben, ausgehöhlt und mit einem feinen Grubennetze versehen. Das obere Ende der Zwischenkiefer bietet eine grössere Breite. Dasselbe ist mit dem Stirnfortsatz des Oberkiefers der Fall. Der Letztere zeigt überdies auch vor seinem Augentheil, so viel sich erkennen lässt, eine etwas grössere Breite.

Das oben als sechstes bezeichnete, der Basalhälfte des Oberkiefers angehörige, Fragment (Taf. XXII, Fig. 3) erscheint als ein dickes, fast verschoben viereckiges Knochenstück mit rauher, unebener, gänzlich verbrochener, oberer Fläche. Sein hinteres Ende bietet einen dreieckigen Ausschnitt. Die untere Fläche desselben besteht grösstentheils aus dem nach unten gebogenen Gaumentheile des Oberkiefers. Der mittlere Theil seines äusseren Randes (a, a) passt dermassen zur hinteren Hälfte des Taf. VI, Fig. 1 dargestellten vordersten (endständigen) Stückes des Oberkiefers, dass durch beide Theile ein fast 3″ langes Stück der muldenartig gebogenen, für den Ansatz der Barten bestimmten, breiten Rinne hergestellt wird.

Ein wegen Mangels zahlreicher Knochenstücke nicht mit der restaurirten linken Schädelhälfte vereinbarer Schädeltheil (Taf. VI, Fig. 4) besteht aus Bruchstücken der Keilbeinkörper, der Flügelbeine, der Gaumenbeine und des Vomer, die durch Kalkmasse verbunden sind. Die auf der citirten Figur dargestellte Unterseite desselben zeigt in der Mitte der hinteren Hälfte Trümmer des Vomer, vor demselben aber eine längliche, unten gerundete Kalkmasse. Neben den Trümmern des Vomer bemerkt man links Reste der Flügelbeine und mehr nach aussen eine längliche, hinten etwas schmälere, ansehnliche Grube, die vorn wohl die Tuba Eustachii, hinten aber die Bulla tympani aufnahm; welche Letztere, nach Maassgabe der geringen Breite der hinteren Hälfte der Grube, mehr länglich und schmäler als die des *Cetotherium Rathkei* und *priscum* gewesen zu sein scheint. Die Fragmente des Vomer und die erwähnte, vor ihnen befindliche Kalkmasse, welche vermuthlich die innere Höhle des fehlenden Theils desselben ausfüllte, deuten auf einen unten stark gerundeten Vomer hin, der unten breiter als beim *Cetotherium Rathkei* gewesen sein möchte.

Die mir vorliegenden Schädelreste des jungen *Cetotherium Mayeri* weichen durch die völlig glatte, leisten- und höckerlose hintere Schläfenwand ab. Bei *Cetotherium Rathkei* bietet die genannte, ebenfalls glatte, Wand jedoch eine stumpfe, perpendiculäre, wenig vortretende, leistenartige Erhabenheit als Andeutung des oben erwähnten Längskammes, aber weder Höckerspuren noch eine ansehnliche, unten quere, kammförmige Erhabenheit. *Cetotherium Vaadellii* Van Bened. (*Ostéogr. Pl. XVII, Fig. 8*) unterschied sich nach Maassgabe der Abbildung seines Schädelfragmentes durch einen hinten breiteren Hinterhauptstheil, innen schmälere, aussen breitere, hinten glattwandige Schläfengruben, den zwischen den Augen breiteren Hirntheil des Schädels und vermuthlich spitzere Nasenbeine.

Der oben bereits erwähnte Basaltheil des rechten Astes des Unterkiefers weicht nicht nur durch seine Gestalt von dem homologen Theile des *Cetotherium Rathkei* und *Klinderi* ab, sondern lässt sich auch mit der bei *Cetotherium priscum* und *Mayeri* herrschenden Bildung des Unterkiefers, die im Ganzen mit der der beiden erstgenannten Arten übereinstimmt, keineswegs identifiziren.

Der fragliche Basaltheil des Unterkiefers, da er nach Maassgabe seiner Grösse, sowie seiner Textur und Conservation sehr gut zum restaurirten Schädelfragment passt, bildet daher nach meiner Ansicht im Verein mit dem Letzteren das Hauptmoment für die Annahme, dass er einer eigenen Art von *Cetotherium* angehörte, die ich als Zeichen der Dankbarkeit gegen meinen alten Freund und Collegen mit dem Namen *Cetotherium Helmerseni* zu bezeichnen mir erlaubte.

Das fragliche, 207 Mm. lange, an der Basis 70 Mm., in der Mitte aber nur 50 Mm. hohe, am oberen Saume 20 Mm. breite, der rechten Seite angehörige Fragment, dem der grösste Theil der unteren und ein grosser Theil der inneren Fläche fehlt, so dass der innere Theil seines weiten, centralen, meist über seiner Mitte verlaufenden, Gefässkanals grösstentheils offen liegt, weicht nicht blos von den homologen Resten des *C. priscum*, *Rathkei* und *Klinderi*, sondern auch von den Unterkiefern der lebenden *Balaeniden* ab. Seine äussere Fläche (Fig. 2) ist nämlich weit weniger gewölbt und besitzt eine auf der Mitte des vorderen Endes befindliche, also ziemlich stark nach unten geschobene, längliche Gefässöffnung. Seine innere Fläche senkt sich schräg (nicht mehr oder weniger perpendikulär) nach unten. Seine obere Fläche (Fig. 3) ist weit breiter und niedriger, bildet oben keinen vorragenden

Längskamm, tritt jedoch nach aussen als stumpfe Leiste vor, bietet ferner am Grunde einige längliche Gefässöffnungen und zeigt nur die schwache Spur einer inneren, vor dem Kronenfortsatz beginnenden, Furche. Der allein vorhandene Basaltheil des Kronenfortsatzes (Fig. 2) ist schwach S-förmig gekrümmt und vorn sehr verdickt und uneben. Unter und hinter demselben bemerkt man eine tiefe, pyramidale, stark begrenzte, nach vorn stumpf zugespitzte, Grube, unter welcher der Kiefer mässig gewölbt erscheint. Der Vergleich des beschriebenen Kieferbruchstückes mit dem eines alten *C. priscum* lässt den des Letzteren etwa ⅓ grösser erscheinen.

Die beiden oben erwähnten, mit den eben geschilderten Schädelresten gefundenen Schwanzwirbel (Taf. VI, Fig. 5—12) können wegen ihrer mit dem Körper dicht verschmolzenen Epiphysen, ihrer nebst den oberen Dorn- und ungenannten Fortsätzen ungemein verdickten Bögen, ihrer am Grunde ebenfalls stark verdickten Querfortsätze und zum Anheften der unteren Dornen sehr kräftigen, unteren paarigen Fortsätze, wie schon erwähnt, nur einem sehr alten Individuum zugeschrieben werden und zwar, wegen ihrer gegenseitigen Proportionen, ein und demselben Individuum.

Ihre geringe Grösse gestattet es, wie mir scheint, keineswegs, sie für Reste eines Individuums des *Cetotherium priscum* von mittlerer Grösse zu erklären. Genauer betrachtet bieten sie auch, obgleich sie im Allgemeinen denen des *Cetotherium priscum* ähnlicher erscheinen, als denen des *Cetotherium Klinderi*, einige formelle Unterschiede von denen des *Cetotherium priscum*.

Der eine der Wirbel (Taf. VI, Fig. 5—8), welcher zwei vordere kleine und nur zwei grosse Höcker zur Anheftung des unteren Dornfortsatzes, und oben offene, ansehnliche, seitliche Gefässkanäle (Fig. 7) besitzt, also wohl der vorderste Schwanzwirbel sein dürfte, bietet einen 65 Mm. hohen, 70 Mm. breiten, 55 Mm. langen Körper. Die Breite seiner Bögen am Grunde beträgt 40 Mm. Ein ihm homologer Wirbel eines sehr alten *Cetotherium priscum* zeigt eine Höhe von 75 Mm., eine Breite von 85 Mm. und eine Länge von 75 Mm. Die Breite seiner Bögen beträgt 52 Mm. Der letztgenannte Wirbel des *Cetotherium priscum* wäre also angefällig grösser als der Wirbel, den ich *Cetotherium Helmersenii* zu vindiziren geneigt bin. Der Letztere unterscheidet sich übrigens von dem des *Cetotherium priscum* durch die in der Mitte viel stärkere, etwa nur zwei Drittel der Unterseite des Körpers einnehmende, viel tiefere Längsgrube, das nur wenig vertiefte, rauhere Centrum der vorderen und hinteren Körperfläche, durch rauhere, schmälere, untere Fortsätze, schmälere, dünnere, unten und besonders oben stärker grubig eingedrückte Querfortsätze, weniger verdickte, etwas mehr divergirende mit stärker comprimirten, dünneren, vorderen Fortsätzen versehene Bögen und einem besonders vorn weiteren und breiteren Rückenmarkskanal (Fig. 5).

Der zweite Wirbel (Taf. VI, Fig. 9—12) ist einer der vorderen, nur mit kurzen Querfortsätzen versehenen Schwanzwirbel, die an ihrem Grunde von einem Canal durchbohrt sind. Seine Körperlänge beträgt 52 Mm., die Körperhöhe 65 Mm., die grösste Breite 70 Mm. Der ihm entsprechende Wirbel eines alten *Cetotherium priscum* bietet dagegen folgende Verhältnisse: Körperlänge 75 Mm., Höhe desselben 80 Mm., grösste Breite desselben 84 M. Als Abweichung von dem des *Cetotherium priscum* besitzt der fragliche Wirbel des *Cetotherium Helmerscnii* einen unter den Bögen stärker eingedrückten Körper, am Grunde stärker vertiefte Querfortsätze und eine etwas höhere, vordere Oeffnung des Rückenmarkkanales.

. Die mit den soeben beschriebenen Schädelfragmenten und beiden Wirbeln gefundenen Rippenbruchstücke bestehen aus fünf, theilweis aus mehreren Theilen von mir sorgfältig zusammengesetzten Stücken, die eine Vergleichung mit den Rippen anderer Cetaceen gestatten, und einem kleinen 70 Mm. langen, 30 Mm. breiten oberen Rippenstück, welches dermaassen verletzt ist, dass es keinen näheren Vergleich zulässt.

Der Vergleich der grösseren Fragmente, wovon nur die vier am meisten charakteristischen auf Taf. VI, Fig. 13—16 dargestellt sind, mit den Rippen des *Cetotherium Klinderi* und den sehr spärlichen Rippenresten des *Cetotherium priscum* ergab, dass die fraglichen Fragmente durch etwas geringere Dicke, dann durch die ebene, etwas ausgehöhlte (nicht mehr oder weniger gewölbte) Innenfläche und etwas weniger convexe Aussenfläche der unteren Rippenhälften, im Allgemeinen abweichen. Zwei der linken Körperseite angehörige der in Rede stehenden Fragmente (Taf. VI, Fig. 15, 16) sind wohl Bruchstücke oberer Rippenenden, denn beide bieten an ihrem hinteren zusammengedrückten Rande einen auch bei anderen *Balaeniden*, z. B. *Megaptera longimana* vorkommenden höckerartigen Vorsprung, der bei *Cetotherium Helmersenii* mehr oder weniger dreieckig, glatt und comprimirt, bei *Megaptera* länglich und rauh, bei dem einzigen mir vorliegenden oberen Rippenbruchstück des *Cetotherium priscum* mehr eirund, niedrig und ebenfalls rauh erscheint, bei den mir vorliegenden Rippen von *C. Klinderi* aber vermisst wird. Das eine der Fragmente (ebd. Fig. 16) ist breiter als ein anderes (Fig. 13), d. h. 40 Mm. breit. Dasselbe bietet hinten einen grösseren Vorsprung und einen vorderen, stark comprimirten, dreieckigen Rand. Ein noch anderes (ebend. Fig. 15), nur 33 Mm. breites, besitzt einen nur rudimentären, weniger dreieckigen hinteren Vorsprung, und einen verdickten, innen kaum etwas comprimirten, vorderen Rand. Ein viertes Fragment (Fig. 14), welches wohl als ein weit dickeres, auf der Aussenfläche ziemlich stark convexes, an den Seiten stark abfallendes, mittleres Rippenstück der rechten Seite sich ansehen lässt, zeigt als Andeutung einer Fortsetzung des vorderen, comprimirten Randes des zuerst beschriebenen Rippenstückes (ebd. Fig. 16) einen nach innen schräg eingedrückten vorderen Rand.

Ein fünftes Fragment eines mittleren, verdickten Rippentheiles ähnelt im Wesentlichen dem Vierten.

Das grösste der Fragmente (Taf. VI, Fig. 13) ist wohl der untere, breitere Theil einer Rippe der rechten Seite, dem die Endtheile fehlen. Es besitzt oben eine Breite von 38, unten von 35 und oben eine Dicke von 20, unten aber von 15 Mm. Seine Aussenfläche ist mässig convex, seine innere etwas vertieft. Es erscheint dünner, platter und breiter als die anderen Fragmente, besonders als das unter Fig. 14 dargestellte.

Das obere Ende eines Humerus, woran der Gelenkkopf grösstentheils abgeschlagen ist (Taf. VI, Fig. 17), gleicht zwar im Allgemeinen dem Humerus des *Cetotherium priscum*, kann aber wegen seiner geringeren Grösse (es ist oben unter dem Condylus nur 60 Mm., in der Mitte nur 50 M. breit, während derselbe Knochen des erwachsenen *Cetotherium priscum* oben 70—80, in der Mitte aber 60 Mm. breit erscheint), dann, weil es wegen seiner dicht verwachsenen oberen Epiphyse auf ein altes Thier hinweist, nicht wohl einem jüngeren, kleineren Individuum der eben genannten Form von *Cetotherium* vindizirt werden, passt dagegen, wie mir scheint, nach Maassgabe seiner Grösse sehr wohl zu den, dem *Cetotherium Helmersenii* vindizirten, oben beschriebenen Rippenfragmenten und den beiden Wirbeln. Dasselbe bietet übrigens statt einer bei *C. priscum* und *Klinderi* zwischen dem Gelenkkopf und seiner ulnaren Gelenkfläche befindlichen Ausrandung eine zugerundete Erhabenheit.

Nach Maassgabe der Dimensionen der Wirbel und des Unterkieferfragmentes möchte *Cetotherium Helmersenii* etwa ⅕ kleiner gewesen sein als *Cetotherium priscum*, also etwa eine Länge von 8 Fuss erreicht haben.

Als einzigen Fundort seiner Reste kennen wir bis jetzt, wie schon oben erwähnt, nur das Vorgebirge Pekla am Ufer des schwarzen Meeres.

### Spec. 4. Cetotherium priscum nob.

Fischwirbel, *G. Fischer*, Mém. d. l. Soc. d. nat. d. Mosc., T. VII (1829), Nouv. Mém. I, S. 298, Taf. XXI, Fig. 1.

Der Gattung Manatus oder Halicore nahe stehendes Seesäugethier aus der Familie der Manaten. *Eichwald*, Bullet. sc. d. l'Acad. Imp. d. Sc. d. St.-Pétersb. (1. Sér.). T. IV (1838), p. 261 u. 265. — *Leonhard* und *Bronn*, Jahrb. f. Mineral. 1840, p. 494.

Zäphius priscus *Eichwald*, Первобытный міра Poccin, Тетради I, Cn. Пена рб. 1840. 8, сир. 18, Tab. I u II. übersetzt unter dem Titel: Die Urwelt Russlands, St. Petersb. 1840, 8, Heft I, Abhandl. II, p. 26, mit Tab. I und II.[1]) — Im Auszuge mitgetheilt in *Leonh.* und *Bronn's* Jahrb. 1840, p. 731 und Bullet. d. nat. d. Mosc., T. XIII, p. 473. — Lethaea ross. III (1853), p. 335, Tab. XII. mit Ausschluss von Fig. 1, 2 und 8.

Cetotherium priscum. *J. F. Brandt*, Bullet. sc. d. l. cl. phys. math. d. l'Acad. Imp. d. sc. d. St.-Pétersb., T. I (1842), p. 146. — *Al. v. Nordmann* ib., p. 202. — L'Institut sc. math. 1843, p. 270. — *J. F. Brandt*, Verhandl. d. Kais. Russ. mineralog. Gesellsch. z. St. Petersb., Jahrg. 1844, S. 239. — *Giebel*, Fauna der

---

1) Aus der Zahl der dem sogenannten *Zäphius priscus* | E. gedeutete Knochen auszuschliessen, da er offenbar vindicirten Reste ist jedoch der dort p. 36 beschriebene, | als Radius eines grossen Delphin zu zeehen ist, auf Taf. II, Fig. 5, 6 abgebildete, als Fingerknochen von |

*Urwelt*, *Bd. I*, p. *238* (excl. *Syn. Cet. Rathkei*). — *Pictet*, *Traité d. Paléontol.*, *2. éd.*, *T. I* (*1853*), p. *388* (excl. *Syn. Cetotherium Rathkei*). — *Bronn*, *Lethaea*, *3. Ausg.*, *III* (*1856*), p. *756*. — *Al. v. Nordmann*, *Palaeontolog. Südrussl.*, *Helsingfors 1860*, *4*, *mit Atlas in Fol.*, p. *337*, *Tof. XVI, XVII u. XVIII* (mit Ausschluss einiger Theile). — *Van Beneden*, *Ostéographie d. Cétacés par Van Beneden et Paul Gervais*, *Paris 1870*, *4*, *avec Atl. in Fol.* p. *272*, mit dem Synonym *Balaenoptera prisca*.

Chonoziphius priscus *Eichwald*, *Bullet. d. natur. d. Mosc.*, *ann. 1860*, p. *399*.

## Wesentlicher Charakter.[1]

Die Innenfläche des oben schmalrandigen Unterkiefers flach und perpendiculär; die Aussenfläche stark gewölbt. Die Bulla tympani (Taf. XII, Fig. 1 a, b) oval-länglich, fast doppelt so lang als breit, auf der Aussenfläche mit kleinen Höckerchen besetzt, auf der inneren, glatten Fläche von einer längslaufenden Leiste durchzogen, am vorderen Ende zugerundet; die hinten dreieckige Windung derselben ist am freien Rande nur leicht bogenförmig ausgeschweift. Körperlänge etwa 10—12 Fuss.

## Beschreibung.

Ob die schon von Pallas und Verneuille erwähnten Cetaceen-Wirbel (s. oben S. 63 u. 64) *Cetotherium priscum* oder einer anderen Art der Gattung *Cetotherium* angehörten, lässt sich aus den Angaben der beiden genannten ausgezeichneten Naturforscher um so weniger nachweisen, da sie weder Abbildungen noch auch eine nähere Beschreibung davon mittheilten. Der erste Paläontologe, welcher (1829) ganz entschieden einen Wirbel des *Cetotherium priscum* vor sich hatte, der er freilich für einen fraglichen Fischwirbel ansah und abbildete, war G. Fischer a. a. O. Erst im Jahre 1838 beschrieb Eichwald aus zwei Fragmenten des Unterkiefers, zwei Schwanzwirbeln und einem Rippenfragment bestehende, der Sammlung der St. Petersburger Mineralogischen Gesellschaft angehörige Reste des *Cetotherium priscum*. Er bezog indessen dieselben anfangs auf eine der Familie der Seekühe nahe stehende Form von Seesäugethieren und übersah die Mittheilungen von Pallas und Fischer. Später versetzte er das Thier, dem dieselben angehörten, unter dem Namen *Ziphius priscus* in die Abtheilung der *Delphinoiden*.

Cetaceenreste, namentlich ein den von Eichwald beschriebenen Wirbeln ähnlicher, vollständiger erster Schwanzwirbel, ein unvollständiger mittlerer Schwanzwirbel und ein unvollständiger Lendenwirbel nebst der oberen Hälfte des rechten Oberarmknochens eines sehr alten Individuums, welche man bei Anapa fand, und die auf Allerhöchsten Befehl an das Museum der Kaiserlichen Akademie der Wissenschaften geschickt wurden, nebst dem von Rathke beschriebenen Schädelfragment und einigen mit ihnen aus dem Kertscher

---

[1] Da vom *Cetotherium priscum* von Schädeltheilen, ausser einer sehr wahrscheinlich ihm angehörigen Bulla tympani, die bereits von Nordmann ihm zu vindiciren geneigt war, nur Reste des Unterkiefers bekannt sind, so konnte die Diagnose nur darauf basirt werden.

Museum der Akademie gesandten Wirbeln und Rippenfragmenten veranlassten mich, die-selben mit den von Eichwald benutzten Materialien zu vergleichen und dabei nicht blos den Bau der lebenden *Delphinoiden*, sondern auch den der *Balaenoiden* in Betracht zu ziehen. Es ergab sich dabei, dass, besonders nach Maassgabe des Verhaltens der so charakteristi-schen Fragmente des Unterkiefers, die von Eichwald beschriebenen Reste keiner *Delphi-nide*, also auch keinem *Ziphius*, sondern einer eigenthümlichen Gattung von *Balaeniden* angehörten, welche ich mit dem Namen *Cetotherium* belegte. Der Name *Ziphius priscus* wurde demnach in *Cetotherium priscum* von mir umgewandelt. Al. v. Nordmann stimmte bald darauf mir zu und that dies auch viel später in seiner *Palaeontologie* (1860), Pictet und Bronn, denen Nordmann's Untersuchungen noch nicht bekannt sein konnten, schwank-ten in Bezug auf *Cetotherium priscum*. Giebel und Pictet hielten namentlich *Cetotherium priscum* und *Rathkei* für Synonyme. Trotz Nordmann's und meiner Nachweise führte in-dessen Eichwald in der *Lethaea* das *Cetotherium priscum* als *Ziphius priscus* und cranologi-schen, wenn auch entfernten, Verwandten der Gattung *Choneoctus*, und sieben Jahre später als *Choneziphius priscus* auf, bei welcher letzteren Gelegenheit er sogar die Selbstständig-keit der Gattung *Cetotherium*, ohne jeden Grund, abermals anzufechten versuchte. Ganz neuerdings hat indessen auch Van Beneden (a. a. O.), nachdem er anfangs die Annahme der Gattung *Cetotherium* angezweifelt, den vermeintlichen *Ziphius* oder *Choneziphius Eichw.* nach meinem Vorgange, wie dies schon Nordmann gethan, als Glied der Gattung *Ceto-therium* mit dem Namen *Cetotherium priscum* unter den *Balaeniden*, nicht unter den *Ziphien* aufgeführt.

Seit meinem ersten Nachweis, dass der *Ziphius priscus* zur Gattung *Cetotherium*, einer *Balaenoptera* zwar verwandten, aber davon verschiedenen Gattung der *Balaenoiden* ange-höre, hat sich das darauf bezügliche Material, namentlich im Museum des Berg-Institutes bedeutend vermehrt.

Es liegen mir daher ausser den der Sammlung der Mineralogischen Gesellschaft zu-gehörigen, bereits oben erwähnten, die erste Grundlage des *Cetotherium priscum* (jedoch vielleicht mit Ausnahme des Rippenfragments) bildenden Resten noch nachstehende vor.

Aus dem Museum der Akademie der Wissenschaften, ausser den bei Anapa gefun-denen, bereits näher bezeichneten Resten, vier Wirbel aus Kertsch und Taman. Drei der Letzteren bestehen aus einem Lendenwirbel, dem die Enden der Fortsätze fehlen (Taf. VII, Fig. 10), dem zweiten, fast vollständigen Schwanzwirbel (Taf. IX, Fig. 1—5) und dem Fragment eines anderen Schwanzwirbels. Sie gehörten nach Maassgabe ihrer Grösse ein und demselben alten Individuum an. Der vierte durch eine mehr schwärzlich-braune Fär-bung, sowie durch dünnere Bögen und Fortsätze charakterisirte Wirbel (Taf. VII, Fig. 11—15) darf wohl als der eines Individuums von mittlerem oder jüngern Alter ange-sehen werden.

Viel reicher als im Museum der Kaiserlichen Akademie der Wissenschaften sind die Reste des *Cetotherium priscum* in dem des Kaiserlichen Berg-Institutes vertreten.

Ein Bergbeamter, Herr Antipow, sandte demselben nachstehende, etwa 4 Werst von Kertsch (in der Umgegend des Vorgebirges Akburun) ausgegrabene, werthvolle Skeletreste desselben. Das 290 Mm. lange Fragment eines Unterkieferastes (Taf. VII, Fig. 1 D), zwei mehr oder weniger unvollständige Lendenwirbel (Taf. VIII, Fig. 1 A, Wirbel B, C), elf zusammengehörige (Taf. VIII, Fig. 1 B, E bis P, und Fig. 2 E bis P) und einen einzelnen Schwanzwirbel nebst 4 Processus spinosi inferiores (Fig. 1 B, Q bis T), ein dem oberen und ein dem mittleren Theile je einer Rippe angehöriges Fragment (Taf. VII, Fig. 16 und 17), ferner ein vollständiges Oberarmbein von mittlerer Grösse (Taf. IX, Fig. 14 A), den unteren, einem jüngeren Thier angehörigen, Theil desselben Knochens, nebst dem oberen, epiphysenlosen Humerus eines noch jüngeren Individuums, sowie den ganzen rechten Radius (Taf. IX, Fig. 14 B) eines mittelgrossen, nebst der oberen Hälfte (ebend. B) desselben Knochens eines sehr alten Individuums. Die Knochen gehörten also verschiedenen Individuen von ungleicher Grösse an. Es sind dies dieselben so interessanten Reste, welche Eichwald in seiner *Lethaea*, als seinem *Ziphius priscus* angehörige, besprochen und grossentheils auf Taf. XII abgebildet hat. Ebendaselbst ist aber auch unter Fig. 10 ein Rippenfragment mit nach unten gekehrtem oberem Ende dargestellt, wovon ich kein zur fraglichen Figur genau passendes Original unter den mir vorliegenden von Antipow gesandten Objecten habe finden können. In der Antipow'schen Sendung bemerkt man allerdings ein Rippenstück, dessen Dimensionen mit den Eichwald'schen stimmen und das der Eichwald'schen Figur einigermaassen ähnelt (dasselbe, welches ich auf Taf. VII, Fig. 16 habe darstellen lassen). Sollte dies also vielleicht das fragliche, nur schlecht dargestellte Fragment sein? Die Worte Eichwald's in der *Lethaea III, p. 339:* sa surface est lisse d'un noir foncé, passen zwar nicht genau darauf, denn seine Oberfläche bietet nur an einzelnen Stellen die von ihm angegebene Beschaffenheit.

Einen anderen, mir ebenfalls vorliegenden, allerdings kleineren Vorrath an Resten des *Cetotherium priscum* erhielt das genannte Institut, wie schon bei Gelegenheit des *Cetotherium Helmerseni* erwähnt wurde, vom Herrn Romanowski.

Den aus dem Museum der Akademie und des Berginstitutes mir zu Gebote stehenden Materialien reihen sich übrigens zahlreiche Reste an, deren Benutzung ich der Güte des Directors des Tifliser Museums, Herrn Dr. Radde, verdanke, worunter jedoch nur der Atlas (Taf. VII, Fig. 4, 5, 6) und eine Rippe nebst einem Rippenfragment besonders bemerkenswerth erscheinen.

Trotz der zahlreichen Wirbel und einiger trefflich erhaltenen Armknochen bilden doch die auf Reste des Unterkiefers und eine vermuthlich ihm angehörige Bulla beschränkte Kenntniss des Schädels, die überaus geringe Zahl von Hals- und Rückenwirbeln, ebenso wie die wenigen Rippenreste nebst dem Mangel eines authentischen Schulterblattes ein wesentliches Hinderniss· für eine vollständigere Charakteristik des Skeletbaues des *Cetotherium priscum;* obgleich andererseits die Individuen verschiedenen Alters angehörigen Lenden- und besonders die vorderen Schwanzwirbel interessante Blicke in die

Entwickelungsgeschichte der hinteren Hälfte der Wirbelsäule der fraglichen Art gestatten.

Die erwähnte Bulla ist dieselbe, welche Nordmann aus Bessarabien erhielt, in der *Palaeont. Südr. p. 343* beschrieb und auf Taf. XXVIII, Fig. 1 und 2 abbilden liess, jedoch nicht mit Bestimmtheit dem *Cetotherium priscum* vindizirte. Durch die Güte der Herren Professoren Wiik und Mäklin in Helsingfors hatte ich die erwünschte Gelegenheit, das Original-Exemplar derselben aus der Nordmann'schen Sammlung zu erhalten, so dass ich nachstehende Bemerkungen darüber mittheilen und exactere Abbildungen derselben auf Taf. XII, Fig. 1 a, b liefern kann.

Ihre zwar den Typus einer Cetotherien-Bulla bietende, aber eigenthümliche, von der des *Cetotherium Rathkei* (Taf. XII, Fig. 3 a, b) und der des *Cetotherium Mayeri* (ebend. Fig. 2 a, b, c) ungemein abweichende Form, ebenso der Umstand, dass sie grösser als bei den genannten Arten ist, sprechen dafür, dass sie dem *Cetotherium priscum* weit eher als einer anderen Art von *Cetotherium* angehören könne.

Was ihre allgemeine Form anlangt, so stimmt sie zwar am meisten mit der dem *Cetotherium Mayeri* von mir vindizirten überein, bietet jedoch bedeutende Unterschiede.

Sie erscheint mehr oval und namentlich vorn stärker zugerundet. Ihr Längendurchmesser beträgt gegen 65, ihr grösster hinterer Breitendurchmesser 35 Millim. Von unten gesehen erscheint sie eiförmig, bauchig und stark gewölbt, jedoch nach aussen zu vorn und hinten etwas eingedrückt. Ihre Höhe, die hinten 35 Millim. beträgt, ist ansehnlicher als bei der des *Cetotherium Mayeri*. Ihre von querlaufenden Runzeln und gesonderten warzenartigen Rauhigkeiten besetzte Aussenfläche springt hinten ungemein convex vor. Ihre nur 22 Millimeter lange, hinten dreieckige, am freien Rande nur leicht bogenförmig ausgeschweifte Windung ist vorn höher und sendet aus ihrem in der Höhlung der Bulla gelegenen unteren Theile eine eigenthümliche, stumpfe Leiste nach vorn, unter der eine ihr eigene, längliche, ansehnliche Grube sich befindet. Die Höhlung der Bulla ist beträchtlich weiter als bei der des *Cetotherium Mayeri*, besonders vorn. Die Leisten der inneren Fläche convergiren stärker nach vorn.

Mit der weit kürzeren, fast abgerundet-viereckigen, aussen wie innen, ebenso wie an ihrer Windung glatten Bulla tympani des *Cetotherium Rathkei* lässt sich die dem *Cetotherium priscum* vermuthlich zu vindizirende Bulla noch weniger identifiziren, ebenso wenig mit der (ebend. Fig. 4 a, b) muthmasslichen Bulla des *Cetotherium Klinderi*.

Dass der hintere Theil des Unterkiefers des *Cetotherium priscum* von dem des *Cetotherium Helmersenii* bedeutend differire und im Allgemeinen durch seine ebene, senkrechte, innere Fläche dem des *Cetotherium Rathkei* und *Klinderi*, sowie dem der lebenden *Balaeniden* ähnele, wurde bereits oben bemerkt.

Von denen der lebenden *Balaenopteren* unterscheidet sich indessen der Unterkiefer des *Cetotherium priscum* nach Maassgabe der Gestalt der verschiedenen, gleich grossen Individuen angehörigen, Theile desselben, durch geringere Krümmung und eine besonders

oben convexere Aussenfläche, sowie einen etwas breiteren, oberen, und stumpferen unteren
Rand. Mit denen des *Cetotherium Rathkei* verglichen, bietet, wie es den Anschein hat, der
Unterkiefer des *Cetotherium priscum* eine convexere äussere Fläche und stimmt in dieser
Hinsicht mit dem von *Cetotherium Klinderi* (Taf. V, Fig. 1, 2, 3) und *Mayeri* (Taf. X,
Fig. 1 A, B) überein.

Von Theilen des Unterkiefers liegen mir überhaupt fünf Fragmente vor, von denen
aber leider keines, weder über die Beschaffenheit des Gelenktheils, noch des Endtheils Auf-
schluss giebt.

Als in die Nähe des Gelenktheiles der rechten Kieferhälfte gehöriges Fragment ist
das von v. Nordmann (*Palæont. p. 337*) beschriebene, von ihm auf *Taf. XXVI, Fig. 1 u. 2*
abgebildete (siehe meine *Taf. VII, Fig. 1, 2 A*) mässig gekrümmte, anzusehen, weil in ihm
der sehr weite, hinten 17—20, vorn 12—13 M. breite Canalis inframaxillaris hinten
etwas über der Mitte, dicht neben der inneren Wand des Kiefers verläuft. Dem etwa
215 Mm. langen, etwa 53 Mm. dicken Fragment fehlt fast die ganze obere Wand. Der untere
Saum ist ziemlich stumpf und von einer deutlichen Längsfurche durchzogen. Die Innenfläche erscheint ziemlich eben und perpendiculär, die äussere stark convex. Das Fragment
gehörte wohl, wie die beiden folgenden (B, C), einem Individuum von mittlerer Grösse an.

Die beiden schon von Eichwald in der Urwelt beschriebenen, ebenfalls der rechten
Kieferhälfte und zwar ein und desselben Individuums angehörigen Fragmente (siehe meine
Taf. VII, Fig. 1 und 2 B, C) lassen sich sehr wohl auf ein Individuum von ähnlicher Grösse
wie das Nordmann'sche beziehen. — Das eine (200 Mm. lange) davon (B) ist höher und
dicker als das andere (C), so dass seine Höhe hinten 70, vorn 65 Mm., seine Dicke in der
Mitte hinten 46, vorn nur 43 Mm. beträgt, während die Höhe des andern 201 Mm. langen
(C) hinten 60, vorn 55 Mm., seine grösste Dicke in der Mitte aber hinten 40, vorn 34 Mm.
beträgt. Beide Fragmente unterscheiden sich vom Nordmann'schen durch folgende Merkmale. Sie sind etwas weniger gekrümmt und unten etwas weniger convex. Der Canalis
inframaxillaris beider ist enger und verläuft unter dem oberen Saume. Sein Durchmesser
beträgt hinten beim Fragment B 10 Mm., beim Fragment C vorn 7 Mm. Das Fragment B gehörte am Kiefer nach Maassgabe seiner Grösse, dem Verhalten seines Canalis maxillaris
und der nur einfachen Gefässöffnung seines oberen Randes fast unmittelbar vor dem Nordmann'schen. Das Fragment C nahm fast unmittelbar vor dem Fragment B Platz, wie dies
seine nur wenig geringere Grösse und die 3 auf seinem oberen Rande bemerkbaren Gefässöffnungen bekunden.

Die nachgewiesene Reihenfolge der drei Fragmente hinsichtlich des Platzes, den sie
am Kiefer einnahmen, sowie ihre nahezu übereinstimmende Grösse, veranlassten mich, dieselben auf Taf. VII, Fig. 1 und 2 so zusammenzustellen, dass sie eine allgemeine Vorstellung vom Bau eines grossen Theiles des Unterkiefers bieten.

Ein viertes von Antipow gesandtes, aber der linken Kieferhälfte angehöriges, dem
vorderen Eichwald'schen (C) ähnliches, jedoch längeres (gegen 300 Mm. langes), nament-

lich mit einem längeren, vorderen Theil versehenes, ein wenig mehr gekrümmtes, wie polirtes Unterkieferfragment (Taf. VII, Fig. 1 D), welches, wie die Eichwald'schen, einem an seinem hinteren, höheren Ende, weiteren, am vorderen, niedrigeren, aber engeren, unter dem oberen Kiefersaume verlaufenden Haupt-Gefässkanal nebst mehreren auf dem oberen Kiefersaume reihenweis hinter einander stehenden, vorn in eine Furche ausgehenden Oeffnungen von Gefässkanälchen besitzt und hinten eine Höhe von 60, an seinem vorderen Ende aber von 55 Millimetern bietet, gehörte offenbar, wie die Eichwald'schen, ebenfalls der Mitte eines Kiefers, eines wie es scheint etwas kleineren Individuums an.

Das fünfte, aus der Romanowski'schen Sendung stammende, Unterkieferfragment der rechten Seite, dem die grösste Hälfte seiner inneren, nebst seiner ganzen oberen Wand fehlt (Taf. VII, Fig. 3), ist offenbar nach Maassgabe seines weiten, fast in der Kiefermitte verlaufenden, einen Durchmesser von 25 Mm. bietenden centralen Gefässkanales, als ein dem Gelenktheil des Kiefers zunächst gelegenes zu betrachten. Seine grösste Höhe beträgt 80, seine grösste Dicke 60 Millimeter, ja vermuthlich noch ein wenig mehr. Sein unterer Saum ist schmäler als beim Nordmann'schen Fragment. Sein hinteres, etwas über 75 Mm. hohes, Ende ist etwas niedriger und aussen in der Mitte etwas convexer als sein mittlerer und vorderer Theil. Der Umstand, dass das soeben beschriebene Fragment, die übrigen beschriebenen Fragmente an Grösse weit überbietet und mit zwei sehr grossen, mit stark verdickten Bögen und Fortsätzen versehenen ganzen Schwanzwirbeln (Taf. VIII, Fig. 3, 4, Taf. IX, Fig. 6—9) und der ihnen ähnlichen Hälfte eines anderen gefunden wurde, welche ebenso wie zwei gleichzeitig ausgegrabene Humeri auf ein sehr altes Individuum hinweisen, veranlassen mich, dasselbe einem Individuum zu vindiziren, das noch älter war als die, welchen das Antipow'sche oder Nordmann'sche Fragment und die Eichwald'schen angehörten.

In Bezug auf die Gesammtgestalt des Unterkiefers des *Cetotherium priscum* dürfte zwar die auf Taf. VII, Fig. 1 und 2 bewerkstelligte Gruppirung der vorgelegenen Bruchstücke kein vollständiges Bild gewähren, jedoch darauf hindeuten, der Unterkiefer sei weniger nach aussen gekrümmt und möglicherweise auch länger als bei den *Balaenopterinen* gewesen.

Vom *Cetotherium priscum* kennen wir zwar bereits eine Menge, theilweis schon von Eichwald und Nordmann beschriebener, Wirbel, die aber meist dem Schwanztheil der Wirbelsäule angehörten.

Was die Halswirbel anlangt, so vermag ich mit einiger Sicherheit nur den aus Tiflis gesandten Atlas für den eines *Cetotherium priscum* zu erklären. Keineswegs möchte ich nämlich weder den Epistropheus, welchen Hr. v. Nordmann (*Palaeont. p. 344*) beschreibt und *Taf. XXVIII, Fig. 4, 4 a und 4 b* abbilden liess, noch seinen ebendaselbst *p. 345* beschriebenen und auf derselben Tafel unter Fig. 5 dargestellten dritten oder vierten Halswirbel dem *Cetotherium priscum* mit Sicherheit vindiziren, obgleich beide Wirbel offen-

14*

bar einem *Cetotherium* angehörten; da noch andere *Cetotherien*, möglicherweise selbst grössere, Rechtsansprüche daran machen könnten.

Nordmann a. a. O. zählt offenbar die genannten Wirbel zu denjenigen aus Bessarabien stammenden Knochen, die als grössere vielleicht dem *Cetotherium priscum* zufallen könnten, während er die kleineren, gleichfalls dort gefundenen, namentlich einen von ihm *p. 347* beschriebenen und auf *Taf. XXVIII, Fig. 6, 6 a* abgebildeten Epistropheus, vorläufig einer Zwergart unter dem Namen *Cetotherium pusillum* vindizirte.

Zum Schlusse meiner Cetotherien-Beschreibungen sollen über die fraglichen Wirbel nähere Erörterungen mitgetheilt werden. Für jetzt möge es vergönnt sein, zur Beschreibung derjenigen Wirbel überzugehen, die ich für wahre Wirbel des *Cetotherium priscum* halte.

Der Atlas Taf. VII, Fig. 4, 5, 6 ist im Allgemeinen nach dem bei den *Balaenoiden* herrschenden Typus gebaut, wie wir ihn z. B. bei dem von *Balaenoptera musculus* (Van Bened. *Ostéogr. Pl. XII, XIII, Fig. 16*) und *Sibbaldi* (ebend. *Fig. 28, 29*), ferner dem von *Plesiocetus Garopii* (Van Beneden ebend. *Pl. XVI, Fig. 4*) und *Hupschii* (ebend. *Fig. 20*), dann aber besonders bei dem des *Cetotherium Klinderi* (Taf. V, Fig. 6) wahrnehmen. Derselbe kann also formell um so eher für den eines *Cetotherium priscum*, und zwar für den eines sehr alten Individuums desselben gelten, da er hinsichtlich seiner Grösse sehr gut zu den grössten Unterkieferresten, ferner der Bulla, sowie den grösseren Wirbeln und Extremitätenknochen des *Cetotherium priscum* passt. Sein grösster Querdurchmesser beträgt 155, seine grösste Höhe aber 135 Millimeter. Von dem des *Plesiocetus Garopii*, dem er noch viel mehr als dem der anderen genannten *Balaenopteriden* (wohl wegen der so nahen Verwandtschaft der *Cetotherien* mit dem *Plesiocetus*) gleicht, unterscheidet er sich durch folgende auffallende Merkmale. Er gehörte einem viel kleineren Thierindividuum an. Seine vordere Fläche besitzt unten zwischen den zur Einlenkung mit dem Hinterhaupt bestimmten Gelenkgruben (Fig. 4) eine tiefe, fast eirunde, Grube. Sein oberer Dornfortsatz erscheint als dicker, rauher Höcker. Seine sehr dicken, breiten, fast ovalen, am Ende abgestutzten und nur wenig zugerundeten Seitenfortsätze wenden sich etwas nach oben und hinten. Aus der Mitte des hinteren Saumes des unteren Theiles seines Körpers tritt ein sehr ansehnlicher, fast zitzenförmiger, unten mehr convexer, oben im Grunde durch eine Quergrube eingedrückter, rauher, nach hinten gewendeter Fortsatz vor.

Am, freilich stark abgeriebenen, Atlas des *C. Klinderi* (Taf. V, Fig. 6) ist nur der nach hinten gehende, zitzenartige Fortsatz deutlich, aber zwischen den unteren Enden der zur Aufnahme der Hinterhauptscondylen bestimmten Gelenkgruben keine Grube bemerkbar.

A. v. Nordmann (*Palaeont. Taf. XXVI, Fig. 3, 4*) bildet einen durch die Güte der Herren Professoren Wiik und Mäklin im Original mir vorliegenden, der vordersten Rückenwirbel eines *Cetotherium* ab, ohne jedoch eine Beschreibung oder selbst nur eine Andeutung über die Zugehörigkeit desselben zu einer bestimmten Cetotherium-Art zu geben. Der Wirbel (siehe meine Taf. VII, Fig. 7, 8, 9) ist nur wenig grösser als das vorderste Rückenwirbel-Fragment des alten *Cetotherium Mayeri* (siehe Taf. X, Fig. 2 a). Die Höhe seines Körpers beträgt 52, seine Breite 70 und seine Länge 35 Millimeter. Der Körper ist verkürzt-herzförmig. Die Mitte seiner Unterseite springt etwas mehr vor. Die Basaltheile der Bögen verfliessen allmählig so mit dem hinteren, oberen Randsaum des Körpers, dass hinten der genannte Saum nicht vortritt. Er unterscheidet sich also dadurch vom ihm entsprechenden Wirbel des *Cetotherium Mayeri*. Inwiefern er durch seine vollständig erhaltenen, nur hie und da etwas abgeriebenen Bögen und Fortsätze abweiche, lässt sich nicht sagen, weil die besagten Theile den Rückenwirbeln der eben genannten Art fehlen. Da er nun durch die Form seines Körpers von dem des alten *Cetotherium Mayeri* abweicht, die Wirbelreste des alten *Cetotherium Mayeri* aber in Bezug auf Grösse mit den von Antipow gesandten des *Cetotherium priscum* im Ganzen übereinstimmen, so könnte der fragliche Wirbel eher der letzteren Art angehören, namentlich der eines nicht ganz alten Individuums sein, da er im Verhältniss zum beschriebenen Atlas zu klein wäre, um, wie dieser, einem sehr alten Individuum vindizirt werden zu können. Bemerkenswerth erscheint, dass der fragliche Wirbel stark abgerieben ist, was namentlich auch von den vertieften, zur Insertion des Capitulum je einer Rippe bestimmten Höckerchen gilt.

Zu bemerken ist noch, dass der oben bereits erwähnte, zur Antipow'schen Sendung gehörige, wohl einen der hinteren darstellende, Rückenwirbel (Taf. IV, Fig. 13, 14), welchen ich seiner geringen Grösse wegen muthmasslich zu *Cetotherium Rathkei* zog, möglicherweise doch einem kleineren Individuum von *Cetotherium priscum* angehört haben könnte, worüber hoffentlich umfassendere künftige Entdeckungen von Cetotherien-Resten entscheiden werden.

Die Lendenwirbel des *Cetotherium priscum* ähneln, mit Ausschluss der ansehnlicheren Grösse, im wesentlichen in gestaltlicher Beziehung, namentlich durch die schwach ausgeschweiften, nur wenig eingedrückten Körperseiten und die vom Grunde allmählig nach unten geneigten, vorn am Grunde gar nicht oder unmerklich ausgerandeten, Querfortsätze, denen des *Cetotherium Klinderi* und wohl auch *Rathkei*. Von denen des ersteren weichen sie ausser der weit ansehnlicheren Grösse durch breitere Querfortsätze ab.

Der vollständigere, bereits erwähnte, der beiden Lendenwirbel der Antipow'schen Sendung (Taf. VIII, Fig. 1 A, Wirbel B) passt nach Maassgabe seiner Grösse und seines äusseren Ansehens, namentlich auch seiner etwas rauhen Oberfläche sehr wohl zu den mit ihm gefundenen, später zu erwähnenden 11 Schwanzwirbeln. Leider fehlen ihm nicht nur die Bögen mit ihren Fortsätzen, sondern auch auf der linken Seite ein Theil des Körpers mit seinem Querfortsatze, während rechterseits der Körper nebst dem nur vorn stark verletzten Basaltheile des Querfortsatzes erhalten ist. Die Körperhöhe beträgt vorn 70, hinten 75 Mm., die Breite 85 Mm., die Körperlänge in der Mitte 63 Mm. Der Wirbelkanal ist an seinem Grunde vorn 33, hinten 50 Mm., in der Mitte aber nur 20 Mm. breit. Die Basaltheile der Bögen besitzen einen Querdurchmesser von 20 Mm. Die Bögen waren also sehr verdickt.

Die Seiten des Körpers sind mässig eingedrückt, während die Mitte desselben in eine kurze, centrale, an die der hinteren Rückenwirbel erinnernde Leiste, vorn und hinten aber in je einem Paare getrennter, niedriger, rauher Höcker vorspringt. Die Gefässfurchen sind unten sehr breit. Der 55 Mm. lange, an seinem Ursprunge 30 Mm., am Endtheile 15 Mm. dicke Basaltheil des Querfortsatzes ist nur hinten stark ausgerandet.

Das zweite Lendenwirbelfragment der Antipow'schen Sendung (ebend. Wirbel C), dem beide Körperseiten nebst den Querfortsätzen, sowie der obere Dornfortsatz fehlen, besitzt vollständige, 50 Mm. breite, in der Mitte gegen 20 Mm. dicke Bögen nebst ihren nach vorn den Körper stark überragenden 30 Mm. langen, 25 Mm. breiten intacten Fortsätzen. Die Unterseite vorn und hinten seines 70 Mm. hohen, hinten 85 Mm. breiten Körpers zeigt in der Mitte eine breite Erhabenheit zwischen den ansehnlichen Gefässfurchen, deren vordere und hintere Schenkel in je ein stumpfes Höckerpaar auslaufen. Der fragliche Lendenwirbel scheint daher einer der hinteren Lendenwirbel gewesen zu sein.

Ein fast nur durch den Körper repräsentirtes, sehr stark abgeriebenes Lendenwirbel-fragment aus Taman, welches mit dem eben beschriebenen Wirbel hinsichtlich der Grösse und der unteren Körperseite harmonirt, findet sich im Museum der Kaiserlichen Akademie der Wissenschaften.

Ausser diesem besitzt dasselbe Museum aber noch zwei aus dem Kertscher Museum erhaltene, mehr oder weniger vollständige, ganz entschieden zwei Individuen angehörige, stark geglättete Lendenwirbel, die beide nach Maassgabe der grösseren, aber mässigen Breite der im Centrum der Unterfläche ihres Körpers vorkommenden Erhabenheit und der nur unbedeutenden Höckerpaare derselben, an den Skeleten, welchen sie angehörten, weiter nach vorn als das zweite Wirbelfragment der Antipow'schen Sendung und als der erstgenannte akademische, jedoch weiter hinten als der erst beschriebene Antipow'sche sich befunden haben dürften.

Der eine davon (Taf. VII, Fig. 11—15, Taf. VIII, Fig. 1 A, Wirbel A) besitzt eine dunkelbraune Farbe nebst einer glänzenden Oberfläche und erscheint mit Ausnahme der abgebrochenen Enden der Querfortsätze und der ebenfalls mangelnden Spitze des Dornfortsatzes, sowie der etwas abgeriebenen Bogenfortsätze und unteren Höcker ganz vollständig, ja ist der bisher mir mit Sicherheit bekannte, vollständigste Lendenwirbel des Cetotherium priscum überhaupt. Er ähnelt in formeller Beziehung dem erst beschriebenen Antipow'schen ungemein und weicht, so weit sich der Vergleich mit dem letzteren, sehr fragmentarischen, durchführen lässt, nur durch die grössere Breite und Länge der centralen Leiste seiner unteren Fläche, sowie durch dünnere Bögen und Querfortsätze ab. Er zeigt übrigens deutlich, dass der Basaltheil der Querfortsätze vorn einen geraden, nicht über den Körper vorspringenden, an seinem Grunde nicht ausgeschnittenen, sondern unmittelbar zum leicht vorspringenden Körper verlaufenden Rand besitzt, und dass seine Querfortsätze nicht nur schmäler als beim Nordmann'schen (wegen des ähnlichen Verhaltens der centralen Leiste der unteren Körperseite), ihm homologen Lendenwirbel sind, sondern sich auch durch ihren (nicht horizontalen) allmählig nach unten abgedachten Basaltheil davon unterscheiden. Seine Körperhöhe beträgt vorn 70, hinten 73 Mm., die Breite des Körpers vorn 80, hinten 90 Mm., die Länge desselben 60 Mm. Der Basaltheil seiner Bögen ist 15, der seiner Querfortsätze 25 Mm. dick. Er gehörte daher vielleicht einem Thiere mittleren Alters an.

Der zweite, weniger vollständige, Lendenwirbel des Akademischen Museums (Taf. VII, Fig. 10) ist rostbraun, glänzt ebenfalls, und weicht vom vorigen durch eine etwas schmälere, centrale Leiste der unteren Körperfläche ab, dürfte also vor ihm seinen Platz gehabt haben. Als Abweichung vom vorigen sind ferner seine viel dickeren (22 Mm. dicken) Bögen mit ihren Fortsätzen und die dickeren (30 M. dicken) Querfortsätze anzusehen. Er gehörte daher wohl einem älteren Thiere als der Vorige an. Seine Körperhöhe beträgt vorn 70, hinten 71 Mm. Die Breite des Körpers beläuft sich vorn auf 80, hinten auf 90; die Länge desselben aber auf 61 Millimeter.

Unter den von Antipow gesandten Resten von *Cetotherien* befindet sich, ausser den beiden bereits oben beschriebenen Fragmenten von Lendenwirbeln des *Cetotherium priscum*, die ich bei Eichwald (*Lethaea p. 336*) nicht speciell erwähnt finde, noch ein dritter, fast vollständiger Lendenwirbel: es ist offenbar derselbe, welchen Eichwald (*Lethaea p. 337*) sehr kurz beschrieb und Taf. XII, Fig. 1, 2 als Lendenwirbel seines *Ziphius priscus* keineswegs treu abbilden liess. Da indessen derselbe trotz der verwachsenen, auf ein altes Thier hinweisenden, Epiphysen eine weit geringere Grösse, sowie eine von den Lendenwirbeln des *Cetotherium priscum* abweichende Form besitzt, so habe ich ihn oben vermuthungsweise vorläufig dem *Cetotherium Rathkei* zugewiesen und auf Taf. IV, Fig. 5—7 von neuem darstellen lassen.

Auch den von Nordmann (Palaeont. p. 338) beschriebenen und (ebend. Taf. XXVI, Fig. 5, 6) abgebildeten Wirbel, denselben, welchen Van Beneden (*Ostéogr. p. 244*) für den eines *Ziphius* erklärt, vermag ich in Folge der Untersuchung des mir gütigst durch Herrn Prof. Wiik mitgetheilten Originals, wonach ich (Taf. XII, Fig. 5 a, b, c) neue Abbildungen anfertigen liess, nicht für den eines *Cetotherium priscum* zu halten, sondern möchte ihn eher für den eines *Cetotherium Mayeri* ansehen. Die für die *Cetotherien* so charakteristischen Verdickungen der niedrigeren Bögen und Fortsätze, eben so der niedrigere und breitere Rückenmarkskanal verbieten es übrigens, wie mir scheint, an eine Identität des fraglichen Wirbels mit dem eines *Ziphius* zu glauben.

Sehr verschiedene Schwanzwirbel des *Cetotherium priscum* wurden bereits in ziemlicher Zahl besonders von Eichwald, theils in der *Urwelt Russlands S. 36, § 13*, theils in seiner *Lethaea III, p. 337* kurz beschrieben und in der *Urwelt Tab. I, Fig. 1—4*, sowie in der *Lethaea Tab. XII, Fig. 3, 4, 5, 6 und 8* sogar in natürlicher Grösse abgebildet. Auch Nordmann (*Palaeont. p. 339*) beschrieb, obgleich nur kurz, mehrere Schwanzwirbel und liess sie Taf. XXVI, Fig. 7—9 und Taf. XXVIII, Fig. 7—9 ebenfalls in natürlicher Grösse abbilden. Mir selbst liegen zahlreiche Schwanzwirbel theils aus dem akademischen Museum, theils aus dem Tifliser, sowie dem der Kaiserl. Mineralogischen Gesellschaft und besonders dem des Kaiserl. Berg-Institutes vor, unter denen die aus dem letzteren stammenden, von Antipow eingesandten, die wichtigsten sind, da sie aus 11, wenigstens zum Theil aufeinander folgenden, verschiedenen Wirbeln bestehen. Dieselben gehörten alle, wie die beiden bereits oben geschilderten Leudenwirbel, nach Maassgabe ihrer Grösse, ihrer Rauhigkeit, sowie ihrer stark augeschwollenen Bögen und Fortsätze entschieden ein- und demselben alten Exemplar an.

Vom ersten durch das sehr grosse, zur theilweisen Anheftung des unteren Dornfortsatzes bestimmte hintere Höckerpaar seiner unteren Fläche, die wie bei den Leudenwirbeln oben offenen seitlichen, gebogenen Gefässfurchen, ebenso durch kürzere Quer- und obere vordere Fortsätze charakterisirten Schwanzwirbel wurde bereits ein Fragment von Eichwald in der Urwelt beschrieben und (*Taf. 1, Fig. 4*) abgebildet. Dasselbe (siehe meine *Taf. VIII, Fig. 1 A, D*) gehört ganz entschieden, nach Maassgabe der verdickten Bögen und Basaltheile, der abgebrochenen Querfortsätze des an einzelnen Stellen, namentlich in der Nähe der Gefässfurche, rauhen Körpers und seiner Grösse einem älteren Thiere an. Die vorderen Bogenfortsätze und der obere Dorn sind jedoch noch wenig verdickt. Die Höhe des Körpers beträgt vorn 70, hinten 72, seine Breite vorn 88, hinten 89, seine Länge 72 Millimeter. Da dasselbe nach Maassgabe seiner Form und Grösse sehr gut zu den beiden Leudenwirbeln meiner Taf. VIII, Fig. 1 A, Wirbel B, C passt, welche zur Antipow'schen Sendung gehören (siehe oben), aber auch sehr gut mit dem vordersten (d. h. zweiten) Schwanzwirbel derselben Sendung (ebend. Fig. 1 B, Wirbel E, und Fig. 2 E) im Einklange steht, so habe ich dasselbe als zwischen dem Leudenwirbel C und dem zweiten Schwanzwirbel (E) gehörig, in Fig. 1 A der Taf. VIII unter D von der Seite darstellen lassen, um die Reihe der Schwanzwirbel zu vervollständigen und gleichzeitig das Verhältniss der drei vor dem fraglichen ersten Schwanzwirbel (D) befindlichen, oben beschriebenen Leudenwirbel C, B, A zu versinnlichen.

Unter den von Romanowski gesandten Cetotherien-Resten befindet sich ein zweites, ziemlich stark abgeriebenes, Exemplar eines ersten Schwanzwirbels (Taf. VIII, Fig. 3, 4). Die Höhe seines Körpers beträgt gegen 70, seine Breite vorn 90, hinten 88, seine Länge aber 73 Millimeter. Seine Körperdimensionen stimmen also sehr gut mit denen des erstbeschriebenen Wirbels. Der Romanowski'sche Wirbel ist aber viel massiver und stark aufgetrieben. Seine beiden oberen Bogenhälften bilden zwei enorme, fast ovale Auftreibungen, welche den Rückenmarkskanal noch etwas mehr verengen, als es die Fig. 4 angiebt. Auch scheinen die Bögen vorn stärkere Fortsätze als beim Eichwald'schen besessen zu haben. Die Querfortsätze, wovon nur der linke grösstentheils vorhanden, sind als ungemein verdickt und angeschwollen zu bezeichnen. Die unteren, hinteren, paarigen, zur Anheftung des vordersten, unteren Dorns bestimmten Fortsätze sind stark abgerieben. — Der eben geschilderte massige Wirbel gehörte ohne Frage einem sehr alten Individuum an.

Vom zweiten Schwanzwirbel bieten sowohl die Sammlungen der Akademie und des Berg-Institutes, als auch die der Mineralogischen Gesellschaft Exemplare. Den in der letztgenannten Sammlung vorhandenen, der Querfortsätze ermangelnden, stark abgeriebenen, einem sehr alten und grossen Individuum angehörigen, hat bereits Eichwald (Urwelt S. 37) beschrieben und Tab. 1, Fig. 1, 2, 3 in natürlicher Grösse kenntlich abbilden lassen; jedoch ihn trotz der getrennten, beträchtlichen Höcker zur Insertion der unteren Dornen für einen der hinteren Schwanzwirbel gehalten.

Der grosse, in der Antipow'schen Sendung befindliche, sehr wohl conservirte zweite Schwanzwirbel auf meiner *Taf. VIII, Fig. 1 B, Wirbel E* und *Fig. 2 E*, kommt hinsichtlich seiner Grösse im Allgemeinen mit dem von Eichwald in der Urwelt beschriebenen und *Fig. 4* dargestellten, ebend. *Fig. 1 A* als *Wirbel D* von mir bezeichneten ersten Schwanzwirbel überein und ist nebst diesem der grösste Körperwirbel. Er unterscheidet sich vom ersten Wirbel (D) durch nachstehende Merkmale. Statt eines Paares von sehr entwickelten Höckern der Unterseite zur Anheftung des Processus spinosus inferior finden sich deren zwei sehr grosse, rauhe, einander etwas genäherte, jedoch von einander getrennte. Die grosse Gefässfurche wird durch einen ansehnlichen, das Centrum der Basis des kürzeren Querfortsatzes durchbohrenden Kanal vertreten. Die Querfortsätze sind etwas kürzer als beim ersten Schwanzwirbel, springen über dem Körper gar nicht oder nur unbedeutend vor, erscheinen am Grunde oben wie unten ziemlich tief eingedrückt und am äusseren verdickten Rande ziemlich abgerundet. Die vordere, sehr kleine Oeffnung des Wirbelkanals ist halbmondförmig. Der Körper desselben hat eine Länge von 68, vorn eine Höhe von 75, hinten ebenfalls von 75, vorn eine Breite von 90, hinten von 85 Millimetern. Die Bögen sind in der Mitte 26, die Querfortsätze am Grunde 25—30, in der Mitte 16 Mm. dick.

Unter den Antipow'schen Resten findet sich noch ein kleiner, durch schwarzbraune Färbung abweichender zweiter Schwanzwirbel ohne Bögen, Dorn- und Querfortsätze. Die vier Höcker für die unteren Dornen sind getrennt. Die Basis der Querfortsätze ist von einem Kanal durchbohrt. Sein Körper erscheint 60—61 Mm. lang und 70 Mm. hoch. Es ist derselbe Wirbel, den Eichwald (Leth. p. 337) beschreibt und Tab. XII, Fig. 8 darstellen liess. Da ihn seine geringe Grösse im Verein mit seinen dicht verwachsenen Epiphysen zum Wirbel eines alten Individuums stempelt, so dürfte er wohl eher einer kleinern Art von *Cetotherium*, als *Cetotherium priscum*, angehört haben.

Das Museum der Kaiserlichen Akademie der Wissenschaften besitzt zwei Exemplare des zweiten Schwanzwirbels.

Das eine davon (Taf. IX, Fig. 1—5) bietet eine glänzend-rostbraune Farbe und stammt aus Taman. In Bezug auf Grösse und allgemeine Form stimmt es sehr gut zum oben beschriebenen grossen Antipow'schen. Sein Körper, sein Bogentheil, ganz besonders aber seine 20 Mm. dicken Querfortsätze sind aber stärker angeschwollen. Es gehörte also wohl einem noch etwas älteren Individuum als das Antipow'sche an.

Das zweite Exemplar, der grösste der mir bekannten zweiten Schwanzwirbel des

*Cetotherium priscum*, wurde bei Anapa ausgegraben und hat eine bräunlich-graue Färbung. Der Körper besitzt eine Länge von 70 Mm. Der Körper, der Bogentheil nebst den Fortsätzen, besonders aber die Basaltheile der Querfortsätze sind noch stärker angeschwollen als beim Vorigen. Der fragliche Wirbel gehörte also wohl einem noch älteren Thiere an als der eben geschilderte.

Der dritte Schwanzwirbel (Taf. VIII, Fig. 1 B, Wirbel F und Fig. 2 F) ist ebenfalls in der Antipow'schen Sendung vorhanden. Er ähnelt im Wesentlichen, selbst in Bezug auf Grösse, noch dem zweiten, weicht jedoch besonders durch etwas kürzere Querfortsätze, sowie dadurch ab, dass der hintere und vordere der paarigen Fortsätze seiner unteren Fläche, wie bei den hinter ihm liegenden Wirbeln, bereits durch eine Knochenbrücke verbunden sind, über der ein Gefässkanal verläuft. Er besitzt keinen die Basis der Querfortsätze durchbohrenden Kanal, sondern, wie der erste Schwanzwirbel, die grosse von hinten nach vorn und unten gehende Gefässfurche, die durch die erwähnte Knochenbrücke, welche das vordere und hintere Höckerpaar verbindet, auf der Unterseite des Wirbels in einen Gefässkanal umgewandelt wird. Zwischen dem Bogen und den Querfortsätzen zeigt er eine rauhe, theilweis unterbrochene Längsleiste.

Was die neun übrigen, nebst dem beschriebenen zweiten (E) und dritten (F), ein und demselben Individuum angehörigen Schwanzwirbel (siehe meine Taf. VIII, Fig. 1 B und Fig. 2 G bis P) des Antipow'schen Fundes anlangt, so ergab die genauere Untersuchung, dass sie mit den beiden beschriebenen (dem zweiten und dritten ebend. E, F) keineswegs das ganze Schwanzskelet in ununterbrochener Reihe bildeten, da nicht alle Wirbel in Bezug auf Grösse und Form ohne Zwang mit einander sich so vereinen lassen, dass das Schwanzskelet eines Bartenwales dadurch ganz hergestellt würde.

Vom dritten Schwanzwirbel (*Taf. VIII, Fig. 1 B, Wirbel F, Fig. 2 F*) weicht der folgende ebend. G durch seinen höheren, besonders nach hinten etwas verschmälerten Körper, ferner die nur als Leisten erscheinenden Querfortsätze und die nach unten geschobenen, nach hinten als Leiste verlängerten (verkümmerten) Seitenfortsätze der Wirbelbögen zu sehr ab, um als unmittelbar folgender (vierter) Schwanzwirbel gelten zu können. Zwischen dem Wirbel F und G fehlte also mindestens ein Wirbel (der vierte), vielleicht selbst zwei. Ein unter den Objecten der Romanowski'schen Sendung befindlicher Wirbel scheint zwar ein vierter Schwanzwirbel zu sein, lässt sich aber wegen seiner viel ansehnlicheren Grösse den anderen Antipow'schen Wirbeln nicht einreihen. Derselbe (siehe meine Taf. IX, Fig. 6—9) bietet nur sehr kurze, am Grunde, wie bei dem entsprechenden des *Cetotherium Mayeri*, von einem Gefässkanal durchbohrte Querfortsätze, während seine für die Anheftung der unteren Dornfortsätze bestimmten Höcker durch eine Längsleiste verbunden sind. Seine Körperlänge beträgt 70, die Körperhöhe gegen 80 Mm.

Der von mir mit G bezeichnete Antipow'sche Schwanzwirbel wäre demnach mindestens der fünfte, wenn nicht gar der sechste. Seine Körperhöhe beträgt vorn 76, seine Breite vorn ebenfalls 76, hinten aber, ebenso wie seine Länge, nur 65 Mm. Dessenungeachtet erscheint er, obgleich weniger als die folgenden, in die Höhe entwickelt, und schmäler als die drei vorhergehenden Wirbel. Statt der paarigen zur Anheftung des unteren Dorns bestimmten Höcker findet sich, wie bei den nächstfolgenden, jederseits eine in der Mitte ihres Grundes von einem Gefässkanal durchbohrte, dicke Längsleiste, die offenbar durch Vereinigung der beiden ihm vorhergehenden Wirbel wahrnehmbaren Höckerpaare, nach Maassgabe des Verhaltens des dritten Schwanzwirbels, entstanden ist. Der obere Dornfortsatz und die Bögen sind sehr niedrig und die dem Wirbelkörper fast aufsitzenden vorderen Fortsätze derselben nur klein. Die Querfortsätze sind durch dicke Leisten repräsentirt, über denen, wie bei den vorhergehenden Wirbeln, sich noch je eine schwächere Längsleiste befindet.

Der Wirbel H (*Taf. VIII, Fig. 1 B, Wirbel II* und *Fig. 2 II*), den Eichwald schon *Leth. XII, Fig. 3* darstellen liess, welcher dem mit G bezeichneten ähnelt, jedoch ein wenig kleiner ist, ferner noch niedrigere Bögen mit niedrigeren, vorderen Fortsätzen, statt der Querfortsätze, noch schwächere Leisten nebst einem kürzeren, niedrigen Dornfortsatz besitzt, dürfte auf G unmittelbar gefolgt sein. Dies war auch wohl mit dem gleichfalls schon bei Eichwald (*Lethaea Taf. XII, Fig. 4*) abgebildeten, auf meiner *Taf. VIII, Fig. 1 B* und *2* dargestellten Wirbel J der Fall, der dem Wirbel H morphologisch, mit Ausnahme der geringeren Grösse ähnelt, nur noch niedrigere Bögen, fast leistenartige, rudimentäre vordere Fortsätze und kaum leistenartige Andeutungen von Querfortsätzen besitzt.

Dagegen kann man nicht annehmen, der Wirbel K (ebend. *Fig. 1 B* und *Fig. 2*) habe sich dem Wirbel J ohne fehlenden Zwischenwirbel angeschlossen, da sein Körper für eine solche Annahme etwas zu kurz und niedrig wäre. Er würde übrigens durch seine rudimentären, mit ihren nur als schwache Leisten angedeuteten vorderen Fortsätzen und fehlenden Leisten als Andeutungen von Querfortsätzen einen zu schroffen Uebergang gebildet haben. Auch zwischen K und L (Taf. VIII), da beide Wirbel nach Maassgabe ihrer Grössenverhältnisse nicht für eine unmittelbare Vereinigung sprechen, muss wohl gleichfalls eine Lücke in der Wirbelzahl angenommen werden. Der Wirbel L besitzt einen noch niedrigeren Dornfortsatz als der Wirbel K, statt der vorderen Fortsätze der Bögen findet sich nur eine Leiste. Die den Querfortsatz andeutende Leiste fehlt. Ein ähnliches Verhältniss findet wohl hinsichtlich der Annahme einer Lücke einerseits zwischen den Wirbeln L und M, M und N, sowie zwischen N und O, ja selbst, wie auf meiner Taf. VIII, Fig. 1 B und Fig. 2 ebenfalls angedeutet wurde, auch zwischen den Wirbeln O und P statt.

Vom Wirbel M an fehlen an den vorhandenen Wirbeln die oberen Dornfortsätze, der Wirbel M bietet statt der Bögen nur 2 in der Mitte convergirende Leisten und einen sehr engen, spaltenförmigen, queren Rückenmarkskanal. Die bei den vorhergehenden Wirbeln bemerkten Leisten sind nur schwach angedeutet. Der Wirbel N gleicht, die geringe Grösse abgerechnet, im Wesentlichen noch dem Wirbel M, besitzt aber einen weniger in die Höhe als in die Breite entwickelten, unten stärker comprimirten Körper und einen engeren, kürzeren, spaltenförmigen Rückenmarkskanal. Der Wirbel O ist noch stärker in die Quere entwickelt als der Wirbel N und niedriger als dieser. Er erscheint jederseits von einer Längsfurche

15*

durchzogen, so dass dadurch ein oberer und unterer gerundeter Vorsprung abgesondert wird, wovon der obere längsgefurcht ist. Oben bietet er eine tiefe Grube mit einem Paar sehr genäherter Gefässöffnungen, unten ein Paar weit von einander abstehende. Der letzte der vorhandenen Wirbel (P) gleicht bis auf die geringere Grösse dem Wirbel O. Die Seitenfurchen sind aber tiefer und die von ihnen gesonderten höckerartigen Vorsprünge ansehnlicher.

Da der hinterste der vorhandenen Wirbel (P), welchen man auch bei Eichwald (*Lethaea Tab. XII, Fig. 5, 6*) abgebildet findet, zwei Gelenkflächen zur Verbindung mit je einem vorderen und je einem hinteren Wirbel besitzt, so kann er nicht als allerletzter angesehen werden. Es muss also hinter ihm mindestens noch ein Wirbel vorhanden gewesen sein. Unter Berücksichtigung des angedeuteten Mangels von wenigstens 8 Wirbeln würde daher die Zahl der Schwanzwirbel des *Cetotherium priscum* mindestens 20, vielleicht auch 22 betragen haben. Das letzterwähnte Zahlenverhältniss würde an das der *Megaptera longimana* erinnern, welche ohnehin durch ihren massigen Körper, sowie durch ihre kürzeren und dickeren Schwanzwirbel den *Cetotherien* näher steht, als die echten, einen gestreckteren Körperbau bietenden, *Balaenopteren*.

Ein auf Grundlage der 11 Antipow'schen Wirbel unter Hinzufügung des ersten Wirbels aus nur 12 Wirbeln componirter Schwanztheil der Wirbelsäule, wie ihn Eichwald (*Lethaea Tab. XII, Fig. 12*) restaurirte, würde einerseits gegen die bei den *Balaeniden* herrschende Schwanzwirbelzahl (17—25) verstossen, andererseits als stützende Grundlage des Hauptbewegungsorgans eines so massigen Körpers, wie es der der *Cetotherien* war, offenbar viel zu kurz gewesen sein.

Man wird daher Eichwald keineswegs beistimmen können, wenn er in der *Lethaea p. 337* von einer ihm vorgelegenen vollständigen Schwanzwirbelsäule spricht und auf Grundlage der an einander gereihten, theilweis restaurirten, Antipow'schen Schwanzwirbel eine solche, wie schon bemerkt, darstellt, obgleich Nordmann (*Palaeont. p. 341*) Eichwald's Verfahren für correct hielt.

Aus der Zahl der unteren Dornfortsätze sind unter den Antipow'schen Cetotherien-Resten vier (Taf. VIII Q, R, S, T unter Fig. 1 B) von verschiedener Grösse vorhanden. Sie weichen gestaltlich von denen aller lebenden *Balaeniden* und denen der mir bekannten *Delphiniden* durch viel grössere (untere) Länge, viel geringere Höhe, dickere, weit niedrigere, dem unteren Saume unmittelbar aufsitzende, mehr oder weniger halbmondförmige, oben mehr oder weniger stumpf zugespitzte Schenkel, und den geraden, verdickten, vorn und hinten stets als comprimirter Fortsatz endenden unteren Saum ab. Sie bieten daher eine eigenthümliche typische Form.

Der grösste, vorderste von ihnen (Q) besitzt eine Höhe von 45 und eine Länge von 65 Millimeter. Der kleinste der vorhandenen T. bietet eine Höhe von 25 und eine Länge von 40 Millimetern.

Von Rippen des *Cetotherium priscum* wage ich bis jetzt nur zwei von Antipow mit den Schwanzwirbeln eingesandte Fragmente als ihm sicher angehörige zu betrachten. Beide wurden bereits von Eichwald (*Lethaea p. 339*) erwähnt, jedoch nur eins davon (das schmälere) als ein einer der vorderen Rippen angehöriges (*Tab. XII, Fig. 10*) sehr unkenntlich abgebildet. Was das breitere anlangt, welches wohl theilweis als Grundlage seiner Worte diente: «Les autres côtes sont plus larges, plus applaties et pourraient être considérées comme les côtes postérieures d'un grand individu,» so soll es zwar ebend. Tab. XIII, Fig. 11 dargestellt sein; die genannte Tafel enthält aber statt desselben die Abbildung des Schwanzwirbels einer Robbe.

Das schon früher von Eichwald gleichzeitig mit den beiden vorderen Schwanzwirbeln in der *Urwelt* beschriebene und abgebildete, dem *Ziphius priscus* vindizirte Rippenfragment, wovon das Original vorliegt, ist viel zu breit und dick, um mit den dort beschriebenen beiden Schwanzwirbeln ein- und demselben Individuum angehört haben zu können, denn die Eichwald'schen Schwanzwirbel harmoniren hinsichtlich ihrer Grösse ziemlich mit den Antipow'schen, mit denen die beiden oben genannten, viel kleineren, schmäleren und dünneren Rippenfragmente eingesandt wurden, deren Dimensionen für ein Individuum gut passen, welchem die Antipow'schen Wirbel angehörten. Man könnte daher nur die Vermuthung anstellen, das in Rede stehende Eichwald'sche Rippenfragment sei vielleicht das eines noch grösseren, sehr alten Individuums gewesen, etwa eines solchen, dem die stark aufgetriebenen, oben beschriebenen, Wirbel angehörten. Es wäre dann anzunehmen, dass bei sehr alten Thieren auch die Rippen stark in die Breite und Dicke entwickelt waren. Da ich also über die specifische Bestimmung desselben noch Zweifel hege, so hielt ich es für zweckmässiger, weiter unten über dasselbe bei Gelegenheit der Erörterung der mir hinsichtlich der genaueren Bestimmbarkeit zweifelhaft erschienenen Reste von *Cetotherien* ausführlicher zu sprechen.

Das von Nordmann (*Palaeont. p. 341*) beschriebene, *Taf. XXVII, Fig. 4, 4 a* von ihm abgebildete, dem *Cetotherium priscum* vindizirte Rippenbruchstück, dessen Original mir gütigst aus Helsingfors mitgetheilt wurde, passt nicht wohl zu den beiden Antipow'schen Fragmenten, die dem *Cetotherium priscum* angehörten. Der eine seiner Ränder, wie ich meine, der vordere, ist nämlich breit und eben (nicht zugerundet und schmäler), seine äussere Oberfläche aber weniger gewölbt und nur nach hinten (nicht auch nach vorn) abgedacht. Er fragt sich daher, ob es wirklich *Cetotherium priscum* zu vindiziren sei. Ich habe daher dasselbe ebenfalls unten näher als ein noch zweifelhaftes besprochen und auch noch drei andere, aus der Tifliser Sammlung stammende, in ärtlicher Beziehung ebenfalls etwas zweifelhafte Fragmente hinzugezogen.

Was nun die beiden Antipow'schen Rippenreste anlangt, die wohl sicher dem *Cetotherium priscum* angehörten, so zeigen sie folgendes Verhalten.

Das eine Fragment (Taf. VII, Fig. 16) ist kleiner, 135 Mm. lang, oben 35, unten 40 Mm. breit, oben 22, unten 30 Mm. dick; an beiden Enden abgebrochen. Die äussere, nur oben eingedrückte, Fläche nebst den Seitenrändern ist convex, die innere oben flach, in der Mitte und unten aber convex. Das dünnere (obere) Ende erscheint etwas gebogen. Das Fragment darf daher wohl als ein Theil der oberen Rippenhälfte gelten.

Das zweite, grössere, 220 Mm. lange, oben 50, unten 53 Mm. breite, oben 30, unten 35 Mm. dicke, ebenfalls an beiden Enden abgebrochene Fragment, (Taf. VII, Fig. 17) erscheint stärker gebogen und namhaft breiter als das erste und gehörte wohl dem mittleren Theile einer Rippe an. Seine äussere und innere Fläche sind mässig convex. Seine Ränder bieten eine stärkere Convexität.

Da unter den Cetotherien-Resten der Romanowski'schen Sendung auch dem *Cetotherium priscum* angehörige vorkommen, so bin ich geneigt, ein nach dem Typus mancher Balaenoiden gebildetes, darunter befindliches Brustbeinfragment (Taf. VII, Fig. 18, 19) eher dem *Cetotherium priscum* als dem *Cetotherium Helmersenii* zu vindiziren, obgleich die Reste des Letzteren den fast grösseren Theil der Sendung bilden. Es bestimmen mich dazu folgende Gründe. Das fragliche Brustbein ist ziemlich doppelt so gross als das auch formell von ihm sehr verschiedene, herzförmige des *Cetotherium Klinderi* und etwa halb so gross als das unseres 26½ Fuss langen Skeletes der *Megaptera longimana*. Nach Maassgabe des Schädels und Unterkieferfragmentes, sowie der Wirbel und Rippen war nämlich *Cetotherium Helmersenii*, wie mir scheint, etwas kleiner als das Antipow'sche Exemplar des *Cetotherium priscum*, dessen zweiter Schwanzwirbel halb so gross als der des Skeletes der genannten *Megaptera* erscheint. Für ein solches Verhältniss passt auch die Breite der Antipow'schen Rippenfragmente des *Cetotherium priscum*. Es würde also demnach das Individuum des *Cetotherium priscum* etwa 12—13 Fuss lang gewesen sein.

Dem genannten Fragment (*Taf. VII, Fig. 18, 19*) fehlt leider rechterseits, sowie in seiner Mitte der ganze vordere Saum. Ebenso ist die Gegenwart eines centralen hinteren Fortsatzes nur durch den Rest seines von vorn nach hinten 12, von rechts nach links gegen 30 Mm. im Durchmesser haltenden, eine fast ovale, quere Bruchfläche bietenden Basaltheils angedeutet. Im allgemeinen weist das fragliche Fragment auf eine unverkennbare, aber nicht völlige, Aehnlichkeit mit dem Brustbein der *Balaenoptera Schlegelii* (Van Beneden, *Ostéogr. Pl. XIV, Fig. 29*) hin. Dasselbe nähert sich nämlich mehr der Herzform und weicht durch seine breiteren, nur hinten sehr leicht ausgeschweiften Seitenränder und den deshalb weniger abgesetzten Basaltheil seines hinteren (ihm fehlenden) Fortsatzes ab. Ob das fragliche Fragment vorn in der Mitte eine Ausrandung wie *Cetotherium Klinderi*, oder einen Vorsprung wie *Pachyacanthus Suessii*, oder gar einen Fortsatz wie *Balaenoptera longimana* und *Schlegelii*, oder nur einen abgerundeten Rand gehabt habe, lässt sich, da ihm der grösste Theil seines vorderen Saumes fehlt, nicht angeben. Die äussere Fläche des Fragmentes (Fig. 18) ist zwar leicht gebogen, jedoch in der Mitte etwas eingedrückt, während die etwas convexen, stark verdickten Seitentheile sich etwas nach oben biegen. Die vorn sehr breite, hinten verschmälerte innere Fläche (Fig. 19) ist in ihren vorderen zwei Dritteln bogenförmig ausgehöhlt, in ihrem hinteren, schmäleren, von den vorderen zwei Dritteln durch eine stumpfe, in der Mitte vertiefte Bogenleiste gesonderten Drittel in der Mitte

convex, an den Seiten aber mehr oder weniger eingedrückt. Die stark verdickten Seiten-
säume erscheinen nach Maassgabe des intacten, linken, etwas nach innen gebogen und bieten an ihrem vorderen, sehr dicken, Winkel eine schief-herzförmige Gelenkgrube zur Einlenkung der ersten Rippe, ebenso findet sich auf jedem äusseren Saume über dem Basaltheil
des hinteren Endes eine raube Grube, die, wie es scheint, vielleicht die Verbindung des Brustbeins mit einer zweiten Rippe vermittelte, wie bei *Pachyacanthus Suessii*. Wäre eine solche
Annahme richtig, so würde das Brustbein mancher *Cetotherien* dadurch sich etwas zu dem der
*Delphiniden* hinneigen — Der Querdurchmesser des Fragmentes beträgt 102, der Längendurchmesser in der Mitte 55 Millimeter.

Drei der mir vorliegenden Humeri glaube ich dem *Cetotherium priscum* mit mehr oder
weniger Sicherheit vindiziren zu können. Der eine davon, ein rechter (*Taf. IX, Fig. 10, 11*),
wurde von Antipow mit den Schwanzwirbeln eingesandt bereits von Eichwald (*Lethaea III, p. 339*) beschrieben und (ebend. Pl. XII, Fig. 9 a, b, c) abgebildet. Zwei andere,
demselben ähnliche, welche ich wegen ihrer Grösse nicht dem *Cetotherium Helmersenii* zuschreiben kann und die mit noch anderen Resten des *Cetotherium priscum* gefunden wurden, enthält die Romanowski'sche Sendung. Der von v. Nordmann (*Palaeont. p. 346*)
erwähnte und (*Taf. XXVII, Fig. 1, 2, 3*) abgebildete Cetotherium-Humerus dürfte übrigens
nach Maassgabe seines Grösse und Form ebenfalls der eines *Cetotherium priscum* sein.

Die Humeri des *Cetotherium priscum* bieten die allgemeine typische Form derer der
*Balaeniden*. Sie weichen, so viel ich bis jetzt ermitteln konnte, hauptsächlich nur durch
Grössenverhältnisse ab. Die Oberarmbeine erscheinen im Vergleich zu den Unterarmknochen
etwas länger und nähern sich dadurch dem bei den Balaenen herrschenden proportionellen
Verhältniss. Die vom Tuberculum majus bis zu ihrer Mitte verlaufende Leiste erscheint an-
sehnlich und rauh.

Der der Antipow'schen Sendung (Taf. IX, Fig. 10, 11) angehörige rechte, schon von
Eichwald beschriebene und abgebildete Humerus ist zwar kleiner als die beiden Romanowski'schen, besitzt aber bereits verwachsene Epiphysen, wie diese. Seine Länge beträgt
135, seine grösste Breite oben 70, in der Mitte wie unten aber 60 Millimeter. Er weicht
von denselben übrigens ausser der geringern Grösse auch dadurch ab, dass seine innere
Fläche unter dem Condylus sehr stark grubig eingedrückt ist, hinter der dadurch gebildeten gebogenen Grube aber sehr stark convex vortritt.

Von den beiden Romanowski'schen ist der grössere (Taf. IX, Fig. 12, 13) stark abgerieben, der andere, zwar nicht abgerieben, aber in seiner Mitte und unten etwas verletzt;
jedoch so, dass seine Form sich herstellen liess (Taf. IX, Fig. 14 A). Die Länge des Letztgenannten beträgt 160, seine grösste Breite oben 85, in der Mitte und unten 63 Millimeter.
Der erstgenannte, abgeriebene, rechte, erscheint dagegen 165 Mm. lang, oben 90, in der
Mitte 65 und unten 70 Mm. breit. Ausserdem ist er dicker, mehr angeschwollen und besitzt einen grösseren Condylus. Er gehörte also einem älteren Thiere an als der Letztgenannte.

Unter den Antipow'schen Resten des *Cetotherium priscum* findet sich ein vollständiger rechter Radius (Taf. IX, Fig. 14 B) nebst dem oberen Ende eines grösseren, ebenfalls rechten (ebend. Fig. B' B''), welche Knochen Eichwald (*Leth. p. 339*) für breite, platte Rippen erklärt, indem er zur Erläuterung seiner Annahme das so charakteristische obere Gelenkstück des Radius Tab. XII, Fig. 11 abbildet.

Der vollständige Radius stellt einen 180 Mm. langen, vorn 42, in der Mitte 45, hinten 50 Mm. breiten, schwach, vorn jedoch etwas stärker gebogenen, auf der Aussenseite schwach convexen, auf der Innenseite etwas vertieften, scheinbar rippenartigen, aber für eine Ceto-therien-Rippe nach Maasgabe der Breite viel zu dünnen, an beiden Enden verdickten Knochen dar, der wenig länger als der Humerus erscheint. Das obere verdickte (gegen 25 Millimeter dicke) Ende bietet eine fast ovale, schief von vorn nach hinten gerichtete, innen zur Anlage des Radius (wie bei *C. Klinderi*) abgestutzte Gelenkfläche, hinter der nach innen eine Grube sich befindet. Die Gelenkfläche passt genau auf die des nicht abgeriebenen Humerus der Romanowski'schen Sendung. Eine Darstellung derselben findet sich auf Taf. IX, Fig. B' über dem Fragment des grösseren Radius (B''). Das hintere, 22 Mm. dicke, Ende des Radius besitzt eine von aussen und unten nach innen und oben gerichtete, fast elliptische, aussen verschmälerte Gelenkfläche.

Das erwähnte Fragment, welches, wie gesagt, als oberes Ende eines viel grösseren Radius zu betrachten ist (Taf. IX, Fig. B'') scheint nicht blos wegen seiner grösseren, vorn 55, hinten 62 Mm. betragenden, Breite, grösseren Dicke und tieferen Innenfläche, sondern auch wegen seiner wohl erhaltenen, cirund-elliptischen, vorderen Gelenkfläche (B'), sowie der stark ausgebildeten, innen breiteren und tieferen, unmittelbar hinter ihr befind-lichen, sie mittelst ihres verengten Theiles umfassenden Grube, einem älteren Thier anzu-gehören, als der ganze Radius (Fig. 14 B).

Einen mit einem Humerus von Romanowski eingesandten rippenförmigen, namentlich dem der Ulna täuschend ähnlichen, unteren Ende der ersten Rippe der lebenden *Balae-noiden* vergleichbaren Knochen (*Taf. IX, Fig. 14 C*) kann ich nach Maasgabe seiner, von der der vordersten Rippen des *Cetotherium Klinderi* so abweichenden Gestalt, ferner seiner geringen Dicke und seines viel zu breiten, daher für die Einlenkung mit der oben be-schriebenen vorderen, schief herzförmigen, viel zu kleinen Gelenkfläche des Brustbeins des *Cetotherium priscum* (Taf. VII, Fig. 18, 19) völlig ungeeigneten unteren Endes nur für eine rechte Ulna halten, deren oberes, das Olecranum bildendes, Ende verloren gegan-gen ist. Auch stimmt die Form, ebenso wie die äussere convexe und innere ebene Fläche, ganz mit der der Ulna des *Cetotherium Klinderi* (Taf. V, Fig. 14 D) überein. Mit der der eben genannten Art verglichen, erscheint die Ulna des *Cetotherium priscum* nicht nur etwas länger, sondern, namentlich unten, viel breiter und an den Seiten stumpfrandiger. Das untere Ende der Ulna des *Cetotherium priscum* besitzt übrigens, wie das des *Cetotherium Klinderi*, eine elliptische Gelenkfläche. Die Länge des Fragmentes beträgt 150, seine Breite oben 40, in der Mitte 50, unten aber 80 Millimeter, seine Dicke unten 25, oben

18 Millimeter. Ich habe auf Taf IX, Fig. 14 mit der Bezeichnung C das fragliche Uhnar-
fragment nebst dem Radius (B) der Antipow'schen Sendung unter dem Humerus der
Romanowski'schen Sendung (A) anbringen lassen, um eine allgemeine Vorstellung des
Armtheiles des Knochengerüstes der Flosse zu geben.

*Cetotherium priscum* war wohl nach Maassgabe seiner so beträchtlichen Unterkieferreste und Wirbel, jedoch vielleicht nebst *Cetotherium Mayeri*, die grösste der in Russland
gefundenen Arten von *Cetotherien*. Seine Länge möchte indessen doch nur gegen 10—12
Fuss oder etwas darüber betragen haben.

Hinsichtlich der Verbreitung des *Cetotherium priscum* ist zu bemerken, dass Reste
desselben in Bessarabien und am Asowschen Meere (v. Nordmann), dann bei der Festung
Anapa (Akademisches Museum) und ganz besonders häufig bei Kertsch, unter anderen
namentlich am Vorgebirge Akburun, ebenso wie häufig ahf Taman gefunden wurden.

Die eben genannten Fundorte oder wenigstens die Nachbarschaft derselben werden
demnach zwar bis jetzt als der eigentliche, mit völliger Sicherheit bekannte, Verbreitungs-
bezirk desselben, jedoch nicht als seine ausschliessliche Heimath, zu betrachten sein. Im
K. K. Wiener Hofmineralienkabinet wird nämlich ein grosser linker Humerus eines Cetaceums unter der Bezeichnung *Acq. Post. 1866, I, 24* (Leithakalk), Fundort Margarethen,
aufbewahrt, der formell ganz zur Abbildung des Humerus des *Ziphius priscus* (d. h. *Cetotherium priscum*) in Eichwald's *Lethaea*, Taf. XII, passt; wenigstens fand ich in Uebereinstimmung mit Hrn. Custos Dr. Fuchs, bei genauer wiederholter Betrachtung desselben,
keinen Unterschied, um ihn einer anderen Art zu vindiziren. Seine grösste Länge beträgt
140, die Breite in der Mitte 55, unten 70 Millimeter.

*Cetotherium priscum* wäre demnach bis jetzt die einzige Art der in Russland gefundenen *Cetotherien*, welche auch im Wiener Becken vorkam. Bemerkenswerth erscheint jedoch sein dortiges, bisher vereinzeltes Vorkommen. War demnach vielleicht *Cetotherium
priscum* eine Art, die nur zuweilen von Osten nach Westen bis ins Wiener Becken ging,
ja die möglicherweise nur noch zur Zeit der Ablagerung des Leithakalkes dort heimisch
war oder auf ihren Wanderungen (möglicherweise mehr vereinzelt) dahin gelangte? Die
Zukunft wird vielleicht darüber nähere Auskunft geben.

### Spec. 5. Cetotherium Mayeri J. F. Brdt.

#### Wesentlicher Charakter.

Der Unterkiefer aussen stark convex mit ebener, perpendiculärer Innenfläche. Die
Bullae tympani (Taf. XII, Fig. 2 a, b, c) eirund-länglich, ganz glatt, $\frac{1}{3}$ länger als hinten
breit, nach vorn verschmälert und viel niedriger als hinten, am vorderen Ende sogar ziemlich stark comprimirt. Die grösstentheils, besonders vorn, mit bogenförmigen Furchen und
Falten versehene Windung vorn dreieckig ausgeschnitten, hinten abgerundet-viereckig.

Das Museum des Kaiserlichen Berg-Institutes erhielt durch Hrn. Ingenieur Mayer
aus Kertsch eine bedeutende Sendung von Knochen eines *Cetotheriums*, die ganz entschieden zwei Individuen verschiedenen Alters und von verschiedener Grösse angehörten. Bei
den dem grösseren Individuum angehörigen Wirbeln sind nämlich ihre Epiphysen dicht
mit dem Körper verwachsen, und die Körper zum Theil sehr rauh, ja theilweis höckrig.
Bei den mit glatten Körpern versehenen Wirbeln des kleineren Individuums findet man dagegen alle Epiphysen der Wirbelkörper getrennt, so dass sie theils meist verloren gegangen,
theils als gesonderte Theile vorhanden sind. Nur an zwei Wirbeln haftet je eine gesonderte
Epiphyse dem Wirbelkörper loose an.

Die Reste des grösseren Individuums (Taf. X) bestehen aus dem hinteren Theile eines
ansehnlichen Unterkieferfragmentes (Fig. 1 A, B, C), dann aus nicht vollständigen Rückenwirbeln (Fig. 2, 3 a—h), fünf unvollständigen Lendenwirbeln (i—n) und einem gleichfalls
unvollständigen vorderen Schwanzwirbel (o), dann dem Bruchstück eines zweiten, nebst
zwei Oberarmknochen (Taf. XI, Fig. 8 a, b). Ausserdem sind auch wegen ihrer zum Kieferfragment und den Wirbeln passenden Grösse zwei gleichzeitig gesandte, von denen des
*Cetotherium Rathkei* und von den beiden von Nordmann beschriebenen sehr abweichende,
Bullae tympani (Taf. XII, Fig. 2 a, b, c) den Resten des grösseren Individuums zuzuzählen.
Das Museum der Akademie besitzt überdies nach meinem Dafürhalten drei gesonderte
Fragmente von Lendenwirbeln von C. Mayeri, wovon eins vom Kertscher Museum, ein
zweites von Nordmann, als dem *Cetotherium priscum* angehöriges, auf Taman gefundenes,
eingesandt wurde, ein drittes von Goebel herrührt.

Die Reste des kleineren Individuums (Taf. XI) bestehen aus zwei Fragmenten des
hinteren Seitentheils des Schädels (Fig. 1—3), sechs mehr oder weniger unvollständig erhaltenen Rückenwirbeln (Fig. 4, 5 a, b, c, d, e, f), drei besser erhaltenen Lendenwirbeln
(Fig. 4, 5 g, h, i) und sieben meist wohl erhaltenen Schwanzwirbeln (ebend. k—q) nebst
einem Fragment des rechten Schulterblattes (ebend. Fig. 7).

Ich war anfangs geneigt, nicht nur die Reste beider Individuen für verschiedene Entwickelungsstufen ein und derselben Art zu erklären, sondern sie sogar für Individuen verschiedenen Alters des *Cetotherium priscum* zu halten.

Der Umstand, dass mir bereits vier total verschiedene, auf ebenso viel Arten hinweisende Formen von Bullae tympani, welche *Cetotherien* angehörten, bekannt sind, dann,
dass die grössere der von Nordmann beschriebenen Bullae (*Palæont. p. 343, Taf. XXVIII,
Fig. 1, 2*) da sie die grösste der bekannt gewordenen ist und von den drei anderen mir
vorliegenden, unter sich namhaft verschiedenen Formen wesentlich abweicht, vermuthlich
dem nachweislich grössten südrussischen *Cetotherium*, also *Cetotherium priscum* zu vindiziren
sei, hielt mich davon ab. Uebrigens glaube ich auch bei wiederholten Vergleichen der
Antipow'schen Lenden- und Schwanzwirbel des *Cetotherium priscum* mit den entsprechen-

den Mayer'schen Wirbeln auf solche Abweichungen gestossen zu sein, die als spezifische anzusehen sein dürften.

Ich halte es daher für nöthig, den Mayer'schen Fund besonders, und zwar dermaassen unter zwei Kategorien zu besprechen, dass in der Beschreibung sogar die einem grösseren Individuum angehörigen Reste von denen des kleineren gesondert werden.

### Bemerkungen über die von Mayer gesandten Reste des grösseren Individuums.

#### (Taf. X, Fig. 1—9.)

Schon oben wurde bemerkt, dass unter den Mayer'schen Cetotherienresten zwei Bullae tympani sich befinden. Es sind dies eine rechte und eine linke, die offenbar ein und demselben Schädel angehörten. Der Umstand, dass die Schädelreste des jüngeren Individuums auf einen Schädel hinweisen, der höchstens dem des *Cetotherium Rathkei* (Taf. I), hinsichtlich der Grösse, gleich kam, während die Bullae tympani des *Cetotherium Rathkei* (Taf. XII, Fig. 3 a, b) um ¼ kleiner sind als die Bullae (Taf. XII, Fig. 2 a, b, c) des Mayer'schen Fundes, bestimmen mich, dieselben dem Individuum des *Cetotherium Mayeri* zu vindiziren, welchem die grösseren Reste des Mayer'schen Fundes angehörten. Die anderen grösseren Reste des fraglichen Fundes stimmen in proportioneller Hinsicht ebenfalls für diese Annahme.

Die vorliegenden Bullae (Taf. XII, Fig. 2 a, b, c) sind 63 Millimeter lang, und vorn, hinter ihrem comprimirten, nur 2—3 Mm. breiten Rande, etwa 10 Mm. breit, während an ihrem hinteren Theile ihre grösste Breite 32 Mm. beträgt. Sie gleichen jedoch nur im Allgemeinen der von v. Nordmann (*Paleont. p. 343*) kurz beschriebenen, auf *Taf. XXVIII, Fig. 1, 2* dargestellten grösseren Bulla, und weichen in Bezug auf Grösse und Gestalt nicht nur von ihr, sondern auch von der anderen, kleineren, bei v. Nordmann erwähnten und unter Fig. 3, sowie von mir auf *Taf. XII, Fig. 4 a, b*, abgebildeten Bulla wesentlich ab, wie ich in Folge der gütigen Mittheilung der im Museum der Helsingforser Universität aufbewahrten Originalexemplare durch die Herren Prof. Wiis und Mäklin, aus eigener Anschauung zu ermitteln im Stande war. Noch mehr entfernen sie sich freilich von denen des *Cetotherium Rathkei*.

Von der 65 Mm. langen, hinten 35 Mm. breiten, also etwas grösseren Nordmann'schen, wohl dem *Cetotherium priscum* angehörigen, Bulla (Taf. XII, Fig. 1 a, b) unterscheiden sie sich durch folgende Merkmale. Ihre äussere Fläche, ebenso wie die untere, ist ganz glatt. Der sehr ausgeprägte, pyramidale Längseindruck der unteren Fläche wird innen von einem, hinten in einen dreieckigen Fortsatz endenden, ziemlich scharfen, leistenartigen Rande begrenzt, während aussen neben ihm die untere Fläche schärfer in Form einer breiten, stumpfen Leiste vorspringt. Das vordere Ende der Bulla ist so stark comprimirt, dass der vordere Rand fast scharf erscheint. Die Innenfläche bietet glatte, gebogene, breitere Querfalten.

16*

Die ebenfalls mit glatten, gebogenen Falten oder Leistchen versehene Windung ist viel breiter, hinten fast rhomboidal, vorn aber mit einem tiefen, dreieckigen oder breiteren, bogenförmigen Ausschnitt versehen. Der Höhle der Bulla fehlt die der Bulla des *Cetotherium priscum* so charakteristische Längsleiste.

Von der Bulla des *Cetotherium Rathkei* unterscheiden sich die fraglichen Bullae durch die ansehnlichere Grösse, die weit länglichere Form, das stark zusammengedrückte, deshalb schmälere, dreieckige, vordere Ende, die vortretenden (bei *Cetotherium Rathkei* nicht einmal angedeuteten) queren Bogenfalten der Innenfläche, die oben, wie innen, stark gewölbte und gebogene, höhere, von gebogenen Leisten durchzogene, vorn viel tiefer ausgerandete Windung und die schmälere, längere, mehr gekrümmte Mündung.

Die kleinere, von Nordmann ebendaselbst erwähnte und auf Fig. 3 abgebildete, durch ihre Kürze zu der des *Cetotherium Rathkei* etwas hinneigende, Bulla weicht von den beiden Mayer'schen, der des *Cetotherium Rathkei* und der grösseren Nordmann'schen durch die völlig verschiedene Gestalt ihrer Windung ab. Die letztere ist nämlich bis über die Mitte hinaus bogenförmig ausgeschnitten und unter dem Ausschnitte der Länge nach schwach gefurcht, so dass die Windung nur hinten als vorspringender, viereckiger, innen schief abgestutzter, bandartiger Streifen erscheint. Die innere Fläche der Windung ist eben, jedoch von nach unten gerichteten stumpfen, glatten, ziemlich parallelen, gebogenen Leistchen durchzogen. Ausserdem bietet nur die Mitte des Innensaums der Windung mehrere Leistchen oder Falten.

Wie die des *Cetotherium Rathkei* sind auch die beiden Bullae des *Cetotherium Mayeri* einander nicht ganz gleich. Die rechte (*Taf. XII, Fig. 2 a*) besitzt nämlich eine vorn tiefer, aber etwas weniger breit, in Form eines Dreiecks, ausgeschnittene, mit schwächeren Bogenleisten versehene Windung, während die letztere an der linken Bulla vorn stärker bogenförmig ausgeschnitten und mit stärkeren Bogenfalten versehen erscheint.

Die Bullae des Mayer'schen Fundes sprechen also für eine vierte Art von *Cetotherium*, welche vom *Cetotherium Rathkei* sowohl, als auch von denen derjenigen Arten verschieden war, welcher die grössere und kleinere der von Nordmann beschriebenen Bullae angehörten.

Das Unterkieferfragment (Taf. X, Fig. 1 A, B, C) der Mayer'schen Sendung gehört nach Maassgabe seiner Grösse, ebenso wie der Wirbel, dem grösseren Individuum an. Es besitzt an einem, dem hinteren, Ende (Fig. 1 C) einen kegelförmigen, dicht über seiner Mitte verlaufenden, 20—25 Mm. im Durchmesser bietenden Hauptgefässkanal. Es ist also dieses Fragment offenbar als Basaltheil des Unterkiefers anzusehen, dem jedoch der Gelenktheil mit dem Kronenfortsatz fehlt. Der auf dem entgegengesetzten vorderen Ende, unter dem oberen Kiefersaume, verlaufende Hauptgefässkanal zeigt dagegen nur einen Durchmesser von 10—12 Mm. Das letztgenannte Ende bekundet sich demnach als vorderes. Die Gesammtlänge des Fragmentes beträgt 350 Mm., seine hintere Höhe 75, seine vordere 70 Mm., seine hintere Dicke 45, seine vordere aber 40 Mm. Seine äussere Fläche ist, besonders in der Mitte, convexer als bei den von Eichwald in der «Urwelt» beschriebenen Unterkieferresten des *Cetotherium priscum*, seine innere Fläche aber, wie bei diesen, eben und perpendiculär. Sein oberer, leider stark abgebrochener, Rand scheint jedoch, nach einigen seiner Ueberreste zu urtheilen, schmäler als bei den erwähnten Resten des *Cetotherium priscum* gewesen zu sein, auch bietet er im Verhältniss weniger Gefässöffnungen als diese. Auch der untere Rand erscheint schmäler und schärfer. Seine sehr mässige Krümmung scheint dagegen mit der von *Cetotherium priscum* verglichen werden zu können.

Die Fragmente der *Rückenwirbel*, deren Zahl ich auf acht anschlage, gehören nach Maasgabe ihrer Grösse und ihrer mit der anderer *Balaeniden* in Vergleich gestellten Gestalt theils dem vorderen, theils dem mittleren oder hinteren Abschnitte der Rückenwirbelsäule an. Allen fehlt der Neuralbogen nebst den Fortsätzen, oder es sind wenigstens nur die Basaltheile derselben erhalten.

Eins der Fragmente (*Taf. X, Fig. 2 a* und *4 a, a', a'', a'''* und *Fig. 3 a*), wovon nur der Körper und die unterste gemeinsame Basis der Bogentheile und der Fortsätze nebst dem untersten Theile des Rückenmarkskanales vorhanden sind, besitzt, sowohl von vorn als von hinten gesehen, einen verkürzt-herzförmigen Körper, ist aber unten völlig zugerundet, unten jedoch nur unmerklich, oben unter dem Bogen etwas stärker eingedrückt, so dass sein Körper auf der Mitte der Unterseite stärker zugerundet erscheint. Hinter und unter jedem der Basaltheile seines Bogens erhebt sich ein fast halbmondförmiger, auf seiner freien äusseren Fläche ausgehöhlter Höcker (2 a, 4 a'), der offenbar zum Ansatz des Capitulum costae bestimmt war. Der Basaltheil des Bogens geht hinten und oben nicht bis zum Randsaum des Körpers, sondern dieser ragt frei vor, indem er vom Basaltheil des Bogens durch einen Eindruck abgesetzt erscheint (ebend. Fig. 2 a''). — Die breite Spur des Rückenmarkskanales zeigt, dass derselbe ziemlich ansehnlich war. — Die Körperhöhe beträgt nur 48, die Körperlänge 33, die Körperbreite 63 Mm. Das fragliche Fragment ist also für das eines der vordersten Rückenwirbel zu erklären.

Ein zweites Wirbelfragment (*Taf. X, Fig. 2 b* und *3 b*) gleicht im Allgemeinen dem eben beschriebenen auch durch die Gegenwart der eigenthümlichen vertieften Höcker für die Einfügung der Rippenköpfe. Es weicht jedoch davon in folgenden Punkten ab. Sein Körper ist grösser (40 Mm. lang, 67 Mm. breit und 50 Mm. hoch), die unteren Seiten des Körpers sind eingedrückt, während die Mitte desselben unten in einen stumpfen Kiel vorspringt. Die gemeinsamen Basaltheile des Bogentheils und der Querfortsätze, ebenso wie die für die Rippenansätze, sind kräftiger entwickelt. Der in Rede stehende Wirbel möchte daher zwar ebenfalls für einen der vordersten, jedoch hinter den erstbeschriebenen zu versetzenden Rückenwirbel anzusehen sein, dem er indessen nicht unmittelbar sich angeschlossen zu haben scheint.

Ein drittes (ebend. Fig. 2, 3 c und Fig. 5, 5') noch mehr nach hinten gehöriges, etwas grösseres, 45 Mm. langes, 70 Mm. breites, 53 Mm. hohes Rückenwirbelfragment gleicht durch seine Körpergestalt, namentlich auch die mit einem centralen Längskiel versehene, an den Seiten stark eingedrückte untere Fläche dem vorigen, besitzt aber statt des für die Rippeninsertion bestimmten Höckers nur eine Andeutung davon als winzigen, kleinen Fortsatz. Die gemeinsamen Basaltheile seiner Bogentheile und Fortsätze sind noch kräftiger entwickelt.

Ein viertes (ebend. Fig. 2, 3 d und Fig. 6), 50 Mm. langes, 68 Mm. breites, 50 Mm. hohes Wirbelfragment besitzt, wie das vorige, keinen ausgebildeten Höcker, für den Rippenansatz jedoch ebenfalls noch je ein, nur kleineres Rudiment desselben. Die Basaltheile für den Bogentheil und die Querfortsätze sind ansehnlicher, namentlich breiter. Die Unterseite des Körpers ist nicht blos an den Seiten, sondern auch in der Mitte eingedrückt, ja ausgeschweift, daher ungekielt, während seine obere, den Rückenmarkskanal nach unten begrenzende Fläche die Andeutung eines Kieles zeigt. Es ist offenbar für das eines der mittleren Rückenwirbel zu halten, das hinter dem dritten der erwähnten Fragmente Platz fand.

Ein fünftes (ebend. Fig. 2, 3 e) und sechstes (ebend. f) Rückenwirbelfragment ähnelt auch in Bezug auf die in ihrer Mitte stark ausgeschweifte untere Fläche dem vierten Fragment. Der Theil ihrer oberen Fläche aber, welcher die untere Wand des Rückenmarkskanales bildet, ist in der Mitte von einem deutlichen, stumpfen, niedrigen Längskiel durchzogen. Die jederseits hinten vom Rückenmarkskanal nach unten auf die untere Wirbelfläche sich krümmende Gefässfurche ist deutlicher markirt.

Die genannten beiden Wirbelfragmente, mit den vorigen verglichen, sind übrigens wohl auch nach Maassgabe ihres etwas engeren Rückenmarkskanales und ihrer etwas ansehnlicheren Grösse, als mehr nach hinten gehörige Rückenwirbel zu betrachten.

Dasselbe gilt von zwei anderen Fragmenten (ebend. g, h), die den eben erwähnten beiden (e, f) zwar ähnlich erscheinen, jedoch durch einen breiteren, niedrigeren, weniger vortretenden oder schmäleren, in seiner Mitte vertieften, auf der Mitte ihrer unteren Fläche befindlichen Vorsprung davon abweichen, wodurch sie sich den Lendenwirbeln nähern, so dass sie wohl als hintere Rückenwirbel anzusprechen sein dürften, und zwar um so mehr, da einer von ihnen (der grössere also mehr hintere) Andeutungen jener vorderen und hinteren paarigen Höcker enthält, welche auch auf den hinteren Lendenwirbeln sich finden und als Rudimente der bei den vorderen Schwanzwirbeln, Behufs der Anheftung der unteren Dornen, sehr entwickelten Höcker anzusehen sind.

Wie viel Rückenwirbel das fragliche Cetotherium im Ganzen besass, lässt sich für jetzt nicht entscheiden. Da indessen *Cetotherium Klinderi* in der Zahl der Rippen, also auch der der Rückenwirbel, sich nicht vom Typus der Balaenoiden entfernte, so darf man wohl auch bei Cetotherium Mayeri an keine wesentliche Ausnahme von dem bei den lebenden *Balaenoiden* herrschenden Zahlenverhältniss denken, und daher ihm 13, 14 oder selbst 15 Rückenwirbel um so mehr vindiziren, da die abweichenden Verhältnisse der Grösse und Gestalt der beschriebenen acht Rückenwirbelfragmente auf ihre unvollständige Zahl offenbar hindeuten, weshalb ich sie auch in den Figuren 2 und 3 nicht aufeinan der folgen liess, sondern auf die fehlenden durch angebrachte Zwischenräume hindeutete.

Wirbel, welche ich für *Lendenwirbel* (Fig. 2, 3 i, k, l, m, n) halte, finden sich vom Individuum, welchem die geschilderten Rückenwirbel angehörten, nur fünf, so dass sie nach Maassgabe der bei den lebenden Balaeniden herrschenden Zahl (9—15) gleichfalls durchaus nicht vollständig vorliegen.

Im Allgemeinen weichen die mehr nach vorn gehörigen der mir zu Gebote stehenden Lendenwirbel (i, k) von den hintersten Rückenwirbeln gestaltlich nur unmerklich ab und nehmen wie die Rückenwirbel von vorn nach hinten an Grösse allmälig etwas zu. Ihr Rückenmarkskanal erscheint länger und schmäler, ihre Körperseiten sind oben wie unten stärker eingedrückt. Ihr Bogen und ihre Querfortsätze sind ziemlich dünn, der erstere ist nur 10, die letzteren am Grunde 20, in der Mitte nur 10 Mm. dick. Die beiden kleineren, also mehr vorderen derselben (i, k), bieten auf der Mitte der Unterseite ihres Körpers einen kürzeren, aber schmäleren Längskamm (Fig. 8 a), neben welchem sie stärker eingedrückt erscheinen als die hinteren. Die Unterseite eines grösseren, folgenden (l), also mehr nach hinten gehörigen, zeigt dagegen statt des Kammes eine längliche, viereckige, in der Mitte vertiefte, Erhabenheit und nach der Mitte zu weniger vertiefte Seiten.

Der vierte Wirbel (m), der wegen seiner ansehnlichen Grösse wohl hinter dem vorigen folgte, besitzt auf der Mitte seiner Unterseite eine noch breitere, auf ihrer Mitte vertiefte Erhabenheit und ist dort noch weniger eingedrückt. Ausserdem bemerkt man an ihm, als noch namhaftere Annäherung an die Schwanzwirbel, auf der Unterseite des Körpers zwei Paare (ein hinteres und vorderes) von Höckern, die jedoch, wie beim vorletzten, kleiner als bei den Schwanzwirbeln erscheinen. Seine Körperlänge beträgt 70, die Höhe desselben 62, die Breite desselben aber 75 Mm. Die Dicke der Basis seines Bogens beläuft sich auf 10, die seines Querfortsatzes auf 20, und die der Mitte seines Querfortsatzes auf 10 Millimeter.

Ein fünfter Wirbel (ebend. n), welcher etwas grösser als der eben erwähnte Lendenwirbel ist, weicht gestaltlich von ihm nur durch die etwas grösseren, weiter von einander abstehenden unteren Höckerpaare ab. Ich möchte ihn aber deshalb für keinen zweiten Schwanzwirbel halten, da er ein wenig kleiner als der erste Schwanzwirbel ist und, wie die Lendenwirbel und der erste Schwanzwirbel, nur breite Gefässfurchen, keine die Querfortsätze durchbohrenden Gefässkanäle besitzt, wie der zweite Schwanzwirbel.

Im Museum der Kaiserl. Akademie der Wissenschaften findet sich ein vom Kertscher Museum gesandtes fünftes Lendenwirbelfragment, welches, mit Ausnahme der geringeren Grösse, dem eben beschriebenen Lendenwirbelfragment der Mayer'schen Sendung ungemein ähnelt. Meine Taf. XI liefert unter Fig. 6 a—d verschiedene Ansichten desselben. Die Länge seines mit verwachsenen Epiphysen versehenen Körpers beträgt 60, seine Breite 70 und seine Höhe 60 Millimeter.

Zweifelhaft bleibt es, ob der von Nordmann (*Palaeont. p. 338*) beschriebene, auf seiner *Taf. XXVI, Fig. 5, 6* in natürlicher Grösse dargestellte Wirbel (siehe meine *Taf. XII, Fig. 5 a, b, c)*, dessen Original ich vor mir hatte, nicht eher dem *Cetotherium Mayeri* angehöre, als dem *Cetotherium priscum*, dem ihn Nordmann zuschrieb. Sein Körper ist niedriger als der des Cetotherium priscum, hinten und oben weniger zugerundet. Seine langen, breiten Querfortsätze sind auch vorn am Grunde stark ausgerandet, oben am Grunde, wie die Bogentheile, stark ausgeschweift, während ihr vorderer, an seiner Basis etwas gebogener, Saum nach aussen von seiner basalen Ausrandung den Körper ziemlich stark nach vorn überragt. Die Höhe seines Körpers beträgt 63, die Länge 63 und die Breite desselben 72 Millimeter. Der rechte Querfortsatz desselben, dem nur ein geringer Theil des Endtheiles fehlt, zeigt eine Länge von 100 Mm. Seine grösste Breite beläuft sich auf 65 Millimeter. — Es ist übrigens derselbe Wirbel, welchen Van Beneden (Ostéogr. p. 244) für den eines *Ziphius* zu halten geneigt ist.

Von *Schwanzwirbeln* ist leider nur der vordere (*Taf. X, Fig. 2, 3, 0*) vorhanden. Er weicht vom hintersten Lendenwirbel nur durch etwas ansehnlichere Grösse, namentlich aber die sehr starke Entwickelung und grössere gegenseitige Annäherung des hinteren Paares seiner unteren, sogar zusammengedrückten, 15 Mm. langen, für die Anheftung des vorderen Dornfortsatzes bestimmten Höcker ab.

Die beiden mit den Wirbeln eingesandten, dasselbe graue Ansehen der Oberfläche bietenden *Humeri* (Taf XI, Fig. 8 a, b) besitzen im Allgemeinen den Charakter der cetotherienartigen *Balaeniden*. Ihre Länge beträgt 150, ihre Breite oben 90, in der Mitte 60 und unten 70 Millimeter. Ihre Oberfläche ist unten und oben rauh, an den Seiten befinden sich sogar unter dem Tuberculum besondere warzenartige Erhabenheiten.

Mit dem Humerus des *Cetotherium priscum* der Antipow'schen Sendung verglichen, würden sie sich nur durch etwas geringere Breite ihres an den Seiten stärker ausgeschweiften mittleren Theiles, durch etwas stärkere Wölbung der unteren Hälfte der Innenfläche und besonders durch dünnere Seitenränder unterscheiden. — Wenn jedoch der grosse Humerus der Romanowski'schen Sendung wirklich zu *Cetotherium priscum* gehört, würde sogar nur das letzterwähnte Kennzeichen vorläufig als stichhaltig gelten können.

Stellen wir nun schliesslich überhaupt die Frage, wie sich die eben beschriebenen, einem grösseren, älteren Individuum angehörigen Reste von denen des älteren *Cetotherium priscum* unterscheiden, so lassen sich die oben stärker eingedrückten Basaltheile der Bogentheile und Querfortsätze der Lendenwirbel, ferner die nicht oder wenigstens viel weniger angeschwollenen Körper, Bögen und Fortsätze der Wirbel, ganz besonders aber die eigenthümliche Form der *Bullae tympani* vorläufig als die hervorstechendsten bezeichnen.

## Bemerkungen über die von Mayer gesandten Reste des kleineren Individuums.

### (Taf. XI, Fig. 1—5 und Fig. 7.)

Bereits oben wurde angedeutet, welche Theile des Skeletes unter dieser Rubrik zu besprechen sein werden.

Die beiden, aus einem Theile ihres Schläfenbeins und einem Theile des Hinterhaupts mit seinem Processus mastoideus gebildeten, Schädelfragmente (Fig. 1, 2 und 3) gleichen nebst ihren Kämmen, Gruben und Fortsätzen im Wesentlichen den homologen Theilen des *Cetotherium Rathkei*; sie sind auch im Ganzen nur wenig kleiner. Genauer betrachtet bieten sie folgende Abweichungen vom *Cetotherium Rathkei*. Die fast zur Hälfte erhaltene Schläfenschuppe, welche die hintere Wand der Schläfengrube bildet, erscheint vorn ganz glatt, ohne Spur von Leiste oder Höcker. Der vom Hinterhaupt zum Jochfortsatz verlaufende Knochenkamm ist vorn über der Basis des Processus mastoideus des Hinterhaupts viel dicker, am Grunde weniger stark comprimirt. Das Ende des Processus mastoideus ist an seinem hinteren Saume etwas schmäler. Die Gelenkgrube für den Unterkiefer ist etwas breiter und besonders vorn tiefer.

Soweit sich die fraglichen Schädelreste (welche, wie ich meine, einem jungen *Cetotherium Mayeri* nach Maassgabe der mit getrennten Epiphysen versehenen Wirbel und die dünnen Bögen und Fortsätze derselben, angehören) mit den homologen Theilen des *Cetotherium Helmersenii* vergleichen lassen, weichen sie von diesem durch ihre innen weit mehr perpendiculären, stärker nach oben steigenden, hinten und innen von höcker- und leistenlosen Wänden begrenzten Schläfengruben ganz entschieden ab. *Cetotherium Mayeri* ähnelt dadurch *Cetotherium Rathkei*, woraus man auch wohl auf eine der diesem ähnliche Bildung des aussen (nicht wie bei *C. Helmersenii* innen) breiteren Schläfenraumes schliessen darf. Für eine solche Annahme spricht auch der Umstand, dass bei *Cetotherium Rathkei*, wie bei *Cetotherium Mayeri*, die Schläfenschuppe vorn stark gewölbt ist, wovon das Fragment des *Cetotherium Helmersenii* nichts zeigt. *Cetotherium Helmersenii* besass übrigens im Gegensatz zu *Rathkei* und *Mayeri* einen dickeren, wie es scheint auch weniger gebogenen, von der Hinterhauptschuppe auf den Jochfortsatz fortgesetzten Kamm.

Die Wirbel, mit Ausschluss der hinteren Schwanzwirbel, ähneln hinsichtlich der auf der Aussenseite ihres Grundes stark eingedrückten Bögen und Querfortsätze denen des alten Individuums, weichen also dadurch von denen des *Cetotherium priscum* und *Klinderi*, wie auch wohl *Rathkei* ab.

Unter den sechs Rückenwirbelfragmenten (Fig. 4, 6 a—f) vermisst man die vordersten mit den für die Einlenkung der Rückenköpfchen bestimmten Gelenkhöckern.

Fünf derselben (a, b, c, d, f) sind sehr unvollständig. Es fehlen namentlich allen die Bogentheile mit ihren Fortsätzen, während die Querfortsätze, wenn sie vorhanden, sämmtlich verstummelt sind. Bei vieren davon sind mit den Körperseiten die Querfortsätze gänzlich verloren gegangen.

Nur ein einziger mit e bezeichneter Rückenwirbel erscheint, mit Ausnahme der Endhälften der Quer- und vorderen Bogenfortsätze, sowie des oberen Dornfortsatzes vollständiger, ja besitzt sogar noch die mit seinem Körper lose vereinte vordere Epiphyse. Seine dünneren Fortsätze und Bogentheile, die vorn einen scharfen Rand bieten, bezeugen nebst dem Verhalten seiner Epiphyse, dass er einem jugendlichen Thier angehörte. Sein unten an den Seiten eingedrückter, mit einem centralen, in der Mitte eingedrückten, stumpfen, kurzen Längskamm versehener Körper und die eine grössere Breite als auf den offenbar vor ihn zu versetzenden Wirbeln (a, b, c, d) bietenden Querfortsätze deuten darauf hin, dass er zu den hinteren Rückenwirbeln gehörte. Seine Körperlänge beträgt 40, seine Höhe 50, seine Breite 62 Millimeter.

Was die drei vorliegenden Fragmente der Lendenwirbel (g, h, i) anlangt, so ist der vorderste (g) der am besten conservirte und weicht, wie gewöhnlich, durch seine etwas ansehnlichere Grösse, besonders aber durch die Breite seiner Fortsätze von den Rückenwirbeln ab. Bemerkenswerth scheint auch sein breiter, fast verticaler, Dornfortsatz nebst den stark comprimirten Bogenfortsätzen zu sein. Die beiden anderen (h, i), weniger gut erhaltenen, ähneln mit Ausschluss der etwas ansehnlicheren Grösse dem eben genannten. Beim Wirbel i sind übrigens die vorderen, stark comprimirten, auf der Aussenfläche stark eingedrückten Bogenfortsätze fast vollständig.

Von Schwanzwirbeln sind die fünf vorderen (k, l, m, n, o) fast vollständig erhalten, mit Ausnahme ihrer etwas verletzten vorderen Bogenfortsätze und oberen Dornen. Man kann sich also nach ihnen ein noch vollständigeres allgemeines Bild vom Bau des vordersten Theiles des Schwanzskeletes der Cetotherien machen, als dies die Antipow'schen Schwanzwirbel gestatten.

Wie gewöhnlich sind die vorderen Bogenfortsätze der Schwanzwirbel kürzer und etwas dicker, die Querfortsätze aber ebenfalls kürzer.

Der erste Schwanzwirbel (k), dessen Körperlänge 52, Breite 70 und Höhe 60 Millimeter beträgt, besitzt hinten auf der Unterseite das bekannte grosse Höckerpaar zur Anheftung des vordersten unteren Dornenfortsatzes und zeigt, wie die Lendenwirbel und Rückenwirbel, die bekannten gebogenen, seitlichen Gefässfurchen, deren jede vorn durch eine ansehnliche Ausrandung des Basaltheiles des Querfortsatzes, jedoch in keinen den Grund der Querfortsätze durchbohrenden Gefässkanal verläuft.

Der zweite Schwanzwirbel (l), dessen Körper eine Länge von 55, eine Breite von 70 und eine Höhe von 65 Millimetern zeigt, so dass er also grösser als der erste ist, und überhaupt, wie auch bei Cetotherium priscum, als grösster Körperwirbel erscheint, weicht ausserdem durch ein doppeltes Höckerpaar für die unteren Dornen, durch die die Basaltheile der Querfortsätze durchbohrenden Gefässkanäle, einen dickeren Bogen, einen viel engeren Rückenmarkskanal und etwas kürzere Querfortsätze vom ersten Schwanzwirbel ab.

Der dritte Schwanzwirbel (m) ähnelt durch seine allgemeine Gestalt, die noch getrennten unteren Höckerpaare, die die Basis jedes Querfortsatzes durchbohrenden Gefässkanäle, den, mässig verdickten, Bogen und den sehr verengten Rückenmarkskanal dem zweiten Schwanzwirbel. Er ist jedoch kleiner, indem sein Körper nur 17 Mm. lang, 65 breit und 60 Mm. hoch ist. Sein Bogen und seine Querfortsätze sind kürzer, was hinsichtlich der letzteren besonders von ihrem hinteren, bogenförmig abgestutzten Theile gilt.

Der vierte Schwanzwirbel (n) gleicht zwar im allgemeinen dem dritten, ist aber kleiner. Die Länge seines Körpers beträgt nur 43, seine Breite 63 Mm. Vom dritten weicht er ausserdem durch die sehr kurzen, eine vorn höhere Leiste darstellenden, Querfortsätze, die einander sehr genäherten, auf der linken Seite sogar vereinten, paarigen unteren Fortsätze und einen noch mehr verengten Rückenmarkskanal ab.

Der fünfte Schwanzwirbel (o) ähnelt nur im Allgemeinen dem vierten (n). Sein Körper ist kleiner und nach hinten verschmälert, sein leistenförmiger, vorn gleichfalls höherer Querfortsatz noch kürzer, sein breiterer Bogentheil bis zum hinteren Körperrand ausgedehnt, während seine beiden unteren Höckerpaare durch Verschmelzung in eine rechte und linke Längsleiste umgewandelt sind und eine tiefe, längliche Grube zwischen sich lassen. Die Grundtheile der Querfortsätze sind von einem Gefässkanal durchbohrt.

Ausser den fünf eben charakterisirten vorderen Schwanzwirbeln sind noch zwei andere, sich nicht gegenseitig anschliessende, kleinere, weiter nach hinten gehörige, Schwanzwirbel (p, q) desselben Individuums vorhanden, die jedoch keineswegs schon dem Endtheil des Schwanzes angehören. Ihr Körper erscheint im Verhältniss zur Breite höher. Querfortsätze oder stellvertretende Leisten derselben fehlen. Statt der unteren paarigen Fortsätze sieht man niedrige Längsleisten. Die seitlichen Gefässkanäle durchziehen die Körperseiten. Die rudimentären Bögen werden durch Längsleisten dargestellt.

Der grössere der Wirbel (p) ist 55 Mm. hoch, 45 Mm. breit und besitzt noch einen sehr niedrigen, verkürzten Dornfortsatz, der dem kleineren (q), 42 Mm. hohen, 38 Mm. breiten fehlt, so dass sein sehr schmaler Rückenmarkskanal als oben offene Furche erscheint.

Ausser den Wirbeln und Schädelresten, die vom kleineren Individuum herrühren, enthält die Mayer'sche Sendung auch das Bruchstück des ihm angehörigen rechten Schulterblattes (Taf. XI, Fig. 7), dem leider der so charakteristische vordere, ebenso wie der obere, Theil meist fehlt. Sein hinterer Rand ist stark nach hinten gebogen und oben zusammengedrückt. Seine Gelenkfläche ist ansehnlich und rauh. Die Höhe des Fragmentes beträgt 90, seine grösste Breite oben 120 Mm. Ob sein unten nur über der Gelenkfläche vorhandener, stark verdickter, vorderer Rand auf ein abgebrochenes Acromion hindeute, wage ich nicht zu entscheiden, da demselben, wie beim *Cetotherium Cuvieri*, dasselbe auch gefehlt haben könnte. Wäre das letztere der Fall gewesen, so würde *Cetotherium Mayeri* dem genannten Thier zu näheren und von den echten *Cetotherien*, wie *Rathkei*, *Klinderi*, zu sondern sein.

Einem jungen *Cetotherium Mayeri* gehörte wohl das seines Bogentheils und seiner Fortsätze beraubte Fragment eines Rückenwirbels an, welches Adolph Göbel nebst kleinen Haifischzähnen auf Mangischlak, namentlich dem dortigen Berge Changa-Baba, 1865 entdeckte und dem Museum der Akademie einverleibte. Dasselbe bietet dadurch ein besonderes Interesse, dass es die frühere Existenz von *Cetotherien* im jetzigen caspischen Meere nachweist. Das Fragment ähnelt ungemein, auch hinsichtlich seiner Grösse, den vorderen Rückenwirbeln des jüngeren Exemplars des *Cetotherium Mayeri*. Dem epiphysenlosen Körper fehlt ein Theil der rechten Hälfte. Auf seiner linken Seite ist nur die Basis des Querfortsatzes und Bogentheils vorhanden. Die Länge des Körpers beträgt 30, seine Höhe 50 Millimeter.

Was die bisher bekannte geographische Verbreitung der Reste dieser Art anlangt, so wurden dieselben, wie schon bemerkt, nicht blos aus der Nähe von Kertsch eingesandt, sondern auch am Ufergebiet des caspischen Meeres gefunden.

In Betreff der Grösse mag *Cetotherium Mayeri* wohl *Cetotherium priscum* sich wenigstens angenähert und an Länge gegen 9—10 Fuss erreicht haben.

## ANHANG I.

### Noch zweifelhafte Arten russischer Cetotherien.

#### Spec. A? Cetotherium pusillum Nordm.

*Nordmann, Palaeont. Südrusslands p. 347, Taf. XXVIII, Fig. 6, 6 a.* — *Van Beneden, Ostéogr. d. Cétac. p. 273.*

Nordmann a. a. O. sagt darüber Folgendes. Einige sehr kleine Wirbel veranlassten ihn anzunehmen, dass in Bessarabien noch eine kleine *Cetotherien*-Art (Zwergform), die er nur vorläufig *Cetotherium pusillum* nennen wolle, sich vorgefunden habe. Seine Vermuthung gründe sich namentlich auf einen fossilen Epistropheus, welchen er in natürlicher Grösse in zwei Ansichten abgebildet habe. Er bemerkt ferner, «dieser (Epistropheus) habe keinem jungen Thiere angehört, weil er sonst eine knorplige Consistenz hätte haben müssen, die nicht versteinerte. Die Knochen junger Thiere seien plump und entbehrten bestimmter Conturen und Skulpturen, der fragliche Epistropheus' sei aber ganz verknöchert.»

Ich muss gestehen, dass ich diese Annahmen nach Maassgabe des verknöcherten Epistropheus des jugendlichen *Cetotherium Klinderi* (Taf. V, Fig. 7—9) nicht für entscheidend halten und deshalb denselben auch nicht ohne weiteres schon jetzt für den eines erwachsenen Individuums erklären kann, wenn ich auch zugebe, dass der fragliche, höchst interessante, Wirbel, welchen ich durch die Güte der Herren Professoren Wiik und Macklin aus Helsingfors zur Ansicht erhielt und von neuem auf Taf. XIII, Fig. 1 a—d in natürlicher Grösse genau darstellen liess, völlig verknöchert sein möge.

Der fragliche, nur 50 Mm. breite, 25 Mm. hohe Epistropheus, dessen oberer

schwacher Bogentheil, wie bei dem des *Cetotherium Klinderi* und dem des grösseren Nordmann'schen Epistropheus (Taf. XXVIII, Fig. 4, 4 a) entschieden abgebrochen und verloren gegangen ist, stimmt allerdings mit dem der beiden genannten Cetotherienformen in
typischer Beziehung überein. Er unterscheidet sich aber davon durch mehrere ihm eigenthümliche, auffallende Merkmale. Seine Bogenreste convergiren etwas stärker als bei dem
von Nordmann fraglich dem *Cetotherium priscum* vindizirten (*Taf. XXVIII, Fig. 4, 4 a*).
Sein Processus odontoideus setzt sich bis zur Unterseite des Körpers fort und endet dort
als stumpfe, oben ebene, zitzenförmige Erhabenheit, die jederseits durch eine Ausrandung
abgeschieden wird. Auf der Mitte der oberen Fläche des Processus odontoideus verläuft
eine stumpfe Längsleiste bis zu seinem vorderen Rand. Die untere, hinten ganzrandige
Wirbelfläche ist an den Seiten bis zur Mitte eingedrückt, besitzt aber zwischen den Eindrücken eine centrale Längsleiste. Die hintere Fläche des Körpers erscheint herzförmig
und in der Mitte stark vertieft.

So sehr aber auch der eben ausführlicher als bei Nordmann charakterisirte Epistropheus von den beiden anderen, oben genannten, von einander verschiedenen, abweicht, und
offenbar als einer dritten Art von *Cetotherium* angehörig zu betrachten ist, so kann man
doch die Frage nicht unterdrücken, ob er nicht einem jungen, halbwüchsigen Individuum
des *Cetotherium Rathkei* angehört haben könne, wovon wir den Epistrophens noch nicht
kennen. Nordmann hat überhaupt in seiner Schrift auf das nach Maassgabe des Schädels
gewissermaassen schon eine Zwergform der *Balaenoiden* darstellende *Cetotherium Rathkei* zu
wenig Rücksicht genommen. Eine Art von Bartenwalen, die im erwachsenen Zustande den
so winzigen, durch einen oben nicht geschlossenen Neuralbogen charakterisirten Epistropheus des fraglichen *Cetotherium pusillum* besessen hätte, wäre allerdings noch zwergartiger
erschienen und würde etwa höchstens so gross als die kleinsten Delphine gewesen sein.

### Spec. B? Cetotherium incertum J. F. Brdt.

#### Taf. XIII, Fig. 2 a, b, c, d, e.

Das Museum der Kaiserlichen Akademie der Wissenschaften besitzt einen aus dem
Kertscher Museum erhaltenen, mit fest verwachsenen Epiphysen versehenen, also einem
alten Individuum angehörigen, ersten Schwanzwirbel eines *Cetotheriums*, dessen Körper
eine Länge von 60, eine vordere Körperhöhe von 60, eine hintere von 60, eine vordere
Breite von 65 und eine hintere von 70 Millimetern besitzt. Derselbe fällt durch die verlängerte, schmälere Körperform, seinen vorn niedrigeren, hinten höheren Bogen, sowie seine
schmäleren, hinten niedrigeren, vorn aber stärker vorragenden, Bogenfortsätze auf und
unterscheidet sich dadurch, ebenso wie durch seine viel geringere Grösse, von dem alten
Eichwald'schen des *Cetotherium priscum* und dem des alten *Cetotherium Mayeri*. Der
fragliche Wirbel zeigt namentlich von dem des alten *Cetotherium priscum* folgende Unterschiede. Die Vorderfläche seines Körpers ist runder. Der vorn weitere, dreischenkliche

Rückenmarkskanal erscheint hinten höher, aber schmäler, stumpf-dreieckig und wird vom zusammengedrückten, vom Körper entfernten, oberen Dorn überragt. Die untere Wand des Rückenmarkskanals bietet eine centrale, ihm eigenthümliche Längsleiste. Die Basaltheile seiner Querfortsätze, ebenso wie die stark comprimirten, fast halbmondförmigen, paarigen, einander mehr genäherten, durch eine schmälere, tiefere Grube getrennten Fortsätze der unteren Fläche sind dünner.

· Vom ersten Schwanzwirbel des alten *Cetotherium Mayeri* (Taf. X, Fig. 2, 3, 0, 0 und Fig. 9 a, b, c) weicht er ausser den oben bereits erwähnten Merkmalen durch den glätteren Körper, einen viel stärker angeschwollenen, niedrigeren Neuralbogen und durch den Mangel vorderer rudimentärer, paariger Fortsätze der unteren Fläche ab. — Vom, mit ihm ziemlich gleich grossen, ersten Schwanzwirbel des jungen *Cetotherium Mayeri* (Taf. XI, Fig. 4, 5 k) entfernt er sich durch ähnliche Merkmale.

Der fragliche Wirbel scheint daher nicht wohl weder einem *Cetotherium priscum*, noch einem *Cetotherium Mayeri* zugeschrieben werden zu können.

Als erster Schwanzwirbel will er mir auch zum zweiten Schwanzwirbel des alten *Cetotherium Helmersenii* nicht passen. Sein Körper ist zu schmal und im Verhältniss zu lang, sein Wirbelkanal oben spitzer, schmäler und höher, sein Bogen ist dünner, seine vorderen Bogenfortsätze sind ebenfalls dünner und hinten niedriger.

Wenn nun aber der fragliche Wirbel nicht wohl auf eine der drei genannten Arten von *Cetotherium* bezogen werden kann, so fragt es sich, ob er nicht dem *Cetotherium Klinderi* oder vielleicht noch eher *Rathkei* zu vindiziren sei. Leider fehlt von den beiden letztgenannten Arten der mit ihm vergleichbare Wirbel. Wenn ich indessen die mit einem viel kürzeren Körper und am Grunde viel dickeren, oben convexen Querfortsätzen versehenen Lendenwirbel des *Cetotherium Rathkei* und *Klinderi* betrachte, so vermag ich ihn auch mit diesen nicht recht in Harmonie zu bringen. Ich sehe mich daher veranlasst, ihn vorläufig einem fraglichen *Cetotherium incertum* zu vindiziren.

### ANHANG II.

### Vorläufig in artlicher Hinsicht nicht genau bestimmbare Reste von Cetotherien aus Russland.

#### Hierzu Taf. XIII.

Nordmann beschrieb (*Palaeont. p. 344*) den Epistropheus eines *Cetotheriums* und liess ihn (Taf. XXVIII, Fig. 4, 4 a und 4 b) abbilden. Derselbe soll dem der *Balaenoptera minor* ähneln, vorn 107 Mm. breit sein und dort zwei concave Gelenkflächen besitzen, zwischen denen ein breiter, quer gestellter, ziemlich vorragender, Processus odontoideus sich befindet. Oberhalb des Processus soll der Körper von hinten nach vorn abschüssig und in der Mitte mit einem zum Theil abgeriebenen Kiele versehen sein. Auf der hinteren

Fläche hat nach ihm der Körper eine vierseitige, abgerundete Scheibengestalt, deren Mitte stark convex ist.

Der fragliche Wirbel ist sicher ein *Cetotherium*-Wirbel, denn er gleicht im Allgemeinen dem (85 Mm. breiten) des *Cetotherium Klinderi*. Nach Maassgabe seiner Grösse gehörte er einem Individuum an, welches nicht bedeutend grösser war als *Cetotherium Klinderi*. Dass er aus morphologischen Gründen diesem nicht wohl angehören konnte, wurde bereits oben in der Beschreibung der Reste desselben (S. 88) bemerkt. Nordmann ist geneigt, ihn dem *Cetotherium priscum* zu vindiziren. Er könnte dann aber nur nach Maassgabe der Grösse des von mir beschriebenen Atlasses der genannten Art, der eines jungen Thieres derselben sein. Da aber ausser *Cetotherium priscum* noch andere Arten bei seiner Deutung in Betracht kommen, deren Epistropheen man ebenso wenig bis jetzt kennt, als den von *Cetotherium priscum*, so bleibt Nordmann's Vermuthung ungewiss. Nach Maassgabe der Abbildung, welche er vom fraglichen Epistropheus Taf. XXVIII gegeben hat, möchte ich ihn übrigens auch nicht dem von ihm (*Bullet. d. nat. d. Moscou 1861, p. 582*) beschriebenen und ebend. Taf. XII, Fig. 3 abgebildeten, als dritten bezeichneten Halswirbel mit Sicherheit anreihen. Er erscheint mir dazu etwas zu klein.

Was den Halswirbel anlangt, den Nordmann bereits früher (*Palaeont. p. 345*) als dritten oder vierten ansieht und auf Taf. XXVIII, Fig. 5 abbilden liess, so bemerkt er zwar, dass derselbe ihm gleichzeitig mit dem eben beschriebenen Epistropheus aus Kischinew (Bessarabien) gesandt worden sei und nebst diesem demselben Thierindividuum angehörte. Vergleicht man indessen die Abbildung der hinteren Fläche seines Epistropheus (Fig. 4 a) mit der vorderen seines Fig. 5 dargestellten Halswirbels, so erscheint die letztere für die des Epistropheus, wenigstens in seiner Zeichnung, namhaft kleiner. Sind also beide Zeichnungen exact, so können die beiden fraglichen Wirbel nicht wohl die eines und desselben Individuums gewesen sein. Der als dritter oder vierter, von Nordmann beschriebene Halswirbel des *Cetotherium* könnte übrigens, wenn er überhaupt auf *Cetotherium priscum* zu beziehen wäre, nur für ein sehr junges Individuum passen. Bemerkenswerth erscheint, dass derselbe in Bezug auf seine Grösse und die Gestalt seiner Gelenkfläche sehr gut mit dem Epistropheus des *Cetotherium Klinderi* harmoniren würde, dem ich ihn jedoch keineswegs mit völliger Sicherheit vindiziren möchte, da er möglicherweise auch vom *Cetotherium Rathkei* oder dem jüngeren Exemplar einer noch anderen Art abstammen könnte.

Die nähere Entscheidung, welcher Art von *Cetotherium* der fragliche Nordmann'sche Epistropheus und der dritte oder vierte Halswirbel angehöre, muss daher künftigen Forschern überlassen werden, die das Glück haben, vollständigere entscheidende Materialien zu untersuchen.

Mehrere mir vorliegende, der Gattung *Cetotherium* angehörige, Rippenfragmente vermag ich bisher ebenfalls keiner bestimmten Art von *Cetotherium* zu vindiziren.

Es gehört hierher das von neuem (Taf. XIII, Fig. 8) dargestellte, bereits von Eichwald (*Urwelt S. 35*) als Bruchstück der ersten Rippe seines *Ziphius priscus* (= *Cetotherium priscum*) angesehene und von ihm *Tab. 11, Fig. 3, 4* abgebildete. Dasselbe kann nämlich, wie mir scheint, nicht wohl wegen seiner enormen Grösse, namentlich Dicke und Breite, einem Individuum angehört haben, welchem die von Eichwald ebendaselbst beschriebenen, mit den von Antipow gesandten gleich grossen Schwanzwirbel, nebst den mit ihnen zugehörigen beiden viel kleineren (siehe Taf. VII, Fig. 16, 17) Rippen angehörten. Auf keinen Fall möchte ich dasselbe für das untere Stück der ersten Rippe halten. Die Länge desselben beträgt 200, seine obere und mittlere Breite 60, seine unterste 20, seine Dicke oben von aussen nach innen 50, von hinten nach vorn 60, unten aber nur 10 Mm. Das obere Ende ist dick und eirund, das unterste stark abgeplattet, die äussere Fläche stark convex, die innere etwas ausgeschweift. Die Ränder sind gerundet.

Ein zweites Rippenbruchstück (Taf. XIII, Fig. 3) wird im Akademischen Museum als Geschenk eines Herrn Trofimowski aufbewahrt, es stellt den, in der Krümmung gemessenen, 230 Mm. langen, oberen Theil einer Rippe dar, dessen oberes Ende vorn und hinten abgeplattet und gebogen, während das untere, stark verdickte und gerundete, auf der Aussenfläche stark convex, auf der inneren aber weniger convex erscheint. Die untere Dicke desselben beträgt 35 Millimeter.

Ein drittes mir vorliegendes, bedeutendes, 300 Mm. langes, oben dickeres, schmäleres, 40 Mm. breites, in der Mitte und unten dünneres, über seinem stumpf zugespitzten Ende breiteres, 45 Mm. breites, Rippenfragment (*Taf. XIII, Fig. 4*) stammt aus dem Tifliser Museum. Es ist offenbar die untere Hälfte einer *Cetotherium*-Rippe. Da dieselbe mit dem homologen unteren, gleich breiten Theil des dem *Cetotherium priscum* angehörigen Fragmentes (Taf. VII, Fig. 17) viel dünner und platter erscheint, so trage ich einiges Bedenken, sie dem *Cetotherium priscum* zuzuschreiben. Da indessen das fragliche Rippenfragment mit Wirbeln des *Cetotherium priscum* gesandt wurde, so könnte es doch diesem angehören.

Ein dickes, mässig gewölbtes, 170 Mm. langes, unten breiteres Rippenfragment (Taf. XIII, Fig. 5) des Tifliser Museums, dann ein zweites, ähnliches, fast nur halb so langes, etwas schmäleres (ebend. Fig. 6) desselben Museums könnten nach Maassgabe ihrer Dicke mit dem oben genannten unteren Antipow'schen Rippenfragment identifizirt und gleichfalls *Cetotherium priscum* zugeschrieben werden, wenn nicht einer ihrer Ränder abgeplattet, der andere etwas zugeschärft wäre, während am Antipow'schen Fragment beide Ränder zugerundet sind.

Das von Nordmann (*Palaeont. p. 341. Taf. XXVII, Fig. 4, 4 a*) dem *Cetotherium priscum* zugeschriebene, auf meiner Taf. XIII, Fig. 7 dargestellte, 170 Mm. lange, an einem Ende, vermuthlich dem unteren, 55, am anderen 45 Mm. breite, stark verbrochene, dicke, mässig gebogene, mit einem breiten, flachen und einem schmalen, zugerundeten Rande, ferner einer äusseren, wie inneren, mässig convexen Fläche versehene Rippenstück könnte einem *Cetotherium priscum*, aber auch möglicherweise einem *Cetotherium Mayeri* angehört haben. Mit Sicherheit lässt sich nicht eher etwas darüber sagen, als bis man bedeutende Rippenreste des *Cetotherium priscum* und *Mayeri* gleichzeitig mit anderen ihm ohne Bedenken zu vindizirenden namhaften Ueberbleibseln seines Skeletes gefunden haben wird.

Neun Werst von Kertsch wurde am Ufer des Asowschen Meeres, in einer Tiefe von 56 Fuss, das Schulterblatt einer Cetacee (*Taf. XIII, Fig. 14 a, b*) ausgegraben und von einem Herrn Trofimowsky dem Akademischen Museum geschenkt. Dasselbe gehört, nach Maassgabe seiner Gelenkgrube, offenbar einem erwachsenen Thiere an und besitzt eine Höhe von 170 und eine Breite von 220 Mm. Es gleicht, mit Ausnahme seiner ansehnlicheren Grösse, ungemein dem Schulterblatt des jugendlichen *Cetotherium Klinderi* (siehe Taf. V, Fig. 14 A). Seine, im Verhältniss zu der an den Schulterblättern des *Cetotherium Rathkei* und *Mayeri* wahrnehmbaren, kleine, namentlich von hinten nach vorn schmälere, etwas tiefere, Gelenkfläche macht mich indessen zweifelhaft, ob dasselbe einem alten *Cetotherium Klinderi* zu vindiziren sei. Die mehr gerundete, von der der lebenden *Balaenoiden* abweichende, der bei den *Delphinoiden* vorkommenden ähnlichere Form der Gelenkfläche könnte sogar Anlass zur Frage geben: ob nicht das fragliche Schulterblatt einer *Delphinoide* angehört habe, wenn nicht *Pachyacanthus Suessii* ebenfalls eine kleine Gelenkfläche wie manche *Delphinoiden* besässe. Ich bin daher am meisten geneigt, das fragliche Schulterblatt nach Maassgabe seiner Grösse *Cetotherium priscum* zu vindiziren.

Nach der Veröffentlichung seiner Paläontologie erhielt Nordmann, wie schon oben bemerkt, mehrere Knochenreste meist aus Kischinew, die er in Sympheropol, also fern von einem Museum, beschrieb. Die Beschreibung erschien 1861, von einer Tafel (XII) begleitet, im *Bulletin d. nat. d. Moscou* p. 582 *ff.*

Der von ihm als dritter Halswirbel bezeichnete Knochen mag allerdings, wie schon oben besprochen wurde, der eines *Cetotheriums* sein.

Ueber die von ihm p. 583 der hinteren Rückenregion eines *Cetotheriums* vindizirten vier Wirbel lässt sich hinsichtlich der Artbestimmung nichts sagen, da die Abbildungen und eine genauere Beschreibung fehlen. Dasselbe gilt von dem p. 586 erwähnten grossen Rückenwirbel aus Kertsch.

Die vier p. 583 von ihm erwähnten, der Spitze des Schwanzes angehörigen, Wirbel, die er Taf. XII, Fig. 1 abbilden liess, mögen einem *Cetotherium* angehört haben, könnten aber auch die eines *Delphins* sein, da die endständigen Schwanzwirbel der *Balaenoiden* und *Delphinoiden* einander sehr ähnlich sehen. Was den Fig. 2 von ihm abgebildeten unteren Dornfortsatz anlangt, so giebt er selbst zu, dass er auch von einem *Delphin* kommen könne, was mir in der That, wegen der Länge seines oberen und der geringeren Breite seines unteren Theiles, das Richtige zu sein scheint.

## ANHANG III.

### Ungenügend bekanntes Cetotherium des Wiener Beckens.

#### Spec. C? Cetotherium ambiguum Brdt.

Wie aus der Beschreibung und den Abbildungen des *Pachyacanthus Suessii* hervorgeht, weicht derselbe unter anderen auch durch die grosse Verdickung der oberen Dornenfortsätze der vorderen Schwanzwirbel constant von den Wirbeln der echten *Cetotherien* ab. Im K. K. Wiener Hofmineralienkabinet wird nun aber unter V. 106, c 3 auch ein 1859 in Nussdorf (unweit Wien) gefundener, wegen seiner mit dem Körper verwachsenen Epiphysen, keinem jungen Individuum zu vindizirender vorderster Schwanzwirbel (Taf. XIV, Fig. 1.—5) aufbewahrt, der nicht nur durch den Mangel des genannten Kennzeichens, sondern auch durch mehrere andere Merkmale von dem ihm entsprechenden Wirbel des *Pachyacanthus Suessii* abweicht.

Sein Körper ist oben mehr comprimirt und hinten an den Seiten höckriger. Sein oberer, wenig nach hinten geneigter, Dorn erscheint völlig abgeplattet, hinten und vorn geradrandig, oben verbreitert. Die aussen stärker als bei *Pachyacanthus Suessii* eingedrückten Bögen sind nur mässig dick, während ihre vorderen, schiefen Fortsätze viereckig und abgeplattet, sowie etwas aufrecht erscheinen. Die Querfortsätze sind ziemlich schmal. Der Rückenmarkskanal bietet vorn eine nach oben gerichtete Spitze. Die hintere Oeffnung desselben ist weiter als bei *Pachyacanthus Suessii*.

Die Länge seines Körpers beträgt 40, die Höhe desselben vorn 36, hinten 39, die Breite desselben vorn 43, hinten 41 Mm. Sein oberer Dornfortsatz ist unten 36, oben aber 44 Mm. breit. Seine schiefen Bogenfortsätze sind in der Mitte 20 Mm. breit.

Am fraglichen Wirbel finden sich demnach alle Charaktere des ihm entsprechenden Wirbels eines *Cetotheriums*, keineswegs aber von *Pachyacanthus*. Es fragt sich nun aber, ob er einem der bereits oben beschriebenen, in Südrussland gefundenen, Artenreste der *Cetotherien* angehören könne, oder ob er auf eine noch unbekannte Form von *Cetotherium* hindeute.

Der Vergleich des beschriebenen Wirbels mit dem ihm homologen der russischen *Cetotherien* lieferte folgende Resultate. Der fragliche Wirbel kommt dem ersten Schwanzwirbel des *Cetotherium Mayeri* am nächsten. Der der letztgenannten Art unterscheidet sich aber durch den breiteren, vorn am Grunde tief ausgeschnittenen Querfortsatz, den schmäleren, weniger nach hinten gerückten Bogentheil, und den etwas höheren, vorn dreieckigen Rückenmarkskanal.

## ANHANG IV.

### Nachträge zur Subfamilie der Cetotherinen und zur Gattung Cetotherium.

Die oben (S. 48 ff.) gelieferte Charakteristik der *Subfamilie* der *Cetotherinen*, ebenso wie der S. 61 mitgetheilte Charakter der Gattung *Cetotherium* waren bereits abgedruckt, als Herr Professor Van Beneden mir einen Separatabdruck seiner im *Bulletin d. l'Acad. roy. d. Belgique*, $2^{me}$ *sér.*, *T. XXXIV*, *no. 7. juillet 1872* unter dem Titel: *Les Baleines fossiles d'Anvers* veröffentlichten, beachtenswerthen Abhandlung mittheilte, und ehe ich durch Herrn Prof. Cornalia's Güte schöne, von eigener Hand entworfene, Zeichnungen der von Cortesi 1806 entdeckten, 1809 beschriebenen, *Cetotherine* (dem *Cetotherium Cuvieri* mh.) erhielt.

Ich sehe mich daher veranlasst, in Folge der erwähnten freundlichen Mittheilungen hinsichtlich der Charakteristik der Gruppe der *Cetotherinen* und des Charakters der Gattung *Cetotherium* folgende Nachträge und Verbesserungen hier einzuschalten, bevor ich an die Beschreibung der antwerpener und italienischen *Cetotherinen* gehe.

A. Zur Charakteristik der *Subfamilie* der *Cetotherinen*.

S. 49 heisst es: Der Rückenmarkskanal der vorderen und mittleren Schwanzwirbel ist breiter als hoch und mehr oder weniger stark verengt. Der eben genannte, für einen generischen gehaltene, Charakter muss indessen wegfallen, da ihn nur die russischen (typischen) *Cetotherien (Eucetotherien)* und die *Pachyacanthen* bjeten.

In der auf derselben Seite befindlichen Note (sowie S. 52) wird mit Van Beneden in der *Ostéographie* dem *Cetotherium Cuvieri* mit Unrecht eine kürzere Schnautze vindicirt. Eine treffliche Abbildung des Schädels, welche ich Herrn Prof. Cornalia verdanke, zeigt nämlich, dass der Schnautzentheil desselben ebenso lang, als beim *Cetotherium Rathkei* war.

Mit Unrecht heisst es S. 51: «Nach Maasgabe der Verkürzung der Wirbel ähnelten die *Cetotherinen* am meisten den *Megapteren*, denen sie auch wohl hinsichtlich der dadurch bedingten grösseren Gedrungenheit ihres Rumpfes sich mehr als den *Balaenopteren* näherten.» Der genannte Charakter und die davon hergeleitete Gedrungenheit des Rumpfes lässt sich jedoch ebenfalls hauptsächlich nur auf die eigentlichen, vorzugsweise russischen, *Cetotherien* (Subg. *Eucetotherium*) anwenden. Die Zuziehung der *Plesioceten* erheischt dagegen die Annahme langwirbliger, hierdurch den *Balaenopteren* ähnlicher *Cetotherinen*, so dass unter den Letzteren, wie bei den *Balaenopterinen*, auch hinsichtlich der Rumpfgestalt gedrungene und schlanke Formen anzunehmen sind. Demgemäss werden daher auch die S. 52 hinsichtlich der Rumpfgestalt gemachten Bemerkungen zu verändern sein, folglich die darauf bezüglichen Zweifel dadurch schwinden.

Als Ergänzung zum Charakter der *Cetotherinen* möchte ich noch hinzufügen, dass auch bei ihnen, wie bei den *Balaenopterinen*, Schulterblätter vorkommen, die ein Acromium

18*

und einen Processus coracoideus besitzen, während bei Anderen der Letztere fehlt und bei noch Anderen beide vermisst werden.

Hinsichtlich des S. 53 und 54 gelieferten Abschnittes über die Grösse der *Cetotherinen* wird die allgemeine Annahme zur Geltung gelangen, dass es sehr kleine, mittelgrosse und überaus grosse, den grössten der lebenden *Balaenopteren* gleich kommende, Arten gab.

Hinzuzufügen wäre auch S. 54, dass Hector an der Westküste Neuseelands eine sehr kleine, noch lebende, echte *Balaenide (Neobalaena marginata)* entdeckte, dass ferner Van Beneden unter den Antwerpener Resten ebenfalls die einer sehr kleinen *Balaena* auffand, welche er einer eigenen Gattung *(Balaenula)* vindizirte, und dass Cope von einer *Balaenoptera pusilla* spricht.

Da Van Beneden in seiner oben erwähnten, im Sommer 1872 veröffentlichten Arbeit über die fossilen *Bartencule* des Antwerpener Beckens p. 242 die Gattung *Plesiocetus* nur auf eine Art *(Plesiocetus Goropii)* beschränkte, dagegen aber dem genannten Becken auch vier Arten von *Cetotherien* vindizirt, worunter sich zwei Arten seiner früheren, in der *Ostéographie p. 282* beschriebenen *Plesioceten (Pl. Hüpschii und Burtinii)* befinden, so ist, wenigstens für jetzt, nur das Verbreitungsgebiet der Gattung *Plesiocetus* (siehe oben S. 56) auf das antwerpener Becken zu beschränken. S. 60, Zeile 22, muss es daher in Folge von Van Beneden's neuesten Untersuchungen statt: In Belgien kommen nach Van Beneden *(Ostéogr. p. 254)* die den *Cetotherien* nahe stehenden *Plesioceten* vor, heissen: In Belgien kommen mehrere Arten von *Cetotherien* und ein ihnen nahe stehender, bis jetzt noch nicht auch anderswo beobachteter, *Plesiocetus* vor.

B. Zur Begrenzung der Gattung *Cetotherium.*

Der auf S. 61 ausgesprochene Zweifel, ob die 1859 und im Sinne der *Ostéographie* von Van Beneden aufgestellte Gattung *Plesiocetus* von *Cetotherium* generisch oder subgenerisch zu unterscheiden sei, tritt für jetzt wenigstens dadurch in den Hintergrund, dass Van Beneden dieselbe, wie schon erwähnt, 1872 auf *Plesiocetus Goropii* besekränkte. Wenn also von einer Gattung *Plesiocetus* künftig die Rede ist, so kann es nur heissen *Plesiocetus Van Ben. 1872 (Plesiocetus Van Ben. 1859 ex parte).*

Bei Abfassung des S. 61 gelieferten wesentlichen Charakters der Gattung *Cetotherium* glaubte ich noch die Gattung *Plesiocetus* durch eine kürzere Schnautze, die nicht verdickten Wirbelbögen, die längeren Wirbelkörper, sowie den höher als breiten, mehr oder weniger dreieckigen, Rückenmarkskanal unterscheiden zu können. Van Beneden erklärte mir aber brieflich, dass er im Betreff der Unterscheidung der Gattung *Plesiocetus* von *Cetotherium* die Schnautzenlänge als Kennzeichen aufgebe, worin ich ihm beistimme, da alle *Cetotherien,* deren Schnautzentheile bekannt sind, eine sehr verlängerte Schnautze besassen, während die Schnautzenlänge seines *Plesiocetus Goropii* unbekannt ist.

Was die von mir vorgeschlagenen Wirbelcharaktere anlangt, so lasse ich sie für die echten *Cetotherien,* und theilweis zur Unterscheidung von *Pachyacanthus,* bestehen. Wenn daher Herr Prof. Van Beneden *(Bullet. d. l'Acad. roy. d. Belgique, 2ᵐᵉ sér., T. XXXIV, no.*

*7 juillet 1872, p. 243)*, offenbar auf Grundlage von Resten solcher *Cetotherien* des Antwerpener Museums, welche er früher zu *Plesiocetus* zog. «les os propres du nez, la largeur du frontal au-devant de la suture lambdoïde et surtout la conformation particulière du condyle du maxillaire inférieur avec la disposition du trou dentaire» als Hauptkennzeichen der Gattung *Cetotherium* ansieht, so kann ich leider diese Ansicht nicht theilen.

Worin die Eigenthümlichkeiten der Nasenknochen der *Cetotherien* bestehen, welche dieselben von den Nasenknochen seiner Gattung *Plesiocetus* unterscheiden, wurde nämlich nicht bemerkt. Das zweitgenannte Kennzeichen scheint mir nicht bedeutsam. Das dritte konnte ich an keinem der russischen Reste bis jetzt wahrnehmen; da mir keine intacten Gelenkstücke des Unterkiefers der russischen *Cetotherien* vorlagen und es überhaupt wünschenswerth erscheinen möchte, auch die conformation particulière du condyle und die disposition du trou dentaire wären näher definirt worden.

Die gewünschten Definitionen erscheinen um so nothwendiger, da nachstehende Thatsachen mich abhalten, die Antwerpener *Cetotherien* in ein und dieselbe natürliche Gruppe mit den russischen zu versetzen. Die Bildung der Lendenwirbel und vorderen Schwanzwirbel der russischen, den Grundtypus der Gattung *Cetotherium* bildenden, Arten ist eine so eigenthümliche, dass sie, wie uns Nordmann (*Palaeont. p. 333*) berichtet, schon den grossen Cetaceenkenner Eschricht dermassen frappirte, dass er sie mit den ihm bekannten Wirbeln lebender *Cetaceen* nicht in Uebereinstimmung zu bringen vermochte. Van Beneden (*Ostéogr. p. 281*) bezeichnet dagegen die Wirbel aller seiner früheren *Plesiocetus* als denen der lebenden *Balaenopteren* ähnlich und wiederholt diese Bemerkung (ebend. p. 285) in der Beschreibung seines damaligen *Plesiocetus Burtinii*, spätern *Cetotherium Burtinii* des *Bulletin d. l'Acad. roy. d. Belgique*, $2^{me}$ *ser.*, *T. XXXIV, no. 7 juillet 1872, p. 245.*

Als ich im Jahre 1863 in Turin verweilte und unter Gastaldi's und Filippo de Filippi's freundlicher Führung die im dortigen Museum befindlichen, interessanten paläontologischen Objecte betrachtete, fiel mir bereits die von der der russischen *Cetotherien* so verschiedene Bildung der Wirbel und ihre Aehnlichkeit mit denen der *Balaenopterinen* an den dortigen, dem *Cetotherium Cortesii* angehörigen, Resten dermaassen auf, dass ich an eine gewisse Aehnlichkeit des *Cetotherium Cortesii* mit *Balaenoptera rostrata* dachte.

Im Jahre 1871 hatte ich im Münchener paläontologischen Museum durch die Güte des Herrn Prof. Zittel Gelegenheit, zwei Lendenwirbel und einen der vorderen Schwanzwirbel zu untersuchen, die ohne spezifische Bezeichnung als Wirbel von *Plesiocetus* vom Herrn Prof. Van Beneden eingesandt worden waren. Da die Wirbel von älteren Thieren herrühren und hinsichtlich ihrer geringeren Grösse nicht wohl vom *Plesiocetus Goropii* abstammen können, so sind sie wohl dem einen oder anderen der vom Einsender früher zu *Plesiocetus* gezogenen, später der Gattung *Cetotherium* zugewiesenen, Bartenwale, wie etwa *Cetotherium Hüpschii* oder *Burtinii* oder theilweis beiden zu vindiziren. Die Untersuchung ergab, dass dieselben denen der echten *Balaenopteren* im Wesentlichen ähneln, also von den ihnen homologen Wirbeln der typischen russischen *Cetotherien* namhaft abweichen.

Sie besitzen nämlich, wie die des *Cetotherium Cuvieri*, als Unterschiede von denen der russischen *Cetotherien*, einen längeren, länglicheren Körper, ihr Neuralbogen erscheint nach Maassgabe ihrer Ueberreste dünner und seine Richtung deutet auf einen Rückenmarks-kanal hin, der höher als breit war. Die fraglichen Wirbel zeigen also, dass, wenn man auch ihre Träger nach Maassgabe ihrer, von der der *Balaenopterinen* abweichenden, Schädelbil-dung, als *Cetotherien* gelten zu lassen hat, wir sie als Typen einer besonderen Abthei-lung (*Subgenus*) der Gattung *Cetotherium* anzusehen haben dürften, die ich als *Plesiocetopsis* bezeichnen möchte. Der Zukunft muss es überlassen bleiben: ob nicht möglicherweise an Resten derselben noch andere Merkmale entdeckt werden, welche die *Plesiocetopsen* von den echten *Cetotherien* sogar generisch unterscheiden lassen; obgleich eine solche Sonderung nach meiner Ansicht nicht nothwendig geboten erscheinen würde.

Bemerkenswerth ist es übrigens, dass ich in Folge der gütigen Mittheilungen Cor-nalia's und Gastaldi's nicht nur meine Beobachtungen über den dem der *Balaenopterinen* und *Plesiocetopsen* ähnlichen, von dem der russischen verschiedenen, Wirbelbau der italie-nischen *Cetotherien* bestätigen konnte, sondern noch ausserdem mich veranlasst sehe, die *Cetotherien* Italiens wegen des bei *Cetotherium Cuvieri* wahrgenommenen Mangels des Acro-mion als eigene Gruppe (*Subg. Cetotheriophanes nob.*) zu betrachten.

Da durch Van Beneden's Auffassung der Gattung *Cetotherium*, ferner durch seine veränderte Charakteristik der Gattung *Plesiocetus*, sowie durch die Aufstellung seiner neuen Gattung *Burtinopsis* der von mir oben S. 61 vorgeschlagene Charakter der Gattung *Ceto-therium* alterirt wird, so halte ich es den vorstehenden Erörterungen gemäss für nöthig, demselben (versteht sich auch unter Berücksichtigung von *Pachyacanthus*) nachstehend eine veränderte Fassung zu geben und die Kennzeichen der angeführten drei Untergattungen der Gattung *Cetotherium* gehörigen Orts zu formuliren.

### 1. Genus Cetotherium J. F. Brdt. [2]

Die oberen Dornfortsätze der hinteren Rückenwirbel, der Lendenwirbel und Schwanz-wirbel sind stets abgeplattet. Das Brustbein ist einfach. Die hinteren Rippen sind mässig verbreitert. Das Oberarmbein ist kürzer als die Knochen des Unterarms. Die Ulna bietet stets ein Olecranum. (Die Bildung der Condylen des Unterkiefers und die Disposition der Oeffnung des Canalis inframaxillaris nach Van Beneden von denen bei *Plesiocetus* ver-schieden?)

---

1) Ich erlaube mir, hier gelegentlich zu bemerken, dass S. 57 statt *Pachyspondylus Pachyacanthus* zu lesen ist.
2) Die S. 61 gemachte Angabe über die der Gruppe der *Cetotherien* einzuordnenden Gattungen ist in Betracht der neuesten Mittheilungen Van Beneden's auf folgende Weise zu berichtigen: Zu den *Cetotherien* gehören für jetzt die Gattungen *Cetotherium J. F. Brdt.* (1842), *Burtinopsis Van Bened.* (1872), *Plesiocetus Van Bened.* (1872) und vermuthlich auch die Gattung *Pachya-canthus J. F. Brdt.* (1871).

### Subgenus 1. Eucetotherium nob.

Die Wirbel verkürzt, bei älteren Individuen mehr oder weniger angeschwollen. Die Wirbelbögen verdickt. Die Lendenwirbel und Schwanzwirbel mit einem breiter als hohen, mehr oder weniger in querer Richtung entwickelten, oft sehr verengten und einer Querspalte ähnlichen Rückenmarkskanal. Die Schulterblätter bieten ein Acromium. (Das Verhältniss des Gelenkendes des Unterkiefers unbekannt.)

Die *Eucetotherien* sind die hinsichtlich ihres, gewissermaassen anomalen, Wirbelbaues am meisten von den *Balaenopterinen* abweichenden Glieder der Gattung *Cetotherium*.

Es gehören dazu die oben beschriebenen, bis jetzt häufig als östliche Formen im südlichen Russland, nur selten im Wiener Becken, gefundenen Arten, wie *Cetotherium Rathkei*, *Klinderi*, *Helmersenii*, *priscum*, *Mayeri* und *? incertum*.

### Subgenus 2. Plesiocetopsis nob.

Plesiocetus, *Van Bened. Ostengr. e. p. Cetotherium Van Bened., Bulletin d. l'Acad. Belgique, 1872.*

Die Wirbel weniger oder mehr verlängert, denen der *Balaenopteren* ähnlich. Die Wirbelbögen nicht verdickt. Der Rückenmarkskanal höher als breit. Die Gestalt der Schulterblätter, nach Maassgabe von *Cetotherium Burtinii*, wie bei *Eucetotherium*. Ungewiss ist es aber: ob die von Van Beneden auf Grundlage seiner neuerdings von ihm beschriebenen Antwerpener *Cetotherien* hervorgehobene «conformation particulière du condyle du maxillaire inférieur avec la disposition du trou dentaire» bloss auf diese Abtheilung oder, wie er zu meinen scheint, auf alle *Cetotherien* sich beziehe.

Ich rechne hierher die von Van Beneden meist im Antwerpener Becken nachgewiesenen *Cetotherien*, wovon wohl theilweis Reste bereits im sechszehnten Jahrhundert (zur Zeit des Goropius), dann zu Ende des achtzehnten von Häpsch beobachtet, jedoch erst neuerdings sehr reichlich entdeckt und von Van Beneden passender gedeutet wurden.

Während die *Eucetotherien*, wie ich auch schon durch ihre Bezeichnung auszudrücken mich bemühte, in Betreff ihres eigenthümlichen Wirbelbaues, als die eigentlichen typischen Formen gelten können, sind die Glieder der Untergattungen *Plesiocetopsis* und *Cetotheriophanes* hinsichtlich des Wirbelbaues als zu den *Plesioceten* und mittelst dieser zu den *Balaenopterinen* hinneigende anzusehen.

Uebrigens lassen sich wohl für jetzt die *Plesiocetopsen* im Gegensatz zu den östlichen *Eucetotherien* und südlichen, sowie südwestlichen *Cetotheriophanen* bis jetzt als nordwestliche Typen der Gattung *Cetotherium* ansehen.

### Spec. 6. Cetotherium (Plesiocetopsis) Hüpschii. [1] /.

Plesiocetus Hüpschii, *Van Beneden*, *Bulletin de l'Acad. roy. Belgique*. *VIII* (1859), *Ostéogr. d. Cét. p. 282, Pl. XVI, Fig. 17—22 et Pl. XVII, Fig. 1—3.* — Cetotherium Hüpschii, *Van Beneden*, *Bulletin d. l'Acad. roy. Belgique*, *2me sér.*, *T. XXXIV (1872), no 7, p. 244.*

Als Grundlagen der Art betrachtet Van Beneden (*Ostéogr. a. a. O.*) ein grosses Bruchstück des hinteren Schädeltheils mit den Condylen und die Bullae tympani (ebend. Pl. XVI, Fig. 17, 18, 19), mehrere Atlanten (Fig. 20), einen Epistropheus (Fig. 21), sowie mehrere andere Wirbel nebst Bruchstücken von Rippen und Extremitäten, welche im Brüsseler Museum sich befinden und zwei älteren Individuen angehörten. Er zieht aber auch zu dieser Art das Schädelfragment von Villiers bei Bayeux (Calvados) *Pl. XVII, Fig. 1—3*, ferner das des Pariser Museums, welches im Drome-Departement gefunden wurde, wovon er durch Delfortrie eine Photographie erhielt und eine Basis cranii des Cambridger Museums, die zwischen Santwald und Convehyth (Suffolk) ausgegraben wurde.

Das in der *Ostéogr. Pl. XVI, Fig. 17* abgebildete Schädelfragment, welches die untere Seite zeigt, weicht von dem völlig intacten des *Cetotherium Rathkei* meiner Taf. I, Fig. 2 dermaassen ab, dass ich dasselbe in Betreff seiner Seitentheile keineswegs für ein im normalen Zustande befindliches Fragment einer *Cetotherine* halten möchte. Die Pl. XVII, Fig. 1—3 gelieferten Abbildungen des Hinterhaupttheils des Schädels passen dagegen sehr gut zu einer *Cetotherine*.

Was er hinsichtlich der Unterschiede der Basis cranii seines *Plesiocetus Hüpschii* von *Balaenoptera rostrata* (*Ostéogr. p. 283*) sagt, dürfte sich wohl, wie mir scheint, als einer der allgemeinen Unterschiede der *Balaenopterinen* von den *Cetotherinen* ansehen lassen.

Als Hauptcharakter seines früheren *Plesiocetus Hüpschii* sieht Van Beneden (*Ostéogr. a. a. O.*) die hintere und äussere Apophyse der Bulla tympani an. Diese Apophyse erstreckt sich nämlich nach ihm beim fraglichen Thier bis zum Rande des Hinterhaupts, während sie wie liegt, zwischen dem Hinterhaupts- und Schläfenbein so tief ist, dass der untere Rand kaum den am meisten vorspringenden Theil des erstgenannten Knochens überragt.

Andere Unterscheidungsmerkmale sind leider nicht angegeben. Er bemerkt zwar vom Cambridger Schädelfragment: La base de l'occipital est fort large; le canal logeant l'apophyse externe du rocher est fort étroit: les apophyses ptérygoïdes sont fort éloignées l'une de l'autre; on voit la base des sphénoïdes qui sont complètement soudés; le sphénoïde an-

---

1) Statt Hüpschii ist wohl richtiger zu schreiben Hüpschii, denn der durch seine *Naturgeschichte Niederdeutschlands*, *Nürnberg 1781*, und andere Schriften, so namentlich durch seine *Beschreibung einiger neu ent-* | deckten versteinerten grossen Seethiere (Der Naturforscher, *1774, 5 St., p. 1791*) wohl bekannte Cöllner Freiherr, dem die Art gewidmet wurde, hiess J. W. C. A. Hüpsch.

térieur a conservé encore sa partie latérale ou ses ailes,« ohne jedoch mit Recht auf diese Bemerkungen ein besonderes Gewicht zu legen.

Vom Hinterhaupt des *Cetotherium Rathkei* weicht die Form der Hinterhauptsschuppe des *Cetotherium Hüpschii* der *Ostéogr. Pl. XVII, Fig. 1* entschieden ab. Die Bullae tympani (*Pl. XVI, Fig. 18, 19*), der Atlas (ebend. *Fig. 21*) und der Epistropheus (ebend. *Fig. 22*) desselben bieten gleichfalls gestaltliche Abweichungen von den entsprechenden Theilen des *Plesiocetus Goropii* (ebend. Fig. 2, 3, 4, 5) und des *Cetotherium Bartinii* (ebend. Fig. 10, 11, 12).

Die Bullae tympani des *Cetotherium Hüpschii* unterscheiden sich nach Maassgabe der *Ostéogr. Pl. XVI, Fig. 18* von denen des *Plesiocetus Goropii*, sowie denen des früheren *Plesiocetus*, späteren *Cetotherium Bartinii*, durch ihre fast abgestumpft-kegelförmige Form und sind daher an einem Ende weit niedriger als am anderen. Van Beneden hat indessen in der neueren Charakteristik seines *Cetotherium Hüpschii* (*Bulletin d. l'Acad. roy. Belgique, T. XXXIV, p. 244*) auf die Bullae keine Rücksicht genommen, sondern führt nur: »la grande largeur de la base du sphénoïde et de l'occipital, la longeur et la forme presque carrée de l'apophyse mastoïde,« sowie »la largeur de la partie du frontal qui est située entre les os propres du nez et l'occipital« als Kennzeichen an.

Wie aus Van Beneden's Mittheilungen hervorgeht, wurden die Reste seines *Cetotherium Hüpschii* nicht blos in Belgien (besonders häufig bei Antwerpen und St. Nicolas), sondern auch in Frankreich und England gefunden.

Die Länge, welche die fragliche Art errreichte, schätzt er etwas geringer als die der 20—25 Fuss langen *Balaenoptera rostrata*.

### Spec. 7. Cetotherium (Plesiocetopsis) brevifrons.

Cetotherium brevifrons, *Van Beneden, Bulletin d. l'Acad. roy. Belgique, 2me sér., T. XXXIV, n. 7, juillet 1872, p. 244.*

Herr Prof. Van Beneden macht über diese neue Art folgende Mittheilungen.

»Cette espèce se distingue par l'étroitesse du frontal au-devant de la suture lambdoïde, par la surface de l'occipital qui est bombée au milieu du crâne, au lieu d'être déprimée, par la base du crâne qui est moins large que dans l'espèce précédente (*Cetotherium Hüpschii*) et par l'apophyse mastoïde qui est très-courte, échancrée et massive.

Dans plus d'un exemplaire l'axis est soudé à la troisième cervicale; les vertèbres dorsales et lombaires sont assez courtes et arrondies à leur face inférieure.

Le musée royal en possède deux portions de crâne et des vertèbres de diverses régions. Nous en possédons également plusieurs ossements à Louvain.«

146    J. F. BRANDT,

### Spec. 8. Cetotherium (Plesiocetopsis) dubium.

Cetotherium dubium, *Van Beneden, Bulletin d. l'Acad. roy. Belgique, 2me sér. T. XXXIV, n. 7, juillet 1872, p. 245.*

Herr Prof. Van Beneden a. a. O. liefert über diese Art nachstehende vorläufige Bemerkungen.

«Cette espèce est assez semblable à la suivante (*Cetotherium Burtinii*), mais l'atlas et l'axis sont plus massifs, surtout l'atlas; les vertèbres lombaires s'allongent notablement de manière à prendre quelques caractères de ziphioïde. — Le crâne est fort plat audessus, et l'apophyse mastoïde est épaisse et très-courte. — Le maxillaire inférieur qui est conservé au musée royal a 1m,65 de long et du bout antérieur jusqu'à l'apophyse coronoïde, 1m,40. Il est remarquable par son extrémité antérieure qui est fort large au bout. — Le cubitus se distingue par une forme particulière en hache de sa partie olécrânienne. La taille est aussi plus forte que celle du *C. Burtinii*.

Cette espèce est une des plus communes.»

### Spec. 9. Cetotherium (Plesiocetopsis) Burtinii.

Plesiocetus Burtinii,[1] *Van Bened., Bulletin d. l'Acad. roy. Belgique, 1859, T. VIII, Ostéogr. d. Cétac. p. 284, Pl. XVI, Fig. 10—16. — Cetotherium Burtinii, Van Beneden, Bulletin d. l'Acad. roy. Belgique, 2me sér., T. XXXIV, n. 7, juillet 1872, p. 245.*

Für die Aufstellung dieser Art lagen Van Beneden Schläfenbeine, Paukenbeine, Reste von Unterkiefern, Hals-, Rücken- und Schwanzwirbel, sowie Bruchstücke von Schulterblättern mit Spuren vom ansehnlichen Acromion und von einem dem der echten *Balaenen* ähnlichen Processus coracoideus nebst Resten von Extremitäten vor. Was die letzteren anlangt, so erscheint der Humerus (*Pl. XVI, Fig. 16*) im Verhältniss lang und wenig abgeplattet und weicht merklich, noch mehr als die Wirbel, von dem der *Balaenopteren* ab. Die Ulna und der Radius, ebenso wie die wenig verlängerten Fingerknochen, verhalten sich wie bei den *Balaenopteren*. Einen der Hauptcharaktere dürfte auch bei dieser Art für jetzt, genau genommen, die ihr vindicirte Bulla tympani liefern. Betrachtet man nämlich die in der *Ostéogr. Pl. XVI, Fig. 10* abgebildete Bulla tympani des *Cetotherium Burtinii* näher, so findet sich, dass dieselbe gestaltlich der vom *Cetotherium Rathkei* (Taf. XII, Fig. 3 a, b) sich nähert, von der des *Plesiocetus Goropii* und *Cetotherium Hüpschii* Van Beneden's aber entschieden sich unterscheidet. Sie erscheint namentlich oval, stark gewölbt, an beiden Enden fast gleich hoch und breit, und bietet eine hohe Windung.

Der Epistropheus weicht zwar nach Maassgabe der *Ostéogr. Pl. XVI, Fig. 12* durch

---

1) Diese Art wurde zu Ehren Burtin's, des Verfasser der schätzbaren Oryctographie de Bruxelles, Bruxelles 1784, fol., avec 32 fig., genannt.

seine Höhe, den oben nicht geschlossenen Bogentheil und die sehr kurzen, keine von einer Oeffnung durchbohrte Seitenflügel bildenden Querfortsätze von dem des *Plesiocetus Goropii* (ebend. Fig. 5) und dem des *Cetotherium Hüpschii* sehr ab, ähnelt jedoch dem mancher jungen *Cetotherien*; so dem des *Cetotherium Klinderi* (*Taf. V, Fig. 7, 8*) ungemein. Er gehörte daher vielleicht einem jüngeren Individuum an.

In seinen neuesten Mittheilungen über die fossilen *Bartenwale* Antwerpens (*Bulletin d. l'Acad. roy. Belgique, T. XXXIV, p. 245*) führt Van Beneden als Kennzeichen seines *Cetotherium Burtini* folgende an.

«Les os du nez sont fort longs, le crâne en dessus est profondément creusé, l'apophyse mastoïde très-forte et comme tordue sur elle-même; le maxillaire conservé au musée royal mesure 1$^m$,70, son apophyse coronoïde est très-recourbée, la surface articulaire du condyle très-étroite et l'extrémité antérieure est peu large. Les vertèbres lombaires sont massives et quelques-unes d'entre elles montrent la même dépression que l'on trouve dans le *Burtinopsis*.»

Er bemerkt überdies, er habe Reste gesehen, die erwachsenen Individuen angehörten, welche aber noch nicht ihre normale Grösse erreicht hatten, die er auf 30—40 Fuss schätzt.

Die Knochen der fraglichen Art finden sich sehr häufig bei Antwerpen. Ein Van Beneden von P. Gervais mitgetheilter, von Salles im Gironde-Departement stammender, Atlas steht dem ihrigen sehr nahe, ja könnte, wie er meint, ihr angehören.

Die massiven Lendenwirbel scheinen auf eine Annäherung an die der echten *Cetotherien* hinzudeuten; die Annäherung wird aber nur als eine vollständige gelten können, wenn eine Verdickung des Neuralbogens und ein querer, spaltenförmiger Rückenmarkskanal sich daran nachweisen lässt. Die letztgenannten Eigenschaften können aber die Wirbel nicht besitzen, wenn sie, wie Van Beneden (*Ostéogr. p. 285*) andeutet, denen von *Balaenoptera* ähneln.

### Spec. 10. Cetotherium (Plesiocetopsis?) Gervaisii?

*Plesiocetus Gervaisii, Van Beneden, Ostéogr. d. Cétac. p. 287, Pl. XVI, Fig. 23 et 24.* — *Plesiocetus Becanii, Van Beneden, teste Gervais Nouv. Archives d. Mus., T. VII, p. 94 n. 1 et 4 und p. 96, II. n. 1.*

Vor mehreren Jahren sandte P. Gervais das im Miocän von Poussan (Hérault) gefundene Fragment einer Bulla tympani, die er a. a. O. für die eines *Rorquals* hielt, an Van Beneden, welcher sie auf Taf. XVI, Fig. 23 und 24 der *Ostéographie* darstellen liess und einer sehr kleinen Art von *Plesiocetus (Plesiocetus Gervaisii)* zuschrieb. Betrachtet man das sehr mangelhafte Fragment der Bulla näher, so erscheint es keineswegs charakteristisch, obgleich es den allgemeinen Charakter einer *Cetotherinen*-Bulla bietet. Auch hat Herr Prof. Van Beneden keine Merkmale hervorgehoben, welche diese Bulla von denen seiner anderen, in der Ostéographie beschriebenen, *Plesioceten* unterscheiden. Der Vergleich der Abbildungen derselben mit denen der vollständigen Bullae des *Plesiocetus Goropii* (ebend.

*Fig. 2, 3*) und *Bartinii* (ebend. *Fig. 10*), ja selbst mit der unvollständigen Bulla des *Plesiocetus Hüpschii* (ebend. *Fig. 18, 19*), weist aber auf Unterschiede hin, so dass dadurch die Annahme der Art zwar nicht unwahrscheinlich, jedoch keineswegs völlig gesichert erscheint.

Bei Gelegenheit seines *Plesiocetus Gervaisii* der *Ostéographie* bemerkt übrigens Van Beneden: Gervais's, auf ein im pliocänen Sande von Montpellier gefundenes Fragment eines kleinen Unterkiefers gestützter Rorqual fossile = Rorqualus priscus Gerv. (siehe *Ann. d. sc. nat., 4me sér., T. III, p. 338, Pl. IV, Fig. 1 und 1 a, Zool. et Paléont. franç., 2 éd., p. 316, Zool. et Paléont. gén., p. 150* und *Mém. d. l'Acad. d. Montpellier, T. III, p. 252*) gehörte zur Gruppe der *Plesioceten*. Gervais stimmt ihm (*Nouv. Archiv. d. Mus., T. VII, p. 94, no. 2*) hierin bei. Gleichzeitig spricht er unter no. 4 vom Körper eines Lendenwirbels, den Van Beneden dem, wohl mit *Plesiocetus Gervaisii* identischen, *Plesiocetus Becanii* vindizire und erwähnt p. 96 ll. no. 1 einer caisse tympanique des *Pl. Becanii* aus dem Crag von Norwich.

Obgleich eine Bulla tympani, besonders eine fragmentarische, nicht hinreicht die generische Stelle einer Art genau festzustellen, so scheint es mir doch wahrscheinlich, der wenigstens vorläufig, als Art beizubehaltende *Plesiocetus Gervaisii* der *Ostéographie* sei entweder ein zum Subgenus *Plesiocetopsis* gehöriges *Cetotherium*, da gerade diese Form von *Cetotherium* in dem Frankreich benachbarten Belgien mehrfach repräsentirt ist, oder er sei aus einem ähnlichen Grunde in das *Subgenus Cetotheriophanes* zu versetzen und den in Italien entdeckten Arten ähnlich gewesen, ja liesse selbst wohl gar möglicherweise sich mit einer oder der anderen derselben identifiziren. Im Betracht der wenigen, mangelhaften, bisher in Frankreich entdeckten, Reste kann natürlich die eine oder andere dieser Ansichten nur eine hypothetische sein.

### Subgenus 3. Cetotheriophanes Nob.

Plesiocetus, *Van Beneden, Ostéogr. e. p. Plesiocetus Gerv.*

Die Bogentheile der Wirbel nicht verdickt. Der Rückenmarkskanal der Lendenwirbel höher als breit. Die Schulterblätter ohne Acromium und Processus coracoideus.

Das *Subgenus Cetotheriophanes* kann auf Grundlage von *Cetotherium Cuvieri* hinsichtlich des Verhaltens der Schulterblätter als Repräsentant der *Megapteren* unter den *Cetotherien* angesehen werden, welchen Letzteren es nach Maassgabe der Schädelform wohl ohne Frage einzureihen ist. Es wiederholt indessen die *Megapteren* unter den *Cetotherien* keineswegs vollständig, da es etwas schlankere, mehr verlängerte Wirbel und, wie es scheint, auch kürzere Brustflossen als *Megaptera* besass. Jedenfalls steht *Cetotheriophanes* hinsichtlich seines Wirbelbaues den *Plesiocetopsen*, ebenso wie den *Balaenopterinen*, näher als die *Eucetotherien*.

Mehr oder weniger bedeutende Reste dieser Gruppe wurden in den Tertiärgebilden verschiedener italienischer Provinzen, namentlich besonders häufig im piazentinischen und bolognesischen Theile des Po-Beckens, aber auch im Neapolitanischen (*Gervais, Bulletin d. l. soc. géol. d. France, 3me sér., T. XXIX (1872), p. 100*) entdeckt. Bereits in der Mitte des vorigen Jahrhunderts berichtet J. Blancani in seiner Abhandlung: De quibusdam animalium exuviis lapidefactis (siehe *De Bononiensi scientiarum et artium Instituto et Academia Commentarii, T. IV (1757), p. 134 sqq.*) von vier grossen Schwanzwirbeln und anderen *Cetaceen* angehörigen Knochen, die man in der Nähe von Bologna gefunden hatte. Capellini (*Memorie dell'Acad. d. sc. di Bologna, ser. 2, Vol. IV, p. 21*) ergänzte diese bologneser Funde durch mehrere andere. — Cortesi entdeckte im piazentinischen zwei Skelete einer *Balaenopteride*, theils am Monte Pulgnasco, theils in der Nähe desselben. Südlich vom Monte Pulgnasco wurden von G. Podesta ebenfalls bedeutende Reste eines *Cetotherinms* gefunden (*L'Institut sc. math. phys. 1844, n. 551, p. 248*). Gastaldi (*Atti della soc. Italiana d. scienze natur. 1862, IV, p. 88*) macht Mittheilungen über bei der Station San Damiano à la Calunga ausgegrabene Reste von *Balaenopteriden (Cetotherien)*.

So viel sich aus der unverkennbaren Aehnlichkeit des Schädels des *Cetotherium Vandellii Van Bened.* mit dem des *Cetotherium Cortesii* folgern lässt, wären, wie es scheint, beide eben genannte Arten ein- und derselben Gruppe zuzuweisen, so dass demnach das Subgenus *Cetotheriophanes* früher auch in dem jetzt von Portugal eingenommenen Tertiärmeere repräsentirt gewesen sein würde. Die fragliche Untergattung würde demnach, wie es den Anschein hat, als Repräsentant einer, bis jetzt wenigstens, dem Südwesten Europas eigenthümlichen Gruppe von *Cetotherien* angesehen werden können, wobei natürlich vorauszusetzen wäre, dass *Cetotherium Cortesii* und *Vandellii*, so wie auch *Capellinii*, mit *Cetotherium Cuvieri* hinsichtlich des Verhaltens der Schulterblätter übereinstimmten.

### Spec. 11. Cetotherium (Cetotheriophanes) Cuvieri Nob.

### Taf. XX, Fig. 1—12.

Balena, *Cortesi, Sugli scheletri d'un rinoceronte africano et d'una Balena etc. disotterrati ne' colli Piacentini, Milano 1809; Saggi geologici, Piacenza 1819, p. 61, Pl. V, Fig. 1 c. p.* — Baleine du sous-genre des Rorquals, *Cuvier, Rech. s. l. oss. foss. 4, V. I, p. 390, Pl. 27, Fig. 1; 4me éd., 8, T. VIII. P. 2, p. 309, Pl. 228, Fig. 1, exclusa p. 314.* — Baleine de Cuvier, *Desmoulins, Dictionn. class. d'hist. nat., T. II, 1822* (Baleines fossiles), *p. 165.* — Le Rorqual de Cuvier (Balaenoptera Cuvieri), *Boitard, Dictionn. univers. d'hist. nat. p. Ch. d'Orbigny, T. II (1842), p. 443; Balsamo Crivelli, Giornale del l'Istituto Lombardo, T. II, p. 133, Bibliotheca Italiana Milano, 1842; Oken Isis, 1843, p. 620.* — Rorqualus Cuvieri, *Pictet, Traité d. Paléontol., 2me éd., T. I, p. 387.* — Plesiocetus Cortesii, *Van Beneden, Ostéogr. p. 241, 242 et p. 287* (ex parte).

Im November des Jahres 1806 entdeckte Cortesi auf der östlichen Flanke des ungefähr 1200 Fuss hohen, im piazentinischen gelegenen, Berges Pulgnasco, etwa 600 Fuss unter dem Gipfel desselben, in den regelrechten Schichten eines bläulichen Thones, worin sich Meeresmuscheln und Haifischzähne fanden, das fast ganz vollständige Skelet einer *Balaenopteride*, welches er 1809 beschrieb. Ein zweites, weniger vollständiges, Skelet einer *Balaenopteride* wurde von ihm in ähnlichen Schichten eines dem Fundort des erstgenannten Individuums benachbarten Thales, 1200 Fuss unter dem Gipfel des Monte Pulgnasco und 1400 Fuss unter dem benachbarten Monte Giogo, in der Nähe eines in die Chiavenna, einen Zufluss des Po, mündenden Flüsschens 1816 gefunden und 1819 in seinen *Saggi geologoci* kurz beschrieben und von einer Abbildung (Pl. V, Fig. 1) des erstgefundenen Skeletes begleitet, die Cuvier in die *Recherches* aufnahm. Cortesi vindizirte übrigens beide Skelete einer Art. Cuvier, der (a. a. O.), ihm in dieser Deutung folgte, lieferte nach Cortesi eine ausführlichere Beschreibung des zuerst (1806), und eine sehr kurze des später (1816) gefundenen Skelets.

Desmoulins und später auch Boitard sahen das von Cortesi zuerst gefundene, grössere, vollständigere, jetzt im Mailänder Museum befindliche, Skelet für den Ueberrest einer besonderen Art an, die sie nach Cuvier benannten, während sie das später entdeckte, kleinere, unvollständigere Skelet für das einer anderen Art erklärten, der sie den speziffischen Namen *Cortesii* beilegten.

Um mir, wo möglich, Gewissheit über die Richtigkeit dieser specifischen Sonderung zu verschaffen sah ich mich veranlasst an Herrn Prof. Cornalia die Frage zu richten: ob die beiden Cortesi'schen Skelete zwei verschiedenen Arten angehörten, indem ich der Meinung war, dass beide in Mailand sich befänden. Herr Prof. Cornalia hatte die Güte, mir zu schreiben: das später von Cortesi gefundene Skelet sei nicht in Mailand, vielleicht aber in Parma.

Nachdem ich durch die Güte Cornalia's in Stand gesetzt worden war, Capellini's Abhandlung über die *Balenottere fossili del Bolognese* zu studiren, fand ich zwar darin (S. 11, 15 und 20) Angaben über im Museum zu Parma befindliche, einem *Rorqualus Cortesii* zugeschriebene Reste, die aber nicht von Cortesi, sondern von Podesta entdeckt wurden. Dass sich, ausser diesen Resten, auch das von Cortesi 1816 entdeckte Skelet dort fände, sagt Capellini nirgends. Hätte er überhaupt Kenntniss davon gehabt, so würde er in seiner Schrift nicht Zweifel über die richtige Deutung seines *Rorqualus* als *Rorqualus Cortesii* aussprechen.

Da ich triftige Gründe habe, die Veröffentlichung meiner Arbeit möglichst zu beschleunigen, so sehe ich mich veranlasst von weiteren, das Cortesi'sche Skelet betreffenden, Nachforschungen abzustehen, deren Resultat ohnehin unsicher erscheint. Ich vermag dies um so eher zu thun, da wir vom trefflichen Cornalia, dem die Angelegenheit näher liegt, umfassende Beschreibungen der italienischen Cetaceen zu erwarten haben.

Uebrigens dürfte ich in Folge der von Cuvier aus den Schriften Cortesi's (die Originalarbeiten desselben habe ich mir leider nicht verschaffen können) gemachten Mittheilungen, dann durch die erwähnte Abhandlung Capellini's, ferner durch die Darstellungen mehrerer wichtigen Theile des im Mailänder Museum befindlichen, von Cortesi zuerst gefundenen Skelets, welche ich der Meisterhand Cornalia's verdanke, ebenso wie durch die zahlreichen Abbildungen der wichtigsten, im Museum von Turin aufbewahrten Skeletreste, welche Herr Prof. Gastaldi gütigst anfertigen liess, schon jetzt im Stande sein, mich für die Ansicht entscheiden zu können in Italien seien bisher nicht nur die Reste von zwei, sondern von drei, ja möglicherweise von vier, Arten von Cetotherien entdeckt worden. An die Möglichkeit einer früheren dortigen Existenz mehrerer Arten von Cetotherien darf aber um so eher gedacht werden, wenn man bedenkt, dass im südrussischen Becken des tertiären Oceans die Reste von mindestens 4, im Wiener Becken von ebenso viel, im Antwerpener sogar von 6 Arten von Cetotherien nachgewiesen wurden.

Als die am besten zu begründende und durch den Vergleich der von den Herren Cornalia und Gastaldi gewogentlich mitgetheilten schönen Zeichnungen noch genauer als bisher festzustellende dieser Arten ist offenbar *Cetotherium Cuvieri* anzusehen. Seine völlig sichere Grundlage bildet, wie schon bemerkt, das im Mailänder Museum befindliche, von Cortesi zuerst (1806) entdeckte Skelet, dem nur die Nasenbeine, der grösste Theil der Knochen des Handtheiles der Flossenknochen und vollständige Jochbeine fehlen.

Bei Cuvier a. a. O. finden sich, genau genommen, nur folgende, Cortesi entlehnte, Angaben, welche zur Begründung der Art beizutragen vermögen.

Der vom Schnautzenende bis zum Hinterhaupt gemessene Schädel ist 6 Fuss (1,94 M.) lang. Seine grösste Breite von einer Orbita zur anderen beträgt 2 Fuss 11 Zoll (0,94), die Höhe in der Hinterhauptsgegend 10 Zoll (0,27), die Breite der Orbiten 12 Zoll (0,29), die Höhe derselben aber 6 Zoll (0,16). Der in der Krümmung gemessene Unterkiefer bietet eine Länge von 6 Fuss 10 Zoll (2,21) und überragt den Oberkiefer um 4 Zoll 6 Linien (0,12). Die obere Nasenöffnung zeigt eine Länge von 1 Fuss 3 Zoll (0,4) und eine Breite von 5 Zoll. Das Schulterblatt besitzt an seiner Spinalseite eine Länge von 2 Fuss 4 Zoll (0,75). Der Humerus ist 9 Zoll 3 Linien lang und oben 5 Zoll breit. Die Länge der Knochen des Vorderarms beträgt 1 Fuss 3 Zoll. Die Körper der grossen Leudenwirbel sind 5 Zoll 11 Linien (0,160) lang, bei einem Durchmesser von 6 Zoll 3 Linien (0,169) und besitzen 9 Zoll hohe Dornfortsätze. Die Länge der grössten, in der Krümmung gemessenen Rippen beläuft sich auf 3 Fuss 7 Zoll (1,165). Die Gesammtlänge der Wirbelsäule beträgt 15 Fuss, so dass mit Einschluss des 6 Fuss langen Schädels die Gesammtlänge des Skelets auf 21 Fuss (6,81) angeschlagen werden kann.

Was Cuvier über die Gestalt des Schädels des *Cetotherium Cuvieri* auf Grundlage der Cortesi'schen Abbildung bemerkt, finde ich nach Maassgabe der von Cornalia gütigst mitgetheilten Zeichnung desselben (Taf. XX, Fig. 1) einerseits nicht ganz zutreffend, andererseits aber zur Art-Unterscheidung keineswegs geeignet. Ebenso haben seine Angaben über das Verhalten des Schulterblattes, den unteren, durch eine Leiste getheilten Gelenktheil des Oberarmbeins, die Gestalt der Unterarmknochen und die Beschaffenheit der Lendenwirbel nebst seiner Bemerkung: das Brustbein sei einfach und dreieckig, keine spezifische

Bedeutung. Selbst seine Angaben, das Skelet besässe mit Einschluss der freien Halswirbel 41 Wirbel und 24 Rippen, lassen sich, für jetzt wenigstens, nicht als unterscheidende, spezifische Kennzeichen verwerthen.

Der Vergleich der von Cornalia mitgetheilten Zeichnung der oberen Ansicht des Schädels des Mailänder Skeletes (Taf. XX, Fig. 1) mit der durch Gastaldi erhaltenen Abbildung des Turiner Schädels des *Cetotherium Cortesii* (Taf. XXI, Fig. 1) liefert dagegen zur Unterscheidung des *Cetotherium Cuvieri* von *Cetotherium Cortesii* folgende Merkmale.

Der Hinterhauptstheil des Schädels des *Cetotherium Cuvieri* (Taf. XX, Fig. 1) ist hinter dem Ursprung der Jochfortsätze der Schläfenbeine stark verschmälert. Die Hinterhauptsschuppe ist schmäler, aber länger, da sie nach vorn sich stärker verlängert und gleichsam in einen schmäleren, dreieckigen, an den Seiten ausgerandeten Fortsatz vorgezogen erscheint. Der Lambdarand scheint als Folge seiner Hinneigung zu dem der *Balaenopterinen* und dem von *Cetotheriopsis*, abweichend vom *Cetotherium Cortesii*, schwach umgebogen zu sein. Die Schläfenschuppen haben das Ansehen einer geringeren Wölbung, als bei *Cetotherium Cortesii* und den echten *Cetotherien*. Die Schläfengruben bieten überdies in ihrer Richtung von innen nach aussen eine länglichere Form als beim *Cetotherium Cortesii*, scheinen sich auch weiter nach hinten und oben zu erstrecken und daher einen grösseren Längendurchmesser zu besitzen. Die längeren, schwächeren, mit ihrem vorderen Ende stärker nach aussen gewendeten Jochfortsätze der Schläfenbeine erreichen die Augenfortsätze der Stirnbeine nicht. Die Augenfortsätze der Stirnbeine sind grösser, namentlich an ihrer inneren Hälfte ansehnlicher und erscheinen weniger gewölbt, so dass sie ebenfalls zu denen der *Balaenopterinen* hinzuneigen scheinen. Ihr vorderer Rand ist stark gebogen, ihr hinterer, äusserer Winkel springt fortsatzartig vor. Die Augenfortsätze der Oberkiefer zeigen hinten und oben eine ansehnlichere Ausrandung, während ihr vorderer Rand ein fast rechtwinkliges Ansehen bietet. Der Stirn- und Scheiteltheil des Schädels erscheint schmäler. Am Unterkiefer (ebend. *Fig. 2*) stehen die Kronenfortsätze nebst den hinteren Oeffnungen des Canalis inframaxillaris den Condylen näher als bei den *Balaenopteren*.

Der Atlas (Taf. XX, Fig. 3) erscheint etwas mehr in die Breite entwickelt. — Der Epistropheus (ebend. Fig. 4) ist niedriger und besitzt sehr breite, flügelartige, von einer ansehnlichen Oeffnung durchbohrte Querfortsätze. Ein namhafter Processus spinosus superior wird aber vermisst. — Die anderen Halswirbel (ebend. Fig. 5) besitzen breitere Körper. — Die vorderen Rückenwirbel scheinen ebenfalls einen breiteren Körper zu haben. — Die Lendenwirbel (ebend. Fig. 6—11) sind merklich länger und schlanker.

Da sich unter den Gastaldi'schen Zeichnungen keine Abbildung des Schulterblatts befindet, so kann von specifischen Abweichungen des oben sehr breiten, denen von *Megaptera longimana* auch hinsichtlich des Mangels des Acromions und Processus coracoideus am meisten ähnlichen, jedoch mit einem mehr entwickelten Hintertheil versehenen, Schulterblättern des *Cetotherium Cuvieri* (ebend. Fig. 12 A) keine Rede sein.

Der bei beiden Arten im Ganzen gleichgeformte Oberarm (ebend. B) ist bei beiden um mehr als die Hälfte seiner Länge kürzer, als der im Verhältniss als ziemlich lang zu bezeichnende, also auf eine eben nicht kurze Flosse hindeutende, Unterarm (C, D).

Der Ellbogenhöcker der weniger gekrümmten Ulna (C) ist breiter, hat einen unteren horizontalen Rand und ragt in horizontaler Richtung nach aussen fast keilförmig vor.

Ueber die Differenz des im Allgemeinen nach dem Typus der *Cetaceen* gebildeten Radius (D) vermag ich keinen Vergleich anzustellen, da von dem des *Cetotherium Cortesii* keine Abbildung mitgetheilt wurde. Dasselbe gilt auch von den Handwurzel- und Finger-knochen, wovon die Cortesi'sche Figur nur unvollständige Reste zeigt, während unter den Gastaldi'schen Figuren keine einzige einen darauf bezüglichen Knochen wahrnehmen lässt.

### Spec. 13. Cetotherium (Cetotheriophanes?)[1] Cortesii Nob.

### Taf. XXI und XXII.

Baleine de Cortesi, *Desmoulins, Dictionn. class. d'hist. nat., T. II, p. 165.* — Rorqual de Cortesi, *Boitard, Dictionn. univers. d'hist. nat. p. d'Orbigny, T. II, p. 413.* — Baleine du sous-genre des Rorquals, *Cuvier, Rech., éd. 8, T. VIII, P. 2, p. 314. Autre squelette.* — Rorqualus Cortesii (Balaena Cortesii) *Desmoulins Pictet Traité d. Paléontol., 2me éd., T. I, p. 387.* — Plesiocetus Cortesii, *Van Beneden, Ostéographie c. p.* — Plesiocetus Cortesii, *P. Gervais, Bulletin d. l. soc. géolog. d. France, 2me sér., T. XXIX, p. 100.* (Die im Turiner Museum befindlichen Reste desselben.)

Zur völlig exacten Begründung des *Cetotherium Cortesii* müsste sonder Zweifel von der genaueren Untersuchung des 1816 von Cortesi entdeckten Skelets ausgegangen wer-den, welches er (1819) leider deshalb wohl nur ungenügend besprach und nicht abbildete, weil er es mit dem früher gefundenen in Bezug auf Artbestimmung für identisch hielt, worin ihm Cuvier beipflichtete. Desmoulins that, wie schon oben angedeutet, den nach meiner Ansicht glücklichen Wurf, auf blosser Grundlage von allerdings etwas auffallen-den, von Cortesi und Cuvier angeführten Differenzen der Schädel- und Körperlänge, wo-durch das fragliche Skelet von dem 1806 von Cortesi entdeckten abwich, eine neue Art von *Balaena*, die *Baleine de Cortesi* zu gründen, während er, wie wir bereits sahen, das 1806 von Cortesi entdeckte Skelet einer *Baleine de Cuvier* zuschrieb. Boitard stimmte Desmoulins bei, führte aber die beiden Arten als *Balaenoptera Cuvieri* und *Cortesii* auf.

Da vom 1816 durch Cortesi entdeckten Skelet (wovon man zeither nicht weiss, wo es hingekommen ist) keine Beschreibung oder Abbildung vorliegt, so beruhte die Annahme, dasselbe gehöre einer eigenthümlichen Art an, nur auf Differenzen der Schädel- und Kör-perlänge, die jedoch ganz natürlich für sich allein keineswegs hinreichen, um die *Baleine*

---

1) Durch das Fragezeichen soll angedeutet werden, dass *Cetotherium Cortesii* wegen der unbekannten Gestalt des Schulterblattes noch nicht mit völliger Sicherheit zum | Subgenus *Cetotheriophanes* gerechnet werden kann, was auch vom *Cetotherium Capellinii* und *Vandellii* gilt.

de Cortesi als Typus einer eigenen, von der Baleine de Cuvier verschiedenen Art ansehen zu können. Die Meinungen der Paläontologen über die Existenz der eben genannten beiden Arten sind daher getheilt.

Pictet erkennt sie an. Giebel (Die Säugethiere p. 86) hält ihre Selbständigkeit noch für zweifelhaft.

Capellini, der das Mailänder Skelet gesehen hatte, vindizirt seine bologneser, wie mir scheint, einer eigenen Art (Cetotherium Capellinii mh.) zugehörigen Reste dubitativamente einem Rorqualus Cortesii. Van Beneden (Osteogr. p. 242) erklärt, dass alle von Bianconi (schreibe Blanconi), Cortesi und Capellini gefundenen italienischen Cetaceen-Reste einer Art von Balaenoptera angehören. Unter dieser Balaenoptera versteht er aber ohne Frage seinen Plesiocetus Cortesii (ebend. p. 288), wovon er jedoch bis jetzt keine vollständige Beschreibung und motivirte Synonymie lieferte.

P. Gervais (a. a. O.) meint, alle in Turin, Bologna und Neapel aufbewahrten Reste von Bartenwalen gehörten dem Plesiocetus Cortesii Van Beneden's an.

Obgleich ich nicht Gelegenheit hatte, das der Baleine de Cortesi Desmoulins's zu Grunde liegende Skelet zu untersuchen, so wurde ich doch durch die schönen Zeichnungen der interessantesten im Museum von Turin aufbewahrten Reste von Cetotherien, welche ich der grossen Güte des Herrn Prof. Gastaldi verdanke, so wie durch die gewogentlichst vom Herrn Prof. Cornalia mitgetheilten vortrefflichen, eigenhändigen Zeichnungen von Skelettheilen der Baleine de Cuvier des mailänder Museums in Stand gesetzt, mit Sicherheit eine zweite italienische Art von Cetotherium zu unterscheiden, welche durch die turiner Reste documentirt wird, die man namentlich in Bezug auf ihre Dimensionen, wie näher gezeigt werden soll, für die der Baleine de Cortesi Desmoulins's zu halten vermag.

Die turiner Reste, insoweit ich sie durch die übersandten Abbildungen kenne, bestehen aus einem fast vollständigen Schädel, sehr verschiedenartigen Wirbeln, vielen Rippen, einem Humerus und einer Ulna.

Mit den Cornalia'schen Abbildungen des Cetotherium Cuvieri verglichen, weisen die Gastaldi'schen ganz entschieden auf nachstehende abweichende Kennzeichen hin.

Der breitere Hinterhauptstheil des turiner Schädels (Taf. XXI, Fig. 1—5) ist hinten nicht verschmälert. Die Hinterhauptsschuppe ist kürzer, breiter, vorn kurzspitziger und erscheint an den Seiten nicht ausgeschweift. Der Lambdarand des Hinterhauptstheils scheint nicht umgebogen zu sein, also dem des Cetotherium Rathkei, Helmersenii und Vandellii zu ähneln. Die Schläfenschuppen treten stärker gewölbt vor. Die Schläfengruben sind kürzer und weniger breit als beim Cetotherium Cuvieri. Die dickeren, kürzeren Jochfortsätze der Schläfenbeine lehnen sich an die, wie es scheint, hinten mehr gewölbten, kleineren Augenfortsätze der Stirnbeine. Der vordere Rand der letzteren tritt, besonders an seinem inneren Rande, weniger bogenförmig vor. Die Augenfortsätze der Oberkiefer sind am hinteren Theile weniger, am vorderen bogenförmig ausgeschweift. Der Stirn- und Scheiteltheil des Schädels ist breiter und kürzer als beim Cetotherium Cuvieri und an den Seiten ausgeschweift. Der Gelenktheil des Unterkiefers scheint im Wesentlichen wie bei *Cetotherium Cuvieri* sich zu verhalten.

Die Schädellänge dürfte nach Maassgabe der Abbildung des ziemlich vollständigen Unterkiefers etwa auf 1,22 M. anzuschlagen sein. Die Länge des Unterkiefers beträgt 1,10 M., die Breite des Hinterkopfes 0,62 M.

Der Atlas (ebend. Fig. 7—10) erscheint schmäler und etwas höher. — Der Epistropheus (Taf. XXII, Fig. 11—14) ist höher und besitzt einen sehr ansehnlichen Dornfortsatz nebst zwei völlig getrennten queren Fortsätzen, wovon der obere sehr kurz, der untere weit grösser, sehr lang am Ende erweitert und etwas nach unten gewendet erscheint. — Die anderen Halswirbel, ebenso wie die vorderen Rückenwirbel (ebend. Fig. 15, 16), scheinen kürzere Körper zu besitzen. — Die Lendenwirbel (ebend. Fig. 17—23 und Taf. XXI, Fig. 6) sind kürzer und weniger schlank. Dasselbe gilt von den Schwanzwirbeln (Taf. XXII, Fig. 24—27).

Die dicken Rippen (Taf. XXII, Fig. 30, 31) zeigen den Charakter der *Cetotherien*-Rippen.

Das Verhältniss der Länge des ähnlich wie bei *Cetotherium Cuvieri* gestalteten Oberarms (ebend. Fig. 33) zum Unterarm verhielt sich zwar gleichfalls wohl im Ganzen wie bei *Cetotherium Cuvieri*, jedoch könnten die Armknochen beim *Cetotherium Cortesii* möglicherweise etwas kürzer gewesen sein.

Das Olecranum der etwas stärker gekrümmten Ulna (ebend. Fig. 28) bietet einen bogenförmigen hinteren Rand.

Zeichnungen vom Schulterblatt, sowie vom Handwurzel- und Fingerknochen fehlen.

Wenn die eben auf 1,22 M. geschätzte Länge des Schädels der soeben charakterisirten Reste zu der der Wirbelsäule sich im Wesentlichen proportional wie beim *Cetotherium Cuvieri* verhielt (was man wohl im Allgemeinen annehmen darf), so würde die Länge des Skelets, dem der Schädel der dargestellten turiner Reste angehört, annähernd auf etwa 4,27 M. anzuschlagen sein. Da nun das von Cortesi 1816 entdeckte, von Desmoulins einer *Baleine de Cortesi* vindizirte Skelet nach Cuvier's Cortesi entlehnten Angaben 12 Fuss 5 Zoll (= 4,03 M.) lang war und eine Schädellänge von 4 Fuss (= 1,17 M.) besass, so stellt sich zwischen ihm und den turiner Resten, namentlich denen, welchen der abgebildete Schädel angehört, hinsichtlich der Körpergrösse eine solche Uebereinstimmung heraus, wie sie sich mit leichten Modificationen bei verschiedenen Individuen ein- und derselben Art findet. Wenn daher auch dasjenige turiner Individuum, dem der Schädel angehörte, ein wenig grösser als das Cortesi'sche war, so kann dieser Umstand keinen Einwand gegen spezifische Einheit abgeben.

Man darf daher wenigstens einen Theil, wenn auch möglicherweise nicht alle, turiner Reste, fortan zu den mehr als wahrscheinlichen Grundlagen des echten *Cetotherium Cortesii* (= *Baleine de Cortesi Desmoulins*) rechnen; eine Annahme, deren direkte Bestätigung

20*

jedoch durch Auffindung der Cortesi'schen, 1816 entdeckten Skeletreste immerhin noch
wünschenswerth erscheint.

Möchte es Herrn Professor Cornalia gelingen, die eben genannten Skeletreste in
einem der italienischen Museen zu entdecken um sie genau mit den in Turin aufbewahrten,
verschiedenen *Cetotherium*-Individuen angehörigen, Resten vergleichen und ausführlich beschreiben zu können!

· Als Fundorte der im turiner Museum befindlichen, zahlreichen Reste werden Cortan-
zone und S. Lorenzo angegeben. Es befinden sich aber darin auch die von Gastaldi (*Atti
della soc. Italiana d. sc. nat. 1862, IV, p. 88, Revue sc. ital. 1862, p. 40*) am letzten November 1862 bei der Station San Damiano à la Calunga im unteren pliocänen, blauen Thon
entdeckten 36 Wirbel (siehe Taf. XXI, Fig. 6) nebst Rippen.

### ?Spec. 14. Cetotherium (Cetotheriophanes?) Capellinii Nob.

### Taf. XX, Fig. 13, 14, 15, 16.

Rorqualus Cortesii, *Capellini, Balaenoptere fossili del Bolognese, Memorie dell'Accademia delle Scienze dell'Istituto di Bologna, Ser. II, Vol. IV, Bologna 1865,
4 con tre Tavole.* — Plesiocetus Cortesii, *Van Bened., Ostéogr. d. Cétac., Pl. XVII,
Fig. 4, 5.* (Copie der Bulla tympani und des Hinterhaupts aus Capellini a. a. O.)

Capellini hat im bolognesischen, bei S. Lorenzo in Collina die Reste einer *Cetotherine* entdeckt und in der citirten Abhandlung beschrieben und abgebildet. Dieselben bestehen aus einem grossen Theile des Hinterhauptes des Schädels, einer unvollständigen Bulla
tympani, kleinen Fragmenten des Stirnbeins, der Jochfortsätze, der Schläfenbeine und
Vomer, ferner einem ansehnlichen (1,45 langen, in seiner Mitte 0,22 M. breiten) Rest
des Oberkiefers, sowie dem grössten Theile der rechten, nach ihrer Restauration 2,10 M.
langen Unterkieferhälfte (deren ganze Länge nach ihm etwa 2,55 M. betrug), ferner aus
sieben auf einander folgenden unvollständigen Halswirbeln nebst den beiden ersten Rückenwirbeln und zwei nicht vollständigen Lendenwirbeln.

Die Gestalt des Hinterhaupts (Capellini und Van Beneden a. a. O., *Tav. II, Fig. 2*, sowie meine *Taf. XX, Fig. 13*) und der eine grössere Breite als beim *Cetotherium Cuvieri* bietenden
Hinterhauptsschuppe ähneln zwar den homologen Theilen des turiner *Cetotherium Cortesii*. Wenn
indessen die von ihm versuchte Reconstruction des Schädels (ebend. Fig. 4, meine Taf. XX,
Fig. 13) der Wahrheit wenigstens möglichst nahe stehend ausgefallen ist, woran man wohl
nicht zweifeln darf, obgleich der im Vergleich mit dem der anderen *Cetotherien* als auffallend kurz angegebene Schnautzentheil des Schädels nebst den stärker gebogenen Unter-
kieferästen Bedenken erregen könnten, so weicht der Schädel des *Cetotheriums*, dem die
Capellini'schen Reste angehörten, von dem des turiner *Cetotherium Cortesii* durch grössere,
besonders am Schnautzentheil bemerkbare, Kürze, im Verhältniss zur Breite, ein ganz hinten weniger ausgeschweiftes Hinterhaupt und ganz besonders durch die stärker, wie bei

den *Balaenopterinen*, nach aussen gekrümmten Aeste des Unterkiefers ab. Vielleicht würde auch die Gestalt der Capellini'schen Bulla tympani (Taf. XX, Fig. 16) namhafte unterscheidende Charaktere abgeben, wenn man sie mit denen des *Cetotherium Cortesii* genauer vergliche. Wenn der auf meiner Taf. XXI, Fig. 3 über dem innersten Theile des rechten Gehörganges dargestellte ovale Körper die rechte Bulla des *Cetotherium Cortesii* treu wiedergiebt, so würde, wie es scheint, die von Capellini entdeckte sich durch eine mehr längliche, an beiden Enden mehr zugerundete und verschmälerte Form unterscheiden lassen.

Das Individuum, welchem die Capellini'schen Reste angehörten, war übrigens fast noch einmal so gross, als das *Cetotherium Cortesii*. Berechnungen zu Folge, welche Capellini auf Grundlage der Länge des bedeutenden Unterkieferfragmentes (Taf. XX, Fig. 15) seiner Reste im Vergleich mit der Länge des Unterkiefers und Schädels des *Cetotherium Cuvieri* anstellte, zeigten nämlich, dass die Länge des Individuums, dem seine Reste angehörten, annähernd 7,40 M. betragen hätte, während das Cortesi'sche Skelet des *Cetotherium Cortesii* nur eine Länge von 4,03 M., das dem der Turiner Schädel angehört etwa 4,27 M. besass.

Die von Capellini beschriebenen Reste, welche er (wie bereits bemerkt) nach eigenem Geständniss nicht ohne Bedenken einem *Rorqualus Cortesii* zuwies, dürften daher wohl nicht *Cetotherium Cortesii* zu vindiziren sein, selbst wenn man, was aber nicht erwiesen ist, annehmen wollte, die dem Letzteren zuerkannten Reste hätten jüngeren Individuen angehört.

Noch weniger als auf *Cetotherium Cortesii* lassen sich die Capellini'schen Reste auf *Cetotherium Cuvieri* zurückführen, woran übrigens auch Capellini, der das in Mailand vorhandene Skelet desselben sah, in seiner Schrift nicht dachte. Sie dürften deshalb wohl einer, wegen Unvollständigkeit des Materials noch nicht genügend zu charakterisirenden dritten italienischen Art von *Cetotherien* (*Cetotherium Capellinii*) zuzuweisen sein, obgleich sie Van Beneden, p. 242, sowie nach Maassgabe der oben citirten, von ihm copirten Capellini'schen Abbildungen, als eine der Grundlagen seines *Plesiocetus Cortesii* ansieht, von dessen Beschreibung in der *Ostéogr. p. 288* nur erst der Anfang vorliegt.

Beachtenswerth erscheint noch, dass Capellini die im Museum von Parma, als der *Balaenoptera Cortesii* angehörig, aufbewahrten, von Giov. Podesta (*L'Institut 1844, Juillet n. 551, p. 248*) im Piazentesischen zu Montefalcone, südlich vom Berge Pulgnasco, (dem Fundorte der Cortesischen *Balaenopteriden*) entdeckten Reste mehr den seinigen als den mailändischen annäherte. Gegen eine grosse Annäherung seiner Reste an die von Podesta entdeckten, dürfte indessen der Umstand sprechen, dass er letztere einem stupenden (er meinte wohl sehr grossen) Exemplar zuschreibt. Die fraglichen, namhaften, parmaer Reste, deren genaue Untersuchung dringend zu wünschen ist, bestehen aus Fragmenten des Schädels, 22 Wirbeln, ebensoviel Rippen, einem Schulterblatt nebst Knochen des Ober- und Unterarms.

**Spec. 15. Cetotherium (?Cetotheriophanes) Vandellii.**

**Taf. XXIII, Fig. 1, 2, 3.**

Cetotherium Vandelli, *Van Beneden, Ostéogr. p. 273, Pl. XVII, Fig. 8 (Cranium)
et ibid. p. 245.* — Balaenoptera und Physeter Species tres novae, *Vandelli Me-
morias da Academia das Sciencias de Lisboa, T. XI (1831), P. I. Additamentos,
p. 290, 291, 296 und p. 301. Estampa IV, Fig. 1—12.*

Vandelli in seinen Additamenten zu einem geognostischen Memoire des Barons von
Eschwege bespricht drei vom eben genannten Geognosten erwähnte, sehr bedeutende, jedoch
von keinem Unterkiefertheile begleitete, Schädelfragmente, die auf seiner *Taf. IV, Fig. 1—12*
in verschiedenen Ansichten dargestellt sind. Er war der Meinung, dass sie drei verschiedenen neuen Arten von *Cetaceen* angehörten, zu Folge welcher er das Fig. 1—4 dargestellte
Fragment einem *Balaenoptera* ähnlichen, das Fig. 5—8 abgebildete einem *Physeter*, das
durch Fig. 9—12 versinnlichte aber einem zweiten, gleichfalls dem *Physeter* vergleichbaren Thier zuzuschreiben sich veranlasst fühlte.

Nach Maassgabe der, wenn auch nicht künstlerisch schönen, jedoch aber kenntlichen
Abbildungen kann man die fraglichen drei Schädelfragmente bei genauerer Betrachtung
nur einer einzigen Art von *Cetotherien*, keineswegs aber noch ausserdem zwei Arten von
*Physeteren* vindiziren.[1])

P. Gervais (*Zool. et Paléont. fr., 2 éd., p. 319*) befand sich daher bereits auf richti-
gem Wege, wenn er zwar von ihrer Aehnlichkeit mit den homologen Theilen der *Rorquals*
spricht, jedoch gleichzeitig auf ihre scheinbar generische Verschiedenheit hindeutet.

Van Beneden, der mit Hülfe einer von Barbosa erhaltenen, nur wenig verbesserten
Zeichnung der Figur 5 (siehe *Ostéogr. Pl. XVII, Fig. 8*) das wahre Verhältniss bereits
richtig erkannte, sah sich veranlasst, die fraglichen Schädelfragmente sehr passend einer
neuen Art *Cetotherium (C. Vandellii)* zuzuschreiben. Als unterscheidenden Charakter seines
*Cetotherium Vandellii* führt indessen Van Beneden, offenbar im Hinblick auf die ihm von
mir gesandte Zeichnung des Schädels des *Cetotherium Rathkei*, nur die nachfolgenden Worte
an: »La tête semble se caractériser principalement par la distance qui sépare le trou
occipital des fosses nasales et par conséquent par la situation beaucoup plus en avant de
l'os frontal et des yeux.« Der eben mitgetheilte Charakter scheint auch mir zur Unterscheidung des *Cetotherium Vandellii* vom *Cetotherium Rathkei* beachtenswerth; findet jedoch
in Bezug auf *Cetotherium Helmersenii* keine Anwendung. Wenn ich aber sämmtliche von

---

1) Die von mir blos auf Grundlage der in den Memoiren der Lissaboner Akademie enthaltenen, theilweis
auf meiner *Taf. XXIII, Fig. 1, 2, 3* copirten, Abbildungen der Schädelfragmente des *Cetotherium Vandellii* einerseits und des Schädelfragmentes von *Cetotherium Rathkei*
und *Helmersenii*, sowie der Abbildungen des Schädels
des *Cetotherium Cuvieri* und *Contesii* andererseits aufgestellte Charakteristik kann natürlich nur eine provisori-
sche sein.

Vandelli gelieferte Figuren nebst der von Barbosa an Van Beneden gesandten Abbildung in Betracht ziehe, so scheint *Cetotherium Vandellii* ausser den bereits von Van Beneden angegebenen, auf die Hirnkapsel, Schläfengrube und die Hinterhauptsschuppe bezüglichen, abweichenden Charakteren von *Cetotherium Rathkei* auch durch etwas schwächere Jochfortsätze des Schläfenbeins, kleinere Jochgruben, sowie vielleicht auch durch etwas anders geformte Augenfortsätze des Stirnbeins und etwas breitere Nasenbeine zu differiren.

*Cetotherium Vandellii* unterscheidet sich vom *Cetotherium Helmersenii* (dem es, so viel sich aus den Abbildungen Vandelli's und Barbosa's schliessen lässt, durch die Entfernung des Hinterhaupts von den Nasengruben und die in Form eines Abdrucks angedeuteten Nasenbeine näher zu stehen scheint, als dem *Cetotherium Rathkei*), wie es den Anschein hat, durch die viel kleineren Schläfengruben, die weniger kräftigen, vorn und innen höckerlosen Jochfortsätze der Schläfenbeine und den zwischen den Jochgruben schmäleren Schädel.

Wenn man die Schädelfiguren des *Cetotherium Cortesii* mit denen des Schädels des *Cetotherium Vandellii* (Taf. XXIII, Fig. 1, 2, 3) vergleicht, so findet man zwischen den Schädeln beider eine unverkennbare Aehnlichkeit. Der nach Vandelli nur 4 Spannen lange, also kleinere, Schädel des *Cetotherium Vandellii* dürfte indessen eine an den Seiten etwas schmälere, vorn spitzere Hinterhauptsschuppe und ein an den Seiten eingedrücktes, nicht convexes Hinterhaupt besitzen, wenn, wie es scheint, die von Vandelli gelieferten Figuren ziemlich exact sind.

Die Abbildungen des Schädels des *Cetotherium Vandellii* im Vergleich mit der Darstellung des Schädels von *Cetotherium Cuvieri* zeigen ein hinten viel breiteres Hinterhaupt, eine vorn breitere Hinterhauptsschuppe, anders gestaltete Augenfortsätze der Stirnbeine und einen breiteren Schnauzentheil.

Die Schädelfragmente von *Cetotherium Vandellii* sind zwar oft zusammengedrückt und stellenweis verbrochen, gestatten aber doch sichere Schlüsse auf ihren natürlichen Zustand.

Man fand sie in Begleitung von Wirbeln, die aber theilweis auch anderen Thierarten angehören könnten, in einem dunkelgrünen, Conchylien enthaltenden, tertiären Meereskalk jenseits des Tajo, etwa 4 Leguas von Lissabon, 1 Legua vom Cap Espichel entfernt, bei Adica. *Cetotherium Vandelli* ist demnach als die bis jetzt bekannte südwestlichste europäische Art der Gattung anzusehen.

Sehr wünschenswerth wäre es, dass die im Museum der Lissaboner Akademie befindlichen Reste des Schädels unter Zuziehung der Mittheilungen Van Beneden's und meiner Beschreibungen der *Cetotherien* von neuem untersucht und die Reste von *Cetaceen*-Wirbeln dabei in Betracht gezogen würden, die von demselben Fundorte stammten; um nicht blos die Art überhaupt besser festzustellen, sondern auch die genaueren Unterschiede von dem, wie es scheint, ihr craniologisch nahe verwandten, nach turiner Resten genauer begründeten, *Cetotherium Cortesii*, oder die nicht unmögliche, wenn auch nicht wahrscheinliche, Identität beider auszumitteln.

## 2. Genus **Burtinopsis** Van Beued. (1872).

Unter diesem Namen hat Van Beneden, *Bullet. d. l'Acad. roy. d. Belgique, 2me sér.,
T. XXXIV, no 7. juillet 1872, p. 246,* eine neue Gattung von *Cetotherinen* aufgestellt,
deren Bezeichnung er von ihrer näheren Beziehung zu seinem *Cetotherium Burtinii* her-
leitete. Als Charaktere derselben führt er nachstehende auf.

«Die Lendenwirbel und Schwanzwirbel sind weniger lang als bei seinem *Cetotherium
Burtinii.* Die Gelenkhöcker des Hinterhaupts erinnern an die der Pottfische. Der Unterkiefer verdünnt sich plötzlich in der Richtung von hinten nach vorn und besitzt sehr gedrängt stehende Gefässöffnungen. Die Wirbel, besonders die Lendenwirbel,-bieten jederseits hinten und aussen am Grunde des Neuralbogens eine ansehnliche Grube. Jedes Individuum zeigt vier Rückenwirbel mit Gruben für den Rippenansatz.»

Hinsichtlich der Angabe Van Beneden's, *Burtinopsis* nähere sich durch die Hinterhauptscondylen und die Gruben der vorderen Rückenwirbel für den Rippenansatz den *Cetodonten,* wäre zu bemerken, dass ich auch an den vordersten Rückenwirbeln der echten *Cetotherien* und *Pachyacanthen* solche Gruben wahrnahm und S. 51 ihr Vorkommen zu den
Charakteren der Gruppe der *Cetotherinen* rechnete, eine Annahme, die dadurch eine Bestätigung erhält, dass Cornalia auf eine von mir an ihn gerichtete desfallsige Anfrage
gütigst berichtete: er habe bei zwei oder drei Rückenwirbeln des *Cetotherium Cuvieri* leichte
Eindrücke für den Ansatz des Capitulum costae gefunden.

Was die am Grunde der Neuralbögen beobachteten Gruben anlangt, so sah ich bei
*Pachyacanthus* ähnliche Gruben auf dem hinteren, oberen Theile des Neuralbogens am
Grunde des *Processus spinosus.* Die Kürze der Wirbel von *Burtinopsis* erinnert, wie mir
scheint, an die echten *Cetotherien.* Wegen der letzteren Eigenschaften dürfte möglicherweise *Burtinopsis,* selbst wenn auch ihre Wirbel, ebenso wie ihr Unterkiefer, etwas davon
abweichen, hinter die *Eucetotherien* (als Subgenus?) künftig zu stellen und die Reihe der
Arten des Subgenus *Plesiocetopsis* mit *Cetotherium Burtinii* zu eröffnen sein. Die jetzige
Stelle von *Burtinopsis* zwischen *Cetotherium* und *Plesiocetus* als Gattung möchte ich nur als
eine vorläufige betrachten.

Wenn Van Beneden meint, die *Burtinopsis* seien nach Maassgabe der Wirbel und
des Unterkiefers weniger schlank als die *Cetotherien* gewesen, so hat er dabei wohl nur
seine antwerpener Cetotherien (die *Plesiocetopsis*) im Auge, nicht die russischen.

Interessant wäre es übrigens, wenn man an *Burtinopsis* noch andere Hinneigungen zu
*Pachyacanthus* entdecken würde.

### Spec. 1. **Burtinopsis similis** Van Bened.

Ziemlich vollständige Wirbelsäulen finden sich in den Museen von Brüssel und Löwen.
Auch ist ein Unterkieferfragment vorhanden.

Die Länge des Thieres wird auf 30 Fuss angeschlagen.

Bemerkenswerth ist Van Beneden's Angabe, dass die Wirbel ziemlich häufig miteinander verschmolzen zu sein scheinen, da eine solche Erscheinung bei der Aufstellung von Gattungen auf Grundlage von Wirbelverwachsungen zur Vorsicht mahnen dürfte.

### 3. ?Genus Cetotheriomorphus J. F. Brdt.

#### Spec. 1. Cetotheriomorphus dubius.?

#### Taf. XXIII, Fig. 4—8.

Mit den mir zur Untersuchung anvertrauten Resten der russischen *Cetotherien* des Kaiserl. Berginstitutes erhielt ich einen sehr kleinen Wirbel ohne Epiphysen und ohne Processus spinosus superior, dessen unten gerundeter, in der Mitte nur mit einem stumpfviereckigen Vorsprung versehener, oben, wie die Aussenseiten des Bogentheils, eingedrückter Körper nur eine Länge von 10, eine Höhe von 13 und eine Breite von 16 Mm. zeigt. Seine Gestalt stimmt im Allgemeinen mit der der Lendenwirbel der *Bartenwale* überein. Die Querfortsätze sind nach Maassgabe des besser erhaltenen rechten, am Ende mässig, etwa 10 Mm. breit und 16 Mm. lang. Sein nebst seinen Fortsätzen etwas verdickter Bogentheil, ebenso wie der etwas breiter als hohe Rückenmarkskanal deuten auf Beziehungen zu den *Eucetotherien* hin. Als auffallende, noch bei keiner anderen *Cetacee* von mir beobachtete Abweichungen desselben sind nachstehende zu bezeichnen: »Der Basaltheil des oberen Dornfortsatzes biegt sich so weit nach hinten, dass er den Wirbelkörper überragt und jederseits unten einen kurzen, 4 Mm. langen, dreieckigen, von dem der entgegengesetzten Seite durch einen stumpfdreieckigen Zwischenraum getrennten, Fortsatz (Fig. 8 a) nach hinten ausschickt, dessen untere, etwas schräge, längliche Fläche eben, wie zu einer Artikulation bestimmt zu sein scheint. Als zweite Eigenthümlichkeit bemerkt man jederseits eine den hinteren Saum des Neuralbogens unten über der Basis des Querfortsatzes durchbohrende, in den Rückenmarkskanal mündende, ovale Gefässöffnung, von welcher aus eine Furche (Gefässfurche) auf den hinteren Basaltheil des Querfortsatzes sich fortsetzt.«

Die eben geschilderten Abweichungen sind so eigenthümlich, dass ich den fraglichen Wirbel keiner der mir bekannten Gattungen der *Bartenwale* zu vindiciren vermag. Jedoch kann ich die Frage nicht unterdrücken: ob nicht etwa die erwähnten Gefässöffnungen des hinteren Grundtheiles des Neuralbogens des in Rede stehenden Wirbels mit den von Van Beneden am hinteren äusseren Theil des Neuralbogens von *Burtinopsis* wahrgenommenen Gruben in Beziehung zu bringen seien? Die Vermuthung einer solchen Beziehung und die oben angedeuteten Aehnlichkeiten des Wirbels mit denen der *Eucetotherien* veranlassten mich die Beschreibung desselben der von *Burtinopsis* folgen zu lassen.

Dem Anschein nach deutet der Wirbel auf eine eigene Abtheilung (Gattung oder Untergattung) von *Cetotherinen* hin.

Die Grösse der Thierart, welcher er angehörte, lässt sich zwar, da er als der eines jüngeren Individuums anzusehen ist, nicht bestimmen; seine ganze Entwickelung macht indessen den Eindruck, er sei der einer sehr kleinen Art. Sollte er etwa mit dem noch so wenig documentirten *Cetotherium pusillum* Nordmann's (siehe S. 132) in Beziehung stehen?

Leider ist über den Finder und seinen Fundort nichts bekannt. Höchst wahrscheinlich wurde er mit den Resten von *Cetotherien* im südrussischen Steppenkalk entdeckt, wofür der Umstand sprechen möchte, dass dem beschriebenen Wirbel noch schwache Reste von Kalk anhängen.

### 4. Genus Plesiocetus Van Bened. (1872).

Plesiocetus, Van Bened., *Bulletin d. l'Acad. roy. d. Belgique*, VIII, 1859, p. 139 e. p., Ostéogr. d. Cétac. p. 274 und Du Bus, *Bulletin d. l'Acad. roy. Belgique*, 1867, p. 574, sowie *L'Institut, Sc. math. phys.*, 1868, p. 287 ex parte. — Plesiocetus, Van Bened., *Bulletin d. l'Acad. roy. Belgique*, T. XXXIV, p. 242.[1])

Die Gattung *Plesiocetus* besitzt bereits eine Geschichte, welche sich auf folgende Weise zusammenfassen lässt.

Im antwerpener Becken, welches anscheinlich in der Vorzeit ein grosses Strandungs-gebiet zahlreicher Arten von *Cetaceen* bildete, wurden schon nach der Mitte des vorigen Jahrhunderts (1774) Knochen gefunden, die Hüpsch als Wallfischknochen ansah.

Im Jahre 1835, also zwei Jahre nach der Veröffentlichung Rathke's über den oben genauer von mir beschriebenen, schon von ihm einem *Balaenoptera* ähnlichen Thier vin-dizirten Schädel, welcher später zur Grundlage meiner Gattung *Cetotherium* diente, er-

---

1) Van Beneden zieht in der *Osteographie* p. 274 noch folgende Synonyme zur Gattung *Plesiocetus*, wovon indessen, besonders nach der neuerlichen Beschränkung derselben, sehr wenige ihr angehören, sondern meist auf andere Gattungen, besonders *Cetotherien* zu beziehen sind, ohne dass es zur Zeit möglich wäre, sie genau zu sichten und an ihre richtige örtliche Stelle zu versetzen. *De Launay, Sur l'origine d. fossiles de Belgique, Mém. d. l'Acad. d. Bruxelles*, T. II (1780), p. 535. — *Arnault, Sur d. ossem. foss. découverts dans l. environs d'Anvers. Ann. d. sc. phys.*, T. II, 1819. — *De la Jonkaire, Notice géologique sur les environs d'Anvers, Mém. d. l. Soc. d'hist. nat. d. Paris*, T. I, 1823. — *Van Beneden, Bulletin d. l'Acad. roy. d. Belgique*, 1835, p. 67. *Observations sur l. caract. spécif. d. grands Cétacés. Compt. rend. d. l'Acad. d. Paris, 26. Sept. 1876. L'Instit.*, 1876, p. 316. *Ann. d. sc. nat.*, Vol. VI, sér. 2, p. 158. — *Pohlmann et Cauchy, Sur une vertèbre d. Cétacé foss. trouvé à Stuyvenberg. Anvers, Bullet. d. l'Acad. roy. Belgique, Bruxelles 1876, L'Institut 1876. — Rose, Découverte de l'os thymp. d'une Baleine foss. dans le crag d'Ipswich, Quart. Journ. of the geol. soc. of London, 11, 32. — Lyell, On the tertiary strata of Belgium etc., London 1852. — Owen, Description of the unans-

mal foss. of Red Crag of Suffolk, Ann. a. Mag. nat. hist., Vol. IV, 1840. Quart. Journ. of the geol. soc. of London, XII, T. I, Aug 1856. Histur. of brit. foss. mamm. London 1846. — P. Gervais, Ann. d. sc. nat., 4 sér., T. III, 1855, Zool. et paléont. fr., 2 éd., p. 316. — Ray Lankaster, Proceed. Geol. Soc., 1865, p. 221.

Ausser den vorstehenden Synonymen werden von Van Beneden (Ostéogr. p. 275) noch folgende Funde von Wallfischknochen unter *Plesiocetus* aufgeführt, von denen einige, wie er selbst später sah, zu *Cetotherium (Plesiocetopsis) Hüpschii* gehören; andere aber noch einer künftigen genaueren, speciellen Bestimmung um so mehr bedürfen, da, wie schon erwähnt, Van Beneden (siehe unten) seine Gattung *Plesiocetus* später namhaft beschränkte. Zur fraglichen Categorie dürften nach-stehende zu rechnen sein. Die bei Antwerpen nach Hüpsch und Cuvier ausgegrabenen, die erwähnten Skeletreste Van Breda's, dann die Rosquet'schen und Staring'schen, sowie die in England, dann in Deutschland (namentlich in Westphalen, Mecklenburg und Würtemberg) gefundenen Reste nebst mindestens einem grossen Theile derer, welche man in verschiedenen Theilen Frankreichs entdeckte.

kannte Van Beneden, dass unter den bei Antwerpen gefundenen Knochen, die solcher *Cetaceen* seien, welche den *Balaenopteren* verwandt wären; eine Entdeckung, die indessen Sir Ch. Lyell (*On the tertiary strata etc. im Quarterly Journal of the geol. Soc. of London, Vol. VIII, 1852, Traduction de M. M. Ch. Le Hardy de Beaulieu et Albert Toilicz (Ann. d. travaux publies de Belgique, T. XIV, Bruxelles 1856)* auf das Jahr 1846 verlegte.

In seinem im Jahre 1859 (*Bullet. d. l'Acad. roy. d. Belgique, 2<sup>me</sup> sér., T. VIII, p. 138*) erschienenen Berichte über die in Belgien bei St. Nicolas gefundenen Schädel- und anderen Knochenreste sagt Van Beneden: es seien darunter solche, die von denen der lebenden *Balaeniden* abwichen und ihn veranlassten, eine den *Balaenopteren* im Schädelbau zunächst verwandte Gattung unter dem Namen *Plesiocetus* aufzustellen, ohne jedoch dabei der möglichen Beziehung zur bereits 1842 von mir errichteten Gattung *Cetotherium* zu erwähnen. Der Gattung *Plesiocetus* wies er damals drei Arten zu: *Pl. Garopii, Hupschii* und *Burtinii.*

Zur Begründung der Gattung *Plesiocetus* machte er übrigens bereits a. a. O. mehrfache Bemerkungen.

Bei Gelegenheit der Erörterung der Charaktere seiner Gattung *Plesiocetus* in der *Ostéographie* p. 275 sagt er: die namhaften Differenzen der Schädelknochen, besonders aber die der Bullae tympani, so wie die der Halswirbel, hätten ihn zur Aufstellung derselben veranlasst. Später (ebend. und p. 278) werden dann, als Unterscheidungsmerkmale der fraglichen Gattung von den *Balaenopteren*, folgende craniologische Kennzeichen angeführt: «Die grössere Dicke der Schädelknochen, die breitere, weniger vertikale Gelenkgrube für den Unterkiefer, die weiter nach vorn geschobenen caisses tympaniques, der schmälere, im eigentlichen Schädeltheil (Hirnkapsel) aber breitere Schädel, der weniger erweiterte, mit einem gekrümmten hinteren Rande versehene Augenfortsatz der Stirnbeine, die nebst dem Keilbeinkörper breitere Basis der Schädelhöhle.»

Vergleichende Untersuchungen, welche ich unter Zuziehung dieser Charaktere, sowie der Abbildungen der *Ostéographie* nebst denen des *Balcine du sous-genre des Rorquals Cuvier's* in den *Recherch. s. l. oss. fossiles*, welche Van Beneden zu *Plesiocetus* zog, mit den beiden mir vorliegenden namhaften Schädelfragmenten des *Cetotherium Rathkei* und *Helmerscnii* anstellte, führten zu dem Ergebniss, dass die von Van Beneden seiner, im Sinne der *Ostéographie* aufgefassten, Gattung *Plesiocetus* vindizirten craniologischen Merkmale auch bei *Cetotherium* sich fänden.[1]) Beide bieten namentlich folgende, bei *Balaenoptera* und *Megaptera* nicht wahrnehmbare gemeinsame Kennzeichen: «Die Seitenwände der Hirnkapsel sind gewölbt. Die Lambdanaht ist nach oben gewendet, so dass die Schläfengruben nicht überwölbt erscheinen. Der hintere Rand des Augenfortsatzes der Stirnbeine ist am hinteren Rande stark ausgeschweift. Die Bullae tympani einzelner Arten von *Plesiocetus* und *Ceto-*

---

1) Die fragliche Uebereinstimmung wurde übrigens (*Verhandl. d. Kaiserl. Mineral. Gesellsch. zu St. Petersb.,* bereits schon vor 20 Jahren von mir erkannt, indem ich | *1841, p. 211*), welchen später Van Beneden als *Plesio-* den nach Cortesi von Cuvier beschriebenen *Rorqual* | *cetus Cortesii* aufführte, für ein *Cetotherium* hielt.

*therica* ähneln einander. Es gilt dies z. B. namentlich selbst von der Bulla tympani des
*Plesiocetus Goropii (Van Bened., Ostéogr. Pl. XVI, Fig. 10)* im Vergleich mit der des
*Cetotherium Rathkei* (siehe meine *Taf. XII, Fig. 3 a*), wenngleich die erwähnten Bullae
auch deutliche Differenzen zeigen, die jedoch, nach Maassgabe der namhaften Unterschiede
der Bullae tympani der einzelnen Arten der russischen *Cetotherien,* wie meine Darstellungen
auf *Taf. XII, Fig. 1—4* nachweisen, wohl für blosse spezifische, nicht für generische, anzusehen sind. Diese nahe Verwandtschaft der Bullae tympani der *Cetotherien* und *Plesioceten* ist es übrigens auch, welche es mir S. 36 und 37 zweifelhaft erscheinen liess: ob die
Bullae tympani, welche Owen seinen *Balaenodonten* zuschrieb, *Plesioceten* oder *Cetotherien*
angehörten.» [1]

      Auf Grundlage einer Herrn Prof. Van Beneden von mir mitgetheilten Abbildung
des Schädels des *Cetotherium Rathkei,* die er auf *Pl. XVII, Fig. 6* der *Ostéographie* veröffentlichte, hat er nun zwar (ebend. p. 170) mehrere Merkmale angeführt, wodurch in der
That die Gattung *Cetotherium* craniologisch von *Balaenoptera* abweicht. Man findet aber,
genau genommen, in der dortigen Beschreibung nur Angaben darüber, wie seine Gattung
*Plesiocetus* von *Balaenoptera* differirt, jedoch keineswegs solche, wie man *Plesiocetus* craniologisch von *Cetotherium* sicher unterscheiden könne.

      Ich fühlte mich daher veranlasst, eine Correspondenz mit Herrn Prof. Van Beneden
zu eröffnen und ihm gleichzeitig die fertigen Abdrücke der Tafeln meiner südrussischen
*Cetotherien* zu übersenden, denen überdies ein Correctur-Abzug des von mir entworfenen
ausführlichen Charakters der Gattung *Cetotherium* beigefügt war.

      Herr Prof. Van Beneden fand sich, wohl in Folge dieses Briefwechsels, veranlasst,
die im antwerpener Becken entdeckten, überaus zahlreichen Reste von fossilen *Bartenwalen,* welche das Brüsseler Museum besitzt, einer Revision zu unterwerfen, welche ihn,
wie bereits erörtert (*Bulletin d. l'Acad. roy. Belgique, 2me sér., T. XXXIV (1872), juillet,
p. 242—245*), bewog, *Plesiocetus Hüpschii* und *Burtinii* in die Gattung *Cetotherium* zu
versetzen und dieselbe noch ausserdem mit zwei neuen Arten, *Cetotherium brevifrons* und
*dubium* zu bereichern. Als Bestandtheil seiner Gattung *Plesiocetus* bezeichnet er übrigens
nur *Plesiocetus Goropii.* Wohin sein *Plesiocetus Gervaisii* und *Cortesii* gehöre, sagt er nicht.

      Was den Charakter anlangt, den Van Beneden zur Feststellung seiner von ihm modi-
fizirten Gattung *Plesiocetus* im Gegensatz zu *Cetotherium* entwarf, so beschränkt er sich auf
folgende Worte:

      «Les condyles articulaires sont semblables à ceux des *Balaenoptera* et non à ceux des
*Cetotherium.* Le trou dentaire est moins éloigné du condyle articulaire que dans les *Balé-
noptères* vivantes.»

      Schon in meinem Aufsatze über die Classification der *Bartenwale (Bullet. d. l'Acad.*

---

      1) Van Beneden's neuerdings vorgeschlagener Be-  |  lich wohl anzunehmen sein, die meisten seien auf *Ceto-*
schränkung der Gattung *Plesiocetus* zu Folge dürfte frei-  |  *therien* zu beziehen.

*d. St.-Pétersb.*, *T. XVII*, *p. 123*) sprach ich die Ansicht aus: Die *Plesiocceten* hätten den *Balaenopteren* näher gestanden, als die *Cetotherien*; eine Ansicht, der auch Van Beneden zustimmt, indem er sagt: *Plesiocetus Goropii* sei den lebenden *Balaenopteren* nahe verwandt. — In welcher Beziehung meine, den Letzteren ebenfalls nahe stehende, Gattung *Cetotheriopsis* zu *Plesiocetus* stehe, lässt sich auf Grundlage der vorhandenen Materialien noch nicht feststellen. Die etwas überwölbten Schläfengruben von *Cetotheriopsis* sprechen für keine nähere Beziehung zu *Plesiocetus*, noch weniger aber zu *Cetotherium*. Mir will es vielmehr scheinen, dass meine Abtheilung der *Cetotherinen* eine von den *Cetotherien* durch *Plesiocetopsis* zu *Plesiocetus* und von diesen zu den *Cetotheriopsinen* und *Balaenopterinen* hinneigende Gruppe sei.

### Spec. 1. Plesiocetus Goropii [1]) Van Bened. (1859).

*Plesiocetus Garopii*, *Van Bened.*, *Bulletin d. l'Acad. roy. Belgique*, *1859*, *T. VIII*,
*p. 138; Ostéogr. d. Cétac. p. 285, Pl. XVI, Fig. 1—9; Bulletin d. l'Acad. roy.*
*Belgique*, *T. XXXIV*, *n. 7, juillet 1872, p. 242.*

Fragmente des Schädels, namentlich des Hinterhaupts mit den Condylen, sowie des Unterkiefers, Bullae tympani, Atlasse, Epistropheen, so mehrere Wirbelsäulen, eine ganze Halswirbelsäule, nebst einzelnen Wirbeln der anderen Körpergegenden und Bruchstücke der Brustglieder, die sich theils im Museum zu Antwerpen, theils in dem zu Löwen befinden, dienten zur Grundlage dieser Art.

Nach Van Beneden würde die stark abgeplattete, am Grunde verengte, gegen die Mitte verbreiterte, an ihrem Ende zugerundete, auf der Oberfläche mit fächerförmigen Längsstreifen versehene, in mehreren Exemplaren beobachtete, grosse Apophyse des Felsenbeins ein Hauptkennzeichen dieses *Plesioceten* bilden. Mir will es jedoch scheinen, dass auch hier die von den Bullae tympani herzuleitende Charakteristik besonders den Vorzug verdiene, weil sie in Folge der gelieferten Abbildung sogleich in die Augen fällt. Vergleicht man nämlich die in der *Ostéographie* auf Pl. XVI, Fig. 2, 3 dargestellte Bulla des *Plesiocetus Goropii* mit der des *Cetotherium (Plesiocetopsis) Burtinii* und *Hüpschii*, so bemerkt man an ihr namhafte Abweichungen. Dieselbe erscheint, nach Maassgabe der Abbildungen, fast eirundlänglich, an beiden Enden schwach abgestutzt, nur mässig convex und auf der unteren, wenig gebogenen, Hälfte mit einer stumpfen Leiste versehen.

Das Hinterhauptsbein ist sehr breit. Ein vorhandener linker Condylus des Unterkiefers bietet die charakteristischen Nerven- und Gefässfurchen. Die Querfortsätze des Atlas

---

1) Van Beneden benannte die Art nach einem berahmten Arzt und gleichzeitigen Philologen und Philosophen des sechsten Jahrhunderts, Joh. Goropius Becanus, der 1518 zu Hilvarenbeeck im Brabantischen geboren wurde (daher sein Zuname Becanus). Er machte sich um die Kenntniss der fossilen Reste Belgiens in seinen *Origines antwerpianae*. *Lib. II, p. 107, Gigantomachia* verdient, indem er gegen das Vorurtheil kämpfte: die bei Antwerpen ausgegrabenen grossen Knochen stammten von Riesen her. Eine Gesammtausgabe seiner Werke erschien zu Antwerpen 1540 in Fol.

scheinen im Verhältniss wenig entwickelt und die des Epistropheus sich am Ende so vereint
zu haben, dass sie einen Ring bildeten. Nach Maassgabe des in der Ostéogr. Pl. XVI, Fig. 8
abgebildeten Wirbels waren die Lendenwirbel von *Plesiocetus Goropii*, ähnlich wie bei den
*Balaenopteren*, ja noch mehr, in die Länge gezogen, nicht verkürzt, wie bei den russischen
*Cetotherien*. Das Acromion ist breit und der Processus coracoideus sehr deutlich vorhanden.

Die Fragmente der Art wurden zwar ziemlich häufig, meist in Belgien, namentlich im
rothen Crag des antwerpener Beckens, einzelne jedoch auch, so ein Schläfentheil, wovon
Van Beneden durch Breda eine Zeichnung erhielt, in Holland ausgegraben. Van Beneden kannte übrigens schon vor mehr als dreissig Jahren einen sehr grossen, in der Nähe
des St. Georgsthores von Antwerpen gefundenen Lendenwirbel.

Nach Maassgabe der Wirbel erreichte *Plesiocetus Goropii* die Grösse der ansehnlich-
sten *Balaenopteren* der Gegenwart.

### 5. Genus Pachyacanthus J. F. Brdt.

#### Taf. XIV. XV, XVI, XVII und XVIII, Fig. 1—4.

Pachyacanthus, *J. F. Brdt., Bullet. sc. d. l'Acad. Imp. d. St. Petersb. T. XVI, 1871;
Mélang. biol., T. VIII, p. 194; Bullet. sc., T. XVII, 1872; Mélang. biol. ibid.
p. 322, 323 et 329; Sitzungsber. d. Kaiserl. Akad. d. Wissensch. zu Wien,
Bd. LXV, I. Abth., April 1872.*

#### Wesentlicher Charakter.

Die Gestalt der Nasenbeine, sowie überhaupt der Gesichts- und Hirntheil des Schädels
unbekannt. Die Wirbel von denen der *Balaenopterinen* verschieden, durch die verdickten
Bögen und ihren bei den Lenden- und vorderen Schwanzwirbeln queren, niedrigen, oft nur
spaltenförmigen Rückenmarkskanal denen der *Eucetotherien* ähnlich. Der Epistropheus mit
einem sehr ansehnlichen Zahnfortsatz. Die hinteren Rückenwirbel, die Lendenwirbel und
vorderen Schwanzwirbel durch etwas längere Körper und mehr oder weniger verdickte, oft
knollig aufgetriebene, obere Dornfortsätze charakterisirt, hinter deren Grund der Neuralbogen jederseits einen grubenförmigen Eindruck bietet. Die vorderen Rippenpaare, wie bei
den *Cetotherien* und *Burtinopsis*, auch mit dem Körper der Wirbel verbunden. Die hinteren
Rippenpaare sehr breit und dick. Das nach hinten verlängerte Brustbein diente, wie es
scheint, einigen (3?) Rippenpaaren zur Befestigung. Das Oberarmbein ist länger als die
überaus kurzen Knochen des Unterarms. Die Ulna besitzt kein Olecranum.

#### Beschreibung.

Betrachtet man das Taf. XIV, Fig. 6, 7 abgebildete, offenbar einem *Bartenwal* zu
vindizirende, vermuthlich der Gattung *Pachyacanthus* angehörige, Fragment des Unterkiefers näher, so findet sich, dass es gestaltlich von dem der bekannten *Balaenoiden*,

namentlich auch dem der *Cetotherien*, abweicht.[1]) Was die Halswirbel anlangt, so dürfte die Gestalt des Atlas (ebend. Fig. 8, 9) und der ansehnliche Processus odontoideus des Epistrophens (ebend. Fig. 10) *Pachyacanthus* nicht blos von den *Cetotherien* und *Plesiocten*, sondern auch von anderen *Bartenwalen* unterscheiden lassen. — Die hinteren Rücken-, sowie die Lendenwirbel sind, wie bei vielen *Balaenoiden*, den *Plesiocten*, aber auch wie bei manchen *Delphinoiden*, stärker in die Länge gezogen, als bei den kurz- und dickwirbligen *Eucetotherien* und manchen anderen *Balaenopteriden*. Der Rückenmarkskanal der Rückenwirbel, Lenden- und vordersten Schwanzwirbel erscheint niedrig, länglich und quer, breiter, oft viel breiter als hoch, zuweilen mehr oder weniger nierenförmig und verengt sich an den hinteren Wirbeln dergestalt, dass er nur als quere Spalte erscheint. Die mittleren Schwanzwirbel sind sogar nur von einem 'sehr engen, mehr rundlichen Kanal für das Rückenmark durchbohrt.

Die Neuralbögen der Lendenwirbel zeigen eine sehr geringe Höhe, aber ziemlich ansehnliche Breite. Ihre nach vorn gerichteten Fortsätze sind an den vorderen Lendenwirbeln sehr verlängert und zugespitzt. Die mehr oder weniger verschoben-viereckigen oberen Dornfortsätze aller Lendenwirbel, wie die der vordersten Schwanzwirbel, und theilweis wenigstens auch die der Rückenwirbel, besonders die der hinteren, sind sehr breit und, mit Ausnahme der mehr oder weniger abgesetzten Ränder, mehr oder weniger stark verdickt. Am stärksten bemerkt man aber diese Verdickung bei den mittleren und hinteren Lendenwirbeln und den vordersten Schwanzwirbeln, wo sie sogar, von hinten gesehen, häufig fast knollig oder eiförmig, selbst schon bei manchen jungen Individuen, erscheint, während bei anderen Individuen die oberen Dornen der Wirbel, selbst die der Lenden- und vorderen Schwanzwirbel unmerklich, oder fast gar nicht, aufgetrieben sind. Bei den mittleren und vorderen Lendenwirbeln besitzen übrigens die hinteren verdickten Basaltheile der Processus spinosi eine solche Ausdehnung, dass ihr hinterer, unten in der Mitte, wie auch an den Seiten, ausgerandeter und daher stumpf- und kurz-zweizähniger Rand über dem hinteren Rand des Wirbelkörpers wahrgenommen wird.

Die Rippen ähneln hinsichtlich ihrer Dicke und Breite denen der *Cetotherien*, nur sind die mittleren und vorletzten weit breiter. Alle zeichnen sich durch die starke Verschmälerung ihres oberen Endes aus.

Das mehr oder weniger kreuz- oder fast dolchförmige, am meisten an das der *Balaenoptera minor (Van Beneden, Ostéogr. Pl. XII, Fig. 5)* erinnernde Brustbein scheint jederseits drei Gruben zur Rippeninsertion besessen und aus zwei Stücken bestanden zu haben.

---

1) Zu bedauern ist, dass trotz der so häufigen Entdeckung von Resten, nach welchen der Bau der Wirbelsäule und Extremitäten sich fast vollständig herstellen liess, ausser dem muthmasslichen Fragment des Unterkiefers, noch keine anderen Schädelreste mir vorlagen, welche zur näheren Begründung der Gattung dienen konnten, so dass also craniologische Merkmale für jetzt nicht angegeben werden können. Die so abweichenden Verhältnisse des Rumpfskelets und der Extremitäten dürften indessen vorläufig hinreichen die *Pachyacanthus* als eigene Gattung zu documentiren.

Das dicke, mit einem ansehnlichen Acromion versehene Schulterblatt bietet einen schmalen, stark abgesetzten, fast walzenförmigen, etwas verlängerten Gelenktheil, der sich auch dadurch noch besonders auszeichnet, dass sein äusserer, wie sein innerer Saum in der Mitte mehr oder weniger ausgerandet erscheint.

Als auffallende Abweichungen von den *Cetotherien* und anderen *Balaenoiden*, ebenso wie von den *Delphinoiden*, macht sich die Erscheinung bemerklich, dass der an sich kurze Humerus keine hakenförmige Grube für die Aufnahme eines Olecranums besitzt und fast ½ länger als der Radius oder die mit keinem Olecranum versehene Ulna erscheint.

Was die Stellung der Gattung *Pachyacanthus* unter den *Balaenoiden* anlangt, so kann sie bis jetzt, da ihr Schädelbau noch gänzlich unbekannt ist, durch das Rumpfskelet nur annähernd bestimmt werden.

Die überaus kräftige Wirbel- und Rippenentwickelung, die mindestens bei älteren Exemplaren wahrnehmbare Verdickung der Wirbelbögen der Lenden- und vorderen Schwanzwirbel, der an den eben genannten Wirbeln stark verengte, meist quere, Rückenmarkskanal, die freien Halswirbel, die Gestalt des Atlas, die verkürzten, unten verlängerten, unteren Dornfortsätze, sowie die theilweis breiten, denen der Manati's (*Manatus* und *Rhytina*) ähnlichen, Rippen nähern die *Pachyacanthen* entschieden den *Cetotherien*. Die hinter den Dornfortsätzen auf den Neuralbögen der Wirbel befindlichen paarigen Gruben erinnern übrigens, wie schon oben bemerkt, an *Burtinopsis Van Bened*.

Die etwas stärker als bei den *Cetotherien* verlängerten und etwas niedrigeren Körper der Lendenwirbel, das weniger kräftige, schmälere, obere Ende des Humerus, einigermaassen auch die Kürze des Unterarms, sowie die muthmassliche Anheftung von drei Rippenpaaren an das Brustbein lassen sich als Beziehungen, oder wenigstens als Hinneigungen, zu den *Delphinoiden* deuten. Die Form des Brustbeins ist allerdings keine delphinartige, sondern die eine, fast dolchförmige, Form des Brustbeins von *Pachyacanthus* erscheint, wie bereits erwähnt, der von *Balaenoptera minor* nicht unähnlich. Die Anheftung der vorderen Rippenpaare an den Rippenkörpern kann jedoch für keine Aehnlichkeit mit den *Delphinen* gelten, da dieselbe von Van Beneden bei *Burtinopsis*, von Cornalia und mir aber bei *Cetotherium* nachgewiesen wurde.

Im Ganzen überwiegen also die Beziehungen zu den *Balaenoiden* die mit den *Delphinoiden*, welchen Letzteren ich *Pachyacanthus* um so weniger zuzähle, da das oben bereits erwähnte, unten näher zu beschreibende, offenbar einer kleineren *Balaenoide* zu vindizirende, Fragment des Unterkiefers, welches von einem der Fundorte der Reste der *Pachyacanthen* herstammt, vermuthlich ihm angehörte.

Das von dem aller bekannten *Balaenoiden* abweichende Verhältniss des Ober- und Unterarms, der Schädelmangel und die Gestalt des allerdings etwas fraglichen Unterkieferfragmentes erregen übrigens Bedenken *Pachyacanthus* den cetotherien-artigen *Balaenopteriden* mit Sicherheit einzureihen. Die Gattung wurde daher vorläufig zuletzt, gleichsam nur als Anhang der *Cetotherien*, aufgeführt.

Noch weniger als den *Cetotherien* kann sie aber wohl den *Cetotheriopsinen* und *Balaenopterinen* angeschlossen werden.

Am wahrscheinlichsten scheint es, dass *Pachyacanthus*, wenn der noch zu entdeckende Schädelbau mit dem der *Cetotherinen* im Wesentlichen übereinstimmt, eine eigene Unterabtheilung der *Cetotherinen*, wenn er aber namhaft abweicht, eine den *Cetotherinen* gleichwerthige eigene Abtheilung (*Pachyacanthinae*) zu bilden haben dürfte. Vielleicht waren übrigens die *Pachyacanthen* eine *Cetotherien*-ähnliche *Balaenoiden*-Form, die stärker als die bekannten *Balaenoiden*, mit Einschluss der *Cetotherien*, zu den *Delphinoiden* hinneigte.

Die verdickte obere Hälfte der Wirbel, namentlich die dicken Dornfortsätze, die dicken Rippen, und besonders die sehr kurzen Knochen der Brustflossen dürften darauf hindeuten, dass die *Pachyacanthen*, wie die *Eucetotherien*, schwer bewegliche Thiere waren; denn wenn sie auch längere Lendenwirbel, also einen etwas schlankeren Rumpf, als die kurzwirbligen *Eucetotherien* besassen, so war der Armtheil ihrer Brustflossen weit kürzer, bildete also die Grundlage eines weniger entwickelten Bewegungsorgans.

Die bis jetzt entdeckten Reste der Gattung *Pachyacanthus* weisen darauf hin, dass zur Miocänzeit zwei, ja vielleicht selbst drei, Arten derselben im Wiener Becken gelebt haben könnten. Die eine, was das Rumpfskelet und das der Extremitäten anlangt, wie ich glaube, von mir umfassend begründete, habe ich mit dem Namen *Pachyacanthus Suessii* bezeichnet; weil dieser treffliche Geologe der erste war, durch den eine namhafte Zahl bedeutender Reste dieser Art an das K. K. Hofmineralien-Kabinet gelangte, die mir durch seine gütige Vermittlung zur Verfügung standen. Die Annahme der zweiten Art (*Pachyacanthus trachyspondylus*) konnte leider nur auf einige, durch ganz besondere Rauhigkeiten ausgezeichnete, Halswirbel gestützt werden. Sie ist also für eine noch nicht umfassend begründbare zu halten. Eine dritte, wegen der Differenzen mehrerer Theile von *Pachyacanthus Suessii* künftig vielleicht als *Pachyacanthus Letochae* zu sondernde, Art möchte ich nach meiner Ansicht gegenwärtig gleichfalls noch nicht für eine mit Sicherheit annehmbare erklären.

#### Spec. 1. Pachyacanthus Suessii J. F. Brdt.

Pachyacanthus Suessii, *J. F. Brandt a. a. O.*

#### Wesentlicher Charakter.

Die Halswirbel nur mit sehr schwachen, warzenartigen Rauhigkeiten besetzt.

#### Beschreibung.

Was die Schädelreste des *Pachyacanthus Suessii* anlangt, so wurde meines Wissens bisher nur das Fragment des Basaltheiles eines Unterkiefers (*Taf. XIV, Fig. 6, 7*), welches darauf sich beziehen lässt, vom Herrn Chegar in der ihm früher gehörigen, bei Nussdorf unweit Wien gelegenen Ziegelgrube, einem der Hauptfundorte der Reste von *Pachyacanthus*, entdeckt. Dasselbe bietet nämlich meinen Untersuchungen zu Folge die Charaktere eines Gelenktheiles eines *Balaenoiden*-Kiefers, dürfte daher wohl um so mehr der Gattung *Pachyacanthus* angehört haben können, da es dem homologen Theile des Unterkiefers der *Cetotherien* ähnelt und seiner Grösse wegen für das einer sehr kleinen *Balaenoide* zu halten ist.

Es erscheint nämlich als ein längliches, auf einer Fläche, offenbar der äusseren, convexes, auf der entgegengesetzten, offenbar der inneren, ziemlich abgeplattetes Knochenstück, welches an einem Ende (dem hinteren) etwas nach oben steigt. Sein auf diesen aufsteigenden Theil sich fortsetzender (also oberer) Rand bildet einen scharfen Kamm, unter dem ein länglicher, ansehnlicher, hinten in eine Furche fortgesetzter, in den centralen Gefässkanal des Bruchstücks führender, kleinerer Gefässkanal sichtbar ist. Der untere Rand springt dem eben genannten Gefässkanal gegenüber in einen sehr kurzen, dreieckigen Fortsatz vor und steigt von da allmählich nach hinten aufwärts. Auf der inneren Fläche des Fragmentes bemerkt man hinten eine sehr ansehnliche (von kleinen Gruben umgebene) Aushöhlung als Anfang des centralen Hauptgefässkanals.[1]

Was das Rumpfskelet anlangt, so sind im K. K. Hofnaturalienkabinet zu Wien zahlreiche Reste davon vorhanden, die einigen Individuen, zum namhaftesten Theil zwei als a und b bezeichneten, angehören. Sehr bedeutende Reste des Rumpfskeletes befinden sich ferner in der Sammlung des Herrn Letocha.

Von Halswirbeln des *Pachyacanthus Suessii* habe ich im Ganzen sechs, darunter, wie es scheint, die 4 oder 5 vorderen, theilweis in mehreren Exemplaren, leider ohne obere Bögen und Fortsätze, beobachtet. Sie weisen darauf hin, dass der Halstheil der Wirbelsäule aus nicht verschmolzenen, ziemlich ansehnlichen, Wirbeln bestand, also eben nicht namhaft verkürzt und überdies beweglich war.

Der Atlas (*Taf. XIV, Fig. 8, 9*), wovon ich mehrere ansehnliche Fragmente beobachten konnte, ist kräftig, ringförmig, dem der *Balaenoiden*, namentlich der *Cetotherien*, ähnlich, vorn breiter als hinten. Die mässig gebogene, mit punktförmigen Eindrücken versehene, untere Fläche sendet aus der Mitte einen grösseren, rauhen, dreieckigen, durch eine Furche eingedrückten und ausserdem jederseits unter der Gelenkfläche des Körpers mit dem Epistropheus einen kürzeren, zusammengedrückten, kegelförmigen Fortsatz aus. Nach aussen von denselben befinden sich kleine, zahlreiche Gefässöffnungen. Die fast nierenförmigen, für die Condylen des Hinterhaupts bestimmten, Gelenkgruben sind sehr ansehnlich, ebenso die fast nierenförmige Gelenkgrube (*Fig. 9*) zur Aufnahme des Zahnfortsatzes des Epistropheus. Die Breite seiner sehr stark entwickelten Seitentheile beträgt bei den grösseren Exemplaren 75, seine grösste Länge vom Rande der für das Hinterhaupt bestimmten Gelenkflächen bis zu der des Epistropheus 40 Mm.

Der Epistropheus (*Taf. XIV, Fig. 10*) ist kräftig, jedoch etwas kleiner als der Atlas.

---

1) Es fragt sich, ob nicht die von Jaeger und Schübler beschriebenen, von Ersterem einer *Balaena melagnica* vindizirten, aus der Molasse von Baltringen stammenden, oben (S. 24) bereits ausführlich besprochenen, Unterkieferfragmente auf einen *Pachyacanthus* zu beziehen seien. Ihre geringe Grösse scheint wenigstens für eine solche Vermuthung zu sprechen. Sie gehören übrigens dem vorderen und mittleren Theile des Kiefers an.

Seine Körperlänge unten in der Mitte, ohne Processus odontoideus, beträgt 30, seine grösste Breite 50 und die Länge seines Zahnfortsatzes 15 Mm. Die Mitte seiner unteren Fläche wird von einer überaus ansehnlichen, fein gestreiften, länglichen, längslaufenden Leiste (Kiel) eingenommen, neben welcher jederseits eine dreiseitige, etwas rauhe, Vertiefung wahrgenommen wird. Aus jeder seiner Seiten tritt ein ziemlich ansehnlicher, abgerundet-viereckiger, ziemlich dicker und rauher Fortsatz nach aussen und hinten, der mit seinem Endtheile den Körper des Wirbels überragt und hinten durch eine Kreisfurche von demselben abgesetzt erscheint. Der ansehnliche, conische Zahnfortsatz ist unten zugerundet, auf der Oberseite aber mehr oder weniger abgeplattet.

Der dritte Halswirbel (Taf. XV, Fig. 1 c, 1 A, c), welcher mit Ausnahme seines Bogens und seiner Fortsätze am Letocha'schen Exemplar der Wirbelsäule erhalten ist, bietet einen, vorn wie hinten, ovalen Körper, dessen Längendurchmesser 16, Querdurchmesser 33 und Höhe 25 Mm. beträgt. Seine untere Fläche zeigt einen starken Längskiel; seine obere tritt in der Mitte ebenfalls vor. Die Basaltheile seines Bogens stehen 25 Mm. auseinander.

Der vierte Halswirbel, wovon beim Letocha'schen Exemplar nur ein sehr zerbrochenes Fragment wahrgenommen wird (Taf. XV, Fig. 1 d und Fig. 1 A, d), ähnelt, namentlich auch in Bezug auf die mit einem ansehnlichen, geraden, vorspringenden Kiel versehene untere Fläche, dem Dritten (ebend. Fig. 1 c).

Ein fünftes Wirbelfragment desselben Exemplars (ebend. e), welches dem Vorigen, besonders durch die, wenn auch schwächer, gekielte untere Fläche ähnelt, dürfte wohl sowohl deshalb, als nach Maassgabe des Verhaltens seiner oberen Fläche und der angedeuteten ansehnlichen Breite des Rückenmarkskanals als dem fünften Halswirbel angehörig zu betrachten sein.

Endlich findet sich unter den Wirbeln des Letocha'schen Exemplares ein sechstes Wirbelfragment (ebend. f), das zwar den beschriebenen Halswirbeln ähnelt, aber auf der unteren Seite eine niedrige, in der Mitte eingedrückte. Leiste anstatt eines deutlich vorspringenden Kieles wahrnehmen lässt. Es fragt sich nun, ob dies das Fragment des sechsten oder siebenten Halswirbels sei. Ich möchte eher für das Letztere stimmen. Die Breite des Körpers des fraglichen Wirbelfragmentes beträgt 35, seine Höhe 27 Mm. und seine Länge 18 Mm.

Im Kaiserlichen Hofnaturalienkabinet sieht man unter a 18 ein Halswirbelfragment (Taf. XIV, Fig. 12), welches wohl einem der hinteren Halswirbel angehört, da es unten in der Mitte nur stumpfwinklig ist. Sein Körper ist kräftig, jedoch kürzer als der des Epistropheus, 26 Mm. hoch, auf der oberen Fläche scharf gekielt, auf der unteren zugerundet. Der obere Bogentheil fehlt zwar; seine als ansehnliche, verbrochene Seitenfortsätze erscheinenden Rudimente deuten aber auf einen vorhanden gewesenen, ansehnlichen Raum für das Rückenmark hin.[1]

---

1) Im Kaiserl. Hofmineralienkabinet findet sich von einem kleineren dort als b bezeichneten Individuum ein Halswirbelfragment, welches ich zwar zeichnen und | Taf. XIV, Fig. 11 darstellen liess. dessen Stelle ich aber nicht näher anzugeben weiss.

Von vorderen Rückenwirbeln bietet die erwähnte, Herrn Letocha gehörige, Wirbelsäule sechs Körper (*Taf. XV, Fig. 1 g—m*), denen aber die Bögen und Fortsätze fehlen. Die Körper dieser Rückenwirbel nehmen, abweichend von denen der Halswirbel, wie gewöhnlich, nach hinten zu eine mehr verlängerte Form an, besitzen am Körper eine ungekielte, in der Mitte mehr oder weniger bogig ausgeschweifte, untere Fläche und jederseits in der Nähe des hinteren Randes eine höckerartige, vertiefte Erhabenheit zur Anheftung je einer Rippe. Die vordere und hintere Fläche der Körper der fraglichen Fragmente nähert sich übrigens nach hinten zu mehr der Herzform als Hinneigung zu den mittleren und hinteren Rückenwirbeln. — Der Körper des vordersten der erhaltenen Rückenwirbelfragmente (*g*) zeigt eine Länge von 16, der des hintersten von 33 Mm.

Im K. K. Hofmineralienkabinet befindet sich ein beachtenswerthes, ansehnliches Fragment (*Taf. XIV, Fig. 13*) eines der vordersten Rückenwirbel. Der theilweis abgebrochene, auf der Oberfläche runzlige, 25 M. lange, vorn 30 Mm. breite, Körper desselben besitzt einen starken Bogen, der nach aussen einen kräftigen, zitzenartigen Querfortsatz aussendet, welcher unten eine längliche Grube zur Anlage der Tuberosität einer Rippe zeigt und ausserdem unter und hinter dem Querfortsatze vorn und hinten eine grubenartig eingedrückte Erhabenheit zur Einlenkung des Capitulums einer Rippe bietet.

Von mittleren Rückenwirbeln, die sich im Allgemeinen durch kurze, mit einer schief nach hinten gerichteten Gelenkfläche für die einfache Rippeninsertion versehene Querfortsätze auszeichnen, macht sich der, auf *Taf. XIV, Fig. 17, 18, 19* dargestellte, bemerklich. Sein Körper ist 40 Mm. lang, vorn und hinten herzförmig, 33 Mm. hoch und 35 Mm. breit. Der Wirbel kennzeichnet sich durch einen ziemlich hohen Neuralbogen mit starken vorderen, schiefen, dreieckigen, comprimirten Fortsätzen, einen am Grunde dicken, perpendiculären, breiten, oben gerundeten, vorn und hinten scharf- und geradrandigen, 40 Mm. hohen, in der Mitte 35 Mm. breiten, Dornfortsatz, aus dessen Grunde jederseits ein nach hinten gerichteter Fortsatz entsteht, so dass die Fortsätze der entgegengesetzten Seiten durch eine Ausrandung getrennt werden. Der 25 Mm. breite, 13 Mm. hohe Rückenmarkskanal ist fast halbmondförmig. Unter der Mitte des Basaltheiles des Bogens der äusseren Wirbelfläche sieht man jederseits einen nach hinten und unten gerichteten, nur 8 Mm. langen, mit einer Gelenkfläche versehenen, zur Rippeninsertion bestimmten Querfortsatz.

Das K. K. Hofmineralienkabinet besitzt ein zweites, ähnliches Wirbelfragment (*Taf. XIV, Fig. 14, 16*), bei dem jedoch das Rudiment des Querfortsatzes dicker, breiter, sowie etwas länger und seine Grube für die Rippeneinlenkung tiefer ist, während der Dornfortsatz stärker aufgetrieben erscheint.

Der neueste (1871 im Juli) gemachte Fund lieferte dagegen dem K. K. Hofmineralienkabinet einen der vollständigeren, wohl etwas nach vorn gehörigen, mittleren Rückenwirbel (*Taf. XVII, Fig. 8, 9*). Derselbe zeigt aussen und vorn eine schräg abgestutzte, von aussen nach innen und unten gerichtete Gelenkfläche bietende, schiefe, aber nur kurze Fortsätze. Sein rauher Bogen tritt über dem Ursprunge des Querfortsatzes jederseits in eine nach hinten gewendete, kammförmige Erhabenheit vor, unter welcher nach hinten und innen die Gelenkfläche sich findet, welche mit dem schiefen Fortsatz des hinterliegenden Wirbels sich vereint. Die kurzen Querfortsätze bieten eine nierenförmige, schief von vorn nach hinten und unten gerichtete, Gelenkgrube. Der stark angeschwollene Processus spinosus ist 25 Mm. dick.

Unter den auf Taf. XV, Fig. 2 und 4 abgebildeten Letocha'schen Wirbel finden sich zwei (n, o) mit abgebrochenen Querfortsätzen, die ich eher für hinterste Rücken- als für Lendenwirbel zu halten geneigt bin.

Am vorderen derselben (Fig. 4 n) sind die Querfortsätze noch mehr verloren gegangen als am hinteren (o). Der Körper des eben genannten Wirbels ist 48 Mm. lang, vorn 33, hinten 37 hoch, vorn 40, hinten aber 37 breit. Die Unterseite desselben springt hinten in Form einer vorn durch je eine convergirende Gefässfurche begrenzten, dreieckigen Erhabenheit vor. Der der Quere nach längliche Rückenmarkskanal ist 25 Mm. breit und 7 Mm. hoch. Der Neuralbogen ist etwas dünn und abgeplattet, aussen sogar eingedrückt, 32 Mm. breit und 5 Mm. dick. Die vorderen schiefen, sehr ansehnlichen, 50 Mm. langen, fast pyramidalen, Bogenfortsätze, sind abgeplattet, innen sogar etwas ausgehöhlt, mässig zugespitzt und an der verdickten Basis ihres vorderen Randes mit einer Ausrandung versehen. Der sehr ansehnliche, mässig verdickte, 45 Mm. hohe, unten 50 Mm. breite, Dornfortsatz ragt mit seinem dicken, durch Ausrandung zweizähnigen, Rande hinten über den Wirbelkörper vor. Er neigt sich übrigens nach vorn und bietet einen vorderen, ziemlich geraden, dickeren und hinteren, dünneren, gebogenen Rand.

Wie viel Rückenwirbel vorhanden waren, lässt sich für jetzt weder auf Grundlage der Materialien des K. K. Hofnaturalienkabinets, noch der im Besitz des Herrn Letocha befindlichen entscheiden. Jedenfalls darf, nach Maassgabe des Skeletbaues der *Cetaceen*, nicht angenommen werden, dass die oben erwähnten Fragmente oder mehr oder weniger vollständigen Wirbel der Letocha'schen Wirbelsäule die aller Rückenwirbel repräsentiren. Man darf vielmehr vermuthen, dass etwa gegen ⅓ der Rückenwirbel durch keine Fragmente angedeutet seien.

Echte Lendenwirbel sind zwar unter den Letocha'schen Resten fünf (*Taf. XV, Fig. 2* und *4 p—t*) fast vollständig erhalten, aber auch sie können nach Maassgabe anderer Cetaceen nicht als vollzählig betrachtet werden. Die volle Zahl lässt sich auch mit Hülfe der im K. K. Hofmineralienkabinet befindlichen, auf *Taf. XVI, Fig. 1 d—i* und *Fig. 2 d—h* abgebildeten, Wirbel keineswegs feststellen. Als sicher kann man wohl annehmen, dass deren mehr als fünf waren.

Im Allgemeinen weichen die echten Lendenwirbel von den hintersten Rückenwirbeln, ausser der namhafteren Grösse, durch die mehr oder weniger stark verdickten, oft knollig aufgetriebenen, breiteren, stärker nach vorn geneigten, rhomboidalen, oberen Dornen, den stärker verengten, schmäleren und niedrigeren Rückenmarkskanal und die längeren, brei-

teren, am Ende zugerundeten Querfortsätze ab. Die Querfortsätze der vorderen und mittleren Lendenwirbel unterscheiden sich indessen von denen der hinteren durch grössere
Abplattung, geringere Dicke, sowie durch stärkere Abrundung ihres schmäleren, stumpf
und kurz zugespitzten Endes. Die Querfortsätze der hintersten Lendenwirbel sind nämlich
nicht nur stärker verdickt und angeschwollen, sondern bieten eine fast rhomboidale Form
und einen äusseren geraden Rand, indem sie sich etwas nach vorn wenden. Ihre aus dem
Bogen nach vorn gehenden Fortsätze sind kürzer als bei den mittleren und vorderen Lendenwirbeln und den hintersten Rückenwirbeln. Ihr Rückenmarkskanal ist viel niedriger
und schmäler, während ihr dicker, äusserer, in der Mitte etwas ausgeschweifter, Saum von
einer tiefen, breiten, queren Furche durchzogen wird. Die Unterseite des Körpers der
hintersten Lendenwirbel zeigt übrigens die schwache Andeutung jener 4 zur Anheftung der
unteren Dornfortsätze bei den Schwanzwirbeln bestimmten Höcker, die beim letzten Lendenwirbel deutlicher hervortreten. Die Länge des abgerundet-herzförmigen Körpers des vordersten (p) der erhaltenen Letocha'schen Lendenwirbel beträgt 50, die vordere Höhe 35,
die hintere 38 und die hintere Breite 40 Mm. Die Länge des Körpers eines der mittleren,
erhaltenen Wirbel beträgt 60, die vordere Höhe 37, die hintere 40 und die hintere Breite
43 Mm. — Der hinterste der erhaltenen Lendenwirbel bietet einen Körper, dessen Länge
55, vordere Höhe 40, hintere Höhe 40 und hintere Breite 50 Mm. beträgt.

Um das bis jetzt mir bekannt gewordene Extrem der Anschwellung der Lendenwirbel
bemerklich zu machen, habe ich (*Taf. XVII, Fig. 1, 2, 3* und 7) zwei Lendenwirbel des
neuesten, durch Herrn Dr. Fuchs acquirirten Fundes des Hofmineralienkabinets zu ¦, natürl.
Grösse zeichnen lassen. Der obere Dorn besitzt, in der Quere gemessen, eine Dicke von
38 Mm. Alle Fortsätze sind bei dem genannten Wirbel überaus stark angeschwollen, besonders bei dem Fig. 7 dargestellten, was vielleicht bei sehr alten Thieren meist der Fall
gewesen sein mag.

Schwanzwirbel vom *Pachyacanthus Suessii* sind zwar von zwei als a und b bezeichneten
Individuen im K. K. Hofmineralienkabinet in ziemlicher Zahl vorhanden und wurden
*Taf. XVI, Fig. 1 k—r, Fig. 2 i—l,* sowie *Fig. 3 a—h* dargestellt. Sie bestehen meist aus
vorderen und mittleren. Zum Individuum a gehören deren acht, zum kleineren b sieben.
Weit vollständiger, in doppelter Zahl, sind sie aber an der Wirbelsäule repräsentirt, die
sich im Besitz des Herrn Letocha befindet (siehe *Taf. XV, Fig. 3* und 5). Dieselbe bietet
im Ganzen deren 15, wovon 14 unmittelbar hinter einander folgen. Zwischen dem 14. und
15. (dem letzten) Wirbel fehlt entschieden ein Wirbel. Ebenso ist anzunehmen, dass der
hinterste (c) der vorhandenen Wirbel nicht der letzte Schwanzwirbel war, da er hinten eine
Gelenkfläche besitzt, die auf die Verbindung mit einem hinteren Wirbel hinweist, ja vielleicht war er selbst nicht der Vorletzte. Demnach erscheint die Zahl 17—18 als die mögliche der Schwanzwirbel.

Die Schwanzwirbel der *Pachyacanthen*, namentlich die vorderen und mittleren derselben, mit denen der *Cetotherien* verglichen, zeigen manche Abweichungen. Sie besitzen

etwas längere, niedrigere Körper, schmälere, nach vorn mehr oder weniger zugespitzte, mit der Spitze nach vorn gewendete Querfortsätze, und schmälere, spitzere Bogenfortsätze. Die oberen Dornfortsätze der vorderen Schwanzwirbel sind ähnlich denen der Lendenwirbel mehr oder weniger angeschwollen. Bei den vorderen der mittleren Schwanzwirbel sind die Anschwellungen der Querfortsätze unbedeutender oder fehlen, wie bei den hinteren Schwanzwirbeln. Die hinteren Schwanzwirbel stimmen im Wesentlichen mit denen der *Cetotherien* überein.

Die Schwanzwirbel der Letocha'schen Skeletreste (*Taf. XV, Fig. 3 u—t* und *Fig. 5*) zeigen folgende Merkmale.

Der durch die beiden bekannten, parallelen, ansehnlichen, hinteren, für die theilweise Insertion des vordersten, grösseren, unteren Dornfortsatzes bestimmten Höcker seiner unteren Fläche charakterisirte erste Schwanzwirbel (*Taf. XV, Fig. 3 u* und *5*) bietet einen Körper, dessen Länge 51, vordere Höhe 40, hintere Höhe 43 und hintere Breite 47 Mm. beträgt. Sein etwas stärker als bei den Rückenwirbeln perpendiculärer oberer Dorn besitzt eine Höhe von 45, eine Breite von 46 und eine Dicke von 25 Mm. Sein stark verdickter, oben convexer, unten ausgeschweifter Querfortsatz ist am äusseren Saume von hinten nach vorn schief abgestutzt, daher vorn viel breiter, am vorderen Rande zwar ausgerandet, jedoch mit einem dreieckigen Vorsprunge versehen, am hinteren Rande ebenfalls ausgeschweift. Auf seinem äusseren Saume sieht man statt einer Furche einen flachen, dreischenkligen Eindruck.

Der zweite Schwanzwirbel (*v*), dessen Körperlänge 48 Mm. beträgt, weicht vom ersten, abgesehen von seiner geringen Grösse, durch vier entwickelte Höcker seiner Unterseite für den unteren Dornfortsatz und die hinter den Querfortsätzen nach unten steigenden, stark markirten, gebogenen Gefässfurchen, ferner durch den kürzeren (nur 41 Mm. hohen), schmäleren und weniger angeschwollenen (nur 24 Mm. dicken) oberen Dornfortsatz, den noch kleineren Rückenmarkskanal, ganz besonders durch seine pyramidalen, nach vorn gewendeten, ziemlich stark zugespitzten, oben ganz convexen und mit zerstreuten Warzen besetzten, unten etwas eingedrückten, vorn ausgeschweiften und rauhen, hinten schwach bogenrandigen Querfortsätze ab.

Der dritte Schwanzwirbel (*w*) ähnelt dem Zweiten und bietet einen 47 Mm. langen Körper, der hinten etwas schmäler als vorn erscheint. Sein oberer Dorn ist jedoch kürzer, etwas gerader, viel weniger aufgetrieben (nur 20 Mm. dick). Er besitzt ferner einen weit engeren Rückenmarkskanal und weit schmälere, spitzere Querfortsätze, während die für den unteren Dorn bestimmten Höcker seiner Unterseite etwas stärker entwickelt sind und einander näher stehen als beim Zweiten.

Der vierte Schwanzwirbel (*x*) weicht vom Dritten durch folgende Merkmale ab. Der Körper erscheint schmäler; die Querfortsätze sind kürzer, namentlich kurzspitziger, ebenso wie schmäler und werden hinten an der Basis von einer Gefässöffnung durchbohrt. Der Dornfortsatz ist dünner, niedriger und nach hinten geneigt.

Der fünfte Schwanzwirbel (γ) unterscheidet sich, ausser seiner geringern Grösse, seinem noch kleineren Rückenmarkskanal, und den noch dünneren, sowie noch stärker nach hinten geneigten, oberen Dorn, durch die in Form von Leisten nur angedeuteten, von einem Gefässkanal durchbohrten, Querfortsätze, sowie die zu zwei, von einem centralen Gefässkanal durchbohrte, Längsleisten vereinten Höcker für die unteren Dornenfortsätze.

Der sechste Schwanzwirbel (z) ähnelt bis auf seine geringere Grösse (die Länge seines Körpers beträgt 40, die vordere Höhe desselben 44 Mm.), seinen viel niedrigeren, stark comprimirten Dorn, die noch viel kleineren, höckerartigen, vorderen Bogenfortsätze und die kaum bemerkbare Querfortsatzleiste dem fünften Schwanzwirbel, womit er hinsichtlich des Verhaltens der unteren Längsleisten und ihrer Gefässkanäle übereinstimmt.

Der siebente Schwanzwirbel (α) ähnelt mit Ausnahme seiner geringeren Grösse (die Länge seines Körpers bietet 38, die vordere Höhe desselben 40 Mm.) dem Sechsten. Der Neuralbogen ist aber noch niedriger, die vorderen Fortsätze desselben erscheinen als fast unmerkliche Höcker. Der ganz perpendiculäre Dornfortsatz ist fast nur halb so hoch, der Wirbelkanal noch enger.

Der achte Schwanzwirbel (β) weicht vom siebenten nicht nur durch geringere Grösse (die Länge seines Körpers ist nur 36, die vordere Höhe 36 Mm.), sondern auch durch den noch kürzeren und niedrigeren, fast dreieckigen, oberen Dorn und den überaus engen Rückenmarkskanal ab.

Der neunte Schwanzwirbel (γ) bietet zwar, seine geringe Grösse ausgenommen (die Länge seines Körpers beträgt nur 25, dem vordere Höhe 30 Mm.), im Wesentlichen die Gestalt des Achten, der obere Dorn erscheint jedoch nur als vorn nur wenig höhere Leiste und der Wirbelkanal als sehr schmale Spalte. Die unteren Leisten zur Anheftung der unteren Dornfortsätze sind stark verkürzt.

Die Schwanzwirbel nehmen vom zehnten (δ) an (abgesehen davon, dass sie allmählich kleiner werden) eine veränderte Gestalt an, indem sie in Folge der stärkeren Verkürzung ihrer Körper mehr in die Breite gezogen und in horizontaler Richtung entwickelt erscheinen.

Der zehnte Schwanzwirbel (ε) ähnelt noch ziemlich dem Neunten, indem er noch die leistenartige Spur eines oberen Dorns und vor seiner Mitte die hinterste, letzte Spur des Rückenmarkskanals in Form einer kleinen, queren Spalte und auf der Unterseite zwei kurze Leisten zur Anheftung unterer Dornen zeigt. Die Länge seines Körpers beträgt 18, die Breite 32 und die vordere Höhe desselben 25 Mm.

Der elfte Wirbel (ζ) ähnelt morphologisch noch dem Zehnten, die obere Fläche ist aber an den Seiten von je einer stärkeren Grube eingedrückt, und durch die centrale Längsgrube der Seitenflächen werden deutlicher zwei stumpfliche, höckerartige, längliche Erhabenheiten abgesetzt, von denen die untere längsgefurcht erscheint. Die Länge des Körpers beträgt 16, seine Breite 33 und die vordere Höhe desselben 24 Mm.

Der zwölfte Schwanzwirbel (η) gleicht ebenfalls im Wesentlichen noch dem Elften, namentlich durch die leistenartige, aber schon zur Höckerform neigende, Andeutung eines Processus spinosus superior und die parallelen, kurzen Leisten der unteren Fläche. Abweichend vom Elften bietet er aber zwischen dem erwähnten Rudiment des Processus spinosus und der seitenständigen Grube je zwei, etwas abgeplattete, Höcker, einen vorderen und einen hinteren. Die Länge seines Körpers beträgt 15, die Breite 30 und die vordere Höhe 20 Millimeter.

Die drei letzten der vorhandenen Schwanzwirbel, der dreizehnte (η), vierzehnte (ϑ) und sechszehnte (ι) (der fünfzehnte fehlt) weichen von den vorhergehenden durch den Mangel der parallelen, für untere Dornen bestimmten, Längsleisten der unteren Fläche und an den Seiten deutlicher abgesetzte, paarige Höcker ab.

Der dreizehnte Wirbel ähnelt dem Zwölften (ζ) durch seine sechs Höcker bietende Oberseite. Seine untere Fläche besitzt eine kreuzförmige, centrale Grube, die vorn wie hinten von je zwei kleinen, am Grunde vereinten, Höckern begrenzt wird. Seine Körperlänge beträgt 15, die Höhe des Körpers 18 und die Breite desselben 26 Millimeter.

Der vierzehnte Schwanzwirbel (ϑ), ebenso wie der Letzte der vorhandenen, zeigen oben eine centrale, niedergedrückte, schwache Erhabenheit, die jederseits eine Vertiefung zur Seite hat, und vorn wie hinten, wie beim dreizehnten Wirbel, von je zwei saumartig verbundenen, niedrigen Höckerchen begrenzt wird. Die Unterseite bietet eine gebogene, quere Grube, die hinten und vorn von einem flachhöckrigen Saume eingefasst ist. — Die Länge des Körpers des vierzehnten Wirbels beträgt 14, die Höhe 16 und die Breite desselben 25 Mm. — Die Länge des Körpers des letzten der vorhandenen Wirbel beträgt 13, die Höhe desselben 15 und die Breite 23 Millimeter.

Die unteren Dornfortsätze, deren unter den Letocha'schen Resten sieben (*Taf. XV, Fig. 3 k, k, k, k, k, k, k*), darunter zwei hintere, vollständige, sich finden, während im K. K. Hofnaturaliencabinet nur drei ansehnliche Fragmente derselben (*Taf. XVI, Fig. 1 s, t, u*) vorhanden sind, stimmen durch ihren sehr niedrigen, oberen, aufsteigenden Theil mit denen der echten *Cetotherien* sehr überein und weichen dadurch, was namentlich die vorderen und mittleren von ihnen anlangt, von denen der lebenden *Balaenoiden* und *Delphinoiden* ab.

Der aufsteigende (obere) Theil zeigt dicke, stark divergirende Schenkel (*Taf. XVI, Fig. 1 s, t, u und Fig. 21, 22*), welche einen stumpfdreieckigen oder halbmondförmigen Raum einschliessen und am oberen Rande längliche, kürzere oder längere, Gelenkflächen zur Verbindung mit den Schwanzwirbeln besitzen. Der untere Theil bildet einen dicken, vorn und hinten meist in einen Fortsatz vorspringenden, Kamm.

Bei den fünf grösseren und mittelgrossen der erhaltenen unteren Dornen (den vorderen und mittleren) der Letocha'schen Reste (Taf. XV, Fig. 3 k—k) springt der untere Rand rauh und etwas verdickt vor, ist aber in der Mitte ausgerandet. Die äusseren Seitenflächen der drei vorderen der fraglichen unteren Dornen sind nur schwach eingedrückt, während bei den beiden mittleren ihr unterer Theil stark furchig eingedrückt erscheint. Dem vorletzten der vorhandenen unteren Dornen fehlt die centrale Ausrandung am unteren Rande,

welcher ziemlich convex erscheint und vorn wie hinten nur einen sehr schwachen, höckerartigen Fortsatz aussendet. Dem hintersten (kleinsten) der vorhandenen Dornen, dessen unterer Theil convex erscheint, fehlt selbst jede Spur eines vorderen oder hinteren Fortsatzes,
denn er ist vorn wie hinten mit einem gebogenen Rande versehen. Die Länge des vordersten (leider fragmentarischen) unteren Dorns des Letocha'schen Exemplares beträgt 45 Mm.
Der ist 36 Mm. lang und 25 Mm. hoch. Einer der mittleren erscheint 35 Mm. lang und
20·Mm. hoch. Der Vorletzte zeigt eine Länge von 25 und eine Höhe von 18 Mm. Der
Letzte bietet eine Länge von 20 und eine Höhe von 15 Mm.

Ehe ich die Beschreibung der Wirbelsäule schliesse, scheinen mir noch folgende Bemerkungen Platz finden zu müssen.

Der genauere Vergleich der Letocha'schen Reste der Wirbelsäule (*Taf. XV*) mit
denen des K. K. Mineralienkabinets (*Taf. XVI*), welche mir Herr Direktor v. Tschermak
gütigst zur Verfügung stellte, ergab, dass die Reste, welche im K. K. Mineralienkabinet
aufbewahrt werden, zwar hinsichtlich der Grösse und des Baues der Wirbel mit den Letocha'schen im Wesentlichen übereinstimmen, jedoch in Bezug auf die Anschwellung der
oberen Dornfortsätze, namentlich die der hinteren Rückenwirbel, besonders aber der Len-
den- und vorderen Schwanzwirbel, auffallend davon abweichen.

Schon die oberen Dornen der Rückenwirbel des K. K. Mineralienkabinets (Taf. XVI,
Fig. 1 und Fig. 2 a—f) bieten eine grössere Dicke als die Letocha'schen. Etwas geringer
erscheint die Dimensionszunahme in dieser Beziehung bei den vorderen und mittleren Lendenwirbeln. Auffallend dicker sind aber die Dornen der hintersten Lenden- und vordersten
Schwanzwirbel des Hofmineralienkabinets (ebend. *Fig. 2 d—h*) im Vergleich mit den Letocha'schen (*Taf. XV, Fig. 4 p—t*). Selbst am dritten und vierten Schwanzwirbel zeigen
die bei den Letocha'schen Resten nur etwas oder mässig angeschwollenen oberen Dornen
bei den Resten des K. K. Mineralienkabinets noch gerundete, wenn auch schwächere Anschwellungen als die erwähnten, ihnen vorhergehenden Wirbel.

Bei den hintersten Lendenwirbeln und dem ersten Schwanzwirbel der Exemplare des
Hofmineralienkabinets (*Taf. XVII, Fig. 1, 2, 7*) erscheinen die von oben oder von hinten
gesehenen oberen Dornen als fast verlängert-eiförmige, nach vorn zugespitzte, von einem
stumpfen Längskiel durchzogene Körper, deren die stärkste Wölbung bietender Querdurchmesser 34—40 Mm. beträgt. Der grösste Durchmesser der Anschwellung des Dorns des
zweiten Schwanzwirbels beträgt indessen nur 25, die des dritten 21 und die des vierten
gar nur 17 Mm.

An eine viel grössere Altersverschiedenheit der Reste des K. K. Hofnaturalienkabinets
wage ich um so weniger zu denken, da einerseits die Grössenverhältnisse der Letocha-
schen Wirbel mit denen der Wirbel des Hofmineralienkabinets ziemlich übereinstimmen, andererseits ich Herrn Karrer's Güte, den kleinen, epiphysenlosen Wirbel, also den eines
jungen Individuums, mit bereits ähnlich angeschwollenem Processus spinosus superior
(*Taf. XIV, Fig. 23—25*) wie der der Lendenwirbel des K. K. Mineralienkabinets verdanke.

Eher liessen sich daher vielleicht die fraglichen Anschwellungen als geschlechtliche Differenz ansehen. Dass sie als blosse individuelle Abweichungen aufzufassen seien möchte ich weniger meinen. Man darf daher wohl die Frage aufstellen, ob nicht den erwähnten Differenzen ein spezifischer Charakter zu Grunde liegen könnte, so dass nur die im K. K. Hofmineralienkabinet befindlichen, auf Taf. XIV, Fig. 8—16 und 23—25, Taf. XVI, Fig. 1—3 und Taf. XVII, Fig. 1—7 dargestellten Reste zu *Pachyacanthus Suessii* zu ziehen die Letocha'schen Skeletreste aber einer davon verschiedenen Art (*Pachyacanthus Letochae*) zuzuschreiben wären.

Mit den Resten der *Pachyacanthen* wurden auch drei Reste des Brustbeins entdeckt, wovon zwei im K. K. Hofnaturalienkabinet sich finden, während ein Drittes dem Herrn v. Letocha gehört. Das Letztere wurde indesssen bereits früher nicht mit der Wirbelsäule und den Extremitäten gleichzeitig gefunden.

Die im K. K. Hofmineralienkabinet bewahrten Reste bestehen aus einem grossen, fast verschoben-spatelförmigen, an seiner oberen Hälfte stark erweiterten, oben am linken Winkel stark schief abgestutzten, an seiner unteren, stark verschmälerten, abgeplatteten, länglich-viereckigen Knochen (*Taf. XVII, Fig. 11*), der ohne Frage ein Manubrium sterni darstellt, welches hinten eine schmale Fläche bietet, die deutlich erkennen lässt, dass sich ihr noch ein schmales Stück inserirte. Die Länge des eben beschriebenen, oben unsymmetrischen Manubriums beträgt 85, seine grösste Breite oben 63, unten 20 Mm. Die innere Fläche seines breiten Theiles ist etwas convex, die äussere grubig eingedrückt und in der Mitte mit platten Warzen besetzt.

Das zweite Brustbeinfragment des Hofnaturalienkabinets (*Taf. XVII, Fig. 10 b*) bildet ein verlängert-viereckiges, abgeplattetes, 50 Mm. langes, oben 23 Mm., unten 14 Mm. breites, aussen warziges, Knochenstück, welches jederseits, oben wie unten, eine Ausrandung vermuthlich zur Insertion von Rippen, wie es scheint des 2. und 3. Paares derselben, besitzt. Das genannte Knochenstück lässt sich indessen nicht als Theil des im Hofmineralienkabinet befindlichen, bereits beschriebenen, Manubriums betrachten. Dagegen passt es ganz genau zu einem Manubrialtheil eines Sternums, welcher im Besitze des Herrn v. Letocha sich befindet. Ich habe es daher in meiner Darstellung des Herrn v. Letocha gehörigen Manubriums des Brustbeins (*Taf. XVII, Fig. 10 a*) demselben unter b angefügt.

Der 80 Mm. lange, oben 65, unten 22 Mm. breite Manubrialtheil des Herrn v. Letocha hat (*Taf. XVII, Fig. 10 a*) im Gegensatz zu dem unsymmetrischen des K. K. Hofnaturalienkabinets (*Taf. XVII, Fig. 11*) eine sehr abweichende, symmetrische, fast kreuz- oder dolchförmige Gestalt. Seine äussere, meist warzige, Fläche besitzt hinter dem vorderen, in der Mitte stumpfwinklig vorspringenden und stark verdickten Saume jederseits eine längliche, schiefe Grube, hinter welcher sich je ein viereckiger, mit einer Gelenkfläche versehener, Fortsatz zur Insertion der ersten Rippe befindet. Hinten an seinem schmalen Ende, welches sich mit dem erwähnten länglichen, hinteren Brustbeinstück vereint, bietet derselbe jederseits ebenfalls eine Gelenkfläche zur Insertion einer Rippe des zweiten Paares.

23*

Es fragt sich nun, gehören die beiden verschieden gestalteten Formen von Manubrien nur einer Art von *Pachyacanthus* an? Für die Möglichkeit einer solchen Annahme könnte die ähnliche, so frappanten Differenzen unterliegende, daher sehr variabele, Form des Brustbeins bei der *Rhytina* (siehe meine *Symbol. Sirenol. Fasc. II, p. 76. Tab. IV, Fig. 6—9*) sprechen. Andererseits weisen aber die *Pachyacanthen*-Wirbel auf mindestens zwei Arten (*P. Suessii* und *trachyspondylus*), ja nebst Differenzen der Extremitäten möglicherweise auf eine fragliche Dritte (*P. Letochae?*) hin. Es lässt sich daher für jetzt nicht bestimmen, welcher Art oder welchen Arten von *Pachyacanthus* die fraglichen Brustbeinreste angehören. Da indessen die meisten *Pachyacanthen*-Reste des K. K. Hofmineralienkabinets dem *Pachyacanthus Suessii* mit Sicherheit angehören, so liesse sich vielleicht das Fig. 11 abgebildete Manubrium sei ihm ebenfalls zu vindiziren. Das Fig. 10 dargestellte Brustbein könnte dann vielleicht das des zweifelhaften *P. Letochae* oder des *P. trachyspondylus* sein.

Fragmente von Rippen des *Pachyacanthus* wurden in zahlreicher Menge von verschiedener Grösse und Gestalt gefunden. Unter diesen Fragmenten glückte es mir jedoch nur einige fast vollständige Rippen, besonders unter den Herrn v. Letocha gehörigen Resten zu entdecken. Im Allgemeinen manifestiren jedoch die Fragmente durch ihre Dicke, sowie die ansehnliche Breite des mittleren, und theilweis auch unteren Theiles vieler derselben, dann durch die mehr oder weniger ansehnliche, nicht selten beträchtliche, Verschmälerung ihres oberen Endes den Charakter der Rippen der *Cetotherien* und selbst *Manatiden*. Ihr bei vielen von ihnen (*Taf. XVI, Fig. 1—6*) weit stärker als bei den letztgenannten Thieren verlängertes und verdünntes oberes Gelenkende unterscheidet sie indessen von den Rippen aller bisher bekannten anderen *Cetaceen*, ebenso von denen der *Manatiden*.

Nach Maassgabe der Gestalt ihrer Fragmente kann man die Rippen der *Pachyacanthen* in längere, schmälere, nach unten allmählich stumpf zugespitzte, dickere, theilweis fast abgerundet-viereckige und kürzere, breitere, selbst viel breitere, abgeplattete, weniger dicke, und weniger allmählich nach unten verschmälerte als die langen, eintheilen.

Die längste der schmäleren, jedoch noch ziemlich breiten und dicken, von mir beobachteten Rippen (*Taf. XVI, Fig. 4*), welcher jedoch, obgleich sie die vollständigste aller von mir beobachteten Rippen war, noch ein kleiner Theil des unteren Endes fehlte, bot, in der Krümmung gemessen, eine Länge von über 330, in ihrer Mitte die grösste Breite von 33, sowie die grösste Dicke von 22 Mm. Es lässt sich natürlich nicht behaupten, dass die fragliche Rippe das Extrem der Längenentwickelung der Rippen des *Pachyacanthus* überhaupt darstelle. Das Vorkommen etwas, doch kaum bedeutend, längerer Rippen scheint vielmehr wahrscheinlich.

Die längeren Rippen pflegen unter ihrem Gelenkende mehr oder weniger abgerundet viereckig, etwa gegen 30 Mm. breit und 25 Mm. dick zu sein, während ihr unterstes Ende etwa nur eine Breite von 15 Mm. zeigt.

Gleichsam als Uebergangsstufen von der vorigen Form zu den breiten Rippen treten zuweilen abgerundet-dreieckige, oben unter dem Gelenkende bereits ziemlich breite, ja zuweilen am Rande höckrige Rippen auf, wiewohl im Allgemeinen der Uebergang der langen, dicken Rippen zu den breiten kein greller zu sein scheint.

Die grösste Breite der breitesten, aber kürzeren, am Gelenkende stark verschmälerten Rippen (*Taf. XVI, Fig. 15, 17, 18*) beträgt etwa 36—48, ihre grösste Dicke etwa 25 Mm. und mehr. Unter den Letocha'schen Resten findet das 140 Mm. lange, in der Mitte 25 Mm. breite, oben 20, in der Mitte nur 18 Mm. dicke, nach unten zu etwas abgeplattete Fragment einer kleineren Rippe (ebend. *Fig. 7*), worüber ich zweifelhaft bin, ob es nach vorn oder hinten gehöre. Wahrscheinlicher scheint es indessen, dass dasselbe ein Homologon der hinteren *Cetotherien*-Rippen sei.

Ob drei rippenähnliche, schmälere, an einem Ende erweiterte Fragmente, deren eins im K. K. Hofmineralienkabinet und zwei in der Sammlung des Herrn Letocha sich befinden, von denen das besser erhaltene (ebend. *Fig. 8*) 100 Mm. lang, am breiteren Ende gegen 20, am schmäleren 12 Mm. breit erscheint, die vordersten Rippen, ja überhaupt Rippen seien, erscheint zweifelhaft. Das breitere, anfangs verdickte Ende passt allerdings für die vorderste, seitliche Grube des Brustbeins. Man könnte jedoch die fraglichen Fragmente vielleicht auch für Theile des Zungenbeins oder Beckens halten. Wie gross die Zahl der Rippen gewesen sei, vermögen selbst die, wie es scheint, 22 Rippen angehörigen Fragmente des Letocha'schen Individuums noch nicht zu entscheiden, da bei den *Cetaceen* 9—15 Rippenpaare vorkommen. Möglicherweise könnten mindestens 11 Paare vorhanden gewesen sein.

Was die Anheftung der Rippen anlangt, so scheinen die vordersten sich an eine tiefere,

abgerundet-pyramidale Grube der Querfortsätze (a), aber gleichzeitig auch an eine fast halbmondförmige Gelenkfläche (b) der oberen Hälfte des hinteren Körpertheils, die mittleren an kurze Querfortsätze, die hinteren aber an mehr oder weniger entwickelte Querfortsätze sich inserirt zu haben. Wie bei den *Cetotherica* und anderen *Balaeniden* scheinen die längsten Rippen hinter den an den Brustbeinrippen, die breiteren aber hinter den Letzteren angeheftet gewesen zu sein.

Knochen der Brustflossen der Gattung *Pachyacanthus* werden sowohl im K. K. Hofmineralienkabinet, als auch in der Sammlung des Herrn v. Letocha aufbewahrt. Die Letztgenannte bietet sogar ein fast vollständiges Brustflossenskelet.

Die über 100 Mm. hohen Schulterblätter sind in vier Fragmenten vorhanden, wovon ein vollständigeres, rechtes (*Taf. XVII, Fig. 13*) sich im K. K. Hofmineralienkabinet befindet, während ein weniger vollständiges linkes (ebend. *Fig. 12*) Herrn Letocha gehört. Beiden Fragmenten fehlt ein Theil des oberen Saumes und der hintere obere Ecktheil. Beim Letocha'schen wird übrigens auch der vordere, über dem Gelenkfortsatz befindliche Theil vermisst. Die Fragmente stimmen durch ihre ansehnliche Dicke mit denen der *Cetotherien* überein, besitzen aber eine ganz glatte, mit eigenthümlichen punktförmigen und lineären Eindrücken versehene, etwas convexe, aussere Oberfläche. Im Allgemeinen erscheinen sie hinsichtlich der Gestalt denen der *Balaenopterinen*, *Cetotherien* und *Delphinoiden* ähnlich. Ihr stark abgesetzter, verlängerter und verschmälerter, fast walzenförmiger, Gelenktheil unterscheidet sie jedoch von denen der *Balaenopterinen* und nähert sie denen der *Balaenen*, noch mehr aber denen des *Delphinus gangeticus (Cuvier Rech. Pl. XXIII, Fig. 19* oder *Pl. 224, Fig. 19).* Bemerkenswerth erscheint indessen, dass der Saum der Gelenkgrube *(Taf. XVII, Fig. 12 A)* in ihrer Mitte eine doppelte Ausrandung, eine äussere breitere, tiefere und eine innere, schmälere, flächere zeigt. Die im Verhältniss kleine, wenig tiefe Gelenkgrube wird übrigens von einer Kreisfurche umsäumt. — Das erwähnte Exemplar des Hofmineralienkabinets *(Taf. XVII, Fig. 13)* besitzt eine nur mässig vorspringende vordere, von einer länglichen Furche durchzogene, etwas gerundete, obere Ecke. Der vordere Rand ist bogenförmig ausgeschweift und springt in einen nach unten gewendeten, am Grunde viereckigen, platten, mit dem Gelenktheil einen ziemlich spitzen Winkel bildenden, ansehnlichen, auf der Innenfläche mit einer pyramidalen Grube versehenen, 30 Mm. langen Fortsatz (Acromion) vor, dessen Endtheil abgebrochen ist. Einen Processus coracoideus habe ich nicht bemerkt.

Da das Taf. XVII, Fig. 13 abgebildete Schulterblatt 1859 mit den Resten des grösseren Exemplares (a) des *Pachyacanthus Suessii* des K. K. Hofnaturalienkabinets gefunden wurde, so dürfen wir dasselbe wohl mit Sicherheit demselben vindiziren.

Vergleicht man nun das eben erwähnte Schulterblatt *(Fig. 13)* etwas näher mit dem Letocha'schen (ebend. *Fig. 12),* welches mit den ausführlich beschriebenen und auf *Taf. XV* dargestellten Wirbeln, sowie mit den unter ihm dargestellten Knochen der Extremitäten gefunden wurde, so bemerkt man, dass beide gestaltlich nicht ganz übereinstimmen. Namentlich erscheint der Gelenktheil des Letzteren kürzer und breiter. Es fragt sich daher, ob nicht dasselbe, ebenso wie die Wirbel der Taf. XV, auf eine spezifische Differenz von *Pachyacanthus Suessii* hinweisen könnte.

Vom Humerus befinden sich ebenfalls Exemplare sowohl im K. K. Hofmineralienkabinet, so der *Fig. 14 A* und *Fig. 15* abgebildete, als auch im Besitz des Herrn v. Letocha (der *Fig. 12* dargestellte).

Der Humerus der *Pachyacanthen (Taf. XVII, Fig. 12, 14 A* und *15)* ist stärker abgeplattet und besonders oben schmäler als bei den *Cetotherien.* Sein schmälerer, stärker abgesetzter Gelenkkopf und seine Tuberosität erscheint kleiner, die von letzteren nach unten steigende rauhe Leiste kürzer, die auf der Innenfläche unter dem Gelenkkopf befindliche Grube tiefer. Die ulnare Gelenkfläche steigt wegen des fehlenden Olecranums weniger nach oben. — Die grösste Länge des Letocha'schen Humerus beträgt 85, seine obere Breite 37, seine mittlere 35 und seine untere 47 Mm.

Ein zwischen dem *Fig. 12* und *Fig. 14 A* abgebildeten Humerus angestellter näherer

Vergleich zeigt, dass auch sie, wie die Schulterblätter Fig 12 und 13, auf solche gestaltliche Abweichungen hinweisen, welche auf eine spezifische Verschiedenheit deuten könnten.

Die Knochen des Unterarmes (*Taf. XVII, Fig. 12* und *14 B*) zeigen nicht nur von denen der *Cetotherien*, sondern auch denen anderer *Cetaceen* beträchtliche Abweichungen. Sie erscheinen etwa um ½ kürzer als der Oberarm. Bei den Letocha'schen Skeletresten besitzt die *Ulna* und der *Radius* nur eine Länge von 51 Mm. Im Vergleich zu ihrer sehr geringen Länge sind sie aber, besonders unten, stark in die Breite entwickelt; auch besitzen sie eine ansehnliche Dicke. Der Radius und die Ulna sind ferner mittelst ihres inneren Saumes einander dermaassen genähert, dass ihre mittleren Theile nur durch einen kurzen, länglichen oder ovalen, kleinen, einem Loche ähnlichen, Zwischenraum geschieden werden. Der Ulna fehlt übrigens, wie ich an drei Exemplaren constatiren konnte, das bei *Cetotherium* nicht nur vorhandene, sondern sogar ansehnliche Olecranum.

Die Knochen des Unterarms der Letocha'schen Skeletreste (*Taf. XVII, Fig. 12*) weichen übrigens, wie der Oberarm, gestaltlich in mehrfacher Beziehung von den K. K. Hofnaturalienkabinet aufbewahrten (*Taf. XVII, Fig. 14 A*) ab, so dass auch sie an eine muthmaassliche, spezifische Verschiedenheit beider denken lassen könnten.

Handwurzelknochen (*Taf. XVII, Fig. 12*) bietet der Letocha'sche Fund im Ganzen acht, die jedoch nicht einer der Flossen, sondern beiden angehören. Im Verhältniss zur Grösse der Flosse besitzen die grösseren namhafte Dimensionen. Ihr grösster Durchmesser beträgt 22 bis 30 Mm. Im Allgemeinen kann man sie als rundlich und mit sehr rauhen, oberen und unteren, auch wohl theilweis äusseren Oberflächen versehen, bezeichnen. Fünf derselben erscheinen stark zusammengedrückt und zeigen zwei einander opponirte, mehr oder weniger ansehnliche, ebene Flächen, die man wohl als eine vordere und hintere zu denten und auf die Gegenwart von zwei Reihen von Handwurzelknochen zu beziehen hat. Zwei der fünf genannten Knochen sind mit einander verschmolzen. Zwei andere, schwächer comprimirte, etwas kleinere Knochen, bieten nur je eine Art von Gelenkfläche. Der achte der fraglichen Knochen, der grösser als die beiden letztgenannten ist und wie die fünf erstgenannten zwei einander opponirte Flächen besitzt, unterscheidet sich dadurch, dass eine seiner Hälften schief comprimirt ist, so dass seine Flächen, wohl nach innen, convergiren.

Wie die Handwurzelknochen in der Flosse speziell angeordnet waren, und wie viel ihre Zahl betrug, lässt sich nach dem eben beschriebenen Material, wie natürlich, nicht entscheiden.

Die Metacarpialknochen, deren wohl, wie bei den meisten *Cetaceen*, vier oder fünf vorhanden waren, erscheinen im Allgemeinen kurz und ziemlich breit.

Fingerknochen von einem kleinen Individuum des *Pachyacanthus Suessii* besitzt das K. K. Hofmineralienkabinet, noch zahlreicher finden sich aber deren unter den Skeletresten des Letocha'schen *Pachyacanthus*.

Dem kleineren Individuum des K. K. Hofmineralienkabinets des *Pachyacanthus Suessii* gehören drei breite, viereckige, ziemlich platte, an einem Ende erweiterte, etwa 1" lange an, denen sich ein schmälerer, länglicher, an beiden Enden gleich breiter zugesellt.

Die Fingerknochen (*Taf. XVII, Fig. 12*) des Letocha'schen Exemplares sind sämmtlich verkürzt und verhalten sich im Ganzen wie die bei den mit kurzen Brustflossen versehenen *Cetaceen*.

Nach Maassgabe der stark nach aussen divergirenden unteren Enden der Knochen des Vorderarms und der im Verhältniss breiten Metacarpialknochen (Taf. XVII, Fig. 12) sollte man meinen, dass die Brustflossen eine ziemlich ansehnliche Breite besessen haben dürften, obgleich sie, besonders auch wegen der geringen Länge des Oberarms und der Unterarmknochen, nur sehr kurz sein konnten und also von denen der *Cetotherien* abwichen.

In der vorstehenden ausführlichen Beschreibung wurden nur die Reste einiger erwachsenen Exemplare in Betracht gezogen. Durch die Güte des Herrn Karrer erhielt ich aber auch Wirbel- und Rippenreste (*Taf. XIV, Fig. 22—26*) eines jungen Exemplares, die sich jetzt im Museum der Kaiserl. Akademie zu St. Petersburg befinden.

Die Wirbelreste bieten keine Epiphysen. Die Bögen sind bereits etwas angeschwollen und der obere Dorn bei einem der Wirbel (*Fig. 23, 24*) schon fast knollenartig verdickt. Die Fragmente der Rippen (*Fig. 26*) sind schmäler und dünner als bei den Erwachsenen.

Schliesslich erlaube ich mir noch, der mitgetheilten Beschreibung die genaueren Maasse einiger Wirbel verschiedener Gegenden der Wirbelsäule anzuführen. Sämmtliche gemessenen Wirbel gehören dem grösseren, als a bezeichneten, mit verwachsenen Epiphysen versehenen, also alten, derjenigen Individuen an, von denen Reste im K. K. Hofmineralienkabinet aufbewahrt werden und sich mit Sicherheit nur auf *Pachyacanthus Suessii* beziehen lassen.

Maasse eines mittleren Rückenwirbels.

Körperlänge 1" 6''' (40 Mm.), vordere Höhe 1" 2''' (29 Mm.), die ganze Höhe des Wirbels bis zur Spitze des oberen Dornfortsatzes 3½" (93 Mm.). Länge des geraden, etwas verdickten Dornfortsatzes 1" 10''' (49 Mm.), Dicke desselben in der Mitte 9''' (22 Mm.).

Maasse eines der grösseren Lendenwirbel.

Länge des Körpers 2" 3''' (60 Mm.), Höhe desselben 1" 7''' (42 Mm.), Länge der Querfortsätze 2" 3—4''' (63 Mm.), grösste Breite derselben 1" 10''' (49 Mm.), Dicke derselben 6—7''' (15 Mm.), Höhe des Dornfortsatzes 2" 4''' (63 Mm.), grösste Breite desselben 2" 2''' (58 Mm.), grösste Dicke desselben 1" 6''' (40 Mm.), Breite des überaus engen Rückenmarkskanals 8''' (17 Mm.), Höhe desselben 3''' (6 Mm.).

Maasse eines der vordersten Schwanzwirbel.

Länge des Körpers 2" 2''' (57 Mm.), Höhe desselben 1" 6''' (40 Mm.), Höhe seines Dornfortsatzes 2" (54 Mm.), grösste Dicke desselben 1½''' (40 Mm.), Breite des Rückenmarkskanals 6—7''' (15 Mm.), Höhe desselben vorn 2—3''' (6 Mm.).

Maasse eines der hintersten der mittleren Schwanzwirbel.

Körperlänge 1″ 6‴ (40 Mm.), Höhe vorn ebenso, Breite des Körpers 1″ 7‴ (42 Mm.), Höhe des oberen Dornfortsatzes 1″ (26 Mm.), Breite desselben 1″ 5‴ (38 Mm.), Dicke desselben 6‴ (13 Mm.), Länge des Querfortsatzes 4½‴ (10 Mm.), Breite des Rückenmarkskanals 5‴ (11 Mm.), Höhe desselben 1½‴ (4 Mm.).

Zu bemerken ist, dass der Lendenwirbel, dessen Maasse mitgetheilt wurden, etwas kleiner war, als die mit sehr dicken oberen Dornen versehenen, oben erwähnten Lendenwirbel (siehe Taf. XVII, Fig. 1, 2, 3 und 7), welche Herr Dr. Fuchs 1871 für das K. K. Hofmineralienkabinet acquirirte.

Da der Schädel und der grösste Theil des Unterkiefers unbekannt ist und die im Hofmineralienkabinet befindlichen Reste nur Theile der Wirbelsäule repräsentiren, so lässt sich daraus die Gesammtlänge des Körpers des *Pachyacanthus Suessii* nicht mit einiger Sicherheit ableiten. Man kann nur sagen, sie hätten einem nicht viel über 6 Fuss langen Thiere angehört.

Einen besseren, jedoch ebenfalls nicht völlig sicheren, Anhaltspunkt bilden die Letocha-schen Reste der Wirbelsäule, die nach meiner Schätzung etwa ⅔ ihrer Totallänge repräsentiren. Die Länge des erhaltenen Halstheils derselben beträgt 180, des Rückentheils 380, des Lendentheils 350, des Schwanztheils 500 Mm., so dass die Länge des vorhandenen Theiles auf 1410 Mm. anzuschlagen ist. Rechnet man das etwa fehlende Drittel (705) dazu, so lässt sich die Länge der Wirbelsäule auf etwa 2115 Mm. anschlagen. Taxirt man nun die Länge des fehlenden Schädels wie bei den *Balaenopteren* und *Cetotherium Cuvieri* etwa auf ⅓ der Totallänge der Wirbelsäule, so würde die Kopflänge etwa gegen 705 betragen haben, und die Totallänge des Skelets, dem die Letocha'schen Reste angehörten, wäre vom Schnautzenende bis zum Schwanzende annähernd 2,870, also etwa gegen 3 M. gewesen.

Dass im wiener Tertiärbecken, ausser denen von *Zahnwalen*, auch Reste von *Bartenwalen*, namentlich auch der eigenthümlichen Gattung *Pachyacanthus* angehörige, vorkommen, wurde erst in Folge meiner Untersuchungen (siehe *Bemerkungen über die untergegangenen Bartenwale, deren Reste bisher im Wiener Becken gefunden wurden, im Bd. LXV, 1. Abth. d. Sitzungsberichte, d. K. K. Akad. d. Wissensch. zu Wien, April-Heft, Jahrg. 1872*) festgestellt.

Suess (ebend. *Bd. XLVII, 1864*) und Peters (ebend. *Bd. LV, Jan. 1867*) erwähnten nur *Delphin*-Reste.

Skelettheile des *Pachyacanthus Suessii* wurden dessen ungeachtet häufig, jedoch, so viel ich weiss, bis jetzt nachweislich nur in jenem bläulich-grauen, zur Ziegelbereitung benutzten, Thone (Tegel) unweit Wien bei Hernals, noch weit häufiger aber bei dem 1 Stunde von Wien in westlicher Richtung gelegenen Dorfe Nussdorf gefunden.[1] Die ersten, sowohl

---

1) Gehörten indessen die oben erwähnten Unterkiefer-reste der Jaeger'schen *Balaena molassica Pachyacan-* | *thus Suessii* an, so würde auch die Molasse Würtenbergs als Fundort zu bezeichnen sein.

in Bezug auf ihre Zahl, als auch ihre Conservation bereits bedeutenden Reste gelangten,
so viel mir bekannt, durch die Bemühungen des Herrn Akademikers Suess in das dortige
K. K. Hofmineralienkabinet. Sie gehörten mindestens drei verschiedenen Individuen (a, b, c)
an. Es finden sich darunter mehr oder weniger wohl erhaltene oder ansehnliche fragmentarische Exemplare oder Theile von Halswirbeln, Rücken- und ganz besonders von Lenden-
und Schwanzwirbeln, sowie auch von Rippen. Theile des Brustbeins, vier Fragmente von
Schulterblättern, einige Oberarmknochen, ebenso wie Knochen des Unterarms nebst einigen
Phalangen, sind gleichfalls vorhanden. Die meisten der Reste stammten von den im genannten Kabinet als a und b bezeichneten Individuen. Dem Individuum a sind 21 Wirbel
oder Wirbelfragmente und 19 Rippenfragmente, dem Individuum b 26 Wirbel oder Wirbelfragmente und 18—19 Rippenfragmente zu vindiziren.

Herr v. Letocha acquirirte schon vor 1869 ebenfalls einige Wirbel- und Rippenfragmente, ebenso Herr Karrer, dessen Güte das St. Petersburger Museum die von ihm ge-
sammelten Reste eines jungen Thieres verdankt.

Zwei interessante Funde von Resten des *Pachyacanthus* wurden im Laufe des Sommers
des Jahres 1871 bei Nussdorf gemacht. Den bedeutenderen, ersten, davon erwarb Herr
v. Letocha. Er besteht aus zahlreichen Wirbeln oder ihren Fragmenten, die eine mindestens zu ²⁄₃ vollständige Wirbelsäule bilden. Dem Schwanztheil der Wirbelsäule fehlen höchstens 3 Wirbel. Von Lendenwirbeln sind einige trefflich erhalten, ebenso sind einige namhafte Rückenwirbelfragmente nebst den Fragmenten der Halswirbel beachtenswerth. Ausser
den erwähnten so namhaften Resten der Wirbelsäule lieferte der fragliche Fund einige
ganze Rippen nebst zahlreichen Fragmenten derselben und eine solche Menge von Knochen
der beiden Extremitäten, dass die Linke fast vollständig ist. Es war mir daher für die genauere Charakteristik der *Pachyacanthen* von höchstem Interesse durch die Gewogenheit
des Herrn v. Letocha den in Rede stehenden wichtigen Fund benutzen und meine an den
reichen Materialien des K. K. Hofnaturalienkabinets früher bereits angestellten Untersuchungen dadurch wesentlich vervollständigen zu können.

Der ebenfalls 1871 zu Nussdorf gemachte, und mir gleichfalls gütigst zur Benutzung
gestellte zweite Fund, welcher durch die Bemühungen des Herrn Dr. Fuchs an das K. K.
Hofmineralienkabinet gelangte, lieferte mehrere, meine Beschreibung ergänzende, interessante Stücke, worunter einige sehr verdickte Wirbel und sehr breite Rippen besonders
hervorzuheben sind.

Die Kenntniss des Rumpfskeletes und der Extremitäten der Gattung *Pachyacanthus*
dürfte daher als eine fast vollständige zu bezeichnen sein.

? Spec. 2. Pachyacanthus trachyspondylus J. F. Brdt.

### Wesentlicher Charakter.

Der hintere, stark crenulirte und höckrige Rand des dritten und der folgenden Hals-wirbel springt in einen Fortsatz vor, der den vorderen Rand des folgenden Wirbels deckt. Die genannten Halswirbel sind ungemein rauh.

### Beschreibung.

Im K. K. Hofmineralienkabinet werden unter 112, 113, 116, 117, 118 und 119 sechs, ebenfalls unweit Wien im blauen Tegel entdeckte, Wirbel (Taf. XVIII, Fig. 1—4 A—F) aufbewahrt, die auf ihrer unteren, und theilweis auch äusseren, Fläche ungemein unregel-mässig höckerig, theilweis warzig, und daher überhaupt überaus rauh erscheinen. Es gilt dies ganz besonders von den grösseren. Beachtenswerth ist ferner, dass bei den vier grösseren der hintere Rand als höckriger, stark crenulirter Fortsatz seinen Körper über-ragt und den vorderen Rand des folgenden Wirbels deckt. Die Epiphysen sind zum Theil abgetrennt und verloren gegangen, so dass die Wirbelkörper statt einer glatten, eine sehr rauhe vordere oder hintere Fläche bieten. Trotz des fremdartigen allgemeinen Anschens weist doch ihre allgemeine Form und Textur, ferner die Gestalt der ebenen, d. h. nicht trichterförmig vertieften, Epiphysen, nebst den Resten ihrer abgebrochenen Bögen, sowie die von den Bögen ausserhalb begrenzte, ziemlich ansehnliche grubenartige Vertiefung der inneren, oberen Wirbelwand, welche für einen ziemlich weiten Kanal für das Rückenmark spricht, deutlich darauf hin, dass die ein sonderbares Ansehen bietenden Wirbel offenbar einem *Cetaceum* angehörten. Der vordere Halswirbel von *Pachyacanthus Suessii* bietet zwar gleichfalls Rauhigkeiten und sendet einen rauhen, centralen, höchst charakteristischen Fort-satz vom unteren, hinterenRande nach hinten, der Epistrophens von *Champsodelphis? Fuchsii* und *Korreri* entbehren der Rauhigkeiten ebenfalls nicht. Auch sieht man an den Wirbeln der alten *Pachyacanthen* überhaupt ausser ihren Anschwellungen auch so manche Rauhigkeiten, die indessen bei weitem nicht sich denen des *P. trachyspondylus* so annähern, dass die bei diesem wahrnehmbaren Rauhigkeiten sich als eine blosse extreme, anomale, keineswegs spezifische, Bildung ansehen liessen.

Ein Atlas oder Epistropheus ist unter den vorliegenden Wirbeln durchaus nicht vor-handen. Ich bin vielmehr geneigt, den grössten derselben (A) für den dritten Halswirbel, die drei anderen (B, C, D), wohl auf ihn folgenden, aber für den vierten, fünften und sech-sten Halswirbel, die beiden kleineren (E, F) aber für vorderste Rückenwirbel zu nehmen. Die Wirbel E und F documentiren sich übrigens um so mehr als vordere Rückenwirbel, da hinter der Basis jedes Bogens eine rundliche, offenbar als Rippenansatz zu deutende, Grube bemerkbar ist, wie sie sich auch bei *Pachyacanthus Suessii* findet.

Für eine Beziehung der fraglichen vier Halswirbel zu *Pachyacanthus* spricht übrigens auch der Umstand, dass als Andeutung der beschriebenen, fortsatzartigen Verlängerung

24*

des hinteren Randes der fraglichen Wirbel bei *Pachyacanthus* auf der Unterseite des Wirbelkörpers eine centrale, nach hinten etwas vorragende, Längsleiste wahrgenommen wird.

Es dürften demnach die durch ihre Rauhigkeiten so merkwürdigen, namentlich nach Maassgabe der durch ihre hinteren, unteren, rauhen Fortsätze ausgezeichneten, vier fraglichen Wirbel möglicherweise einer zweiten Art *Pachyacanthus* oder einer dem *Pachyacanthus* verwandten Form angehört haben, wovon wir noch keine anderen Reste kennen. Ich habe daher dieselbe vorläufig als *P. trachyspondylus* bezeichnet, jedoch mit einem Fragezeichen versehen.

## ANHANG V.

**Einige Worte in Betreff der Möglichkeit, dass unter Pachyacanthus Suessii zwei, als Pachyacanthus Suessii und P. Letochae künftig zu sondernde, Arten von mir vorläufig vielleicht vereint worden seien.**

Mit Ausnahme der einem *Pachyacanthus trachyspondylus* zugeschriebenen Halswirbel habe ich zwar alle anderen, theils im Wiener K. K. Hofmineralienkabinet, theils in der Sammlung des Herrn v. Letocha befindlichen Reste der Gattung *Pachyacanthus* nur einer Art, dem *P. Suessii*, vindizirt. Es wurde jedoch an mehreren Stellen meiner Beschreibung derselben bereits darauf hingedeutet, dass manche von ihnen solche Verschiedenheiten zeigen, welche möglicherweise spezifische sein könnten. Es gilt dies namentlich nicht nur von der in der Sammlung des Herrn v. Letocha vorhandenen, offenbar einem alten Individuum angehörigen, S. 170 ff. beschriebenen und Taf. XV abgebildeten, Wirbelsäule, woran die oberen Dornen der Rücken-, Lenden- und vorderen Schwanzwirbel weit weniger angeschwollen sind als bei den Resten von mindestens vier Exemplaren des K. K. Hofmineralienkabinets (siehe oben S. 174), ja selbst im Verhältniss weit weniger als bei einem sehr jungen *Pachyacanthus* (Taf. XIV, Fig. 23, 24), sondern auch von den demselben Individuum wie die Wirbelsäule angehörigen Schulterblättern, sowie den Ober- und Unterarmknochen (siehe oben S. 182 und 183) der Sammlung des Herrn v. Letocha. Auch diese stimmen, wie ich gleichfalls bemerkte, mit den ihnen homologen Theilen der im K. K. Hofmineralienkabinet aufbewahrten Skeletreste nicht ganz überein. Uebrigens könnte auch das Vorhandensein zweier verschieden geformten Manubrien des Brustbeins auf zwei Arten hindeuten. Es schien mir indessen doch deshalb noch etwas gewagt schon jetzt einen von *P. Suessii* zu unterscheidenden *Pachyacanthus Letochae* mit Sicherheit aufzustellen, weil wir einerseits nach Maassgabe des vorhandenen Materiales, wie mir scheint, die mögliche Variation der Knochen des *Pachyacanthus Suessii* noch nicht gehörig nachzuweisen vermögen, andererseits aber der für eine genauere spezifische Sonderung wünschenswerthe Bau des Schädels der *Pachyacanthen* gänzlich unbekannt ist.

Wenn übrigens ein *P. Letochae* wirklich von *P. Suessii* zu sondern sein würde, so wären die Darstellungen der *Taf. XIV, Fig. 17—21*, ferner die *Taf. XV*, sowie *Fig. 4—8* der *Taf. XVI* und *Fig. 12* nebst *A* der *Taf. XVII* auf ihn zu beziehen.

## ANHANG VI.

A. Ergänzungen und Berichtigungen zu den echten fossilen Balaeniden.

(Zusätze und Verbesserungen zu S. 20 und 21 ff.)[1]

In der *Ostéogr.* p. 262 spricht sich Van Beneden dahin aus, dass Du Bus's *Protobalaena* wohl keine eigene Gattung bilden könnte und beschreibt nach antwerpener Resten
sogar nur eine einzige *Balaenide*, seine *Balaena primigenia*. Die im Jahre 1872 von ihm
angestellte eingehende Untersuchung der im brüsseler Museum aufbewahrten *Balaeniden*-
Reste veranlasste ihn, seine Ansicht zu ändern, so dass er (*Bullet. d. l'Acad. roy. d. Belgique*,
T. XXXIV, n. 7. *juillet*, 1872, p. 236 etc.) auf Grundlage der genannten Reste ausser
seiner *Balaena primigenia* noch die Existenz dreier anderen echten *Balaeniden* nachzuweisen sich bemühte, für welche er drei neue Gattungen *Probalaena*, *Balaenula* und *Balaenotus* errichtete, ohne jedoch daran zu erinnern, dass bereits Du Bus in seinem oben S. 21
erwähnten *Discours* von grossen und kleinen Arten seiner Gattung *Protobalaena* spreche.

Da in meiner Schrift die Reste der fossilen europäischen *Bartenwale* in möglichster
Vollständigkeit aufgeführt werden sollen, so möge es erlaubt sein, als Ergänzung die neuen
Mittheilungen Van Beneden's über die antwerpener fossilen *Balaeniden* mit einigen Be-
merkungen hier mitzutheilen und denselben noch einige andere Nachträge anzureihen.

### 1. Genus Balaena.

#### Spec. 1. Balaena primigenia Van Bened.

*Gervais, Nouv. Archiv. d. Mus., 1872, VII, p. 87.*

Van Beneden bemerkt, er habe zur Charakteristik der Art Kieferknochen, ein Keilbein, Bullae tympani, eine Rippe, mehrere Phalangen und Wirbel verschiedener Körpergegenden, darunter das Fragment eines Atlas, die mehreren Individuen angehörten, vor sich
gehabt. Neben überaus grossen Wirbeln, die auf eine riesenhafte Grösse ihres Besitzers
hinweisen, fänden sich halb so grosse, welche dieselben Kennzeichen böten.

Die Knochen weichen im Allgemeinen wenig von denen der *Balaena mysticetus* ab.
Wie sie sich zu denen der *B. biscayensis* verhalten, ist nicht bemerkt.

Alle von Van Beneden untersuchte Knochen stammen aus dem rothen Crag von
Ostruweel, Wommelghem und Wynegham. — Gervais führt auch noch den Crag von
Suffolk als Fundort einer Bulla tympani an.

Man darf vielleicht, ohne eigentlicher Darwinianer zu sein, in Folge der von Van Be-

---

[1] Das Material für die nachstehenden, auf die antwerpener *Balaenen*-Reste bezüglichen, Zusätze und Berichtigungen gelangte erst im August 1872 zu meiner Verfügung, als die von mir oben S. 20 mitgetheilten Bemerkungen über *Balaena primigenia* bereits abgedruckt waren.

neden angedeuteten, nahen Beziehungen der *Balaena primigenia* zu *Balaena mysticetus*, die
Frage aufwerfen, ob nicht *Balaena mysticetus* ein im Laufe der Zeiten veränderter Ab-
kömmling der als spezifische Urrace zu betrachtenden *Balaena primigenia* sein könne. Zur
Eiszeit ging wenigstens wohl ohnehin *Balaena mysticetus* weiter nach Süden.

Als Synonym des *Palaeocetus Sedgwickii* (was ich S. 25, ehe die neueren Mittheilungen
Van Beneden's vorlagen, nicht für unmöglich hielt) lässt sich *Balaena primigenia* icher
nicht ansehen. Es fragt sich indessen, in welchem Verhältniss sie zu *Balaena biscayensis*
Eschr., nach Gervais = *Balaena Lamanoni Desm.* (sollte heissen *Boitard*), und der *Balaena macrocephala Boitard's (Dictionn. univ. d'hist. nat. p. d'Orbigny, T. II, 1842 p. 444)*
stehe, ganz besonders aber, wie sie sich zu der, gleichfalls im antwerpener Becken gefundenen, *Balaena arcuata Boitard (a. a. O.)* verhalte.

### Spec. 2. Balaena biscayensis? Eschr.

*Balaena Lamanonii, Boitard, Dictionn. univ. d'hist. nat., T. II, p. 443,* nicht wie
　　oben S. 21 steht, *Desmoulins, Dict. class.,* gehört nach Gervais, *Nouv. Archiv.
　　d. Mus., 1872, p. 82,* als Synonym hierher.

Capellini (*Rendiconto delle sessioni dell'Accademia delle Scienze dell'Istituto di Bologna Anno Accademico 1870—1871, Bologna 1871, p. 81*) spricht von acht Walfischwirbeln, die in der Umgegend des Montepulciano gefunden wurden und in der paläontologischen Sammlung zu Bologna aufbewahrt werden, wovon Ger-
vais (*Bullet. d. l. soc. géol. d. France, T. XXIX (1872), p. 100*) berichtet. Sieben dieser
Wirbel sind sämmtlich Halswirbel, der achte ist ein Rückenwirbel. Die fraglichen Wirbel
lassen sich nach Capellini zwar mit denen keiner lebenden Art ganz identifiziren, stehen
aber in inniger Beziehung mit denen von *Balaena biscayensis* (Ostéogr. d. Cétac. p. 105. —
*M. P. Fischer, Ann. d. sc. nat. Zool., T. XV, p. 1. — Gervais, Nouv. Arch. d. Mus., 1872,
VII, p. 82*) und *australis.* Er meint daher, *Balaena biscayensis* könne der legitime Ab-
kömmling des fossilen, pliocenen Wales sein, der, als der Atlantische Ocean mit dem Mittelmeer communicirte, in Letzteres vom Gascogner Busen aus gelangte. — Die Möglichkeit,
dass die fraglichen Reste der Urrace der *Balaena biscayensis* angehört haben könnten,
dürfte wohl um so zulässiger sein, da Gervais a. a. O. bemerkt: die erwähnten Halswirbel
seien denjenigen völlig vergleichbar, welche im Pariser Museum sich befinden und der
*Balaena biscayensis* zugeschrieben werden. Weniger möchte dies vielleicht aber von Capellini's Annahme gelten, dass die fragliche *Balaena* gerade durch den Gascogner Meer-
busen ins Mittelmeer gelangte.

Fossile zweifelhafte *Balaenen*, die dem Verfasser des Abschnittes über die *Bartenwale*
der *Ostéographie*, ebenso wie früher mir, entgingen, die ich auch bei Gervais a. a. O. p. 87
vermisse:

### ? Spec. 3. Balaena macrocephala Desmoul.

Baleine macrocéphale, *Desmoulins, Diction. class. d'hist. nat., II (1822), p. 165. —
Boitard, Dictionn. univ. d'hist. nat. p. d'Orbigny, T. II (1842), p. 444.*

Sie soll sich von den bekannten *Balaenen* durch die Krümmung ihrer Schnautze auszeichnen, deren Convexität unten (?) wäre (dont la convexité est inférieure). Die Kiefer
sollen, wie bei den *Cachelots*, sehr breit am Grunde sein und erst, nachdem sie die Stirnbeine doublirt, sich nach innen und vorn krümmen.

Ein im Pariser Museum aufbewahrter Schädelrest wurde zu Sos im Departement der
Rhonemündungen gefunden.

### ? Spec. 4. Balaena arcuata Boitard.

Baleine à bec arqué (*Baleine arcuata*), Boitard a. a. O.

Beim Graben des antwerpener Beckens wurde ein Schädelfragment entdeckt, welches
sich durch einen so stark gebogenen Schnautzentheil auszeichnet, dass die Zwischenkiefer
mit der Stirnbeinfläche fast einen rechten Winkel bilden. Die Spritzkanäle verlaufen parallel
mit der Stirnbeinfläche. Die Nasenbeine bilden zwischen den beiden Spritzkanälen einen
Vorsprung.

Die beiden eben erwähnten fraglichen Arten erheischen, wie mir scheint, eine genaue Vergleichung mit den Van Beneden'schen *Balaeniden*, da namentlich die Letztere nach
Maassgabe des Fundortes mit einer von ihnen zusammenfallen könnte.

## 2. Genus Probalaena Van Bened. (1872).

Probalaena, *Van Bened., Bullet. d. l'Acad. roy. d. Belgique, 2ᵐᵉ sér., T. XXXIV, n. 7,
juillet 1872, p. 237. —* Protobalaena, *Du Bus, Discours pron. Bull. d. l'Acad. roy.
d. Belgique, 2ᵐᵉ sér., T. XXIV (1867), p. 573; L'Institut Sc. math etc., 1868,
p. 281 et 287* (ex parte!). (Siehe oben S. 20 und 21.)

Man darf wohl vermuthen, gesagt wird es nicht, dass Van Beneden's *Probalaena*,
ebenso wie seine Gattungen *Balaenula* und *Balaenotus*, wenn auch nicht gerade ausschliesslich, auf Materialien fussen, welche Du Bus a. a. O. seiner Gattung *Protobalaena* einverleibte, denn Letzterer bemerkt ausdrücklich, dass seine Gattung *Protobalaena* mehrere, an
Grösse verschiedene, Arten enthalte, die er freilich weder benennt, noch charakterisirt.

Als Charakter der Gattung *Probalaena* führt Van Beneden an: Alle Halswirbel, mit
Ausnahme des Letzten, seien verschmolzen, ebenso wären nicht blos die oberen, sondern
auch die unteren (bei *Balaena mysticetus* weniger entwickelten und freien) Querfortsätze
derselben vereint.[1]

---

[1] Ich führe diese Kennzeichen an, ohne auf ihre generische Bedeutung Gewicht zu legen.

Nach Van Beneden würden die *Probalaenae* den Walen der südlichen Hemisphäre näher stehen, als den grönländischen. — Wie sie sich zu *B. biscayensis* verhielten wurde nicht angegeben. Da nun, wie in der *Ostéogr. d. Cétac. p. 105* bemerkt ist, die *Balaena biscayensis* den *Balaenen* der südlichen Hemisphäre anzureihen wäre, so darf wohl die Frage aufgeworfen werden, ob nicht etwa *Probalaena Du Busii* als Urform der *Balaena biscayensis* anzusehen sei.

### Spec. 1. Probalaena Du Busii Van Beued.

Im Brüsseler Museum finden sich ausser zwei Reihen von Halswirbeln zahlreiche andere, dieser Art angehörige, Wirbel. Auch darf ihr vielleicht ein Kieferfragment zugeschrieben werden.

### 3. Genus Balaenula Van Bened.

*Van Beneden, Bulletin d. l'Acad. roy. Belgique, a. a. O- p. 238.*

? Protobalaena Du Bus e. p.

Der Atlas frei. Der Epistropheus mit den folgenden Wirbeln, mit Ausnahme des letzten freien, vereint.

Der Schädel ist der des Grönlandwales im Kleinen, sowohl in Bezug auf die Grösse, als auch die allgemeine Gestalt seiner Knochen. Die viereckigen Nasenbeine sind aber zweimal länger als breit, und ihr innerer Rand bietet hinten eine Protuberanz. Der Zwischenkiefer ist vorn stärker entwickelt. Die Halswirbel sind sehr dünn, und ihre Körper nur mittelst ihrer Mitte und ihres unteren Theiles vereint. Ihre freieren unteren Querfortsätze werden, mit Ausnahme der des Siebenten, von vorn nach hinten zu kleiner.

### Spec. 1. Balaenula balaenopsis Van Beued.

Die ganze Körperlänge des erwachsenen Thieres schätzt Van Beneden nur auf 5 Mètres. — Der Atlas misst von einem Ende des Querfortsatzes zum anderen 25 Centimeter, während seine Höhe 16 Centimeter beträgt. — Die Wirbelkörper sind vorn convex, hinten concav und in der Mitte mit einem Höcker (nach Van Beneden einem Reste der chorda dorsalis) versehen, wodurch sie sich mit dem benachbarten Wirbel verbinden.

Das brüsseler Museum besitzt ausser einem fast vollständigen Schädel nebst den Bullae tympani und Resten des Unterkiefers, die Halswirbel, 11 Rückenwirbel, 12 Lendenwirbel, eben so viel Schwanzwirbel, sowie auch Rippen, welche Skelettheile mehreren Individuen angehörten. Auch in der Löwener Sammlung finden sich einige Knochen.

Die erwähnten Reste des Skelets stammen meist aus dem grauen Crag von Stuyvenberg.

Das Grössenverhältniss der Art, dann der freie Atlas nebst den anderen vereinten Wirbeln erinnern, wie mir scheint, an den *Palaeocetus Sedgwickii Seeley*'s (siehe oben S. 25), ein Umstand, der Beachtung verdienen möchte.

## 4. Genus Balaenotus Van Bened.

*Van Beneden, Bulletin d. l'Acad. roy. Belgique, a. a. O., p. 245.*

Als Hauptcharaktere der Gattung sind vorläufig nach Van Beneden's wörtlicher Mittheilung folgende anzusehen.[1]

Die eigenthümliche Gestalt des Körpers und Rückenmarkskanales der Wirbel, besonders der Rücken- und Lendenwirbel, das abweichende Verhalten der Neuralbögen und ihrer Apophysen, so wie die sehr merkwürdigen Kennzeichen, welche die Halswirbel bieten.

### Spec. 1. Balaenotus insignis Van Bened.

Der wie bei *Balaenula* freie Atlas ist 23 Centimeter hoch, 32 Centimeter breit und bietet einen 12 Centimeter breiten Kanal. Der Atlas zeigt eine andere Gestalt, sein Rückenmarkskanal ist fast so breit als hoch, seine Querfortsätze sind am Grunde breit, aber wenig verlängert. — Der zweite, dritte, vierte und fünfte Halswirbel bieten freie Körperepiphysen und sind wie bei *Balaenula* nur mittelst des centralen und unteren, im Nachbarwirbel eingreifenden Theiles ihres Körpers vereint.

Die Vereinigung ihrer Neuralbögen erscheint ganz eigenthümlich, indem der des dritten Wirbels nur auf eine kurze Strecke mit dem des Epistrophens verbunden sich zeigt, die beiden übrigen aber ganz unter sich vereint sind. Der Neuralbogen des Epistropheus ist sehr dick, der der anderen Halswirbel im Verhältniss dünn. Aus der in der Mitte vollständigen vorderen Epiphyse des dritten Wirbels tritt ein Fortsatz hervor, der mit dem zweiten Wirbel vereint erscheint.

Die mit den oberen an keinem der Halswirbel verbundenen unteren Querfortsätze nehmen vom Epistrophens an bis zum fünften Wirbel an Länge ab. — Der Körper des sechsten und siebenten Halswirbels verlängert sich unten und bildet eine Art Fortsatz.

Vom ersten bis zum dritten Rückenwirbel nehmen die Wirbelkörper stark an Höhe und Breite ab, während die Neuralbögen und Apophysen derselben sich durch ihre Dicke bemerklich machen. Auch bei dieser Art findet sich der am wenigsten entwickelte Rückenwirbel in der Mitte.

In der Halsgegend sind vom dritten an, wie bei *Balaenula*, alle Wirbel vorn convex, hinten aber in Folge der centralen Spur der früheren Chorda dorsalis concav.

Die Querfortsätze der Lendenwirbel erscheinen, wie bei *Balaenula*, schmal und sehr verlängert. Der Körper eines der ersten Lendenwirbel misst 10, die Querfortsätze 15 bis 16 Centimeter. Die Knochen sind weit schwammiger als bei *Balaenula*.

---

1) Schon oben bemerkte ich, dass mir die Bildung von | anchylosirter Halswirbel und der freien oder vereinten
Gattungen auf Grundlage mehr oder weniger freier oder | Querfortsätze derselben nicht zusage.

Der Schädel ist noch unbekannt. Das brüsseler Museum besitzt aber Bullae tympani, ein Felsenbein mit seinem Zitzenfortsatz und mehrere Wirbelreihen, welche die 7 Halswirbel, 13 Rückenwirbel, 8 Lendenwirbel und 13 Schwanzwirbel aufweisen. Ausserdem finden sich darin die Reste mehrerer Rippen und die des Körpers des Zungenbeins. Auch in Löwen sind einige Wirbel vorhanden.

Die nicht sehr häufigen Reste wurden 1864 in der zweiten Section des Hauptkanales gegen Stuyvenberg zu ausgegraben.[1])

## B. Ergänzungen zu den Balaenopterinen.
### (Zusätze zu S. 32.)

Vor dem Genus *Pterobalaena* ist nachstehende Mittheilung Van Beneden's einzuschalten, wovon ich gleichfalls erst nach dem Abdruck meiner Bemerkungen über *Megapteren* Kunde erhielt.

### 4. Genus Megapteropsis Van Bened.

Megapteropsis, *Van Bened., Bulletin d. l'Acad. roy. Belgique, 2me sér., T. XXXIV, no. 7, juillet 1872, p. 242.*

Eine *Megaptera seu Kyphobalaena* nach Van Beneden sehr nahe stehende, von ihm vorgeschlagene, Gattung, die er davon, wegen der sehr ansehnlichen Höhe des weit schmäleren Condylus, des mit einem schwach entwickelten Kronenfortsatz versehenen Unterkiefers, sowie der dem Gelenkfortsatz desselben genäherten Oeffnung des Unterkieferkanals sondern zu können glaubt.

Die nähere Bestätigung dieser Gattung dürfte wohl um so mehr erst in Zukunft zu erwarten sein, da die Hauptkennzeichen der *Megapteren* an den vorhandenen Resten nicht nachweisbar sind.

Die ihr zu vindizirende Art nennt er

#### Spec. 1. Megapteropsis robusta Van Bened.

Das brüsseler Museum besitzt davon einen ziemlich vollständigen Unterkiefer, der auf eine Gesammtlänge des Thieres von etwa 50 Fuss hindeutet. Andere einzelne Knochen und Wirbel, welche ebenfalls zu Brüssel sich befinden, gehören einem viel grösseren Thiere an. Das zu Löwen befindliche Museum enthält einen Rücken- und zwei Schwanzwirbel.

Die im Museum zu Löwen aufbewahrten Reste stammen aus Eckeren, die brüsseler wurden bei Wyneghem und der nördlichen Citadelle gefunden.

---

1) Zum Schluss dieser Mittheilungen erlaube ich mir noch die Frage, ob es nicht besser gewesen wäre, wenn Herr Van Beneden seinem (*Ostéogr. p. 262*) ausge- | sprochenen Prinzipe gemäss die fossilen antwerpener *Balaenen* einer Gattung (*Balaena*) einverleibt hätte.

Auf S. 33 ist den Synonymen der *Balaenoptera robusta* Lilleb. *Eschrichtius robustus* Flower (*Ann. a. Magaz. of nat. hist., 4. ser., Vol. IX (1872), p. 440* einzuschalten.

W. H. Flower berichtet nämlich, man habe auch in Cornwall (Pentuan) schon vor 40 Jahren die Reste eines *Eschrichtius robustus* in einer Tiefe von 20 Fuss gefunden. Dieselben lagen in einer Sandschicht, die von einer anderen überdeckt war, welche Stücke von Eichenholz nebst Knochen von Hirschen, Ochsen und Bären, sowie auch Menschenschädel enthielt. Die Knochen bestehen aus dem linken Unterkieferast, einem Lendenwirbel, einem Humerus, einem Radius und zwei Metacarpialknochen. Sie gehörten einem etwas kleineren Individuum als das Schwedische an. Die Länge des Unterkiefers beträgt nämlich 7 Fuss 6 Zoll, die des Schwedischen 7 Fuss 11½ Zoll. Ein in Devonshire (Babbicombe Bay) gefundener, verstümmelter Halswirbel soll nach Gray (*Catal. of Seals and Wales, 1866, p. 133*) derselben Art angehört haben. Cope (*Proceed. Nat. Sc. Philadelphia, 1868, p. 194*) ist geneigt, ihr einen im Rutger's College zu Neu-Braunschweig aufbewahrten Kieferknochen zu vindiziren. Nach Buckland lagen übrigens die Knochen von Pentuan in einer jetzt ausgefüllten Bucht der Küste von Cornwall.

### C. Zweifelhafte Balaenoide.

Als noch sehr zweifelhafte *Balaenoide* ist wohl nachstehende, von Van Beneden vorgeschlagene Gattung anzusehen.

#### 5. Genus Herpetocetus Van Bened.

Le maxillaire est prolongé en dessous à sa partie postérieure, de manière que la surface articulaire est au-dessus et en avant au lieu d'être en arrière; cette surface occupe à peu près le milieu entre l'apophyse coronoïde et l'extrémité postérieure; ce maxillaire montre par là plus ou moins de ressemblance avec certains Sauriens. C'est une des formes les plus singulières que l'on connaisse; nous ne trouvons rien dans les espèces vivantes que nous puissions lui comparer.

Dies sind die Worte, welche Van Beneden zur Begründung seiner Gattung und einzigen Art

#### Spec. 1. Herpetocetus scaldiensis Van Bened.

im *Bullet. d. l'Acad. roy. d. Belgique, 2<sup>me</sup> sér., T. XXXIV, n. 7. juillet 1872, p. 247* mittheilt.

Mit Sicherheit kennt man davon bis jetzt nur Kieferreste. Wirbel, die man in ihrer Nähe fand, lassen sich mit einiger Bestimmtheit nicht darauf beziehen.

Die Kieferreste, welche im Museum von Brüssel sich befinden, stammen aus der dritten Stuyvenberger Section des neuen Kanals von Herenthals, die im Museum von Loewen aufbewahrten sammelte man bei St.-Nicolas.

**D. Reste der Unterordnung der Bartenwale von noch zu erwartender oder zweifelhafter Bestimmung.**

Ausser den in den oben beschriebenen oder erwähnten, mehr oder weniger richtig bestimmten, fossilen oder nur humatilen Resten von *Balaeniden* und *Balaenopteriden* hat man in Europa auch eine Menge solcher gefunden, die noch eine Bestimmung wünschen lassen. Die Einen davon kann man ohne Frage, die Anderen wenigstens dem Anscheine nach auf untergegangene Formen beziehen, während noch Andere entschieden oder mindestens vermuthlich lebenden Formen angehören, wovon manche nicht einmal als humatile sich nachweisen lassen möchten. Ich werde es versuchen, die mir bekannten nachstehend nach Möglichkeit der einen oder anderen der angedeuteten Categorien einzureihen.

### a. Unbestimmte, wie es scheint, ausgestorbenen Arten angehörige Reste.

Im Museum zu Mailand werden zwölf sehr grosse, theils dem Rücken-, theils dem Lendentheil der Wirbelsäule angehörige Wirbel nebst einigen Rippen eines unbestimmten *Wales* aufbewahrt, die man auf dem Berge Pulgnasco in der Nähe der Hügel des alten Velleja im Jahre 1804 entdeckte (*Cornalia, Guida alle Galleria di Storia naturale del Museo civico di Milano, Milano 1870, 8, p. 55*).

Auch die oben erwähnten, von Podesta entdeckten, sowie die von Gervais in Neapel gesehenen, ja selbst wohl ein Theil der turiner Reste von *Cetotherien* gehören noch zu den genauer zu bestimmenden.

Auf Malta fand Leith Adams (L'Institut 1867, Avril) Reste von *Bartenwalen* mit Zähnen von *Zeuglodon? (Squalodon)* und von einem *Dugong (Halitherium?)*, ohne Näheres über ihre Bestimmung und Lagerung anzugeben, so dass sie möglicherweise dort angeschwemmt sein könnten.

Was das Vorkommen fossiler unbestimmter *Balaenoiden* in der Schweiz anlangt, so erwähnte schon Cuvier (*Rech. s. l. o. foss., 4me éd., T. VIII, P. 2, p. 325*) eines im Genfer See angetroffenen, fächerförmigen Schulterblattes, welches er nur im Allgemeinen für das einer *Balaenoptera* erklärte. Später hat man (wenigstens schweigen Studer und Oswald Heer darüber) keine *Balaenoiden*-Reste wieder dort gefunden; da aber in der schweizer Molasse Kieferstücke des *Delphinus canaliculatus* entdeckt wurden, die man in Würtemberg und bei Wien mit Knochen von *Balaenoiden* fand, so dürften wohl auch in der Schweiz noch Reste von *Balaenoiden* entdeckt werden.

In Frankreich wurden mehrere Funde von anscheinend, fossilen Resten von *Bartenwalen* gemacht. Ich möchte dahin den bei Caen ausgegrabenen Radius rechnen, den Cuvier (*a. a. O.*) vom dortigen Prof. Roussel erhielt.

Christol in seinem Aufsatze über die gleichzeitige Thierbevölkerung der beiden Tertiärbecken des Departements l'Hérault (*Ann. d. sc. natur., 2me sér., T. IV (1835), p. 227*) erwähnt beiläufig, dass ausser Resten eines *Dauphin à longue symphyse* und eines *Cachalot* auch die einer *Baleine* und eines *Rorqual* vorkamen.

Gervais (*Ann. d. sc. nat.*, 4^me *sér.*, III, 1855, p. 339) bemerkt: Funde von Wirbeln, die man bei Montpellier, dann in den Departements Vaucluse, Drome und Gironde gemacht habe, deuteten darauf hin, dass in den Meeren der Miocän- und Pliocänperiode wahre, den lebenden durch ihre Grösse ähnliche, *Balaenoiden* existirten, deren Gattungen sich nicht genau bestimmen liessen, deutet aber zugleich auf *Rorquals* hin. In seiner neuesten grösseren Arbeit, die unter dem Titel: *Remarques sur l'Anatomie des Cétacés de la division des Balénidés* in den *Nouvelles Archives du Museum, T. VII* (1872), p. 65 *sqq.* erschien, hat derselbe berühmte Forscher p. 94 etc. unter der Rubrique XII (*Balénidés fossiles se rapprochant des Rorquals et plus particulièrement du Balaena rostrata, genre Plesiocetus Van Beneden*) unter B—H die Fundorte einer Menge von Resten aufgeführt, deren nähere Bestimmung, mit Ausnahme einiger von ihm p. 95 und 96 auf *Plesiocetus Hüpschii, Goropii* und *Becani* bezogener, noch nicht erfolgte.

In Süd-Brabant, im N.-O. und N.-W., zwischen Dyle und der Schelde, sind Plateaus, die aus tertiärem Kalkstein bestehen, worin man zu Woluwe und St. Gilles Reste von *Walfischen* und *Delphinen* fand. *H. v. Meyer, Palaeologica* S. 406.

Trümmer von *Cetaceen* wurden auch bei Elsloo auf dem rechten Ufer der Meuse, 4 Lieues von Mastricht, ausgegraben (*Van Beneden, Ostéogr.* p. 273).

Was für *Walfischknochen* in England (Roydon bei Diss) mit denen von Elephanten, Nilpferden, Bisonten und Riesenhirschen im Diluvium gefunden wurden (*H. v. Meyer, Palaeol.* S. 455), ist nicht bekannt.

Der erste, welcher wenigstens in Deutschland einen aus dem Rheinschlutte herrührenden Wirbel eines *Walfisches* beschrieb und abbildete, war Collini (*Act. palatinat. V, Tab. IV, Fig. 4. Keferstein, Naturg. d. Erdkörpers*, II, S. 192).

Wirbel eines als *Balaenoptera* bezeichneten Wales fand Prof. Beeks in Münster in einer Thonschicht zwischen Bocholt und Oeding. *v. Olfers, Vortrag in d. Berliner Akad. v. 19. December 1839, Wiegm. und Erichs., Arch. 1841*, II, p. 58.

In einer am 6. Februar 1835 im Zwingersaale zu Dresden gehaltenen Vorlesung machte Reichenbach die Mittheilung: ein Einwohner Dresdens, Namens Grassmann, habe in der Gegend von Lohmen, in den Steinbrüchen, grosse Fragmente colossaler Knochen gefunden, die von ihm (Reichenbach) nach sorgfältiger Vergleichung für *Walfischknochen* erklärt und in der Vorlesung gezeigt worden. In der *Leipziger Zeitung 1835, N° 53, S. 613* werden sie namentlich unter der Kategorie: *Cetaceum (Walfischartiges Seethier*) besprochen. In *Geinitz's Gaea von Sachsen, Leipzig 1843, S. 189* und im *Jahrbuch f. Mineral., 1842, S. 128* geschieht ihrer gleichfalls Erwähnung. — Im Dresdner Mineralogischen Museum finden sie sich nicht, wie mir Herr Prof. Geinitz, dem ich das Nähere der vorstehenden Angaben verdanke, gütigst mittheilte. Waren sie früher darin vorhanden, so gingen sie wohl beim Brande verloren.

An der jetzt zerstörten Albanskirche in Mainz war noch im Jahre 1624 über der Thür eine angeblich fossile Walfischrippe aufgehängt, die vom Volke für die Rippe einer unbekannten, heiligen Riesenjungfrau gehalten wurde *H. v. Meyer, Palaeolog. S. 462.*

b. Nicht systematisch bestimmte Reste von Bartenwalen, die, wenigstens wohl grösstentheils, noch lebenden Arten angehörten.

Funde solcher Reste wurden in Deutschland, Frankreich, Grossbritannien und in Schweden gemacht.

Das im Bremer Museum aufbewahrte, aus dem Meere gefischte Schädelfragment, welches Van Beneden (*Ostéogr. p. 251*) erwähnt, gehört wohl zunächst dieser Kategorie an.

Am 1813 niedergerissenen Kaufhause in Mainz hing über der Hauptthür an einer Kette, als sogenanntes Schulterblatt eines Riesen, ein jetzt in Darmstadt befindliches Schädelfragment eines walfischartigen Thieres (*H. v. Meyer, Palaeolog. S. 462*).

Am Kaufhause zu Mannheim war vor nicht gar langer Zeit eine Unterkieferhälfte eines Wales, die im Jahre 1780 am Zusammenfluss des Neckars und Rheines mit einem Hirschgeweih gefunden wurde, an zwei Ketten aufgehängt (*H. v. Meyer a. a. O.*).

Ueber die im Rheinthal gefundenen Reste bemerkt schon H. v. Meyer, sie seien nicht fossil. Näher haben sich darüber Kilian (*Achter Jahresbericht d. Mannheimer Vereins für Naturkunde, S. 15—19*) und Merian (*Verhandl. d. naturf. Vereins zu Basel, V, 1843, S. 107*) ausgesprochen.

Was die von Klöden (*Versteinerungen der Mark, S. 85*) erwähnten Reste von Cetaceen anlangt, so zweifelte H. v. Meyer an ihrer Fossilität und meint, dass sie an die der rheinischen Städte erinnerten.

Cuvier (*Rech. s. l. oss. foss., 4 éd., T. VIII, P. 2, p. 324*) spricht von bei Havre und an anderen Orten gefundenen Walfischknochen, die ihm nicht von denen der lebenden abzuweichen scheinen.

Dasselbe gelte wohl, wie er meint, von einer im Thale von Authie bei Montreuil sur Mer gefundenen Rippe.

Auch Gervais (*Nouv. Archiv. d. Mus., T. VII, 1872, p. 92—93*) führt mehrere unbestimmte, meist aus Frankreich stammende, Reste von Balaenoiden dieser Categorie an.

Am Ufer der la Manche hat man einen angeblich fossilen (?) Kiefer gefunden (*Mantell, Medals of creations, Vol. II, p. 824*).

Sehr häufig wurden in Grossbritannien im dem Meere abgewonnenen, aus Sand- oder Thonablagerungen bestehenden, der neueren (diluvialen oder alluvialen) geologischen Periode angehörigen, Laude Knochen von *Walfischen* entdeckt, die wenigstens in der Mehrzahl noch lebenden Arten angehörten. Owen (*Brit. foss. mamm. p. 542*) lieferte bereits folgende darauf bezügliche Beispiele.

Am Ufer des Flusses Forth entdeckte man die Reste eines 72 Fuss langen Skeletes einer *Balaenoptera*, welche im Thone 20 Fuss über der Stelle lagen, welche der höchste Stand der Fluth erreicht (*Owen's Report Meet. Brit. Assoc., 1842, p. 72*).

Verschiedene Knochen von *Walen* wurden in der Ziegelerde zu Dunmore Rock (Stirlingshire) fast 40 Fuss über dem jetzigen Meeresspiegel entdeckt. — Die von Richardson im gelben Mergel oder Ziegelerde von Herne Bay in Kent gefundenen *Walfischwirbel* lagen 10 Fuss über dem höchsten Stande der See. — Ein grosser Wirbel von *Balaena mysticetus* ward 15 Fuss unter der Oberfläche im Geröll, beim Graben eines Fundamentes zu einer Kirche, gefunden. — Nach Mackenzie (*Trans. Roy. Soc. Edinb., Vol. X, 1826, p. 105*) wurde ein *Walfischwirbel* bei Dingwall, 3 englische Meilen vom Meere und 12 Fuss über dem Wasserspiegel in einem blauen Lehmlager entdeckt, welches Meeresconchylien enthält, also vom Meere abgesetzt wurde.

Baker besitzt die Bulla tympani nebst Wirbeln einer *Balaenoptera*, die im Sande von Huntshill bei Dingwall nur 12 Fuss über dem Meere in einem Meeresconchylien enthaltenden Sande lagen.

Ausser den eben aus Owen (*Brit. foss. mamm.*) entlehnten Funden der fraglichen Categorie sind mir noch nachstehende aus Grossbritannien bekannt.

Unter den Mittheilungen, welche Boblaye (*Bull. d. l. Soc. géol. d. France, 1834, VI, p. 74—77, siehe Jahrb. f. Min. 1837, S. 718*) aus dem *Scotsman (1834, 1. Nov.)* der Pariser geol. Ges. machte, befindet sich die Nachricht, dass man zu Airthy, 2 Meilen N.-O. von Stirling, vor einigen Jahren ein Walfischskelet im Thon, etwas über dem Flusse liegend, und einige Meilen weiter westlich, am Ende des Blair-Drommond-Moores ein anderes auf Torf und von Torf bedeckt, gefunden habe. Boblaye schloss daraus auf eine Hebung des Landes um 20—30 Fuss.

Im Hafen von Dunmore (Stirlingshire) hat man ½—¾ Meilen vom Bette des Flusses, unter einer 3—4 Fuss mächtigen Alluvialschicht, 20 Fuss über dem hohen Frühlingswasserstand, ein 70—75 Fuss langes Skelet eines *Walfisches* entdeckt. Die Art, der es angehörte, ist nicht angegeben. (*Edinb. Philos. Journ., Jul. 1824, p. 220; Ferussac, Bull. 1824, III, p. 171.*)

In der zum Besitzthum Blair-Drummond, der Baronie Burnbauk, gehörigen Besitzlichkeit, wurden in einer Lehmschicht Knochen eines *Walfisches* beim Ziehen eines Grabens in geringer Tiefe entdeckt. Die Knochen befinden sich im Museum des Collegs von Edinburgh und bestehen aus Fragmenten des Schädels, sowie Bruchstücken von Wirbeln und des Schulterblattes. (*Drummond, Mem. of th. Werner. nat. hist. soc., Vol. V, P. 2, 1826, p. 440.*)

Zu Airthry in der schottischen Grafschaft Clackmannan, am Fusse der Okill-Hügel, 1 Meile vom Flusse Forth wurden Knochen eines *Cetaceums* in einer Tiefe von 18 Fuss im jungen Alluvium in der Nähe eines Hirschhorns gefunden, die einem Thier von beträchtlicher Grösse angehörten und im Museum der Universität Edinburg aufbewahrt werden. (*Cuv. Rech. s. l. o. foss., 4 éd., T. VIII, P. 2, p. 307.*)

Den erwähnten grossbritannischen Funden lassen sich mehrere schwedische anreihen.

Zu Slokloster, Upland (in Schweden) grub man ein Schulterblatt nebst zwei Wirbeln und zwei Rippen eines *Wales* aus, die lange in der Erde gelegen haben mochten (*Lilljeborg, Skandin. hoaldjur, p. 113*).

Bei Stockholm fand man den Halswirbel eines *Wales*. (*Locén, Ofversigt of Kongl. Vetensk. Ak. forh. 1861, p. 305*.)

In der Kirche von Osberga (Ostergothland) wird die Rippe eines angeblich gestrandeten *Wales* aufbewahrt, die Lilljeborg (*Ofvers. of Kongl. Vetensk. 1861, p. 157*) *Balaena Swedenborgii* vindiziren möchte.

Retzius (*Ofers. of Kongl. Vetensk., 1854, p. 111*) erwähnt eines in Westgothland gefundenen Felsenbeins.

Radloff führt in seiner Beschreibung des nördlichen Theiles des Stockholms-Län an: dass in der Kirche von Edbo der Rückenwirbel eines *Wales* aufbewahrt wurde, welcher zu Folge eines Verses in der Rimkrönika vom Jahre 1489 in einer nahe gelegenen Bucht gestrandet sei (*Lilljeborg, Ofvers. of K. V. Akad. Handl. 1859, n. 7, p.329*). Nach E. Alrot's Beschreibung von Gestrikland gerieth 1658 im Nätra-Kirchspiel im Angermanland ein anderer aufs Trockene (*Lilljeborg, ebend.*)

## ANHANG VII.

### Einige Worte über die in Amerika gefundenen Reste von Bartenwalen.

#### A. Nordamerikanische Reste.

Auch Amerika hat bereits namhafte Beiträge für die Verbreitung der dort sehr häufigen Reste fossiler *Cetaceen* der tertiären Perioden geliefert. Es gilt dies besonders von den Vereinigten Staaten Nordamerikas, wo, wie bekannt, jetzt das Studium der Naturwissenschaften in so hoher Blüthe steht. Da sich meine Untersuchungen über fossile *Cetaceen* auf Europa und einen Theil des asiatischen Russlands beschränken, so erlaube ich mir über die *Cetaceen*-Reste Amerikas nur einen kurzen Abriss der Literatur zu liefern, so weit dieselbe mir zugänglich war.

Der erste, welcher von *Balaeniden*-Resten Nordamerikas, und zwar im Vergleich mit belgischen, spricht, ist meines Wissens Baron Hüpsch (*Van Beneden, Ostéogr. d. Cétac. p. 247*). P. Camper (*Observat. anal. p. 15*) erwähnt virginischer Reste. In Nordamerika selbst war wohl Harlan (*Med. and phys. researches p. 278*) der erste, welcher die Aufmerksamkeit auf die Reste inländischer fossiler *Cetaceen* leukte und auch später (*Amer. Journ. Sc. 1842*) darüber Einiges veröffentlichte.

Nach Harlan haben von Nordamerikanern Emmons, Dana, De Kay und Wyman, ganz besonders aber Cope und Leidy den Resten *fossiler* nordamerikanischer *Wale* ihre

Aufmerksamkeit geschenkt, während auch einige englische Naturforscher (Lyell, Owen, Carpenter) Beiträge lieferten.

J. Leidy in seiner beachtenswerthen *Synopsis of the mammalian remains of North America, Philadelphia 1869 (Journal of the Academy of natural Sciences of Philadelphia, Vol. VII. Second Series)* gebürt das Verdienst, p. 410—42 eine übersichtliche Zusammenstellung der nach vaterländischen Resten, besonders von Cope und theilweis von ihm selbst, aufgestellten Arten *fossiler Balaeniden* geliefert und in einem Anhange (p. 443) die Literatur der ihm bekannten, unbestimmten Reste hinzugefügt zu haben.

Als Arten, worüber ich mir kein Urtheil erlaube, werden eine *Balaena* (*B. mysticetoides*), eine *Protobalaena* (*P. palaeatlantica Leid.*) und nicht weniger als fünf *Eschrichtius* (*E. priscus Leid., cephalus Cope, expansus Cope, leptocentrus Cope* und *pusillus Cope*) aufgeführt.

Was die von Leidy gelieferte Literatur der unbestimmten Reste nordamerikanischer, fossiler *Cetaceen* anlangt, so erlaube ich mir auf Grundlage eigener *Cetaceen*-Collectaneen einige ergänzende Zusätze zu machen.

Gibbes spricht von eocaenen *Cetaceen*-Resten (Bullae tympani und Zähnen), die denen von *Physeter macrocephalus* und *Balaena affinis Ow.* (*Brit. foss. mamm.*) ähneln. (*Van Beneden, Ostéographie p. 252.*)

De Kay (*Nat. Hist. of New-York 1842, 1, Zool. Mamm. p. 99*) erwähnt eines *Rorqualus australis* aus dem Pliocaen.

Rivière schickte die Zeichnung eines in Louisiana entdeckten Schädels, der einem *Cetaceum* angehörte, an die Pariser Akademie. Derselbe war 2$^m$,12 lang und 5$^m$,47 breit (*L'Institut 1837, séanc. d. 6 Avril*). Der Grösse wegen kann man wohl denselben für den einer *Balaenide* halten.

Nach Morton (*Journ. of Philad. IV, p. 129; Amer. Journ. of sc. XVII, n. 2*) fand man im Maergel des Grünsandes von New-Jersey und Delaware Knochen einer *Balaena*?.

Unter den *Cetaceen*-Wirbeln aus der miocaenen Tertiärformation von Marthas Vineyard in Nordamerika bemerkt man nach Owen (*Lond. geol. soc. 1. Febr. 1843*) Wirbel von *Walfischen*.

Im Tertiärgebilde von Richmond (Virginien) wurden Knochen angetroffen, welche denen der grössten *Wale* entsprechen sollen (*Sillim. Journ. 1850, X, p. 228; Jahrb. f. Min. 1851, p. 254*).

Von Wirbeln eines *Cetaceums* aus dem Miocän Nordamerikas spricht Isbister (*Quart. Geol. Journ. XI, p. 497*).

Thompson Zadock veröffentlichte einen Aufsatz unter dem Titel: On fossil Cetacean Bones (*Proceed. Boston Nat. hist. Vol. III, p. 205*).

Am Flusse Brassos bei San-Felipe (Texas) entdeckte man ein unvollkommnes Schädelstück von einem *Cetaceum* (?) mit Knochen von Ochsen, Elephanten und Mastodon. *Stuff, Institut. 1846, XIV, 1, p. 396; Jahrb. f. Min., 1848, p. 127.*

B. Fossile Cetaceenreste Südamerikas.

Auch aus Südamerika kennt man bereits Fundorte fossiler Reste von *Cetaceen*, worunter auch die von *Bartenwalen* stecken mögen.

In Süd-Peru (in der Gegend von Arica) finden sich überall auf den Sandbergen Muscheln und Reste grosser *Cetaceen* oft in einer Höhe von 30—40 Fuss (*Meyen, Reise um die Erde, I, S, 435*). Sie sollen nach Meyen durch grosse Springfluthen dahin gelangt sein.

Ueber grosse *Cetaceen*-Knochen aus dem Bette des Arroyo Negro machte d'Orbigny (*Soc. geol. Febr. 1840, p. 156*), nach brieflichen Nachrichten von Villardebo, dem Director des Museums zu Montevideo, eine Mittheilung.

Es erscheint zweifelhaft, ob dies dieselben, jetzt im Pariser Museum befindlichen, Knochen sind, welche Gervais (*Nouv. Archiv. du Mus. 1872, p. 92*) erwähnt und einer unbestimmten Gattung von *Cetaceen* vindizirt. Sie bestehen aus einem Theile der Pars basilaris des Hinterhaupts, einem Schwanzwirbel und dem linken Oberarmbein. Die von Gervais erwähnten Knochen wurden nämlich zwar von Villardebo eingesandt, sollen aber an der Mündung des La Plata gefunden worden sein.

## Subordo Odontocetoidea seu Cetacea dentata.

Die Kiefer mit mehr oder weniger zahlreichen, nur zuweilen mit wenigen, selten vereinzelten Zähnen bewaffnet. Der Gaumentheil des Oberkiefers ohne Spur von Barten. **Die** Lippen schwach, besonders die Unterlippe. Der Schnautzentheil des Schädels gerade. **Die** geraden, verlängert-dreieckigen, zusammengedrückten Unterkieferäste sind hinten mehr als doppelt so hoch als vorn und convergiren in einen spitzen Winkel nach vorn. Die Hinterhauptsschuppe befindet sich hinter den Augenfortsätzen des Stirnbeins. Die Schläfengruben sind niemals überdacht, wie bei vielen, namentlich allen lebenden, *Bartenwalen*. Die Augenfortsätze der Stirnbeine werden vom Oberkiefer ganz oder wenigstens theilweis bedeckt. Das schmale Jochbein liegt unter der Augenhöhle.

Die einzelnen Glieder der Abtheilungen der *Odontoceten* bilden keine abgestufte Entwickelungsreihe, sondern stehen durch eine netzartige Verkettung (nach dem Gesetze **der** organischen Mannigfaltigkeit) mit einander in Beziehung. Uebergänge zwischen *Bartenwalen* und *Odontocetoiden* unter der Form von *Bartenwalen* mit entwickelten Zähnen (*Balaenodonten*) lassen sich wenigstens, wie oben gezeigt, für jetzt nicht nachweisen. Dass die *Cetotherien* durch die oben offenen Schläfengruben und die auch an Wirbelkörpern befestigten vordersten Rippen den *Delphinoiden* ähnlich erscheinen, kann nicht zur Annahme berechtigen, dass sie eine echte Mittelbildung zwischen *Barten-* und *Zahnwalen* seien. **Sonderbar** ist es indessen, dass gerade die den *Bartenwalen* durch ihre hinteren, denen der Robben ähnlichen, zwei- oder dreiwurzigen Zähne offenbar ferner als die mit einfachen Zähnen versehenen *Delphinoiden* stehenden *Zeuglodontoiden* hinsichtlich des Verhaltens des

Hinterschädels, sowie der Lage der von Nasenbeinen bedeckten Nasenöffnung der Gattung *Zeuglodon*, den *Bartenwalen*, namentlich den *Cetotherinen*, ähnlicher erscheinen als den *Delphinoiden*.

Da, besonders nach Maassgabe des Schädels von *Squalodon*, im Betracht des Ubi plurima nitent, auch die *Zeuglodonten* zu den *Odontoceloiden* gehören, so zerfallen die Letzteren in zwei Abtheilungen (Tribus), die sich als *Homoiodontina*[1]) und *Diaphorodontina*[2]) bezeichnen lassen.

Bevor ich an die Schilderung der bisher in Europa entdeckten Reste der fossilen *Zahnwale* gehe, scheint es nöthig, einige auf ihre Bestimmung bezügliche Bemerkungen vorauszuschicken.

Die Deutung der so zahlreichen Reste der *Zahnwale* machte mir grössere Schwierigkeiten, als die der *Bartenwale*, da die Ersteren in mannigfaltigeren Modificationen des Baues des Knochengerüstes auftreten und wir selbst von den meisten der zahlreicheren lebenden Arten, ausser Schädeln, keine anderen Skelettheile kennen, während doch gerade die Rumpfskelete der *Zahnwale*, namentlich hinsichtlich des Verhaltens der Hals- und Lendenwirbel, häufig beachtenswerthe Kennzeichen für eine zweckmässige Gruppirung bieten. Dazu kommt, dass im Ganzen genommen sehr oft die Reste fossiler *Zahnwale*, welche den Palaeontologen als Grundlage von Arten oder gar Gattungen dienten, theils zu wenig zahlreich, theils oft nicht so vollständig erhalten sind, um eine völlig genügende artliche oder generische Charakteristik zu ermöglichen, besonders wenn man sich dabei blos auf durch Abbildungen erläuternde Beschreibungen oder gar nur auf mehr oder weniger unvollständige Beschreibungen oder mangelhafte Abbildungen stützen kann. Selbst hinsichtlich der von mir sorgfältig untersuchten, im Verhältniss zahlreichen und wohl erhaltenen, russischen und wiener Reste möchte ich nicht behaupten, dass alle ohne Ausnahme in generischer Beziehung ganz richtig gedeutet wurden, da manche davon noch zu mangelhaft sind und die zur Vergleichung nöthigen verwandten oder identischen Arten angehörigen Gegenstände möglicherweise noch nicht entdeckt wurden. Immerhin dürften aber die fraglichen Reste zur Kenntniss der fossilen *Zahnwale* nicht zu verachtende Beiträge liefern und weitere Aufschlüsse anbahnen.

Die von mir befolgte Gruppirung der hinsichtlich ihres polymorphen Skeletbaus noch so wenig gekannten *Delphinoiden* kann daher nur als ein schwacher Versuch angesehen werden.

### Homoiodontina seu Delphinomorphina.

Sämmtliche Zähne sind einwurzlich und besitzen eine einfache, mehr oder weniger konische, selten zusammengedrückte oder abgestutzte, oder mit einem kleinen, basalen

---

1) Ὅμοιος gleich, gleichgestaltet und ὀδούς der Zahn.  |  2) Διάφορος verschieden und ὀδούς der Zahn

Höckerchen versehene Krone. Zähne sind bei den meisten zwar oft in grosser Zahl in beiden Kiefern vorhanden, nicht selten aber bloss im Unterkiefer und nur bei einer Gattung zu 1 oder 2 ausschliesslich im Oberkiefer bemerkbar.

Die Augenfortsätze der Stirnbeine werden von den Oberkiefern bedeckt. Die oberen Enden der Zwischenkiefer bedecken die oberen Seitentheile des Stirnbeins. Die kleinen, nur bei jüngeren Thieren ziemlich drei- oder viereckigen Thränenbeine liegen im inneren Winkel der Orbiten unter den Oberkiefern. Die der Form nach oft ungleichen, höckerartigen, fast abgerundet-viereckigen Nasenbeine finden sich auf dem Stirntheil des Schädels über den Nasenöffnungen, ohne dieselben zu bedecken. Die mehr oder weniger stark nach unten gerichteten Choanen münden entfernt von den Gelenkflächen des Schläfenbeins. Die Bullae tympani sind auf der ganzen unteren Fläche von einer mehr oder weniger tiefen Längsfurche durchzogen, so dass sie dadurch oft fast in zwei Hälften gesondert erscheinen. — Die Zahl der Wirbel ist grösser als bei den *Balaenoiden* und erreicht die Zahl 80—84. Die vorderen Rippen sind stets den Wirbelkörpern und Querfortsätzen eingelenkt, die übrigen nur den Letzteren. Von den Rippen setzen sich stets mehr als eine, meist bis 5 oder 6, selten mehr, an das Brustbein.

Das Brustbein ist meist länglich oder oval, vorn breiter und besteht meist aus mehreren oder nur zwei Stücken.

Finger sind 4 bis 5 vorhanden, wovon der zweite meist der längste ist.

Die mit Zähnen von gleichem Bau versehenen *Zahnwale* lassen sich je nach der mehr oder weniger vollständigen Kieferbezahnung der ausgewachsenen Individuen in zwei Familien zerfällen, in *Hypognathodontidae* und *Holodontidae*.

### Familia I. Hypognathodontidae.[1]

Subordo Physeteroidea et Ziphioidea Gray.

Fam. *Physeterides* et *Ziphiides Gerr.*

Bloss der Unterkiefer entweder ganz oder nur theilweis (vorn oder in der Mitte) mit entwickelten Zähnen versehen. Sämmtliche Zähne des Oberkiefers schon bei jungen Thieren verkümmernd oder sehr klein und vom Zahnfleisch bedeckt. — Die vorwaltend als Cephalopodenfresser geltenden *Hypognathodontiden* lassen sich im Vergleich mit den *Holodontiden* nicht blos hinsichtlich der Entwickelung des Zahnverhältnisses, sondern auch des Schädelbaues als weniger typische, ja gewissermaassen anomale, Formen der *Holodontiden* ansehen.

Die *Hypognathodontiden* wurden den *Holodontiden* vorangestellt, weil diese den *Zeuglodonten*, besonders durch *Squalodon*, hinsichtlich des Schädelbaues und der vollständigen Bezahnung näher stehen.

------

1) Abgeleitet von ὑπό unter, γνάϑος Kiefer und ὀδούς mit Zähnen besetzt.

### Subfamilia 1. Physeterinae Nob.

Suborder Physeteroidea Gray Syn. p. 3.

Der mit einer sehr langen Symphyse versehene Unterkiefer weit schmäler als der Oberkiefer, mit zahlreichen Zähnen besetzt, deren Enden in Gruben des Zahnfleisches des Oberkiefers eingreifen. Der Hirntheil des Schädels gerundet, breit. Die Nasenöffnungen longitudinal und gesondert, jede von einer Klappe bedeckt, die rechte oft obliterirt. Keine Rückenflosse.

### 1. Genus Physeter Linn.

*Catadon Gray.*

Der vorn abgestutzte Kopf gross und breit. Spritzlöcher vorn auf dem Kopfe. Der Mund unten, lineär, die Brustflossen nur kurz, breit, abgestutzt. Die Rückenflosse durch einen Höcker angedeutet.

Der Schädel selbst am Oberkiefertheil breit, auf der ganzen Oberseite, mit Ausnahme des Hinterhauptstheiles, vertieft. Die hinten verbreiterten Enden der Oberkiefer, Zwischenkiefer und des oben rinnenartig ausgehöhlten Vomer bilden einen vertikalen, gebogenen, halbmondförmigen, beträchtlichen Kamm, der eine tiefe, halbmondförmige, vorn offene, Grube einschliesst, an deren Grunde hinten die Nasenbeine mit den von ihnen nicht überdachten Nasenöffnungen liegen.

Den Schädel der *Pottfische* kann man im Ganzen als eine Mittelstufe zwischen dem der lang- und der breitschnautzigen *Delphine* ansehen.

Die Hirnkapsel des Schädels, der Grund der Schnautze und die kräftigen Zähne des Unterkiefers der *Physeterinen* deuten am meisten auf die *Orcinen* hin. Die etwas verlängerte Form der Schnautze hält gewissermaassen das Mittel zwischen der der *Delphinapteren* und der der *Delphine*. Der Unterkiefer mit seinen zahlreichen Zähnen und seiner langen, verwachsenen Symphyse erinnert an manche *Delphine*. Ebenso lässt auch das Verhalten der Nasenbeine, sowie selbst theilweis das der oberen Enden der Oberkiefer die *Pottfische* mehr den *Delphinen* als den *Ziphien* ähnlich erscheinen. Den letzteren nähern sich jedoch die *Pottfische* hinsichtlich der bloss im Unterkiefer vorhandenen Zähne, so wie durch ihre aus *Cephalopoden* bestehende Nahrung.

#### Spec. 1. Physeter macrocephalus Linn.

Cachalot, *Owen, Report of British Association 1842, p. 18.* — Physeter macrocephalus, *Owen, Brit. foss. mamm. p. 524—525, Fig. 217.* — Physeter antiquus, *Gervais, Zoolog. et Paléont. franç. p. 285; Compt. rend. d. l'Acad. d. Paris, T. XXVIII, p. 646.* — Cachalot, *De Christol, Ann. d. sc. nat., 2me sér., T. IV, p. 227.* — Cachalots *(Physeter Linn., Megistosaurus Godm., Nephrostean Raf.),*

F. J. Pictet, *Traité de Paléontologie*, *2. éd.*, *T. I*, *p. 386*. — Catodon macrocephalus, *Gray*, *Synops.* *p. 4*.

In den oberen Schichten der Küste von Essex, die von Owen der Mammuthperiode
Englands zugeschrieben werden, wurde von Brown der fossile Zahn eines *Cachalots* gefunden, welchen er für den eines *Physeter macrocephalus* erklärt, worin man ihm nach Maasgabe der Gestalt des Zahnes (*Owen, Brit. foss. mamm. Fig. 217*) und der noch gegenwärtigen, in Folge der grösseren Ausdehnung des Meeres früher mehr landeinwärts sich erstreckenden, Verbreitung der *Cachalote* nur beistimmen kann.

Da die Palaeontologen der Gegenwart von der Idee: es hätten mehrere neue
Schöpfungen stattgefunden, wohl wenigstens meist, zurückgekommen sind, weil Reste derselben Thierart nicht selten in verschiedenen benachbarten älteren und jüngeren Schichten
auftreten, so möchten auch wohl die im pliocänen Sande Montpellier's und des Departements
der Gironde von Christol und Gervais a. a. O. beschriebenen Zähne, welche denen des
lebenden *Cachalot* gleichen, ebenfalls ihm zugeschrieben werden können, ohne dass man sie
von einer untergegangenen Art, einem *Physeter antiquus*, herzuleiten braucht.

Den von Bourtier gleichfalls im pliocänen Sande von Montpellier gefundenen, in der
zweiten Ausgabe seiner *Zool. et Paléont. fr.* bereits erwähnten Rest des Unterkiefers seines *Physeter antiquus* hat Gervais (*Mém. d. l'Acad. d. Montpellier, T. V, 1861, p. 122*) etwas ausführlicher erwähnt und *Pl. 4, Fig. 8 und 9* abgebildet. Genau genommen liefert aber auch
diese Mittheilung keinen strikten Beweis für die Sicherstellung seines *Physeter antiquus*.
Den Vorsprung, den das Fragment am unteren Rande zeigt, bemerkt man auch an dem von
Cuvier abgebildeten Unterkiefer von *Physeter*, ebenso kommen an derselben Stelle desselben in eine nach vorn gerichtete Längsfurche auslaufende Gefässöffnungen, wie sie das
Fragment zeigt, beim lebenden *Physeter* vor. Der pliocäne Sand kann ja auch sehr wohl
Reste des später etwas veränderten Urtypus des *Physeter macrocephalus* enthalten.

Dass noch gegenwärtig in den britischen Meeren *Pottwale* sich finden, ersieht man aus
*Bell's History of British Quadrupeds and Whales p. 503*.

Ueber das nicht seltene Vorkommen derselben an den französischen Küsten, selbst
den mittelmeerischen, berichtet Gervais a. a. O. Dass sogar im adriatischen Meere *Pottwale* noch erscheinen beweisen die am 15. August 1853 bei Cittanuova gestrandeten, von
denen das Wiener Museum ein Skelet besitzt (*J. Heckel, Sitzungsber. d. Wiener Akad. d.
Wissensch., mathem. naturh. Cl., Bd. XII, S. 765.*)

### ? Spec. 2. Physeter physaloides.

Balaenodon physaloides, *Owen, Brit. foss. mamm. p. 536 sqq. Fig. 226—29.*

Der Umstand, dass Owen (*a. a. O. p. 536* und *p. XLVI Conspectus*) seinen *Balaenodon physaloides* derselben, ebenfalls im Red-Crag von Felixstow gefundenen, Gattung von
*Cetaceen* einverleibte, wie die oben S. 36 ausführlich besprochenen, denen der *Cetotherinen*
ähnlichen, Bullae tympani, veranlassten mich dort S. 37 zur Aeusserung: »ich wage es, kein

sicheres Urtheil darüber (d. h. über *Balaenodon physaloides*) zu fällen, möchte aber damit die eine oder andere noch nicht ermittelte *Cetotherine* in Connex bringen». Bei nochmaliger genauerer Erwägung scheint es mir indessen nöthig die Ansicht, dass auch *Balaenodon physaloides* eine *Cetotherine* gewesen sein könne, ganz zurückzunehmen und hinter den Worten «möchte aber damit» ein keineswegs einzuschalten. *Balaenodon physaloides* stützt sich nämlich streng genommen auf einen nach Owen den Zähnen des *Physeter* ähnlichen Zahn, den er nicht blos beschrieb und abbildete, sondern sogar mikroskopisch untersuchte, während er ihn jedoch nur hypothetisch derselben Thiergattung vindizirte, welcher die in derselben Formation entdeckten Bullae angehörten, die ich aber der blossen Gemeinsamkeit des Fundorts wegen nicht mit ihm combiniren und auf diesem Wege eine Gattung *Balaenodon* construiren möchte. Der ganze Zahn (abgesehen von zwei von ihm erwähnten Bruchstücken) gleicht dem eines *Physeter*, weicht aber nach Owen durch seine mikroskopische Structur (namentlich die relative Proportion der Dentine zum Cement) davon ab, so dass er ihn deshalb für spezifisch verschieden von den Zähnen des *Physeter macrocephalus* hält. Mir will es in Folge des eben Gesagten scheinen, der Zahn könne möglicherweise, der angegebenen Verschiedenheit ungeachtet, vielleicht doch einer *Physeterine* angehören, wenn auch nicht gerade *Physeter macrocephalus*, obgleich auch diese Art schon zur Zeit der Ablagerung des Red Crag, möglicherweise in etwas veränderter Gestalt, als Urrace, existirt haben dürfte. Ich halte daher, da mir, wie schon bemerkt, die hypothetische Combination der Bullae von *Cetotherinen* (siehe oben S. 36) mit Zähnen eines *Physeter*, ebenso wie schon H. v. Meyer, nicht zusagen will, den von Owen beschriebenen Zahn und die mit demselben identischen, von ihm p. 539 erwähnten, Zahnfragmente für die eines fraglichen *Physeter physaloides*, den künftige Entdeckungen zu bestätigen oder zu reduziren haben werden. Mir scheint übrigens eine solche vorläufige Ansicht als die passendste, da Owen (*Palaeont. Soc. Vol. XXIII*, f. 1869 *gen. Ziphius* p. 38) gegen Van Beneden's (*Ballet. d. l'Acad. roy. d. Belg.* 1859, 2^{me} sér., *T. VIII*, p. 142) und Lankester's (*The geologic. Magaz. II*, 1865, p. 128) Ausspruch, dass die Zähne seines *Balaenodon physaloides* Ziphien oder *Squalodonten*, möglicherweise dem *Squalodon antverpiensis* (*Jahrb. f. Miner.* 1866, p. 128) angehören könnten, Protest einlegte. Ueber die von Van Beneden (*Ballet. d. l'Acad. roy. Belg.* 1859, *T. VIII*, p. 142) ausgesprochene Ansicht, dass die Zähne des *Balaenodon physaloides* denen von *Hoplocetus Gerv.* (*Zool. et Paléont. fr.* p. 318, *Pl. 20, Fig. 10, 11*) ähnlich seien, schweigt indessen Owen, so viel ich weiss.

Eine schliesslich hier noch zu stellende Frage wäre: ob nicht vielleicht das von Gervais (*Zool. et Paléont. fr.*, 2^e éd., p. 319) fraglich dem *Monodon* zugeschriebene und als solches Pl. LXXXII, Fig. 2 abgebildete, aus dem Landes stammende, fossile Zahnfragment, da es keine Spuren von Spiralwindungen zeigt, einem *Physeter* angehört haben könnte.

Ob die von Jaeger (*Fossile Säugth. Würtemb.* S. 4 und S. 200 mit 6—16 auf Taf. I und *Nov. Act. Leopold.*, *T. XXII*, 2, S. 784) erwähnten Zähne die eines *Physeter* oder anderen Thieres seien, lässt sich ebenfalls für jetzt nicht entscheiden.

## ANHANG.

Nach zu unvollständigen Materialien (blossen Zähnen) aufgestellte Gattungen, deren Reste zwar auf den *Pottwalen* ähnliche oder identische Thiere hinzudeuten scheinen, deren systematische Stellung und Existenz jedoch noch näherer Nachweise bedarf.

### ?2. Genus Hoplocetus Gerv.

Hoplocetus, *Gerv., Zool. et Paléont. fr., 2e éd., p. 318, Pl. XX, Fig. 10, 11.* — Pictet, *Traité d. Paléont., 2e éd., T. I, p. 388.*

Gervais stellte nach zwei Zähnen, die er nicht unterzubringen wusste, und den von Owen dem *Balacnodon physaloides* vindizirten ähnlich findet, eine Gattung *Hoplocetus* auf. Der Vergleich des von Owen (*Hist. of brit. foss. mamm. p. 536*) abgebildeten unteren Endes des Zahnes seines *Balacnodon physaloides* zeigt allerdings Aehnlichkeit mit dem unteren Ende des bei Gervais Fig. 10 dargestellten Zahnes; da aber beim Owen'schen Zahn die Krone fehlt, so lässt sich keine Identität beider Zähne nachweisen. Die Gattung *Hoplocetus* bleibt daher mit ihren beiden Arten *H. crassidens* und *curvidens* eine vorläufige, zweifelhafte, die aber, wenn sie künftig als annehmbar sich herausstellen sollte, keineswegs, wie bei Pictet, zu den *Bartenwalen* gestellt werden kann. Van Beneden (*Mém. d. l'Acad. roy. Belg., T. XVI (1864), p 20*) meint übrigens, die Zähne, worauf die Gattung sich gründe, gehörten *Ziphien* an.

### ?3. Genus Physodon Gerv.

Gervais (*Bullet. d. l. s. g. d. France, 2me sér., T. XXIX, 1872*) spricht von Zähnen einer *Cetacee*, die im Neapolitanischen bei Lecce im Gebiet von Otrante im Miocän gefunden wurden, wo man auch Reste von *Squalodon* und eines *Delphinorhynchus (Schizodelphis Gerv.)* antraf. Die fraglichen Zähne sollen zwar in der Gestalt denen der *Orcen* und *Pseudorcen* ähneln, aber eine etwas geringere Dimension besitzen. Da bei denselben jedoch die Emailschicht von einer starken Cementlage bedeckt ist, so glaubt er, das Thier, dem sie angehörten, den *Cachalots* annähern zu können und bezeichnet es als *Physodon leccense*.

### ?4. Genus Homocoetus Du Bus.

Homocoetus, *Du Bus, Bullet. d. l'Acad. roy. d. sc. d. Belgique, 2me sér., T. XXIV (1867), p. 572; L'Institut 1. Sect., T. XXXVI (1868), p. 286.*

Auf blosser Grundlage von 14, denen der *Cachalots* ähnlichen, bei Antwerpen gefundenen, Wirbeln, von denen aber 5 der hinter dem freien Atlas befindlichen Halswirbel inniger als beim *Cachalot* zu einer einzigen Masse vereint sind, glaubt Du Bus unter dem oben bezeichneten Namen eine eigene Gattung gründen zu können, ohne Zähne oder Schädelreste derselben zu kennen. Die Gattung bedarf daher noch der künftigen Bestätigung, da mehr oder weniger innig verschmolzene, wohl auch bei *Physeter* wahrnehmbare, Halswirbel nicht hinreichen dürften, ein echtes Gattungskennzeichen abzugeben.

Als einzige Art führt er p. 573

*Homocoetus Villersii Du Bus*

an, bei deren Annahme oder näheren Begründung künftig vielleicht auch *Physeter physaloides* in Betracht kommen möchte.

### ?5. Genus Eucetus Du Bus.

*Eucetus, Du Bus, Bullet. d. l'Acad. roy. d. Sc. d. Belgique, 2me sér., T. XXIV (1867), p. 571—572; L'Institut, L. Sect., T. XXXVI (1868), p. 285.*

Nachdem Du Bus (a. a. O.) über die belgischen, namentlich bei Antwerpen gefundenen, *Ziphien* gesprochen, erwähnt er, bevor er von fossilen *Cachaloten* spricht, einer spindelförmigen, 1½ Kilogramm schweren, 24 Centimeter langen Form von Zähnen, die am Grunde schmäler als an der Spitze, an den Enden etwas gekrümmt, und mit einer stumpfen, abgenutzten Krone versehen sind. Er meint nun, da diese theils einzeln, theils paarweise im Crag gris des antwerpener Beckens gefundenen Zähne keinem *Ziphius* angehören könnten, dessen Schädel man kennt, so müssten sie als Repräsentanten einer eigenen Gattung und Art betrachtet werden, die er *Eucetus amblyodon* nennt.

Die aufgestellte neue Gattung und Art kann indessen nur als eine ungenügend documentirte angesehen werden, deren eigentliche systematische Stellung um so ungewisser erscheint, da eine mikroskopische Analyse der Zähne fehlt, weshalb ich sie mit einem Fragezeichen versah. — In Betracht der Grösse der Zähne (vorausgesetzt, dass sie einem *Wale* angehörten) will es mir scheinen, sie könnten eher die einer *Physeterine* als einer *Ziphiine* sein, obgleich Owen (*Palaeont. Soc. Vol. XXIII, p. 16, Anmerk.*) sie unter die Synonyme der *Ziphiiden* versetzt. Ich liess daher die Gattung *Eucetus* den *Physeteren* folgen, halte jedoch diese Annäherung für eine sehr fragliche.

### Subfamilia 2. Ziphiinae.

#### Suborder Ziphioidea J. E. Gray, Rhynchoceti Eschricht.

#### Familie *Ziphiidae Gervais*.

Nur die Symphyse des Unterkiefers oder die Mitte jedes seiner Aeste mit meist nur einem Paar von entwickelten Zähnen besetzt. Der Kiefertheil des Kopfes schnabelartig vortretend. Die vereinten, queren äusseren Nasenöffnungen auf der Stirn. Der Rücken, wenigstens bei den lebenden Arten, mit einer sichelförmigen Flosse versehen. — Die Brustflossen oval, klein. Finger 4—5.

Der Schnauzentheil des Schädels erscheint vom Grunde an mehr oder weniger verschmälert, oft sehr schmal, schnabelartig, in der Mitte höher als an den mehr oder weniger nach aussen abgedachten Seiten. Die Nasenbeine bilden mit den Zwischen- und Oberkiefern eine Art Dach über den äusseren Nasenöffnungen.

Die *Ziphinen* ähneln zwar durch die blos im Unterkiefer entwickelten Zähne und ihre (immer?) aus *Cephalopoden* bestehende Nahrung den *Physeterinen*, stehen jedoch mit Ausnahme der den echten *Ziphinen* eigenthümlichen, starken Ueberdachung der Nasenöffnungen, sowie der zu Längskämmen mit ihrem Basaltheil erhobenen Oberkiefer der *Hyperoodonten*, den spitzschnautzigen *Delphinen* durch ihre schnabelartige Schnautze, ihre einfache, quere Spritzöffnung und ihre entwickelte Rückenflosse näher als den *Physeterinen*. Die letztgenannten Beziehungen, sowie der dem der *Orcinen* ähnliche Schädelbau der *Physeteren* sind es, die mich bewogen, die *Ziphien* den *Physeterinen* folgen zu lassen.

Theils im Becken von Artwerpen, theils im Red-Crag von Suffolk, seltener in Frankreich, hat man bekanntlich eine so grosse Menge von Resten dieser Gruppe entdeckt, dass die Zahl der darauf gegründeten untergegangenen (angeblichen) Arten weit grösser erscheint, als die der noch lebenden, bisher bekannten; ein Umstand, der muthmasslich allerdings wohl sich dadurch erklären liesse, dass in der Vorzeit ein grösserer Reichthum an *Cephalopoden* vorhanden war. Wären alle auf Grundlage fossiler Reste angestellten Gattungen der fraglichen Gruppe anzunehmen, so würden die untergegangenen Formen auch in generischer Beziehung ein sehr bedeutendes Uebergewicht haben. Da indessen die Ansichten der Palaeontologen über die Vertheilung der fossilen Arten der *Ziphiiden* in Gattungen dermassen von einander abweichen, dass zwar die Meisten sie in zahlreiche vertheilen, der neueste Monograph R. Owen aber sie als Glieder einer einzigen Gattung (*Ziphius Cur.*) nachzuweisen bemüht ist, so lassen sich, wie mir scheint, über die Zahl der untergegangenen Gattungen im Verhältniss zu den Lebenden für jetzt keine bestimmten Angaben machen, die überhaupt erst dann möglich sein dürften, wenn in Folge künftiger Entdeckungen ein noch reicheres, vergleichend bearbeitetes, Material vorliegen wird.

G. Cuvier hat bekanntlich schon 1823 in seinen berühmten *Recherches s. l. ossem. fossiles, nouvell. éd., T. V, P. 1, p. 350* die Gattung *Ziphius* auf Grundlage mehrerer von den entsprechenden Theilen des *Hyperoodon* abweichender, bedeutender Schädelfragmente aufgestellt, die er sämmtlich, sogar noch in der letzten Ausgabe des genannten Werkes (*T. VIII, P. 2, p. 233*), drei ausgestorbenen, sicheren Arten (*Ziphius cavirostris, planirostris* und *longirostris*) nebst einer vierten, muthmasslichen, nicht von ihm benannten, zuschrieb.

Cuvier's Charakter der Gattung *Ziphius* zum Unterschied von der nahe verwandten Gattung *Hyperoodon* lautet:

«Les maxillaires ne se redressent point sur les côtés du museau en cloisons verticales et l'espèce de mur de derrière les narines ne se borne pas à s'élever verticalement, mais qu'il se recourbe pour former un demi-dôme au-dessu de ces cavités.»

Bereits 1841 (Compt. rend. d. l'Acad. Paris, T. XII, p. 242) äusserte indessen Blainville, dass ein *Cetaceum* des indischen Meeres, ebenso wie der in den nordischen Meeren lebende *Physalus bidens Sowerby's* zur Gattung *Ziphius* gehören.

Gray (*Zool. of Erebus und Terror Mamm. p. 28*) zieht ebenfalls Sowerby's *Physeter bidens* zu *Ziphius*, versetzt aber gleichzeitig Blainville's von den Seschellen stammenden *Delphinus densirostris* als *Ziphius Seschellensis Gr.* in dieselbe Gattung, ja identifizirt ihn sogar mit *Ziphius planirostris*, wogegen Huxley (*Quart. Journ. Geol. Soc. Vol. XX, p. 389*) streitet.

Van Beneden (*Bullet. d. l'Acad. roy. d. Belgique, T. XIII, P. 1 (1846), p. 258 ff.*) bespricht die im antwerpener Becken gefundenen Schädelfragmente zweier *Ziphien*, wovon eins dem *Ziphius planus*, das andere aber dem *Ziphius longirostris Cuvier*'s angehörte. Von Letzterem bemerkt er übrigens, dass es den Typus einer neuen Gattung bilde.

Eschricht (*Zoologisch-anatomisch-physiologische Untersuchungen über die nordischen Walthiere. Leipzig 1849, S. 51*) theilt folgende Bemerkungen mit: «Die fossilen Schnabelwale wurden bisher alle *Ziphius* genannt. Sehr wahrscheinlich werden sie grösstentheils, sowie man sie genauer kennen lernt, in noch eins der beiden repräsentirten Schnabelwalgeschlechter eintreten müssen, namentlich in *Micropteron*. Der Name *Ziphius* würde also vielleicht nur als ein interimistischer zu betrachten sein, falls man nicht bei einer etwaigen Verschmelzung den älteren Cuvier'schen Geschlechtsnamen *Ziphius* jenem neueren vorziehen wollte.»

P. Gervais (*Annal. d. sc. nat., 3me sér., T. XIV (1850), p. 9*) wies mit Hülfe des Schädels eines 6—7 Meter langen, bei Aresquiérs im Departement l'Hérault gestrandeten *Cetaceums* nach, dass einer der Cuvier'schen *Ziphien*, der *Ziphius cavirostris*, noch jetzt im Mittelmeer lebe. Seite 15 bespricht er dann die zoologischen Affinitäten der Cuvier'schen Gattung *Ziphius*. Namentlich bemerkt er: *Ziphius planirostris* und *longirostris* besässen eine solidere Schnautze als *Ziphius cavirostris* und *Hyperoodon*, ihr Vomer sei mit den Intermaxillarknochen vereint und sie liessen keinen langen, oberen Kanal, wie bei *Ziphius cavirostris*, *Hyperoodon* und *Delphinus sowerbiensis* zwischen sich. Sie glichen hierin mehr dem *Delphinus densirostris*, dessen Schnautze der des *Ziphius longirostris* sehr analog sei. Für *Delphinus sowerbiensis* errichtet er dann, weil er sich durch mediane Unterkieferzähne vom mit terminalen, wie *Hyperoodon*, versehenen *Ziphius cavirostris* unterschiede, die Gattung *Dioplodon* für den *Delphinus densirostris* aber, da er auch mediane Zähne besitze, sich jedoch sonst reell davon unterscheide, die Gattung *Mesoplodon*. Den beiden letztgenannten *Delphiniden* würden vielleicht, wie er meint, *Ziphius planirostris* und *longirostris* anzunähern seien, jedoch wäre dies nicht sicher, da die Unterkiefer derselben fehlten. Schliesslich stellt er eine mit Eschricht's *Rhynchoceti* gleichbedeutende Familie *Ziphioides* auf.

Duvernoy (*Annal. d. sc. nat., 3me sér., Zoolog., T. V (1851), p. 60 sqq.*) vertheilte die Cuvier'schen drei Arten in ebenso viele Gattungen, indem er den *Ziphius longirostris Cuvier*'s seiner Gattung *Mesodiodon* (= *Micropteron Esch.*) einverleibte, auf *Ziphius planirostris Cuv.* seine Gattung *Choneziphius* gründete und nur den noch lebenden *Ziphius cavirostris* als eigentlichen *Ziphius* bestehen liess.

In der ersten, 1848—1852 erschienenen, Ausgabe von Gervais's *Zoologie et Paléon-*

*tologie françaises*, T. II, *Explic. 38, p. 2* wurde das von Van Beneden (*a. a. O.*) dem *Ziphius longirostris* zugeschriebene Schädelfragment in Folge einer gemeinschaftlichen Untersuchung Van Beneden's und Gervais's für verschieden von dem des *Ziphius longirostris* erklärt und als Grundlage einer neuen Art der Gattung *Dioplodon Gerv.* unter dem Namen *D. Becani Van Beneden et Gervais* angesehen. Später finden wir die eben genannte Art (*Bullet. d. l'Acad. roy. Belgique, 2me sér., T. VIII, 1859, p. 145*) nebst *Choneziphius planirostris Duvern.* = *Ziphius planirostris Cuv.* unter den fossilen *Cetaceen* von Saint-Nicolas von Van Beneden aufgeführt.

Owen in seiner Beschreibung der Säugethierreste des suffolker Red Crag (*Quart. Journ. geol. Soc. T. XII, 1856, p. 228*) erwähnt eines ihm von dort geschickten Oberkiefers des *Ziphius longirostris*, über dessen spezifische Identität mit *Dioplodon Becani* er sich nicht mit Gewissheit ausspricht.

In der 1859 veröffentlichten zweiten Ausgabe der *Zoologie et Paléontologie françaises, p. 285* finden wir das in mehrere Gattungen zerfällte Cuvier'sche Genus *Ziphius* als Typus der Familie der *Ziphiiden*, woraus der Verfasser als fossile Arten *Choneziphius planirostris Duvern.* (= *Ziphius planirostris Cuv.*), *Dioplodon longirostris P. Gerv.* (= *Ziphius longirostris Cuv.*) und *Dioplodon Becani Gerv. et Van Bened.* nebst dem noch lebenden, aber, wie es scheint, im subfossilen Zustande gefundenen *Ziphius curirostris Cuv.* beschreibt.

In den *Compt. rend. d. l'Acad. d. Paris, T. LIII, 1861, p. 496* (*N. Jahrb. f. Miner., 1862, S. 751*) stellte P. Gervais auf Grundlage eines, wahrscheinlich aus den Sanden von Poussan im Hérault-Departement stammenden, Unterkieferfragmentes, eine neue fossile Art von *Mesoplodon* auf, die er *M. Christoli* nennt.

In einem *Mémoire de l'Académie de Montpellier, T. V, 1861, p. 122* theilt Gervais ebenfalls Bemerkungen über seinen *Mesoplodon Christolii* mit und erläutert das Unterkieferfragment, worauf er denselben stützt, durch drei Figuren (ebend. Pl. 4, Fig. 5--7), die er mit einer Darstellung des Symphysentheiles des Kiefers von *Mesoplodon sowerbiensis* (ebend. Fig. 4) in Vergleich stellt, um die Unterschiede beider zu zeigen. Dieselben treten nun allerdings in Bezug auf die Richtung der freien Theile der Unterkieferäste und die dadurch bedingte Gestalt des hinteren Symphysenwinkels deutlich hervor. Bei *Mesoplodon Christolii* ist derselbe nämlich, wegen der einander sehr genäherten, fast parallelen, Kieferäste fast elliptisch, bei *M. sowerbiensis* aber, wegen der hinten weit stärker spitzwinklig divergirenden Kieferäste, dreieckig und breiter. Ebenso mag sich *Mesoplodon Christolii* Gervais's Angaben in Folge durch ansehnlichere (auf 7--8 Mm. taxirte) Grösse von *Mesoplodon sowerbiensis* unterschieden und durch seine mit je 15, durch keine Scheidewände getrennte, Alveolen versehenen, weit tieferen und breiteren Zahnrinnen davon abgewichen sein. Wenn nun aber auch demnach *Mesoplodon sowerbiensis* und *Christolii* als verschiedene Arten zu betrachten sind, ja selbst wenn wir möglicherweise *Mesoplodon Christolii* als Typus einer besonderen Gruppe (*Cetorhynchus Gerv.*) ansehen wollten, so fragt es sich doch sehr: ob nicht *Cetorhynchus* vielleicht als Synonym zu einer der vielen Gattungen von *Ziphiiden* zu ziehen sei, deren zahlreichen Arten zugeschriebene Schnauzenreste in Belgien und Suffolk gefunden wurden.

Van Beneden's Mémoire: *Ueber einen neuen Ziphius des indischen Meeres* (*Mém. d. l'Acad. roy. Belgique*, T. XVI, 8 (1864), p. 1 sqq.), *Ziphius indicus*, enthält interessante Bemerkungen über die *Ziphiiden* im Allgemeinen, namentlich ausführliche über ihren Schädelbau nebst solchen, die sich auf die Unterscheidung der fossilen Arten derselben beziehen. Als fossile, bereits bekannte, führt er *Ziphius* (*Choneziphius*) *planirostris*, *Ziphius* (*Dioplodon*) *longirostris* und *Ziphius Becani* an, bemerkt jedoch, dass er die Beschreibung zweier neuen Gattungen veröffentlichen werde, von denen eine bereits früher von ihm (*Bulletin d. l'Acad. roy. Belgique*, T. X, 1840, p. 406) erwähnte, und vorläufig als *Dioplodon d'Hemixen* bezeichnete (*Ziphirostrum*), im Crag von Antwerpen, die Andere (*Placocetus*, oder wie er sie *Ostéogr.* p. 254 nennt, *Placoziphius*), aber in den Ziegelgruben des Herrn Pauwel's bei Edeghem entdeckt worden sei. Die letztgenannte Gattung hält er übrigens (*Ostéogr. a. a. O.*) für die älteste belgische *Ziphiide*.

T. H. Huxley (*Quart. Journ. of the geolog. Soc.*, Vol. XX (1864), p. 388 sqq.: *Neues Jahrb. f. Miner.*, 1865, S. 763) bespricht die Veränderungen, welche die Gattung *Ziphius* als Glied der Eschricht'schen Familie der *Rhynchoceten* (= *Heterodonten*, *Hyperoodonten* oder *Ziphiiden*) seit Cuvier in Bezug auf die Classification der ihr angehörigen Arten erlitt, stellt ferner eine neue Gattung (*Belomnoziphius*) nebst einer für neu erklärten Art derselben (*Belomnoziphius compressus* p. 393, *Pl.* XIX, Fig. A, B, C, D) auf und liefert ein Verzeichniss der ihm bekannten lebenden und fossilen *Rhynchoceten*, worin er, ausser *Ziphius longirostris Cuv.* und *Becani Van Bened.*, mehrere von Owen im britischen Museum als *Ziphien* (so namentlich als *Z. augustus*, *gibbus*, *declivus*, *angulatus*, *planus* und *undatus*) bezeichnete Arten seiner Gattung *Belomnoziphius* einreiht. *Ziphius cavirostris Cuv.* behielt er als *Ziphius* bei, *Ziphius planirostris* versetzt er dagegen nach Duvernoy in die Gattung *Choneziphius*. Ueber Rütimeyer's *Encheiziphius teretirostris* schweigt er.

V. Du Bus (*Bullet. d. l'Acad. roy. Belgique*, 2^me sér., T. XXIV, 1867, p. 569; *L'Institut sc. math.*, 1868, p. 285) berichtet: «er habe zu Antwerpen mehrere beträchtliche Schädeltheile des *Ziphius planirostris* und des *Ziphius longirostris* (dessen Fundort unbekannt war) entdeckt. Die der letztgenannten Art schienen ihm die Gewissheit zu liefern, dass der antwerpener *Dioplodon Becani Van Bened.* und *Gerv.* und der aus dem rothen Crag von Suffolk stammende *Belomnoziphius compressus Huxl.* mit *Ziphius longirostris* identisch seien. Dessen ungeachtet hoffe er auf Grundlage des umfassenden antwerpener Materials mehrere neue Arten von *Ziphien* aufstellen zu können.»

Im genannten *Bulletin* T. XXV, p. 621 erschien dann sein Aufsatz: «Sur différents Ziphiides nouveaux du crag d'Anvers», worüber unten nähere Mittheilungen gemacht werden sollten.

J. E. Gray (*Synopsis of the Species of Whales and Dolphins*, Lond. 1868, 4, p. 9) stellt auf Grundlage der lebenden Arten (worunter wir *Ziphius cavirostris* vermissen) einen eigenen *Suborder VI* als *Ziphioidea* auf, dem er nicht weniger als drei Familien (*Hyperoodontidae*, *Epiodontidae* und *Ziphiidae*) und 8 Gattungen zutheilt, von welchen Letzteren alle, mit Ausnahme seiner Gattung *Epiodon*, wovon er zwei Arten aufführt, sämmtlich nur aus einer einzigen Art bestehen. Hätte er auch, wie er es musste, die fossilen Formen in Betracht gezogen, so würde er vermuthlich uns mit einer mehr als doppelten Gattungszahl ein Danaergeschenk gemacht haben. Heisst dies nicht die Systematisirung auf die Spitze treiben, ihre wahre Bedeutung gänzlich verkennen, die höhere Auffassung der Entwickelungsstufen des Thierreiches beeinträchtigen und überhaupt die Kenntniss der Thiere erschweren?

Der treffliche, von R. Owen verfasste, *Monograph of British fossil Cetacea of the Red Crag (Palaeontographical Society, Vol. XXIII, 1870)* enthält wichtige Beiträge zur Kenntniss der fossilen und lebenden *Ziphien*. Er beginnt seine Mittheilungen mit der Wiedergabe des Charakters der Gattung *Ziphius*, wie er von G. Cuvier in seinen berühmten *Recherches* aufgestellt wurde. Hierauf erörtert er unter Hinzufügung von zwei dem Text beigefügten Figuren den Schädelbau des *Ziphius cavirostris* und *planirostris Cuv*. Hinsichtlich der letzt genannten Art weist er nach, dass dieselbe, wie schon Cuvier vermuthete, zwei Arten umfasse, weshalb er das als *Ziphius planirostris* n. 2 bei Cuvier besprochene Schädelfragment zur Grundlage eines *Ziphius Cuvieri Ow*. macht und durch eine neue Abbildung S. 6, Fig. 3 erläutert, den *Ziphius longirostris Cuv*. aber nur kurz bespricht. Den eben angedeuteten Erörterungen folgen von schönen, xylographischen Abbildungen begleitete Charakteristiken der Schädel zweier noch lebenden Arten der Cuvier'schen Gattung *Ziphius*, des *Ziphius indicus Van Bened*. = *Petrorhynchus capensis Gray (Proc. Zool. Soc. April, 11, 1865, p. 359)* und des *Ziphius Layardi (Ow.)* = *Dolichodon Layardi Gray (ebend. p. 358 und Catal. of Seals and Whales in the Brit. Mus. 8, 1866, p. 354)*, welche die genauere Kenntniss des Schädelbaues der *Ziphien* wesentlich vervollständigen. In Folge dieser eingehenden Untersuchungen sieht er sich zu der Annahme berechtigt, dass die, zur Zerfällung der Gattung *Ziphius* in mehrere andere, mehrfach benutzten Modificationen der Entwickelung der Ober- und Zwischenkiefer, sowie des Vomer, keineswegs solche seien worauf haltbare Gattungen gegründet werden könnten.

Den eben erwähnten allgemeineren Erörterungen schliessen sich die von Abbildungen begleiteten Beschreibungen von nicht weniger als sieben, im Red Crag gefundenen, Arten von *Ziphien* an, namentlich die des *Ziphius planus Ow*. Pl. II, Fig. 1, *Z. gibbus Ow*. Pl. II, Fig. 2, Pl. III, Fig. 3, *Z. angustus Ow*. Pl. III, Fig. 1, 2, *Ziphius angulatus Ow*. Pl. IV, Fig. 1, 2, *Z. medilineatus Ow*. Pl. IV, Fig. 3, *Z. tenuirostris Ow*. Pl. V, Fig. 1, 2 und *Z. compressus Ow*. Pl. V, Fig. 3.

Wie schon oben S. 213 bemerkt, zählt Huxley die im britischen Museum von Owen handschriftlich als *angustus*, *gibbus*, *angulatus* und *planus* bezeichneten *Ziphien* nebst seinem für neu angesehenen *Belemnoziphius compressus* (über dessen Identität mit dem später von Owen p. 25 als *compressus* beschriebenen *Ziphius* wir nichts erfahren) zu der von ihm aufgestellten Gattung *Belemnoziphius*. Von Huxley werden aber auch noch als *Belemnoziphius* ein *Ziphius declivis* und *gnadatus Ow, Mss.* aufgeführt, welche beide eben genannte Namen in *Owen's Monograph* fehlen, weil er sie vermuthlich durch zwei andere, bei Huxley vermisste (*Ziphius medilineatus* und *tenuirostris*), ersetzte.

In seinen Schlussbemerkungen (p. 25) erklärt sich Owen abermals mit grosser Entschiedenheit gegen alle generische Spaltungen der Cuvier'schen Gattung *Ziphius*. Er verwirft demnach die Gattungen *Dolichodon J. E. Gray*, *Petrorhynchus Gray*, *Epiodon Rafinesque (Schmaltz) et Gray*, *Delphinorhynchus Blainville*, *Berardius Duvernoy*, *Mesodiodon Duvernoy*, *Dioplodon* und *Mesoplodon Gervais*, *Choneziphius Duvernoy*, *Placoecus* und *Placoziphius Van Beneden*, *Ziphiopsis Du Bus*, *Rhinostodes Du Bus*, *Ziphirostrum Van Beneden*, *Aporotus Du Bus*, *Ziphiorhynchus Burmeister* und *Belemnoziphius Huxley*. Ueber *Eucheniziphus Rütimeyer* schweigt auch er.

Da ich, wie die bereits anderwärts von mir veröffentlichten classificatorischen Ansichten beweisen,[1] zu den, freilich bis jetzt noch an Zahl sehr geringen, Naturforschern gehöre, welche der möglichsten, zeitgemässen Vereinfachung der Systematik, namentlich ihrer Nomenclatur, das Wort reden, so kann ich den Prinzipien Owen's nicht nur beistimmen, sondern möchte zum Frommen einer höheren, durch eine vereinfachte Classificationsmethode begünstigten Auffassung der mannigfachen Entwickelungsstufen des Thierreiches eine gegen die so sehr in Mode gekommene Sucht nach neuen Gattungen unternommene lebhafte Reaction für ein wesentliches wissenschaftliches Desiderat halten. Den zersplitternden Systematikern scheinen, indem sie glauben die gelehrte Welt mit recht vielen Nobis und Mihi beglücken zu können, die Aufgaben der höheren zoologischen, die Mannigfaltigkeit möglichst zur Einheit zurückführenden Wissenschaft abhanden gekommen zu sein. Gegen diesen die Zoologie arg schädigenden Uebelstand werden schliesslich wohl nur internationale, allgemeine, die Uebergriffe stark verpönende Beschlüsse wissenschaftlicher hoher Autoritäten Abhülfe verschaffen. Preisaufgaben und ein von einem internationalen Comite herausgegebenes *Systema animalium* würden die so wichtige Angelegenheit allerdings zu fördern im Stande sein. So lange indessen die der Eitelkeit schmeichelnden Mihi und Nobis sich noch in Menge auftreiben lassen, so lange man nicht allgemeiner zu der Einsicht gelangt, dass die zweckmässige Reduction der Arten und Gattungen mindestens ebenso verdienstlich wie die Aufstellung neuer, ja wegen der zu überwindenden, oft namhaften, Schwierigkeiten, im Grunde noch verdienstlicher sei und man diese Ansicht nicht mit unerbittlicher Kritik praktisch verwerthet, wird leider wohl keine Abhülfe kommen. Denn auch hierbei gilt das: *Quot capita, tot sensus*.

Als vorläufige Probe reductorischer Prinzipien mögen nun Bemerkungen über das Verhältniss der Gattung *Ziphius* und der ihr einzuverleibenden Arten folgen.

---

1) Ich erlaube mir in dieser Beziehung, an meine gelegentlichen Mittheilungen in meiner Abhandlung über *Dinotherium* (Mém. d. l'Acad. d. St. Petersb., VII sér., T. XIV, N: 1, p. 36) und meine Bemerkungen über die Classification der Balaenoiden (Bull. sc. d. l'Acad. Imp. d. St. Petersb. Vol. VIII (1871), p. 111) zu erinnern.

Wie bereits oben bemerkt, ist die *Hyperoodon* so nahe verwandte Gattung *Ziphius* keineswegs (obgleich dies Cuvier annahm) eine untergegangene. Man hat im Gegentheil mehrere lebende Formen entdeckt, die hinsichtlich der von ihm angegebenen Charaktere als Glieder einer Gruppe angesehen werden können, sogar die von ihm für den Grundtypus seiner für fossil gehaltenen Gattung erklärte Art, sein *Ziphius cavirostris*, findet sich nach Gervais und Malm noch unter den lebenden. Unter den noch vorhandenen *Ziphien* im Cuvier'schen Sinne bemerkt man nun solche, die nur im vordersten Theile des Unterkiefers ein Paar grosse Zähne oder einige Paar kleine Zähne besitzen, wodurch sie sich der Gattung *Hyperoodon* näheren und deshalb als Gruppe der *Telosodontes* bezeichnet werden könnten, während Andere mit einer spitzeren, längeren, schmäleren Schnautze versehen sind und nur vor der Mitte jedes der Unterkieferäste meist nur je einen grösseren Zahn darbieten, also auch ohne generische Sonderung als *Mesoodontes* sich ansehen liessen. Wollte man indessen beide Gruppen, wofür jedoch gerade keine Nothwendigkeit vorliegen dürfte, lieber als zwei generische Typen betrachten, so könnten die *Telosodonten* die Gattung, oder vielleicht selbst Untergattung, *Ziphius* im engeren Sinne, die *Mesoodonten* die Gattung oder Untergattung *Micropteron Eschr.* = *Mesodiodon Duvern.* (= *Dioplodon* und *Mesoplodon* (schreibe *Dihoplodon* und *Mesohoplodon*) *Gerv.*) bilden. Die lebenden Formen könnten also, ohne Zwang, auf zwei Gattungen beschränkt werden. Die aufgestellte Zahl (6) liesse dadurch sich auf 3 reduciren, während die Wissenschaft dadurch an Einfachheit und Uebersichtlichkeit gewönne. Beispiele solcher vortheilhaften generischen Vereinfachung würden sich zu sehr vielen Tausenden finden lassen.

Da die fossilen Arten blos auf Reste des Vorderschädels oder des Schnautzentheiles (mit Ausnahme eines einzelnen, einem *Mesoplodon Christoli* von Gervais vindizirten Unterkieferfragmentes) sich beschränken, die Art der Bewaffnung des Unterkiefers aber, wie wir sahen, für die Classification der *Ziphien* wichtig ist, so lassen sich die fossilen Reste gegenwärtig noch nicht mit Sicherheit unter die lebenden Gruppen vertheilen und zwar um so weniger, da die grössere oder geringere Verlängerung und gleichzeitige Verschmälerung der Schnautze bei den fossilen Formen mancherlei Uebergangsbildungen zeigt, also keine strengen Grenzen bietet. Dass dies namentlich von den Gattungen gelte, welche auf gestaltliche Modificationen der Ober- und Zwischenkiefer, sowie des Vomer begründet wurden, sehen wir aus den bereits oben angeführten Erörterungen Owen's. Zur Vermeidung von Gattungen, für deren Annahme kein Bedürfniss vorliegt, dürfte es daher, wie schon angedeutet, am gerathensten sein die fossilen *Ziphien* entweder nur in zwei Abtheilungen, *Telosodontes* und *Mesoodontes*, oder Gattungen *Ziphius Cuv. Ow. c.p.* und *Mesodiodon Duvern. e.p.* = *Micropteron Eschr.* zu vertheilen, die vielleicht in mehrere Untergattungen[1]) zerfielen,

---

also von Owen sowohl als auch von Gervais abzuweichen, jedoch im Ganzen mehr dem Ersteren zu folgen.

Ehe ich indessen zur Sache schreite, ist zu bemerken, dass ich hinsichtlich der fossilen *Ziphien*, da mir die Objecte zu einer selbstständigen Arbeit fehlen, nur als Referent über fremde Leistungen auftreten kann. Eine solche Lage ist um so schwieriger, wenn man die geringe Zahl lebender Arten mit der beträchtlichen der als fossil aufgeführten vergleicht und dabei in Betracht zieht, dass in nahe gelegenen Districten, wie Suffolk und Antwerpen, nicht bloss sehr zahlreiche eigenthümliche Arten, sondern auch Gattungen sich befunden haben sollen, zu deren Bestimmung häufig nur wenige oder einzelne Fragmente vorlagen, so dass man wohl annehmen kann, die bisherigen Bestimmungen vieler fossilen *Ziphiinen* seien nur für vorläufige, einer namhaften Reduction fähige zu halten.

### I. Ziphii Telosodontes.

*(Genus Ziphius Cuv. Gerv. Duvern. et aliorum e. p., Epiodon Rafinesque. Petrorhynchus Gray.)*

Der Endtheil des Unterkiefers mit 2 oder 4 Zähnen bewaffnet.

#### A. Typische Stammart der Gattung Ziphius nach Cuvier.

##### Spec. 1. Ziphius cavirostris Cuv.

*Ziphius cavirostris, Cuvier, Rech. s. l. oss. foss., 4me éd., 8, T. VIII, P. 2, p. 233, Pl. 228, Fig. 2, 3. — Gervais, Zool. et Paléont. fr., 2me éd., p. 287; Pl. XXXIX, Fig. 1–7; Pl. XXXVIII, Fig. 1, 2 et Pl. XXIX, Fig. 1–5. — Pictet, Traité d. Paléont., 2me éd., T. I, p. 385, Pl. XIX, Fig. 13. — Owen, Palaeontogr. Soc., T. XXIII (1869), p. 3, Fig. 1.*

Wie bekannt, veranlasste Cuvier ein im Departement der Rhonemündungen zwischen dem Dorfe Fos und der Einmündung des Galégeon gefundener vorderer Theil des Schädels mit wohl erhaltenem Schnautzentheil zur Aufstellung dieser Art, welche er (p. 237) als ersten Typus (Grundtypus) der nach seiner Meinung ausgestorbenen Gattung *Ziphius* ansieht. Gervais (*Zool. et Paléont. fr., 1 éd., p. 154*) identifizirte mit *Z. cavirostris* einen bei Arcesquiérs im Departement Hérault 1850 gestrandeten *Ziphius*, welchen indessen Duvernoy (*Ann. d. sc. nat. 1851, p. 67*) als *Hyperoodon Gervaisii* bezeichnete, worin ihm Pictet (a. a. O.) in Folge der von ihm im Pariser Museum angestellten Schädelvergleichung beistimmte. Gervais blieb indessen in der zweiten Ausgabe seiner *Zoologie et Paléont. fr., p. 287* bei seiner Meinung.

---

sodonten (nach Maassgabe von *Mesoplodon sowerbyensis* Ostéogr. ib.) alle Mesoodonten freie Halswirbel und nur an den hintersten Lendenwirbeln am Ende etwas erweiterte Querfortsätze (wie die *Orcinae*) besässen, so würden die Telosodonten von den Mesoodonten auch durch den | Bau des Rumpfskelets abweichen. In Bezug auf Letzteres würde man dann die *Telosodonten* für an den *Delphinapteren*, die *Mesoodonten* aber für an den *Orcinen* hinneigende (anomale) Formen halten können.

Im Jahre 1867 am 22. April fand man im schwedischen Küstengebiet, nördlich von Göteborg, in der Nähe von Gullmarsfjärden auf dem Grunde eine stark verfaulte, 22 Fuss 2 Zoll lange, *Ziphüne*, deren Reste, namentlich Skelettheile, an das Museum zu Göteborg gelangten. Malm (*Hvaldjur i sveriges Musees in Kongl. Scenska Vetenskaps-Academiens Handlingar, Bd. IX, n. 2 (Stockholm 1871), p. 95*) vindizirte dieselben ohne Bedenken dem *Ziphius cavirostris* und stellte eine nähere Beschreibung derselben in Aussicht. Als Synonyme zieht er ausser *Cuvier a. a. O.*, Gervais, Ann. d. sc. nat. XIV, 1850, *Hyperoodon de Corse*, Daumet, *Revue zoolog., 1842, p. 207, T. I, Fig. 2* und *Epiodon Desmarestii Gray Cat. 1866, p. 341 et Synops. p. 10* hinzu.

Demnach muss man also wohl *Ziphius cavirostris* für eine noch lebende Art halten.

**C. Cuvier'sche Ziphien, welche Duvernoy[1]) als eigenthümliche Gattung (Choneziphius) betrachtet.**

#### Spec. 2. Ziphius planirostris.

Ziphius planirostris, *Cuvier, Recherch. s. l. oss. foss., éd. 4, 8 e. T. VIII, P. 2, p. 240, Pl. 228, Fig. 4—6; Owen, Palaeontogr. Soc. Vol. XXIII, for 1869, p. 5, Fig. 2.* — Choneziphius planus, *Duvernoy, Ann. d. sc. nat., 3 sér., T. XV, p. 61; Gervais, Zoolog. et Paléont. fr., 2 éd., p. 388, Pl. XI, Fig. 2; Pictet, Traité d. Paléont. 2 éd., T. I, p. 385.*

Die Schnautze mässig breit, ziemlich kurz zugespitzt, etwas platt, oben glatt.
Aus dem antwerpener Becken. Also wohl, wie die folgende, eine untergegangene Art.

#### Spec. 3. Ziphius Cuvieri.

Ziphius Cuvieri, *Owen, Palaeontogr. Soc. Vol. XXIII, for 1869, p. 6, Fig. 3.* — Ziphius planirostris: l'autre morceau qui offre des différences qui pourraient passer pour spécifiques, *Cuvier, Rech. l. l. p. 243, Pl. 228, Fig. 7, 8.*

Dem vorigen ähnlich. Die Schnautze, besonders an der Spitze, breiter, auf der oberen Fläche an den Seiten sehr rauh.
Ebendaher.
Obgleich schon Cuvier an die Möglichkeit einer spezifischen Differenz dieser Art von *Z. planirostris* dachte, so führt er doch auch die Meinung an, dass sie vielleicht nur eine Geschlechtsverschiedenheit der vorigen Art sei.

---

1) Die von Duvernoy, wegen der am Grunde trichter- | kehlung bietenden Intermaxillarknochen, von *Ziphius Cur.* tormig ausgehöhlten, am Ende der Schnautze vereinten | gesonderte Gattung *Choneziphius* verwirft Owen. und am vorderen Ende der Schnautze eine breite Aus- |

### C. Von Owen als echte Ziphien beschriebene Arten.

Owen (*Palaeontogr. Soc. Vol. XXIII (1869), p. 16—25*) betrachtete als echte *Ziphien*, wie es scheint, wenigstens zum grösseren Theil, zu den *Mesodonten* gehörige Arten aus dem Red-Crag von Suffolk. Es sind (meist, wenn vielleicht auch nicht Alle) dieselben, welche Huxley (*Quart. Journ. Geol. Soc. Vol. XX (1864), p. 395*) zu seiner Gattung *Belemnoziphius* zog.

#### Spec. 4. Ziphius planus.

Owen a. a. O. p. 16, Taf. II, Fig. 1. — *Belemnoziphius planus, Huxley a. a. O.*

#### Spec. 5. Ziphius gibbus.

Owen, ebend. p. 17, Taf. II, Fig. 2, Taf. III, Fig. 3. — *Belemnoziphius gibbus, Huxley a. a. O.*

#### Spec. 6. Ziphius angustus.

Owen, ebend. p. 19, Taf. III, Fig. 1, 2. — *Belemnoziphius angustus, Huxley a. a. O.*

#### Spec. 7. Ziphius angulatus.

Owen, ebend. p. 20, Taf. IV, Fig. 1, 2. — *Belemnoziphius angulatus, Huxley a. a. O.*

#### Spec. 8. Ziphius medilineatus.

Owen, ebend. p. 22, Taf. IV, Fig. 3.

#### Spec. 9. Ziphius tenuirostris.

Owen, ebend. p. 24, Taf. V, Fig. 1, 2.

#### Spec. 10. Ziphius compressus

Owen, ebend. p. 25, Taf. V, Fig. 3.

Ob identisch mit *Belemnoziphius compressus Huxley, Quart. Journ. Geol. Soc. Vol. XX (1864), p. 393* und *395, Pl. XIX, Fig. A, B, C, D,* welchen Du Bus, *Bullet. d. l'Acad. roy. Belgique, 2me sér., T. XXIV (1867), p. 570* nebst *Dioplodon Becani Van Bened.* et *Gerv.* zu *Ziphius longirostris Cuv.* zieht?

Die von Huxley als *Belemnoziphius declivus* und *undatus*, von Owen im britischen Museum früher als *Ziphius declivus* und *undatus* bezeichneten Arten sind in seinem *Monograph* nicht als solche aufgeführt. Vermuthen lässt sich wohl, dass Owen die Namen *Ziphius declivus* und *undatus* später in *Ziphius medilineatus* und *tenuirostris* umänderte, was er indessen nicht bemerkt, so dass es ungewiss bleibt, ob oder wie die beiden erstgenannten Namen auf die Letztgenannten zu reduziren seien. Es ist daher sehr wünschenswerth, dass Herr Prof. Owen über diese Angelegenheit genaue Auskunft ertheilen möchte.

## II. Ziphii Mesoodontes.

Nur die Mitte des Unterkiefers jederseits mit 1 oder 2 mehr oder weniger hervortretenden Zähnen bewaffnet.

*Genera Delphinorhynchus F. Cuv., Heterodon Less., Micropteron Eschr., Dihoplodon = Dioplodon und Mesoplodon Gerv. 1850 = Mesodiodon Duvern. 1851, Ziphius Cuv. Ow. e. p.*

Wie schon oben bemerkt, lassen sich dem Ausscheine nach die lebenden *Ziphien* nach Maassgabe von wenigen, nur am Ende oder nur in der Mitte des Kiefers sich entwickelnden, Zähnen um so naturgemässer in zwei natürliche Gruppen (*Telosodontes* und *Mesoodontes*) theilen, die man als Untergattungen oder auch Gattungen (*Ziphius* und *Mesoodon*) ansehen kann, indem zu den ersteren die mit einem breiteren, kürzeren Oberkiefer versehenen, zu den Letzteren aber die einen langen, schmalen Oberkiefer bietenden Formen gehören. Da es nun nicht nur unter den lebenden, sondern auch unter den fossilen, solche Arten giebt, welche die eine oder andere Form des Oberkiefers bieten, so können wir wohl vermuthen, es habe ein ähnliches Verhältniss auch bereits früher stattgefunden. Wir dürfen ein solches auch wohl um so eher voraussetzen, da man durch Gervais das fossile Unterkieferfragment einer *Mesoodonte* (den *Mesoplodon Christoli*) kennt. Die *Mesoodonten* möchten übrigens, gegen die Annahme Cuvier's, dem die Existenz von *Mesoodonten* noch unbekannt war, für die mehr typische Form der *Ziphien* als die den *Hyperoodonten* näher stehenden *Telosodonten* zu halten sein.

Bereits Gervais zieht einen der Cuvier'schen fossilen *Ziphii* zu seiner Gattung *Dioplodon* und fügt ihm noch eine zweite fossile Art hinzu. Die Cuvier'sche Art ist nach meinen Classifications-Prinzipien

### Spec. 1. Ziphius (Mesoodon) longirostris Cuv.

Ziphius longirostris, *Cuvier*, *Rech. s. l. oss. foss.*, T. VIII, P. 2, p. 245, Pl. 228, Fig. 9 et 10. — Dioplodon longirostris, *Gervais*, *Zool. et Paléont. fr.*, 2 éd., p. 290.

Der Fundort des in Paris aufbewahrten, sehr langen und schmalen Schnautzentheils des Schädels, worauf Cuvier diese Art gründete, ist zwar leider unbekannt; Du Bus (*Bull. d. l'Acad. roy. Belgique*, 2me sér., T. XXIV (1867), p. 570) spricht indessen von mehreren, mit denen von *Ziphius planirostris* bei Antwerpen gefundenen, beträchtlichen Schädeltheilen des *Ziphius longirostris*. Da nun der von Cuvier beschriebene *Ziphius planirostris* aus Antwerpen stammt, so könnte dies auch mit seinem *Z. longirostris* der Fall sein.

### ? Spec. 2.  Ziphius (Mesoodon) Becani Gerv. et Van Bened.

Ziphius longirostris, Van Beneden, Bullet. d. l'Acad. roy. Belgique, 2me sér., T. XIII,
P. 1 (1846), p. 259. — Ziphius Becani, Van Beneden, Mém. d. l'Acad. roy.
Belgique, éd. 8, T. XVI (1864), p. 7. — Dioplodon Becani Gerv. et Van Bened.,
Gervais, Zool. et Paléont. fr., 2 éd. (1859), p. 290, Pl. XXXVIII, Fig. 4.

Ein *Ziphius*, dessen Reste ebenfalls im Crag von Antwerpen gefunden und anfangs
von Van Beneden für die eines *Ziphius longirostris* gehalten, später aber, in Folge einer
von ihm mit Gervais angestellten Untersuchung, einer davon verschiedenen, neuen Art
(*Dioplodon Becani*) zugeschrieben wurden. Du Bus (*Bull. d. l'Acad. roy. Belgique*, 2me sér.,
T. XXIV (1867), p. 570) sagt jedoch: es schiene ihm sicher, dass nicht nur der *Dioplodon
Becani Gerv.* und *Van Bened.*, sondern auch der *Belemnoziphius compressus* Huxl. mit *Ziphius longirostris* identisch sei. Ich habe daher *Ziphius Becani* als fragliche Art aufgeführt.

### ? Spec. 3.  Ziphius (Mesoodon) Christoli.

Mesoplodon Christoli, Gervais, Compt. rend. d. l'Acad. d. Paris, T. LIII (1861),
p. 496; N. Jahrb. f. Min. 1862, S. 751.

Eine, wie schon S. 212 ausführlicher bemerkt, von Gervais auf Grundlage eines im
Sande von Poussan im Hérault-Departement gefundenen Fragmentes des Unterkiefers aufgestellte, für jetzt noch zweifelhafte Art. Das Fragment könnte nämlich möglicherweise einer
der bereits früher aufgestellten Arten angehören.

Ausser den genannten Arten, mit Einschluss von *Ziphius compressus*, dürften wohl
auch *Ziphius tenuirostris*, *medilineatus* und *gibbus* Ow. zur Abtheilung der *Mesoodonten* gehört haben.

Die auf Grundlage eines aus dem pliocänen Sande von Montpellier stammenden, im
Museum von Solothurn aufbewahrten, langen, schmalen Schnautzentheiles eines Schädels
von Rütimeyer (*Verhandl. d. naturf. Gesellsch. in Basel*, Heft IV, 1857, p. 555) aufgestellte, bisher nur von Van Beneden in Betracht gezogene, Gattung *Euchciziphius*, mit der
Art *Euchciziphius teretirostris*, würde wohl ebenfalls dem *Mesoodonten* einzureihen sein, wenn
sie gegen die Behauptung Van Beneden's (*Bullet. d. l'Acad. roy. Belgique*, 1871, séance
du 3 juin; L'Institut 1 Sct. 1872, p. 46) »der Schnautzentheil, worauf sie gestützt sei, gehöre einem der Fischgattung *Xiphias gladius* ähnlichen, fossilen Thiere (*Brachyrhynchus
teretirostris Van Bened.*) an«, sich aufrecht erhalten lässt.

## ANHANG I.

Mittheilungen über die nach im antwerpener Becken gefundenen
Resten von Van Beneden und Du Bus aufgestellten neuen Gattungen
und Arten von Ziphiiden, welche, wie wir bereits oben sahen, Owen
verwirft.[1]

### ? Genus 1. Placoziphius Van Bened.

Placoziphius, *Van Ben.*, *Mém. d. l'Acad. roy. Belgique (éd. in-4°)*, *T. XXXVII (1868)*,
mit 2 Tafeln.

Van Beneden führt folgende Hauptmerkmale an.

Die Intermaxillarknochen hinsichtlich ihrer hinteren Breite, namentlich rechterseits,
stark entwickelt, ebenso der Basaltheil der Schnautze des Oberkiefers. Die Schnautze in
der Mitte stark deprimirt. Das Hinterhauptsbein und die Schläfenbeine vertikal. Die Nasengruben stark nach links gewendet. Der Atlas (wie beim *Cachalot*) getrennt.

#### Spec. 1. Placoziphius Duboisii Van Bened.

Die Gattung, welche nur die genannte Art bietet, wurde auf Bruchstücken des Schädels, welche die Restauration eines bedeutenden Theiles seines Schnautzentheiles ermöglichten, und einem freien Atlas gegründet. Als Fundort der Reste, welche Van Beneden
(*Ostéogr. p. 254*) als die ältesten, belgischen, ansieht, werden von ihm die Ziegelgruben von
Edeghem bezeichnet. — Die Schädelform könnte auf Verwandtschaft mit einem *Ziphius* aus
der Abtheilung der *Telosodonten* hinweisen, so etwa auf den Schädel des *Ziphius cavirostris*
(*Gervais, Zool. et Paléont. fr., Pl. 39*).

Nach Owen sei es etwas zu früh, auf Grundlage so fragmentarischer und zerfallener
Reste, wie die des *Placoziphius Duboisii*, eine neue Gattung zu gründen.

### ? Genus 2. Ziphirostrum Van Bened.

Ziphirostrum Van Bened., *Du Bus, Bullet. d. l'Acad. roy. Belgique*, *2me sér.*, *T. XXV*
(*1868*), p. 622.

Die Schnautze gerade oder nach der Spitze zu etwas nach oben gerichtet. Die Oberkiefer mehr oder weniger dick. Die Zwischenkiefer mittelst ihrer inneren Ränder in der
Mitte der Schnautze vereint, an der Spitze derselben jedoch getrennt.[2] Der Vomerkanal
offen.

---

1) Man darf wohl annehmen, wenn man an die grosse
Nähe von Antwerpen und Suffolk denkt, dass wenigstens
manche der darunter befindlichen Reste mit den Owen-
schen örtlich zusammengehören könnten.

2) Owen, *Palaeont. Soc.* p. 37, bemerkt: Die Vereinigung der Intermaxillarknochen hänge vom Alter ab und
die Art des stufenweisen Fortschritts lasse sich nicht
sicher bestimmen.

### ? Spec. 1. Ziphirostrum Turninense Du Bus.

*Du Bus, Bullet. d. l'Acad. roy. Belgique, 2ᵐᵉ sér., T. XXV (1868), p. 622.*

### ? Spec. 2. Ziphirostrum tumidum Du Bus.

*Du Bus, Bullet. d. l'Acad. roy. Belgique, 2ᵐᵉ sér., T. XXV (1868), p. 623.*

### ? Spec. 3. Ziphirostrum marginatum Du Bus.

*Du Bus, Bullet. d. l'Acad. roy. Belgique, 2ᵐᵉ sér., T. XXV (1868), p. 621.*

### ? Spec. 4. Ziphirostrum laevigatum Du Bus.

*Du Bus, Bullet. d. l'Acad. roy. Belgique, 2ᵐᵉ sér., T. XXV (1868), p. 624.*

### ? Spec. 5. Ziphirostrum gracile Du Bus.

*Du Bus, Bullet. d. l'Acad. roy. Belgique, 2ᵐᵉ sér., T. XXV (1868), p. 625.*

## ? Genus 3. Ziphiopsis Du Bus.

Ziphiopsis, *Du Bus, Bullet. d. l'Acad. roy. Belgique a. a. O. p. 628.*

Die Schnautze von mittlerer Länge, gerade, fast so hoch als breit. Der Oberkiefer sehr dick. Der Vomerkanal klein. Die mässig entwickelten Intermaxillarknochen mit ihren inneren Rändern ihrer ganzen Länge nach mit einander vereint.

Der Vomer erscheint bis gegen die Mitte der Gaumenfläche des Schädels und verschwindet am Ende derselben zwischen den vorderen Oeffnungen der Gaumenkanäle.

### ? Spec. 1. Ziphiopsis phymatodes Du Bus.

*Du Bus, Bullet. d. l'Acad. roy. Belgique, 2ᵐᵉ sér., T. XXV (1868), p. 628.*

### ? Spec. 2. Ziphiopsis serrata Du Bus.

*Du Bus, Bullet. d. l'Acad. roy. Belgique, 2ᵐᵉ sér., T. XXV (1868), p. 629.*

## ? Genus 4. Rhinostodes Du Bus.

Rhinostodes, *Du Bus a. a. O. p. 629.*

Die Schnautze etwa so breit als hoch, aus schwammiger Substanz gebildet. Der Vomerkanal, wenigstens vorn, ganz knochig.

### ? Spec. 1. Rhinostodes antwerpiensis Du Bus.

*Du Bus, Bullet. d. l'Acad. roy. Belgique, 2ᵐᵉ sér., T. XXV (1868), p. 629.*

Zur Begründung einer Gattung reichen nach meiner Ansicht die angeführten Kennzeichen nicht aus.

224                                J. F. Brandt,

### ?Genus 5. Aporotus Du Bus

Aporotus, *Du Bus a. a. O. p. 626.*

Du Bus bemerkt: die Gattung *Aporotus* unterscheide sich von *Ziphirostrum* nur durch die zwar an einander gelehnten, jedoch niemals mit einander vereinten, Intermaxillarknochen.

Owen sagt, dass ein solches Kennzeichen, da es auf eine individuelle Altersverschiedenheit hinweise, kein generisches sein könne.

#### ?Spec. 1. Aporotus recursirostris Du Bus.

Du Bus, *Bullet. d. l'Acad. roy. Belgique, 2^{me} sér., T. XXV (1868), p. 626.*

#### ?Spec. 2. Aporotus affinis Du Bus.

Du Bus, *Bullet. d. l'Acad. roy. Belgique, 2^{me} sér., T. XXV (1868), p. 626.*

#### ?Spec. 3. Aporotus dicyrtus Du Bus.

Du Bus, *Bullet. d. l'Acad. roy. Belgique, 2^{me} sér., T. XXV (1868), p. 627.*

### ?Genus 6. Belemnoziphius Huxley, Du Bus.

*Du Bus ib. p. 630.*

#### ?Spec. 1. Belemnoziphius recurvus Du Bus.

Du Bus, *Bullet. d. l'Acad. roy. Belgique, 2^{me} sér., T. XXV (1868), p. 630.*

Ich führe der Vollständigkeit wegen auch diese Art auf.

Das antwerpener Becken würde den eben mitgetheilten Angaben Van Beneden's und Du Bus's zu Folge, mit Einschluss dreier Cuvier'schen Arten, selbst nach Abzug von *Dioplodon Becani*, die Reste von nicht weniger als 16 Arten mit sechs neuen Gattungen von *Ziphien* geliefert haben. Da nun, selbst wenn man auch *Belemnoziphius compressus Huxl.* mit Du Bus in Abzug bringt, Owen noch 7 neue Arten von *Ziphien* aus dem Antwerpen gegenüber liegenden, nur durch eine nicht sehr breite Meeresstrecke davon getrennten, Suffolk aufführt, so würden dennoch in der gedachten Meeresstrecke nicht weniger als 23 Arten von *Ziphiinen* zur Tertiärzeit gelebt haben, die man in 7—8 Gattungen vertheilte. Eine so grosse, auf einen im Verhältniss kleinen Raum zusammengedrängte, Gattungs- und Artenzahl erscheint, besonders nach Maassgabe der Verbreitung der wenigen noch lebenden europäischen *Ziphiinen*, sehr auffallend und veranlasst die bereits oben geäusserte Vermuthung, dass die bis jetzt zum grössten Theil nach unzureichenden Materialien aufgestellten 23 Arten, ebenso wie die Gattungen, künftig wohl noch bedeutende Reductionen erfahren dürften.

Bemerkenswerth möchte übrigens, in Bezug auf seine Auffassung der *Ziphius*-Arten, der Ausspruch Owen's (*Monogr. p. 25*) sein: »I take to be specific departures from a primitive ziphoide type«. Ob nun aber ein einziger *Ziphiiden*-Typus oder deren mehrere artliche (wie ich anzunehmen geneigt bin) existirten, ist eine Frage, deren Lösung erst noch anzustreben wäre. Nähme man selbst einige artliche (ursprüngliche) Grundtypen der *Ziphien* an, so dürfte auch dann noch, wenigstens nach meiner Auffassung des Artbegriffes, die Reduction der aufgestellten Arten wohl eine ziemlich beträchtliche werden.

## ANHANG II.

### Einige Worte über muthmasslich in Deutschland und Russland gefundene Ziphiinen.

Ausser an den eben genannten Fundorten hat man, meines Wissens, in keinem Theile Europas, ebenso wie auch Amerikas, mit Sicherheit Reste untergegangener Arten von *Ziphiinen* nachgewiesen. Sie möchten indessen im Meere, welches zur Tertiärzeit den grössten Theil Deutschlands, sowie Russlands überfluthete, keineswegs gefehlt haben, da sie in Belgien und England mit Resten solcher eigenthümlichen *Balaeniden* (*Cetotherinen*) vergesellschaftet sind, die auch in Deutschland und Russland gefunden wurden.

Van Beneden (*Mém. d. l'Acad. roy. Belgique, T. XVI (1864). éd. 8, p. 9.*) sagt, in Stuttgart würden die aus der Molasse von Baltringen stammenden Reste einer mit grossen Bullae tympani und einem freien Atlas versehenen, eigenthümlichen *Ziphiide* aufbewahrt. In seiner *Ostéographie (p. 248)* heisst es freilich nur: in Stuttgart fänden sich Knochen, die denen der *Ziphien* ähnelten.

#### ? Ziphius Blasii Nob.

Dass Eichwald keinen Rest einer *Ziphiine* aus Russland vor sich hatte wurde oben im monographischen Abschnitte über die *Cetotherinen* eingehend gezeigt. Van Beneden (*Ostéogr. p. 244*) glaubt zwar, der bei Nordmann, *Palaeont. Pl. XXVI, Fig. 5, 6* abgebildete Lendenwirbel gehöre einem *Ziphius* an. Ich kann indessen den fraglichen, oben S. 111 beschriebenen, auf meiner *Taf. XII, Fig. 5 a, b, c* genauer dargestellten, Wirbel in Folge eigener Beobachtung mit Nordmann nur für den eines *Cetotheriums* halten.

Aus Bessarabien, dem Chersonschen Gouvernement, ferner aus Kertsch und von der Halbinsel Taman, den bisherigen, an Cetaceen reichen, Fundorten, kenne ich überhaupt bis jetzt noch keine Reste von *Ziphiinen*. Von meinem, leider zu früh verstorbenen, Freunde Prof. Blasius erhielt ich jedoch das Fragment des Oberkiefers eines *Cetaceums* aus dem Kursker Gouvernement, über dessen Deutung ich lange schwankte, bis ich herausfand, dass es vorläufig am passendsten als Bruchstück des Schnautzentheils des Schädels einer *Ziphiine* sich ansehen lasse. Ob diese Deutung die richtige sei möchte ich indessen nicht mit völliger

Sicherheit behaupten, da das Fragment zu klein und mangelhaft ist. Die Art, der es möglicherweise angehören könnte, wurde daher auch mit einem Fragezeichen aufgeführt.

Das Taf. XIII, Fig. 15 dargestellte Bruchstück hat eine Länge von 120 und eine Breite von 65 Mm. Seine convexe Oberfläche ist fein gestreift und erinnert dadurch an die *Cetaceen*. Die offenbar äussere, obere Fläche des Bruchstücks zeigt eine tiefe, ansehnliche Längsfurche, welche einen kleineren (nur 80 Mm. langen, 24 Mm. breiten) Theil von einem grösseren, 120 Mm. langen, 35 Mm. breiten, sondert. Der grössere Theil bietet eine weniger convexe, obere Fläche als der kleinere Theil und einen verbrochenen, äusseren, nur 5—6 Mm. dicken, 120 Mm. langen Rand. Vom Rande aus nach dem kleineren Theil zu verdickt sich dasselbe allmählich bis zu einem Durchmesser von 15—20 Mm. Seine untere Fläche erscheint rinnenförmig ausgehöhlt. Der kleinere Theil stellt eine compacte, mit dem grösseren Theil verschmolzene, Masse dar und bietet eine dreieckige Form, so dass man eine obere, gewölbte, sowie eine untere (innere), ebene Fläche nebst einem freien, etwas stumpflichen, ziemlich intacten, äusseren Rand unterscheiden kann. Der grössere Theil des Bruchstücks wäre daher wohl als der innere, der kleinere als der äussere desselben anzusehen.

Ich schliesse die vorstehenden ungenügenden Angaben mit dem Wunsche, dass die antwerpener *Ziphien* möglichst bald mit den in England gefundenen in genauen systematischen Einklang gebracht werden möchten.

## Familia II. Holodontidae.

Beide Kiefer, wenigstens noch bei Thieren mittleren Alters, in der Regel mit mehr oder weniger zahlreichen Zähnen bewaffnet. Nur bei einer Gattung (*Monodon*) fehlen den Weibchen die Zähne ganz, während wenigstens die Männchen im Oberkiefer meist je einen langen Stosszahn, selten deren zwei, besitzen.

Wirft man einen aufmerksamen Blick auf die nicht blos in Betracht der lebenden, sondern auch der fossilen Arten, wichtige Entwickelung des Schädels, so ergiebt sich, dass wir in der Abtheilung der *Holodontiden*, wie dies im Wesentlichen schon von Flower geschah, vier Entwickelungsstufen oder Haupttypen desselben annehmen können, den der *Orcen*, *Phocaenen*, *Delphinen* und *Platanisten*, eine Ansicht, welcher auch ich *Bullet. sc. d. l'Acad. Imp. d. Sc. d. St.-Pétersb., T. XXVIII (1873)* zugestimmt habe. Von den genannten, besonders auf den Schnautzenbau fussenden Typen stehen sich die *Orcen* und *Delphinen* am fernsten, während die *Phocaenen* gewissermassen als eine Art in mehreren Richtungen damit connectirendes Verbindungsglied der beiden genannten sich ansehen lassen. Es fragt sich nun, wenn die fraglichen Typen zur Unterscheidung von Gruppen (Subfamilia *Orcinae*, *Phocaeninae*, *Delphininae* und *Platanistinae*) benutzt werden, ob die *Orcinae* oder die *Delphininae* den *Ziphiinae* zunächst zu folgen haben? Hätte man, wie früher, blos die Letzteren zu berücksichtigen, so würden ohne Frage die *Delphininae* wegen ihrer langen und schmalen Schnautze den *Ziphiinen* zunächst zu stellen sein. Die umfassenderen neueren Untersuchungen über den Bau der *Cetaceen* haben indessen gezeigt, dass die früher für eine von den *Zahnwalen* verschiedene Abtheilung erklärten *Zeuglodonten* durch den Schädelbau der Gattung *Squalodon* den *Delphininen* und *Platanistinen* nahe verwandt, ja selbst vielleicht habituell theilweis ähnlicher erscheinen als viele *Ziphiinen* und genau genommen hauptsächlich nur durch den Zahnbau davon abweichen. Es dürfte daher trotz der unleugbaren Beziehungen der *Delphininen* zu manchen *Ziphiinen* zweckmässiger sein, die *Delphininen* mehr den *Squalodonten* als den *Ziphien* zu nähern. Die Familie der *Holodontiden* würde demnach mit den *Oreinae* zu beginnen haben. Es lässt sich nicht leugnen, dass die Annäherung der *Orcinen* an die *Ziphiinen* etwas Anstössiges hat, was weniger der Fall wäre, wenn man die *Phocaeninae* voranstellte. Die Ausführung eines solchen Vorschlages würde indessen die von den *Orcinae* durch die *Phocaeninae* zu den *Delphininae* fortschreitende Entwickelungsreihe der craniologischen Typen der *Holodontiden* stören, also aus diesem Grunde nicht zulässig erscheinen. Ich beginne daher meine Beschreibung der fossilen *Delphinoiden* mit der Subfamilie der *Orcinen*; ein Verfahren, wodurch gleichzeitig die den *Physeterinen* im Schädelbau und der kräftigen Zahnentwickelung ähnlichen *Orcinen* den erstgenannten näher gebracht werden.

### Subfamilia 1. Oreinae.

Der breite, von seinem Ende bis zum vorderen Orbitalrand gemessene Schnautzentheil des Schädels etwa so lang oder etwas kürzer als der übrige Schädeltheil. Der Schnautzentheil der Zwischenkiefer nebst dem inneren Theil der Oberkiefer mehr oder weniger horizontal ausgebreitet. Die Nasenenden der Zwischenkiefer niedergedrückt. Die dreieckige Nasengrube vorhanden. Die Halswirbel sind sämmtlich vereint. So viel bis jetzt bekannt, sind nur die hintersten Lenden- und vordersten Schwanzwirbel mit solchen Querfortsätzen versehen, die vorn, wie hinten, am Grunde ausgerandet, am Ende aber mässig oder nur wenig verbreitert sind.

### Genus 1. Orca.

#### Spec. 1. ? Orca Meyeri Nob.[1]

*Delphinus acutidens*, *H. v. Meyer*, *Jahrb. f. Miner.* 1859, S. 175; *Palaeontogr. Bd. VII, p. 105, Taf: XIII.*

Die Art lässt sich bis jetzt nur auf Grundlage zweier Bruchstücke des Unterkiefers und mehrerer, mehr oder weniger wohl erhaltener, einzelner Zähne stützen. Das stark entwickelte, namentlich im Verhältniss hohe und dicke, grössere, 262 Mm. lange, 80 Mm. hohe Bruchstück des Unterkiefers, ebenso wie die ansehnlichen, kräftigen, 50—60 und mehr

---

[1] Da der Name *acutidens* nicht passt und die Art wohl zur Gattung *Orca* gehört, so schien es mir zweckmässiger | dieselbe nach ihrem so verdienstvollen Entdecker zu benennen.

Millimeter langen, am Grunde der Krone 18—20 Mm. breiten Zähne weisen auf eine den Orcen anzureihende Art hin. Für eine solche Ansicht spricht namentlich auch ausser der Grösse und Gestalt des Kieferfragmentes nicht nur die Beschaffenheit, sondern auch die Zahl der Zähne. Es wurden nämlich 18 derselben gleichzeitig gefunden, die wohl einem einzigen Individuum angehörten. Das von H. v. Meyer abgebildete grössere Bruchstück, welches noch nicht ganz die hintere Hälfte eines Unterkieferastes repräsentirt, zeigt ausser zwei ihm noch inscrirten Zähnen noch Andeutungen mehrerer Alveolen, so dass nach Maassgabe derselben, wie H. v. Meyer meint, auf je einen Kieferast etwa 12 Zähne kommen würden.

Die dicken, ziemlich geraden, mit zwei oder mehr, deutlichen Längsfurchen versehenen, an der ziemlich kurzen und stumpflichen Spitze meist nur schwach oder fast nicht gekrümmten Zähne lassen zwar die Art von den bis jetzt bekannten lebenden Arten der Gattung Orca, wie es scheint, unterscheiden; dessenungeachtet wäre aber die Kenntniss noch anderer Skelettheile zur genaueren Charakteristik der Art und zur völligen Sicherung ihrer systematischen, namentlich generischen, Stellung höchst wünschenswerth.

Die auf eine an Grösse den gewöhnlichen Orcen ähnliche Delphinoide hinweisenden Reste, welche ich, wegen Schädelmangels, nur annähernd der Gattung Orca vindizire, wurden in der meerischen Molasse bei Stockach am Berlinger Hofe im Badenschen gefunden und werden, wie mir Herr Prof. Osc. Fraas gütigst mittheilte, gegenwärtig im Stuttgarter Museum aufbewahrt.

### Genus 2. Pseudorca Reinhdt.

#### Spec. 1. Pseudorca crassidens Reinhdt.

Phocaena crassidens, Owen, Hist. of brit. foss. mamm. etc. p. 516, Fig. 213 (Cranium), und 214 (Halswirbel). — Orca crassidens, Gray, Ereb. et Terr. p. 34. — Pseudorca crassidens, Reinhardt, Overs. K. danske Vidensk. S. Forhandlinger 1862, p. 103; Gray, Catal. 1866, p. 290, Synopsis p. 8; Gervais et Van Beneden, Ostéogr. d. Cétac. Pl. I., Fig. 7—17; Malm, Hvaldjur i sveriges Museum, Stockholm 1871, 4. p. 73.

In den Torfmooren von Lincolnshire, in der Nachbarschaft von Stamford, wurden 1843 die Skeletreste eines grossen Delphins ausgegraben, dessen Schädel Owen a. a. O. charakterisirte und abbilden liess. Die entdeckten Reste befinden sich im Museum des Stamforder Instituts.

Der 26 Zoll lange Schädel (Ostéogr. Pl. I., Fig. 7, Owen, Brit. f. mamm. p. 516 Fig. 213) gleicht nach Owen ungemein dem von Delphinus Orca und melas. Im Oberkiefer sind alle 10 Zähne erhalten, im Unterkiefer nur einige vordere. Die mit dicken, etwas gekrümmten, kegelförmigen Kronen versehenen Zähne sind kleiner als bei D. Orca und grösser als bei D. melas, gleichen aber mehr denen des ersteren, jedoch besitzt D. Orca deren jederseits oben und unten 12, D. melas 11. — Von D. melas unterscheidet sich der

Schädel durch breitere Schläfengruben und weicht dadurch von *D. Orca* ab. Von beiden differirt er durch die hinter den Nasenbeinen ausgedehnten Zwischenkiefer. Was die Breite der Letzteren anlangt, so steht er in der Mitte zwischen beiden genannten Arten. Als besonders distinctives Merkmal führt Owen den, wie bei *Phocaena communis*, am Gaumentheil des Schädels theilweis vortretenden Vomer an, der bei *Orca* und *melas* nicht sichtbar sei. Die Halswirbel (*Owen Fig. 214*) sind anchylosirt.

Schon der Fundort der Reste konnte auf eine erst in den neuesten Zeiten untergegangene, ja sogar möglicherweise lebende, noch unbekannte, Art schliessen lassen.

Selbst Gray (*Er. et Terr.*) führt aber dessenungeachtet Owen's *Phocaena crassidens* unter dem Namen *Orca crassidens* noch als fossile Art auf.

Im Sommer des Jahres 1862 erschien im südlichen Kattegat und in den Belten der Zug einer Art von *Delphinen*, wovon mehrere (gegen 6) Individuen strandeten, deren Skelete nach Lund, Göteborg und Copenhagen gelangten.

Reinhardt wies nun *a. a. O.* in Folge dieses Ereignisses ausführlich nach, dass dieselben zu Owen's *Phocaena crassidens* gehörten, sah sich jedoch veranlasst, den Namen *Phocaena* und *Orca* in *Pseudorca* umzuändern, da durch die in Rede stehende Art ein näherer Connex zwischen den Gattungen *Orca*, *Globicephalus* und *Grampus* hergestellt wird, in welcher letzteren Beziehung man ihm allerdings nur beistimmen kann. Es fragt sich nur, ob man nicht lieber *Pseudorca* eine subgenerische Bedeutung beilegen könnte.

Eine keineswegs widerlegbare Vermuthung ist es wohl, dass die fragliche Art der Nordsee, wie auch dem atlantischen Ocean angehöre.

*Pseudorca crassidens*, oder wie ich sie zur Verringerung der Gattungszahl nennen möchte, *Orca (Subgenus Pseudorca) crassidens*, lässt sich demnach bis jetzt nur als subfossile Art ansehen.

Als äussere Unterscheidungsmerkmale werden von Reinhardt der schmächtige Körper, die kleine Rückenflosse, die ovalen Brustflossen und die stumpfe Schnautze angegeben.

## ANHANG.

### Zweifelhafte Orcine.

#### Spec. 1. Globiceps Karstenii Nob.?

*Delphinus Karstenii v. Olfers.*

Delphinorhynchus Karstenii, *Laurillard, Dictionn. univ. d'hist. nat., T. IV, p. 636.*

Bei Bünde in Westphalen wurde, wie Herr v. Olfers in der Sitzung der *Berliner Akademie* am 19. December 1839 berichtete (*Wiegm. Arch. 1841, II, p. 58, Giebel, Faun. d. Vorw., I, 1, p. 234*), der wohl erhaltene Schädel eines *Delphins* (*D. Karstenii v. Olf.*) gefunden, welcher nach ihm eine Uebergangsform zwischen *Delphinus globiceps* und *Ziphius* bilden soll.

Leider habe ich vergebens nach einer ausführlichen, von Abbildungen begleiteten, Beschreibung des genannten, wie es scheint, wichtigen Restes gesucht, welche ihn als solchen evident nachwiese. Wo aber der fragliche Schädel selbst sich befinde ist mir nicht bekannt. Ich bin daher ausser Stande seine richtige Stelle im System genau anzugeben. Wenn demnach *Delphinus Karstenii* als Anhang zu den *Orcinae* gestellt wurde, so geschieht es nur, weil er *D. globiceps* ähneln soll.

Auf Laurillard's (*Diction. univ. d'hist. nat. T. IV, p. 636*) ausgesprochene, von ihm nicht motivirte, Vermuthung: *D. Karstenii* ähnele *Delphinus micropterus* und müsse zu den *Delphinorhynchen* (sollte heissen *Ziphiinen*) gestellt werden, kann man wohl kein sonderliches Gewicht legen, da der Schädel von *Delphinus micropterus* und *globiceps* zu sehr von einander abweichen.

Dass Seeley die von Owen (*Hist. of brit. foss. mamm. p. 520*) einem *Cetaceum* von der Grösse eines *Delphinus Orca* oder *Narwales* vindizirten, aus dem Oxford-Clay stammenden, Halswirbel, welche in der jetzt der Cambridger Universität gehörigen Sammlung Sedgwick's sich befinden, einer Gattung von *Balaenoiden* (*Palaeocetus*) zugeschrieben habe, wurde bereits oben S. 25 und später S. 192 erörtert.

### Subfamilia 2. Phocaeninae.

Der Schnautzentheil kurz zugespitzt, von seiner Spitze bis zum Orbitalrande gemessen etwa so lang oder etwas länger als der übrige Schädel. Der Oberkiefer und Zwischenkiefer zur Seite abgedacht. Die Nasenenden der Zwischenkiefer weniger oder mehr, oft gewölbt, vortretend; daher vor den Spritzlöchern meist keine oder wenigstens nur eine rudimentäre, meist dreieckige, zuweilen längliche Nasengrube vorhanden.

### Cohors 1. Leucodelphini seu Oxyodontes Nob.[1])

Die Zähne mit zugespitzten Kronen. Die Halswirbel alle oder wenigstens theilweis frei. Sämmtliche Lendenwirbel und vorderen Schwanzwirbel meist mit am Grunde verschmälerten, am Ende verbreiterten Querfortsätzen.

---

1) Gray (*Synops. p. 9*) hat ohne Grund den älteren Lacépède'schen, bereits allgemein angenommenen, Namen *Delphinapterus* an eine andere rückenflossenlose Gattung (p. 6) vergeben und statt dessen den russischen Namen *Beluga* als Gattungsnamen gewählt, womit vorzugsweise (d. h. ohne Beiwort) von den Russen der Hausen (*Acipenser huso*) bezeichnet wird. *Delphinapterus leucas* wird übrigens von den am weissen Meere und den im Norden Sibiriens wohnenden Russen nicht *Beluga* allein genannt, sondern stets mit dem Beiwort *morskaia* (d. h. meerbe-

wohnend) bezeichnet. Es kann also weder das doppelsinnige Wort *Beluga* schlechthin angenommen werden, noch lassen sich seine *Belugidae* beibehalten. Passender, wie mir scheint, dürfte man daher die Gruppe als *Delphinapter* nae bezeichnen können, wenn nicht *Delphinus Peronii* und Gray's, auf *Delphinus melanops* Owen basirte, Gattung *Neomeris* ebenfalls flossenlos wären, jedoch dessenungeachtet nicht mit *Delphinapterus* einer und derselben Gruppe zugezählt werden können. Da nun aber *Delphinapterus leucas* und *Monodon monoceros* durch

Die bekannten lebenden Arten besitzen keine Rückenflosse. Die Grundfarbe ihres Körpers ist weiss oder weiss mit schwarz marmorirt.

## Genus 1. Monodon Linn.

*Catodon Pall.*

Die *Monodonten* sind *Delphinoiden*, die in Bezug auf den Mangel einer Rückenflosse und den Bau ihres Schädels und Rumpfskeletes den *Delphinapteren* Lacépède's ungemein nahe stehen. Als äusseres Hauptunterscheidungskennzeichen der *Monodonten* von den *Delphinapteren* Lacépède's, den *Belugen* Gray's, lässt sich nur anführen, dass die Weibchen völlig zahnlos sind, die Männchen aber im Oberkiefer meist nur je einen langen, spiralförmigen Zahn, selten je zwei, besitzen.

Der Vergleich des Schädels von *Monodon* mit dem des *Delphinapterus* zeigt, dass beide nicht nur im Ganzen, sondern auch im spezielleren Bau im Wesentlichen grösstentheils übereinstimmen. Der Schädel von *Monodon* weicht jedoch, abgesehen von den Stosszähnen der Männchen, nur durch folgende Merkmale von dem des *Delphinapterus* ab. Er ist im Ganzen etwas breiter und höher. Der Schnautzentheil der Oberkiefer besitzt, besonders auf der Seite, auf welcher der in seiner ansehnlichen Alveole befindliche, meist einfache, Stosszahn (ein Hundszahn) wahrgenommen wird, eine ansehnlichere Breite. Bei jüngeren Thieren findet sich überdies am vorderen Ende desjenigen Oberkiefers, der keinen entwickelten Stosszahn trägt, eine kleine, konische, rauhe Alveole, die offenbar ein Rudiment desselben enthielt. Die Oberseite des Zwischenkiefers ist nicht nur breiter, sondern auch ebener, auch zeigt sie auf ihrem vordersten Ende eine überaus starke Längsgrube. Der vor den Spritzlöchern, und theilweis zur Seite derselben, befindliche Theil der Zwischenkiefer fällt durch die überaus starke, gewölbte, nach den Seiten zu namhaft abgedachte Anschwellung seiner Oberfläche auf.

Zu Folge dieser geringen Abweichungen, welche zum Theil durch die Entwickelung der Alveolen der Stosszähne bedingt werden, können daher die *Monodonten* craniologisch nicht von den *Phocaeninen* getrennt werden, falls man nicht auf den Mangel aller entwickelten Zähne, mit Ausschluss der nur bei den Männchen ganz oder nur theilweis zur Entwickelung gelangenden Stosszähne, ein besonderes Gewicht legen will; ein Verfahren, welches gegen das *ubi plurima nitent* offenbar verstossen würde.

Da wir übrigens den Zahnmangel durch Verkümmerung aller Zähne bei anderen *Holodonten* im vorgerückten Alter auftreten sehen, so verliert der Mangel der Zähne der *Monodonten*, abgesehen von den Stosszähnen, an Werth. Den Stosszähnen kann aber, trotz ihrer Länge und eigenthümlichen Spiralbildung, da sie nur bei den Männchen und auch bei diesen meist nur unvollkommen, unpaarig, sich entwickeln, keine hohe Bedeutung beigelegt werden.

---

die weisse Grundfarbe ihres Körpers sich von den allermeisten *Delphinoiden* unterscheiden, so schlage ich den Namen *Leucodelphini* oder, weil sie im Gegensatz zu

*Phocaena* spitzzähnige Arten enthalten, *Oxyodontes* als Gruppennamen vor.

Sie können nur als generisches Merkmal dienen. Man darf daher wohl die *Monodonten* am passendsten, hinsichtlich des Verhaltens ihrer Bezahnung, als eine eigenthümliche (gleichsam anomale) Form der *Delphinapteren* Lacépède's ansehen, da sie durch den Mangel der Rückenflosse, die bei sehr alten *Delphinapteren* verschwindenden Zähne, die weisse Grundfarbe ihres Körpers und ihr Wohngebiet mit *Delphinapterus leucas* in einer unverkennbar nahen Beziehung stehen. Die Gattung *Monodon* kann daher nur als generischer Typus, keineswegs aber als der einer eigenthümlichen höheren Gruppe angesehen werden. Schon Gray erkannte dies (*Synops. p. 9*) und versetzte *Monodon* nebst seiner Gattung *Beluga* (= *Delphinapterus Lacép.*) in dieselbe Gruppe, die seiner *Belugidae*.

Hinsichtlich der Lebensweise weichen allerdings die *Monodonten* von den *Delphinapteren* dadurch ab, dass sie sich sehr häufig (meist?) von *Cephalopoden* und nicht, wie die Letzteren, ausschliesslich von Fischen ernähren. Die *Leucodelphinen* bieten demnach ein Beispiel, dass *Cephalopoden-* und Fischfresser in ein- und derselben morphologischen Gruppe auftreten können. Da nun die *Hypognathodonten*, wie die *Monodonten*, sich von *Cephalopoden* nähren und wie die Letztgenannten eine Verkümmerung der Zähne, wenn auch eine verschiedenartige, aufweisen, so schien es mir am passendsten, die Gattung *Monodon* voranzustellen. Ein solches Verfahren gewährt gleichzeitig den Vortheil, dass einerseits die durch ihre so bedeutende Zahnverkümmerung charakterisirten *Monodonten* von den mit mehr oder weniger zahlreichen Zähnen in beiden Kiefern bewaffneten anderen *Delphiniden* als anomale Form mehr gesondert erscheinen, andererseits den wenig bezahnten *Hypognathodonten* möglichst genähert werden.

### Spec. 1. Monodon monoceros Linn.

*Monodon monoceros* gehört allerdings nicht zu den untergegangenen, nur nach Maassgabe fossiler Reste bekannten, Thieren. Man hat daher hinsichtlich der Annahme echter fossiler Reste desselben Bedenken getragen, wie dies namentlich schon von Cuvier (*Rech. s. l. oss. f., 4 éd., T. VIII, Pl. 1, p. 231*) und noch neuerdings von Pictet (*Trait. d. Pal., 2 éd., T. 1, p. 384*) geschah. Von Bronn wird daher auch wohl in seiner *Lethaea Monodon* gar nicht erwähnt.

Schon zu Anfang des vorigen Jahrhunderts, namentlich zur Zeit Messerschmidt's, entdeckte man einen Stosszahn an der Mündung der Lena. Gmelin's Angabe zu Folge wurde ein anderer, ähnlicher, im äussersten Sibirien am Flusse Aitscha ausgegraben (*Pallas Zoograph. 1, p. 295*).

Nach Pallas (*a. a. O.*) schickte man mehrere Stosszähne, die an der Chatanga, der Anabara und dem Olonek gefunden worden waren, an das Museum der St. Petersburger Akademie.

Georgi (*Geogr. phys. und naturh. Beschreib. d. Russ. Reiches, Bd. III, 3, p. 591*) spricht von einem an der unteren Indigirka, bei der Udjadinskskoe Simówie, dann von einem anderen bei Anadirskoi Ostrog in einem Morast gefundenen und einem im akademischen Museum befindlichen, im mittleren Sibirien ausgegrabenen, Zahn.

Von den genannten Zähnen gehören offenbar die meisten hinsichtlich ihres Alters einer nicht gar fernen, jedoch wohl nicht gerade neuesten, aber verschiedenen Zeit an.

Der Letztgenannte würde selbst zu einer Zeit abgesetzt sein können als das Eismeer noch bis gegen die Mitte Sibiriens sich erstreckte.

Stammte das von Owen (*Hist. of brit. foss. mamm. p. 523* und *Catalogue of the foss. mamm. etc. in the Museum of the R. College of Surgeons p. 286*) erwähnte Bruchstück eines Stosszahnes des Narwales, welches unter 1439 im Hunter'schen Museum aufbewahrt wird, wirklich aus der im Harzgebirge bei Blankenburg gelegenen, von Leibnitz in der *Protogaea, ed. Scheidius, Göttingae 1749. 4. § XXXIV, XXXV* und *XXXVII* beschriebenen, Baumanns-Höhle (die allerdings nach Conringius, den Leibnitz anführt, auch Knochen von Seethieren enthalten haben soll), so würden wir mit Letzterem anzunehmen haben: zur Zeit der Ablagerung des fraglichen Bruchstückes seien die Harzgegenden vom Meere bedeckt gewesen. Für ganz sicher dürfte indessen der Fundort desselben deshalb nicht gehalten werden können, da Leibnitz *p. 61* und *63* darauf hindeutet: man habe bisweilen Knochen (wohl Stosszähne) von *Elephanten* mit denen vom *Monoceros* verwechselt.

Wenn indessen das im vergleichend-anatomischen Museum des Londoner Universitäts-Collegiums befindliche Bruchstück eines Stosszahnes (Grant in *Thomson's British Annual, 1839, p. 269*) wirklich aus dem London-Clay stammt, so würde sogar dadurch das Vorkommen von *Monodon* zur Eocänzeit nachgewiesen, wogegen sich nach meiner Ansicht eben keine namhaften Widersprüche erheben lassen möchten. Es würde dann auch wohl der treffliche Quenstedt die von ihm (*Handb. d. Petrefaktenkunde, 2. Aufl., 1867, S. 88*) ausgesprochene Meinung: es reiche wohl kein Vorkommen von Narwalresten bis zur Diluvialzeit herab, keineswegs mehr aufrecht zu halten geneigt sein.

Dass zwei, früher im Lever'schen Museum befindliche, Reste des Stosszahnes des *Narwals* an der Küste von Essex gefunden worden seien bezweifelte zwar Parkinson (*Organic remains 1811, Vol. III, p. 309*); unsere gegenwärtigen zoologisch-geographischen Kenntnisse und paläontologischen, sowie geognostischen, Ansichten lassen indessen ein solches Vorkommen eben nicht in Zweifel ziehen.

Owen, der einen davon untersuchte und (*a. a. O. Fig. 215*) abbilden liess, fand denselben etwas zerbrechlich, stark von animalischer Substanz entblösst, ja theilweis verwittert und bemerkt: er könne solche Zustände von Verwitterung nur bei Säugethierresten aus der postpliocänen Periode. Es fragt sich indessen, ob nicht auch Zähne aus anderen, älteren, Perioden ein ähnliches Verhalten zeigen können.

Cuvier sah übrigens im Lyoner Museum das stark verwitterte Fragment des Stosszahnes eines *Narwales* von unbekanntem Fundort, also von zweifelhaftem Werth.

Zu erwähnen ist, dass man einen Theil des Schädels des *Narwals* aus dem Meeresschlamm von Lewes Levels gezogen habe.

Dass ein von Gervais (*Mém. d. l'Acad. d. Montpellier, T. II, p. 309, Pl. VI, Fig. 2; Zool. et Paléont. fr., 2 éd., p. 319—320, Pl. LXXXII, Fig. 2*) beschriebenes und abgebildetes, im Falun von Sort (Landes) gefundenes, stark verletztes, Fragment eines Zahnes, welches er, wiewohl fraglich, einem *Monodon* zuschreibt, nicht wohl dieser Gattung, sondern eher vielleicht (?) einem *Pottfisch* zugeschrieben werden könne, wurde bereits oben bemerkt.

## Genus 2. Delphinapterus Lacép.

### *Beluga Gray.*

Ziemlich zahlreiche, gleich geformte, mit kegelförmigen Kronen versehene Zähne in beiden Kiefern. Die Halswirbel alle oder wenigstens theilweis frei. — Der Rücken der lebenden Arten ohne Flosse.

Der Grund, welcher mich veranlasste, den alten Lacépède'schen Namen dem von *Beluga* vorzuziehen, wurde oben angegeben.

Vorläufig rechne ich zur Gattung *Delphinapterus* (?) die nachstehend beschriebenen Reste zweier grösseren *Delphinoïden*, von denen der Eine durch seine freien Halswirbel und breitere Querfortsätze der Lendenwirbel, der Andere durch die grosse gestaltliche Uebereinstimmung des ihm zu Grunde liegenden Wirbels auf generische Verwandtschaft mit *Delphinapterus leucas* hindeutet. Die generische Zugehörigkeit muss aber für jetzt nur noch als eine annähernde gelten, da die Kenntniss der Schädel ebenso wie die des genaueren Verhältnisses der Halswirbel fehlt.

Die bei den lebenden nur mässig dicken, bei *Delphinapterus Feckii* aber stark verdickten Rippen scheinen auf zwei Gruppen (*Subgenera*) der Gattung *Delphinapterus* (*Subgenus 1 Leucas*)[1] und *Subgenus 2 Pachypleurus*) hinzudeuten. Es scheint sich aber diesen beiden noch eine dritte (*Subgenus Hemisyntrachelus*) anreihen zu lassen, welche zwar die Schädelform der *Phocaena*, wie *Delphinapterus*, besitzt, aber durch einige Kennzeichen davon abweicht.

### Subgenus 1. Pachypleurus Nob.

Die Rippen stark verdickt und sehr stark gerundet. Die Halswirbel frei. Die Lendenwirbel mit am Ende stark verbreiterten Querfortsätzen.

#### Spec. 1.? Delphinapterus (Pachypleurus) Nordmanni J. F. Brdt.

#### Taf. XXIV, Fig. 11 a—c.

Balaenoptera sp.? *Nordmann, Palaeontol. p. 348, Taf. XXVII, Fig. 13.*

Nordmann (*Palaeontol. a. a. O.*) hat einige Bemerkungen über einen Lendenwirbel mitgetheilt und auf seiner *Taf. XXVII, Fig. 13* die Abbildung desselben geliefert, welchen

---

1) Fossile oder subfossile Reste der Untergattung *Leucas*, namentlich solche, welche denn die Stammart derselben bildenden *Delphinapterus leucas* angehörten, wurden zwar noch nicht entdeckt, dürften aber wohl, wie bereits die von *Monodon*, ebenfalls im früheren Meeresboden der nordischen, besonders hochnordischen, Küstenländer zu erwarten sein.

er nebst einem anderen (Fig. 14) zwar einer *Balaenoptera Sp.?* zuschreibt, jedoch beide Wirbel als zwei verschiedenen Thieren angehörig bezeichnete. Er erhielt dieselben aus Kischinew (Bessarabien).

Herr Prof. Wiik war so freundlich, mir die Originale aus Nordmann's Sammlung zur Ansicht mitzutheilen.

Die genauere Betrachtung des bei Nordmann Fig. 13 abgebildeten Wirbels zeigt, dass er ihn zwar mit Recht für einen Lendenwirbel erklärt, derselbe jedoch keineswegs der einer *Balaenoptera*, sondern der einer *Delphinoide* sei. Der Wirbel ist nicht vollständig, da er vom Neuralbogen, sowie von den Querfortsätzen, nur die Basaltheile aufzuweisen hat.

Für einen Lendenwirbel der folgenden Art kann er in Betracht der grösseren Länge, sowie der geringeren Höhe und Breite seines Körpers nicht gelten. Ebenso weicht er durch seinen weniger nach vorn gehenden, dünneren, schmäleren Grundtheil des Neuralbogens und die ebenfalls dünneren, weniger nach vorn gehenden, Grundtheile der Querfortsätze davon ab. Die oberen und unteren Seitenflächen seines Körpers erscheinen mitten über dem Basaltheil der Querfortsätze stärker eingedrückt. Die Länge seines Körpers beträgt 86. die vordere Höhe 60 Mm., die Dicke des Grundtheils des Neuralbogens 8, die des Grundtheils des Querfortsatzes 15 Mm.

Der Vergleich mit den Lendenwirbeln der lebenden *Delphine* zeigt eine weit grössere Aehnlichkeit mit denen des *Delphinapterus leucas*, als wir sie beim entsprechenden Wirbel der nachstehenden Art wahrnehmen, so dass die Art, welcher das beschriebene Wirbelfragment angehörte, nach Maassgabe der Kennzeichen desselben, das einer auch hinsichtlich der Grösse *Delphinapterus* sehr nahe stehenden *Delphinoide* gewesen sein möchte. Sollte etwa gar *D. leucas* früher mehr nach Süden gegangen und *D. Nordmanni* als Urform desselben anzusehen sein? Die Charaktere eines einzigen Wirbelfragmentes bieten natürlich für eine solche, zur Zeit noch etwas gewagte, Vermuthung nur einen schwachen Anhalt.

Ich kenne zwar noch mehrere Wirbel, welche derselben Art anzugehören scheinen. Sie sind jedoch so mangelhaft erhalten, dass sie keine nähere Schilderung gestatten. Einer davon wurde ebenfalls bei Kischinew gefunden und von v. Nordmann an das Museum der Akademie gesandt. Mehrere andere, stark abgeriebene, theilte Radde aus dem Tifliser Museum zur Ansicht mit. Uebrigens befindet sich im Museum der Universität Helsingfors in Nordmann's Sammlung ein Wirbelstück, welches einem noch grösseren Individuum angehören könnte als der beschriebene Wirbel, nebst dem Wirbel eines kleinen Individuums.

Im Nachlass H. v. Meyer's werden die in natürlicher Grösse von ihm entworfenen Darstellungen von zwei Schwanzwirbeln aufbewahrt, die hinsichtlich der Grösse und Form mit den im Tifliser Museum befindlichen, eben erwähnten, im Wesentlichen übereinkommen, jedoch besser erhalten sind. Sie könnten sehr wohl dem *D. Nordmanni* angehört haben. Der Eine davon ist einer der vordersten Schwanzwirbel, vermuthlich der Zweite. wie die am Grunde von einem Gefässkanal durchbohrten Querfortsätze und die vier getrennten, zur

30*

Anheftung der unteren Dornfortsätze bestimmten Höcker nachweisen. Den anderen möchte ich, weil er unten, statt der eben erwähnten Höcker, Reste von Leisten besitzt, für einen der etwas weiter nach hinten gehörigen Schwanzwirbel halten. Zur genaueren Kenntniss habe ich dieselben auf Taf. XXXIII, Fig. 1—6 in ½-natürlicher Grösse darstellen lassen.

Die Wirbel wurden bei Ortenburg unweit Passau, also im Donaubecken, entdeckt. Gehörten sie wirklich dem *D. Nordmanni* an, so würden sie die Verbreitung desselben vom südrussischen bis zum baierischen Antheil des Donaubeckens nachweisen.

### Spec. 2.? Delphinapterus (Pachypleurus) Fockii J. F. Brdt.

### Taf. XXIV, Fig. 1—10.

Balaenoptera sp., *Nordmann*, *Palaeontol. Südrussl. p. 348 e. p. ib. Taf. XXVII, Fig. 14.*

Zwölf Werst von Stawropol, eine Werst südlich von der Staniza Nadeneschenskaja, wurden vor einigen Jahren vom Herrn Obrist Fock im Bruche eines losen, von Gypsschichten durchsetzten, Kalksteins, in einer Tiefe von 8 Fuss, die Reste eines Skelets der fraglichen *Delphinoide* gefunden.

Der hinterste Theil der Wirbelsäule befand sich in horizontaler Lage und war ziemlich intakt, während die übrigen Theile meist zertrümmert erschienen.

Herr Obrist Fock schenkte ein kleines Fragment des Atlas, einen unvollständigen mittleren Halswirbel, das Bruchstück des Körpers eines anderen, mittleren oder hinteren, Halswirbels, zwei unvollständige Lendenwirbel und mehrere Rippenbruchstücke dem akademischen Museum. Die übrigen erhaltenen, zum Theil noch von Kalk bedeckten, Reste gelangten an das Gymnasium zu Stawropol. Ich liess dieselben durch Vermittelung der Akademie hierher kommen und entfernte die theilweis noch ihnen anhängenden Kalkmassen.

Die oben erwähnten, später im Austausch für das akademische Museum acquirirten, Reste bestehen aus dem Körper eines der vorderen Rückenwirbel, zwei theilweis erhaltenen Lendenwirbeln nebst Trümmern von Lendenwirbeln, elf mehr oder weniger gut erhaltenen Schwanzwirbel, vier meist vollständigen Processus spinosi inferiores, sowie einem Bruchstück derselben und zahlreichen Rippenfragmenten.

Das Museum der Akademie der Wissenschaften erhielt übrigens schon früher von Nordmann mit der Etiquette *Balaenoptera vel Cetotherium?* den epiphysenlosen Lendenwirbel eines *Cetaceums*, den ich einem jüngeren Exemplar der fraglichen Art zuweisen möchte. Dieselbe Deutung möchte ich zwei epiphysenlosen, dem vorigen sehr ähnlichen, nur grösseren, Wirbeln geben, welche ich ohne Bestimmung aus der Nordmann'schen Sammlung durch die Güte der Herren Professoren Wiik und Mäklin aus Helsingfors zur Ansicht erhielt.

Was den oben citirten, aus Kischinew stammenden Wirbel anlangt, welchen Nordmann a. a. O. als den der mittleren Lendengegend angehörigen einer *Balaenoptera sp.?* anführt, so gehört er ebenfalls entschieden unserem *Delphinapterus* an und kann, wie schon bemerkt, nicht mit dem bei Nordmann mit Fig. 13 bezeichneten Wirbel von ein- und derselben Thierart abstammen.

Der Vergleich der Wirbelreste ergab, dass sie im Betracht der freien Halswirbel, sowie des Verhaltens der am Ende erweiterten Querfortsätze ihrer Lendenwirbel und vorderen Schwanzwirbel, im Allgemeinen die meiste Aehnlichkeit mit denen des *Delphinapterus leucas Lacép.* (*Beluga albicans Gray*) besitzen. Die Grösse der Wirbelkörper und ihre Kürze verhält sich jedoch mehr wie bei *Grampus* und *Orca*. Die Lendenwirbel und vorderen Schwanzwirbel zeichnen sich übrigens durch grössere Dicke und ihren stärker vortretenden rauhen, theilweis höckrigen, vorderen Saum aus, während bei den vorderen Schwanzwirbeln gleichzeitig der hintere, oben rauhe und höckrige Saum stark vorspringt.

Der erhaltene Körper eines mittleren Halswirbels (*Taf. XXIV, Fig. 3 a, b*) bietet eine ziemliche, 14 Mm. betragende, Dicke. Sein Neuralbogen, wie ein erhaltener, 10 Mm. dicker Basaltheil desselben andeutet, scheint ebenfalls im Verhältniss kräftig gewesen zu sein.

Am erhaltenen Körper eines Rückenwirbels (Taf. XXIV, Fig. 4 a, b) konnte ich bis jetzt keine Besonderheiten wahrnehmen. Der Längendurchmesser desselben beträgt 45, sein Querdurchmesser 75 Mm.

Die durch grössere Höhe, Kürze und Dicke von denen bei *Delphinapterus leucas* abweichenden, dadurch zu denen von *Orca* und *Grampus* tendirenden, beiden Fragmente von Lendenwirbeln (ebend. Fig. 1 und 2 a, b) besassen, nach den übrig gebliebenen Resten ihrer Basaltheile zu schliessen, einen dickeren, mehr nach vorn gehenden Neuralbogen. Die Querfortsätze ähneln zwar, so viel sich am (Taf. XXIV, Fig. 2 b) abgebildeten Fragment ersehen lässt, formell denen von *Delphinapterus leucas*, sind aber dicker und am Grunde breiter.

Das eine Fragment davon (Fig. 1 und 2 a) gehört mehr nach vorn als das andere (b), wie die in der Mitte gekielte untere Fläche seines ziemlich intacten Körpers, sowie seine Grösse beweisen. Leider fehlen ihm nebst dem Neuralbogen auch alle Fortsätze; jedoch bemerkt man wenigstens die Grundtheile des Neuralbogens und der Querfortsätze.

Die Länge seines Körpers beträgt 75, seine Breite 72 und seine vordere Höhe 65, die Dicke der Bogenreste 10, die der Querfortsätze am Grunde 25 Mm.

Das zweite Fragment (ebend. Fig. 1 b und 2 b) gehört einem der hintersten Lendenwirbel an, denn in der Mitte der unteren Fläche seines Körpers findet sich kein scharfer Kiel, sondern eine niedrige, längliche, unten eine ebene Fläche bietende, Erhabenheit. Die hintere Körperhälfte, der Neuralbogen und der rechte Querfortsatz sind zwar verloren gegangen, der grösste Theil der linken, vorderen Körperhälfte, ebenso wie fast der ganze linke Querfortsatz, sind aber erhalten.

Die Schwanzwirbel sind keineswegs in der Gesammtzahl vorhanden, da sich ihrer im Ganzen nur 11 (Fig. 1, 2 c—n) vorfinden. Erhalten wurden namentlich die fünf vordersten (ebend. Fig. 1 c, d, e, f, g, Fig. 2 c, d, e, f, g). Zwischen den anderen der geretteten sechs Schwanzwirbel, welche hinter den fünf genannten sich befanden (*ebd. Fig. 1 h, i, k, l, m, n*), sind offenbar Lücken anzunehmen. Auch ist der kleinste derselben (*n*) sicher nicht der hinterste.

Die vorderen und mittleren weichen, wie die Lendenwirbel, durch grössere Dicke und Höhe, dann die am Grunde breiteren, dickeren Querfortsätze, den dickeren, breiteren Neuralbogen, ebenso wie auch durch ihre geringere Körperlänge von den entsprechenden Wirbeln des *Delphinapterus leucas* ab.

Der erste Schwanzwirbel (*ebend. Fig. 1* und *2 c*) zeigt nur die nach vorn bis zur vorderen Körperfläche ausgedehnten Basaltheile des Neuralbogens und keine Spur der verlorenen Querfortsätze. Seine unteren, hinteren, paarigen Höcker zur Anheftung des ersten Dornfortsatzes sind ansehnlich und etwas rauh. Die Höhe des Körpers beträgt vorn und hinten 70, die Länge desselben 74 Mm.

Der zweite, auf seiner unteren Fläche stark verletzte, Schwanzwirbel (*ebend. d*) ist sehr wenig kleiner als der erste und besitzt, wie gewöhnlich, zwei Paar ansehnlicher Höcker zur Anheftung des ersten und zweiten Dornfortsatzes. Der Grund seines Querfortsatzes ist von einem Gefässkanal durchbohrt. Die hintere Höhe seines Körpers beträgt 68, die Länge des Körpers ebenso viel.

Der 65 Mm. hohe und ebenso lange Körper des dritten Wirbels (*ebend. c*) bietet statt der unteren Höckerpaare je eine von einem centralen Gefässkanal durchbohrte Längsleiste, wie die folgenden der vorhandenen Wirbel, mit Ausnahme der endständigen. Auch bei ihm ist der Grund der kürzeren Querfortsätze von einem Gefässkanal durchbohrt, was auch bei den nächstfolgenden Wirbeln der Fall ist.

Die nachfolgenden der vorhandenen Schwanzwirbel (*ebend. Fig. 1, 2 f—n*) zeigen im Allgemeinen den Entwickelungstypus der Delphinwirbel und liessen, ausser ihrer ansehnlichen Dicke, keine wesentlichen unterscheidenden Charaktere wahrnehmen.

Die unteren Dornfortsätze (*Fig. 1 α, β, γ*) machen sich, besonders an ihrem unteren Randtheile, durch ihre Dicke bemerklich.

Die in zahlreichen Fragmenten vorhandenen Rippen (*ebend. Fig. 5 — 10*) unterscheiden sich durch ihre viel grössere Dicke und Rundung von denen aller bis jetzt mir bekannten lebenden *Delphinoiden*. Ihre Dicke nähert sie denen der *Cetotherien*, jedoch sind sie weit schmäler als bei diesen. Zur näheren Charakteristik der Rippen wurden die einzelnen Querdurchschnitte (*a, b*) in natürlicher Grösse hinzugefügt.

Die unter dem obersten Ende (*Fig. 9, 10*) befindlichen Theile der Rippen (*Fig. 5, 6, 7*) zeichnen sich durch ihre sehr stark gewölbte, in ihrer Mitte besonders **stark** vortretende, innere und ebenfalls, aber schwächer, gewölbte äussere Fläche aus. Die unter dem oberen Ende befindlichen Rippentheile erscheinen daher theilweis im Querdurchschnitt (*Fig. 5, 6, 7 a*) zugerundet.

Die breiteren unteren Rippentheile (*Fig. 8 a*) sind auf der äusseren Fläche ziemlich schwach, auf der inneren etwas stärker gewölbt.

Nach Fragmenten zu urtheilen, welche ich dem ersten Rippenpaare vindiziren möchte, war indessen dasselbe im Verhältniss weit dünner (nur etwa 10—12 Mm. dick) als die folgenden Rippen und stärker abgeplattet als die unteren Enden der Letztgenannten.

Der von vorn nach hinten genommene Querdurchmesser des oberen Theils des mir vorliegenden dicksten Rippenfragmentes beträgt 27, der von aussen nach innen genommene 25 Mm. Das untere Ende desselben bietet, von innen nach aussen gemessen, ebenfalls einen Querdurchmesser von 25, und von vorn nach hinten von 25 Mm.

Ein anderes, etwas dünneres, Rippenfragment zeigt am oberen Ende eine völlig runde, glatte Bruchfläche mit einem Durchmesser von 22 Mm. Sein unteres, breiteres, etwas comprimirtes, Ende besitzt, von vorn nach hinten gemessen, einen Querdurchmesser von 28 Mm. Von aussen nach innen gemessen beträgt derselbe 25 Mm.

Das breiteste der vorliegenden Rippenfragmente bietet, von vorn nach hinten gemessen, einen Querdurchmesser von 32 und eine Dicke von 17—20 Mm.

Die ganz eigenthümliche Bildung der Rippen weist zwar (wie schon erwähnt) darauf hin, dass der fragliche *Delphin* als Typus einer eigenen Gruppe (*Pachypleurus*) anzusehen sei, die ich jedoch nur vorläufig als Untergattung (*Pachypleurus*) zu *Delphinapterus* stelle, da der Schädelbau derselben unbekannt ist.

Die Grösse des Individuums, dem die geschilderten Reste angehörten, dürfte etwa die Länge von *Delphinapterus leucas* besessen haben.

In dem, im Münchener paläontologischen Museum aufbewahrten, Nachlasse H. v. Meyer's befinden sich vier in natürlicher Grösse von ihm ausgeführte Darstellungen eines in der Molasse von Büren im Canton Bern gefundenen, im Berner Museum aufbewahrten, Körpers eines Lendenwirbels, ohne Angabe einer Deutung desselben.

Der fragliche Lendenwirbelkörper (Taf. XXXIII, Fig. 7—10) gleicht nicht blos hinsichtlich der Gestalt, sondern sogar hinsichtlich seiner Grösse dermaassen dem vorderen Lendenwirbel des *Delphinapterus Fockii*, dass man zur Annahme geneigt sein darf, beide Wirbel gehörten ein- und derselben Art an. Bestätigte sich künftig diese Annahme, so wäre *D. Fockii* nicht auf das südrussische tertiäre Meeresbecken beschränkt gewesen, sondern wäre auch im Schweizer vorgekommen.

Bemerkenswerth ist noch, dass Herr Prof. Cornalia, dem ich meine *Taf. XXXIII* mittheilte, ohne Bedenken *Delphinapterus Fockii* für verschieden von *D. Cortesii* und *Brocchii* erklärte.

### Subgenus 3. Hemisyntrachelus Nob.

Die beiden oder drei vorderen Halswirbel vereint, die übrigen frei. Die Lendenwirbel mit ziemlich gleich breiten, am Ende nicht merklich verbreiterten, Querfortsätzen versehen. Die Rippen nicht verdickt. — Die *Hemisyntracheln* sind solche *Leucodelphine*, welche durch ihre theilweis verwachsenen Halswirbel und die Gestalt der Querfortsätze ihrer Lendenwirbel zu den *Orcinen*, namentlich *Grampus* und *Globicephalus*, sowie etwas zu manchen *Delphinen* hinzuneigen scheinen.

### Spec. 4. Delphinapterus (Hemisyntrachelus) Cortesii Nob.

Dauphin foss. voisin de l'épaulard et du globiceps, *Cuvier, Rech. s. l. oss. foss. V, 1,*
*p. 309, Pl. 23, Fig. 1, 2, 3; éd. 8°, VIII, Pl. 2, p. 153, Pl. 234, Fig. 1—3.*[1]
— Delphinus Phocaena, *Cortesi, Sulla oss. foss., Saggi geol. p. 48.* — Phocaena
Cortesii, *Laurillard, Dictionn. univ. d'hist. nat. T. IV, p. 684.* — Delphinus
Cortesii, *Desmoulins, Dict. cl. V, p. 360, 15.* — Delphinus Cortesii s. platy-
rhynchus, *Keferstein, Naturgesch. d. Erdkörpers, Th. 2, 1834, p. 205.* — Delphinus Cortesii, *G. Balsamo Crivelli, Memoria per servire all' illustrazione dei
grandi mammiferi fossili esistenti nell R. Gabinetto di Santa Teresa in Milano
im Giornale dell' J. R. Istituto Lombardo, T. II, Milano 1842, 8, p. 129,* ange-
zeigt in *Oken's Isis, 1843, p. 629.*

Die Art beruht auf von Cortesi entdeckten so namhaften Knochenresten, dass dieselben ein fast vollständiges, früher im Gabinetto di Santa Teresa, jetzt im *Museo civico,* zu
Mailand befindliches, Skelet bilden. Die Reste bestehen namentlich nach Cuvier aus einem
1 F. 10 Z. 9''' = 0,620 langen, 9 Z. = 0,245 breiten, wohl erhaltenen, fast vollständigen
Schädel, dessen an einer Seite vollständiger Unterkiefer 1 F. 5'' = 0,460 lang ist. Ausserdem sind 33 Wirbel, 20 Rippen, wovon 13 derselben Seite angehören, drei viereckige
Stücke des dem des *D. Tursio* und *griseus* nach Cuvier vergleichbaren Brustbeins und einige
kleine, mehr oder weniger verstümmelte, Knochen der Extremität, nebst einem Griffelknochen
des Zungenbeins vorhanden.

Die erhaltenen Theile der Wirbelsäule bieten eine 3½malige Schädellänge. Die Totallänge der Wirbelsäule mit dem Schädel beträgt 7 F. 6'', jedoch fehlen viele Schwanzwirbel.
Der Atlas und Epistropheus sind 3 Z. 11 L. lang. Die Gesammtlänge der 13 Rückenwirbel
beträgt 2 F. 1 Z. 7 L. Die Zahl der Lenden- und Schwanzwirbel (diese zusammen genommen) beläuft sich ebenfalls auf 13.

Die Aehnlichkeit des Skelets der von Cortesi entdeckten *Delphinoide* mit dem von
*Delphinus Orca* und *globiceps,* worauf Cuvier hindeutet, bezieht sich auf das Rumpfskelet
und die Körpergrösse. Was den Schädel anlangt, so bemerkt er selbst: derselbe sei schmäler
und, wegen des viel längeren Schnautzentheils, weit mehr in die Länge gezogen als selbst
bei *Globiceps;* auch sei die Orbita kleiner und die vor den Nasenöffnungen befindlichen
Gruben schmäler und mehr ausgehöhlt. Cornalia schreibt mir, der Schädel des Cortesischen *Delphins* wäre länger als bei *Orca, Globicephalus* und *Grampus* und ähnele hinsichtlich seines Gesichtstheils, der weit länger als der eigentliche Schädeltheil erscheint, wie

---

[1] Cornalia theilt mir gütigst mit, die Cuvier'sche
Abbildung des Skelets, welche derselbe von M. de Saint-
Méry erhielt, wäre sehr mangelhaft. Der Unterkiefer sei
unten nicht gebogen. Die Rippen wären viel zu dick an-
gegeben, die Lendenwirbel aber nicht höher als lang, | wie bei Cuvier, sondern entweder so hoch als lang oder
viel länger als hoch. Die oben mitgetheilten Mängel wur-
den übrigens durch mehrere beigefügte, eigenhändig von
ihm gemachte, Zeichnungen näher nachgewiesen.

ich vermuthet hatte, dem der echten *Delphinapteren* ähnlich. Uebrigens seien die Zwischenkiefer im Verhältniss stärker als die Oberkiefer entwickelt. Die Zahl der Zähne giebt er nicht, wie Cuvier, auf $\frac{11}{11}, \frac{11}{11}$, sondern auf $\frac{15}{15}, \frac{15}{15}$? an. Was das Halswirbel anlangt, so ist, wie schon Cuvier bemerkte, der Atlas mit dem Epistropheus vereint, während die übrigen alle frei sind.

Der Atlas ist übrigens dermassen mit dem Epistropheus verbunden, dass jederseits nur eine Oeffnung des Canalis intervertebralis wahrgenommen wird (Cornalia).

Nach Cuvier wäre der Unterkiefer niedriger als bei *Orca* und *Globiceps*. Die Zähne schildert er als kegelförmig, scharf, leicht gebogen. Die längsten sollen 2" lang, die vorderen kleiner sein. Die Spritzlöcher sind 1 F. 9 Z. = 0,568 vom Schnauzenende entfernt.

Cortesi meinte, die vollständige Länge des Skelets, dessen Reste er südlich von Fiorenzuola im hügligen, Torazza genannten, Theil der Apenninen in einem blauen, Meeresmuscheln enthaltenden, Thone 120 F. über dem Stramonte bereits 1793 entdeckte, dürfte gegen 12 Fuss, die des Thieres, dem das Skelet angehörte, 13 Fuss betragen haben.

### Spec. 2. Delphinapterus (Hemisyntrachelus) Brochii Nob.

Delphinus Brochii, *Balsamo Crivelli, Giornale dell' I. R. Istituto Lombardo, T. II,*
*Milano 1842, 8, p. 132; Oken Isis 1843, p. 629. —* Delfini foss. d. Bolognese,
*Capellini, Memorie d. Accad. d. scienze di Bologna, ser. 2, T. III (1864), p. 256,*
*Tav. II, III; Gervais, Bullet. d. l. s. géol. d. France, 2me sér., T. XXIX (1872),*
*p. 101. —* Delphinus phocaena, Cortesi, *Nuova scelta d'opuscoli* und *Saggi geol.*
*c. p.*

Balsamo Crivelli fand im Cabinet von Santa Teresa in Mailand ausser dem Skelet des *Delphinus Cortesii* (des *Delphinus Phocaena Cortesi*) jetzt ebenfalls im *Museo civico* befindliche Reste eines anderen, derselben Art vindizirten, Individuums eines *Delphin's*; namentlich einen Unterkiefer, woran nur der linke, 0,495 lange Ast vollständig war, ferner einen Atlas nebst zwei anderen Halswirbeln und drei Rückenwirbeln, sowie auch Rippen und noch andere Wirbel, welche unordentlich mittelst einer thonigen Masse verbunden waren. Der Kieferast zeigte 16 Alveolen und Zähne, die denen des *Delphinus Cortesii* ähneln. Der Atlas, obgleich sein Körper ähnliche Dimensionen wie der der eben genannten Art bietet, unterscheidet sich durch einen weit längeren, kräftigeren Dornfortsatz. Crivelli sah sich daher veranlasst auf Grundlage der abweichenden Zahl der Zähne und der verschiedenen Gestalt des Atlasses eine von *Delphinus Cortesii* verschiedene Art (*Delphinus Brochii*) aufzustellen.

Später entdeckte Capellini bei S. Lorenzo in Collina im Bolognesischen die Skeletreste eines *Delphins*, die er, da ein darunter befindlicher, 0,425 langer, mit einer 0,064 Mm. langen Symphyse versehener, intacter, rechter Unterkieferast sechszehn Alveolen zeigt und der Atlas dem von *D. Brochii* ähnelt, dieser Art zuweist. Die von ihm beschriebenen, theilweis auf zwei Tafeln dargestellten, Reste bestehen aus einer Bulla tympani, zwei zahnlosen Kiefern, zahlreichen einzelnen Zähnen, vier Halswirbeln, darunter ein des Dornfortsatzes und der Querfortsätze beraubter Atlas, sowie aus zwölf meist sehr unvollständigen, jedoch theilweis mit Querfortsätzen und einem Dornfortsatz versehenen, Rückenwirbeln nebst Rippenbruchstücken. Lenden- und Schwanzwirbel fehlen.

Die Alveolen, folglich auch die Zähne, nehmen bis zur Mitte an Grösse zu, werden dann aber nach hinten zu wieder etwas kleiner. Die Spitzen der Zähne, wovon die grösseren 53, die kleinsten nur 17 Mm. lang sind, besitzen abgestutzte Kronen.

Die Halswirbel sind frei. Einer davon bietet einen eigenthümlich geformten Dornfortsatz.—Die Länge des Körpers der am besten erhaltenen Rückenwirbel beträgt 58—60 Mm.

Herr Prof. Cornalia hatte die Güte, mir nachstehende Mittheilungen über den mailänder *D. Brochii* zu machen und selbige mit mehreren Zeichnungen zu begleiten. Er hält *D. Brochii* und *Cortesii* für sehr nahe verwandte Arten und stützt ihre Affinität auch auf den Unterkiefer. Bei *Delphinus Brochii* sind indessen die drei (nicht blos die zwei ersten) Halswirbel vereint, so dass er jederseits nicht eine Intervertebralöffnung, sondern deren zwei bietet. Der Atlas ist ebenfalls etwas verschieden.

Aus diesen Bemerkungen dürfte dessenungeachtet hervorgehen, dass *D. Brochii* noch weiterer Stützpunkte bedürfen möchte, um als unantastbare, namentlich von *C. Cortesii* verschiedene, Art gelten zu können.

## ANHANG
### zur Gattung Delphinapterus und den Phocaeninen überhaupt.

Aus einer von Gervais (*Zool. et Paléont. franç.*, *2me éd.*, *p. 305*) gemachten Note ersieht man, dass er in der Sammlung eines Herrn Chalande das Fragment des Unterkiefers einer *Delphinide* gesehen habe, welches auf eine grössere und mit kräftigeren Zähnen bewaffnete Art als sein *Delphinus planus* hinweist. Vier am Fragment erhaltene Alveolen bieten etwa eine Länge von 0,07. Die Grösse des Individuums, dem das Fragment angehörte, vergleicht er der des *Delphinus Cortesii*.

Der Rest stammte aus dem Knochen-Falun von Romans, worin sich auch Reste von *Dinotherium*, *Listriodon* u. s. w. finden.

Ob der fragliche Rest nur einer dem *Delphinapterus Cortesii* mehr oder weniger ähnlichen Art angehörte oder wohl an ihn selbst zu beziehen sei oder im Gegentheil in keinem Connex damit stehe, muss die Zukunft lehren.

Gervais (*Bullet. d. l. soc. géol. d. Fr. a. a. O.*) erwähnt ferner beiläufig: man habe in Italien, namentlich bei Orciano, San Ferdiano u. s. w., die Ueberreste eines *Delphins* gefunden, der mit *Delphinus Brochii* und *Tursio* (*Nesarnak Fabr.*) in Beziehung stehen soll.

Weit fraglicher als die Zuziehung der eben erwähnten Reste zu den *Phocaeninen* erscheint die der beiden von Lankester nach blossen einzelnen, im Red-Crag von Suffolk gefundenen, einander ähnlichen, Zähnen aufgestellten Arten. Erst die Zukunft kann den stricten Beweis liefern, ob die erwähnten Zähne wirklich zwei Arten von *Delphinoiden* oder nur einer Art zu vindiziren seien und ob sie überhaupt von *Phocaeninen* abstammten. Der Gattung *Phocaena* im engeren Sinne gehörten sie sicher nicht an, da sie durch kegelförmige Zahnkronen abweichen. Die über die zahlreichen *Delphinoiden*-Reste des antwerpener Beckens zu erwartenden Publicationen, sowie neue in Suffolk zu machende, oder bereits gemachte, Funde werden möglicherweise Aufklärung verschaffen. Die Lankester'schen Arten sind:

### ? Spec. 1. Delphinus (Phocaena) uncidens.

*Lankester*, *Ann. a. Mag. nat. hist.*, $3^{me}$ *sér.*, *T. XIV (1864)*, *p. 356*, *Pl. VIII, Fig. 12*, *13.* — *Jahrb. f. Miner. 1865, S. 762.*

Die Zähne kleiner und mit dünneren Wurzeln, sowie kleineren Kronen versehen als bei der folgenden Art, sonst ihnen, namentlich in Bezug auf die allgemeine Gestalt der Kronen, offenbar ähnlich.

### ? Spec. 2. Delphinus (Phocaena) orroides

*Lankester*, *ebend. Fig. 14—18; Jahrb. f. Miner. ebend.*

Die Zähne grösser, mit dickeren Wurzeln und weniger angeschwollenen Basaltheilen ihrer Kronen als bei *Phocaena uncidens*.

### Cohors 2. Colobodontes Nob.

Die Zahnkronen abgestutzt und platt. Die dünnen Halswirbel alle zusammengewachsen. Sämmtliche Lenden- und vordere Schwanzwirbel mit langen, ziemlich schmalen, gleich breiten Querfortsätzen.

Die lebende, schwarz gefärbte, Art besitzt eine Rückenflosse.

Hinsichtlich des Verhaltens der Halswirbel, sowie der kurzen, mit schmalen Querfortsätzen versehenen Lenden- und vorderen Schwanzwirbel ähnelt die Gattung *Phocaena* den echten *Delphininen* der Gattung *Delphinus*, ebenso wie *Tursio*.

Bis jetzt lassen sich noch keine fossilen Reste der hierher gehörigen Gattung *Phocaena* meines Wissens nachweisen, denn Nordmann's *Phocaena euxinica* ist meinen Untersuchungen zu Folge (siehe unten) nebst seinem *Delphinus bessarabicus* auf eine einzige Delphinine (*Champsodelphis Fuchsii J. F. Brdt.*) zu reduziren.

### Subfamilia 3.  Delphininae.

Der von seinem Ende bis zum vorderen Orbitalrand gemessene, stark zugespitzte, von oben gesehen verlängert-dreieckige, mehr oder weniger, oft sehr stark, verschmälerte Schnautzentheil des Schädels ist mindestens gegen $\frac{1}{2}$ oder noch weit länger als der übrige Schädel. Die Zwischen- und Oberkiefertheile des Schnautzentheils sind an den Seiten mehr oder weniger nach unten abgedacht. Die Nasenenden der Zwischenkiefer erscheinen mehr oder weniger stark grubig eingedrückt, so dass vor den Spritzlöchern eine ansehnliche, dreieckige, von den kammartig vortretenden Seitensäumen der Zwischenkiefer begrenzte, längere oder kürzere Grube oder ein ebenso gestalteter Eindruck gebildet wird. Die Symphyse des Unterkiefers ist häufig ungemein lang, so dass sie oft $\frac{1}{2}$ bis $\frac{2}{3}$ der Kieferlänge beträgt und wird häufig von den mit einander völlig verwachsenen Kieferästen gebildet. Die stets bleibenden, mehr oder weniger kleinen, sehr zahlreichen, Halswirbel sind alle oder theilweis vereint und erscheinen dann in der Mehrzahl plattenartig verdickt, ja besitzen wohl selbst theilweis ein verkümmertes Ansehen; nicht selten sind aber auch alle ganz frei.

Die *Delphininen* bilden die an Arten und Gattungen reichste Abtheilung der Familie der *Delphiniden* und erscheinen gleichzeitig schon seit ihrem ersten, uns bekannten, Auftreten in den Formationen als die am weitesten verbreitete. Es darf daher nicht Wunder nehmen, wenn sie unter so zahlreichen Modificationen ihres Skeletbaues auftreten, die sich an den häufigen, leider oft sehr mangelhaften Resten der im fossilen Zustande gefundenen Arten um so fühlbarer machen, da wir von vielen der zahlreichen lebenden Arten nur erst den Bau einzelner oder einiger Schädel, nicht aber den des übrigen Skeletes oder nur die des letzteren kennen. Wenn man daher die ausgegrabenen Reste, die häufig, ja meist, nur aus vereinzelten Bruchstücken bestehen, mit den homologen Skelettheilen lebender zu vergleichen bestrebt ist, um ihre Verschiedenheit oder Uebereinstimmung zu ermitteln, so müssen unter solchen Umständen häufige, selbst durch die grösste Sorgfalt nicht zu beseitigende Zweifel an die richtige Deutung erweckt werden. Man wird namentlich sich nicht der Fragen entschlagen können: ob nicht unter den unbekannten Skeletformen noch lebender Arten solche vorhanden sein möchten, die den für ausgestorben gehaltenen mehr oder weniger nahe stehen oder wohl gar, genau genommen, damit identisch sind oder aber nur als Abänderungen noch lebender artlicher Typen sich ansehen lassen.

Ich muss gestehen, dass diese Fragen, namentlich bei der ziemlich schwierigen Gruppirung der fossilen echten *Delphine* mich ernstlich beschäftigt haben, ohne sie jedoch aus Mangel an Material genügend lösen zu können, wiewohl ich dennoch dem Versuche nicht widerstehen konnte, die bereits bekannten nebst den von mir zu beschreibenden Reste der fossilen *Delphinine* nach eingehenden Studien und eigenen Erfahrungen möglichst naturgemäss zu gruppiren.

Dieselben lassen sich, so weit sie nach Maassgabe ihrer Zahl und Qualität classifizirbar sind, wie mir scheint, in vier Gattungen, *Heterodelphis*, *Schizodelphis*, *Champsodelphis* und auch wohl *Delphinus* unterbringen.

### 1. Genus Delphinus auct.

Die Symphyse des Unterkiefers kurz, so dass ihre Länge höchstens $\frac{1}{3}$ der Kieferlänge beträgt. Die einfache Krone der Zähne ziemlich verschmälert, conisch, zugespitzt, die Wurzel derselben meist verdünnt. Die Halswirbel vereint und klein; die mittleren und hinteren oft sehr dünn. Die Lendenwirbel mit verkürztem, etwas höher als langem, Körper und langen, länglichen, in ihrer ganzen Ausdehnung gleich breiten, Querfortsätzen versehen.

Ich sehe mich nach Gervais's Vorgange veranlasst, unter *Delphinus* theils solche Formen aufzuführen, die zwar in generischer Beziehung dazu zu gehören scheinen, als sichere Arten jedoch noch nicht feststehen, theils solche, deren artliche und generische Bestimmung nur sehr fraglich angedeutet werden konnte. Die Formen wurden deshalb auch sämmtlich mit einem Fragezeichen versehen, da sie nur vorläufig Geltung haben. Die Gattung *Delphinus*, welche den neueren Erfahrungen gemäss festzustellen gewesen wäre, erscheint dadurch leider hier als eine Art Sammelplatz ungenügend gekannter *Delphininen*, freilich wenigstens solcher, die entweder als echte *Delphine* oder als nahe verwandte derselben sich herausstellen dürften.

### ? Spec. 1. Delphinus assez voisin du Delphinus delphis.

Unter dieser Bezeichnung deutet Gervais (*Ann. d. sc. nat., 3me sér., Zool. XVI, p. 153*, unter *no. 32*) auf das Vorkommen der Reste eines *Delphinus* im Pliocän des Departements l'Hérault hin, die er aber nicht beschreibt.

Die Art ist also ganz unsicher. Ein «Dauphin assez voisin du *Delphinus delphis*» könnte auch nur der etwas abweichende Urtypus des *Delphinus delphis*, also genau genommen, er selber sein.

### ? Spec. 2. Delphinus (du miocène de Pézénas) Gerv.

*Gervais, Zool. et Paléont. fr., 2me éd., p. 306.*

Unter diesem Namen führt Gervais Reste an, die hinsichtlich der Grösse wenig von denen des gemeinen *Delphins* abweichen sollen, ohne sie näher zu erläutern. Die Reste wurden von einem Herrn Reboul im blauen, miocänen Mergel von Pézénas (Hérault) gefunden.[1]

### ? Spec. 3. Delphinus pliocenus Gerv.

*Gervais, Zool. et Paléont. fr., 2me éd., p. 301.*

Einige Wirbel und Schnautzenreste, die etwas kleiner sind als beim *Delphinus delphis*, welche im Meeressand von Montpellier, nebst einigen Wirbeln, die im Falun von Salles, im Gironde-Departement, gefunden wurden, veranlassten Gervais zur fraglichen Annahme dieser Art. Die zahnlosen Schnautztentheile, woran selbst keine Alveolen wahrgenommen wurden, zeigten deutlich Reste der Oberkiefer, Zwischenkiefer und des Unterkiefers und bestanden aus einem kleineren, dem Ende, und einem grösseren, 0,022 langen, der Mitte der Schnautze angehörigen Theile. Der Mangel der Angabe von Kennzeichen, welche die Reste

---

1) Bei Gelegenheit des *Delphinus (Du miocène de Pézénas)* erwähnt übrigens Gervais: «notre collection possède d'autres vertèbres de Cétacés, mais d'espèce différente, die gleichfalls von Pézénas stammten, ohne jedoch sie zu definiren. Ein darunter befindlicher Schwanzwirbel soll indessen einer Thierart angehören, die mehr den *Balaenen* ähnelte und 0,085 lang sein.

von den ihnen homologen Theilen des *Delphinus delphis* unterscheiden, gestattet die Ansicht, dass sie möglicherweise der letztgenannten Art angehören könnten, da sich in der Gegenwart wohl nicht mehr behaupten lässt, *D. delphis* habe zur Pliocänzeit noch nicht existirt. Jedenfalls darf nach Maassgabe der erwähnten Reste die Art nicht als eine bereits begründete gelten.

### ? Spec. 4. Delphinus planus Gerv.

Delphinus spec. no. 11, *Gervais*, *Zool. et Paléont. fr., éd. I, p. 150, Pl. XX, Fig. 13.*
— Delphinus planus, *Gervais*, *Mém. d. l'Acad. d. Montpellier, T. II, p. 313;*
*Zool. et Paléont. fr., 2me éd., p. 305, Pl. XX, Fig. 13.*

Die Art basirt bis jetzt nur auf einem länglichen Bruchstück eines Oberkiefers, welches die 20 hinteren, getrennten, kleinen, einen 0,019 langen Raum einnehmenden, Alveolen enthält, und soll sich durch einen breiteren, abgeplatteten (nicht ausgehöhlten) Gaumen vom *Delphinus delphis* unterscheiden.

Das Bruchstück wurde in dem Falun von Romans im Drome-Departement gefunden.

### ? Spec. 5. Delphinus Gerv.

*Gervais*, *Bullet. d. l. soc. géol. d. Fr., 2me sér., T. XXIX, p. 101.*

Gervais spricht a. a. O. von Resten, die in Italien, namentlich bei Orciano, San Ferdiano u. s. w. gefunden wurden, welche auf einen *Delphin* hindeuten, der kleiner als *Delphinus delphis* war, ohne jedoch die Reste zu charakterisiren oder zu benennen.

### ? Spec. 6. Delphinus stenorhynchus Keferstein (1834).

Delphinus Renovi, *Laurillard*, *Dict. univ. d'hist. nat. par d'Orbigny, T. IV (1846),*
*p. 634.* — Dauphin du département de l'Orne, *Cuvier*, *Rech. s. l. oss. foss.,*
*nouv. éd., T. V, P. I, p. 317, Pl. 23, Fig. 38.* — Dauphin du département
Maine et Loire, *Cuvier, ibid., 4me éd., 8, T. VIII, P. 2, p. 168, Artic. IV,*
*Pl. 224, Fig. 38.* — Dauphin n. 18, *Desmoulins, Dictionn. class. d'hist. nat. T. V,*
*p. 361.* — Delphinus longirostris oder stenorhynchus, *Keferstein, Naturgesch. d.*
*Erdkörpers (1834), Th. II, S. 203, n. 4.* — Delphinus longirostris, *H. v. Meyer,*
*Neues Jahrb. f. Mineral. etc. 1841, S. 327; Giebel, Fauna d. Vorwelt, Bd. I,*
*Abth. 1, p. 233.* — Delphinus stenorhynchus, *Holl. Petrefaktenkunde p. 70.* —
Delphinus Renovi (de l'Orne), *Gervais, Zool. et Paléont. fr., 1me éd., I, p. 151,*
*2me éd., p. 305, Pl. LXXXII, Fig. 3 et 3 a; Mém. d. l'Acad. d. Montpellier,*
*T. II, p. 313, Pl. VI, Fig. 3 et 3 a.* — Pictet, *Paléont., 2me éd., T. I, p. 382.*
— Nicht Delphinus longirostris, *Gray et Dussumier.*

Cuvier a. a. O., vierte Ausgabe, lieferte die Beschreibung und Abbildung des Bruchstückes des Schnautzentheils eines *Delphins*, welches der Professor der Naturgeschichte zu Angers, Namens Renou, in einem groben Kalkstein des Departements Maine et Loire gefunden hatte. Dasselbe war noch theilweis von Resten kleiner Seethiere, namentlich kleiner Kammuscheln, Serpulen, Reteporen u. s. w. umgeben und liess ein grosses Stück des Zwischenkiefers und Oberkiefers wahrnehmen. Vom Zwischenkiefer ist übrigens vorn etwas mehr als vom Oberkiefer vorhanden, welcher Letztere am äusseren Rande 17 Alveolen zeigt. — Die Breite des Oberkiefers nimmt bis zur zwölften Alveole nicht merklich zu, dort aber wendet sich die Alveolenreihe etwas nach aussen, und in Folge davon wird der Knochen breiter. — Die 17 Alveolen nehmen der Länge nach einen Raum von fast 0,16 ein. Bei der ersten Alveole ist der Oberkiefer 0,025 breit; bis fast zur zwölften erscheint er 0,12 breit. In der Gegend der siebzehnten Alveole zeigt er schon mehr als 0,04. Von dort an setzt er sich noch auf eine Länge von 0,09 bis zur hinteren Abstutzung fort, wo er ungefähr noch eine Breite von 0,07 besitzt.

Als bemerkenswerth führt Cuvier ausserdem an: der hintere, wenig convexe, nicht eingedrückte Theil der Alveolen sei continuirlich mit dem ganzen übrigen Gaumentheil vereint. Es gäbe aber, fährt er fort, keinen bekannten Delphin, dessen pyramidaler, absteigender, hinterer Nasentheil nicht den hinteren Backenzähnen gegenüber beginne. Dieser Charakter allein reiche also zur Unterscheidung der Art hin.

Dessen ungeachtet fordert die Begründung der, schon 1834 von Keferstein als Delphinus stenorhynchus seu longirostris bezeichneten, später (1841) von H. v. Meyer unter letztern Namen aufgeführten und erst 1846 von Laurillard mit dem Namen Renovi (sollte heissen Renui) belegten, Art und die Feststellung ihres Platzes im System neue Belege, da man weder den Bau der Kiefer und den der Hals- und Lendenwirbel noch auch die Gestalt der Zähne kennt.

### ? Spec. 7. Delphinus dationum Laurillard.

Dauphin voisin du Delphinus delphis, Gratcloup, Ann. gén. d. sc. phys., T. III (1836), p. 58, Pl. XXXVI. — Dauphin voisin de l'espèce commune, Cuvier, Rech. s. l. oss. foss., nouv. éd., VI, p. 316, 4me éd., 8, T. VIII, P. 2, p. 166, Art. III. — Delphinus dationum, Laurillard, Diction. univ. d'hist. nat. p. d'Orbigny, T. IV (1846), p. 634. — Delphinus dationum, Gervais, Mém. d. l'Acad. d. Montpellier, T. II, p. 313; Zool. et Paléont. fr., 2me éd., p. 305 et 306 c. p., d. h. mit Ausschluss des von Lafont entdeckten, auf der Unterschrift der Tafel einem Delphinorhynchus de Salles (Gironde) vindizirten, Fragmentes des hintersten Symphysentheiles des Unterkiefers.

S. Grateloup (a. a. O.) veröffentlichte die Beschreibung und Abbildung eines noch 8 intacte Zähne nebst einer Alveole enthaltenden 0,08 langen, 0,026 hohen und 0,013 dicken Fragmentes des Unterkiefers, welches Cuvier, dem er es mittheilte, für das einer dem Delphinus delphis sehr nahe stehenden Art erklärte. — Cuvier fasste später a. a. O., wie natürlich, die Charaktere des Fragmentes genauer auf als Grateloup und machte namentlich nachstehende in Betracht kommende Bemerkungen darüber.

Die Dimensionen des Bruchstückes, sowie die Grösse der Zähne, ähneln ungemein denen des *Delphinus delphis*. Die Krümmung der Zähne ist aber etwas verschieden und ihre Wurzeln sind höher. Auch vermisst man, wie beim *Delphinus dubius* und *leucoramphus*, am Fragment den Kamm, welcher bei *D. delphis* der Länge nach auf der inneren Seite der Alveolen verläuft.

Ueber die Gestalt der Zähne macht er überdies folgende specielle Bemerkungen. Sie seien schlank, zugespitzt, etwas gebogen und 0,008 hoch, besässen am Grunde einen Durchmesser von 0,005 und ständen fast 0,004 von einander entfernt. Ihr Grundtheil (der Krone?) wäre etwas angeschwollen. Ihre 0,01 bis 0,013 Mm. langen Wurzeln erschienen nach oben zu etwas aufgetrieben und an dem der Alveole inserirten Theile hakenförmig gebogen.

Das Fragment wurde im Falun der Landes beim Dorfe Sort gefunden und von Laurillard einem *Delphinus dationum* zugeschrieben.

Der Gestalt des Unterkieferfragmentes und der Zähne zu Folge könnte die fragliche Art allerdings ein echter *Delphinus* gewesen sein, möglicherweise aber auch zu *Heterodelphis* gehört haben. Mit Recht bemerkte daher bereits Cuvier, dass die von ihm angegebenen Merkmale noch durch die Auffindung anderer Knochentheile zu ergänzen wären. Namentlich würde die genauere Kenntniss beider Kiefer, sowie der Hals- und Lendenwirbel nach meiner Ansicht nothwendig sein um die Art sicher zu stellen und ihr mit Bestimmtheit den passenden Platz im System anzuweisen.

Gervais versuchte zwar, wie bereits angedeutet, in seiner Beschreibung des *Delphinus dationum* (*Mém. d. l'Acad. d. Montp.* und *Zool. et Paléont. fr.*, 2$^{me}$ éd., p. 305) denselben durch Zuziehung eines von Lafont im Falun von Salles entdeckten Fragmentes des Unterkiefers zu stützen. Dasselbe lässt sich aber, wegen des abweichenden Verhaltens der Zähne, nicht auf das Originalfragment des *D. dationum* beziehen, sondern gehörte wohl seinem *Schizodelphis sulcatus* an. Uebrigens war, wie es scheint, Gervais (*Mém. d. l'Acad. d. Montpellier, T. II, p. 313*) selbst bereits darüber in Zweifel: ob das fragliche Symphysenfragment auf *D. dationum* zu beziehen sei, ja er bezeichnet es auf der seinem Mémoire beigefügten *Pl. VII, Fig. 1, 2* und in der *Zool. et Paléont. fr. Pl. 83, Fig. 1, 2* als einem *Delphinorhynchus de Salles*, nicht als einem *Delphinus de Salles* angehöriges.

Den vorstehenden Mittheilungen zu Folge fällt natürlich dadurch die von ihm (*Mém. d. l'Acad. d. Montp.* und *Zool. et Paléont. fr.*) angedeutete nähere Beziehung des echten *Delphinus dationum* zu *Schizodelphis sulcatus* weg.

## 2. Genus Heterodelphis J. F. Brdt.

Die Symphyse des Unterkiefers im Verhältniss kurz. Die Zähne mit einer conischen, zugespitzten, am Grunde nicht angeschwollenen, ziemlich dünnen Krone versehen. Die Halswirbel frei. Die Lendenwirbel mit einem ziemlich kurzen Körper und mässig langen, am Ende verbreiterten Querfortsätzen.

Die Gattung *Heterodelphis* darf wohl gewissermaassen als Mittelstufe zwischen den eigentlichen *Delphinen* und den *Champsodelphen* angesehen werden, eine Mittelstufe, die

gegenwärtig wenigstens unter den lebenden *Delphinoiden* meines Wissens noch nicht nachgewiesen wurde.

### Spec. 1. Heterodelphis Klinderi J. F. Brdt.

### Taf. XXV und XXVI, Fig. 1—26.

In den im Februar des Jahres 1865 vom Herrn Stabskapitain Klinder aus Nicolajew an das Museum der Kaiserl. Akademie der Wissenschaften gütigst gesandten Kisten
befanden sich ausser den oben beschriebenen Resten des nach ihm benannten *Cetotheriums*
auch bedeutende Skelettheile eines *Delphins*, welche ebenfalls bei Gelegenheit der Regu-
lirung des Bug und der Constantinow'schen Batterie entdeckt wurden. Dieselben waren
theils frei, theils noch von kreideartigem, losen, weissen Kalk umhüllt, durch dessen Entfernung erst viele Knochen von mir freigelegt und aufgefunden wurden.

Die erhaltenen Skeletreste bestehen aus zahlreichen, leider nicht zusammensetzbaren,
Trümmern des Schädels, worunter eine Bulla tympani, nebst Bruchstücken des Ober- und
Unterkiefers, und einige lose Zähnchen sich befinden. Ferner ist der Atlas nebst drei anderen
Halswirbeln, mehreren Rückenwirbeln, mehreren Lendenwirbeln und Rippentheilen, einem
Schwanzwirbel, dem Brustbein, einem Schulterblatt und einem Humerus vorhanden. Leider
fehlt den Wirbeln der Bogentheil mit dem Processus spinosus superior, ebenso wie meist die
Epiphysen, so dass wir es also mit den Resten eines jüngeren Individuums zu thun haben.

Die Bulla tympani (Taf. XXV, Fig. 1, 2) zeigt im Allgemeinen den bei den *Delphininen*
herrschenden Charakter; namentlich finde ich sie der von *Delphinus delphis* sehr ähnlich,
jedoch weicht sie davon durch eine eigenthümliche Querfurche der äusseren Fläche und die
weit weniger eingedrückte hintere Hälfte der Windung ab. Von der des *? Champsodelphis
Fuchsii* unterscheidet sie sich durch die kurze, nicht durchgehende, Furche der unteren
Fläche und durch die gestreifte, niedrigere, hinten stärker eingedrückte, mit ihrem etwas
stärker gekrümmten, glatten Innensaume mehr nach unten gewendete Windung.

Der Oberkiefer ist nur durch ein längliches, 55 Mm. langes, 10—12 Mm. breites, an
der unteren Fläche stark verletztes, charakteristisches Stück (ebend. Fig. 3, 4) repräsentirt.
An der Innenseite des Fragmentes finden sich noch jetzt, theilweis in Kalk gehüllt, vier
Zähne, zwei andere fand ich in dem sie umgebenden Kalke. Die am Grunde nur 2 Mm.
breiten Kronen der nur 10 Mm. langen, also sehr kleinen, Zähne (Fig. 5, 6) sind schmal
conisch, zugespitzt und schwach gebogen.

Der Unterkiefer ist durch vier stark zerbrochene, brüchige Fragmente (ebend.
Fig. 7 a a und b, b' und 8 b' b') repräsentirt, die dermaassen theilweis in Kalk gehüllt
waren, dass sich bei ihrer Blosslegung ergab, sie gehörten der Mitte und dem vorderen
Theil der Gelenkhälfte des Kiefers an und repräsentirten Theile sowohl der rechten, stark
zertrümmerten (Fig. 7 a a), als auch der besser erhaltenen linken Hälfte (ebend. b, b' und

---

1) Die Art wurde mit dem Namen des Finders und gleichzeitigen Entdeckers des nach ihm benannten *Cetotheriums* bezeichnet.

Fig. 8) desselben. Die Letztere macht sich durch die fast vollständige Conservation ihres hinteren, höheren Theils (b′, b′) bemerklich, indem man an ihm mehrere Alveolen und hinten die ziemlich ansehnliche Oeffnung des Canalis inframaxillaris wahrnimmt. Die Länge des besser erhaltenen Bruchstücks der linken Kieferhälfte (Fig. 7 und 8 b′, b′) beträgt 90 Mm., seine vordere Höhe 12, seine hintere 16, seine Dicke vorn 10, hinten etwa 12 Mm.

Da die beiden Fragmente des Unterkiefers, noch theilweis von Kalk umgeben, völlig getrennt in ihrer natürlichen Lage sich befanden, wie sie Fig. 7 a a′ b, b′ dargestellt sind, so darf man aus ihrer Länge und Distanz, sowie ihrer Grösse wohl den Schluss ziehen: die Symphyse des Unterkiefers sei nicht sehr lang gewesen, obgleich die Grösse und Form der Reste auf einen Unterkiefer hinweist, der von dem des *Delphinus delphis* durch grössere Länge, geringere Höhe und Breite, sowie seine abgeplattete, etwas eingedrückte (nicht convexe) Aussenfläche abweicht. Der Unterkiefer möchte daher gewissermaassen die Mitte zwischen den mit einer langen und einer kurzen Symphyse versehenen Unterkiefern der *Delphinoiden* gehalten haben.

Der Atlas (ebend. Fig. 9) ist kräftig, leider aber ohne oberen Bogentheil, der jedoch geschlossen gewesen zu sein scheint. Er besitzt sowohl vorn, zur Verbindung mit dem Hinterhaupt, als selbst auch hinten (ebend. Fig. 9), zur Einlenkung mit dem Epistropheus, ansehnliche Gelenkgruben. Sein Körper sendet unten einen dreieckigen, rauhen, jederseits grubig eingedrückten, Fortsatz nach hinten, auf dessen obere Fläche die flache, offenbar für die bewegliche Verbindung mit einem ziemlich ansehnlichen Processus odontoideus bestimmte Gelenkgrube sich fortsetzt. Die Querfortsätze sind im Verhältniss kurz und ziemlich conisch. Ueber jedem Querfortsatz bemerkt man einen kammartigen Vorsprung.

Der Epistropheus fehlt.

Die drei anderen der vorhandenen epiphysenlosen Halswirbel (Fig. 10—12) zeigen zwar einen dünnen (4—5 Mm. dicken) Körper, waren aber frei. Alle drei besitzen deutliche Querfortsätze.

Der eine davon, wohl der dritte (Fig. 10), besitzt einen dicken, gesonderten, am Ende gegabelten Querfortsatz und einen oben verdünnten sehr schmalen Bogen, dessen oberer Theil leider beim Reinigen in viele sehr kleine Stücke zerfiel, glücklicherweise aber vor der Herausnahme des Wirbels aus dem Gestein, gleich nach seiner Isolirung, gezeichnet werden konnte. Die unteren Seitentheile des Bogens springen übrigens jederseits in einen dreieckigen, nach unten gekrümmten, Fortsatz vor, der sich mit seiner Spitze gegen den oberen Schenkel des Querfortsatzes wendet und mit ihm eine nach aussen nicht geschlossene Oeffnung bildet.

Die beiden anderen, hinter den beschriebenen dritten zu versetzenden, Halswirbel (*Fig. 11, 12*) besassen ebenfalls zarte obere Bogentheile, unterscheiden sich aber dadurch, dass der untere seitliche Theil ihres Neuralbogens schmäler ist und jederseits meist mit

dem Querfortsatz zu einem einzigen, am Grunde von einer Oeffnung durchbohrten Flügel-
fortsatz verschmolzen erscheint.

Die vorderen Rückenwirbel sind durch sechs (Fig. 13 a, c, d, e, f, g) vollständigere
Fragmente, denen nur die obere Hälfte ihres Neuralbogens fehlt, und den Körper eines
siebenten (b) vertreten. Besondere Abweichungen habe ich daran nicht wahrgenommen.

Für einen der hintersten Rückenwirbel kann ich mit Sicherheit nur einen einzigen
(Fig. 14 A, B) halten. Auch er entbehrt des Neuralbogens und der aus ihm hervorragen-
den Fortsätze.

Dass er als einer der hintersten Rückenwirbel gelten muss, zeigt sein linker, grösstentheils wohl erhaltener, platter, verdünnter, langer, breiter Querfortsatz, der auf seinem
äusseren, etwas verdickten Rande eine gebogene Grube (Fig. 14 A a) für die Einlenkung
einer Rippe besitzt. Vom rechten Querfortsatz, der in seiner Darstellung durch den linken
ergänzt wurde, ist nur der Basaltheil (Fig. 14 B) vorhanden. Die Körperlänge des fraglichen Wirbels (ohne die verloren gegangenen Epiphysen) beträgt 20, seine Höhe und Breite
vorn 22, die Länge seines Querfortsatzes 32, die grösste Breite desselben etwa 21 Mm.
Der vollständigere, am Grunde mässig breite, am Ende stark verbreiterte, Querfortsatz zeigt
übrigens, dass bereits die hinteren Rückenwirbel hinsichtlich der Gestalt der Querfortsätze
den Lendenwirbeln ähnelten.

Dem beschriebenen Rückenwirbel ähnliche Lendenwirbel sind drei vorhanden. Vom
Neuralbogen bieten alle gleichfalls nur die Basaltheile. Ebenso sind an ihnen, mit Ausnahme
eines einzigen (Fig. 15 A, B), die Querfortsätze blos durch ihre Basaltheile repräsentirt.

Das mit einem Querfortsatze (dem rechten) versehene Exemplar (Taf. XXV, Fig. 15 A, B)
derselben, dessen Körperlänge (ohne Epiphysen) 23, und vordere Körperhöhe 25 Mm. beträgt, möchte ich, da sein Körper grösser, sein Querfortsatz aber breiter, am Ende dünner
als beim oben beschriebenen Rückenwirbel und mit einem zugerundeten Endrande versehen
ist, für einen der vorderen Lendenwirbel halten. Die beiden anderen, nicht abgebildeten,
werden nach Maassgabe ihrer Körpergrösse und der Breite der Basaltheile ihrer Querfortsätze ebenfalls vordere oder mittlere Lendenwirbel sein.

Hintere Lendenwirbel finden sich drei. Der vordere, nicht bildlich dargestellte, ähnelt
hinsichtlich des Körpers den Rückenwirbeln und besitzt nur Reste des Neuralbogens und
der Querfortsätze. Die ihm unmittelbar nach hinten zu folgenden, hintersten, von mir in
natürlicher Lage beobachteten, Lendenwirbel (Taf. XXVI, Fig. 16, 17 a, b) bieten wohl erhaltene Querfortsätze, die breiter aber kürzer als die der Rückenwirbel und vorderen Lendenwirbel sind; jedoch fehlt ihnen der grösste Theil des Neuralbogens.

Der hinter ihnen unmittelbar folgende dritte der dargestellten Wirbel (c und Fig. 18)
darf wohl wegen seiner am hinteren, unteren Rande seines Körpers auf eine Gelenkverbin-
dung mit einem unteren Dornfortsatz hindeutenden, unpaarigen Höckerchen und seiner
kurzen Querfortsätze (wovon der rechte jedoch nicht ganz erhalten ist) als vorderster

32*

Schwanzwirbel angesehen werden. Er besitzt übrigens einen vollständigen Neuralbogen, jedoch keinen Dornfortsatz.

Ausser dem eben erwähnten Schwanzwirbel konnte nur noch einer der hinteren Schwanzwirbel (Taf. XXVI, Fig. 19 A, B, C) aufgefunden werden, der nichts Besonderes darbot.

. Die Schilderung der Querfortsätze der Rücken- und Lendenwirbel beweist übrigens, dass, da bei *Heterod. Klinderi* alle Lendenwirbel am Ende verbreiterte Querfortsätze, abweichend von den echten *Delphinen*, besassen, derselbe hierin *Delphinapterus leucas*, *Monodon monoceros* und *Champsodelphis* ähnelte.

Von Rippen sind Bruchstücke (*Taf. XXVI, Fig. 20—23*) verschiedener Grösse und Form vorhanden. Im allgemeinen kann man sagen, sie ähnelten denen der *Phocaenen* und echten *Delphine*, seien aber, besonders oben, etwas breiter und nach Maassgabe zweier hintersten (Fig. 20, 21) von hinten nach vorn nicht comprimirt, sondern von aussen nach innen, namentlich in der Mitte und unten, ziemlich abgeplattet, auf der Aussenfläche breiter und im Ganzen etwas dicker. Wie viel Rippenpaare vorn mit dem Körper artikulirten, habe ich nicht ausmitteln können, da die vordersten Rückenwirbel fehlen oder nur fragmentarisch vorhanden sind.

Das Brustbein ist durch ein ansehnliches, viereckiges, an einem Ende (dem vorderen) etwas breiteres, ausgerandetes, am entgegengesetzten zugerundetes Stück (Taf. XXVI, Fig. 24) vertreten, welches an seinen äusseren Rändern, hinter dem ausgerandeten (wohl vorderen) Ende jederseits einen Vorsprung zeigt.

Das Schulterblatt (ebend. Fig. 25) besitzt zwar den allgemeinen Charakter des Schulterblattes der meisten *Delphine* und bietet sowohl ein Acromium als auch einen, wenn auch schmalen, Processus coracoideus. Der letztere weicht übrigens von dem der meisten bei Cuvier, *Rech. ôd. 8, Pl. 224*, dargestellten Schulterblätter, so von dem des *Delphinus delphis*, *Phocaena communis* u. s. w. dadurch ab, dass er, fast wie beim *Delphinus leucoramphus* (*Cuvier a. a. O. Fig. 20*) mehr nach vorn und aussen über der Gelenkgrube entspringt und weniger horizontal nach vorn, so wie mehr schief nach innen und vorn gerichtet, ferner auf der äusseren Fläche nur sehr wenig eingedrückt (nicht ausgekehlt) erscheint, während sich die Fossa supraspinata nur sehr unmerklich auf ihn fortsetzt.

Das mit getrennten Epiphysen versehene, 50 Mm. lange, in der Mitte 23, unten 26 Mm. breite Oberarmbein (ebend. Fig. 26) besitzt auf der Mitte der Innenfläche, unter der hinteren Hälfte des Condylus, eine Grube und nach aussen und unten davon einen Eindruck.

Die eben geschilderten Reste gehören offenbar hinsichtlich des Verhaltens der Symphyse des Unterkiefers, im Verein mit den freien Halswirbeln, den kurzen Wirbelkörpern, den breiten, am Ende erweiterten Querfortsätzen der hintersten Rücken- und aller Lenden-, sowie der vordersten Schwanzwirbel, dann hinsichtlich der abweichenden Gestalt der Rippen, sowie der Eigenthümlichkeiten des Processus coracoideus, einer eigenthümlichen Gruppe (Genus) von *Delphininen* an.

Der Bau der Wirbelkörper, die Gestalt der Zähne und das Verhalten der Symphyse des Unterkiefers nähert diese Gruppe den Gliedern der Gattung *Delphinus*, namentlich *D. delphis*. Die anderen der genannten Charaktere, mit Ausschluss des Processus coracoideus, nähern sie den langwirbligen *Delphininen*, namentlich *Champsodelphis*, ebenso wie den *Monodonten* und *Delphinapteren*.

Die Grösse des *Heterodelphis Klindori* scheint etwa der von *Phocaena communis* gleich gekommen zu sein.

### 3. Genus Schizodelphis Gerv.

Die Symphyse des Unterkiefers sehr lang, aus einem Stück gebildet, mindestens etwa ²/₃ der Kieferlänge betragend, auf der Unterseite, abweichend von der der anderen *Delphininen*, durch zwei parallele Längsfurchen in drei Theile geschieden. Die Zähne nach Maassgabe des wohl einem (eigentlich wohl als *Aulacodelphis* zu bezeichnenden) *Schizodelphis* angehörigen Fragmentes der Symphyse des Unterkiefers von Salles mit kurzen, kegelförmigen, am Grunde dicken, mit einer kurzen, etwas gebogenen Spitze versehenen Kronen.[1]

Die *Schizodelphen* dürften als mit einer unten von zwei Längsfurchen durchzogenen, daher scheinbar dreitheiligen, verwachsenen Symphyse des Unterkiefers versehene, vielleicht kurzwirblige, *Champsodelphen* angesehen werden können. Auch von ihnen sind bis jetzt wohl keine lebenden Arten bekannt.

#### Spec. 1. Schizodelphis sulcatus Gerv.

*Delphinus sulcatus, Gervais, Bullet. d. l. géol. d. Fr. 1853, X, p. 311; Jahrb. f. Miner. 1855, S. 621.—Delphinus pseudodelphis Gerv.* (non *Schlegel*), *Gervais, Zool. et Paléont. fr., 1ᵐᵉ éd., p. 150, Pl. IX, fig. 2; L'Institut 1849, XVII, p. 180; Jahrb. f. Miner. 1849, p. 638. — Delphinorhynchus sulcatus und Delphinorhynchus de Salles, Gervais, Mém. d. l'Acad. d. sc. d. Montpell. II, p. 310, Pl. VII, Fig. 1—7; Ann. d. sc. nat., 3ᵐᵉ sér., T. XX, p. 283; Zool. et Paléont. fr., 2ᵐᵉ éd. (1859), p. 306, Pl. IX, Fig. 2. Pl. 83, Fig. 1—7, non Fig. 8. — Schizodelphis sulcatus, Gervais, Mém. d. l'Acad. d. Montpell., T. V, 1861, p. 126, Pl. 4, Fig. 1, 2, 3.*

Nach Maassgabe bedeutender, von Gervais u. a. O. beschriebener Schädelfragmente (*Pl. 83, Fig. 3, 4, 6*) weicht die fragliche Art durch eine weit längere, mehr als die doppelte Schädellänge bietende, sehr schmale Schnautze, schmälere, aussen am Grunde stärker ausgeschweifte, oben gewölbte und durch je eine ansehnliche Furche von den Zwischenkiefern

---

1) Sollten die von mir im Anhange zu *Schizodelphis* vorläufig einem *Delphinus brachyspondylus* zugeschriebenen, zunächst Skeletreste zu *Schizodelphis* constituirtes *H. v. Meyer*, also zur Gattung *Schizodelphis* gehören, wie man vielleicht vermuthen darf, so würden auf Grundlage der künftig möglichen Bearbeitung dieser Vermuthung der genannten Gattung freie Halswirbel und kurze, mit am Ende verbreiterten Querfortsätzen versehene Lendenwirbel zuzuschreiben sein.

getrennte Oberkiefer, bis über die Mitte durch einen hinten breiteren Zwischenraum von einander getrennte Zwischenkiefer und den in der Mitte von einer Längsfurche eingedrückten Gaumen von *Delphinus delphis* ab. Die Alveolen sind von einander getrennt, jedoch nur auf dem mittleren und Endtheil des Gaumens (Fig. 4) angedeutet. Leider fehlt der zum Schädel gehörige Unterkiefer. Zähne wurden mit dem Schädel ebenfalls nicht gefunden. Das Verhalten der Alveolen lässt schliessen, dass sie zahlreich und wohl auch klein waren. Die Schädellänge ohne Schnautze beträgt 0,16, die Länge des vorhandenen Schnautzentheiles 0,26.

Später (*Mém. d. l'Acad. d. Montpell., T. V, 1861, p. 124*) berichtete Gervais, ein Herr P. Marès habe in einer miocänen, thonigsandigen Schicht zu Lupian ausser anderen Knochen (einem grossen Crocodilschenkel und Fischzähnen) auch Bruchstücke des Unterkiefers einer *Delphinoide* (leider jedoch keinen Rest des Rumpfskelets derselben) gefunden. Die Bruchstücke liessen sich so zusammensetzen, dass sie den 0ᵐ,40 langen Theil der Symphyse (*Gervais, Pl. 4, Fig. 1, 2*) lieferten, welche vorn defect ist und hinten ebenfalls nur die Rudimente der Basaltheile der freien Theile des Kiefers wahrnehmen lässt.

Das den grössten Theil der Symphyse des Unterkiefers darstellende, sehr lange und schmale Fragment kann in der That als Unterkiefertheil des Schädels des *Delphinus sulcatus* gedeutet werden. Seine obere Fläche wird, wie bei *Physeter*, durch eine centrale Längsfurche in zwei Theile geschieden. Auf seiner unteren Fläche verlaufen zwei parallele Längsfurchen, die einen breiteren, wenig convexen, mittleren Theil von den schmäleren, convexeren Seitentheilen absondern.

Mit dem hinteren Symphysentheil des eben beschriebenen Fragmentes des Unterkiefers (nicht mit dem von *D. dationum*) lässt sich sehr wohl dasjenige combiniren, welches (wie schon bei Gelegenheit der Beschreibung des *Delphinus dationum* bemerkt wurde) bereits Gervais (*Mém. d. l'Acad. d. Montpell. 11, Pl. VII, Fig. 1* und *Zool. et Pol. fr., Pl. 83, Fig. 1*) einem *Delphinorhynchus de Salles* zuschrieb. Vergleicht man nämlich dasselbe genauer mit der Abbildung des vorstehend beschriebenen, von Gervais seinem *Schizodelphis sulcatus*, sehr wahrscheinlich mit Recht vindizirten, Unterkieferfragmentes, so tritt hinsichtlich des Symphysentheiles beider eine so unverkennbare Aehnlichkeit hervor, dass man sie wohl als zu ein- und derselben Art gehörig ansehen kann. Die künftige Bestätigung dieser Annahme würde uns zur Kenntniss des Verhaltens der Zähne der Gattung *Schizodelphis* verhelfen. Das Kieferfragment von Salles bietet nämlich noch 5 Zähne, die eine kurze, am Grunde etwas angeschwollene, am Ende mit einer kurzen, etwas gekrümmten, Spitze versehene Krone besitzen, also eine von der bei *Delphinus* und *Heterodelphis* vorkommenden abweichende Zahngestalt wahrnehmen lassen.

Der schmale, spitze Zahn, welchen Gervais, Pl. 83, Fig. 8, abbildete, gehörte aber sicher nicht *Schizodelphis sulcatus* an.

Unzweifelhafte Reste des *Schizodelphis sulcatus* wurden in der Molasse von Cournonsec bei Montpellier und bei Vendargues à la Verune, vermuthlich aber auch noch anderwärts in Frankreich, wie es scheint aber auch in Belgien, entdeckt, da Van Beneden (*Mém. d l'Acad. roy. Belgique, XXXVII (1868), p. 5*) von einem *Delphinus sulcatus?* spricht.

Gervais, *Zool. et Paléont. fr. p. 380*, meint, sein Dauphin des marnes bleues de Pézénas gehöre vielleicht auch zu *Schizodelphis sulcatus.*

In einer Anmerkung zu *Schizodelphis sulcatus* bemerkt ferner Gervais: die im Museum der *Faculté des sciences* zu Montpellier befindliche Renaux'sche Sammlung enthalte das Fragment einer mit Alveolen versehenen Schnautze einer *Delphinide*, die kleiner und noch schlanker als bei *D. sulcatus* sei. Auch ist ebenfalls noch zu erwähnen, dass Gervais (*Bullet. d. l. soc. géol. d. France, 2me sér., T. XXIX (1872), p. 101*) beiläufig von den in Italien bei Lecce, im Otranter Gebiet, in einer dem Miocän Südfrankreichs ähnlichen Schicht, gefundenen Resten einer eigenthümlichen Art seiner Gattung *Schizodelphis* spricht, ohne sie jedoch zu charakterisiren.

### ?Spec. 2. Schizodelphis canaliculatus.

### Taf. XXVI, Fig. 27—29.

Theil des Unterkiefers eines den Walfischen verwandten Thieres, *Jaeger, Die fossilen Säugethiere Würtembergs, Stuttgart 1835, Fol., S. 7, Taf. 1, Fig. 26. Nov. Act. Caes. Leopold. XXII, 2, p. 783.* — Delphinus canaliculatus, *H. v. Meyer, Jahrb. f. Miner., Februar 6, 1853, S. 163; Palaeontograph. VI, 1856, p. 44, Taf. VII, Fig. 1—2*, Unterkiefer *Fig. 4—5*, Fragmente des Oberkiefers *Fig. 3, 6—7* und des Unterkiefers *Fig. 11, 12, 13.* Muthmaassliche Bullae desselben.[1]

Bereits Jaeger a. a. O. erwähnt unter obigen Namen ein bei Baltringen gefundenes Unterkieferstück, welches er nicht genügend abbilden liess.

Im Jahre 1853 am 6. Februar stellte H. v. Meyer a. a. O. auf Grundlage ähnlicher, nur weit vollständiger, Reste, die theils aus dem Canton Aarau (namentlich von Othmarsingen unweit Lenzburg und von Zofingen),[2] theils ebenfalls aus Würtemberg, namentlich auch von Baltringen bei Biberach in Oberschwaben stammten, seinen *Delphinus canaliculatus* auf. Eine umfassende, durch Abbildungen erläuterte Beschreibung der Reste desselben lieferte er jedoch erst in seinen *Palaeontographicis, 1856*, a. a. O.

Der fast vollständige, 0,366 Mm. lange (also sehr lange), vorn 0,015 Mm. breite, sogar noch in der Mitte der Symphyse sehr schmale, nach vorn zugespitzte, 0,021 hohe Unterkiefer besitzt eine Symphyse, die über ²⁄₃ seiner Länge beträgt. Die Theile der Unterkieferäste, welche die Symphyse bilden, sind (*Meyer Taf. VII, Fig. 1*) breiter als hoch und so dicht verschmolzen, dass dieselbe nur als ein Stück ohne centrale Naht erscheint, auf

---

1) Die Originale zu den von Herrn v. Meyer (*Palaeontogr. VI. p. 46*) beschriebenen, ebend. *Taf. VII. Fig. 6, 7* abgebildeten Resten finden sich, wie mir Herr Prof O. Fraas gütigst mittheilte, im Stuttgarter Museum

2) Es sind wohl dieselben Bruchstücke, welche O. Heer (*Die Urwelt d. Schweiz S. 442*) unter den Thierresten des Muschelsandsteins der helvetischen Stufe der Molasse aufführt.

dessen unterer Fläche ein länglicher, sehr schwach convexer, breiterer Mitteltheil und je ein durch eine Längsfurche von demselben abgesetzter, schmaler Randtheil bemerkt wird. Der zwischen dem vordern Ende des freien hintern Theils der Kieferäste befindliche hintere Rand der Symphyse ist bogenförmig ausgeschweift. Die sehr zahlreichen Alveolen (*Fig. 2, 3, 6*) sind klein, länglich und deuten auf leicht ausfallende, kleine, zahlreiche Zähne hin.

Der bei Meyer nur durch ein länglich-viereckiges, schmales Fragment von Zofingen (*Fig. 4, 5*) vertretene Oberkiefer ist höher als der Unterkiefer. Die obere Seite desselben (*Fig. 5*) bietet in der Mitte zwei längliche, breitere, in der Mittellinie getrennte, wohl den Zwischenkiefern, und zwei seitliche, schmale, wohl den Oberkiefern angehörige, von den Zwischenkiefern nicht getrennte, Theile. Die untere Seite des Oberkieferfragmentes (*Fig. 4*) zeigt einen länglichen, breitern mittlern, ebenen Theil und jederseits einen mit 6 Alveolen versehenen schmalen Seitentheil (Alveolartheil).

Die von Meyer vermuthungsweise dem *Delphinus canaliculatus* vindizirten grösseren *Bullae tympani* (*Fig. 11—13*) besitzen eine fast birnförmige Gestalt und glatte Aussenflächen. Die untere Fläche derselben wird durch eine tiefe Längsfurche in zwei ungleiche Hälften getheilt. Die obere, die Mündung und Windung enthaltende, Fläche (*Fig. 11*) erscheint ziemlich stark beschädigt, so dass über die Gestalt der Windung und Mündung der *Bullae* sich nichts sagen lässt. Wenn aber auch die grösseren der von Meyer dem *Delphinus canaliculatus* zugeschriebenen *Bullae* nach Maassgabe ihrer Grösse und des Fundortes demselben wohl angehören möchten, so ist dies wohl nicht mit den kleinern, anders gestalteten, von ihm *Fig. 8—10* abgebildeten, der Fall.

Den eben erwähnten Meyer'schen Kieferfragmenten ähnliche Stücke wurden 1859 und 1860 im Tegel der Ziegelgruben von Nussdorf bei Wien gefunden und dem K. K. Hof-Mineralien-Cabinet einverleibt.

Eins dieser Fragmente, das grösste (Taf. XXVI, Fig. 7), ist 350 Mm. lang, war aber dermaassen in eine solche Menge von Stücken zerfallen, dass aus denselben sich kein so charakteristisches Bild des Unterkiefers zusammenstellen liess wie es bereits Herr v. Meyer lieferte. Ich theile dessenungeachtet eine Darstellung desselben von der Aussenseite mit, da es von Meyer's Fig. 2 etwas abweicht.

Anders verhält es sich mit Fragmentstücken, welche nach ihrer Vereinigung einen Theil der Symphyse des Unterkiefers darstellen, dessen untere Fläche ich auf Taf. XXVI, Fig. 28 in $\frac{2}{3}$ nat. Grösse abbilden liess, während ein Theil seiner hintern, besser erhaltenen, Hälfte (Fig. 29) ein wohl conservirtes Stück desselben von der Oberseite zeigt. Das ganze Fragment ist 210 Mm. lang, an einem Ende (dem hintern) breiter (31 Mm.), am andern schmäler (nur 25 Mm.) breit. Die untere Fläche (Fig. 28) ist grösstentheils sehr mässig convex, in der Mitte etwas abgeplattet und wird an der Seite jederseits von einer tiefen Längsfurche durchzogen, die einen gerundeten, länglichen, nach oben steigenden Alveolartheil absondert. Die obere Fläche (Fig. 29) erscheint fast eben, jedoch an den Randsäumen innen stärker, in der Mitte schwächer, jedoch nicht tief, gefurcht. Die mittlern, sehr schmalen, Furchen werden übrigens durch einen sehr niedrigen Kamm getheilt. Die 10 Mm. breiten Alveolartheile besitzen jederseits eine Längsreihe von durch Knochenbrücken getrennten, 5 Mm. langen, 2 Mm. breiten, ziemlich tiefen, etwa 8 Mm. von einander entfernten (also mehr als bei *Delphinus Delphis* von einander abstehenden) sehr zahlreichen Alveolen, deren ich am fraglichen Fragment jederseits gegen 22 zählte, womit aber natürlich, nach Maassgabe der Unvollständigkeit desselben, ihre Zahl bei weitem nicht erschöpft wird. Das Innere des Fragmentes wird von einem grossen, fast abgerundet-viereckigen, 8 Mm. hohen, 10 Mm. breiten, centralen Canal durchbohrt, dessen untere Wand dünner als die anderen erscheint.

H. v. Meyer (*Palaeontogr. a. a. O. p. 48*) meinte zwar sein *Delphinus canaliculatus* sei von Gervais's *D. sulcatus* (*Bull. d. l. soc. géol. de France 1853, X, p. 311*) verschieden. Zur Zeit, als er diese Ansicht aussprach, war indessen das Fragment des Unterkiefers noch nicht bekannt, welches Gervais in den *Montpellierer Memoiren T. V. p. 124. Pl. 4. Fig. 1—3*, wohl nicht mit Unrecht, seinem *Delphinus sulcatus* vindizirte. Das von H. v. Meyer *Taf. VII, Fig. 8* von der oberen Seite gesehene Bruchstück des Unterkiefers gleicht aber in Bezug auf Grösse und Gestalt der Oberseite des mittleren Theiles der von Gervais *Pl. 4, Fig. 1* dargestellten Symphyse des Unterkiefers. Die Meyer'sche Seitenansicht des Unterkiefers, *Taf. VII, Fig. 2* gleicht ferner der von Gervais ebend. *Fig. 2* dargestellten. Die elliptische Gestalt des hintern Symphysenwinkels und die damit in Zusammenhang stehende Divergenz der Gelenktheile des Unterkiefers ist bei *D. sulcatus* (Gerv. *Pl. 4, Fig. 1*) und *canaliculatus* (H. v. Meyer *Taf. VII, Fig. 1*) ebenfalls gleich, was auch im Allgemeinen von den bei Gervais *Pl. 4, Fig. 3* und H. v. Meyer *Taf. VII, Fig. 8* dargestellten Conturen der Querdurchschnitte der Symphyse gilt. Die Gervais'sche Figur des Querdurchschnittes derselben zeigt allerdings einen der Quere nach länglichen, oben spaltenförmig klaffenden Centralkanal, die Meyer'sche dagegen einen geschlossenen, ziemlich ovalen. Auch bietet die Gervais'sche Figur an jedem ihrer Seitentheile eine eigenthümliche Gefässöffnung, die bei der Meyer'schen vermisst wird. Die eben genannten Differenzen der Durchschnittsfiguren könnten indessen verschiedenen Theilen des Kiefers entlehnt sein. Sie allein möchten also wohl keinen wichtigen Einwurf gegen die Ansicht abgeben, dass *Delphinus sulcatus* und *canaliculatus* identisch seien; eine Ansicht, worüber übrigens Gervais meines Wissens nirgends etwas bemerkte, obgleich H. v. Meyer's beachtenswerther Aufsatz über *D. canaliculatus* in den *Palaeontographicis* bereits einige Jahre früher erschienen war als Gervais's neueste Mittheilungen über *Schizodelphis sulcatus*. Jedenfalls schien es mir zweckmässig den *Schizodelphis canaliculatus* mit einem Fragezeichen zu versehen.

Wenn übrigens, wie es den Anschein hat, *Schizodelphis sulcatus* und *canaliculatus* zusammenfallen, so muss wohl der Name *sulcatus* zur Bezeichnung der Art gewählt werden, da Gervais den *Sch. sulcatus* (wenn auch mit der unpassenden Bezeichnung *Delphinus pseudodelphis*) weit früher als H. v. Meyer seinen *Delphinus canaliculatus* beschrieb.

## ANHANG.

### ? Delphinus? brachyspondylus J. F. Brdt. [1]

### ? Schizodelphis canaliculus. = ? Sch. sulcatus.

### Taf. XXVII.

Von dieser *Delphinoide* wurden bereits 1853 in einer Ziegelthongrube bei Hernals unweit Wien namhafte Reste gefunden, welche im dortigen K. K. Hofmineralienkabinet unter II, 8, f. s aufbewahrt werden.

Die genannten Reste sind trotz ihrer Grösse, wie die getrennten Epiphysen der Wirbel und des Oberarmes beweisen, auf ein jüngeres Individuum zu beziehen. Sie bestehen aus Halswirbeln, zahlreichen Rücken-, Lenden- und vorderen Schwanzwirbeln, ferner aus Bruchstücken von Rippen, einem fast vollständigen Schulterblatt, einem Oberarm, einem Radius, zahlreichen, gesonderten Gelenkplatten der Wirbelkörper und einigen *Processus spinosi inferiores*, nebst zahlreichen, oft nicht genau zu deutenden, Bruchstücken von Wirbeln.

Derselben Delphinart gehörten offenbar zahlreiche, in der Sammlung des Herrn v. Letocha, befindliche, Skeletreste an, die ebenfalls in der Nähe Wiens, namentlich im Tegel der Ziegelgrube des Herrn v. K r e i n d l, gefunden wurden. Dieselben bestehen aus einem Atlas, einem Epistropheus und drei andern, wie es mir scheint, zusammengehörigen Halswirbeln, ferner aus einem grösseren Rücken- oder Lendenwirbel, mehreren Schwanzwirbeln, zwei Fragmenten von Schulterblättern (worunter ein fast vollständiges), so wie aus zwei Humeri mit den ihnen entsprechenden Ulnen und Radien. Der Atlas und der Epistropheus nebst den anderen Halswirbeln, ferner zwei grosse Schwanzwirbel der Sammlung des Herrn v. Letocha nebst den Schulterblättern und Armknochen sind die eines grösseren Individuums als die Reste des Hofmineralienkabinetes und ein anderer Theil der Reste des Herrn v. Letocha, so dass überhaupt die fraglichen Reste mindestens drei Individuum von verschiedener Grösse zu vindiziren sein möchten.

Reste des Schädels fehlen leider, so dass es unmöglich ist, die Abtheilung genau zu bestimmen, in welche der *Delphin* zu stellen ist, dem die oben aufgeführten, zahlreichen, zum Theil sehr wohl erhaltenen, offenbar auf eine und dieselbe Art zu beziehenden Knochen angehörten. Was die darunter befindlichen Wirbel anlangt so sind ihre Fortsätze nebst dem Neuralbogen dünn.

Der nicht ganz vollständige Halstheil der Wirbelsäule (Taf. XXVII, Fig. 1, A) be-

---

1) Da von *Delphinus brachyspondylus* nur Knochen des Rumpfes vorlagen, aber keine für die generische Bestimmung erforderlichen Schädeltheile entdeckt wurden, ich aber, wie unten näher besprochen werden soll, die wenn auch bisher unzulänglich zu begründende Vermuthung, *Delphinus brachyspondylus* könne möglicherweise zu *Schizodelphis sulcatus = ? canaliculatus* H. v. Meyer gehören, nicht unterdrücken kann, so habe ich ihn als fragliche Art in einem Anhange zu *Schizodelphis* beschrieben

steht aus fünf sehr ansehnlichen Fragmenten der fünf ersten Halswirbel (a, b, c, d, e) und dem nicht dargestellten Körper eines sechsten. Die Länge sämmtlicher Halswirbel beträgt 70 Mm.

Sämmtliche Halswirbelfragmente sind getrennt und bieten mit dem Körper vereinte, dünne, *Epiphyses interarticulares*. Die drei hinteren Halswirbel (c, d, e) werden nicht allein vom Atlas (a), sondern auch vom *Epistropheus* (b) überragt. Allen erwähnten Halswirbeln fehlt leider, wie fast allen anderen Wirbeln der fraglichen Art, der Neuralbogen mit seinen Fortsätzen.

Der starke, ringförmige, 100 Mm. breite, Atlas (Fig. 1, a und Fig. 2) besitzt vorn zwei nierenförmige grosse, durch einen fast rhomboidalen Raum getrennte, Gelenkgruben für die Condylen des Hinterhaupts, hinten aber eine ziemlich ansehnliche, halbmondförmige Grube zur Einfügung des kleinen Zahnfortsatzes des Epistrophens. Der obere Theil der Aussenfläche des Atlas springt jederseits in einen unteren grösseren und oberen kleineren, kurzen Fortsatz vor. Seine etwas gekrümmte Unterseite bietet in ihrer Mitte einen warzenähnlichen Fortsatz, und einen scharfen vorderen, in der Mitte ausgeschweiften, Rand.

Der ziemlich plattenartige, fast nierenförmige, 90 Mm. breite Epistropheus (ebend. Fig. 1, b und Fig. 3) lässt statt eines zahnartig gebildeten, conischen Zahnfortsatzes aus der Mitte seiner vorderen Fläche einen in seiner oberen Hälfte platten, mit einer centralen Grube versehenen, auf seiner untern, rauhen, durch eine scharfe Leiste von der oberen geschiedenen, Hälfte ebenfalls eine centrale, in der Mitte rauhe, Grube bietenden, fast halbmondförmigen Fortsatz (Zahnfortsatz) hervortreten. Die hintere, abgerundet-viereckige Gelenkfläche des Epistropheus, welche zur Verbindung mit dem dritten Halswirbel bestimmt ist, erscheint stark vertieft. Seine untere, längliche Fläche ist eben. Aus der Mitte jedes seiner flügelartigen Seitentheile treten zwei über einander stehende, durch eine bogenförmige Ausrandung geschiedene, Fortsätze vor.

Die Körper der folgenden vier Halswirbel, wovon nur die drei vollständigeren (Fig. 1, c, d, e) abgebildet sind, erscheinen als viereckige, etwa 8 Mm. dicke, 40 Mm. hohe, 54 Mm. breite, auf ihrer oberen, unteren und jeder Seitenfläche furchig eingedrückte Platten (Fig. 4), welche oben aus jeder ihrer Ecken einen Bogenfortsatz, unten aber aus jeder Ecke einen zusammengedrückten, kurzen Querfortsatz absenden, welche Fortsätze aber bis auf ihre schwachen Basaltheile verloren gegangen sind.

Den eben beschriebenen fünf Halswirbelfragmenten ähneln nach Maassgabe ihrer Körper zwei andere Wirbelfragmente (ebend. Fig. 1 B), die indessen, da ihre fast nierenförmigen, unten zugerundeten, Körper breiter (länger) als bei den Halswirbeln sind und sie keine unteren Fortsätze wahrnehmen lassen, wohl als solche vordere Rückenwirbel zu gelten haben, bei denen die Querfortsätze der Wirbel nach oben gerückt erscheinen.

Beim vordern Wirbel von ihnen ist der 9 Mm. dicke Körper kürzer und dünner als bei dem hintern.

Die ebenfalls scheibenlosen, nierenförmigen Körper der mittleren Rückenwirbel (ebend.

Fig. 1, C und Fig. 7), welche dickere, etwas breitere, *Processus transversi* haben, sind ohne die verlornen Gelenkscheiben, 22 Mm. lang und länger, ihre Breite beträgt gegen 50 Mm. Die unteren, sowie die Seitenflächen derselben, erscheinen, wie die oberen, besonders in ihrer Mitte, stark eingedrückt und zeigen stark vortretende Ränder. Ihr Wirbelkanal ist ansehnlich breit. Leider fehlte allen der Neuralbogen nebst seinen Fortsätzen.

Die Körper der hinteren Rückenwirbel (ebend. Fig. 1, D und Fig. 5, 6) sind, (nach einem fast vollständigeren Wirbel des K. K. Hofnaturalienkabinets zu urtheilen) ohne Scheibe, über 26—28 Mm. lang und 42 Mm. breit. Ihre ein wenig nach oben gewendeten Querfortsätze sind schon am Grunde stark abgeplattet und gegen 23 Mm. breit. Die Dornfortsätze erscheinen im Verhältniss etwas kurz, unten erweitert, oben viereckig und abgeplattet, vorn etwas ausgeschweift, etwa 22 Mm. lang oder länger. Der Querdurchmesser des fast der Quere nach eirunden, sehr ansehnlichen, Rückenmarkskanals (Fig. 5) beträgt 25 Mm., die Höhe desselben 15 Mm. Die eingedrückte Unterseite der Körper beginnt in der Mitte einen stumpfen Kiel zu bilden und bietet hinter ihrer Mitte eine von oben kommende, flache Gefässfurche. Zwischen dem *Processus spinosus* und *transversus* scheint die Aussenseite des Neuralbogens ziemlich eben zu sein und schräg abzufallen.

Die Lendenwirbel (Fig. 1 E und Fig. 8) unterscheiden sich, nach Maassgabe der beiden grössten, mir vorliegenden, Fragmente, von den Rückenwirbeln durch die grössere Breite, Länge, und besonders Höhe, der aussen unter den Neuralbogen über den Querfortsätzen auf der Seitenfläche stärker eingedrückten, unten theilweis etwas stärker gekielten Körper, so wie durch den schmäleren, oft sogar viel schmäleren, nur 15 Mm. oder weniger breiten, Rückenmarkskanal. Leider fehlen allen Lendenwirbeln, die ich bisher sah, vollständige Fortsätze. Die Querfortsätze (Fig. 9) scheinen am vorn und hinten schwach ausgerandeten Grunde etwa 25 Mm. breit, die Bögen ziemlich platt und dünn, am Grunde gegen 25 Mm. breit und die Dornfortsätze nicht sehr hoch gewesen zu sein. Die Länge des Körpers beträgt gegen 30, seine Breite gegen 50 und seine Höhe gegen 40 Mm.

Die vorderen Schwanzwirbel (Fig. 1. F. G und Fig. 9 und 12), wovon ich einige sah, bieten aussen etwas stärker gerundete Körper als die Lendenwirbel und, wie gewöhnlich, kürzere, zum Theil schief abgestutzte, Querfortsätze, hinter denen eine vom Neuralbogen kommende, ansehnliche, gebogene Gefässfurche sich nach unten zieht. Der Neuralbogen bildet ein Dreieck, sendet kurze, den Wirbelkörper überragende, schiefe Fortsätze nach vorn und einen kurzen, nach hinten gekrümmten, Dornfortsatz nach oben. Der Rückenmarkskanal ist klein, höher als breit und zugerundet.

Die Querfortsätze des ersten Schwanzwirbels (ebend. F und Fig. 10) sind wie gewöhnlich von keinem Gefässkanal durchbohrt und bieten hinten nur ein Höckerpaar für den vordersten Dornfortsatz.

Der zweite Schwanzwirbel (Fig. 1 G) zeigt, wie bei andern *Cetaceen*, unten vier Höcker und hinten abgestutzte Querfortsätze, die am Grunde von einem Gefässkanal durchbohrt sind.

Beim dritten Schwanzwirbel (Fig. 11) sind die ebenfalls von einem Gefässkanal durchbohrten Querfortsätze kurz und dreieckig, die Höcker der unteren Fläche aber jederseits zu einer Längsleiste vereint, die am Grunde von einer centralen, queren Gefässöffnung durchbohrt ist.

Andere einzelne Schwanzwirbel, die ich sah, zeigten nichts Besonderes.

Von unteren Dornfortsätzen fanden sich zwar zwei Bruchstücke (Fig. 13, 14), jedoch verschaffen sie keine nähere Kenntniss von ihrer Gestalt. Es scheinen übrigens untere, etwas an die der *Cetotherinen* erinnernde, Theile derselben zu sein.

Ganze Rippen waren gleichfalls nicht vorhanden; so viel indessen aus ihren zahlreichen Bruchstücken hervorgeht, sind dieselben als ziemlich platt und mässig breit zu bezeichnen. Mehrere dieser Bruchstücke habe ich (Fig. 15 a, b, 16, 17, 18 und 19) darstellen lassen. Fig. 16 ist wohl eine unvollständige vordere Rippe, Fig. 15 a, b dürften aber Theile einer der mittleren oder hinteren darstellen, was auch wohl meist von den Fig. 17—19 abgebildeten übrigen Fragmenten gilt.

Ein Brustbein fehlt bis jetzt.

Die Schulterblätter, wovon mehrere Fragmente vorlagen, aus denen Herr Dr. Fuchs eins (vergleiche Fig. 20) fast vollständig zusammensetzte, zeigen den bei den *Delphinen* im Allgemeinen vorkommenden Charakter, sind aber dicker und massiger. Die äussere Fläche ist etwas eingedrückt, jedoch weniger als die innere. Beide Flächen zeigen indessen keine Leisten. Der vordere Rand bietet an seinem äusseren Saume einen oberen, breiten, nach innen gekrümmten, mit einer ausgehöhlten Innenfläche versehenen, am Grunde 36 Mm. breiten, leider meist abgebrochenen Fortsatz (Acromion). Ob ein unterer, über der Gelenkgrube befindlicher, Fortsatz (Processus coracoideus) vorhanden war lässt sich nicht entscheiden, da dort das Schulterblatt nicht vollständig ist. Nach Maassgabe der Grösse der dort vorhandenen Bruchfläche könnte er ziemlich klein gewesen sein. Der dicke Gelenktheil der Schulterblätter besitzt eine sehr ansehnliche, von hinten nach vorn stark in die Länge gezogene, 45 Mm. lange, und von aussen nach innen gemessen, 31 Mm. breite Gelenkgrube.

Die Knochen des Armes (Fig. 21 A, B, C) erscheinen im Vergleich zum Oberarm (ebend. A) über ⅓ länger als dieser und sind stark gebogen. — Der gegen 100 Mm. lange, in der Mitte 37 Mm. breite Oberarm besitzt unter dem stark vortretenden Gelenkkopfe keine abgesetzte Grube. Der 124 lange Radius (ebend. B) ist in der Mitte 32 Mm. breit, an den Enden aber nur wenig breiter als in der Mitte. — Die Ulna (C) besitzt ein ansehnliches, ziemlich stark in die Höhe steigendes, Olecranum.

Im Ganzen genommen möchten die Reste auf eine gegen 5—6 Fuss, vielleicht auch darüber, lange Art hindeuten.

Die kurzen, breiten, mit kurzen, dünnen Fortsätzen, wie es scheint, versehenen Wirbel, namentlich die kurzen, breiten, oben an den Seiten stark eingedrückten, Lendenwirbel, sowie das Verhalten der Schulterblätter und der langen Unterarmknochen nebst der eigenthümlichen Form der Halswirbel unterscheiden die eben beschriebene *Delphinoide* von den anderen Arten des wiener und südrussischen Beckens des grossen tertiären Oceans. Dessenungeachtet vermag man, weil mit den erwähnten Resten nachweislich gleichzeitig kein Schädelrest, ja nicht einmal Theile der Kiefer gefunden wurden, die Stelle derselben im System keineswegs für jetzt sicher zu bestimmen.

Da indessen im wiener Becken, bei Nussdorf, die Kieferreste des *Delphinus caniculatus H. v. Meyer* vorgekommen sind, die vermöge ihrer Grösse zu den Skeletresten des fraglichen *brachyspondylus* passen würden, während sie auf keine der kleineren, langwirbligen, von mir beschriebenen, wiener Arten, die wohl alle, wie *Champsodelphis Letochae*, weit schmälere Kiefer besassen, sich beziehen lassen dürften, so darf man wohl die Frage aufwerfen, ob nicht vielleicht die von mir beschriebenen, einem *Delphinus brachyspondylus* vindizirten, Skeletreste dem Meyer'schen *D. caniculatus* angehören, wovon wir bis jetzt nur Kieferreste kennen; eine Frage, die mich veranlasste *Delphinus brachyspondylus* hinter *caniculatus* zu besprechen. Ich vermag freilich dieselbe nur muthmaasslich aufzustellen, da die erwähnten, im K. K. Hofmineralienkabinet aufbewahrten, Kieferreste des *Delphinus caniculatus* mit denen des *Delphinus brachyspondylus* nicht einmal an demselben Fundort entdeckt wurden. Reste *D. caniculatus* besitzt nämlich, wie mir Dr. Fuchs schreibt, das genannte Kabinet nur von Nussdorf, des *D. brachyspondylus* aber nur von Hernals.

Ueberdies ist der Bau der Wirbel und des Rumpfskelets von *Schizodelphis* noch unbekannt, lässt sich also nicht zur Entscheidung der Frage anziehen.

Die fragliche Vereinigung ist also für jetzt eine noch nicht erwiesene, jedoch sehr mögliche. Ich habe deshalb *D. brachyspondylus* zwar als eigene Art aufgeführt, jedoch mit einem Fragezeichen versehen.

Die freien Halswirbel, sowie die breiteren, wie es scheint, am Ende verbreiterten, Querfortsätze der Lendenwirbel lassen das Rumpfskelet des fraglichen *Delphinus brachyspondylus* von dem von *Delphinus Delphis*, *Tursio* und *Phocaena communis* unterscheiden. Durch die sehr langen, schmalen Knochen des Unterarms, welche an die von *Megaptera* erinnern, weicht *D. brachyspondylus* von allen mir bekannten lebenden *Delphininen* und *Inia*, ebenso wie von *Champsodelphis* ab.

#### 4. Genus Champsodelphis [1]) Gerv.

Die einfache Symphyse des Unterkiefers ungemein verlängert, mindestens $\frac{2}{3}$ des Kiefers einnehmend, selbst hinter ihrem vordersten Ende stark verschmälert. Ihre ziemlich gewölbte Unterseite nicht durch Längsfurchen in drei Theile geschieden. Die Zähne mit am Grunde angeschwollenen, zuweilen mit einem basalen Anhange versehenen, kurz-spitzi-

---

1) Der Name *Champsodelphis* wurde offenbar von Gervais als Erinnerung an Lacépède's Deutung gewählt. Herodot bezeichnet nämlich mit οἱ χάμψαι die Crocodile. Der Name χάμψαι ist offenbar ein altägyptischer.

Im Koptischen heisst nach Peyron (Lexicon linguae copticae. Taurini 1835, S. 107) ⲘⲤⲀϨ (msah), ⲈⲘⲤⲀϨ (emsah) crocodillus, woher bei den Arabern der Name timsâh.

gen Kronen und verdickten Wurzeln. Die Halswirbel frei. Die Körper der Lendenwirbel mehr oder weniger verlängert, stets länger als hoch. (Die Querfortsätze derselben mässig lang, am Ende verbreitert?)[1]

Die *Champsodelphen* scheinen ausgestorbene, zu den *Platanistinae* hinneigende oder selbst ihnen verwandte (?) *Delphininen* gewesen zu sein.

### Spec. 1. Champsodelphis macrognathus Nob.[2]

Dauphin à longue symphyse de la mâchoire inférieure, *Cuvier, Recherch. s. l. oss. foss., nouv. éd., T. V, P. 1, p. 312, Pl. XXIII, Fig. 4 und 5; 4me éd., 8, T. VIII, P. 2, p. 159—162, Pl. 221, Fig. 4, 5.* — Delphinus macrogenius, *Laurillard, Dictionn. univ. d'hist. nat. T. IV, p. 624 c. p.* — Champsodelphis macrogenius, *Gervais, Zool. et Paléont. fr., 1re éd., I, p. 152; 2me éd., p. 311 c. p.; Zool. et Paléont. gén. p. 180 c. p.; Pictet, Trait. d. paléont., 2me éd., T. I (1853), p. 383 c. p.* — Gavial, *Lacépède, Quadrup. ovip., éd. 4, p. 239.* — Delphinus macrogenius, *Valenciennes, Compt. rend. d. l'Acad. d. Paris 1862, T. LIV, p. 790.*

Bei dem Dorfe Sort, zwei Lieues von der Stadt Dax (Landes), entdeckte ein Herr v. Borda d'Oro in einer Art miocänen Muschelsandes (Falun) einen Unterkiefer, den Lacépède für den eines Gavials hielt. Cuvier, der denselben zu Dax 1803 genau untersuchte und zeichnete, später aber in seinen *Recherches p. 160* beschrieb und früher (éd. nouv.) auf Pl. XXIII, Fig. 4, 5, später (4me éd., 8) auf Pl. 224, Fig. 4, 5 abbilden liess, erklärte indessen denselben mit vollem Rechte für den eines *Dauphin à longue symphyse de la mâchoire inférieure*. Er meinte jedoch, dass derselben Delphin-Art auch das Bruchstück eines Oberkiefers angehöre, welches Borda noch zu Buffon's Zeit an das Pariser Museum gesandt hatte. Es ist dasselbe, welches er hinter seiner Beschreibung des genannten Unterkiefers p. 162 ff. schilderte und unter *Fig. 9, 10, 11* abbilden liess.

Laurillard und Gervais theilten Cuvier's Ansicht. Der Letztere lieferte überdies Pl. 41, Fig. 6, 6 a und 6 b Copien des fraglichen Oberkieferfragmentes. Valenciennes (*Compt. rend. d. l'Acad. d. Paris, T. LIV, 1862, p. 789 et 790*), der das Cuvier vorgelegene Original des fraglichen Oberkieferfragmentes untersuchen konnte, meint: dasselbe möchte wohl einer anderen Art als der Unterkiefer angehören, so dass man unter *Delphinus macrogenius* zwei Arten zusammengeworfen habe. Die Zähne des Fragments seien dicker, besässen keinen Ansatz und ihre Emailschicht zeige ein anderes Anschen. Merkwürdigerweise

---

1) Die auf den Unterkiefer und die Zähne bezüglichen Merkmale wurden dem Cuvier'schen und Letocha'schen Unterkieferfragment entlehnt, die Beschaffenheit der Halswirbel und die verlängerten Körper der Lendenwirbel aber den Herrn v. Letocha gehörigen Resten der Wirbelsäule. Dass die Querfortsätze der Lendenwirbel am Ende verbreitert sein möchten, glaube ich aus der

Verwandtschaft des *Champsodelphis Letochae* mit den von mir als Ch. Fuchsii und Kareri bezeichneten Arten folgern zu können.

2) Ich schlage statt des Namens macrogenius, der ohnehin keinen rechten Sinn hat, den bezeichnenderen macrognathus vor, weil unter D. macrogenius Laurillard zwei Arten stecken, wie Valenciennes nachwies.

schweigt Gervais (*Paléont. gén. p. 180*) über diesen Umstand, denn in Bezug auf Valenciennes (a. a. O.) giebt er nur an: »M. Valenciennes a donc en raison de dire que les mâchoires inférieures signalées par Mr. Petroni n'appartiennent pas au *Champsodelphis*« welche Angabe ich bei Valenciennes nicht auffinden konnte. Wohl aber erklärt der Letztere p. 789, den Unterkiefer, wovon Gervais in der *Zool. et Paléont. fr. Pl. XLI, Fig. 7* und *7a* nach einem von Prof. Bazin zu Bordeaux ihm gesandten Gypsabguss Abbildungen lieferte, der wohl einem *Squalodon* angehörte (siehe unten *Sq. Grateloupii*), ohne Bedenken für artlich identisch mit den oben erwähnten Cuvier'schen, von Laurillard einem *Delphinus macrogenius* (d. h. *Champsodelphis macrogenius* Gervais) vindizirten Unterkiefer.

Da es nach Maassgabe der Bemerkungen Valenciennes's wohl nicht sehr wahrscheinlich sein dürfte, dass sowohl das zu *Delphinus macrogenius* gezogene, von Cuvier beschriebene, Oberkieferfragment, als auch der von Letzterem ausführlich geschilderte Unterkiefer (*Recherch. Pl. 224, Fig. 4, 5*) ein- und derselben Art angehörten, so schien es mir besser den Letzteren einem *Champsodelphis macrognathus* zu vindiziren, den von ihm ein und derselben Art zugeschriebenen Oberkiefer (Fig. 9—11) aber nach Valenciennes (a. a. O.) für den einer anderen, jedoch künftig noch näher festzustellenden, Art (*Champsodelphis Valenciennesii?*) zu erklären.

Cuvier, der umständlich nachwies, dass der Unterkiefer seines *Dauphin à longue symphyse* keinem Crocodil angehört haben könne (wie Lacépède meinte), macht über denselben nachstehende Bemerkungen.

Derselbe ist vorn und hinten defect. Die vollständigere Hälfte bietet eine Länge von 0,2, die Symphyse von 0,24. Die Totallänge des Kiefers schlägt Cuvier auf etwa 2 Fuss an. Die Breite des vorderen Endes beträgt 0,035, die Höhe desselben 0,028. Die Breite desselben, wo die Aeste sich trennen, beläuft sich auf 0,5. Der Querdurchschnitt dieses Theiles der Symphyse ist oben geradlinig, unten convex und bietet jederseits eine schiefe Wand für die Zahnreihe. Ueber der Mitte der ganzen Symphyse verläuft eine kaum eingedrückte Linie.

Zähne sind auf jeder Seite der Symphyse acht, hinter derselben aber, auf dem längeren Aste, zehn vorhanden. Die einzelnen, konischen, zugespitzten, am Ende etwas zurück gebogenen Kronen der Zähne besitzen eine dicke Basis, woran man hinten einen kleinen, höckerartigen Ansatz wahrnimmt. Ihre dicken, zugerundeten, nicht tief in den Kiefer eingesenkten, Wurzeln weisen auf ein erwachsenes Individuum hin. Der mit Email bedeckte Th... der Zähne ist 0,015 hoch und bietet einen basalen Durchmesser von etwa 0,0011. Der zwischen den einzelnen Zähnen befindliche Zwischenraum beträgt ungefähr 0,02; nach hinten zu werden jedoch die Zähne kleiner und stehen dichter an einander.

Nach Cuvier ähnelt der Kiefer durch seine lange Symphyse dem der *Cachelote*, sowie dem von *Delphinus gangeticus* und *rostratus*; jedoch ist beim *D. gangeticus* (*Platanista gangetica*) die Symphyse comprimirter, beim fossilen aber breiter als hoch. Auch besitzen die Zähne eine andere Form. *D. rostratus* bietet übrigens zahlreichere, kleinere, weit gedrängter stehende, Zähne. Er bemerkte daher mit Recht, der Unterkiefer gehöre keinem *Delphin* an, dessen Knochenbau man kenne.

Meinestheils finde ich, dass der fragliche Unterkiefer hinsichtlich der Gestalt seiner Symphyse und des Verhaltens seiner Zähne eine unverkennbare Aehnlichkeit mit dem von *Inia* besitzt (siehe *Flower, Trans. of the Zool. Soc. V, VI, P. 3, Pl. 26, Fig. 3*). Es fragt sich daher, ob nicht die Abtheilung *Champsodelphis* solche ausgestorbenen *Delphiniden* umfasst, die sich auch durch andere, noch unbekannte, Charaktere der Gruppe der *Platanistinae* annäherten, ja vielleicht selbst ihnen anzureihen wären.

Die Länge des *Ch. macrognathus* wird von Cuvier auf etwa neun Fuss geschätzt.

### Spec. 2. Champsodelphis lophogenius Nob

Delphinus lophogenius *Valenciennes, Compt.-rend. d. l'Acad. d. Paris, T. LIV, 1862, p. 788.*

Valenciennes a. a. O. hat unter dem eben angeführten Namen eine neue Art von *Delphinoiden* auf Grundlage eines zu Montfort bei Dax (Departement Landes) im Miocän gefundenen Unterkiefers aufgestellt, den er auf folgende Weise charakterisirt.

«La symphyse est osseuse complètement soudée et ossifiée dans toute son étendue, et ce qui est distinctif et caractéristique de cette espèce de *Dauphin*, c'est que la symphyse était relevée dans toute sa longueur par une crête osseuse très-prononcée, haut de 2 millimètres au moins; elle sépare une petite gouttière peu profonde qui s'étend tout le long de la base, de chaque côté. La réunion des deux branches était étendue, car si l'on compte à partir de la dernière dent de la mâchoire, on n'en voit que treize entre la terminaison de la soudure de deux branches et la dernière dent vers l'apophyse coronoïde.

Notre mâchoire inférieure porte dix-neuf dents, donc sept sont brisées et leur place est marquée par les racines encore en place dans les alvéoles. Les douze (dents) restantes sont coniques, pointues, un peu courbées en dedans et portent à base un vestige d'un tubercule excessivement petite. La partie émaillée des dents est haute de 0^m,007. — L'extrémité antérieure est cassée et perdue, mais si l'on en juge par la courbure de la portion restante, on peut croire que la branche se prolongeait assez pour porter encore dix à douze dents.

Nach Valenciennes gleicht der Unterkiefer zwar dem von *Delphinus frontatus Cuvier* und ähnelt hinsichtlich seiner sehr langen Symphyse dem des vorigen auch bei Dax gefundenen *Delphins*. Sein Unterkiefer unterscheidet sich aber von dem dieses eigentlichen *Dauphin à longue symphyse Cuvier's* (des *Champsodelphis macrognathus*) durch die gekielte Symphyse.

### ? Spec. 3. Champsodelphis Valenciennesii Nob.?

Dauphin à longue symphyse mâchoire supérieure, *Cuvier, Rech. nouv. éd., T. V, P. 1,*
*p. 313, Pl. XXIII, Fig. 9—11; 4me éd., T. VIII, p. 160 et 162, Pl. 224,*
*Fig. 9—11.* — Delphinus macrogenius *Laurillard, Dictionn. univ. d'hist. nat.,*
*T. IV, p. 634 c. p.* — Champsodelphis macrogenius *Gervais, Zool. et Paléont.*
*fr., 2me éd., p. 311, Maxillaire Pl. 41, Fig. 6, 6a und 6b.*

Cuvier a. a. O. hat das mit einigen Zähnen versehene Oberkieferfragment eines *Del-*
*phins,* welches Borda (nach Valenciennes schon zur Zeit Buffon's) an das pariser Museum schickte, nebst dem Unterkiefer, den wir oben, nach Valenciennes's Vorgange, als
die einzige zulässige Grundlage des *Champsodelphis macrognathus* ansahen, ein- und derselben Art von *Delphinoiden,* seinem *Dauphin à longue symphyse,* vindizirt, worin ihm, wie
oben bemerkt, Laurillard und Gervais folgten. Valenciennes, der das Oberkieferfragment einer neuen Untersuchung unterwarf, behauptet dagegen (*Compt.-rend. d. l'Acad. d.*
*Paris, T. LIV, 1862, p. 789 und 790*): man habe unter *Delphinus macrogenius* die Reste
zweier Arten vereint, das vermeintliche, vier ihm inserirte Zähne bietende Oberkieferfragment des *Dauphin à longue symphyse Cuvier's* unterscheide sich vom Unterkiefer desselben
durch die Dicke der mit keinem Anhang versehenen, mit einer abweichenden Schmelzlage
bedeckten Zähne.

Ich habe daher das genannte Oberkieferstück vorläufig einer fraglichen, von *Champso-*
*delphis macrognathus* verschiedenen, künftig noch genauer festzustellenden Art (*Champso-*
*delphis Valenciennesii?*) zugewiesen.

Cuvier macht über das die fragliche Art bildende Fragment folgende, beachtenswerthe
morphologische Bemerkungen.

· Das früher *Pl. XXIII,* später *Pl. 224,* Fig. 9—11 von ihm dargestellte, an beiden
Enden abgebrochene Oberkieferfragment ist 0,16 lang, vorn 0,047, hinten 0,055 breit und
vorn, wie es scheint, mehr als 0,005 hoch, welcher letztere Umstand auf eine dortige Com-
pression hindeuten würde. Die Mitte der ganzen unteren Fläche ist von einer breiten, tiefen Längsfurche durchzogen, zu deren Seiten man den Vomer und die Kieferknochen sieht.
An den Seiten bemerkt man eine Nath, welche den Ober- und Zwischenkiefer trennt. Der
Letztere scheint einen fast vertikalen äusseren Rand besessen zu haben, was nach Maassgabe der Schnautze von *D. rostratus* auf einen am vorderen Ende, etwa in der Gegend des
sechsten oder siebenten Zahnes, comprimirten Schnautzentheil hindeutet.

An beiden Enden des im Querdurchschnitt (*Cuv., Pl. 224, Fig. 11 a*) ovalen, breiter
als hohen, unten zugespitzten, Fragmentes sieht man mit Steinmasse ausgefüllte Höhlen,
welche, wie bei den lebenden *Delphinen,* eine ligamentöse Masse enthielten.

Die Zähne sind konisch, ein wenig gebogen und hinten mit einem viel kleineren (nach
Valenciennes keinem!) Höckerchen als die des anderen Kiefers (er wollte sagen des Unterkiefers) versehen. Ihre Emailschicht ist 0,016 lang, am Grunde von vorn nach hinten

0,011, von rechts nach links 0,009 breit. Die Wurzeln derselben erscheinen bis zum Eintritt in die ziemlich tiefen, schief nach hinten gehenden, Alveolen verbreitert.[1]

### Spec. 4. Champsodelphis Letochae J. F. Brdt.

### Taf. XXVIII.

In Nussdorf bei Wien wurde das bedeutende Fragment eines Unterkiefers, 19 Wirbelfragmente, sowie ein Oberarm nebst der Ulna und dem Radius eines *Delphins* ausgegraben, welche Gegenstände sich in der werthvollen Sammlung des um die Erweiterung der Kenntniss des wiener Beckens verdienten Herrn v. Letocha befinden und mir auf die liberalste Weise zur Verfügung standen. Ich habe daher die darauf begründete neue Art als *Champsodelphis Letochae* bezeichnet.

Dass diese Art zur Gattung *Champsodelphis* Gervais's gehöre, zeigt das vom Herrn Dr. Fuchs trefflich restaurirte Fragment des Unterkiefers (Taf. XXVIII, Fig. 1). Dasselbe weist auf einen mindestens 350 Mm. langen, im Ganzen aber niedrigen, am Grunde 25, in der Mitte 11 Mm. hohen, an der Aussenseite ziemlich ebenen, jedoch längsgefurchten, mit einer ungemein verlängerten, sehr schmalen, zugespitzten Symphyse versehenen, delphinartigen Unterkiefer hin. Die Aeste desselben divergiren erst weit hinter seiner Mitte in einen sehr spitzen Winkel und besitzen zahlreiche, gerundete, 4 Mm. im Durchmesser haltende Alveolen, die sich noch auf den, hinter der Symphyse befindlichen, breiteren Theil der Kieferäste eine namhafte Strecke fortsetzen.

Der Unterkiefer von *Champsodelphis Letochae*, obgleich er dem von *Champsodelphis macrognathus* ähnelt, zeigt, genauer verglichen, mehrere Unterschiede. Er gehörte, wie die gleichzeitig ausgegrabenen, mit verwachsenen Epiphysen versehenen, Wirbel beweisen, einem ausgewachsenen Individuum an, welches etwa nur die halbe Grösse des *Ch. macrognathus* besass. Seine Alveolen sind augenscheinlich zahlreicher und stehen gedrängter. Nach Maassgabe seines so schmalen, vorderen, dennoch aber unvollständigen Theiles, könnte wohl auch die Symphyse desselben länger als bei *Ch. macrognathus* gewesen sein.

Die Halswirbel waren, nach Maassgabe sämmtlicher Fragmente, alle frei, wie ihre vorderen und hinteren Gelenkflächen zeigen. Der Atlas fehlt.

Der Körper des Epistropheus (Fig. 2 a, a', a") bietet unten (2 a") hinter dem Zahnfortsatze eine centrale Längsleiste, neben welcher jederseits Gruben wahrgenommen werden. Der fast ovale, nur wenig vortretende, Zahnfortsatz (α) zeigt auf seiner oberen Fläche (Fig. 2 a') vorn eine kleine, ovale Grube.

---

1) Der Unterkiefer, welchen man früher einem *Delphinus Bordae* (Gervais, Zool. et Paléont. fr., 1ᵐᵉ éd., I, p. 153; Valenciennes, Compt.-rend. d. l'Acad. d. Paris, T. LIV, 1862, p. 790) später (Gervais Zool. et Paléont. fr., 2ᵐᵉ éd., p. 311, Pl. XLI, Fig. 5) einem *Champsodelphis Bordae* zuschrieb, den J. Müller aber (Die Zeu- | glodonten, Taf. XXV) als den eines *Zeuglodon* ansah, erklärte H. v. Meyer (*Palaeontograph.* VI, 1856, p. 42) mit Recht für den eines *Squalodon.* Gervais selbst (*Zool. et Paléont. génér.*, 1867, p. 180) trat dieser Ansicht bei, indem er gleichzeitig seinen *Delphinus affinis* als Synonym anführte.

34*

Der Körper des dritten Halswirbels (Fig. 2 b) ist nebst Resten von Bogen und von Fortsätzen ebenfalls erhalten und passt nach Maassgabe seiner vorderen Gelenkfläche sehr gut zur Gelenkfläche des Epistropheus.

Selbst der nur mit Resten von Bogen und von Fortsätzen versehene Körper des vierten Halswirbels (Fig. 2 c) fehlt nicht, ebenso wie der des fünften und sechsten.

Die vier letztgenannten Halswirbel boten indessen keine als charakteristisch mir erschienene Merkmale, ausser dass sie einen weit dickeren, längeren (9—10 Mm. dicken) Körper als die des *Champsodelphis Fuchsii* besassen. Die Höhe ihrer Körper beträgt 21, die Breite derselben 20 Mm. Die Dicke oder Länge ihrer Körper unten verhält sich daher fast wie 1 : 2, im Gegensatz zu *Champsodelphis Fuchsii.*

Die vorderen Rückenwirbel bieten einen, von vorn oder hinten gesehen, abgerundetherzförmigen, gegen 20 Mm. hohen, 14 Mm. dicken, 22 Mm. breiten, unten an den Seiten wenig eingedrückten Körper.

Die mittleren Rückenwirbel (Fig. 2 d) zeigen einen 15 Mm. langen, 17 Mm. hohen und 21 Mm. breiten Körper, der, von vorn oder hinten gesehen, stumpfherzförmig, an den Seiten stark eingedrückt, in der Mitte aber sehr breit kielförmig, etwas viereckig, erscheint.

Die Körper der hinteren Rückenwirbel (Fig. 2 e) besitzen dagegen einen 22 Mm. langen, 20 Mm. hohen, 18 Mm. breiten, unten an den Seiten stark (stärker als bei *Champsodelphis Fuchsii*) eingedrückten, in der Mitte scharf gekielten Körper.

Die bis zu den Schwanzwirbeln allmählig stark verlängerten, 40 Mm. langen, 20 bis 26 Mm. hohen, vorn 23—27 Mm. breiten, Körper der Lendenwirbel (Fig. 2 f, g) sind an den Seiten unter den Querfortsätzen mehr oder weniger eingedrückt und unten in der Mitte stark ausgeschweift. Die vorderen (f) und mittleren (g) bieten unten einen scharfen, gebogenen Kiel, der bei den hintersten, den Schwanzwirbeln sich nähernden, dicker, stumpfer und breiter erscheint und hinten zwei Höcker bietet.

Der einzige der vorhandenen Schwanzwirbel (Fig. 3 a, b) (der vorderste 36 Mm. lange, vorn 26 Mm. hohe und 26 Mm. breite) besitzt unten tiefere Gefässfurchen als die Lendenwirbel. Die Unterfläche zeigt vorn 2 parallele Leistchen, hinten 2 aber parallele, am Ende stark zusammengedrückte Höcker zum Ansatz des unteren Dorns. — Der Rest des Basaltheiles seines Querfortsatzes ist 20 Mm. breit.

Rippen und das für Artunterscheidung nicht unwichtige Brustbein sind nicht aufgefunden worden.

Der Oberarm (Fig. 4 A und Fig. 5) ist 60 Mm. lang, oben, von aussen gemessen, 25 Mm., unten, von aussen gemessen, 30—32 Mm. breit und unter dem Condylus nur wenig verschmälert. Die Ulna (Fig. 4 C) fand ich 6 Mm. kürzer, den Radius (ebend. B) etwa 5 Mm. länger als den Oberarm.

Der Radius erscheint innen stärker ausgebuchtet und unten breiter als bei *Champsodelphis Fuchsii.*

Die verschieden gestalteten Fusswurzelknochen (Fig. 4 D, E, F, G, M, N, O, P, Q, R), deren vier vorhanden sind, erscheinen auf ihren freieren, schmäleren Flächen mit netzartigen, theilweis reihigen Warzen besetzt, ja sind theilweis wie gezähnelt.

Die Phalangen (ebend. H, I, K, L) lassen keine besonderen Abweichungen wahrnehmen.

Die geschilderten Reste gehörten offenbar, da die Epiphysen der Wirbel- und Extremitätenknochen bereits verschmolzen sind, einem erwachsenen Individuum an, welches hinsichtlich der Grösse dem *Delphinus delphis* sich näherte, aber wohl fast nur ½ so gross als *Champsodelphis macrognathus*, also etwa gegen 4—5 Fuss lang war. Vom *Delphinus delphis* unterschied sich *C. Latochae* namhaft durch den viel schmäleren, mit einer sehr langen, verwachsenen Symphyse versehenen Unterkiefer, die abweichende Gestalt der freien, dickere Körper bietende, Halswirbel, die viel längeren Körper der Lendenwirbel und die abweichende Gestalt des Oberarms, sowie die der Ulna und des Radius. Noch entfernter stand er *Phocaena communis, Delphinus Tursio* und *Delphinapterus.* Am meisten näherte sich aber offenbar *Champsodelphis Letochae* dem *Champsodelphis Fuchsii.* Die (wie es scheint) etwas geringere Grösse, die dickeren Halswirbel, der anders geformte Körper des Epistropheus, die noch etwas stärker in die Länge gezogenen Körper der Lendenwirbel, der innen stark ausgeschweifte Radius und die dagegen hinten wenig ausgeschweifte Ulna lassen übrigens das Rumpfskelet von *Champsodelphis Letochae* von dem des *Champsodelphis Fuchsii* deutlich unterscheiden.

## ANHANG I.

Nach Maassgabe der verlängerten Lendenwirbel und der am Ende verbreiterten Querfortsätze derselben scheinen die zwei oder vielleicht drei nachstehenden Arten, deren Kiefer- und Zahnbau noch unbekannt ist, ebenfalls zu *Champsodelphis* gehört zu haben. Sie könnten freilich möglicherweise auch alle oder theilweis *Heterodelphen* gewesen sein, weshalb ich dem generischen Namen *Champsodelphis* noch ein Fragezeichen vorsetzte. Die sehr fragliche Gattung *Delphinopsis Joh. Müll.* möchte ich gleichfalls vorläufig den *Champsodelphen* anreihen.

### Spec. 5. ? Champsodelphis Fuchsii [1] J. F. Brdt.

### Taf. XXIX.

Delphinus fossilis bessarabicus, *v. Nordmann, Palaeontol. p. 351, Taf. XXVII, Fig. 9 bis 11* (vertebrae) nec non Phocaena euxinica fossilis, *v. Nordmann ib. p. 250, Taf. XXVII, Fig. 6, 7, 8* (humerus, ulna et radius) et *Fig. 12 a und b* (Bulla tympani).

Unter dem Namen *Delphinus fossilis bessarabicus* hat v. Nordmann a. a. O. eine Art von *Delphinoiden* aufgestellt, wovon er nur dreizehn Wirbel kannte und einen Brustwirbel

---

[1] Da die Reste der mit diesem Namen bezeichneten Art nicht blos im wiener Becken, sondern auch in Südrussland gefunden wurden, so habe ich dieselbe meinem geehrten, nicht blos um die Palaeontologie des genann- ten Beckens, sondern auch Südrusslands, verdienten Freunde, dem Herrn Custos am K. K. Hofmineraliencabinet in Wien, Dr. Th. Fuchs, gewidmet.

(Fig. 9 a, b), einen Lendenwirbel (Fig. 10 a, b) sowie einen dritten Wirbel (Fig. 11), als einen vorderen Schwanzwirbel auf seiner Taf. XXVII darstellen liess.

Das Museum der Akademie der Wissenschaften besitzt vom Herrn v. Nordmann das Exemplar eines Lendenwirbels, den derselbe mit eigener Hand dem *Delphinus bessarabicus* zuschrieb.

In der Nordmann'schen Sammlung sind als Grundlage der fraglichen Art 10 von Nordmann selbst bestimmte und mit einer allgemeinen, eigenhändigen Etiquette versehene Wirbel (1 Halswirbel, 5 Rückenwirbel, drei Lendenwirbel und 1 Schwanzwirbel), vorhanden, welche ich zu Folge der gütigen Mittheilung des Herrn Prof. Wiis untersuchen konnte und sämmtlich mit verwachsenen Epiphysen versehen fand, so dass sie wohl ohne Zweifel einem erwachsenen Thier angehörten. Drei davon, einen der Rückenwirbel, und Lendenwirbel nebst dem Schwanzwirbel, habe ich *Taf. XXIX*, *Fig. 14—17* darstellen lassen.

Was Nordmann zur Begründung der Art (a. a. O.) mittheilt, beschränkt sich auf folgende kurze Angaben:

Er zweifelt daran, dass dieselben einem echten *Delphinus*, wegen der freien Halswirbel, angehörten. Sämmtliche Knochen zeichnen sich, wie er ferner bemerkt, durch die überwiegende Länge der Wirbelkörper aus, wie es weder bei *Phocaena communis* noch bei *Delphinus delphis* statt findet. Auch seien die Querfortsätze auffallend breit. Der Schwanzwirbel, ungefähr der 14te vom Schwanzende, habe keinen Dornfortsatz.

Da der Bau der Lendenwirbel, namentlich in Bezug auf die verschiedene Länge ihres Körpers und das Verhalten ihrer Querfortsätze, treffliche Unterschiede für die Erkennung der Gruppen der *Delphinoiden* bieten, so schien es mir am besten dieselben als Hauptgrundlage des nordmannschen *Delphinus bessarabicus* zu betrachten und ihre Beschreibung der anderen Wirbel vorauszuschicken.

Dem Verhalten seiner Lendenwirbel (*Taf. XXIX*, *Fig. 16, 17*) gemäss gehörte *D. bessarabicus* zu den langwirbligen, also von *Delphinus delphis* abweichenden Arten, da ihre Körper niedriger, und fast etwa $\frac{1}{3}$ länger als hoch sind. Alle vier der erhaltenen Lendenwirbel ermangeln leider der vollständigen Querfortsätze. Bei dreien ist der dünne Bogentheil nebst einem Theile des Dornfortsatzes und dem hohen pyramidalen Rückenmarkskanal vorhanden. Einem vierten Wirbel fehlen die genannten Theile. Die Reste der Quer- und Dornfortsätze deuten auf eine ansehnliche Breite derselben hin. Die Mitte der unteren Körperhälfte erscheint sehr stark eingedrückt und scharfkielig. Die Länge der Körper beträgt 34—35, die Höhe vorn 23—25, die Breite vorn 23—25 Mm.

Der fragmentarische Halswirbel, wohl einer der mittleren, besitzt zwar einen schmalen Körper, war aber offenbar, nach Maassgabe der Entwickelung der Gelenkflächen der verwachsenen Epiphysen, ein freier, wie bei den langwirbligen Formen des wiener Beckens. Die Länge seines Körpers beträgt 5, die Höhe 19 Mm.

Von den vordersten Rückenwirbeln sind zwei, jedoch nicht unmittelbar auf einander folgende, vorhanden, wie die verschiedenen Dimensionen ihrer unten zugerundeten Körper beweisen. Der Körper des einen, mehr vorderen (ebend. Fig. 14, 15), bietet eine Länge von 10, der des anderen, mehr nach hinten zu versetzenden, von 14 Mm.

Von mittleren Rückenwirbeln wurden zwei vorgefunden. Der eine vollständige davon, der mehr vordere, besitzt einen unten zugerundeten, der andere einen unten scharf gekielten Körper. Der Körper beider Wirbel zeigt eine Länge von 20 und vorn eine Höhe von 15 Mm.

In der der Helsingforser Universität gehörigen Sammlung v. Nordmann's findet sich ausser den beschriebenen Wirbeln mit denselben vereint auch ein Schwanzwirbel (ebend. Fig. 18), der aber durch seine Grösse die beschriebenen Rückenwirbel und Lendenwirbel dermaassen übertrifft, dass er nicht wohl ein und demselben Individuum, sondern wohl einem grössern, wenn nicht etwa einer anderen, nahe verwandten, Art angehörte. Der fragliche Wirbel, den v. Nordmann weder beschrieb noch abbilden liess, obgleich er als ein fast vollständiger erscheint, ist ganz entschieden einer der vorderen Schwanzwirbel, nach meiner Ansicht der vierte oder fünfte, da er an seinem Grunde von einem Gefässcanal durchbohrte, kurze, dreieckige Querfortsätze, so wie unten auf den Seiten seines Körpers zwei parallele Leisten besitzt, die in ihrer Mitte von einem Gefässcanal durchbohrt sind und zur Anheftung der unteren Dornfortsätze bestimmt waren. Der fragliche Wirbel zeichnet sich übrigens durch einen ziemlich breiten obern Dornfortsatz aus. Die Länge seines Körpers beträgt 26, seine vordere Höhe ebenfalls 26 Mm.

Bemerkenswerth ist übrigens, dass der von v. Nordmann p. 352 für einen Schwanzwirbel erklärte, Taf. XXVII, Fig. 11 von ihm abgebildete, des Dornfortsatzes verlustige, Wirbel ohne Frage ein Lendenwirbel ist, wovon ich mich durch den Vergleich des Originals überzeugte.

Durch die freien Halswirbel und die längeren, niedrigeren, schlanken Lendenwirbel weicht Delphinus bessarabicus ganz entschieden von den noch jetzt im schwarzen Meere vorkommenden Delphinoiden (Phocaena communis, Delphinus delphis und D. Tursio) ab.

Die Untersuchung der Originale des Delphinus bessarabicus setzten mich in den Stand, mit denselben die Abbildungen und Beschreibungen der bedeutenden Skeletreste von Delphinen genauer zu vergleichen, welche ich im K. K. Hofmineralienkabinet zu Wien zu untersuchen eine so schöne Gelegenheit hatte. Es ergab sich hierbei, dass die zahlreichen bei Nussdorf in der dritten (früher Herrn Schegar gehörigen) Ziegelgrube 1859 gefundenen, unter XXVII. G m. so wie g dort aufbewahrten, zwei verschiedenen Funden angehörigen Reste, die ich anfangs einer eigenen, zweiten Art eines langwirbligen Delphis zuschrieb dem Delphinus besssarabicus und der Phocaena euxinica angehören.

Die fraglichen wiener Reste (Taf. XXIX, Fig. 1—11) bestehen aus mit Epiphysen versehenen, also alten Thieren angehörigen, Wirbeln, die meist ohne Fortsätze sind, ferner aus Bruchstücken von Rippen, dann einem Schulterblatte, einem vollständigen Brustbein, dem Humerus, dem Radius und der Ulna.

Die erwähnten Wirbel ähneln zwar im Allgemeinen den ebenfalls mit verwachsenen Epiphysen versehenen des *Champsodelphis Letochae*. Bei der ebengenannten Art sind aber die Körper des dritten und der folgenden Halswirbel (*Taf. XXVIII, Fig. 2 b, c*) dicker. Auch weicht dieselbe durch unten stark ausgeschweifte Lendenwirbel, die schmäleren Knochen des Oberarmes und Unterarmes, so wie durch den an seinem innern Rande stark ausgeschweiften Radius ab.

Die dem mit XXVII G m. bezeichneten Fund angehörigen Reste (Taf. XXIX, Fig. 1 A–F) des K. K. Hofmineralienkabinets veranlassten folgende Bemerkungen:

Die Halswirbel des *Champsodelphis Fuchsii* waren offenbar getrennt oder höchstens mit Hülfe der Bögen etwas verbunden. Der Atlas wurde leider nicht aufgefunden. Der Epistropheus (*Taf. XXIX, Fig. 1 A*) bietet einen platten, ziemlich dünnen Körper, woran man vorn eine fast halbmondförmige, etwas rauhe, in der Mitte von einer queren, länglichen Grube eingedrückte, unten aber eine centrale, auf die Unterseite des Körpers ausgedehnte Gelenkfläche für den Atlas bietende Erhabenheit wahrnimmt, die offenbar einen kleinen *Processus odontoideus* darstellt, neben welchem die beiden ovalen Gelenkflächen für die Seitentheile des Atlas sichtbar werden. Der ziemlich hohe, gerundet-viereckige Neuralbogen ist platt und zusammengedrückt und besitzt hinten und oben eine rauhe Grube, die wohl einen Seitentheil des 3ten Halswirbels aufnahm. Die etwas rauhe, jederseits eingedrückte, Unterseite des Körpers springt in der Mitte in einen kurzen Kiel, hinten aber in einen scharfen Rand vor. Die Querfortsätze sind kurz, fast abgerundet-viereckig, am oberen Rande gezähnelt. Der sehr rauhe, dreiseitig-pyramidale, hinten eingedrückte, auf der Innenfläche in der Mitte gekielte, nach hinten geneigte Dornfortsatz ist etwas länger als die hintere Körperbreite. Die hintere, für die Articulation mit dem dritten Wirbel bestimmte Gelenkfläche ist herzförmig. Die Höhe des Epistropheus von der unteren Fläche zur Spitze seines Dornfortsatzes beträgt 55, die Höhe seines Körpers 18, die Breite 22 Mm.

Die folgenden Halswirbel, wovon mir zwei vorliegen (ebend. B, C, C', C''), stellen sehr dünne, freie, abgerundet-herzförmige Platten dar, deren Körper eine Höhe von 20, eine Breite von 25 und eine Dicke von 4 Mm. zeigt, so dass die Dicke des Körpers zur Höhe sich wie 1 : 5 verhält. Man sieht übrigens daran vom Bogen und den Querfortsätzen nur Rudimente, vorn, wie hinten, aber eine herzförmige Gelenkfläche zur Verbindung mit dem vorhergehenden und folgenden Wirbel.

Von Resten der vordersten Rückenwirbel ist ein Wirbelkörper (Taf. XXIX, Fig. 1 D) mit einer Hälfte seines Bogens vorhanden. Der Körper besitzt eine Höhe von 17, eine Breite von 25 und eine Dicke (Länge) von 10 Mm. Seine gebogene untere Fläche bietet in der Mitte drei parallele, schmale Längsleisten, an seinen beiden hinteren oberen Winkeln aber, am Ursprunge der Bögen, eine ovale vertiefte Erhabenheit, wohl zur Einlenkung eines Theiles einer Rippe. Der Bogen selbst sendet oben einen Fortsatz nach aussen, der mit einer tiefen Grube versehen ist zur Einlenkung einer Rippe.

Aus der Zahl der mittleren Rückenwirbel bietet der Fund ein Fragment (ebend. E), welches einen unten stark zusammengedrückten, in der Mitte gekielten, 25 Mm. langen, vorn 18 Mm. hohen, und ebenso breiten, Körper besitzt. Die etwa 10 Mm. dicken, 15 Mm. breiten (allein übrig gebliebenen) Grundtheile der Querfortsätze sind hinten sehr stark grubig eingedrückt.

Die Lendenwirbel werden durch ein Fragment (ebend. Fig. 1 F) repräsentirt, welches mit den Rückenwirbeln verglichen einen längeren (33 Mm. langen) Körper besitzt, dessen unterer Kiel in der Mitte viel stärker ausgerandet erscheint. Von Querfortsätzen ist zwar nur der rechte, 40 Mm. lange, am Grunde 20 Mm. breite, mit Ausnahme seines Endtheiles erhalten, derselbe zeigt jedoch, dass er am Ende verbreitert war.

Der im K. K. Hofnaturalien-Cabinet unter XXVII 6 m aufbewahrte Fund enthält auch drei Schwanzwirbel (Taf. XXIX, Fig. 1 S, II. I) eines *Delphins*, die ich zwar nach Maassgabe des Fundortes, ihrer Conservation und ihrer allgemeinen Structur dem *Champsodelphis Fuchsii* zuzuschreiben geneigt bin; jedoch vermag ich sie, da sie durch etwas ansehnlichere Grösse vom beschriebenen Lendenwirbel abweichen, wenigstens nicht einem und demselben Individuum zu vindiziren.

Die fraglichen Schwanzwirbel bestehen aus dem zweiten oder dritten der drei vordersten Schwanzwirbel (G), der sich durch die vom Gefässkanal durchbohrten, noch ziemlich ansehnlich breiten Basaltheile der Querfortsätze, ferner die als Platten erscheinende Fortsätze für die unteren Dornen und die kleine, als Ellipse bemerkbare, Oeffnung des Rückenmarkkanales charakterisirt. Die Länge seines Körpers beträgt 32, seine Breite 27 Mm.

Ein zweiter 30 Mm. langer, hinten 25 Mm. hoher Schwanzwirbel (H) gehört weiter nach hinten als der eben geschilderte, dem er durch das Verhalten der Gefässkanals ähnelt. Seine Querfortsätze erscheinen aber nur als dreieckige Vorsprünge. Die 4 Fortsätze zur Anheftung der unteren Dornen sind in die beiden bekannten, parallelen, in der Mitte von einem Gefässkanal durchbohrten Leisten verschmolzen.

Ein dritter, noch weiter als der Wirbel II nach hinten gehöriger, 27 Mm. langer, hinten 22 Mm. hoher, Schwanzwirbel (I) ähnelt durch die zwei Längsleisten der unteren Fläche dem Vorigen. Statt der Querfortsätze bietet er aber schwache Leisten.

Das auf der äusseren Oberfläche convexe, auf der inneren etwas concave, Brustbein (Taf. XXIX, Fig. 5) zeigt zwar mit dem des *Champsodelphis Karreri* (Taf. XXX, Fig. 10) eine gewisse typische Aehnlichkeit, bietet aber genau betrachtet namhafte Differenzen und weist ohne Frage auf die spezifische Verschiedenheit des *Champsodelphis Fuchsii* und *Karreri* hin. Das Brustbein des *Ch. Fuchsii* erscheint breiter, mehr verkürzt, hinten fast quadratisch und so breit als in der Mitte. Die vorderen, konischen, hörnerartigen, abgeplatteten Seitentheile divergiren stärker, lassen daher einen breiteren, bogenförmigen Raum zwischen sich, und springen jederseits nach hinten in einen, fast halbmondförmigen, flügelartigen Fortsatz vor, der in der Mitte seines hinteren Saumes einen Ausschnitt oder eine

Oeffnung zum Durchtritt eines Gefässes hat. Die hinteren, stärker divergirenden, Fortsätze sind kürzer, ebenso wie platter und lassen einen breiten, bogenförmigen Raum zwischen sich. Die seitlichen Gruben für die Insertion des zweiten und dritten Rippenpaares liegen einander näher. Die grösste Länge des Brustbeins beträgt 105, seine grösste Breite oben 76, seine Breite in der Mitte 42 Mm., seine Breite hinten ebensoviel.

Der Fund m lieferte nur drei in natürlicher Grösse dargestellte Fragmente von Rippen (ebend. Fig. 2, 3, 4), die auf ein kleines Individuum hindeuten.

Vom Schulterblatt sind nur Bruchstücke vorhanden, die sich aber wenigstens zu einem solchen Fragment (ebend. Fig. 6) zusammensetzen liessen, dass man erkennen kann, das Schulterblatt sei im Allgemeinen delphinartig gewesen und habe ein *Acromion* und einen *Processus coracoideus* gehabt.

Der mit m bezeichnete Fund lieferte auch einen 50 Mm. langen, unten 30 Mm. breiten Humerus (ebend. Fig. 7 A), dessen innere Fläche auf ihrem oberen Theile sehr rauh und unter dem vorderen Theile des *Condylus* mit einer länglich-ovalen Grube versehen ist. Der Radius und die Ulna (ebend. B, C) sind als Bestandtheile des Fundes m des Hof-Mineralien-Kabinetes nicht bezeichnet. Unter den Delphinresten des in der genannten Sammlung mit g bezeichneten Fundes bemerkte ich indessen einen Radius (g, 24) und eine *Ulna* (g, 25), die in Bezug auf alle Proportionen, namentlich auch der Gelenkflächen, eben so wie auch hinsichtlich der Art ihrer Conservation, zum Humerus des Fundes sehr gut passen. Ich liess sie daher an der Abbildung (Fig. 7) desselben anbringen.

Ausser den bereits besprochenen Resten werden im K. K. Hofnaturalien-Kabinet unter g 3, g 28, g 29 und g 30 vier Wirbel aufbewahrt, die ich, wie die vorigen, in natürlicher Grösse abbilden liess und zur fraglichen Delphinart zu ziehen geneigt bin (ebend. Fig. 8 K, L, M, N) nebst drei anderen hintersten Schwanzwirbeln (ebend. O, P, Q). Der eine davon Fig. 1 K und 8 K' ist ein hinterer Rückenwirbel, dessen rechter Querfortsatz erhalten ist und am freien Rande eine Grube für die Einlenkung einer Rippe bietet. Die Länge seines Körpers beträgt 23, seine Höhe 16 Mm. Seine Epiphysen sind angewachsen. Die anderen Wirbel L—Q sind hintere und terminale Schwanzwirbel. Die fraglichen Reste könnten übrigens, wenigstens theilweis, die eines jüngeren Individuums sein, obgleich die Symphysen bereits verwachsen sind.

Ein oberer Dornfortsatz des Fundes g, 15 (Taf. XXIX, Fig. 10) könnte auch sehr wohl zum *Champsodelphis Fuchsii* gehören. Der Querfortsatz (ebend. Fig. 9), welcher im Funde g mit g 8 bezeichnet ist, passt bis auf die nur etwas geringere Grösse zu dem aus dem Funde m stammenden Wirbel F der Figur 1.

Es findet sich endlich im K. K. Hofmineralien-Kabinet ein mit e' bezeichneter Lendenwirbel, der nach Maassgabe seiner Gestalt zum Lendenwirbel F des Fundes m passt. Derselbe ist jedoch kleiner (30 Mm. lang) und besitzt unten einen schärferen, dünneren, Kiel und Ausschnitt, nebst einem breiteren Querfortsatz.

Zu den Synonymen des *Delphinus Fuchsii* wurde oben auch Nordmann's *Phocaena euxinica fossilis* gezogen. Es scheint daher nöthig, die Vereinigung derselben mit *Delphinus bessarabicus* zu einer Art (*Delphinus Fuchsii*) ausführlicher zu motiviren.

Herr v. Nordmann gründete die *Phocaena euxinica* auf zwei *Bullae tympani* (Meine Tafel XXIX, Fig. 12, 13), einige Humeri nebst der Ulna und dem Radius, so wie nach seiner Angabe auch einigen Wirbeln, die er ebenfalls aus Bessarabien (Kischinew) erhielt. Da mir daran liegen musste die der fraglichen Art zu Grunde liegenden Materialien aus eigener Anschauung kennen zu lernen, so wandte ich mich an Herrn Prof. Wiik, der die Güte hatte, mir 2 *Bullae tympani*, drei *Humeri*, 2 *Ulnae* und 1 *Radius* mit Etiquetten von v. Nordmann's eigner Handschrift versehen zu übersenden. Wirbel fanden sich nicht darunter. Auch hat v. Nordmann nur über die *Bullae* und die erwähnten Armknochen, nicht aber auch über Wirbel, kurze Bemerkungen und Zeichnungen mitgetheilt, was einigermaassen auffallen muss, da der Wirbelbau der *Delphine* mehrfache typische, sehr charakteristische Abweichungen zeigt.

«Von der *Bulla* bemerkt Nordmann: sie lasse sich von der der *Phocaena communis* nicht namhaft unterscheiden, auch sei sie von der des *Delphinus delphis* kaum verschieden geformt.

Der *Humerus* liesse sich gleichfalls von dem der *Phocaena communis* kaum unterscheiden, jedoch scheine er etwas stärker und namentlich am unteren Ende breiter zu sein. Aehnlich verhielten sich auch die Knochen des Vorderarmes. Die Ellbogenröhre schiene zwar breiter zu sein, wäre aber vom Wasser abgerollt.»

Den vorstehenden Bemerkungen möge es erlaubt sein folgende gegenüber zu stellen: Da die *Bulla tympani* nicht blos der der *Phocaena communis*, sondern auch der von *Delphinus delphis* ähnelt, so kann sie mit Bestimmtheit auf keine dieser Arten, sondern offenbar eher auf eine dritte Art bezogen werden, die Kennzeichen von beiden genannten Arten besitzt. Was die *Humeri* anlangt, so gehörten sie sämmtlich keinem sehr alten Thiere an. Zwei davon (ein linker und ein rechter) boten mit denen einer jüngeren *Phocaena communis* verglichen bei gleicher Länge im Allgemeinen dieselbe Gestalt: dass sie etwas stärker und breiter seien, lässt sich nicht behaupten. Alle drei unterscheiden sich indessen dadurch vom *Humerus* der *Phocaena communis*, dass sie auf der inneren Fläche, der Mitte des *Condylus* gegenüber, eine ansehnliche ovale Grube besitzen, die bei *Phocaena communis* durch eine längliche, unter dem äusseren Theil des *Condylus* befindliche repräsentirt wird. Der *Humerus* der vermeintlichen *Phocaena euxinica* erscheint übrigens mit den Unterarmknochen ziemlich gleich lang, während er bei *Phocaena communis* etwas weniger als ¼ kürzer ist. Die Länge jeder der beiden paarigen *Humeri* von der Mitte des unteren Randes bis zum Scheitelpunkt des *Condylus* gemessen beträgt 51, ihre untere grösste Breite 33, ihre mittlere Breite 22 Mm. Der 51 Mm. lange, obgleich unten wie an den Seiten stark abgeriebene, *Radius* erscheint entschieden schmäler und im Verhältniss zum Oberarmbein kürzer als der der *Phocaena communis*.

35*

Die *Ulnae* weichen noch mehr als der *Radius* von den entsprechenden Theilen der *Phocaena communis* ab. Sie sind, abgesehen von ihrer geringeren Länge, im Verhältniss zum Oberarm, obgleich ihr hinterer Rand theilweis abgerieben ist, unten, wie in der Mitte, breiter. Ihre Länge von der Mitte des unteren Randes bis zum Scheitel ihrer oberen Gelenkfläche beträgt 48, ihre mittlere Breite 15, ihre grösste untere 25 Mm.

Mit den entsprechenden Theilen der *Phocaena communis* lassen sich demnach die eben charakterisirten Knochen der vorderen Extremität ebenfalls nicht wohl identifiziren. Sie gehörten vielmehr entschieden einer davon zu sondernden *Delphinoide* an. Dass dieselbe eine zur Gattung *Phocaena* gehörige war, lässt sich jedoch nicht beweisen, da die Wirbel nebst dem Gebiss, sowie alle Schädeltheile fehlen.

Die Gemeinsamkeit des Fundortes der Reste (Kischinew), welche Nordmann seiner *Phocaena euxinica* zuschreibt mit den Wirbeln, worauf er den *Delphinus* (?) *fossilis bessara-bicus* gründete, gaben sogar Veranlassung zur Frage: ob nicht die der *Phocaena euxinica* und des *Delphinus* (?) *bessarabicus* möglicherweise derselben Art angehört haben könnten.

Die *Bulla*, welche, wie bereits bemerkt, schon Nordmann sowohl der von *Phocaena* als von *Delphinus* ähnlich fand, widerspricht der muthmaasslichen Bejahung keineswegs. Die Knochen der Extremität seiner *Phocaena euxinica* lassen sich gleichfalls sehr wohl als die einer echten *Delphinide* ansehen.

Der *Humerus* des *Champsodelphis Fuchsii*, welcher durch die centrale Grube seiner Innenfläche mit den von v. Nordmann seiner *Phocaena euxinica* vindizirten übereinstimmt, gehörte einem *Delphin* an, dessen Wirbel, besonders hinsichtlich ihrer Querfortsätze, denen des *Delphinus bessarabicus*, nicht denen einer *Phocaena* gleichen.

Der von mir angestellte Vergleich der Knochen der vorderen Extremität der *Pho-caena euxinica* mit den oben beschriebenen des *Delphinus bessarabicus*, lieferte übrigens das Resultat, dass die der vermeintlichen *Phocaena euxinica* zu Grunde liegenden Knochen nicht nur hinsichtlich der Grösse und Form, so wie der gleichen Länge des Oberarmknochens, mit den homologen Knochen des *Delphinus bessarabicus* übereinkommen, sondern auch mit den wiener Resten des *Champsodelphis Fuchsii* dermaassen übereinstimmen, als hätten sie der auf Taf. XIX Fig. 7 gelieferten nach den wiener Resten unter meiner Aufsicht entworfenen, auf *Ch. Fuchsii* bezüglichen Darstellung zum Modell gedient.

Die Annahme einer *Phocaena euxinica* nach den ihr von Nordmann zugeschriebenen Resten lässt sich demnach ebenfalls nicht begründen. Sie fällt mit seinem *Delphinus bessa-rabicus* zu einer Art (*Ch. Fuchsii*) zusammen. Der Umstand, das Reste derselben nicht blos in Bessarabien, sondern noch weit zahlreicher und vollständiger auch bei Wien, gefunden wurden, kann um so weniger auffallen, da man einen *Humerus* des *Octotherium pris-cum* und zahlreiche Reste der *Phoca pontica* ebenfalls bei Wien entdeckte.

Die Grösse des *Ch. Fuchsii* mag etwa der des *Delphinus delphis* geglichen haben.

### Spec. 6.? Champsodelphis Karreri J. F. Brdt.

#### Taf. XXX.

Im K. K. Hofmineralien-Kabinet zu Wien finden sich die 1859 in Nussdorf gefundenen Skeletreste einer *Delphinine*, welche auf Blatt 10 und 11 unter d im Catalog des genannten Kabinetes eingetragen sind. Sie bestehen aus Wirbeln, oder Körpern derselben, Fragmenten von Rippen und eines Schulterblattes, ferner einem Brustbein, so wie Knochen der Extremitäten, gehörten aber nicht einem Individuum, sondern einigen an.

Der Bau der Wirbel zeigt zwar im Allgemeinen Aehnlichkeit mit denen des *Champsodelphis Fuchsii*. Genauer betrachtet lassen indessen doch die Reste solche Abweichungen, namentlich in Bezug auf das Brustbein, wahrnehmen, die mich bewogen, dieselben einer davon verschiedenen Art zu vindiziren, die ich dem um die Kenntniss der fossilen Reste des wiener Beckens verdienten Herrn Karrer zu widmen mir erlaubte.

Der Epistropheus (*Taf. XXX, Fig. 1 A* und *Fig. 2*) des *Champsodelphis Karreri* mit dem des *Ch. Fuchsii* (*Taf. XXIX, Fig. 1 A*) verglichen zeigt folgende Unterschiede.

Er besitzt breitere, plattere (nicht fast conische, wenig comprimirte) Querfortsätze; der rudimentäre Zahnfortsatz ist an den Seiten stark grubig eingedrückt und lässt in seinem Centrum eine gerundete Vertiefung wahrnehmen, welche eine oben mit einer kleinen Grube versehene, Erhabenheit einschliesst. Bei *Ch. Fuchsii* tritt derselbe gewölbter vor und bietet in seinem Centrum eine quere, längliche Grube. Die Breite des Epistropheus vom Ende eines Querfortsatzes zum anderen beträgt 72, seine Körperhöhe 20 Mm.

Ausser dem Epistropheus hat leider der fragliche Fund d keinen Halswirbel aufzuweisen.

Die vordersten Rückenwirbel sind nur durch den Körper eines einzigen derselben, Taf. XXX U, repräsentirt.

Als hinterer Rückenwirbel darf wohl der ebend. Fig. 1 B von der Seite und Fig. 1 B' von oben dargestellte angesehen werden. Für diese Deutung sprechen seine (Fig. 1 B') langen, am Ende verbreiterten Querfortsätze, woran die Grube für den Rippenansatz fast nur die hintere, verdickte Hälfte des äusseren Saumes einnimmt. Die Länge des Körpers desselben beträgt 30, die Höhe desselben 22 Mm. Die Querfortsätze sind 35 Mm. lang, am Grunde 15, in der Mitte 18 und am Ende 22 Mm. breit.

Den drei vorhandenen Lendenwirbeln (Fig. 1 C, D, E), wovon ich mindestens zwei (C, D) für demselben Individuum angehörige halte, fehlen die Bögen und Fortsätze. Im Verhältniss zu den beiden oben beschriebenen Rückenwirbeln, deren Proportionen sehr gut zum Epistropheus passen, erscheinen die beiden vorderen der genannten Lendenwirbel (C, D) etwas gross, so dass sie möglicherweise für die eines etwas grösseren Individuums gelten könnten. Der vorderste von ihnen zeigt (Fig. 1 C) eine Länge des Körpers von 37, eine Höhe desselben von 27 und eine Breite von ebenfalls 27 Mm. Sein Körper ist unten, sowohl vorn als in der Mitte, sehr stark an den Seiten ein- und zusammengedrückt, besitzt einen scharfen, leicht gebogenen, in der Mitte nicht ausgeschweiften, sehr scharfen Kiel und unten sehr tiefe Gefässfurchen, die hinten einen dreiseitigen Vorsprung des Körpers absondern. Die Breite des Restes des Basaltheiles des Querfortsatzes beträgt 23 Mm.

Der folgende Lendenwirbel (Fig. 1 D) ähnelt formell dem vorigen (C), nur ist er grösser, und sein unterer Kiel erscheint in der Mitte ausgeschweift. Die Länge seines Körpers beträgt 40, die Höhe und Breite desselben 30 Mm.[1]

· Der dritte Lendenwirbel (Fig. 1 E) besitzt einen Körper, dessen Länge 40, Höhe sowie Breite ebenfalls 30 Mm. beträgt. Die Unterseite ist bis zur Mitte eingedrückt und ohne Kiel. Der hintere Saum des durch die seitlichen Gefässfurchen abgesonderten Körpertheils bietet als Annäherung an die Schwanzwirbel ein Paar paralleler Höcker. Er gehörte also wohl hinter dem Wirbel D.

Etwas ungewiss bin ich, ob die sieben Schwanzwirbel (Fig. 1 F—I und die unter ihnen dargestellten K, L, M) des Fundes d, obgleich sie der Grösse nach ziemlich gut sich mit den Rückenwirbeln combiniren lassen, nebst den beschriebenen Lendenwirbeln als Theile desselben Individuums — gelten können. Der vorderste der erhaltenen (vorliegenden Schwanzwirbel Fig. 1 F) ist freilich nicht der den Lendenwirbeln unmittelbar folgende, sondern wohl der zweite oder dritte; denn er besitzt unten vier plattenförmige Höcker zum Ansatz unterer Dornen und der Grund seiner Querfortsätze ist von einem Gefässkanal durchbohrt. Mit dem homologen Wirbel des *Ch. Fuchsii* verglichen erscheint er länger und etwas schmäler. Die Länge seines Körpers beträgt 38, seine Breite 27 Mm.

Die drei anderen, auf Tafel XXX, Fig. 1 unter G, H, I dargestellten, Schwanzwirbel folgten wohl dem Wirbel F mehr oder weniger unmittelbar. Bei allen dreien sind die für die unteren Dornen bestimmten Höcker der Unterseite zu Längsleisten vereint und die Körperseiten jederseits vom Gefässkanal durchbohrt. Auch die zwei vorderen (G, H) der genannten drei Schwanzwirbel erscheinen etwas mehr in die Länge gedehnt als die homologen Wirbel bei *Ch. Fuchsii*. Was die drei den Endwirbeln des Schwanzes zu vindizirenden Wirbel unter I der Fig. 1 stehenden (K, L, M) anlangt, so habe ich nichts Besonders daran wahrnehmen können.

Auf Taf. XXX, Fig. 2 sind aber mit der Bezeichnung N, O, P, Q auch noch vier dem vorderen und mittleren Theile des Schwanzes angehörige Wirbel dargestellt, wovon wenigstens der Wirbel Q als Bestandtheil des Fundes d gelten muss. Unter denselben bemerkt man übrigens auch Fragmente der unteren Dornen X, Y.

Wenn aber auch die genannten vier Wirbeltheile die desselben Individuums sein könnten, welchem die Lendenwirbel und Schwanzwirbel Fig. 1 C—M angehörten, so gilt dies nicht von drei weit grösseren auf Taf. XXX, Fig. 3 R, S, T dargestellten. Sie deuten, ohne Frage, mindestens auf ein grösseres Individuum, wenn auch nicht auf eine andere Art, hin.

---

1) Ein dem Wirbel D ähnlicher, nur grösserer, 50 Mm. | Hofmineralien-Kabinet aufbewahrt (M. vergl. meine Ta-
langer, 35 Mm. hoher Wirbel-wird unter h e im K. K. | fel XXX. ww). Ein kleiner ist ebend. Fig. V dargestellt.

Dieselben sind fast vollständig erhalten, weshalb ich sie auch abbilden liess.

Der eine davon R ist der zweite oder dritte Schwanzwirbel, wie die vier Höcker seiner Unterseite und die seine Seiten durchbohrenden Gefässkanäle zeigen. Seine Länge beträgt 30, seine Höhe 28 und seine Breite 30 Mm. Die Querfortsätze sind abgebrochen.

Der zweite (S) ganz vollständige darf als der auf den eben charakterisirten (R) gefolgte betrachtet werden, denn seine Querfortsätze sind dreieckig und werden am Grunde von einem Gefässkanal durchbohrt. Die Unterseite bietet statt der Höcker zwei von einem Gefässkanal durchbohrte Längsleisten. Die Länge des Körpers beträgt 30, seine Höhe 27 und seine Breite 30 Mm.

Der dritte (T) ähnelt im Allgemeinen zwar dem vorhergehenden (S), auf den er wohl unmittelbar folgte. Sein nur 27 Mm. langer, 26 Mm. hoher, vorn 30, hinten 25 Mm. breiter Körper erscheint indessen hinten stärker verschmälert, während seine Querfortsätze kürzer und leistenartig sind.

Rippenfragmente (Taf. XXX, Fig. 4—9) bietet der mit d und d, 70 im K. K. Hofmineralien-Kabinet designirte Fund sechs von verschiedener Gestalt. Worin und ob sie abweichen, lässt sich für jetzt nicht bestimmen. Fig. 4 bezeichnet wohl das Fragment einer vorderen und Fig. 8 das einer mittleren oder hinteren Rippe.

Das die vorzugsweis nach den Resten des Fundes d aufgestellte Art am besten charakterisirende Organ ist offenbar das Brustbein, welches in einem fast vollständigen Exemplare (d, 126 des Hofmineralien-Kabinets) und dem Fragment eines kleinen Exemplars, d 68 desselben mir vorliegt.

Das vollständigere Exemplar (Taf. XXX, Fig. 10) bietet eine Länge von 140 Mm. Seine grösste obere Breite beträgt 65, seine unterste Breite nur 30 Mm. Mit dem des *Champsodelphis Fuchsii* verglichen zeigt es folgende augenfällige Abweichungen. Der Körper verschmälert sich allmälig von vorn nach hinten, so dass das Brustbein langgestreckter und hinten schmäler (etwa nur ½ so breit als vorn) erscheint. Die vorderen Seitenfortsätze desselben sind dicker und breiter, oben (innen) convex (nicht eben). Hinter den genannten Fortsätzen verläuft der verdickte Körperrand einfach ohne Fortsätze auszusenden. Die hinteren Fortsätze convergiren hinten in einen spitzen Winkel. Die Gruben für die Insertion des ersten und zweiten, sowie des zweiten und dritten Rippenpaares, stehen von einander entfernter. Auf der Unterseite des Brustbeins bemerkt man hinter dem Grunde der aufsteigenden vorderen Fortsätze je einen conischen Höcker (statt einer schiefen Querleiste).

Vom Schulterblatt lieferte der Fund d nur Fragmente, deren Combination auf eine Gestalt desselben hinweist, wie sie bei den *Delphinen* gewöhnlich ist (s. Taf. XXX, Fig. 11).

Im K. K. Hofmineralien-Kabinet wird ein 1859 in der zweiten Ziegelgrube zu Nussdorf bei Wien gefundenes, sehr ansehnliches Fragment eines Schulterblattes unter V 112, C 5 aufbewahrt, das möglicherweise auch der fraglichen Delphinart angehörte. Ich liefere daher Taf. XXX, Fig. 13) eine Abbildung desselben, ohne jedoch die Sicherheit einer solchen Deutung behaupten zu wollen.

Von Knochen der vorderen Extremitäten (Taf. XXX, Fig. 12) sind nur die eines kleinen Individuums vollständiger erhalten und werden unter dem Funde d unter sieben Num-
mern im K. K. Hofmineralien-Kabinete aufbewahrt.

Der Oberarm (a) ist kurz, platt, etwas rauh, mässig breit, unter dem *Condylus* etwas
verengt. Das *Tuberculum Humeri* ist grubig eingedrückt.

Der mässig gekrümmte *Radius* (b) erscheint etwas länger, die *Ulna* (c) ohne ihr *Olecranum* kaum kürzer als der *Humerus*.

Handwurzelknochen fehlen.

Phalangen (d, e, f) sind drei breite, an beiden Enden abgestutzte, basale und eine
griffelförmige (g) vorhanden.

Als Hauptkennzeichen der Art lassen sich im Vergleich mit *Ch. Fuchsii* die breiten,
abgeplatteten Querfortsätze des Epistropheus und ganz besonders das mehr verlängerte,
von der Mitte nach hinten zu verschmälerte, am Vordertheil keine Seitenflügel bietende,
Brustbein ansehen.

Wenn die oben beschriebenen auf Taf. XXX, Fig. 3 R, S, T dargestellten grossen
Schwanzwirbel wirklich einem grösseren Individuum angehörten, so wäre übrigens *Ch. Karreri* wohl grösser als *Ch. Fuchsii* gewesen und hätte etwa die Länge von *D. Turio* erreicht.

### Spec. 7.? Champsodelphis dubius?

### Taf. XXX, Fig. 14—16.

In der Sammlung des K. K. Wiener Hofmineralien-Kabinetes befinden sich zwei Lendenwirbel (Fig. 14 und 14 A, B, sowie Fig. 15) und ein vorderer Schwanzwirbel (Fig. 16),
die keine Epiphysen besitzen, also einem jüngeren Thier angehörten. Sie ähneln zwar hinsichtlich der Gestalt ihrer Querfortsätze im Wesentlichen denen von *Champsodelphis Fuchsii* und besonders *Karreri*; ihre Körper sind aber weniger lang gezogen als die längsten
Lendenwirbel der beiden oben genannten Arten und die des *Ch. Letochae*. Ich möchte daher
die Wirbel nicht die der einen oder anderen der erwähnten Arten angehörige erklären,
sondern sie vorläufig einem *Champsodelphis dubius* vindiziren.

Der eine der Lendenwirbel, offenbar einer der vorderen (Fig. 14 und Fig. 14 A, B),
bietet einen 37 Mm. langen, 25 Mm. hohen und ebenso breiten, unten (Fig. 14 A) scharf
gekielten Körper, der hinten keine Höcker besitzt. Die am Grunde schmälere und vorn
stärker, hinten nur unmerklich ausgerandeten, mässig langen Querfortsätze sind am Ende
stark erweitert.

Beim zweiten Lendenwirbel (Fig. 15) ist der 27 Mm. lange Körper unten stumpfkie-
liger, während gleichzeitig sein Kiel hinten in zwei Höcker getheilt erscheint. Die Querfortsätze sind kürzer, aber dicker, breiter, fast verschoben-quadratisch, vorn und hinten
stark ausgerandet, am ganzen freien, äussern Saume oben eingedrückt.

Der dritte Wirbel (Fig. 16) ist der erste Schwanzwirbel. Er besitzt einen unten breit-

und stumpfkieligen, so wie in der Mitte ausgeschweiften, hinten aber mit 2 Höckern versehenen, 27 Mm. langen Körper. Von den Querfortsätzen ist leider keiner ganz erhalten.

Für Wirbel junger *Pachyacanthen* sie zu erklären verbietet ihre zu schlanke Form, nebst ihren zu dünnen Bögen und Querfortsätzen, ebenso wie die längliche Gestalt ihres vorn wie hinten gleich weiten Rückenmarkkanales; obgleich sich nicht leugnen lässt, dass die Gestalt ihrer Querfortsätze etwas an die von *Pachyacanthus* erinnere.

## ANHANG II.

### ? Genus Delphinopsis Joh. Müll.

Joh. Müller Neues Cetaceum aus Radoboy, Delphinopsis Freyeri *Sitzgb. d. K. K. Akad. d. Wissensch. z. Wien math. naturh. Classe Bd. X, 1853. p. 84 und ebend. Bd. XV, 1855. p. 345 (Erklärung der Abbildungen der nachgelieferten Tafel). — Jahrb. f. Mineral. 1853. p. 627. — Bronn Lethaea 3. Aufl. Bd. III. p. 762.*

Da *Delphinopsis*, wenn diese Gattung überhaupt sich als zulässig erweisen sollte, was ich bezweifeln möchte, wohl den *Champsodelphen* verwandt sein oder selbst möglicherweise zu ihnen gehören könnte, so erlaube ich mir in einem Anhange nachstehende Bemerkungen darüber mitzutheilen.

Bei Radoboy in Croatien wurde das Stück eines Gesteines entdeckt, woran man Reste von Knochen und einer Hautmasse wahrnahm. Ein Herr Freyer sah sich daher veranlasst, das fragliche Stück Joh. Müller zur Untersuchung mitzutheilen. Derselbe war nicht abgeneigt, die Knochen nebst der Hautmasse für Theile ein und desselben Thiers anzusehen, das unter den *Delphiniden* eine eigene Gattung (*Delphinopsis*) zu bilden habe.

Die noch zum Theil von der Versteinerungsmasse umschlossenen Knochen bestehen aus Fragmenten von Rippen, ferner aus Knochen der Flossen, selbst Phalangen derselben, dem Fragment eines Schulterblattes, so wie einigen Wirbelepiphysen und Wirbelfortsätzen. Die eben erwähnten Knochen gehörten nun allerdings, wie schon Müller meinte und durch den Namen *Delphinopsis* bekundete, einer *Delphinide* an. Es war dies jedoch, wie die getrennt von den Knochen vorhandenen Symphysen und die sehr geringe Grösse der Knochen bezeugen, ganz entschieden eine sehr junge. Nach Müller's Angaben beträgt namentlich die Länge des Oberarmes nur 1 Zoll, des *Radius* nur 1 Zoll 3 Linien und der Mittelhandknochen nur 5 Linien.

Hinsichtlich der Hautmasse bemerkte Müller, dass auf den meisten Kochen, namentlich auf dem Schulterblatt und den Rippen, sich eine continuirliche Schicht fände, die eine sehr regelmässig parallel liniirte Oberfläche bietet, worunter aber noch eine schwarze, wie verkohlte, wahrgenommen wird. An der Flosse, ebenso wie in ihrer Nähe, ständen meist rundliche, planconvexe, auf der flachen Seite liniirte, selten längliche, $^1/_{10}$—$^1/_{12}$''' grosse, je mit 8 Elevationen versehene Plättchen, die, wie die liniirte Schicht, auf die besondere Hautbedeckung ein und desselben Thieres hindeuten.

Es wäre überaus merkwürdig, wenn in der That früher Delphine existirt hätten, welche
anstatt der glatten Oberhaut der lebenden Arten über ihrer, durch lange, zugespitzte Pa-
pillen charakterisirten, Cutis eine mit kleinen Plättchen bedeckte Oberhaut besassen, wie
dies Müller, jedoch nicht mit völliger Sicherheit, anzunehmen geneigt ist; in dem er übrigens nicht angiebt, ob die Plättchen, wie zu vermuthen steht, knöcherne seien.

Für unantastbar möchte aber Müller's hypothetische Annahme, nach Maassgabe der
vorhandenen Mittheilungen, keineswegs gelten können [1]).

Wenn man nämlich die auf der von ihm a. a. O. Bd. XV, p. 345 nachgelieferten Tafel dargestellten Theile genau betrachtet, so steigen Zweifel auf: ob die darauf wahrnehmbaren, als Hauttheile der Delphinopsis angesehenen, Plättchen im ursprünglichen Zustande
wirklich die Knochen bedeckten, oder ob es nicht von aussen her zu ihnen gelangte Reste,
z. B. Fischschüppchen, sein könnten. In der Abbildung erscheinen wenigstens die Knochen
nicht davon wirklich bedeckt. Nur in der Umgebung der stark verschobenen Phalangen,
welche der Zeichnung zu Folge scheinbar auf einer Art Flossenabdruck zu ruhen scheinen,
sehen wir sie deutlich angegeben.

Zieht man indessen in Betracht, dass die Knochen sehr stark verschoben und zum
Theil zertrümmert sind, so wird man an die Annahme der Gegenwart eines wahren Flos-
senabdruckes, so wie an das Verbleiben von Hautplättchen in ihrer natürlichen Lage, nicht
wohl denken können. Müller selbst äussert übrigens am Ende seines Aufsatzes, dass,
wenn die mit der linearen Schicht zusammen gehörigen Plättchen als Hautbedeckung eines
Thieres auch nicht als Bedeckung der Knochenreste anzusehen wären, so würden letztere
doch einem Delphin zuzuschreiben sein.

Obgleich nun, auch nach meiner Ansicht, die Knochenreste ohne Frage einer Delphinine zuzuschreiben sind, so zeigen sich doch daran keine Merkmale, welche sie von denen
anderer Delphininen durch generische Kennzeichen als einer Delphinopsis angehörige unterscheiden liessen. Ich sehe mich deshalb sogar, in Folge einer wiederholten Betrachtung derselben, veranlasst die Frage aufzuwerfen: ob nicht Delphinopsis Freyeri möglicherweise der
Jugendzustand eines der im wiener Becken entdeckten Champsodelphen sein könnte.

Zur näheren Prüfung der gegen die Existenz der Gattung Delphinopsis ausgesprochenen Bedenken werden übrigens die ihr zu Grunde gelegten Knochen- und Hautreste einer
neuen, eingehenden Untersuchung zu unterwerfen sein, da die gegen Müller's hypothetische Deutung derselben von mir erhobenen Einwendungen nur auf schriftliche und bildliche
Mittheilungen sowie auf widersprechende Homologien gestützt sind.

---

[1] Der Umstand, dass es den Anschein hat, Zeuglodon | sein, dürfte übrigens Müller Anlass gegeben haben auch
cetoides habe, wegen der mit seinen Resten einigemal ge- | seiner Delphinopsis einen solchen möglicherweise zu vin-
fundenen Stücke eines Hautpanzers, einen solchen beses- | diziren.

## ANHANG III.

Ueber im antwerpener Becken entdeckte zahlreiche Reste von *Delphinoiden*, über deren wissenschaftliche Bestimmung, so viel ich weiss, bis jetzt nur gelegentliche, keineswegs genügende, schriftliche Mittheilungen ohne Abbildungen vorliegen, so dass man sie nicht mit den Resten anderer fossilen *Delphinoiden* vergleichen kann.

Bereits Cuvier (*Recherch. s. l. oss. foss. 4me éd. VII, Pl. 2, p. 324*) spricht von Delphinwirbeln des pariser Museums mit verlängertem Körper, die aus dem antwerpener Becken stammten und zwei bis drei Arten von *Delphinen* angehört zu haben scheinen, wovon die grössere Art die doppelte Grösse des *Épaulard* besessen habe.

Im Jahre 1858 (*Bull. de l'Acad. roy. belg. 2me sér. T. VIII, 1859, p. 145. — L'Institut 1860, p. 273*) erwähnte Van Beneden einen *Delphinus de Lannoy* und *Wacs* als belgische, im Système scaldisien de Dumont gefundene, *Delphiniden*, ohne dieselben näher zu charakterisiren. In seinen Recherches s. l. ossem. provenant du Crag d'Anvers, les Squalodons (*Mém. de l'Ac. roy. d. sc. Belg. T. XXXV, 1865, p. 8*) deutet er gelegentlich auf einen *Delphinus Jardinii* hin, während er in den *Recherches sur les Squalodons Supplem.* (*Mém. d. l'Acad. roy. d. sc. belg. T. XXXVII (1868) p. 5*) einen *Delphinus Dujardinii, Dewaesii, waelensis* und *sulcatus?* (ob *Schizodelphis sulcatus* Gerv.?) anführt, ohne jedoch auch diesmal unterscheidende Merkmale zu liefern. Sein *Delphinus Dujardinii* ist wohl derselbe, den er früher *Jardinii* nannte.

Später (*Bullet. d. l'Acad. roy. belg. 2me sér. T. XXIV, 1867, p. 566. L'Institut 1868, p. 283*) machte Du Bus einige Mittheilungen über belgische fossile *Delphine*, deren Schädelreste freilich wenig kenntlich sein sollen, während ihre Zähne wohl erhalten sind. Zunächst bemerkt er, dass, wie noch heute, sowohl Arten mit einer breiten und kurzen als auch mit einer langen und sehr schmalen Schnautze darunter seien. Unter Ersteren sind übrigens vielleicht *Orcinen* oder *Phocaeninen*, unter Letzeren *Schizodelphen* und *Champsodelphen*, denen möglicherweise die von Cuvier erwähnten, mit langen Körpern versehenen, Wirbel angehörten, zu verstehen.

Ausführlicher bespricht er eine neue Gattung:

### Scaldicetus Du Bus.

Als Grundlage derselben dienen ihm zahlreiche, delphinartige, sehr grosse, nach seiner Meinung von denen der *Cachelote* und *Ziphien* verschiedene, bis 1¼ Kilogramm schwere, kegelförmige, gegen die Basis zu verengte, nach der Krone zu etwas gebogene und gestreifte Zähne, die einem von ihm als *Scaldicetus Caretti* bezeichneten Thier angehört hätten, welches nach Maassgabe derselben 10—12 mal grösser war als der 7 Metres lange *Épaulard*.

Seinen weiteren Mittheilungen zu Folge lieferte das pliocäne Terrain Antwerpens auch Theile mehrerer langschnautzigen Delphine (*Delphinorynchen*, er meint wohl *Champsodelphen* und *Schizodelphen*), welche mehreren Arten und Gattungen angehörten, deren meist ziemlich unvollständige Reste die Constatirung der generischen Verschiedenheit unsicher machen.

Es fände sich jedoch darunter ein eigenthümlicher Schädel, der kein Analogon in der gegenwärtigen *Fauna* besitze. Dieser Schädel ist es nun, welcher ihn zur Aufstellung nachstehender neuen Gattung veranlasste. Sie heisst

### Eurhinodelphis Du Bus.

Als Charaktere derselben bezeichnet er folgende:

Die ungemein verlängerte, dünne Schnautze ist $3\frac{1}{2}$ mal länger als der eigentliche Schädel. Die Ober - und Zwischenkiefer bilden auf der ganzen Schnautzenlänge eine Art Rüssel und sind sehr innig vereint. Der Vomerkanal ist breit. Die Länge der Oberkiefer beträgt nur $\frac{3}{5}$ der Schnautzenlänge. Dieselben sind ihrer ganzen Länge nach, sogar auf ihrem Gaumen, mit Zähnen besetzt, so dass sich die Zahnrinne bis auf den hintersten Gaumen fortsetzt. Die nach vorn vorragenden Zwischenkiefer sind zahnlos.

Du Bus glaubt drei bis vier Arten unterscheiden zu können, führt aber nur eine einzige, *Eurhinodelphis Cocheteuxii*, auf, ohne sie näher zu charakterisiren.

### ANHANG IV.

**Unbestimmte oder zweifelhafte, in verschiedenen Ländern Europas entdeckte Reste von Homoiodonten Zahnwalen.**

Als Ergänzung zu den fossilen *Ziphiiden* ist anzuführen, dass Van Beneden gelegentlich (*Mém. d. l'Acad. roy. d. Belg. T. XXXVII. p. 5*) eines auf noch nicht beschriebene antwerpener Reste gestützten *Hyperoodon primitivium* (soll wohl heissen *primitivus*) erwähnt.

In Italien in den Hügeln von Plaisantin entdeckte *Giovanni Podesta* zahlreiche Wirbel und Knochen der vorderen Extremität eines *Delphins*, die aber meines Wissens weder von ihm, noch von einem Anderen, wissenschaftlich bestimmt wurden. (*L'Institut Sc. math. phys. 1844. p. 248.* Chronique.)

Aus der Beschreibung der bei Rödersdorf, einem unweit Basel gelegenen elsasssischen Dorfe, in einem Steinbruche gefundenen Skeletreste, welche Duvernoy (*L'Institut Sc. math. III. 1835. p. 326*) mittheilte, geht nicht hervor, ob dieselben einer *Sirenide* oder einem *Delphin* angehörten.

Eine wissenschaftliche genaue Bestimmung erheischen auch die von Heckel (*Jahrbuch der geologischen Reichsanstalt III. 1852. 2. S. 161*) erwähnten, im Tegel von Hernals unweit Wien gefundenen, Delphinwirbel, ebenso wie die nach Quenstedt's Mittheilung bei Baltringen (in Würtemberg) häufig gefundenen wohl erhaltenen Paukenbeine, wovon er ein merkwürdig geformtes, wie es scheint, keinem echten *Delphine*, wohl aber einer *Delphinoide* angehöriges abbilden liess (Quenstedt, *Handb. d. Petrefaktenkunde 2. Aufl. S. 88. Fig. 32*).

Zu den unbestimmten gehören auch die bei Hamburg gefundenen Reste von *Delphinen* und einem *Walfisch* worüber Zimmermann (*Jahrb. f. Mineral. 1870. p. 82*) berichtete

Im *Quart. Journ. geol. soc. Vol. XII (1856) p. 228* spricht Owen nicht nur von im Red-Crag von Suffolk gefundenen Zähnen, die denen der *Orcen* ähneln, und bildet sie Figur 23 a b, sondern berichtet auch dort über Paukenknochen eines *Delphins*, die hinsichtlich der Grösse ebenfalls mit denen der genannten Art übereinstimmen. In seinem *Catalog. S. 385* führt er ausserdem mehrere *Delphin*-Reste von unbekannten Fundorten auf.

In dem von Serres, Dubrueil und Jeanjean herausgegebenen Werke: *Recherches sur les ossemens humatiles des cavernes de Lunel-Viel, Montpellier. 1839. p. 250* werden einem Dauphin à longue symphyse Reste zugeschrieben, die aus einem Theil des Schädels und einer Hälfte des Unterkiefers bestehen, welche Letztere sehr dicht stehende Zahnwurzeln bietet.

Das Profil des Schädels, die lange Schnautze und die Zähne sollen sich wie beim gewöhnlichen *Delphin* verhalten, dem sie möglicherweise angehören.

P. Gervais (*Zool. et Paléont. fr. 2^{me} éd. p. 305 note*) bemerkt, dass Grateloup (*Actes d. soc. linn. d. Bordeaux. 1840*) eines *Cetaceums* von der Grösse des *Épaulard* erwähne, welches man im Becken der *Gironde* entdeckte.

Seite 311 bei Gelegenheit von *Champsodelphis* erwähnt er, dass bei Poussan und in der Umgegend von Pézénas gefundene Wirbel die Existenz anderer Arten mittelgrosser *Delphine* vermuthen liessen.

Von im Tertiärgebilde beim Dorfe Évran, unfern Dinan, gefundenen Wirbeln, spricht Lyell (*Geol. Procced. 1841 7 App.; Jahrb. f. Min. 1843. S. 353*).

Im Tertiärgebirge bei Malaga, also in Spanien, entdeckte man Delphinwirbel mit Haifischzähnen. Silvertrop *Edinb. n. philosoph. Journ. 1833. XV. S. 364; Jahrb. f. Min. 1834. S. 237.*

Dass auch in Portugal Reste (namentlich Zähne) von *Delphinoiden*, und zwar mit denen des *Cetotherium Vandellii*, ausgegraben worden seien finden wir bei Van Beneden (*Ostéogr. p. 245*).

## ANHANG V.

### In Nordamerika aufgestellte Arten fossiler Delphinoiden.

Zum Schluss meiner Untersuchungen über die bisher in Europa entdeckten fossilen Zahnwale musste die Erörterung der Frage wünschenswerth erscheinen: ob die einerseits in Europa, andererseits in Nordamerika entdeckten fossilen Reste von Zahnwalen auf eine Differenz oder eine Uebereinstimmung der Faunen beider Welttheile hinweisen. Da jedoch die allermeisten nordamerikanischen fossilen Arten und Gattungen der Zahnwale, auf Grundlage spärlicher, nicht genügend charakteristischer, Reste (einzelner oder weniger Zähne oder Wirbel) aufgestellt wurden, folglich als noch sehr fragliche, keine sicheren Anhaltspunkte für einen Vergleich mit den europäischen Resten gewähren, so zog ich es vor dieselben, auf Grundlage der *Synopsis of the mammalian remains of North America*, blos aufzuführen, jedoch mir dazu einige Bemerkungen zu erlauben.

### Genus Delphinus Leidy.

#### Spec. 1. Delphinus occiduus Leidy.

*Proc. Acad. nat. sc. 1868. p. 197. Synops. p. 431.*

Californien (Obermiocän). Bloss auf Grundlage eines 5 Zoll langen zahnlosen Mittelstückes eines Oberkiefers aufgestellt.

#### Spec. 2. Delphinus?

*Leidy Synops. p. 432.*

Virginien (Richmond). Kieferfragment und einzelne Zähne. Ob das Kieferfragment einer echten *Delphinoide* angehörte, dürfte noch näher festzustellen sein.

### Genus Priscodelphinus Leidy.

#### Spec. 1. Priscodelphinus Harlani Leidy.

*Leidy Synops. p. 433. Plesiosaurus Harlan.*

Ein von Harlan aus New Jersey erhaltener, im Miocän gefundener Wirbel nebst fünf anderen, theils dort, theils aus dem Miocän von Shilow, Cumberland Co. und New Jersey stammenden Wirbeln sind die bisher einzigen Grundlagen für die Bezeichnung der Art und Gattung.

#### Spec. 2. Priscodelphinus Conradi Cope.

*Leidy Synops. p. 433.*

Als Belege für die Art sind nur Wirbel aus der Miocänformation Virginiens und Charles Co. (Maryland) bezeichnet.

#### Spec. 3. Priscodelphinus acutidens Cope.

*Leidy Synops. p. 433.*

Ein einziger in der Miocänformation von Charles Co. in Maryland gefundener Zahn gilt als Grundlage der Art.

#### Spec. 3. Priscodelphinus spinosus Cope.

*Leidy Synops. p. 433.*

Ebendaher stammende Wirbel werden zur Begründung der Art aufgeführt.

#### Spec. 4. Priscodelphinus atropius Cope.

*Leidy Synops. p. 433.*

Auch dieser Art dienen nur, wie der folgenden, in Maryland (Charles Co.) gefundene Wirbel als einziger Stützpunkt.

### Spec. 5. Priscodelphinus stenus Cope.

Leidy *Synops. p. 433.*

Wie der vorigen liegen ihr nur Wirbel und zwar sogar von demselben Fundort zu Grunde.

### Genus Tetrosphys Cope (1869).

Delphinapterus Cope (1868).

### Spec. 1. Tetrosphys grandaevus Cope.

Leidy *Synops. p. 434.*

Mehrere Wirbel aus dem Miocän von Shiloh, (Cumberland Co., New Jersey), so wie ein dort gefundenes, langes, schmales, vermuthlich derselben Art zu vindizirendes, leider zahnloses Oberkieferfragment gaben Anlass zur Aufstellung der Gattung und Art.

### Spec. 2. Tetropshys lacertosus Cope.

Leidy *Synopsis ib.*

Die Art wurde nach Resten von Charles Co. (Maryland) aufgestellt.

### Spec. 3. Tetrosphys Gabbii Cope.

Leidy *Synops. p. 434.*

Ein einzelner in Miocän von Charles Co. (Maryland) gefundener Schwanzwirbel soll als Stützpunkt der Art gelten.

### Spec. 4. Tetrosphys uraeus Cope.

Leidy *Synops. p. 435.*

Ein bei Shilow, Cumberland Co., New Jersey gefundener Lenden- und ein aus Maryland nahe der Mündung des Patuxent stammender Schwanzwirbel wurden zur Aufstellung der Art benutzt.

### Spec. 5. Tetrosphys Ruschenbergeri Cope.

Leidy *Synops. p. 435.*

Auch diese Art verdankt nur einem in Maryland (Charles Co.) gefundenem Lenden- und Schwanzwirbel ihren Ursprung.

### Genus Zarhachis Cope.

### Spec. 1. Zarhachis flagellator Cope.

Leidy *Synops. p. 435.*

Die Grundlage der Art lieferte ein einzelner Schwanzwirbel von Charles Co. (Maryland).

### Spec. 2. Zarhachis Tysoni Cope.

Leidy *Synops. p. 435.*

Ein vom Patuxent (Maryland) stammender Lendenwirbel veranlasste die Artaufstellung.

### Spec. 3. Zarhachis velox Cope.

Leidy *Synops. p. 435.*

Auch diese Art beruht nur auf einem Lendenwirbel, den man bei Shiloh (Cumberland Co.) fand.

### Genus Lophocetus Cope (1867).

#### Spec. 1. Lophocetus calvertensis Cope (1867).

Delphinus calvertensis Harlan *Pr. Nat. Inst. Washingt. 1842. p. 195 w. 3 pls.* — Giebel *Fauna d. Vorwelt. p. 233.*

Leidy *Synops. p. 435.*

Die Art und Gattung wurde nach einem fast vollständigen, im Miocän von Calvert (Maryland) gefundenen, Schädel errichtet. Nach Harlan soll sie zu derselben Abtheilung wie Cuvier's *Dauphin à longue symphyse* gehören, also ein *Champsodelphis* sein. Die Gestalt des Schädels, namentlich des Schnautzentheils und das Zahnverhältniss zeigen indessen, dass sie wohl zur Abtheilung der *Phocaenen* gehörte. Der Schädel ähnelt offenbar dem von *Delphinapterus leucas.* Als Typus einer eigenen Gattung möchte ich sie daher, wenigstens vorläufig, noch nicht gelten lassen.

### Genus Rhabdosteus Cope.

#### Spec. 1. Rhabdosteus latiradix Cope.

Leidy *Synops. p. 435.*

Kieferfragmente und Zähne aus dem Miocän von Charles Co. (Maryland) veranlassten Cope zur Aufstellung der Gattung und Art.

### Genus Ixacanthus Cope.

#### Spec. Ixacanthus coelospondylus Cope.

Leidy *Synops. p. 435.*

Wirbel, die man ebenfalls im Miocän von Charles entdeckte, verschafften Cope die Gelegenheit auch diese fragliche Gattung und Art vorzuschlagen.

### Genus Anoplonassa Cope.

#### Spec. 1. Anoplonassa forcipata Cope.

Leidy *Synops. p. 436.*

Ein in der Nähe von Savannah (Georgien) gefundenes Kieferfragment bildet die Grundlage der Gattung.

### Genus Beluga Gray.

#### Spec. 1. Beluga vermontana Thompson.

Thompson Americ. Journ. Sc. 1850. IX. p. 257. Fig. 1—13.

Leidy *Synops. p. 436.*

Der bei Charlotte, Chittenden Co. (Vermont) gefundene grösste Theil des Skelets diente zur Aufstellung der Art. Nach Thompson wären wahrscheinlich auch in posttertiären Schichten Canadas, namentlich von Montreal, Reste gefunden worden.

### Genus Catodon Gray.

#### Spec. 1. Catodon vetus Leidy.

Leidy *Synops. p. 436.*

Leidy vindizirt zwei im Postpliocän von Süd-Carolina entdeckte Zähne, ferner einen in Nord-Carolina gefundenen, so wie vier nebst einem Wirbel und anderen Knochenfragmenten im Miocän von Virginien entdeckte Zähne der angeführten, wie mir scheint, fraglichen Art. Die im Postpliocän gefundenen Reste könnten nämlich einem *Physeter* angehören, besonders wenn man in Betracht zieht was Leidy bei Gelegenheit seines *Orycterocetus cornutidens* hinsichtlich der gestaltlichen Variation der Zähne des *Pottwales* sehr treffend bemerkt.

### Genus Orycterocetus Leidy.

#### Spec. 1. Orycterocetus quadratidens Leidy.

Leidy *Synops. p. 436.*

Zwei mehr denen eines Ebers als denen eines Pottfisches ähnliche Zähne nebst kleinen Oberkieferfragmenten, welche in den miocänen Schichten Virginiens entdeckt wurden, lieferten das Material für die Aufstellung der Art. Leidy spricht übrigens auch noch von einem dritten von Emmons beschriebenen Zahn, der aus Nord-Carolina stammt.

#### Spec. 2. Orycterocetus cornutidens Leidy.

Leidy *Synops. p. 437.*

Die Art wurde auf einem im Miocän von Nord-Carolina gefundenen Zahn begründet, dessen Gestalt Leidy mit der eines Kuhhornes vergleicht. Leidy zieht indessen noch einen anderen Zahn hinzu, worauf Cope seinen *Orycterocetus crocodilinus* gründete. Bezeichnend für den Werth der Arten der Gattung *Oryctcrocetus* dürfte nachstehendes Geständniss Leidy's sein: «When we observe the variety in the form and size of the teeth in the Sperm Whale, we are led to suspect that probably all the specimens referred to the several species of *Oryctcrocetus* belong to one». Dieses Geständniss würde wohl eine noch ausgedehntere Geltung beanspruchen, wenn wir vielleicht annehmen dürften, *Physeter macrocephalus* habe während grosser Zeiträume möglicherweise leichte morphologische, unter anderen dentäre, Veränderungen erfahren, die jedoch, genau genommen, weder zu spezifischen noch weniger zu generischen Sonderungen berechtigen.

### Genus Hoplocetus Gerv.

#### Sper. 1. Hoplocetus obesus Leidy.

Leidy *Synops. p. 438.*

Ein Zahn nebst dem Fragment eines anderen aus dem Postpliocän Süd-Carolinas veranlassten Leidy der oben S. 208 als zweifelhaft bezeichneten Gattung *Hoplocetus* eine dritte Art hinzuzufügen.

### Genus Ontocetus Leidy.

#### Sper. 1. Ontocetus Emmonsi Leidy.

Leidy *Synops. p. 440.*

Ein verstümmelter Zahn aus der Miocänformation Nord-Carolinas gab Anlass zur Aufstellung der sehr unsicheren Gattung und Art.

### Genus Hemicaulodon Cope.

#### Sper. 1. Hemicaulodon effodiens Cope.

Leidy *Synops. p. 440.*

Diese nach einem in New Jersey gefundenen Zahnfragment aufgestellte Gattung bedarf ebenfalls dringend der näheren Begründung, wie Leidy selbst einräumt.

### ANHANG VI.

#### In Neuseeland entdeckte Reste einer Delphinine.

### Genus Phocaenopsis Huxl.

#### Sper. 1. Phocaenopsis Mantellii Huxl.

Phocaenopsis Mantellii Huxley *Ann. a. Magaz. nat. hist. 1859. III. p. 509.*, Quart. *Journ. geol. soc. Lond. XV. 1859—60. p. 472. Fig. 3, 4.; N. Jahrb. f. Miner. 1859. S. 495.*

Die Art und Gattung wurde lediglich nur auf einem kleinen, von dem von *Phocaena* merklich verschiedenen, Humerus gegründet, dem man auf Neuseeland fand.

### Diaphorodontina seu Zeuglodontina.

#### Morphologischer Charakter.

Beide Kiefer enthalten zahlreiche Zähne von homologer, aber zweifacher, Gestalt und in gleicher mehr oder weniger ansehnlichen Zahl. Die dem Zwischenkiefer, so wie dem vorderen Theile des Oberkiefer, und dem diesen Theilen gegenüberliegenden Theile des Unterkiefers, eingefügten Zähne sind einwurzlich und mit einer kegelförmigen, schwach comprimirten und gebogenen Krone versehen. Die dem mittleren und hinteren Theil des Oberkiefers und dem ihm gegenüberliegenden Theil des Unterkiefers inserirten besitzen dagegen meist zwei, selten drei Wurzeln und eine dreieckige oder fast halbmondförmige, zusammengedrückte, blos am hinteren, sehr häufig aber auch gleichzeitig am vorderen Rande gezähnelte Krone.

Der Schädel ist zwar hinsichtlich der Gestalt seines Schnautzentheils, besonders des Unterkiefers, dem der langschnautzigen *Delphininen* (namentlich dem der *Champsodelphen*) ungemein ähnlich, bietet aber auch mannigfache Unterschiede. Die kleinere Hirnkapsel des Schädels ist niedriger, hinten eingedrückt, oben mit einem mehr oder weniger horizontalen, stärker entwickelten Scheitel- und Stirntheil versehen, welcher letztere allmählich dem langen Schnautzentheil sich anschliesst.

Die Augenfortsätze der Stirnbeine der *Diaphorodonten* scheinen nur wenig von den Oberkiefern bedeckt. Die zur Verbindung mit dem vor ihnen befindlichen Theile der Zwischenkiefer vorn abgestutzten Oberkiefer bleiben lange gleich breit, sind auf der Aussenfläche leicht gewölbt und besitzen eine convexe Gaumenfläche. Auf dem Grundtheile ihrer äusseren Fläche sieht man einige längliche, an andere *Cetaceen* erinnernde, Oeffnungen. — Die Zwischenkiefer bieten durch die harmonische Verbindung ihrer ansehnlichen vorderen Enden, abweichend von allen anderen *Cetaceen*, einen stark entwickelten mit je drei kräftigen Zähnen und an der Mitte gerundten, hinten ziemlich convexen, Gaumentheil versehenen Vordertheil, der hinten sich mit dem Oberkiefer verbindet und ganz allein das vordere Ende des oberen Theiles der Schnautze bildet. Die obere Hälfte der Zwischenkiefer erscheint mit ihrer oberen Fläche, ähnlich wie bei den *Balaenoiden*, in der Nasengegend nach innen gewendet, so dass die äussere Nasenöffnung dadurch der der *Balaenoiden* ähnelt. Das hinterste Ende der Zwischenkiefer geht höchstens nur bis zur Gegend der Stirnbeine, ohne dieselben zu bedecken. Der Vomer ist wie bei den anderen *Cetaceen* gebildet. Die Jochbeine verhalten sich wie bei den *Delphinoiden*.

Die Hinterhauptsschuppe erscheint niedrig, plattenförmig und mehr oder weniger eingedrückt. Die *Bullae tympani* besitzen auf ihrer unteren Fläche eine schwache, kurze Längsfurche. Von der Schnecke der *Zeuglodonten*, wovon wir eine Abbildung bei J. Müller (*Die Zeuglodont Taf. 1. Fig. 2,3*) und eine vollständigere bei Carus (*N. Act. Acad. Caes. Leop. Vol. XXII. P. 2 Taf. XXXIX A. Fig. IV*) finden, bemerkt J. Müller p. 12: sie besitze den Bau der Säugethierschnecke und biete $2\frac{1}{2}$ Windungen nebst einer Spiralplatte.

37*

Die knöcherne Nasenhöhle öffnet sich bei denen, die, homolog den *Delphininen*, kurze, dicke, nach oben auf die Stirnbeine geschobene, über und hinter der äussern Nasenöffnung befindliche, Nasenbeine und einen nach unten stark vortretenden Choanentheil besitzen, frei vertikal vor der Stirn nach oben hinter den Backenzähnen. Bei denen dagegen, die, wie die *Balaenoiden*, Nasenbeine besitzen, welche die Nasenöffnung oben vor den Stirnbeinen schliessen, verläuft dieselbe horizontal nach vorn und mündet etwa den vorderen Backenzähnen gegenüber[1]. Die äussere Nasenöffnung ist breiter, weiter nach vorn ausgedehnt und daher ansehnlicher als bei den *Homoiodonten*. Die Aeste des Unterkiefers divergiren wenig und bilden eine lange Symphyse, deren hinteres Ende den Backenzähnen gegenüber liegt. Zwischen je zwei der Alveolen des Unterkiefers findet sich auf dem Alveolenrand ein Eindruck.

Die speciellen Abweichungen des ohne Frage im allgemeinen mit dem der echten *Cetaceen* übereinstimmenden Rumpfskelets der *Diaphorodonten* von dem der anderen *Cetaceen* liessen sich bis jetzt weniger ins Klare bringen als die Schädelunterschiede. Dass die Wirbellängen, ebenso wenig wie bei den *Balaenoiden* und *Homoiodonten*, einen allgemeinen Charakter abgeben können, zeigen der langwirblige *Zeuglodon cetoides* Ow. und der kurzwirblige *Zeuglodon brachyspondylus* J. Müller's, so wie die ebenfalls kurzwirbligen *Squalodonten*.

Bereits Harlan (*Medic. and phys. research. T. XXVIII. Fig. 4*) machte auf den geschichteten Bau der Knochen von *Zeuglodon* aufmerksam, welchen J. Müller (*Die Zeuglod. S. 8 und 19*) bei den meisten Knochen bestätigen konnte, jedoch boten die dünneren Knochen, ja selbst die Wirbel, eines kleinen *Zeuglodon* keine Schichtung. Paulson fand indessen letztere nebst den Emissarien an den Wirbeln seines russischen *Zeuglodons* (siehe unten).

Als ein zweites Kennzeichen der Wirbel der *Zeuglodonten* führt Müller (*a. a. O. S. 18*) an, dass die Körper aller Wirbel, mit Ausnahme der kurzen Hals- und ersten Rückenwirbel,

---

1) Die oben angeführte Deutung des Nasenbaues der eigentlichen *Zeuglodonten* (Genus *Zeuglodon* Ow.) halte ich mit Gervais und Müller in Folge eingehender Studien und Vergleichungen für die naturgemässeste. Ich kann daher auch weder der abweichenden Ansicht Van Beneden's (*Mém. s l. Squalodonts p. 61—62*) beitreten, noch der von Carus (*N. Act. Leop. p. 375*) aufgestellten: die Nasenöffnung von *Zeuglodon* halte die Mitte zwischen der der Cetaceen und Robben. Warum soll es nicht *Zeuglodonten* gegeben haben, die im Nasenbau den *Balaenoiden* ähnelten und andere die mit den *Delphininen* übereinstimmten? Die Differenz beider hängt im Wesentlichen nur von der Kürze oder Länge, so wie der Lage, der Nasenbeine ab, welche auch bei den *Balaenoiden* nicht ganz dasselbe Verhalten zeigen; so dass z. B. die *Cetotherien* im Verhältnis grössere, namentlich dünnere und längere, Nasenbeine besassen als die anderen *Balaenoiden*. Wie variabel das Verhalten der Nasenbeine

hinsichtlich der Länge und Lage bei anderen, früher mit Unrecht den Cetaceen zugezählten, Wasserthieren, ich meine die *Sirenien*, sogar als individuelle Erscheinung sein könne, habe ich daun speciell im *Bulletin d. l'Acad Imp. d. Sc. d. St.-Petersb.* ($3^{me}$ sér.) *T. V.* (1862) *p. 70*, *T. VI. p. 111* und in meinen *Symbolis sirenologicis Fasc. II. p. 19—23* besprechen. Ich vermag daher auch, um so weniger zuzugeben, dass nur die *Squalodonten* Souffleurs waren, nicht auch die *Zeuglodonten*, sondern möchte die Letzteren vielmehr mit den, unstreitig doch auch als Souffleurs anzusehenden, *Balaenoiden* vergleichen, mit denen sie auch hinsichtlich des Baues des Hirntheils des Schädels theilweise Aehnlichkeit zeigen. Namentlich finde ich, dass die *Cetotherien*, welche gleichzeitig mit ihnen existirten, von allen *Balaenoiden* hinsichtlich der Bildung der Hirnkapsel ihren, wie sie ausgestorbenen, Zeitgenossen, den *Zeuglodons* am meisten ähnelten.

von zwei nahe bei einander liegenden Emissarien, wie bei *Plesiosaurus* und *Mylodon* durchbohrt sind. Ich fand indessen solche Emissarien auch an manchen Lendenwirbeln von *Cetotherium Mayeri* (siehe meine *Taf. X. Fig. 8 a* und *9 c*), also bei denen einer *Balaenopteride*.— Die von Müller (*ebend. S. 19*) angegebene Stellung der Querfortsätze der hinteren Rumpfwirbel am Rande der Basis des Wirbelkörpers sah ich theilweis ebenfalls bei den *Cetotherien*. Die Stellung, namentlich die grosse Divergenz der mehr oder weniger horizontalen, vorn aus dem Neuralbogen entstehenden, Fortsätze (*Processus accessorii seu musculares* Müller's) der Rücken-, Lenden- und vorderen Schwanzwirbel, die Müller gleichfalls für eine Eigenthümlichkeit der *Zeuglodonten* erklärt, dürften, abgesehen davon, dass bei den *Zeuglodonten* die genannten Fortsätze etwas länger zu sein scheinen, genau genommen auch die *Cetotherien* bieten, so dass die von Müller angeführte Differenz nur in Bezug auf die lebenden, bisher bekannten, Wale gelten könnte. Uebrigens möchte auch der von Müller *p. 19* erwähnte Charakter nicht stichhaltig sein, dass die Epiphysen der Wirbel mit hohen Blättern und tiefen Schichten in die gleichen Spalten und Blätter der *Diaphysen* der Wirbel eingreifen (*Müll. Taf. VIII, Fig. 5*), da *Heterodelphis Klinderi* (auf meiner Tafel XXV, Fig. 11, 13, 14), ja selbst theilweis die Wirbel der *Cetotherien* auf Tafel IV ein ähnliches Verhältniss zeigen. Die *Cetotherien* möchten überhaupt aus der Zahl der *Balaenoiden* nicht blos durch den Schädelbau, sondern auch durch das Verhalten der Wirbel den *Zeuglodonten* näher gestanden haben als die bekannten noch lebenden anderen *Cetaceen*. Die Halswirbel der *Zeuglodonten* waren frei, wie bei den *Balaenopteriden*, namentlich auch den *Cetotherien* und manchen *Delphininen* (*Delphinapterus*, *Monodon* u. s. w.).

Vom Atlas sagt schon Müller (*Die Zeuglodont. S. 5*) mit Recht: er sei wie bei den *Balaenopteren* gestaltet. Der von ihm Taf. XIII, Fig. 1 gelieferte Atlas vom *Zeuglodon* sieht in der That dem des *Cetotherium Klinderi Taf. V, Fig. 6* sehr ähnlich, während der von Van Beneden (*Mém. s. l. Squalod. Pl. III*) dargestellte mehr dem des *Cetotherium priscum* (*Taf. VII, Fig. 4*) gleicht. — Was die anderen Wirbel anlangt, so stimmen die Lendenwirbel von *Zeuglodon* (*Müller Zeuglod. Taf. XX*) darin mit denen der *Cetotherien* (*Taf. IV, VII* und *XII*) überein, dass der Rückenmarkskanal ziemlich stark in der Richtung seines Querdurchmessers entwickelt erscheint, die Querfortsätze scheinen indessen gestaltlich denen der *Orcen* und *Globiocephalen* ähnlich gewesen zu sein. Die Figur der Schwanzwirbel des *Zeuglodon brachyspondylus*, welche Müller (*Die Zeuglodonten Taf. XXI, Fig. 8*) geliefert hat, weicht dagegen von der des Schwanzwirbels des *Cetotherium priscum* (*Taf. VIII, Fig. 1 B*) sehr bedeutend ab, deutet also wohl auf eine namhafte Verschiedenheit der Schwanzwirbelsäule der beiden eben genannten *Cetaceen* hin.

Die Annahme, dass es wirklich *Zeuglodontinen* gab, deren Wirbel nicht vollständig verknöcherten, die durch J. Müller (*Die Zeuglodonten S. 19*) angeregt wurde, indem er dort von Diaphysen der Wirbelkörper des *Zeuglodon cetoides* spricht, die vor und hinter dem hinteren Drittel nicht ossifirt seien, bedarf gar sehr einer weiteren Bestätigung. Eine solche ist um so

wünschenswerther, da man, wohl auf Grundlage der Müller'schen Bemerkung, an unvollständig entwickelte Wirbelsäulen mancher *Zeuglodonten* gedacht hat.

Die von Müller *Taf. XXII, Fig. 3* dargestellten Rippen von *Zeuglodon* erscheinen
denen des *Cetotherium Klinderi* (*Taf. V, Fig. 12*) nicht unähnlich. Es gilt dies besonders
von der bei Müller unter *Fig. 2* abgebildeten, wie die mittleren Rippen der *Cetotherien*, am
Ende verbreiterten. Die Figur 3 von Müller abgebildete gleicht der vordersten Rippe
von *Cetotherium*.

Wenn man die 4 von Müller, jedoch noch fraglich, als Theile des Brustbeins gedeu-
teten (von Anderen, wie mir scheint, unpassend für Phalangen genommenen), von ihm *Taf. IX
Fig. 3—6* dargestellten Knochen wirklich für Theile des Brustbeins eines *Zeuglodon* ansehen darf, wofür noch ganz besonders der Figur 6 abgebildete, gegabelte Knochen spricht,
so würde das Brustbein von *Zeuglodon* dem mancher, aus mehreren Stücken zusammengesetzten, für die Insertion mehrerer Rippen bestimmten, Brustbein mancher *Delphininen*
ähnlich gewesen sein, namentlich z. B. dem von *Beluga albicans* (Van Beneden et Gervais *Ostéogr. d. Cétac. Pl. XLIV, Fig. 4*) so wie dem von *Ziphius cavirostris* (Van Beneden
und Gervais ebend. *Pl. XXII, Fig. 11*) einigermaassen verglichen werden können, eine
Ansicht, die wohl als zulässig erscheinen möchte.

Das bei Müller (*Die Zeuglodont. Taf. XXVII, Fig. 2*) abgebildete Schulterblatt
scheint, wenn man nicht in Betracht zieht, dass ihm das hintere Drittel fehlt, eine von der
der *Cetaceen* ganz abweichende Gestalt zu besitzen. Im wesentlichen wird es jedoch wohl
nur als Abweichung von den anderen *Cetaceen* durch die gebogene, weit mehr vom vorderen Rande entfernte, bis auf das sehr lange, ziemlich schmale *Acromion* fortgesetzte *Crista*
und die dadurch bewirkte weit grössere Ausdehnung der *Fossa scapulae* charakterisirt.
Ein blosses *Acromion* ohne Spur von *Processus coracoideus* zeigt nämlich nicht blos *Zeuglodon*, sondern findet sich auch bei *Platanista gangetica*, wie bei einer muthmasslichen
*Cetotherine*, dem *Pachyacanthus Suessii* (*Taf. XVII, Fig. 13*).

Der *Humerus* (Müller *Zeuglodont. Taf. XXII, Fig. 8* nach Owen) erinnert am meisten an den der *Cetotherien*, weicht aber durch seine grössere Länge, so wie seine geringere Dicke und Breite, namentlich seines oberen Theiles, davon ab. Aus der Figur sieht
man übrigens, dass dem ihr zu Grunde liegenden Original oben das *Tuberculum*, unten aber
die Hälfte seines Gelenkendes mit dem ihm zugehörigen Gelenktheil fehlt. Man ist also
ausser Stande sich ein treues Bild von seinen Gelenkflächen zu machen und aus ihrer Beschaffenheit einen Schluss auf die Grösse der unbekannten Knochen des Unterarmes zu ziehen.
Betrachtet man die unten auf Figur 7 angegebene, durch ihre Krümmung auf die *Cetaceen*
hinweisende, Gelenkgrube (die nach Maassgabe des unteren Endes von Figur 8 noch nicht
die Hälfte der Gelenkflächen repräsentiren möchte) und zieht dabei die offenbar cetaceen-
ähnliche Gestalt des *Humerus* in Erwägung, so dürfte es wohl am naturgemässesten erscheinen den, hinsichtlich des übrigen Skeletbaues, sich als wahre *Cetaceen* bekundenden *Dia-*

*phorodonten* ähnlich wie bei den *Cetaceen* gebaute, keineswegs aber, wie dies geschah, denen der *Robben* oder *Sirenien* ähnliche, vordere Extremitäten zuzuschreiben.

Da man mehrmals gleichzeitig mit den Knochen von *Zeuglodonten* in Amerika aus polygonen, knochigen, emaillirten Theilen gebildete Stücke (Müller *Die Zeuglodonten Taf. XXVII. Fig. 7;* Carus *N. Act. Acad. Caes. Leop. Taf. XXII, P. 2, p. 382, Taf. XXXIX A, Fig. 5*) gefunden hat, so ist die Frage aufgeworfen worden, ob nicht die fraglichen Stücke als Theile des Hautskelets der Gattung *Zeuglodon* anzusehen seien.

Van Beneden (*Mém. s. l. Squalod. p. 32*) möchte übrigens den *Zeuglodontinen* starke Lippen zur Bedeckung der vorragenden Zähne zuschreiben. Dieselben dürften indessen kaum ansehnlicher als bei den *Orcen* gewesen sein.

## Geschichte der Entdeckung und Deutung der Reste der Zeuglodontinen in verschiedenen Welttheilen, nebst Bemerkungen über ihre systematische Stellung und ihre Verwandtschaften.

Obgleich es erst in den neueren Zeiten gelungen ist den Skeletbau der von keinem Naturforscher bisher noch lebend beobachteten *Diaphorodonten Cetaceen* nach in verschiedenen Erdtheilen und Ländern entdeckten Resten genauer zu ermitteln, so wurde doch, wie es sich herausstellte, der erste, ihnen angehörige, sehr kenntliche, Rest bereits vor 200 Jahren auf Malta gefunden und vom scharfsinnigen Entdecker, dem Maler Agostino Scilla, in seinem Werke: *La vana speculazione disingannata del senso, Napoli. 1670. Tav. XII, Fig. 1* als versteinerter Rest eines Thieres angesehen und abgebildet und nicht dem herrschenden Vorurtheil seiner Zeit gemäss für ein Naturspiel ausgegeben.

Merkwürdig genug vergingen 157 Jahre, ehe man wieder Reste entdeckte, welche sich als Verwandte desjenigen Thieres angehörige erwiesen, dem der Scilla'schen Rest angehörte[1]).

Die ersten wurden aber nicht in Europa, sondern in Nordamerika gefunden.

Wie aus Leidy (*Extinct mamam. of North America p. 127*) hervorgeht, sind die 1827 nach Dr. Logan (*Proceed. Geol. soc. London 1827 Vol. I, p. 85*) zu Neu-Orleans gezeigten Knochen, welche man einem gegen 130 Fuss langen *Saurier* zuschrieb, die ersten in Amerika bekannt gewordenen Reste eines *Zeuglodon*, namentlich die des späteren *Zeuglodon cetoides* Ow.

Erst im Jahre 1833 meldete nämlich Harlan der französischen geologischen Gesellschaft: er besitze einen am kleinen Flusse Arcania (Arcansas) gefundenen Wirbel eines den *Ichthiosauren* ähnlichen *Sauriers*, welchen er *Basilosaurus* nenne (*Bullet. d. l. soc. géol. d. France T. IV (1833) p. 124*). — Bald darauf wurden zahlreiche Reste, Fragmente der Kiefer, Wirbel, Rippen und ein Oberarm in Alabama gefunden, die Harlan in den *Trans-*

---

1) Woodward, in dessen Besitz der Scilla'sche Rest | nicht ohne Bedenken zu äussern, auch anfangs A g a s-
gelangte, führte denselben in seinem *Catalogue of foreign.* | s i z (*Pois. foss.*) that
*foss. P. II. p. 25* bei den Fischen auf; was später, jedoch |

*act. of the geol. Soc. of Pensylvania Philadelphia (1835) Vol. I, p. 348* und in seinen *Medical and phys. research. Philadelphia 1835. p. 349* beschrieb und *Taf. 20—28* abbildete.

Schon Dumeril bemerkte zwar (*Compt.-rend. d. l'Acad. d. Paris. 1838 T. VII. p. 736*), die dem *Basilosaurus* vindizirten Wirbel schienen eher einem *Cetaceum* als einem Reptil anzugehören, was auch Buckland meinte.

Mit Entschiedenheit erklärte aber erst ein Jahr später R. Owen, der mit Harlan von diesem nach London gebrachte Kieferreste und Wirbel, besonders aber Zähne des vermeintlichen *Basilosaurus* genau untersuchte, dieselben für die eines cetaceenähnlichen Säugethiers, welches er anfangs *Zygodon*, da jedoch dieser Name schon an eine Moosgattung vergeben war, später *Zeuglodon* mit dem Beinamen *cetoides* benannte (*Proceed. geol. soc. London. 1839. p. 24; London and Edinb. Philos. Mag. 1839. (XIX) p. 302; Transact. geol. soc. London. 1841. VI. p. 69. Pl. VII—IX*).

Im Jahre 1843 lieferte S. Buckley (*Sillim. Journ. April 1843 p. 409, James. Journ. XXXV. p. 77—79*) Bemerkungen über namhafte, in Alabama gefundene, Skeletreste des *Zygodon* oder *Basilosaurus*. Ebenso wurden ausserdem auch Mittheilungen über *Zeuglodon*-Reste von Emmons (*Americ. quartert. Journ. Albany 1845. Vol. II. p. 59* und ebend. *Vol. III. 1846. p. 225*) gemacht. Gibbes (*Proceed. Ac. nat. Sc. Philad. Jun. 1845. p. 254* glaubte sogar eine neue Gattung von *Zeuglodonten* als *Dorudon* aufstellen zu können. Im Jahre 1847 wurde 10 Miles von Charleston (Carolina) ein interessanter Schädel eines *Zeuglodonten* entdeckt, welchen Tuomey in den *Proceedings of the Acad. of nat. sc. of Philadelphia 1847. p. 151* und *Journal of the Acad. nat. sc. of Philadelphia Vol. I. p. 1. Tab. V* beschrieben und abgebildet hat. Owens Bestimmung wurde übrigens erst allgemein angenommen nachdem vorher noch eine andere Deutung versucht worden war.

Koch, der gleichfalls aus Alabama zahlreiche (zwei Arten angehörige) 1845 entdeckte, von ihm in Amerika gezeigte Skeletreste nach Europa brachte (Geinitz *N. Jahrb. f. Miner. 1845. S. 47*), die er grösstentheils zu einem einzigen, zuerst in Dresden, dann in Berlin, Leipzig und in Wien zur Schau gestellten Skelete vereinte, hielt sich nämlich (*Kurze Beschreibung d. Hydrarchus Harlani, Dresden 1846. 8*) für befugt, den Owen'schen Namen in *Hydrarchus Harlani* umzuändern und das naturwidrig zusammengesetzte Skelet desselben (a. a. O. p. 15) für das einer eigenthümlichen Uebergangsform von den *Sauriern* zu den *Schlangen* zu erklären; eine Ansicht, die er sogar auf der Rückseite des Umschlags der eben citirten Schrift durch eine Abbildung des Skelets versinnlichen liess.

Die Dresdener Naturforscher Carus, Geinitz, Günther und Reichenbach veröffentlichten bald darauf unter dem Titel: *Resultate geologischer, anatomischer und zoologischer Untersuchungen über Hydrarchus Koch. Dresden 1847 fol.* eine Schrift, der zu Folge alle Knochen des Koch'schen Skelets möglicherweise ein und demselben Individuum eines *Saurier's* angehört hätten, welches einen aus 14 Wirbeln gebildeten Hals nebst Zähnen besass, die denen der *Seehunde* ähnlich waren. Carus glaubte sogar (Frorieps *N. Notizen. 1847. Dritte Reihe. I. 298*), in den Gefässen der Knochen desselben denen der Salamander ähnliche Blutkügelchen wahrgenommen zu haben, wovon indessen nach J. Müller (*Die Zeuglodont. p. 18*) keine Rede sein kann.

J. Müller machte bereits im April des Jahres 1847 (*Monatsber. d. Berl. Akad. April 12. p. 103—114*) die Mittheilung, dass die Knochen des von Koch aufgestellten Skelets ohne Frage einem den *Cetaceen* ähnlichen, zu den *Seehunden* hinneigenden, Säugethier, dem *Zeuglodon cetoides* Owen, angehörten. Uebrigens theilte Müller ebendaselbst am 20. Mai und 14. Juli desselben Jahres noch weitere Bemerkungen über *Zeuglodonten* mit. Vergleiche darüber auch den Wiederabdruck in Müller's *Archiv. f. Anat. u. Phys. 1847. p. 365* und *N. Jahrb. f. Miner. 1847. p. 623*.

H. v. Meyer auf Owen, J. Müller, Burmeister und eigene Reflexionen gestützt, erklärt (*N. Jahrb. f. Miner. 1847 S. 623*) ebenfalls Harlan's *Basilosaurus* (den *Hydrarchus* Koch's) für ein cetaceenartiges Säugethier und verweist *Zeuglodon* Owen und *Squalodon* Grateloup in eine erloschene *Cetaceen*-Familie, die der *Zeuglodonten*, welche er näher zu charakterisiren sich bemühte (ebend. *S. 669—674*).

Burmeister (*Bemerkungen über Zeuglodon cetoides Ow., Basilosaurus Harl., Hydrarchus Koch. Halle 1847. 4. m. Abb.*) sprach sich einen Monat später auf ähnliche Weise aus.

Im Jahre 1848 erschienen von Burmeister (*Zeitg. f. Zool. v. Burmeister und D'Alton I, p. 441*) seine früheren Bemerkungen über *Zeuglodon*.

Im folgenden Jahre veröffentlichte J. Müller sein Prachtwerk: Ueber die fossilen Reste der *Zeuglodonten* von Nord-Amerika mit Rücksicht auf die europäischen Reste dieser Familie. Berlin 1849. fol. Als Supplement dazu machte er später (*Monatsber. d. Berliner Akad. 1851. S. 236*) Neue Beiträge zur Kenntniss der *Zeuglodonten* bekannt.

C. G. Carus, der später Gelegenheit hatte einen ziemlich vollständigen, von Koch herstammenden, Schädel zu untersuchen, theilte am 5. April 1849 der Leopoldinischen Akademie eine von Abbildungen begleitete Beschreibung desselben mit, die in den *Nov. Act. Ac. Caes. Leop. Vol. XXII. P. 2. p. 372. Taf. XXXIX A und B 1850* erschien. Carus tritt hierin, seiner früheren Ansicht entgegen, in generischer Beziehung, Owen bei, vindizirt aber ohne Grund den Schädel einem *Zeuglodon Hydrarchos*.

Im Laufe der Zeit wurden in Amerika bald nach den beiden erstgenannten, von Logan und Harlan beschriebenen, Funden ausser den Koch'schen noch andere, zahlreiche, mehr oder weniger bedeutende, gemacht und von Agassiz, Conrad, Cope, Wyman. Wailes. Dekay, Holmes, Hate so wie Leidy beschrieben und 12 Arten zugetheilt.

Was diese Arten anlangt, so wird nur eine einzige der Gattung *Zeuglodon* oder *Basilosaurus* zugewiesen, während fünf zu *Squalodon* gezogen werden und ebenfalls eine in die Gattung *Dorudon* versetzt erscheint. Die übrigen sind in einige neu aufgestellte Gattungen vertheilt, denen eine weit bessere Grundlage zu wünschen ist. Ueber die Literatur der amerikanischen *Zeuglodonten* siehe J. Müller d. *Zeuglodonten p. 1—4* und besonders Leidy: *Extinct. mammal. of North-America p. 416—431*.

Obgleich seit Scilla's Mittheilung über die auf Malta entdeckten *Zeuglodonten*-Reste über 1½ Jahrhunderte verstrichen, ehe nachweislich neue Ueberbleibsel derselben in Europa wiedergefunden wurden, so blieb dasselbe hierin hinter Amerika keineswegs zurück. Mehr oder weniger zahlreiche, eben so wie beachtenswerthe, Skelettheile von *Zeuglodontinen* (*Diaphorodonten*) kamen vielmehr in den verschiedensten Ländern Europas zum Vorschein. Wir beginnen die näheren Angaben mit den in Deutschland gemachten, weil dort, etwas früher als anderswo, wieder Reste derselben zu Tage gefördert wurden.

Bereits im Jahre 1835 führte nämlich Graf Münster (*Jahrb. f. Mineral. etc. p. 447*) Zähne einer *Phoca ambigua* aus dem Becken von Osnabrück auf, die wohl einer *Zeuglodontine* angehört haben dürften [1].

Zwei Jahre nachher (*Jahrb. f. Miner. Jahrg. 1837*) sprach H. v. Meyer von Zähnen, die an die der Robben erinnerten und im Bohnerz von Altstadt bei Mösskirch (Baden) gefunden wurden, welche er ein Jahr darauf (*ebend. 1838 p. 414*) einem robbenartigen Thier (*Pachyodon mirabilis*) zuschrieb und noch später (*ebend. 1843 p. 700*) denen eines *Canis* und *Felis* ähnlichen Thieres verglich. Uebrigens erwähnt er auch noch (*ebend. 1847 p. 186*) einer, ebenfalls aus dem Bohnerz von Altstadt stammenden, Zahnkrone des *Pachyodon*, die sich in der fürstlichen Fürstenbergischen Sammlung befände. Endlich ist H. v. Meyer in seinem Nachlasse geneigt die von Jaeger (*Nov. Act. Caes. Leop. Vol. XXII, P. 2. 1850. p. 788. Taf. LXIX. Fig. 29 und 30*) einem *Agnotherium antiquum* zugeschriebenen Fragmente zu *Pachyodon* (= *Squalodon*) zu ziehen.

Die von H. v. Meyer (*Jahrb. f. Mineral. 1841. S. 315*) und (später *Palaeontograph. VI, p. 31. Taf. III*) einem *Arionius servatus* vindizirten, aus der Molasse von Baltringen stammenden Reste gehörten wie O. Fraas und P. Gervais (Gervais *Zool. et Paléont. gén.*) nachwiesen, gleichfalls einem *Squalodon* an, welchen ich als *Squalodon Meyeri* bezeichnen zu können glaube.

Im Jahre 1842 lieferte Klippstein (Karsten's und v. Dechen's *Archiv XVI. no. 11. p. 664*) die erste Nachricht über die bei Linz im dortigen Molasse-Sande gefundenen Reste von *Squalodon*, namentlich über das im dortigen vaterländischen Museum aufbewahrte Schädelfragment. Er hielt dasselbe jedoch, fraglich, für das eines *Saurus?*. H. v. Meyer berichtigte (*Jahrb. f. Miner. 1843. p. 704*) mit Hülfe einer ihm von Klippstein gesandten Zeich-

---

[1] J. Müller (*Die Zeuglodont. p. 6*) bemerkt zwar, wohl nach einer brieflichen Mittheilung von Agassiz, die ersten nach Scilla bekannten (aus dem Bohnenerz des Schwarzwaldes stammenden) *Zeuglodon*-Reste (Zähne) wären von Alberti in der Versammlung d. deutschen Naturforscher in Freiburg 1838 vorgelegt worden. Den angeführten Publikationen Münster's und H. v. Meyer's gegenüber ist dies aber nicht richtig. Uebrigens steht in den Protokollen des von Leuckart über die genannte Versammlung abgestatteten Berichtes kein Wort über eine solche Vorlage. Es mag jedoch unter den laut Bericht S. 69 von Rehmann damals vorgezeigten, im Bohnerz von Mösskirch gefundenen Knochen-Resten der fürstenberg'schen Sammlung, worin H. v. Meyer früher einen Zahn seines *Pachyodon* = *Squalodon* beobachtete, der eine oder andere *Squalodon*-Zahn gewesen sein.

nung diese Ansicht und wies nach, dass es einer Art Squalodon angehöre, welche er Squalodon Grateloupii nenne; mit der Bemerkung, aus Linz seien ihm noch keine Reste von Squalodon bekannt gewesen.

Im Jahre 1847 berichtete H. v. Meyer (N. Jahrb. f. Mineral. p. 189), vom Squalodon befänden sich Fragmente zweier Schädel nebst einer Bulla im linzer Museum. Die Schädelfragmente näherten sich, wie er meinte, nach ihrer Bildung mehr den Schädeln der Sirenien als denen der Delphine.

Später veröffentlichte Ehrlich von 1848 an mehrere Mittheilungen (siehe unten bei Squalodon Ehrlichii) über die im erwähnten Museum aufbewahrten Reste, welche Van Beneden 1865 (Mém. de l'Acad. roy. d. Belg. 4. T. XXXV. p. 48 und 72) ausführlicher beschrieb, durch Abbildungen erläuterte und einem Squalodon Ehrlichii vindizirte, während Suess 1868 dazu einen namhaften Beitrag über ein Kieferfragment und die Zähne desselben lieferte.

Aus Staring's (Versteeningen uit den tertiaeren leem von Eibergen in Gelderland, Boden van Nederland II. p. 216) und Van Beneden's (Mém. de l'Acad. roy. d. Belgique T. XXXV. p. 55 (Squalodon de Gueldre) und p. 56), erfahren wir, dass 1837 auch in Holland bei Eibergen und Swibroeck (in Geldern), so wie bei Mastricht der Gattung Squalodon angehörige, aus Zähnen und Wirbeln bestehende Reste gefunden wurden.

Ueber die Entdeckung von namhaften Squalodon-Resten in Belgien berichtete zuerst Van Beneden am 6. Juli 1861 in einer Sitzung der Belgischen Akademie (Bullet. d. l'Acad. roy. d. Belg. 2 sér. T. XII, p. 22), so wie später gelegentlich am 16. Dezember in einer öffentlichen Sitzung derselben (ebend. p. 477) und vindizirte sie einem Squalodon antverpiensis. In seiner verdienstlichen Monographie der Gattung Squalodon (Mém. d. l'Acad. roy. d. Belg. 4. T. XXXV. 1865) werden dann die ihm bis dahin bekannt gewordenen, besser erhaltenen, Reste der fraglichen Art näher geschildert und überhaupt eingehende Mittheilungen über die in Europa entdeckten Reste von Squalodonten gemacht, die er später (ebend. T. XXXVI (1868) avec Pl.) durch eine Darstellung und Beschreibung eines ansehnlichen, bei Antwerpen gefundenen, vorderen Theiles des Unterkiefers und der Zähne desselben ergänzte.

Frankreich lieferte zu wiederholten Malen Reste von Squalodon, die man anfangs, wie früher in Deutschland, häufig verkannte und anderen Gattungen von Thieren zuschrieb.

Grateloup war der erste, welcher von der fraglichen Gattung ein im Jahre 1837 zu Léognan (bei Bordeaux) gefundenes, mit 4 Backenzähnen versehenes, Bruchstück der Schnautze vor sich hatte und dasselbe 1840 in einer kleinen Schrift (Description d'un fragment de mâchoire fossile d'un genre nouveau de reptile (Saurien) voisin de l'Iguanodon, Bordeaux. 1. mai 1840) einem Iguanodon gleichzeitig aber auch fischähnlichen Reptil zuschrieb, welches er (Act. d. l. Soc. Linn. de Bordeaux 1840. T. II. p. 201) Squalodon nannte. Van Beneden, der die Reste auf seiner Durchreise durch Bordeaux sah, erklärte dieselben für die

eines den *Delphinen* nahestehenden Säugethieres und sprach in einem Schreiben an Blainville diese Ansicht aus, die derselbe in seiner *Ostéographie* (*Carnassiers; Phoca p. 51*) nebst
der gleich lautenden Gervais's mittheilte, welcher letztere übrigens sich gleichzeitig für geneigt erklärte die Zähne des *Squalodon* mit denen des von Scilla beschriebenen Fragmentes
in Beziehung zu bringen.

Ausser dem genannten Fragment besass übrigens Grateloup einen 1842, in den miocänen Faluns von Salles, entdeckten Atlas, den J. Müller in seinem Werke über die *Zeuglodonten* Amerikas, ebenso wie noch ausführlicher Van Beneden (*Mém. d. l'Acad. roy. d.
Belg. T. XXXV. p. 45*) beschrieb und Pl. III abbildete.

Um dieselbe Zeit fand H. v. Meyer (*N. Jahrb. f. Mineral. 1840. S. 587*) das grateloup'sche Schädelfragment in der allgemeinen Form delphinähnlich, obgleich die Zähne
hai- und robbenähnlich seien. Drei Jahre später (ebend. *1843 p. 704*) bezeichnete er das
Thier, welchem das Schädelfragment angehörte, als *Squalodon Gratoloupii* H. v. Meyer.,
während ein Jahr später Laurillard (*Dictionn. univ. d'hist. nat. T. IV. p. 636*) statt des
Namens *Squalodon Crenidelphinus* vorschlug.

Pédroni (*Compt. rend. d. l'Acad. d. Paris T. XXI. 1845. p. 1181; Act. d. l. soc.
linn. d. Bordeaux XIV.*) beobachtete Reste des Schädels und eines mit einer sehr langen
Symphyse versehenen Unterkiefers desselben *Squalodon* ebenfalls aus der sandigen Molasse
von Léognan, schrieb aber die Reste irrigerweise einem *Delphinoides Gratoloupii* zu, während Gervais (*Compt.-rend. d. l'Acad. d. Paris 1849. T. XXVII, p. 645*) auf einem im
Falun von Salèle gefundenen Vorderzahn des fraglichen *Squalodons* seinen *Smilocamptus
Bourgueti* gründete.

Als der wichtigste aller bisher in Frankreich entdeckten Reste von *Squalodon* darf wohl
der fast vollständige Schädel angesehen werden, welcher 1859 in der unteren Schicht des
miocänen Meereskalkes beim Dorfe Barie in einem Kalksteinbruche gefunden wurde, für den
aber Jourdan (*Compt.-rend. d. l'Acad. d. Paris 1861. T. LIII. p. 959, Ann. d. sc. nat.
4me sér. Zool. 1861. T. XVI, p. 369. Pl. 10*; Van Beneden (*Mém. d. l'Acad. r. d. Belg.
T. XXXV. p. 52*) den Gattungsnamen *Rhizoprion* vorschlug, da der Name *Squalodon* zu
Irrthum Anlass geben könnte. Der Name *Rhizoprion* ist indessen kaum besser als *Squalodon*.
Jourdan's Artname *bariensis* statt *Gratoloupii* dagegen wurde zwar bis jetzt noch nicht ge-
hörig documentirt, könnte aber doch zulässig sein. Soll der jetzt allgemein angenommene
Name *Squalodon* verändert werden, so wäre der, wenn auch nicht älteste, aber passendere,
fast gleichzeitige, *Phocodon Agassiz* zu wählen, da man die *Zeuglodontinen*, wenigstens im
Betracht der Gestalt ihrer Backenzähne, als robbenzähnige *Delphinoiden* ansehen kann.

Als einer der namhaften Funde ist auch das zum Schädel von Barie gehörige, von
Jourdan für zertrümmert gehaltene, Schnautzenstück zu erklären, welches Gervais vom
Hrn. Matheron aus Marseille erhielt und im *Bullet. d. l'Acad. r. d. Belg. 2me sér. T. XIII,
no. 5*, so wie in der *Zool. et Paléont. gén. p. 178* beschrieb.

Ferner gehören dahin zwei von Gervais (*Ann. d. sc. nat. 3<sup>me</sup> sér. Vol. V. p. 268*) beschriebene und (*Paléont. fr. Pl. VIII. Fig. 11, 12*) abgebildete Backenzähne.

Ausser den genannten Resten von *Squalodon* wurden in Frankreich noch andere gefunden, die als solche von *Delphinoiden* galten. Namentlich gründete Gervais in seiner *Zool. et Paléont. fr.* auf Resten von *Squalodon* seinen *Delphinus* seu *Champsodelphis Borduc* und *Delphinus* seu *Stereodelphis brevidens*, so wie theilweis seinen *Champsodelphis macrogenius*, wogegen schon Van Beneden (*Mém. d. l'Acad. r. d. Belg. T. XXXV. p. 47*) sich erklärte. Gervais hat jedoch diese Annahmen später (*Zool. et Paléont. gén. p. 180*) selbst berichtigt, siehe unten die Synonymie von *Squalodon Gratcloupii* und die oben bei *Champsodelphis* mitgetheilten Bemerkungen.

Auch Italien verschaffte neuerdings Reste von *Squalodon*.

Ein im wiener K. K. Hofmineralienkabinet aufbewahrter, schon von H. v. Meyer gelegentlich erwähnter, von Suess (*Jahrb. d. K. K. geol. Reichsanstalt 1868. Bd. XVIII. p. 290*) näher charakterisirter und *Fig. 4 a, b* abgebildeter Backenzahn soll von S. Miniato (in Toscana) herstammen.

Bei Libano, nordöstlich von Belluno, wurden ferner im Tertiär Kieferfragmente und Zähne gefunden, die Molin (*Sitzsb. d. wiener Akad. Bd. XXXV. S. 117 und Bd. XXXVIII. S. 325*) einem in artlicher Beziehung nicht gehörig begründeten *Pachyodon Catulli* zuwies.

Eine namhaftere Wichtigkeit dürfen aber die bei Aqui in einem den unteren Schichten des mittleren Miocän (der mittleren Molasse der schweizer Geologen) angehörigen Kalkstein entdeckten bedeutenden, im turiner Museum befindlichen, Skeletreste beanspruchen, worüber mir Herr Prof. Gastaldi von schönen Zeichnungen begleitete Mittheilungen zu machen die Güte hatte, die mich in den Stand setzten, sie ziemlich ausführlich zu beschreiben, durch zwei Tafeln zu erläutern, und einem *Squalodon Gastaldii* zu vindiziren.

In Bronn's *Leth. III. p. 775*, sowie am Ende einer nur kurzen Notiz über die Gattung *Pachyodon* (= *Squalodon*) des Nachlasses H. v. Meyer's, ist, ausser dem tertiären Bohnerz von Mösskirch, auch die Molasse der Schweiz, namentlich die des Waadtlandes, als Fundort von *Squalodon*-Resten angegeben.

Wenn die Zähne, die im Crag von Suffolk gefunden wurden, welche Owen seinem *Balaenodon physaloides* vindizirt, wie Lankester (*Quart. Journ. geol. soc. London 1865. p. 23*) glaubt, *Sq. antverpiensis* oder, wie H. v. Meyer fraglich im Nachlass meint, *Arionius* angehörten, so würden sie die Gegenwart von *Squalodon* in England andeuten.

Russland, namentlich das Gouvernement Kiew und Polen, werden endlich gleichfalls zu den Fundstätten von *Zeuglodontinen* zu zählen sein, wenn die unten im Anhange zu *Zeuglodon* von Paulson und Pusch beschriebenen Wirbel als Ueberbleibsel derselben Geltung behalten.

Da in den vorstehenden Mittheilungen nur beiläufig ein Theil der Ansichten verschiedener Naturforscher über den Platz, welchen die *Zeuglodontinen* im System einzunehmen haben, angedeutet wurde, so möge es erlaubt sein, dieselben zur Gewinnung eines vollständigeren Ueberblicks nachstehend zu vervollständigen.

Als Owen, wie bereits bemerkt, die angeblichen Reptilienreste, welche ihm Harlan als die eines *Basilosaurus* vorgelegt hatte, mit vollem Rechte für die eines cetaceenartigen Säugethieres (*Zygodon*, später *Zeuglodon*) erklärte, fügte er noch die Bemerkung hinzu: das fragliche Thier bilde eine interessante Verbindung zwischen den fleisch- und pflanzenfressenden *Cetaceen*, wie die mikroskopische Structur der Zähne zeige. Die Zähne ähnelten sehr denen des *Cachelot*. Er möchte daher das Thier zwischen die *Cacheloten* und die *Sirenien* stellen.

Burmeister (*Bemerk. ü. Zeuglodon p. 14*) bringt *Zeuglodon* mit den *Walfischen* in Beziehung, bemerkt aber, dass er sich im Knochengerüst ebenso sicher von den *Cetaceen* als von den *Phoken* unterscheide.

H. v. Meyer meinte, das Skelet von *Zeuglodon* zeige durchgehend Analogie mit dem der *Cetaceen;* das Gebiss sei aber phokenartig, womit auch die allgemeine Form des Schädels vom Nasengrund zum Hinterhaupt harmonire, und bildete aus *Squalodon* nebst *Zeuglodon* seine Familie der *Zeuglodonten.*

J. Müller (*Die Zeuglodont. S. 5 und 31*) erklärte: die Ordnung der *Cetaceen* im weiteren Sinne würde aus den *Manatis, Zeuglodonten* und *Cetaceen* im engeren Sinne bestehen. Die *Zeuglodonten* wären übrigens auch zwischen *Seehunden* und *Cetaceen*, aber innerhalb der Ordnung der *Cetaceen* zu stellen. S. 18 bemerkt er, die Osteologie des Kopfes vereinige Charaktere der echten *Cetaceen* und der *Seehunde*, jedoch biete sie keine Affinitäten mit den *Manatis* und fügt hinzu, im Skelet treten aber die Charaktere der *Cetaceen* entschiedener auf.

Carus (*N. Act. Acad. Caes. Leop. Vol. XXII. P. 2. (1850) p. 385*) meinte dagegen, die *Zeuglodonten* seien eine zwischen die Ordnungen *Cete* und *Sirenia* Goldfuss in die Mitte gestellte eigenthümliche Sippe, die mit dem Namen der *Hydrarchen* zu belegen wäre.

In seiner *Fauna d. Vorwelt p. 220* erklärte Giebel, die *Zeuglodonten* seien mit *Toxodon* zu den *Phocaceen* zu stellen. Auch in seinen *Saeugethieren p. 148* erscheinen sie noch als Bestandtheil der *Pinnipedien.*

Pictet (*Traité 2me éd. T. 1. p. 375*) bildete aus den *Zeuglodonten* eine eigene Säugethierordnung.

Agassiz im *Essay on classification* (*Contrib. Vol. I, p. 116*) bezeichnete die *Zeuglodonten* als embryonale *Sirenien.*

Gervais (*Zool. et Paléont. fr. sec. éd. p. 309*) stellte die Gattung *Squalodon*, weil der Gesammtbau ihres Schädels delphinartig sei, zwischen *Delphinorhynchus* und *Champsodelphis.* Auch deutet er (*Mém. d. l'Acad. d. Montpellier 1863*) auf verwandschaftliche Beziehungen der Gattung *Squalodon* mit *Inia* hin.

Später (*Zoolog. et Paléont. gén. p. 176*) betont er ganz besonders die Unterschiede zwischen *Squalodon* und *Zeuglodon*, woran er folgende Bemerkungen knüpft. Beide dürften zwar in die Ordnung der *Cetaceen* zu versetzen sein, die *Squalodons* seien aber *Delphiniden*, die *Zeuglodons* dagegen gehörten einer anderen natürlichen Gruppe an und schienen Verwandschaften mit den *Bartenwalen* zu haben.

Jourdan bemerkt hinsichtlich der Classification der *Zeuglodontinen* (*Compt.-rend. 1861. a. a. O. p. 962*), die *Zeuglodonten* seien dem *Phoken* anzureihen, die *Squalodonten* aber (d. h. sein *Rhizoprion*) an die Spitze der *Delphine* zu stellen. Die Gattungen *Zeuglodon* und *Rhizoprion* würden also die *Delphine* und *Phoken* vereinen.

Van Beneden (*Mém. s. l. Squalodons*) sieht die *Zeuglodontinen* (d. h. *Squalodon* und *Zeuglodon*) als Bestandtheile einer eigenen, mit den *Sirenien* und *Cetodonten* gleichwerthigen, Abtheilung an, die zwar einen dem der *Cetaceen* ähnlichen Körper hätten deren hinterste Backenzähne aber eine kerbzähnige Krone und zwei Wurzeln besässen.

Huxley (*Adress of the géol. soc. of London 1870. p. 21*) erklärt die *Zeuglodons* und *Squalodons* für zwischen den *Carnivoren* und *Odontoceten* auf ähnliche Weise intercalirte Formen, wie dass *Walross* und die *Ohrrobben* intercalirte Formen zwischen den spaltfüssigen *Carnivoren* und den gewöhnlichen *Robben* wären.

Leidy (*Extinct Mamm. of North-Amer. p. 416*) stellte die *Zeuglodonten*, mit *Squalodon* beginnend, in die Nähe der *Robben* hinter *Trichechus*, während er, merkwürdig genug, *Zeuglodon* mehr den *Delphinen* zuschiebt.

Früher (*Symbol. Sirenol. Fasc. III. p. 332 et 338*) war ich der Ansicht, die *Zeuglodonten* hätten eine eigene, der aus den *Delphinoiden* und *Balaenoiden* zusammengesetzten Ordnung der echten *Cetaceen*, ebenso wie der der *Sirenien*, gleichwerthige, Ordnung zu bilden; eine Ordnung, die jedoch keineswegs eine wahre Mittelstufe zwischen *Phoken* und *Cetaceen*, noch viel weniger aber eine Mittelstufe zwischen den Letzteren und den *Sirenien* darstellen sollte. Spätere eingehendere Studien des Skeletbaues der *Zeuglodontinen* haben mich indessen davon überzeugt, dass bei der Aufstellung einer solchen Ansicht die sehr erheblichen Beziehungen derselben zu den *Delphininen* hinsichtlich des Schädelbaues, namentlich die delphinartige Kieferbildung, dann die bei *Squalodon* vorwaltend delphinartige Schädelgestalt nebst der mit den *Delphine* übereinstimmenden Nasenbildung nicht genügend berücksichtigt worden seien. Ich sah mich daher in einer der Akademie am 10. Oct. 1872 überreichten, im *Bull. sc. T. XVIII (1873)* veröffentlichten Note veranlasst, die *Zeuglodontinen* mit den *Delphininen* in eine innigere Verbindung zu bringen. Sie wurden deshalb mit denselben dermaassen der Ordnung der *Cetaceen* einverleibt, dass sie nebst den *Delphinina seu Hemoiodontina* nur eine besondere Unterabtheilung (*Diaphorodontina seu Heterodontina seu Zeuglodontina*) der Unterordnung der Zahnwale (*Odontoceti seu Odontoctoidea*) bilden, der sich als zweite Unterordnung der *Cetaceen* die Bartenwale (*Balaenoidea*) anschliessen. Die *Zeuglodontina* unterscheiden sich aber von den *Delphinina* nicht blos durch den ansehnlichen, mit grossen Zähnen bewaffneten, vorderen Theil des Zwichenkiefers, so wie durch die doppelgestaltigen Zähne, die eine, der der *Carnivoren* analoge, Eintheilung gestatten, sondern entfernen sich auch davon durch die beachtenswerthe Annäherung an die *Balae-*

*nopteriden*, namentlich an die ihnen coätanen *Cetotherinen*, und ihre, wiewohl weniger bedeutende, Beziehung zu den *Robben*.

Ihre Annäherung an die *Balaenopteriden* spricht sich zwar hinsichtlich der Skeletbildung im Allgemeinen in mehreren Beziehungen, sowohl im Betreff von *Squalodon*, als auch in Bezug auf *Zeuglodon* aus. Vorzugsweise ist es aber doch die letztgenannte Gattung, welche durch die Gestalt der Hirnkapsel und des Nasenbaues unverkennbar an die *Cetotherinen* erinnert.

Den *Robben* nähern sie sich im allgemeinen durch die Anordnung der Zähne und die Gestalt der hinteren Backenzähne, sowie durch den sehr entwickelten, Zähne tragenden, ansehnlichen vorderen Theil der Zwischenkiefer. Weniger, namentlich weniger als den *Cetotherinen*, ähneln die *Zeuglodontinen* den *Robben* durch das Rumpfskelet.

Es lässt sich indessen nicht leugnen, dass eine Gruppe der *Zeuglodontinen* die der echten *Zeuglodons* durch die Gestalt der Hirnkapsel und die von ansehnlichen Nasenknochen bedeckte Nasenöffnung den *Robben* näher stehen als die *Squalodons*. Die Bedeutung dieser Robbenähnlichkeiten wird aber dadurch namhaft abgeschwächt, dass dieselben, wie schon oben angedeutet, gleichzeitig auch sich als Beziehungen zu den *Cetotherinen* herausstellen und dass die *Zeuglodontinen*, vermuthlich abweichend von den *Robben*, anders gebaute Vorderfüsse und keine ausgebildeten Hinterfüsse besassen, also auch in biologischer Hinsicht abwichen. Als Mittelformen zwischen den *Robben* und *Cetaceen* lassen sich daher die *Zeuglodontinen*, wegen ihrer überwiegenden Beziehungen zu den anderen *Cetaceen*, namentlich nicht blos zu den *Homoiodonten*, sondern auch zu den den *Robben* sehr fern stehenden *Balaenoiden*, keineswegs ansehen.

Was die Beziehungen anlangt, welche die *Zeuglodontinen* zu den *Sirenien* nach der Meinung mehrerer Naturforscher bieten, so reduziren sie sich bei genauerer Betrachtung auf die Aehnlichkeit des Rumpfskelets und einiger Schädeltheile, so der Nasenöffnung, des mehr als bei den *Balaenoiden* und den anderen *Odontoceten* entwickelten Stirn- und Scheiteltheiles des Schädels und vielleicht den Mangel entwickelter Hinterglieder. Da indessen diesen Aehnlichkeitsbeziehungen eine grössere Menge von Unterschieden sich entgegenstellen lassen, die *Sirenien* namentlich einem anderen Entwickelungstypus der Säugethiere, dem der *Hufthiere*, nicht blos in morphologischer, sondern auch als Pflanzenfresser in biologischer Hinsicht angehören, so beschränken sich, genauer betrachtet, die Affinitäten der *Sirenien* mit den *Zeuglodontinen* auf solche Verhältnisse ihres Baues, die sich auf den beiderseitigen Wasseraufenthalt beziehen. Es kann also nicht daran gedacht werden, die *Zeuglodontinen* für Mittelglieder zwischen *Sirenien* und *Cetaceen* zu halten [1]).

Die näheren Beziehungen, in welchen die *Zeuglodontinen* zu den *Delphininen* stehen, sind keineswegs gleichartige. Im Allgemeinen kann man sagen, dass die *Zeuglodontinen*

---

[1) Die verwandtschaftlichen Verhältnisse der *Cetaceen, Sirenien* und *Pachydermen* habe ich übrigens in meinen *Squalodon sirenologicae Fasc. II, p. 366* und *Fasc. III, p. 358* ausführlich besprochen.

mit den *Champsodelphen* und *Platanistinae* hinsichtlich des Verhaltens des Schnautzentheils des Schädels, jedoch mit Ausschluss des ansehnlichen, zahntragenden vorderen und kürzeren hinteren Theiles der Zwischenkiefer, ebenso wie der Gestalt der Hinterzähne und der Vertheilung der Zähne, am meisten übereinstimmen. Aus der Zahl der Gattungen steht offenbar *Squalodon* durch den Nasenbau und selbst die Gestalt der Hirnkapsel, mit Ausschluss des stärker entwickelten oberen Stirn- und Scheiteltheils, den *Delphininen* näher als *Zeuglodon*. Der letztere erscheint nämlich durch seinen Nasenbau, ebenso wie die noch stärker als bei *Squalodon* vorhandene Entwickelung seines Stirn- und Scheiteltheils dem der *Cetotherinen* und *Robben* ähnlich.

Den mitgetheilten Bemerkungen zu Folge dürften also die *Zeuglodontina* seu *Diaphorodontina* als eine zweite, der Tribus *Homoiodontina* seu *Delphinomorphina* gleichwerthige, durch die heterogen gebildeten Zähne und ihre Beziehungen zu den *Cetotherien* und *Robben* charakterisirte, *Tribus* der Unterordnung der Zahnwale (*Odontocetoidea*) anzusehen sein.

## Geographische Verbreitung der Zeuglodontina.

Wie die bereits in drei weit auseinander liegenden Welttheilen (Europa, Amerika, Australien) entdeckten zahlreichen Reste von *Zeuglodontinen* beweisen, fanden sich im grossen Tertiärmeer, welche das jetzige Russland, Deutschland, mit Einschluss Oesterreichs, die Schweiz, Italien, Frankreich, Belgien, Holland und England überfluthete mehrere Arten *Zeuglodontinen* in grösserer oder geringerer Menge. Der sonstige Charakter der oceanischen tertiären Fauna Europas gestattet übrigens die Vermuthung, dass sich damals über dem Boden Spaniens und Portugals gleichfalls *Zeuglodontinen* tummelten. Auch über dem jetzigen Nord-Amerika schwammen deren in beträchtlicher Zahl und zwar nicht blos die dort zuerst entdeckten, zum Theil riesigen, *Zeuglodons*, sondern, den neueren Untersuchungen zu Folge, auch *Squalodons*, die einigen Arten angehört zu haben scheinen. Aus Australien kennt man bisher nur die an der Gattung *Squalodon* zugewiesenen Reste einer einzigen Art. Die *Zeuglodontinen* scheinen übrigens, wie dies auch schon von den *Bartenwalen* bemerkt wurde, reich an mehr oder weniger lokalen Arten gewesen zu sein, da bis jetzt weder die in Europa und Amerika, noch die in einzelnen Ländern Europas, entdeckten Reste auf beiden Continenten gemeinsame Arten hinweisen. Selbst einzelne der ausser *Squalodon* und *Zeuglodon* aufgestellten, allerdings sehr zweifelhaften, Gattungen derselben könnten, wenn sie existirten, wenigstens theilweise, auf ein gewisses Gebiet beschränkt gewesen sein. Reste von *Zeuglodon* hat man allerdings bis jetzt mit völliger Sicherheit nur in Nord-Amerika nachgewiesen, da sein Vorkommen in Russland wenigstens noch etwas zweifelhaft ist. *Squalodon* war dagegen ohne Frage, eine cosmopolitische Gattung, die an einzelnen Punkten der Erdoberfläche in artlicher Beziehung eine, wie es scheint, nicht merkliche Mannigfaltigkeit zeigte.

Ueber die Erdschichten, welche Reste von Zeuglodontinen lieferten.

Ob die auf Malta gefundenen Reste, welche Scilla beschrieb, wie die anderen bisher in Europa entdeckten Ueberreste, ebenfalls im Miocän gefunden wurden, ist ungewiss. — Die Reste des *Squalodon*, deren Kenntniss ich Herrn Prof. Gastaldi verdanke, wurden in der unteren Schicht eines mittelmiocänen (der mittleren Molasse der schweizer Geologen entsprechenden) Kalkstein bei Aqui gefunden. Die Reste des zweifelhaften *Squalodon Catulli Molin* lagen im grauen Sande von Libano.

In Deutschland lieferten der tertiäre Molassensand von Linz nebst der Molasse Würtembergs und Badens, so wie die Bohnenerze von Mösskirch, Reste von *Squalodonten.*

In Frankreich hat man Ueberreste der obengenannten Gattung zu Léognan bei Bordeaux in einer grobkörnigen, meerischen, miocänen Molasse, ferner im *calcaire moellon de Velas*, ebenso auch im marinen, untermiocänen Kalkstein beim Dorfe Barie im Dröme-Departement entdeckt.

Der Crag und Sand von Antwerpen verschaffte gleichfalls Reste von *Squalodonten*, wie Van Beneden zeigte.

Die als *Zeuglodon? Paulsonii* beschriebenen Wirbelreste wurden in den mit Löss ausgefüllten Spalten des eocänen Sandsteins des kiewer Beckens nach Angabe der Professoren Feofilaktow und Rogowitsch ausgegraben. Der *Zeuglodon? Puschii* zugeschriebene Wirbel stammt nach Pusch aus dem Jurakalk Polens.

Lyell (*Quart. Journ. geol. soc. Lond. 1848. IV* und *Jahrb. f. Miner. 1848. p. 587*) berichtet, dass an einem der Hauptfundorte der Ueberreste der *Zeuglodonten, Clark-County*, zwischen den Flüssen Alabama und Tombeckbee, die Knochen in einem weissen, verwitterten, eocänen Kalkstein lagen, der dem des *Stantee River* in Süd-Carolina, sowie dem von *Buck-County* in Georgien und dem oberen Theil des *Bluff* von Claiborn in Alabama entspricht, welcher nach Conrad über dem Niveau der Claiborn-Schichten gelagert erscheint. In der ältesten eocänen Kalksteinformation Süd-Carolinas fanden sich ferner Reste von *Zeuglodon* und *Squalodon* mit *Cardita planicosta, Gryphaea mutabilis* und *Terebratula mutabilis*, welche letztere übrigens auch in der Kreideformation vorkommen, worin man also möglicherweise auch schon Reste von *Zeuglodonten* erwarten könnte. Die Miocänformation New-Jerseys lieferte gleichfalls Reste von *Squalodon*. Endlich sind auch die Staaten Mississippi, Louisiana und Arkansas als Fundorte zu nennen [1]).

Die Knochen der *Zeuglodontinen* zeigen sehr verschiedene Zustände. Sie können mehr oder weniger gut erhalten oder bereits vor ihrer Einhüllung mehr oder weniger zertrümmert worden sein. Sie sollen ferner entweder nur von der Gesteinsmasse umhüllt,

---

1) Ueber die geologischen Verhältnisse der Gegend, | *Hydrarchus* von Geinitz. Günther und Reichenbach wo die von Koch mitgebrachten Skeletreste der Zeuglo- | Dresden 1847. Fol. mit 7 Taf. — Geinitz's Bemerkungen donten gefunden wurden, spricht Geinitz in dem Werke: | wurden übrigens im Auszuge mitgetheilt in *N. Jahrb. f.* Resultate geologischer u. anatomischer Untersuchungen über | *Mineral. 1847 S. 877.*

oder mehr oder weniger davon durchzogen erscheinen. Uebrigens kommen sie theils vereinzelt, theils in zahlreicher Menge vor, so dass nicht blos die Reste einzelner Individuen derselben Art, sondern auch gleichzeitig die verschiedener Arten an manchen Localitäten entdeckt wurden. In Nord-Amerika, so in Alabama, hat man sie zuweilen in solcher Menge gefunden, dass man sie zu technischen Zwecken zu benutzen begann.

Als Begleiter der Reste der *Zeuglodontinen* in den miocänen Schichten Europas hat man die von *Balaenoiden*, *Delphininen* und *Sirenien* beobachtet.

## Wahrscheinliche Lebensweise der Zeuglodontinen.

Der mit dem der anderen echten *Cetaceen*, den *Delphininen* und *Balaenoiden*, im Wesentlichen übereinstimmende Skeletbau der *Zeuglodontinen* lässt auch an eine ähnliche Lebensweise denken. Der Bau der Kiefer und ihr so entwickelter Zahnbau stempelt sie zu den *Delphininen* ähnlichen *Raubthieren*, die aber nicht blos, wie diese, mittelst ihrer zugespitzten Zähne ihre Beute, die wahrscheinlich aus Seethieren, namentlich wohl Fischen, bestand, nicht blos zu ergreifen und festzuhalten, sondern auch abweichend von den *Delphininen* mittelst ihrer breiten, gezähnelten, seehundsähnlichen, Backenzähne zu zerbeissen im Stande waren.

Ihr Rumpfskelet deutet auf Wasserthiere hin, welche hinsichtlich ihres oceanischen Wohnorts mit den *Cetaceen* übereinstimmten. Die genauere Betrachtung ihres cetaceenartigen Oberarms, des einzigen, so viel ich weiss, bisher sicher bekannten Knochens ihrer Extremitäten, scheint mir gleichfalls darauf hinzuweisen, dass die, wohl mit denen der anderen *Cetaceen* ähnlichen Brustgliedmaassen versehenen *Zeuglodontinen* mit Hülfe derselben nur Bewegungen wie die anderen *Cetaceen* ausführten, also nur Schwimmbewegungen verrichteten. Eine namhafte, der der anderen, echten, *Cetaceen* ähnliche, Schwimmfähigkeit dürfte überhaupt für die räuberischen *Zeuglodontinen* zur Verfolgung ihrer Beute von grossem Nutzen gewesen sein.

Die von Burmeister (*Bemerk. üb. Zeuglodon cetoides p. 24*) ausgesprochene Ansicht, welche auf die früher für Phalangen genommenen, später wohl mit Recht dem Brustbein zugeschriebenen, Knochen und die auch bei anderen echten *Cetaceen*, so bei *Cetotherien*, vorkommenden Endanschwellungen der Rippen, begründet war: *Zeuglodon cetoides* habe sich ähnlich wie das *Walross* an seichten Ufern aufhalten und auf seine kräftigen Vorderfüsse stützen, ja sich damit fortschieben können, vermag ich daher nicht zu theilen.

Van Beneden (*Mém. s. l. Squalod. p. 59* und *61* und *64*) möchte ich ebenfalls nicht darin beistimmen, dass nur die *Squalodons* Souffleurs gewesen seien, nicht auch die in dieser Hinsicht nach ihm, den *Robben* zuneigenden *Zeuglodons*. Die ersteren kamen allerdings hinsichtlich ihrer Nasenfunction mit den *Delphininen*, die letzteren aber mit den *Balaenoiden* überein.

Bei den *Squalodonten* erfolgte nämlich, wegen ihrer kurzen, auf die Stirn geschobenen, Nasenbeine, der Luftwechsel vor der Stirn, mithin sogleich in verticaler, bei den *Zeuglodonten* aber, wegen der längeren, vor der Stirn gelagerten, Nasenbeine, anfangs in hori-

39*

zontaler Richtung. Dessenungeachtet fand er aber, wie bei der einen oder anderen Haupt-
abtheilung der echten *Cetaceen* statt. Bei den *Squalodons* mochte er indessen vielleicht etwas kräftiger und schneller von statten gehen als bei den *Zeuglodons*. Man kann jedoch
wohl zugeben, dass die *Zeuglodonten*, aber ebenso auch die *Balaenoiden*, den *Robben* hinsichtlich des Nasenbaues und seiner Function etwas näher standen als die *Squalodonten*
und *Delphininen*.

### Grösse der Zeuglodontinen.

Wie unter den anderen *Cetaceen* gab es auch unter den *Zeuglodontinen* Arten von sehr
verschiedener Grösse von der der grössten *Bartenwale* bis zu der der *Delphininen* von
etwa mittlerer, ja, wie es scheint, vielleicht noch geringerer Grösse.

Die früher sehr übertriebene (weit über 100 Fuss geschätzte) Länge der grössten bekannten Art, die des *Zeuglodon cetoides*, wird von Joh. Müller (*Die Zeuglodont. p. 31*) nur
auf 60—70 Fuss angeschlagen. Van Beneden schätzt nach bei Antwerpen gefundenen
einzelnen Resten die Totallänge eines seiner *Squalodons*, die er nicht für Altersverschie-
denheiten anzusehen geneigt ist, auf 4 Meter, die eines zweiten, grösseren, auf etwa einen
Meter mehr und die eines dritten, des kleinsten, auf etwa 1½ Meter weniger.

Die Länge des Schädels des echten *Squalodon Grateloupii* von Léognan giebt er auf
60 Centim., die des Schädels von Baric (des *Rhizoprion bariensis Jourdan's*) auf 85 Centim.
und die des *Squalodon Ehrlichii* auf etwa 1 Meter an. *Squalodon Ehrlichii* wäre demnach
die grösste, *Squalodon Grateloupii* aber die kleinste der genannten Arten gewesen. Würde,
wie bei *Delphinus delphis*, bei den genannten *Squalodonten* die Schädellänge annähernd ⅐ der
Skeletlänge betragen haben, so könnte, wenn Van Beneden's Angaben über die Schädel-
längen ebenfalls annähernd zutreffen, die Skeletlänge von *Squalodon Grateloupii* etwa 2 Meter
20 Centim., die von *Rhizoprion* (= *Squalodon*) *bariensis* etwa 3 Meter 40 Centim., die
von *Squalodon Ehrlichii* aber etwa 4 Meter betragen haben.

Die Länge seines *Arionius* (= *Squalodon Meyeri*) schätzt H. v. Meyer auf 12 Fuss,
also annähernd auf etwa drei Meter.

### Ueber das terrestrische Alter der Zeuglodontinen.

Hinsichtlich des ersten Auftretens der *Zeuglodonten* bemerkt Van Beneden (*Mém.
d. l'Acad. roy. d. Belg. XXXV. p. 63*) folgendes: «Wären die Altersbestimmungen der Formationen, worin man ihre Reste fand, genau, so würden sie zuerst in Amerika zur Eocänzeit als *Zeuglodons*, als *Squalodons* aber im südlichen Europa, jedoch nicht früher als zur
Miocänzeit erschienen sein, während die nördlichen europäischen Formen (die antwerpener
und holländischen) zur Pliocänzeit auftraten und verschwanden[1]. Es hätte demnach in

[1] Van Beneden fügt übrigens den obigen Angaben noch hinzu: Die *Zeuglodontinen* der Eocänzeit (er meint hier die *Zeuglodon* im engeren Sinn) seien sehr gross und keine Souffleurs, wie die der Miocän- und Pliocän-zeit (die *Squalodons*) gewesen. — Dass die Grösse der *Zeuglodontinen* auch in der Eocänzeit verschieden war

allen drei der älteren tertiären Epochen *Zeuglodontinen* gegeben, die erst zur Pliocänzeit untergingen». Der Annahme, zur Eocänzeit wären nur *Zeuglodons*, und zwar zuerst in Amerika, vorgekommen, widersprechen die Mittheilungen Leidy's (*Extinct mamm. of North-America p. 418*), *Squalodon Holmesii* Leid. sei im Eocän des Ashley River (Süd-Carolina), dann *Squalodon pygmaeus* und *proterrus* in derselben Formation gefunden worden.

Dass in Europa bis jetzt nur der Gattung *Squalodon* angehörige Ueberreste von *Zeuglodontinen* erst in miocänen Schichten sicher beobachtet wurden ist, allerdings für die Gegenwart richtig. Wir können aber nicht behaupten, dass man in Zukunft sie nicht auch in den eocänen Schichten Europas, ja selbst in noch älteren finden werde, wenn wir bedenken, dass ein von Pusch beschriebener Wirbel einer Zeuglodontine (möglicherweise der eines *Squalodonten*) im Jura Polens gefunden wurde. Dass Reste von *Zeuglodon*, ebenso wie die dieselben im Eocän Amerikas begleitenden, auch in der dortigen Kreideformation entdeckten, *Conchylien* künftig ebenfalls in der genannten Formation gefunden werden dürften ist desshalb sehr möglich.

Es lassen sich, sollte man meinen, um so mehr solche Vermuthungen aussprechen, da man nicht nur, wie oben S. 3 bemerkt, bereits noch andere Cetaceenknochen aus den oberen Juraschichten kennt, sondern Owen sogar Landsäugethierreste aus der rhätischen Stufe der Trias beschrieben hat.

Ziehen wir nun in Betracht, dass in sehr frühen Zeiten die Erde von weit ausgedehnteren oceanischen Wassermassen überfluthet war, dass ferner die in den allerältesten Formationen nachgewiesenen Wirbelthiere Bewohner des Wassers waren (dem auch wohl die zur Umbildung in höhere Organismen befähigten Urformen aller Thiere angehörten), so könnten möglicherweise die *Cetaceen* nebst den *Sirenien* diejenigen Säugethiere gewesen sein, welche sehr früh, wenn auch nicht gerade in den allerältesten Perioden, vielleicht schon deshalb auftraten, d. h. aus verschiedenen spezifischen Urformen durch Metamorphose sich entwickeln konnten[1]), weil die für ihr neues Lebensstadium nothwendigen,

---

beweist die bei Leidy aufgeführte im Eocän ausser dem riesigen *Zeuglodon cetoides* entdeckte kleinere Art, namentlich *Z. brachyspondylus*. Dass ferner ausser den zu *Balaeniden* hinneigenden Souffleurs (*Zeuglodon*) auch mehr delphin-ähnliche Arten (*Squalodon*) zur Eocänzeit vorhanden waren, bekunden einerseits die oben von mir gemachten Bemerkungen über den Bau des Nasenapparats der *Cetaceen*, andererseits die ebendaselbst mitgetheilten Thatsachen über das Vorkommen der Ueberreste von *Zeuglodontinen* in verschiedenen Ablagerungen. — Van Beneden kann ich ferner, wie schon bei Gelegenheit des Skeletbaues und der Lebensweise erörtert wurde, auch darin nicht zustimmen, die *Zeuglodons* der Eocänzeit hätten sich durch den Bau ihrer Extremitäten den *Phoken* und *Sirenien* genähert. — Wenn nun Van Beneden noch bemerkt bei den eocänen *Zeuglodons* wären die Wirbel noch theilweis knorplig gewesen, so

bezieht sich diese, offenbar J. Müller entlehnte, Angabe nur auf einige Wirbel von *Zeuglodon cetoides*, welche mit Versteinerungsmasse ausgefüllte Vertiefungen besassen, also wohl wenigstens zur Zeit noch keinen vollgültigen Beweis für eine ausgedehntere, unvollständige Verknöcherung der Wirbelsäule als Charakter der eocänen Zeuglodonten zu liefern vermochten. Jene Vertiefungen könnten ja früher verletzte Stellen der Wirbel gewesen sein, die möglicherweise erst später mit Versteinerungsmasse ausgefüllt wurden.

1) Welche Form die noch nicht entdeckten, hypothetischen, überaus zahlreichen, wohl mit bestimmten Entwickelungs-Befähigungen begabten, Urformen besassen, ist freilich gänzlich unbekannt. Ihre Reste, wenn sie deren im erhaltungsfähigen Zustande hinterliessen, oder hinterlassen konnten, wären in den vorsilurischen Ablagerungen zu suchen. Will man sich eine imaginäre, auf

günstigen Existenzbedingungen früher als die für die Landthiere erforderlichen vorhanden waren. Gegen eine solche Hypothese liesse sich allerdings (jedoch vielleicht, freilich nur nach Maassgabe unserer jetzigen paläontologischen Kenntnisse) anführen: die ältesten nachgewiesenen Wirbelthiere (die Fische) hätten eine knorplige Wirbelsäule besessen. Aelteren Perioden angehörige Wirbelthiere mit knochigen Wirbelsäulen seien ferner nur aus der Classe der *Reptilien* bekannt. Die oben angeführten Einwände dürften aber dadurch möglicherweise abgeschwächt werden, wenn wir bedenken, dass seit der Tertiärzeit, wie in der Gegenwart, zwar die mit einer knochigen Wirbelsäule versehenen Wirbelthiere vorherrschen, dass aber auch selbst gegenwärtig die mit einer knorpligen versehenen unter den Fischen noch häufig sind.

Die *Cetaceen* und *Sirenien*, ja selbst vielleicht die *Robben*, könnten demnach, dessenungeachtet, weil sie früher als die Landthiere die Möglichkeit hatten aus ihrem Urzustande herauszutreten und ihre vollendete Organisation zu erreichen, möglicherweise für die ältesten Säugethiere unseres Planeten zu halten sein, wofür auch eine gewisse, wenn auch schwache, Hinneigung der Zahnwale zu den vorweltlichen crocodilartigen Reptilien sprechen könnte. Dass man Reste derselben noch nicht in so alten Schichten, wie z. B. die einzelner Landthiere bereits in der Trias entdeckte, kann nicht wohl als Einwand gelten, da man vor kurzer Zeit eben so wenig daran dachte, dass Reste von Landsäugethieren in der genannten Formation sich finden würden, als man früher *Cetaceen*-Reste in den jurasischen Schichten erwartete.

### Ueber den genetischen Ursprung der Zeuglodontinen und Cetaceen überhaupt.

Im Betreff des genetischen Ursprungs der *Cetaceen* sind von zwei Naturforschern einander widersprechende Ansichten vorgetragen worden.

Häckel (*Generelle Morpholog. II. p. CXLVI*) erklärte die *Zeuglodonten* (seine *Zeuglocceten*) ebenso wie die *Balaenoiden* und *Delphininen* (seine *Autocceten*) für zwei wahrscheinliche Aeste der *Sirenien* (seiner *Phycocceten*).

---

Analogieen der Entwickelungsgeschichte und Metamorphose der Organismen basirte, Vorstellung davon machen, so würde man sich wohl die in ihrer allmäligen Ausbildung aus niederen Formen am weitesten vorgeschrittenen als den Larven der Amphibien vergleichbare Wasserthiere denken können, die nur unter günstigen Umständen diejenige vollkommene Gestalt als Abschluss ihrer Entwickelung annähmen, wozu sie durch einen inneren, in einer bestimmten Richtung wirkenden und eine Anpassung an bestimmte äussere Existenzbedingungen bezweckenden, von einer schöpferischen Endursache alles Seins und Werdens eingepflanzten Bildungstrieb befähigt worden. Die Entwickelungsgeschichte der als *Axolotl* bekannten Larven der mit *Amblystoma* bezeichneten *Salamander*, von deren durch Zeugung sich fortpflanzenden Larven nicht immer alle Individuen, selbst nicht die zusammenlebenden, sich in Salamander verwandeln, lässt sich vielleicht annähernd, natürlich nur hypothetisch, als Vergleichungspunkt im Betreff der Metamorphose der Urthiere betrachten

Einen sehr geringen Anhaltungspunkt für Häckel's Ansicht könnte die Hypothese liefern: die Pflanzen wären wohl mit ihren Verzehrern früher als alle Thiere erschienen, die *Sirenien* seien also wohl noch vor den fleischfressenden *Cetaceen* aufgetreten. Es fehlt indessen für diese Annahme der Nachweis. Ja sie würde sogar als eine irrige anzusehen sein, wenn das zur Classe der *Rhizopoden* gezogene *Eozoon* als der älteste organische Rest gelten könnte, was jedoch keineswegs feststeht, da die mächtigen im Urgebirge befindlichen Lager von Graphit auf eine sehr alte Vegetation hindeuten. Selbst wenn aber auch genau bewiesen werden könnte, die Pflanzen nebst den *Sirenien* wären früher als die fleischfressenden *Cetaceen* aufgetreten, so folgte daraus nicht: die phytophagen *Sirenien* seien die Stammväter der fleischfressenden *Cetaceen*. Der Umstand, dass nach Maassgabe zahlreicher Ueberreste noch zur Miocänzeit *Sirenien*, *Zeuglodonten*, *Balaenoiden* und *Delphinien* ohne Uebergangs- oder Mittelformen (*Balaenodons* existirten nachweislich gar nicht), zusammen in wohlgetrennten Gattungen und Arten in denselben Meeren in Menge vorkamen, dürfte sogar direct dagegen sprechen. Es lässt sich wenigstens nicht erklären, warum nur ein Theil der *Sirenien* sich umgewandelt haben sollte, während der andere mit den von ihnen erzeugten *Cetaceen* in unverändertem Form in denselben Meeren sehr lange fortlebte. Ueberdies kann man sich schwer eine Vorstellung davon machen, wie aus Pflanzenfressern mit ganz eigenthümlicher, von der der Fleischfresser so verschiedenen, Organisation (den *Sirenien*) echte Fleischfresser von ebenfalls eigenthümlichem Bau in Form echter *Cetaceen* hervorgegangen seien. Man hat freilich auf die Möglichkeit der Veränderungen hingewiesen, die unter anders als jetzt gestalteten Verhältnissen und Verlaufe von Millionen von Jahren stattfinden konnten. Die Annahme einer solchen Möglichkeit wird indessen genau genommen nur als ein Versuch gelten können eine unerwiesene Hypothese durch eine andere, nicht controllirbare, zu stützen.

Mir will es scheinen, dass weder eine Nothwendigkeit, noch ein stricter Beweis vorhanden sei, weshalb die Zahl der Urformen der Organismen auf wenige zu beschränken wäre. Es ist namentlich nicht einzusehen, weshalb dasselbe schöpferische Prinzip, welches Welten schuf und noch schafft, nur eine oder wenige typische, nicht aber überaus zahlreiche, zu einer spezifisch selbstständigen Entwickelung befähigte, organische Urformen gleichzeitig hervorgehen lassen konnte. Sprechen nicht die aus der Silurformation stammenden Reste von Thieren, welche bereits alle bekannten Grundtypen der Thiere in, wenn auch weniger zahlreichen, aber selbstständigen untergegangenen Gattungen und Arten nachweisen, für die letzterwähnte Ansicht? Wenn namentlich die genannte Formation bereits verschiedenen Abtheilungen angehörige Fische nachweist, die in ihren morphologischen und biologischen Eigenschaften weniger von einander abwichen, als die pflanzenfressenden *Sirenien* von den fleischfressenden *Cetaceen*, ist es dann nicht zulässig, dass die eben genannten Säugethiere zwei ursprünglich getrennten, eigenthümlichen Typen angehörten, die durch mehr oder weniger zahlreiche, selbständige Arten und Gattungen repräsentirt wurden und nach dem jetzigen Standpunkte unseres Wissens am passendsten als besondere, gleichwerthige Ordnungen der Säugethiere sich ansehen lassen, wie ich bereits in den *Symbolis sirenologicis* ausführlich zu zeigen mich bemühte? In der genannten Schrift habe ich übrigens schon mein Bedenken gegen Haeckel's Hypothese ausgesprochen.

Im Widerspruch mit Häckel's Ansicht, jedoch ohne dieselbe auch nur anzuführen, sagt Gill (*Proceed. of the Essex Institut Vol. VI. P. 2. Salem March. 1871. p. 121*) wörtlich: «From the Zeuglodont stem have probably descended, in different directions, the Toothed and Whalebone Wales». Dies heisst doch nichts anders, als aus den *Zeuglodonten* als Stamm seien wahrscheinlich die *Zahn-* und *Bartenwale* in differenten Richtungen hervorgegangen. Im *Bullet. sc. de l'Acad. Impér. d. sc. d. St.-Péterb. T. XVII. p. 124* erklärte ich mich gegen diese Ansicht, indem ich gleichzeitig darauf hindeutete: nach meiner Ansicht seien die zahlreichen echten Arten aus nur je eine bestimmte Art produzirenden Urformen, also nicht aus Urstämmen, entstanden. Herr Gill sah sich (*The American Natur. Vol. VII. January 1873*) indessen veranlasst, in Folge meiner Erklärung seine früher nur angedeutete Ansicht ausführlicher zu erörtern und meint ich hätte ihn missverstanden. Er habe sagen wollen, dass wahrscheinlich die *Denticeten* und *Mysticeten* nicht aus einander hervorgegangen wären, sondern nur Glieder eines Stammes seien. Aus seiner Erwiderung geht dann deutlicher hervor, dass er einen alten, gemeinsamen Stamm der *Cetaceen* (*Protocetaceen Typus*) annähme, den er als *Zeuglodont stem* bezeichnet, weil die *Zeuglodonten* weit weniger, als die anderen noch lebenden *Cetaceen* von den typischen Säugethieren abwichen und deshalb, nach seiner Meinung, dem primitiven Stamm näher stünden. Wenn nun Gill einen solchen Stamm annimmt, so steht er offenbar auf dem Standpunkte der Lehre Darwin's, der ich in Folge umfassender Studien, welche in einer theilweis bereits vollendeten kleinen Schrift niedergelegt sind, keine allgemeine Geltung einräumen kann. Da ich übrigens einen, wie mir scheint, beachtenswerthen Theil der nach meiner Ansicht gegen seine Theorie sprechenden Thatsachen bereits oben andeutete, in einigen meiner früheren Arbeiten (*Symbolae sirenologicae*, so wie in der *Naturgeschichte* der Gattungen *Hyrax* und *Alces*) aber bereits noch näher besprochen habe, so scheint es überflüssig, eine eingehende, auf Gill's Erwiderung bezügliche, Vertheidigung meiner Ansicht hier zu veröffentlichen. Ich schliesse daher als Anhänger der Hypothese, es hätten überaus zahlreiche, sogar artliche, Urtypen existirt, im Betreff der Hypothese Gill's mit den Worten eines der ausgezeichnetsten Paläontologen der Gegenwart, des Herrn Professors Zittel (*Aus der Urzeit S. 585*): «wir seien nicht im Stande den Stammbaum auch nur einer Classe herzustellen».

Was die Zeit anlangt, während welcher die *Zeuglodonten* nebst den anderen, wenigstens noch zur Miocänzeit mit ihnen zusammenwohnenden *Cetaceen*, aus ihren muthmaasslichen, spezifischen Urformen sich metamorphosirten, so besitzen wir darüber noch keine Nachweise. Die ältesten, zahlreicheren uns bis jetzt bekannten Reste von *Zeuglodonten* stammen, wie bereits oben erörtert wurde, aus der Eozänzeit und gehören den Gattungen *Zeuglodon* und *Squalodon* an. Da indessen, wie schon erwähnt, bereits Reste einer Gattung von *Balaenoiden* (*Palaeocetus*

*Seyley*), sowie der Wirbel einer *Zeuglodontine* im Jura entdeckt wurden, so lassen sich die *Zeuglodontinen* eben nicht für älter, sondern für eben so alt als die *Balaenoiden* halten.

Traten, wie man wohl anzunehmen berechtigt sein darf, die einzelnen Formen von Organismen dann auf, als die Meere oder die anfangs insularischen Festländer des Erdballs ihnen die nöthigen Existenzbedingungen boten, die für sämmtliche *Cetaceen*, nahezu wenigstens, dieselben oder wenig verschiedene, ebenso wie auch einfachere, als die für Landthiere erforderlichen waren, so könnte das Erscheinen der verschiedenen *Cetaceengruppen* mindestens schon zur Jurazeit und zwar gleichzeitig erfolgt sein. Für die Annahme des gleichzeitigen Auftretens verwandter Formen, wie das der Barten- und Zahnwale, mit Einschluss der *Zeuglodonten* möchte auch der Umstand sprechen, dass den obigen Mittheilungen gemäss bereits zur Eo- und Miocänzeit, aus welcher die meisten der bis jetzt entdeckten Reste stammen, beide genannte Hauptabtheilungen der Ordnung der *Cetaceen* reichlich vertreten waren. Auch pflegen ja in den Faunen gewisse Formen von verwandten Arten, so wie von bestimmten anderen Formen, begleitet zu werden.

Eintheilung der Zeuglodontinen nebst Charakteristik ihrer Gattungen und Erörterung der in Europa entdeckten annehmbaren oder zweifelhaften Arten derselben.

Sämmtliche, bis jetzt mit grösserer oder geringerer Sicherheit bekannte, *Zeuglodontinen* lassen sich nach Maassgabe von Differenzen des Schädelbaues, beim jetzigen Standpunkte unserer Kenntnisse[1] in zwei Gruppen theilen, die man als zwei Familien *Gymnorhinidae* seu *Squalodontidae* und *Stegorhinidae* seu *Zeuglodontidae* bezeichnen kann.

### Familia 1.  Gymnorhinidae seu Squalodontidae.

*Cynorcidae* Cope et Gill.

Nacktnasige.

Am mehr als bei der zweiten Familie dem der *Delphininen* ähnlichen Schädel bemerkt man folgende Abweichungen.

Die Hirnkapsel des Schädels ist mehr verkürzt. Der Scheiteltheil derselben erscheint breiter, flacher und kürzer, auch bietet er keinen, oder nur einen schwachen, Längskamm. Die Schläfengruben sind weniger geräumig. Die compacteren, sehr kurzen, etwas verdickten, Nasenbeine liegen auf der Stirn hinter und über der Oeffnung des Nasenkanals. Die Nasenöffnung steigt vor der Stirn unmittelbar perpendiculär in die Höhe. — Die Zähne lassen

---

1) Ich füge die Worte «beim jetzigen Standpunkte unserer Kenntnisse» hinzu, weil vielleicht der von der Differenz des Nasenbaues abgeleitete Charakter später als variabel sich herausstellen könnte. Man darf wenigstens der auf S. 292 befindlichen Anmerkung zu Folge es für nicht unmöglich halten, dass die Nasenbeine der *Zeuglodontinen* hinsichtlich der Lage und Form, ähnlich denen der *Nireniea*, variirt haben könnten, so dass wir vielleicht erst nur die Extreme ihrer Entwickelung kennen würden.

sich nach Van Beneden, der sie bisher am eingehendsten untersuchte, in vier Kategorien (Schneidezähne, Eckzähne, Prämolaren und eigentliche Backenzähne) theilen. Einwurzlige, mit einer pyramidalen, ungezähnelten, Krone versehene Schneidezähne, wovon das erste Paar in der Axe des Körpers steht, sind in jedem Kiefer sechs, jederseits drei, vorhanden. Die vier Eckzähne ähneln in Bezug auf das Verhalten ihrer Kronen und ihrer Wurzeln den Schneidezähnen. Dasselbe gilt von den 16, zu 8 in jedem der Kiefer, jederseits zu 4, vorhandenen Prämolaren, welche hinsichtlich ihrer Wurzel und Krone den Schneide- und Eckzähnen ähneln. Die Krone der hinteren derselben ist aber platter und fein crenulirt, während ihre Wurzel kürzer und gespalten erscheint; sie gehen daher allmählich in die wahren Backenzähne über. Wahre Backenzähne finden sich in jedem Kiefer jederseits sieben. Sie besitzen zwei, selten drei, Wurzeln und eine breite, comprimirte, abgerundet-drei-eckige, meist nur kurz zugespitzte, entweder nur an der hinteren oder auch an der vorde-ren Kante gezähnelte Krone. Die Zähne sind demnach auf jeder Kieferseite nach folgen-der Formel vertheilt:

| Schneidezähne | Eckzähne | Prämolaren | Backenzähne | | |
|---|---|---|---|---|---|
| $\frac{3}{3}$ | $\frac{1}{1}$ | $\frac{4}{4}$ | $\frac{7}{7}$ | $= \left.\begin{array}{c}15\\15\end{array}\right\}$ | $= 30$ |

Jeder Schädel besitzt daher im Ganzen deren 60, also annähernd fast doppelt so viel als der der *Zeuglodons*.

Die *Squalodontiden* standen im Betreff des Baues ihres Schädels, namentlich hin-sichtlich seiner Hirnkapsel, ganz besonders aber hinsichtlich des Nasentheils desselben, den *Del-phininen* näher als die echten *Zeuglodontiden*; jedoch nähern auch sie sich, wie die letzteren, durch ihre sehr entwickelten, zahntragenden Zwischenkiefer und die Gestalt der Backen-zähne den *Robben*. Die Gegenwart von Prämolaren bringt sie jedoch den *Robben* etwas näher als die *Zeuglodontiden*. Sie scheinen übrigens, nach Maassgabe der bis jetzt endeck-ten Reste, die artenreichste und am weitesten verbreitete Abtheilung der *Zeuglodontinen* gewesen zu sein. — Die *Squalodontidae* nach Cope als *Cynorcidae* zu bezeichnen ist um so weniger annehmbar, da Leidy sogar die Gattung *Cynorca* Cope's zu *Squalodon* zieht.

Bisjetzt vermag ich zur Familie der *Squalodontiden* nur das Genus *Squalodon* zu rech-nen. Die von Leidy (*Extinct mamm. of North-America p. 442 ff.*) von *Squalodon* abge-zweigten Gattungen *Delphinodon* Leidy und *Phocageneus* Leidy bedürfen nämlich gar sehr einer näheren Begründung, da sie sich nur auf vereinzelten Zähnen oder Wirbeln stü-tzen, während ihr Schädel- und vollständiger Zahnbau unbekannt ist. Dass die Gattung *Ste-nodon seu Aulocetus* Van Bened. (*Mém. d. l'Acad. r. d. Belg. T. XXXV. p. 73*) weder eine *Zeuglodontine* noch überhaupt in seinem Sinne zulässig sei, wurde bereits oben unter *Ceto-thriopsis* und später in einem nachträglichen Anhange hinter *Squalodon* erörtert.

Der Charakter der Gattung *Squalodon* fällt daher mit dem der Familie *Squalodontidae* zusammen. Es wurde daher kein besonderer aufgestellt.

## Genus Squalodon, Grateloup (1840).

? Agnotherium Kaup. *Descr. d. ossem. 1833. c. p.*

Pachyodon H. v. Meyer *Jahrb. f. Mineralogie 1837. p. 675*[1].

Squalodon Grateloup *Act. d. l. soc. Linn. d. Bordeaux 1840.*

Phocodon Agassiz Valent. *Repert. 1841. p. 236.*

Arionius H. v. Meyer *Jahrb. f. Miner. 1841.*

Delphinoides Pedroni *Compt. rend. d. l'Acad. d. Paris XXI. 1845. p. 1181.*

Crenidelphinus Laurillard *Dictionn. univ. d'hist. nat. T. IV. (1846) p. 636.*

Smilocamptus Gervais *l'Institut 1849. p. 766.*

Champsodelphis Gervais *Zool. et Paléont. fr. c. p.*

Stereodelphis Gervais *ib.*

? Phoca Münster *Jahrb. f. Mineral. 1835. p. 447*[2].

Phoca Blainville *Ostéograph. Phoca p. 44 et 51.*

Zeuglodon J. Müller *d. Zeuglodonten c. p.*

Delphinodon Leidy *Extinct mamm. c. p.*

Die aufgeführten Synonyme liefern den Beweis, wie häufig die in Europa gefundenen Reste der Gattung *Squalodon* verkannt wurden, ehe es dem vielfach verdienten Zoologen der Universität zu Löwen, Herrn Professor Van Beneden, in seiner schönen Monographie der europäischen *Squalodonten*, gelang die verworrenen Materialien zweckmässiger als bisher unterzubringen und eine bessere Kenntniss der *Squalodonten* anzubahnen. Der Mangel an geeigneten Materialien gestattete es ihm indessen keineswegs alle europäischen Reste der fraglichen Gattung mit völliger Sicherheit unantastbaren Arten zuzuschreiben. Dass indessen die in mehreren Ländern Europas, namentlich in Italien, Frankreich, Deutschland, Belgien und Holland bisher entdeckten Reste der Gattung *Squalodon* mehreren Arten angehörten, kann wohl nicht in Zweifel gezogen werden, selbst wenn auch die von Van Beneden angenommenen, wie *Squalodon Grateloupii* H. v. Meyer und *Squalodon Ehrlichii* Van Bened., besonders aber *Squalodon antverpiensis* Van Bened., noch weitere Stützpunkte zur vollständigen Sicherung ihrer ehemaligen Existenz wünschenswerth erscheinen lassen.

In der vorliegenden Arbeit habe ich mich zwar bemüht, auf Grundlage des Studiums der Literatur und selbstständiger Forschungen, unterscheidende Charactere der genannten Arten aufzusuchen. Es kann dieses Bestreben jedoch, da mir keine charakteristischen Reste in gehöriger Zahl vorlagen, nur als ein Versuch zur Förderung einer besseren Kennt-

---

1) Der Name *Pachyodon* ist zwar, falls ihm nicht *Agnotherium* Concurrenz machen kann, der älteste der Gattung, jedoch wurde sein Aurecht erst später erkannt, als die, ebenfalls nicht ganz passende, Bezeichnung *Squalodon* bereits angenommen war. Bezeichnender als die genannten wäre *Phocodon* Agassiz gewesen. Der eben genannte Name ist aber um 1 Jahr jünger als *Squalodon*.

2) Man vergleiche aber *Phoca ambigua* Münster *Beiträge z. Petrefactenkunde III p. 1. T.7. H. v. Meyer Jahrb. f. Miner. 1840. p. 96. 1841. p. 96.* Die Reste stammten aus den oberen Tertiärgebilden des Beckens von Osnabrück bei Bünde und der Molasse von Baltringen (?).

niss der Arten angesehen werden. Die beiden von mir aufgestellten Arten (*Squalodon Meyeri* und *Gastaldii*) halte ich ebenfalls noch nicht für unanstastbar. Auch sie bedürfen noch weiterer Stützpunkte, wie dies übrigens, natürlich noch in viel grösserem Maasse von dem im Anhange erwähnten Resten von *Squalodonten*, sowie ja im Allgemeinen von überaus vielen anderen von den Paläontologen aufgestellten Thiergattungen und Arten derselben gilt.

Die genauere Ermittelung der untergegangenen Formen darf überhaupt nur als eine während eines kurzen Zeitraumes begonnene, überaus schwierige, angesehen werden, die nur sehr allmählich fortschreiten kann, weil sie meist von solchen charakteristischen, zufälligen, glücklichen Funden abhängt, die in die richtigen Hände gelangen.

### Spec. 1. Squalodon Meyeri J. F. Brdt.[1])

Arionius servatus H. v. Meyer *N. Jahrb. f. Miner. 1841. p. 315., ebend. 1852. p. 303.; Palaeontograph. VI. p. 31. Taf. IV.* — Arionius servatus Bronn *Lth. III. p. 760.* — Pictet *Paléont. 2me éd. T. I. p. 383.* — Giebel *Fauna d. Vorwelt, Säugethiere S. 237.*—Squalodon Gervais *Zool. et Paléont. gén, p. 255.* — Viertes Cetaceum der Molasse Jäger *Fossile Säugethiere Würtembergs (1839) p. 7. no. 21. S. 200 und 213. Tab. 1. Fig. 28; Nov. Act. Acad. Cues. Leop. Vol. XXII. P. 2. p. 780.*

Schon 1839 beschrieb Jaeger in seinen fossilen Säugethieren Würtembergs den schlecht conservirten Schädelrest eines *Cetaceums*. Nicht lange darauf wurde, aus der würtemberger Molasse, ein fast vollständiger Schädel eines Zahnwales, nebst mehreren Zähnen bekannt, den H. v. Meyer einer neuen Gattung und Art (*Arionius servatus*) zuschrieb, auf welche später Jäger (*N. A. Leop.*) auch sein Cetaceen-Fragment zu beziehen sich geneigt erklärte.

Der von H. v. Meyer in den *Palaeontographicis* ausführlich beschriebene und trefflich dargestellte Schädel des *Arionius* erschien mir dem von Jourdan abgebildeten, von Van Beneden zu *Squalodon Gratelonpii* gezogenen Schädel von Baric, ebenso wie auch den linzer Schädelresten des *Squalodon Ehrlichii*, viel ähnlicher als dem einer *Delphinoide*. Auch die

---

[1] Die von H. v. Meyer (*Jahrbuch f. Miner. 1878 p. 414*), also noch ehe die Gattung *Squalodon* aufgestellt war, einem *Pachyodon mirabilis* zugeschriebenen, in den Bohnenerzen von Altstadt, bei Mosskirch und Baltringen, gefundenen, Zähne könnten wegen ihrer Form und ihres mit dem Schädel von *Squalodon Meyeri* gemeinsamen Fundortes (Baltringen) sehr wohl der oben genannten Art angehören. Dasselbe könnte auch von den Zahnresten aus der Bohnenerzablagerung von Mosskirch gelten, die Jäger (*N. Act. Acad. Cues. Leop. Vol. XXII. P. 2. S. 808. no. 29. Tab. LXXI. Fig. 7*) dem *Pachyodon mirobilis* vindizirt. Möglicherweise wäre auch der gleich-falls dort gefundene, von Jäger (ebend. p. 788. Tab. LXIX. Fig. 29) einem *Agnotherium antiquum* Kaup. zugeschriebene Zahn darauf zu beziehen. Sogar einer der von Kaup. "einem *Agnotherium* (*Descr. d. ossem. foss. Cab. 1. Darmst. 1832. p. 28. Pl. 1*) zugewiesenen Zähne, namentlich der unter Fig. 3 a und 3 b, dargestellte, könnte vielleicht demselben zugerechnet werden. Liesse er sich sicher, als solcher nachweisen, so würde er, wie schon oben bemerkt, als der am frühsten in Deutschland gefundene Rest von *Squalodon* anzusehen und der Name *Agnotherium* der älteste, wenn auch nicht eben empfehlenswertheste, der Gattung *Squalodon* sein.

von Meyer beschriebenen Zähne fand ich mehr denen der *Zeuglodonten* ähnlich. Ich glaubte daher anfangs, die Gattung *Arionius* als Mittelglied zwischen *Delphininen* und *Zeuglodontinen*, jedoch als ein solches betrachten zu können, welches, wegen des Schädelbaues, den letzteren als Typus einer besonderen Gruppe einzureihen wäre.

Die von Gervais (*a. a. O.*) mitgetheilte, später von mir aufgefundene, Angabe: er habe mit O. Fraas im Gestein, welches das im stuttgarter Museum befindliche Original-Exemplar des Meyer'schen *Arionius* noch theilweis umgab, ein Unterkieferfragment mit, für die charakteristischen, zweiwurzlichen, Zähne bestimmten, Alveolen, nebst gezähnelten Backenzähnen entdeckt, veranlasst mich indessen ohne Bedenken *Arionius servatus* als *Squalodon Meyeri* zu bezeichnen.

Leider hat meines Wissens weder Fraas noch Gervais die gefundenen Backenzähne näher charakterisirt und sie mit denen anderer *Squalodonten* verglichen.

Als bemerkenswerthe Angaben der von H. v. Meyer in den *Palaeontographicis* gelieferten Beschreibung möchten folgende hervorzuheben sein.

Der das Hirn einschliessende Theil des Schädels ist (im Gegensatz zu dem der *Delphininen*) hinten concav und fällt erst vom Stirntheil an ab. Die symmetrische, abgeplattete Scheitel- und Stirngegend ist länger und ebener (erinnert mehr an *Zeuglodon* und die *Sirenien*). Die Hinterhauptsfläche bildet mit der horizontalen Scheitel- und Stirngegend einen Winkel von 125°. Die Hinterhauptsschuppe besitzt eine centrale Leiste. Die *Condylen* stehen horizontal, treten weiter nach hinten, selbst als bei *Zeuglodon*, jedoch weniger abwärts und schräg vor. Ueber jedem derselben findet man eine Grube. Die Stirn geht allmählich in die an der Basis nicht plötzlich verbreitete, nach vorn allmählich verschmälerte, Schnautze über. Die Zwischenkiefer sind vorn schmal, werden nach hinten allmählich breiter, erscheinen in der Gegend der Spritzlöcher gewölbt und laufen nach hinten in eine Spitze aus. Der weiter, als bei den *Delphinen*, geöffnete Nasenkanal ist oben nicht von Knochenmasse geschlossen. Die delphinartige Unterseite des Schädels zeigt eiförmige *Bullae tympani*. Die Länge der Symphyse des Unterkiefers beträgt ¹/₃ der Totallänge desselben. Die einwurzligen, pyramidalen Zähne sind deutlicher gestreift, als bei *Zeuglodon*. — Die Länge des Schädels, dem wohl mehr als ¹/₃ des vorderen Schnautzentheils fehlt, beträgt nach Meyer mit Inbegriff der *Condylen* 0,49, die grösste Höhe am Hinterhaupte 0,2, die grösste Breite nicht unter 0,026.

Nach Gervais soll zwar der von H. v. Meyer beschriebene Schädel dem von Barie, d. h. dem des *Squalodon Gratcloupii*, ähneln, jedoch sagt er keineswegs, derselbe sei in artlicher Beziehung damit identisch.

Der von mir angestellte Vergleich der Abbildung des oben genannten, von Jourdan (*Ann. d. sc. nat. Zool. 4ᵐᵉ sér. T. XVI. Pl. 10*) einem *Rhizoprion bariensis* vindizirten Schädels mit den Darstellungen des Schädels des *Squalodon Meyeri* (*Palaeontogr. VI. Taf. IV*) scheint darauf hinzudeuten, dass der der letztgenannten Art einen niedrigeren, hinten breiteren, mit weniger nach hinten vorstehenden, kräftigeren, stärker convergirenden *Condylen* versehenen Hinterhauptstheil, ferner mehr ovale, unten nur schwach in der Mitte der Länge nach eingedrückte, weiter von einander abstehende und mehr nach vorn befindliche *Bullae tympani*, nebst einem breiteren Schnautzentheil besass. Sind demnach die Darstellungen des Jourdan'schen und Meyer'schen Schädels exact, wie man wohl annehmen darf, so gehörten sie offenbar zwei verschiedenen Arten an.

Wie der Schädel des *Squalodon Meyeri* sich zu dem des *Sq. antverpiensis* Van Bened. (*Mém. d. l'Acad. r. d. Belg. T. XXXV. Pl. 1.*) verhalte, lässt sich nicht angeben, da Van Beneden's Abbildung nur eine ideale Darstellung des Hirntheils liefert, die Profilansicht des Schnautzentheil desselben aber keinen Vergleich gestattet.

Die genauere Vergleichung der Abbildung des Schädels des *Squalodon Meyeri* mit der des *Sq. Ehrlichii* (siehe meine *Taf. XXXI*) weist gleichfalls entschieden auf spezifische Unterschiede hin. Der Meyer'sche Schädel zeigt eine breitere, etwas quadratische, an den Seiten ausgeschweifte, am vorderen Rande nur sehr leicht gekrümmte, oben mit einem deutlichen Längskamm versehene, Hinterhauptschuppe. Der Scheiteltheil und der mittlere Theil der Oberkiefer erscheint breiter. Seine ovalen *Bullae* zeigen unten keinen Längseindruck. Der Scheitel überhaupt ist hinten höher.

Dass der Meyer'sche Schädel auch dem des *Squalodon pygmaeus* Leidy (*Extinct mamm. of North-America p. 240. Pl. XXIX. Fig. 7, 8 = Zeuglodon pygmaeus* Müller *Die Zeuglod. p. 29. Taf. XXIII. Fig. 1, 2*) ähnele, lässt sich nicht leugnen. Der genaue Vergleich weist indessen auf mannigfache Unterschiede hin.

Die Grösse des Individuums, dem der von Meyer beschriebene Schädel angehörte, wird auf etwa 12 Fuss angegeben.

Reste des *Sq. Meyeri*, namentlich einwurzlige Zähne desselben, hat man ziemlich häufig in der Molasse Würtembergs bei Baltringen, Heudorf und Steinheim, ferner bei Berlingen im Badischen Seekreise. sowie bei Ortenberg, unweit Passau, gefunden. Das von H. v. Meyer untersuchte, so bedeutende Schädelfragment stammt aus der Molasse von Baltringen.

#### Spec. 2. Squalodon Grateloupii H. v. Mey.

Saurien voisin de l'Iguanodon: *Grateloup description d'un fragment de machoire fossile d'un genre nouveau de Reptile Saurien voisin de l'Iguanodon, Bordeaux 1er mai 1840.* — Squalodon Grateloup *Act. d. l. Soc. Linn. de Bordeaux 1840, T. II. p. 201.*—Basilosaurus Squalodon Gibbes *Journ. Acad. nat. sc. Philad. I. p. 5.*— Squalodon Grateloupii H. v. Meyer *Jahrb. f. Miner. 1843. p. 704.* — Gervais *Bull. d. l'Acad. roy. Belg. Vol. XIII (1862) p. 462; Ann. d. sc. nat. 3me sér. T. V. 1846. p. 263; Zool. et Paléont. fr. Pl. VIII. Fig. 12 et Pl. 41. Fig. 5., 2me éd. p. 509. Pl. VIII. Fig. 11, 12 et Pl. XLI. Fig. 5:* Van Beneden *Mém. d. l'Acad. roy. Belg. T. XXXV. (1865) p. 68 sqq., ebend. T. XXXVII. p. 5.*— Crenidelphinus Laurillard *Dictionn. univ. d'hist. nat. T. IV. (1846) p. 636.*—

Delphinoides Gratelonpii Pedroni *Act. d. l. soc. Linn. d. Bordeaux T. XIV. p. 105. (1845); Compt. rend. d. l'Acad. d. Paris XXI. p. 1181.* — Zeuglodon Gratelonpii J. Müller *Zeuglodont. (1849) p. 11. Taf. 24, 25.* — ?Rhizoprion bariensis Jourdan *Compt. rend. d. l'Acad. d. Paris 1861. p. 959.; Annal. d. sc. nat. 4<sup>me</sup> sér. T. XVI. (1861) p. 369. Pl. 10.* Als Grundlage dient ein, wie mir scheint nicht ohne Bedenken, zu *Sq. Gratelonpi* zu ziehender, bedeutender Schädelrest, wozu als Supplement Gervais's Beschreibung des für zertrümmert gehaltenen Schnautzenendes des genannten Schädels (*Bullet. d. l'Acad. roy. d. Belg. 2<sup>me</sup> sér. T. XIII. no. 5*) gehört. — Delphinus Bordae Gervais *Zool et Paléont. fr. 1. éd. p. 153.* — Champsodelphis Bordae Gervais *ib. sec. éd. p. 311. Pl. XLI. Fig. 8*; Gervais *Zool. et Paléont. fr. 2<sup>me</sup> éd. p. 311. c. p.,* d. h. der Rest von Léognan *Pl. XLI. Fig. 7 et 7<sup>a</sup>, Paléontol. gén. p. 180.* — ?Delphinus brevidens Gervais et Dubreuil *Compt. rend. d. l'Acad. d. Paris T. XXVIII. (1849) p. 135.; L'Institut XVII. T. I. S. 100.; Jahrb. f. Miner. 1849. p. 638.* = Stereodelphis brevidens Gervais *Zool. et Paléont. fr. T. I. p. 152. Pl. IX. Fig. 4—6., ib. 2<sup>me</sup> éd. p. 310. Pl. IX. Fig. 4—6.* und *Zool. et Paléont. gén. p. 181.* Pictet *Trait. d. Paléont. 2<sup>me</sup> éd. T. I. p. 582.* — Smilocamptus Bourgueti *L'Institut 1849. p. 766.; Gervais Zool. et Paléont. fr. I. p. 161. Pl. 41* und *Zool. et Paléont. gén. p. 180.*

Man hat bis jetzt fast alle in Frankreich zu Léognan bei Bordeaux (Gironde), beim Dorfe Barie, unweit St.-Paul Trois Châteaux (Drôme), sowie in der Molasse zu St.-Jean de Vedas (Hérault) gefundenen aus Schädelfragmenten, Kiefertheilen, Zähnen und einem Atlas bestehenden Ueberreste von *Squalodonten* dem *Squalodon Gratelonpii* zugeschrieben. Van Beneden in seiner Monographie der *Squalodonten Europas* (*Mém. d. l'Acad. roy. d. Belg. T. XXXV. p. 69* und *70*) zieht namentlich nicht blos die von Grateloup 1840 und von Pédroni 1845 beschriebenen, einem *Delphinoides* vindizirten, Kieferfragmente, sondern auch das von Jourdan, einem *Rhizoprion bariensis* zugeschriebene, bedeutende Schädelfragment, nebst dem von Gervais nachträglich (*Bullet. d. l'Acad. r. d. Belg. 2<sup>me</sup> sér. T. XIII. no. 5*), in einem Briefe an Van Beneden geschilderten Schnautzenende desselben zu *Squalodon Gratelonpi*; sondern er betrachtet auch Gervais's *Champsodelphis Bordae* und *macrogenius*, sowie den *Stereodelphis brevidens* und *Smilocamptus Burgueti* desselben als Synoyme der genannten Art. Gervais stimmte ihm später (*Paléont. gén. p. 180*) im Ganzen bei, will aber *Ch. macrogenius* noch als *Delphinine* gelten lassen, worin ich ihm zum Theil (siehe S. 263) Recht gab.

Mir will es scheinen, dass, wie unten näher erörtert werden wird, für jetzt nur die von Grateloup und Pédroni beschriebenen, an ein und demselben Orte (Léognan) gefundenen Reste, als völlig sichere Grundlage des *Squalodon Gratelonpii* angesehen werden können. Dieselben sind indessen an sich zur Unterscheidung des *Sq. Gratelonpii* von den

anderen aufgestellten Arten wohl noch nicht hinreichend. Das Grateloup'sche Schädelfragment (Gervais *Zool. et Paléont. fr. 2me éd. Pl. 41. Fig. 5* und besonders J. Müller *d.
Zenglod. Taf. XXIV*) bietet nämlich, nach Abzug des fehlenden Schnauzenendes, annähernd
nur etwa gegen ²/₃ der einen Hälfte des geraden Schnauzentheils des Schädels. Dasselbe besteht grösstentheils aus dem verlängerten, länglichen, niedrigen, schlanken Oberkiefer, der
mit den drei hintersten dicht gedrängt stehenden Backenzähnen und einem von diesen durch
eine getheilte Alveole (für einen einzeln Backenzahn) getrennten mittleren, spitzkronigen
Backenzahn versehen erscheint. Vor den vordersten der vorhandenen Backenzähne werden
fünf Alveolen wahrgenommen. Ueber der hinteren Hälfte des Oberkiefers, tritt der Zwischenkiefer deutlich, aber nur mässig, vor. Hinter den Zähnen gewahrt man ein Stück des
nach unten vorragenden Gaumentheils. Der hinterste Zahn ist der kleinste und wie der ihm
vorhergehende, nur am hinteren Rande mit drei, am vorderen aber nur mit einem einzigen
Zähnchen versehen, während die vor diesem befindlichen beiden Zähne eine stumpfspitzige,
an beiden Rändern gezähnelte, Krone besitzen. Am vordersten der vorhandenen Backenzähne, welcher die hinter ihm befindlichen überragt und etwas länglicher erscheint, ist die
Krone ziemlich zugespitzt und vorn ein- hinten dreizähnig.

Das von Van Beneden ebenfalls zu *Squalodon Grateloupii* gezogene, von Jourdan,
einem *Rhizoprion baricensis* vindizirte, in den *Ann. d. sc. nat. 4me sér., Zoolog. T. XVI.
p. 369* beschriebene, auf *Pl. 10.* dargestellte, sehr ansehnliche, Schädelfragment bietet
nach Van Beneden (*Mém. p. 53*), folgende Charaktere, die vielleicht spezifische sein
möchten. Der Schädel bildet im Profil eine geringe Krümmung. Der Grund der Schnauze
ist eben so hoch als die Stirn, der Basaltheil des Unterkiefers sehr hoch, die geräumige
Schläfengrube oben offen. Die Stirnbeine erscheinen über den Augen sehr dick. Die Oberkiefer bedecken hinten die Stirn und reichen bis zum Scheitel. Die abgeplattete Hinterhauptsschuppe erhebt sich bis zum Scheitel und bildet oben, wie an den Seiten, einen die
Hinterhauptgegend begrenzenden Kamm.

Betrachtet man die Abbildung des Jourdan'schen Schädelfragmentes näher, so unterscheidet sich dasselbe (vorausgesetzt das seine Darstellung exact ist), vom Grateloup'-
schen merklich durch die etwas aufsteigende Schnauze, besonders jedoch durch das abweichende Verhalten der vier hinteren Backenzähne. Dieselben erscheinen sämmtlich durch
nach vorn an Grösse zunehmende Zwischenräume getrennt. Die Kronen der hintersten sind
spitzer. Nur die beiden hintersten bieten am vorderen, wie am hinteren, Rande Kerbzähn-
chen; die drei vor ihnen stehenden, gleich langen, zeigen dagegen (wie die drei auf dem
Unterkieferfragment vorhandenen), einen glatten vorderen Rand.

Was die von Pedroni beschriebenen (irrigerweise aber einem *Delphinoides* vindizir-
ten), nur die Alveolen, aber keine Zähne bietenden Unterkieferfragmente anlangt, wovon
J. Müller (*Die Zenglodonten Taf. XXV*) verschiedene Ansichten lieferte, so erscheint ihr
Gelenktheil weit niedriger und anders gestaltet, als in der Abbildung des Schädels von
Barie bei Jourdan.

Die aus dem Vergleich der dem echten *Squalodon Grateloupii* zugehörigen Schädelreste mit dem Schädel von Barie hervorgegangenen Differenzen dürften demnach wohl geeignet sein Zweifel an die völlige Richtigkeit der Zuziehung der Reste von Barie zu den
von Grateloup und Pédroni beschriebenen zu erwecken und mit der, wie es fast scheint
zu bejahenden, Frage vertraut zu machen: ob nicht Jourdan's *Rhizoprion bariensis* als
*Squalodon baricusis* wiederherzustellen sei. Unter diesen Umständen wird es aber auch
fraglich erscheinen, ob die einem *Delphinus Bordae* und *brevidens*, so wie theilweis einem
*Champsodelphis macrogenius*, früher zugeschriebenen Reste alle oder theilweis, oder aber
gar nicht zum echten *Sq. Grateloupii*, sondern eher zu *Sq. baricusis* gehören.

Gerade die neuen Materialien und Untersuchungen erheischende, sichere Feststellung
des *Sq. Grateloupii* muss aber um so wünschenswerther sein, da er als die älteste Art den
Ausgangspunkt für die Begrenzung der anderen abzugeben hat.

Was schliesslich den schon von J. Müller (*Die Zeuglodonten*) dem *Sq. Grateloupii*
vindizirten von Van Beneden (*Mém. p. 45*) besprochenen, ebend. Pl. II. Fig. 2 abgebildeten, Atlas anlangt, so scheint er durch dicke, abgerundet dreieckige, Querfortsätze und
vielleicht auch durch den Mangel eines aus seinem unteren Saume vortretenden Fortsatzes
sich zu charakterisiren.

### Spec. 3.? Squalodon antverpiensis Van Bened.

Squalodon antverpiensis Van Ben. *Bull. d. l'Acad. r. d. Belg. 2ᵐᵉ sér. T. XII. p. 22.,
Mém. d. l'Acad. roy. d. Belg. 4. T. XXXV. (1865) p. 70. Pl. I.* Ideelle Schä-
delfigur, ebd. *T. XXXVII. (1868).* (Beschreibung und Abbildung eines Unterkieferfragmentes mit den Schneidezähnen, Eckzähnen und einem Theil der Prämolaren.) — ?Lankester[1]) *Quart. Journ. geol. soc. XXI. (1865) p. 231. T. II.
Fig. 4, 6, 7.* — Squalodon Grateloupii Staring *Versteeningen mit den tertiaeren
leem van Eibergen:* Staring *Bodem van Nederland T. II. p. 216,; Verhandel.
d. Commissie voor de geolog. Kaart van Nederland II. Harlem 1854. p. 19.;
Carte géologique d. l. Neerlande, Legende 1858—67. p. 6.*

Nach Van Beneden wurden bei Antwerpen zahlreiche Ueberreste von *Squalodon*,
namentlich Fragmente der Schnautze und des Unterkiefers nebst Zähnen verschiedener Categorie, ferner eine *Bulla tympani*, ebenso wie Wirbel, nebst dem Rest eines Brustbeins (?)
ausgegraben. Ueberdies fand man Ueberreste auch in Holland, so bei Eibergen.

Van Beneden bemerkt über dieselben, dass sie hinsichtlich der Grösse sich auf drei
Formen vertheilen lassen, die nach seiner Ansicht keine Altersverschiedenheit darstellen
können. Seinen Schätzungen zu Folge besass nämlich die eine wohl ungefähr eine Total-

---

1) Nach Lankester soll nämlich, wie schon oben
S. 207 bemerkt, ein Theil der im Crag von Suffolk gefundenen Zähne des *Balaenodon physaloides* Owen's

*Squalodon antverpiensis* angehören. H. v. Meyer wirft
in seinem Nachlasse die Frage auf, ob sie nicht von
*Arionius* herstammen könnten.

länge von vier Metern; die grösste, wovon ein Unterkieferfragment vorhanden, mochte um 1
Meter länger, die kleinste aber (auf einem Gaumenfragment mit den Zähnen gestützte) etwa
1½ Meter kürzer als die zuerst erwähnte sein. Da indessen aus der Tertiärzeit Beispiele
von namhaften individuellen Grössenverhältnissen mancher Arten, so hinsichtlich der *Palae-
otherien*, bekannt sind, so glaubt er kein sonderliches Gewicht auf die verschiedenen Grössenverhältnisse bei der Artbestimmung legen zu dürfen, worin man ihm um so eher beistimmen kann, da wir selbst bei noch lebenden Arten zuweilen namhaft abweichende Grössenverhältnisse wahrnehmen.

Wenn man nun aber mit Van Beneden die im antwerpener Becken gefundenen Reste
vorläufig nur einer Art (seinem *Squalodon antverpiensis*) zuschreiben möchte, so fragt es
sich: wie sich dieselbe von den anderen von ihm aufgestellten Arten unterscheiden lasse.
Van Beneden (*Mém. d. l'Acad. roy. d. Belg. T. XXXV. p. 14 sqq.*) hat zwar bei
Antwerpen gefundene Reste des Ober- und Zwischenkiefers nebst einer Zahl von Zähnen
ausführlich beschrieben, sowie auch p. 70 unter *Squalodon antverpiensis* zahlreiche, ihm
zu vindizirende, Reste erwähnt, ohne jedoch solche Kennzeichen anzuführen, welche die Art
sicher stellen. Der nach antwerpener Resten dargestellte Schnautzentheil seiner Abbildung
des restaurirten Schädels (der nach *Sq. bariensis* und *Ehrlichii* gemodelte, also imaginäre
Hirntheil desselben kann nicht in Betracht kommen) scheint mir indessen darauf hinzudeuten, dass *Squalodon antverpiensis* von *Sq. Grateloupii* und Jourdan's *Rhizoprion* (=
*Squalodon bariensis*) durch eine höhere, kräftigere, weniger schlanke Schnautze sich möglicherweise unterschieden könne. Das später von Van Beneden (ebend. T. XXXVII)
beschriebene und abgebildete, dem *Sq. antverpiensis* zugeschriebene, ansehnliche Unterkieferfragment spricht gleichfalls für diese Vermuthung, namentlich im Vergleich mit dem
Unterkiefer des *Squalodon Grateloupii* (Müller d. Zeuglodont. Taf. XXIV). Nach Maassgabe der Abbildung des von Van Beneden restaurirten Schädels, woran sämmtliche 7
Backenzähne des Oberkiefers nur am hinteren Rande gezähnelt sind, sowie der von ihm,
p. 32 und 34 beschriebenen und abgebildeten Backenzähne, glaubte ich anfangs, dass
*Squalodon antverpiensis* durch dieses Verhalten der Bakenzähne sich von *Squalodon Grateloupii*, *bariensis* und *Ehrlichii* unterschieden haben dürfte. Die Beschaffenheit des verletzten, auf möglicherweise abgeriebene Zähnchen hinweisenden, vorderen Randes der ebendaselbst von Van Beneden p. 35, 36 und 37 beschriebenen und dargestellten Zähne lässt
indessen meine Vermuthung um so zweifelhafter erscheinen, da Van Beneden p. 39 bemerkt: «die Crenulirung der Zähne biete grosse Differenzen, deren Wichtigkeit für jetzt
schwer zu ermitteln sei», da ferner an der von ihm später gelieferten Abbildung der vorderen, grösseren Hälfte eines Unterkiefers selbst die vier Prämolaren sowohl am hintern
als auch am vorderen Rande bereits fein crenulirt erscheinen.

Da also unter den angegebenen Verhältnissen sichere spezifische Kennzeichen für *Squalodon antverpiensis* sich für jetzt noch nicht angeben lassen, so habe ich denselben mit einem Fragezeichen versehen.

### Spec. 4. Squalodon Ehrlichii Van Bened.

### Taf. XXXI.

Squalodon Grateloupii H. v. Meyer *Jahrb. f. Mineral. 1843. p. 704* ebend. *1847. p. 189.*; Ehrlich, *Geognostische Wanderungen im Gebiete der nordöstlichen Alpen Linz 1850. p. 12 und 13* mit zwei xylographischen Abbildungen des Schädelfragmentes und zweier Backenzähne; Dessen *Beiträge zur Paläontologie und Geognosie Linz 1855. p. 10.*; Ehrlich, *Ueber die fossilen Säugethierreste von Linz: Berichte über Mittheilungen von Freunden der Naturwissensch. in Wien.* Herausgegeben von Haindinger, *IV Bd. no. 2. 1848. p. 197 mit Abbildungen p. 199.*; Ehrlich *Die geognostische Abtheilung des Museums p. 10.* — Squalodon Ehrlichii Van Beneden *Mém. d. l'Acad. roy. d. Belg. T. XXXV. (1865) p. 72. Pl. II. Fig. 1—4, sowie Pl. III.* — F. Suess, *Jahrbuch d. geolog. Reichsanstalt Bd. XVIII. (1868) p. 287. Taf. X.* (Kieferfragment mit einem Zahn, nebst einzelnen Backenzähnen.) — Stenodon lentianus Van Beneden *ib. p. 73 e. p.*

Der tertiäre Sand der Umgegend von Linz lieferte, ausser namhaften Resten eines *Halitheriums*, auch zu Zeiten wichtige Theile eines *Squalodons*, namentlich findet man von der letztgenannten Gattung im dortigen vaterländischen Museum den einem älteren Thiere angehörigen, hinteren und oberen Theil der Hirnkapsel des Schädels (Taf. XXXI, Fig. 3), nebst einem anderen Schädelfragment (ebend. Fig. 1, 2) eines kleineren Thieres, welches aus einigen Resten der Knochen der Hirnkapsel, nebst denen der hinteren Hälfte der Schnautze besteht, die noch mehrere Backenzähne enthält. Ausserdem besitzt aber auch die genannte Sammlung drei *Bullae tympani*, ferner mehrere einzelne Zähne, sowie auch Wirbel.

Die fraglichen Reste wurden von Ehrlich, H. v. Meyer und J. Müller a. a. O. mehr oder weniger ausführlich besprochen. Der Erstgenannte liess sie sogar abbilden, während H. v. Meyer sie dem *Squalodon Grateloupii* zuschrieb.

Später untersuchte sie Van Beneden in Linz, und beschrieb die Schädelreste in seiner oben erwähnten Arbeit über *Squalodon*. Er vindizirt indessen dieselben nicht dem *Squalodon Grateloupii*, sondern einer davon verschiedenen Art, dem *Squalodon Ehrlichii*.

Als eigentliche artliche Unterscheidungsmerkmale treten jedoch in seiner Beschreibung genau genommen nur folgende hervor:

Die Schnautze sei durch ihre Breite und Kürze ausgezeichnet. Alle Theile erschienen massiver. Die sechs hinteren Backenzähne seien fast gleich gross, ebenso wie fast gleich von einander entfernt, und am vorderen sowohl als am hinteren Rande mit einer gleichen Zahl von Zähnchen versehen.

Während eines achttägigen Aufenthaltes in Linz im Jahre 1871 hatte ich, durch die Güte des um die Palaeontologie und Geologie Oesterreichs verdienten Kays. Rathes Herrn C. Ehrlich's Gelegenheit die dort aufbewahrten Schädelreste des *Squalodon* von neuem zu untersuchen und darstellen zu lassen.

41*

Die von mir angestellte Untersuchung derselben ergab einerseits, dass Van Beneden nicht blos mit Recht die linzer Reste auf eine besondere Art (*Squalodon Ehrlichii*) bezogen, sondern dieselbe auch zwar kurz, aber passend, im Vergleich mit *Squalodon Grateloupii* charakterisirt habe. Andererseits verschaffte sie mir aber auch Material für weitere ergänzende oder erweiterte Studien zur noch eingehenderen Charakteristik der Art.

Van Beneden stützte seine unterscheidenden Charaktere besonders nur auf die Schnautzen- und Zahnbildung. Vergleicht man aber den von Jourdan abgebildeten, einem *Rhizoprion baricnsis* vindizirten, von Van Beneden zu *Squalodon Grateloupii* gezogenen, Schädel mit den Schädelresten des *Squalodon Ehrlichii* (Taf. XXXI. Fig. 1—3), so weicht der Letztere davon durch die viel kürzere, niedrigere, hinten stark eingedrückte, mit einer viel niedrigeren, stark nach vorn geneigten, oben sehr schwach gekielten, Hinterhauptsschuppe und die mit einem flacheren, niedrigeren Scheiteltheil versehene Hirnkapsel des Schädels, ferner durch den viel kleineren und kürzeren, dem Augenfortsatz des Stirnbeins weit stärker genäherten, Jochfortsatz des Schläfenbeins, die kleineren niedrigeren Schläfengruben, sowie auch, wie es scheint, dadurch ab, dass sämmtliche echte Backenzähne breitere, gerundete, vorn und hinten gezähnelte Kronen besitzen.

Vom *Squalodon Meyeri* unterscheidet sich *Squalodon Ehrlichii* durch die kürzere, breitere, vorn und an den Seiten zugerundete, oben in der Mitte sehr schwach gekielte Hinterhauptsschuppe und den vorn schmäleren, an den Seiten ausgeschweiften Scheiteltheil des Schädels.

Bemerkenswerth scheint ferner, dass *Sq. Ehrlichii* durch die Gestalt des Hinterschädels, sowie des an den Seiten eingeschnürten Scheiteltheils dem amerikanischen *Squalodon pygmacus* Leidy's, dem *Zeuglodon pygmacus* J. Müller's (*Die Zeuglodont.* Taf. XXXIII. Fig. 1, 2) ähnelt.

Bei *Squalodon Ehrlichii* ist aber der Hinterschädel massiver und breiter. Dasselbe scheint auch von seinem Scheitel- und Stirntheil zu gelten.

Im Betreff des Zahnsystems des *Sq. Ehrlichii* dürften noch folgende Bemerkungen nicht überflüssig sein:

Als einer der vorderen, einwurzligen, mit einer einfachen, konischen, jedoch am Ende schwach viereckigen, längsgestreiften, am Grunde auch quergestreiften Krone versehenen Zähne ist wohl der Taf. XXXI, Fig. 10 und 10 a abgebildete, 100 Mm. lange, am Grunde 20, über demselben bis zur Mitte 22, am äussersten Ende 3 Mm. breite, anzusehen. Er gehörte aber wohl einem älteren Individuum, als die Fig. I, 2 dargestellten Schädelreste, an und ist derselbe bei Linz gefunden, bereits oben S. 38 und 42 besprochene Zahn, den Van Beneden und H. v. Meyer als zum Schädelrest meiner *Cetotheriopsis* gehörig ansahen.

Hinsichtlich der Form und des gegenseitigen Grössenverhältnisses der Backenzähne weicht *Squalodon Ehrlichii* nicht blos vom *Squalodon Grateloupii*, sondern, wie es scheint, noch mehr vom *Rhizoprion (Squalodon) baricnsis* ab. Bei *Sq. Ehrlichii* bieten die sechs hinteren Backenzähne, wie schon bemerkt, fast eine gleiche Grösse, so dass der letzte Backenzahn nur unmerklich kleiner ist als der vorletzte. Alle Backenzähne des Oberkiefers des *Sq. Ehrlichii* scheinen ferner im Allgemeinen meist abgekürzt-dreieckige, oft mehr gerundete, breitere, wenigstens meist kürzere, sowohl am hinteren als am vorderen Rande, gezähnelte Krone zu besitzen.

Bei *Rhizoprion baricnsis* sind nach Maassgabe der Jordan'schen Abbildungen die Backenzahnkronen etwas schmäler, länglicher und spitzer, während im Oberkiefer nur die der beiden hinteren Zähne auch am vorderen Rande kerbzähnig erscheinen.

Für diese Unterschiede sprechen auch die durch treffliche Abbildungen erläuterten Mittheilungen, welche wir Suess über die Backenzähne des *Squalodon Ehrlichii* nach vom Herrn Karrer bei Linz gefundenen Resten verdanken. Seine Mittheilungen sind um so beachtenswerther, als sie uns mit Zähnen älterer Thiere von verschiedener Form und Grösse nebst der sehr mannigfachen Art ihrer Abnutzung bekannt machen, während gleichzeitig alle von ihm abgebildete Backenzähne als beachtenswerthes Merkmal, sowohl einen vorderen, als auch hinteren, gezähnelten Rand darbieten. Um die Gestalt der Kronen der Backenzähne des *Squalodon Ehrlichii* genauer zu versinnlichen, habe ich daher auf (Tafel XXXI. Fig. 11 a, b, c Fig. 12 a, b und Fig. 13) die am meisten charakteristischen der bei Suess dargestellten Backenzähne copiren lassen [1]).

Die *Bullae tympani* (wozu ich auch diejenige der im linzer Museum vorhandenen zähle, welche Van Beneden gegen meine oben S. 46 bei *Cetotheriopsis* weitläufig erörterte Ansicht zu seinem *Stenodon* zieht und p. 75 nicht ganz exact abbildet, weshalb ich auf Taf. XXXI. Fig. 4, 5 neue Ansichten davon lieferte), ähneln ungemein, wie ich schon a. a. O. bemerkte, denen von *Zeuglodon*, wovon meine *Taf. XXXI. Fig. 8, 9* gleichfalls Darstellungen enthält, denen ein Original aus der ehemaligen Koch'schen Sammlung zu Grunde liegt, welches ich der Güte des Herrn Prof. Geinitz verdanke. Ausser der erwähnten grösseren, wohl einem alten Thier angehörigen, *Bulla* enthält das linzer Museum noch zwei kleinere, wohl von einem kleineren Individuum herrührende, wovon die weit vollständigere auf *Tafel XXXI. Fig. 6, 7* dargestellt ist. Die linzer *Bullae* (Fig. 4—7) weichen von der des *Zeuglodon* (Fig. 8, 9) nicht eben bedeutend ab. Die Hauptunterschiede derselben bestehen in der etwas geringeren Gesammt-Breite, dem schmäleren centralen Eindruck des hinteren Endes ihrer unteren Fläche und der geringeren Breite ihrer Windung. Uebrigens stimmen genau genommen die beiden abgebildeten linzer *Bullae* (Fig. 4—7), wie man dies auch bei anderen *Cetaceen*, z. B. *Cetotherium Rathkei* und *Mayeri* wahrnehmen kann, gestaltlich nicht ganz überein.

Bemerkenswerth erscheint auch, dass die *Bullae tympani* der erwähnten *Zeuglodon-*

---

1) Die oben gemachten Angaben über das Verhalten der Backenzähne des *Squalodon Ehrlichii*, die sich auf linzer Reste stützen, stehen im völligen Widerspruch mit der Gestalt der Backenzähne des von Van Beneden reconstruirten auf Pl. III. Fig. 1. dargestellten Schädels des *Squalodon Ehrlichii*, indem daran, seiner oben mitgetheilten Angabe entgegen, sämmtliche Backenzähne nur am hinteren Rande gezähnelt sind.

*tinen* eine gewisse Hinneigung zu denen mancher *Octotherien*, so namentlich zu denen des *Octotherium Mayeri* (*Taf. XII. Fig. 2 a, b, c*) bieten.

Was die in Linz aufbewahrten, vermuthlich dem *Sq. Ehrlichii* angehörigen, Wirbel anlangt, so hat Van Beneden p. 72 nur bemerkt: sie beständen aus einem neben dem Schädel gefundenen Halswirbel, sowie mehreren Rücken- und Lendenwirbeln, wovon die erstgenannten eine gewöhnliche Länge besässen, die Lendenwirbel aber etwas länger als die anderen wären.

In der Beschreibung seiner, nach meiner Ansicht nicht annehmbaren, Gattung *Stenodon p.* 77 erwähnt er: es existirten (d. h. im Museum zu Linz) einige Wirbel. Darunter seien zwei 1847 aufgefundene, miteinander vereinte, Halswirbel ohne Bogentheil, mit wenig entwickelten Querfortsätzen, die, wie schon Ehrlich gemeint habe, von denen der *Zeuglodons* abwichen. Dann spricht er ebendaselbst noch von einem isolirten Halswirbel mit Spuren der Basaltheile des Neuralbogens, ferner von zwei Lendenwirbeln mit wenig entwickelten Neuralbogen, aber ansehnlichen Querfortsätzen und zwei Schwanzwirbeln mit ansehnlichem Neuralbogen. Leider hat er sie nicht abgebildet.

Die erst erwähnten, vereinten, Halswirbel sind mir zu Linz entgangen, scheinen aber wohl kaum die einer *Zeuglodontine* gewesen zu sein. Die fünf anderen Wirbel sind wohl die fünf der vorderen (a—e) von mir unter *Octotheriopsis* oben S. 42—44 beschriebenen, auf meiner Tafel XVIII. Fig. 5—11 abgebildeten Wirbel. Mit Ausschluss der vereinten Halswirbel könnten übrigens alle erwähnten Wirbel *Squalodon Ehrlichii* angehört haben. Man vergleiche unten den Anhang über *Stenodon* und die Erklärung der Tafel XVIII.

### Spec. 5. Squalodon Gastaldii? J. F. Brdt.

### Taf. XXXII. Fig. 1—23.

Durch die Güte des Herrn Professors Gastaldi in Turin erhielt ich treffliche (jedoch von keiner Beschreibung begleitete) auf meiner citirten Tafel mitgetheilte, Zeichnungen der Reste eines *Squalodon*, welche bei Aqui aus den, der mittleren Molasse der schweizer Geologen entsprechenden, unteren Schichten der mittleren Miocänformation ausgegraben wurden.

Da ich dieselben auf die Reste keiner der bisher meist nach unvollständigeren Ueberbleibseln aufgestellten Arten, mit Sicherheit zurückzuführen vermag, so gründete ich darauf eine neue, Herrn Gastaldi gewidmete Art, über deren Bestand, wie über den der anderen, natürlich erst die Zukunft die vollgültige Entscheidung bringen kann. Wie natürlich, werden bei künftigen, auf neue Reste gestützten, Untersuchungen zunächst die unten erwähnten von Scilla abgebildeten, nebst den von Molin und Suess (siehe unten) beschriebenen in Betracht zu ziehen sein.

Die Reste bestehen nach Maassgabe der mir gütigst mitgetheilten Abbildungen derselben aus drei Bruchstücken des Unterkiefers (Fig. 1—3), sechs einzelnen Zähnen (Fig. 4—9), einem Halswirbel (Fig. 10 und 10 a), einem, wohl hinteren, Rückenwirbel (Fig. 11,

12), dem Fragment eines der hintersten Rückenwirbel? (Fig. 13, 14, 15), einem fast vollständigen Lendenwirbel (Fig. 16), dem Fragment eines Lendenwirbels (Fig. 17, 18), sowie
zwei fragmentarischen Schwanzwirbeln (Fig. 19, 20, 21 und 22) und einer ziemlich vollständigen Rippe (Fig. 23).

Die Kleinheit der in natürlicher Grösse dargestellten, einzelnen Zähne und die Dimensionen, so wie der Gesammteindruck, den die anderen Theile machen, würden die Reste
einem jungen Thier zuschreiben lassen, wenn man sie als Wechselzähne betrachten darf.

Man dürfte sie überdies nach Maassgabe der Gestalt der Fragmente des Unterkiefers
und der Wirbel, ja selbst die der einfachen, conischen Zähne (Fig. 4, 5, 6), für die eines echten *Delphins* halten können, wenn nicht ausser den konischen, mit einer einfachen Wurzel
(Fig. 4, 7) versehenen, noch andere abgeplattete, breitere Zähne vorhanden wären, welche
zwei (Fig. 1 a, c) oder drei (ebend. b) Wurzeln bieten, während zwei Zähne (Fig. 7, 8), an
ihrem vorderen Rande, ein dritter (Fig. 9), sowie ein vierter (Fig. 2 a) aber an seinem vorderen, und hinteren Rande Zähnchen zeigen, welche, ebenso wie die Gesammtgestalt der
Zähne, unverkennbar auf *Squalodon* oder *Zeuglodon* hinweisen.

Die einwurzligen, mit einer kegelförmigen Krone versehenen, Zähne (Fig. 4, 6, 7)
entsprechen namentlich wohl ohne Frage den Vorderzähnen, die meist zweiwurzligen, breiten, abgeplatteten, theils nur am vorderen Rande (Fig. 7, 8), theils auch am hinteren Rande
gezähnelten (Fig. 2 a und 9) aber den Backenzähnen der *Squalodonten*.

Wie der dem Fig. 2 dargestellten Unterkieferfragment aufsitzende, hinterste, sowohl
an der vorderen, als auch an der hinteren Kante gezähnelte, Backenzahn (a) beweist, sind
die an beiden Kanten gezähnelten Zähne die hinteren. *Squalodon Gastaldii* dürfte demnach hinsichtlich der Form der Backenzähne wohl mit den Zähnen des Schädels von Barie,
den Jourdan einer besonderen Art (*Rhizoprion bariensis*), Van Beneden aber dem *Squalodon Grateloupii* zuweist, die meiste Aehnlichkeit besessen haben. Da indessen vom *Squalodon Gastaldii* meist nur vereinzelte Zähne vorhanden sind, von denen sich nicht sagen
lässt, welchen Platz sie in dem einem oder anderen der Kiefer einnahmen, da sie ferner
möglicherweise einem jüngeren Thier angehört haben könnten, so lässt sich zur Zeit von
keiner Identität oder Verschiedenheit des Gebisses des *Squalodon Gastaldii* und *Squalodon
Grateloupii* oder *bariensis* mit einiger Bestimmtheit sprechen.

Vom *Squalodon antverpiensis*, welches nach Van Beneden's Darstellung im Oberkiefer blos Backenzähne besessen haben soll, die nur am hinteren Rande gezähnelt waren,
würde sich *Sq. Gastaldii* durch die Gegenwart einzelner oder mehrerer auch am hinteren
Rande gezähnelter hinterer Backenzähne, wie es scheint, unterscheiden lassen.

Noch mehr als von *Squalodon antverpiensis* und *Grateloupii* (*bariensis?*) würde aber
*Squalodon Gastaldii* vom *Squalodon Ehrlichii* hinsichtlich der Gestalt der Backenzähne ab-
weichen, da bei diesem alle Backenzähne breiter und an der vorderen, wie an der hinteren
Kante gezähnelt erscheinen.

Der Figur 9 dargestellte Backenzahn weicht übrigens von allen mir bekannten, ihm homologen, Backenzähnen der meisten anderen *Squalodonten* dadurch ab, dass er am vorderen Rande nur ein einziges Zähnchen (anstatt 3—4) wahrnehmen lässt. Es fragt sich nun, ob dies Verhalten als ein blosser Jugendzustand anzusehen sei oder auf eine spezifische Abweichung zu beziehen ist. Wäre die letztere Deutung die richtige, so würde er möglicherweise für *Squalodon Gastaldii* ein Unterscheidungskennzeichen abgeben können. Für die Deutung, dass die Gestalt des Figur 9 abgebildeten Zahnes, der allerdings einem kleinen Thier angehört, ein reiner Jugendzustand sei, scheint allerdings der Umstand nicht recht zu sprechen, dass auf dem Figur 2 abgebildeten Unterkieferfragment ein allerdings nach hinten gehöriger, etwas grösserer, mehr gerundeter, breiterer, am vorderen Rande vier-, am hinteren dreizähniger Zahn (a) aufsitzt.

Die beiden Basaltheile des Unterkiefers (Fig. 1 und 2), wovon Figur 1 wohl dem rechten, Figur 2 aber dem linken Kieferast angehört, entsprechen im Wesentlichen den homologen Theilen der *Delphinoiden.*

Seine *Pars adscendens* zeichnet sich aber durch ziemlich ansehnliche Höhe, namentlich seines hinteren Theiles, aus. — Das Figur 3 dargestellte Fragment gehört wohl der Mitte oder dem Ende des Kiefers an.

Vergleicht man das vollständigste der Unterkieferfragmente des *Squalodon Gastaldii* (*Fig. 1*) mit dem ihm entsprechenden Unterkiefertheile des ohne Frage dem *Squalodon Grateloupii* angehörigen, am besten bei J. Müller *d. Zeuglodont. Tab. XXV* abgebildeten, so ergiebt sich, dass der Unterkiefer des *Sq. Gastaldii* besonders vorn entschieden höher erscheint und formell abweicht. Stellt man das genannte Unterkieferfragment des *Sq. Gastaldii* mit dem des Schädels des Jourdan'schen *Rhizoprion baricnsis* (*Ann. d. sc. nat. 4me sér. T. XVI. Pl. 10*) in Vergleich, so erscheint der Unterkiefer des *Sq. Gastaldii* hinten deutlich niedriger, vorn aber höher. Leider konnte der Unterkiefer des *Squalodon antverpiensis* und *Ehrlichii* nicht verglichen werden, da von beiden nur solche Fragmente der Kiefer vorhanden sind, die keinen Vergleich gestatten.

Die angedeuteten Differenzen des Unterkieferfragmentes des *Sq. Gastaldii* dürften übrigens auf noch andere Schädeldifferenzen hinweisen und die specifische Abweichung desselben vom echten *Sq. Grateloupii* H. v. Meyer und dem muthmaasslichen *Sq. baricnsis* als begründet erscheinen lassen. Als Unterschied von *Squalodon antverpiensis* und *Ehrlichii* kann indessen bis jetzt nur das oben angegebene Verhalten der Backenzähne bezeichnet werden.

Zur völligen Sicherstellung des *Squalodon Gastaldii* wären freilich auch noch die Differenzen desselben vom fraglichen *Squalodon Scillae, Suessii* und *Catulli* anzuführen gewesen. Da indessen dazu alle geeigneten Reste für den Vergleich fehlen, so dass zur Zeit weder für die, allerdings nicht unmögliche, Identität, mit der einen oder anderen der genannten, ebenfalls in Italien gefundenen, fraglichen Arten, noch für eine Differenz des *Squalodon Gastaldii* eingetreten werden kann, so habe ich ihm ein ? beigefügt.

Der Figur 10 und 10 a dargestellte Halswirbel erscheint als delphinähnlich.

Die Figur 11 und 12 zeigen einen der mittleren Rückenwirbel, mit hohem, ziemlich schmalen Dornfortsatz, der an ähnliche, bei den *Delphinen* vorkommende, Wirbel erinnert.

Fig. 13, 14, 15 bieten einen, wie es scheint, hinteren, unten gekielten, Rückenwirbel.

Figur 16 stellt ohne Frage einen, wie es scheint, hinteren Lendenwirbel dar, wie die Gestalt seines Körpers und die des erhaltenen Querfortsatzes desselben deutlich nachweisen, welcher Letztere durch sein verbreitertes Ende an manche *Delphinoiden*, namentlich an die hinsichtlich der Gestalt der Kiefer, besonders des Unterkiefers, den *Squalodonten* sich annähernden *Champsodelphen* erinnert.

Figur 17, 18 scheint ebenfalls ein, freilich sehr verletzter, Lendenwirbel zu sein.

Dass die Figuren 19—22 Ansichten von zwei der mehr nach vorn befindlichen, aber nicht vordersten oder hintern, Schwanzwirbeln seien, zeigen die beiden parallelen zur Anheftung der unteren Dornfortsätze dienenden Leisten ihrer unteren Fläche (Fig. 19—22).

Die Figur 23 dargestellte einzelne Rippe zeigt deutlich, dass auch das fragliche *Squalodon*, wie viele der ausgestorbenen *Delphinoiden* und *Balaenoiden* der Miocänzeit, dicke, kräftige Rippen besessen zu haben scheint.

Im Allgemeinen darf man wohl annehmen, dass die vorhandenen Wirbel und Rippen, wie ganz besonders der Unterkiefer, in naher Beziehung zu denen der *Delphinoiden* standen. Sehr zu bedauern ist übrigens, dass unter den Resten die so erwünschten der Extremitäten fehlen.

## ANHANG I.

### Sehr ungenügend bekannte Squalodonten Europas.

Ausser den Resten, welche zur Aufstellung der eben beschriebenen Arten dienten, hat man in Europa noch andere, ebenfalls der Gattung *Squalodon* angehörige, entdeckt, ja sogar besonderen Arten zugeschrieben. Die Ueberreste, worauf sie gestützt wurden, sind indessen noch zu geringfügig als dass dieselben weder mit den mehr oder minder bereits begründeten Arten in sicheren Connex gebracht, noch durch geeignete Merkmale sicher davon geschieden werden können, so dass sie also zur Zeit noch als zweifelhafte dastehen. Es gehören hieher:

#### 1.?? Squalodon Gervaisii Van Beued.

Squalodon Gervaisii Van Beneden *Mém. d. l'Acad. roy. d. Belg. T. XXXV. p. 71.*

Ein einziger dreiwurzlicher Backenzahn, der mitten unter Zähnen von *Squalodon Grateloupii* zu Saint-Jean-de-Vedas von Gervais gefunden wurde (*Zool. et Paléont. fr. Pl. VIII. Fig. 2*) bildet die Grundlage der Art. Die Existenz derselben erscheint um so zweifelhafter, weil *Squalodon Gastaldii* ausser zweiwurzligen Backenzähnen auch das Fragment eines dreiwurzligen zeigt, der Fundort des Zahnes aber mit einem der Fundorte von Resten des *Squalodon Grateloupii* zusammenfällt. Da indessen unter *Sq. Grateloupii* zwei Arten zu stecken scheinen, ich also in Verlegenheit bin, welcher von ihnen der Zahn gehörte, so wurde *Sq. Gervaisii* noch als, wenn auch sehr zweifelhafte Art, mit zwei ? aufgeführt.

### 2.? Squalodon Suessii Nob.

#### Tafel XXXII. Fig. 24 a, b, c.

Im K. K. Hofmineralienkabinet zu Wien wird, wie Herr Prof. Suess (*Jahrb. d. geol. Reichsanstalt Wien 1868. Bd. XVIII. p. 290. Taf. X*) mittheilt, der früher schon gelegentlich von H. v. Meyer, ebenso wie in seinem Nachlasse erwähnte, Backenzahn eines *Squalodon* mit der Angabe S. Miniato, Toscana?[1]) aufbewahrt, welchen Suess von drei Seiten (*Taf. X, Fig. 4 a, b*) abbilden liess und auf folgende Weise charakterisirt:

«Er ist fast ganz gerade, grösser als die Zähne von Linz, mit einem Contrefort an der Innenseite, auffallend tief ausgeschnittenem Schmelzrande an der Aussenseite der Krone, drei sehr starken Zapfen an der rückwärtigen und zwei kleineren an der vorderen Kante, wobei jedoch die Krone so hoch ist, dass hinten nahezu ein Drittel und vorn die Hälfte der Kante von der Spitze herab ohne Crenulirung bleibt. Der Kante ist, wie bei manchen Zähnen von *Machairodus*, ein feiner Schmelzfaden aufgesetzt, der stellenweis noch eine feine Crenulirung zeigt. — Dieser Zahn dürfte einer neuen Art von *Squalodon* angehören.»

Der fragliche Zahn, den ich auf Tafel XXXII. Fig. 24 a, b, c nach Suess a. a. O. copiren liess, kann nach meiner Ansicht nicht wohl *Squalodon Ehrlichii* oder dem *Squalodon Scillae* angehören, wohl aber nähert er sich manchen Zähnen des *Squalodon Gratelupii*, ohne dass aber die Identität unwiderleglich hervorträte. Was *Pachyodon Catulli* = *Squalodon Catulli*, anlangt, so bleibt seine Beziehung zu demselben, wie unten angedeutet, dunkel; ebenso die zu *Squalodon Meyeri* und *antverpiensis*. Ich sehe mich daher veranlasst die Möglichkeit: derselbe gehöre einer neuen Art an, zuzugeben, jedoch dieselbe mit einem Fragezeichen zu versehen.

### 3.? Squalodon Scillae Nob.

*Phocodon Scillae* Agassiz (*1841*).
*Squalodon melitensis* H. v. Meyer *Mss.*[2])

A. Scilla *La vana speculazione disingannato del senso, Napoli 1670. 4. T. 12 Fig. 1.; De corporibus marinis lapidescentibus Romae 1759. 4. p. 23. T. 12. Fig. 1.* —

---

1) Die Bestimmung des Fundortes gründet sich nur darauf, dass der Zahn mit vielen toskanischen Fossilien an das K. K. Hofmineralienkabinet gelangte.

2) Den von H. v. Meyer in seinem Nachlass dem Scilla'schen Fragment, allerdings gelegentlich, beigelegten Namen, glaube ich deshalb nicht annehmen zu können, weil schon Agassiz dafür als Speciernamen *Scillae* vorschlug, der Name *melitensis* aber deshalb nicht passend erscheint da zu *Sq. Scillae*, der genau genommen ältesten Art, noch diese oder jene mit einem Fragezeichen aufgeführten *Squalodonten* möglicherweise gehören könnte.

Phocodon Scillae Agass. *Valentin Repertor. 1841. S. 236.* — Phoca dubia melitensis und melitensis antiqua Blainv. *Ostéogr. Gen. Phoca (1840) p. 44—51. Pl. X.* — Squalodon Grateloupii Gerv. *Zool. et Paléont. fr. 2ᵈᵉ éd. p. 309.* — Squalodon von Malta Joh. Müller, *D. Zeuglodonten p. 5. T. XXIII. Fig. 6.*— H. v. Meyer *Nat. Jahrb. f. Mineral. 1841. S. 102.* Bronn *Leth. 3. Aufl. Bd. III. p. 772. Taf. XLIII. Fig. 4.* — Van Beneden *Mém. d. l'Acad. r. d. Belg. T. XXXV. p. 56.* — Hippopotamus minor? Owen *Odontogr. p. 564. Pl. 142. Fig. 3.* — Fish, Woodward: *A. Catalogue of foreign. fossils (1728) P. II. p. 25.*

Auf eine Art der Gattung *Squalodon* ist ohne Frage das bereits oben erwähnte, vor 200 Jahren auf Malta gefundene, mit drei Backenzähnen versehene, Bruchstück eines Kiefers zu beziehen, welches der intelligente, sizilianische Maler A. Scilla, den herrschenden Vorurtheilen entgegen, als *paete petrefacti d'un qualche animale* bezeichnete und abbildete. Die 12—14″″ langen Zähne besitzen sehr kurze, breite, abgerundet-dreieckige, an der vorderen und hinteren Kante vierzähnige Kronen und zwei am Grunde gerade, von einander entfernte, dann aber gegeneinander gebogene und mit dem Ende convergirende Wurzeln.

Die einigermaassen denen der Haie ähnlichen Zähne veranlassten Woodward (*Catal. of foreign. foss. II, 25*), sie unter die Fischreste zu versetzen. Agassiz (*Poiss. foss.*) führte sie früher zweifelhaft noch als solche auf, später aber, als er das Originalexemplar in der zu Cambridge aufbewahrten Sammlung untersucht hatte, vindizirte er das Scilla'sche Kieferfragment einer Säugethiergattung *Phocodon.*

Owen dagegen, der ebenfalls denselben Ueberrest untersuchte, erklärte anfangs die Zähne desselben (*Odontogr. p. 564. Pl. 142. Fig. 3*) für Prämolaren des *Hippotamus minor*, eine Ansicht, die er aber später (*Palaeontolog. p. 344*) wieder aufgab.

H. v. Meyer, J. Müller und Bronn bezogen den Rest auf *Squalodon*, ebenso Gervais und Van Beneden; Blainville aber auf eine *Phoca.*

Während übrigens Gervais an eine Identität des *Squalodon Scillae* mit *Squalodon Grateloupii* dachte, hielten J. Müller und H. v. Meyer dasselbe für eine davon verschiedene Art.

Van Beneden (*Mém. d. l'Acad. r. d. Belg. T. XXXV. p. 40 und 56*) sagt, die Zahnkronen seien viel breiter als bei anderen *Squalodonten*, ihre Crenulirungen gleichförmiger, ihre Wurzeln aber schwächer und kürzer. Die Zähne sollen sich übrigens nach ihm von allen in Europa gefundenen Zähnen von *Squalodonten* am meisten denen von *Zeuglodonten* nähern; ja sie sollen auch denen der *Robben* am ähnlichsten sein, demnach also auf ein Thier hinweisen, welches nach seiner Ansicht den *Phoken* näher als die *Squalodonten* stand, so dass der Agassiz'sche Name provisorisch beizubehalten wäre.

42*

Da die Zähne mancher Backenzähnen des *Squalodon Ehrlichii*, aber auch denen mancher anderen europäischen Squalodonten, ähneln, so ist es nicht unwahrscheinlich, dass mit *Squalodon Scillae* selbst die eine oder andere der aufgestellten Arten von *Squalodon* in Folge der Untersuchung zahlreicher, neuer, charakteristischer Reste zu vereinen sei.

Ob die von **Leith Adams** (*L'Institut 4 avril 1867*) und von **Van Beneden** et **Gervais** (*Ostéogr. p. 242*) erwähnten, ebenfalls auf Malta mit Knochen von *Sirenien* gefundenen, meines Wissens nicht näher beschriebenen, angeblichen *Zeuglodon*-Reste wirklich die einer *Zeuglodontine* sind, und möglicherweise *Squalodon Scillae* angehörten, lässt sich für jetzt nicht behaupten.

### 4.? Pachyodon Catulli Molin.

#### ? Squalodon Catulli.

Pachyodon Catulli **Raph. Molin** *Sitzungsber. d. wien. Acad. Bd. XXXV. (1859)*
S. 117. Taf. 1, 2 und Bd. XXXVIII. p. 326. Taf. 1.

Weder die früher von **Molin** (a. a. O. Bd. XXXV) beschriebenen, bei Libano in der Gegend von Belluno gefundenen, durch ungenügende Abbildungen erläuterten, sehr mangelhaften Reste, noch auch die von demselben später (*ebend. Bd. XXXVIII*) genauer erörterten und besser abgebildeten Kieferbruchstücke mit drei unvollständigen Vorderzähnen und einem defecten Backenzahn liefern sichere Grundlagen für eine neue Art, wie dies bereits sehr treffend schon **Suess** (*Jahrb. d. geolog. Reichsanst. 1868. Bd. XVIII. S. 290*) bemerkte.

### ANHANG II.

Nachträgliche Bemerkungen über die Gattung *Stenodon* **Van Bened.**

**Van Beneden** (*Mém. d. l'Acad. r. d. Belg. T. XXXV. p. 73*) lässt der Beschreibung der Gattung *Squalodon* die seiner Gattung *Stenodon* (seinem *Anlocèle* des *Bull. d. l'Acad. r. d. Belg. 2me sér. T. XII. 1862. p. 479*) folgen.

Die Unzulässigkeit dieser Gattung habe ich zwar bereits oben S. 40 unter *Cetotheriopsis* und schon früher in meiner Classification der *Bartenwale* nachzuweisen mich bemüht. In Folge später noch specieller auf die *Zeuglodontinen* ausgedehnter Studien fühle ich mich jedoch veranlasst meine frühere Ansicht über die der Gattung *Cetotheriopsis* zu vindizirenden Reste etwas zu modifiziren.

Die Ansicht, dass das von **Van Beneden** seiner Gattung *Stenodon* vorzugsweis zu Grunde gelegte Schädelfragment der linzer Sammlung (siehe meine Tafel XIX. Fig. 1—4), weder einer *Zeuglodontine* noch einer *Balaenoide* angehöre, sondern das einer eigenthümlichen, von mir als *Cetotheriopsis* bezeichneten, *Balaenopteride* sei, halte ich anfrecht. Ebenso kann ich die im Museum zu Linz vorhandenen, offenbar zum genannten Schädelfragment gehörigen, Kieferbruchstücke (siehe meine *Taf. XIX. Fig. 5, 6*) nur für Theile des Oberkiefers von *Cetotheriopsis*, nicht, wie Van Beneden, für Bruchstücke des Unterkiefers seines *Stenodon* halten.

Die Meinung, die von Van Beneden seinem *Stenodon p. 75* zugeschriebene *Bulla* und der von ihm demselben p. 76 vindizirte Zahn seien wohl auf *Squalodon Ehrlichii* zu beziehen (siehe S. 324), scheint mir gleichfalls keiner Aenderung zu bedürfen.

Anders gestaltete sich indessen in Folge fortgesetzter Studien meine Ansicht in Betreff der oben S. 42 und 48 beschriebenen, auf meiner *Taf. XVIII. Fig. 5—11* abgebildeten, Wirbel, die schon J. Müller (*Die Zeuglodonten S. 29*) für einem *Zeuglodonten* angehörige hielt. Obgleich ich nämlich selbst S. 48 auf die grosse Aehnlichkeit der linzer Wirbel, namentlich der auf Tafel XVIII (nicht XIX) Fig. 9—11 b, c dargestellten, mit manchen der von J. Müller (*Die Zeuglod. Taf. XX und XXI*) abgebildeten Wirbel von *Zeuglodon* hinwies, so verhinderte mich doch besonders der Umstand, dass der dem Anscheine nach zu den Wirbeln gehörige, dem mancher *Balaenopteriden* nicht eben unähnliche, Atlas (siehe meine *Taf. XVIII. Fig. 5, 6 a* und *Fig. 7, 8*) vermöge seiner vorderen Gelenkflächen sehr wohl zu den *Condylen* des Schädelfragmentes (der Grundlage meiner *Cetotheriopsis*) passe, dieselben einem anderen Thier zu vindiziren. Nicht ohne Einfluss war dabei, dass schon H. v. Meyer, Ehrlich und Van Beneden die Wirbel aus gleichem Grunde als zum erwähnten Schädelfragment gehörige ansahen.

Spätere Erwägungen liessen indessen Zweifel gegen diese Annahme entstehen. Der fragliche Atlas gleicht, trotz seiner *Balaeniden*-Aehnlichkeit, doch am meisten, wie mir scheint, dem von Van Beneden (*Mém. d. l'Acad. r. d. Belg. T. XXXV. Pl. III*) abgebildeten des *Squalodon Gratelonpii*. Dass er zum Schädelfragment von *Cetotheriopsis* passt, könnte möglicherweise vom Zufall, theilweis auch von seiner unverkennbaren *Balaeniden*-Aehnlichkeit abhängen. Es dürfte deshalb vielleicht nicht überflüssig sein, mit Hülfe der linzer Reste noch positiver nachzuweisen, ob der Atlas ohne Frage mit den anderen Wirbeln zusammengehöre.

Noch grössere Bedenken als der Atlas erregten die offenbar weit mehr denen der *Zeuglodontinen* als den *Balaenopteriden* ähnlichen anderen Wirbel (*Tafel XVIII. Fig. 5, 6 b—g* und *Fig. 9—11*), namentlich durch ihre sehr langen, sehr stark, wie die der *Zeuglodonten*, nach aussen divergirenden vorderen Fortsätze des Neuralbogens, so dass ich die genannten von mir früher zu *Cetotheriopsis*, von Van Beneden aber zu seinem *Stenodon*, gezogenen Wirbel gegenwärtig lieber dem *Squalodon Ehrlichii* zuschreiben möchte, so dass also vorläufig *Cetotheriopsis* nur auf das ihr vindizirte Schädelfragment und die erwähnten Oberkieferstücke sich stützen würde.

## Familia II. Stegorhinidae seu Zeuglodontidae.

### Basilosauridae Cope, Gill.[1]

### Bedecktnasige.

Der Schädel neigt sich durch den Bau seiner Hirnkapsel, namentlich das Verhalten des Stirn-, Scheitel-, Schläfen- und Hinterhauptstheils, zu dem der Cetotherinen und Robben hin. — Die Hirnkapsel des Schädels erscheint in Folge ihres verschmälerten, oben ebenen, hinteren Stirntheils und ihres vorn ebenfalls verschmälerten, mehr oder weniger convexen, oben mit einem Längskamm versehenen, Scheiteltheils, nach vorn zu gleichsam abgeschnürt und verschmälert. An den vorn breiteren Stirnbeinen erscheint besonders der balaeniden-ähnliche Augentheil in der Richtung der Quere entwickelt. Die Schläfengruben sind geräumiger. Die länglichen, platten, ziemlich ansehnlichen Nasenbeine liegen vor den Stirnbeinen, bedecken also den vor den letzteren befindlichen Theil des Nasenkanals, so dass die Nasenöffnung entfernt von der Stirn nach vorn mündet, wie bei den Bartenwalen, nicht wie bei den Delphininen.

Der Zahnbau der Zeuglodontiden weicht übrigens auch nicht nur durch die weit geringere Zahl der stets zweiwurzligen Backenzähne, sondern auch durch den Mangel von Prämolaren von dem der Squalodontiden ab.

J. Müller's Angabe (Die Zeuglodont. p. 31) zu Folge bietet Zeuglodon brachyspondylus, ebenso wie nach Carus (Nov. Act. Acad. Caes. Leop. V. XXII. P. 2. p. 379) Zeuglodon cetoides, jederseits in jedem Kiefer drei einwurzlige, mit einer pyramidalen Krone versehene, Schneidezähne, ferner jederseits in jedem Kiefer einen ähnlich gestalteten Eck- oder Hundszahn, jedoch nur fünf, zweiwurzlige, mit einer breiten, am vorderen wie am hinteren Rande gezähnelten, Krone versehene Backenzähne. Jede der Kieferseiten zeigt demnach folgende Zahnformel:

| Schneidezähne | Eckzähne | Backenzähne | |
|:---:|:---:|:---:|:---:|
| $\frac{3}{3}$ | $\frac{1}{1}$ | $\frac{5}{5}$ | $\Big\} \times 4$ |

Im Ganzen finden sich demnach bei Zeuglodon nur 36, nicht 60 Zähne.

Während die Squalodontiden durch den Gesammtbau ihres Schädels den Delphiniden sich nähern, mahnen die Zeuglodontiden durch das Verhalten ihrer Hirnkapsel an die Ba-

---

1) Wenn es schon unzulässig ist mit Leidy (Extinct mamm. p. 427) und Gibbes (Journ. Acad. nat. sc. 1847. I. p. 15), den einem vermeintlichen, auf einem völligen Irrthum beruhenden, Namen eines Reptils (Basilosaurus Harl.) für echte Cetaceen beizubehalten, so wird es mindestens ebenso unzulässig sein von Basilosauriden anstatt von Zeuglodontiden zu sprechen, wie dies Cope (Proceed. of the Acad. of nat. sc. of Philadelphia 1867. p. 144) und später Gill (Proceed. Essex Inst. V. VI p. 122) thaten.

lacuoiden, namentlich Cetotherinen, aber auch an die Robben. Durch ihre Nasenbildung stimmen sie gleichfalls mit den *Balaenoiden* überein, durch ihre sehr entwickelten, zahntragenden, den ganzen vorderen Theil der Schnautze bildenden Zwischenkiefer, sowie die Anordnung ihrer Zähne, namentlich die Gestalt ihrer Backenzähne, treten sie aber, wie die *Squalodontiden*, mehr mit den *Robben* in Connex. Der Mangel von Prämolaren entfernt sie indessen weiter, als die *Squalodontiden* von den *Robben*. Dessenungeachtet kann man Gill (*Amer. naturalist Vol. VII. Jan. 1873*) zugeben, dass die *Zeuglodontiden* den normalen Säugethieren im Ganzen näher standen, als die *Squalodontiden*.

*Zeuglodontiden* sind bis jetzt viel weniger als *Squalodontiden* bekannt. Dieselben beschränken sich sogar nur auf zwei sicher festgestellte Arten, die nach meiner Ansicht ganz wohl einer einzigen Gattung (*Zeuglodon*) einverleibt werden können. Die generische Sonderung der kurzwirbligen Art (*Zeuglodon brachyspondylus* J. Müll.) als *Dorudon* Gibbes (Leidy Extinct mamm. of North-Amer. p. 428) vom langwirbligen *Zeuglodon cetoides* Ow. (*Z. macrospondylus* J. Müll.) scheint mir nicht geboten, da bei anderen einzelnen Arten derselben Gattung von *Cetaceen* die Wirbellängen variiren. Die beiden von Leidy (*Extinct mamm. of North-America p. 431*) hinter *Zeuglodon* (seinem *Basilosaurus*) aufgeführten Gattungen *Cetophis* Cope und *Saurocetus* Agassiz bedürfen; um angenommen zu werden, gleichfalls besserer Merkmale. Der erstgenannten Gattung liegen nur Schwanzwirbel aus Maryland zu Grunde, die letztgenannte wird auf einem Zahn aus Süd-Carolina gestützt. Es lässt sich übrigens, den bisherigen darauf bezüglichen Angaben zu Folge, nicht einmal bestimmen: ob die eben erwähnten beiden, sehr fraglichen Gattungen zu den *Stegorhiniden* gehörten.

### Genus Zeuglodon Ow. J. Müll. Carus.

Zygodon Ow. olim. — Basilosaurus Harl., Reichenb., Leidy. — Dorudon Gibbes, Leidy. — Doryodon Cope. — Hydrarchus Koch.

Da für jetzt nur eine Gattung von *Zeuglodontiden* angenommen werden kann, so fällt der generische Charakter auch in dieser Familie, wenigstens vorläufig noch, mit dem der Familie zusammen. Sollten ausser den beiden bekannten Arten (*Z. cetoides* seu *macrospondylus* und *Z. brachyspondylus*) noch andere lang- oder kurzwirblige, blos durch dieses, vermuthlich nicht durchführbare, Merkmal charakterisirbare Arten bekannt werden, so könnte man sie höchstens in zwei Sectionen oder Subgenera *Macrospondyli* seu Subgen. *Zeuglodon* und *Brachyspondyli* seu Subgen. *Doryodon* theilen.

An zwei-verschiedenen Orten des russischen Reiches gefundene Wirbel deuten auf zwei Arten von *Zeuglodontinen* hin, die möglicherweise zur Gattung *Zeuglodon* gehörten. Den näheren Nachweis kann freilich erst die Entdeckung bedeutender Schädel- und Gebissreste liefern.

### Spec. 1.? Zeuglodon Paulsonii J. F. Brdt.

Im Gouvernement Kiew wurden vor einigen Jahren drei ansehnliche Wirbel-Fragmente einer *Cetacee* von beträchtlicher Grösse gefunden, die man einem *Zeuglodon* zuschrieb: ja die sogar gelegentlich vom Prof. A. S. Rogowitsch in der Mineralogischen Abtheilung der Arbeiten der 1871 zu Kiew abgehaltenen Versammlung Russischer Naturforscher S. 2 (d. h. in den Труды третьяго съѣзда русскихъ естествоиспытателей. Кiевъ. 1873. Отдѣленie Минералогiи стр. 2), dem *Zeuglodon cetoides* ohne weitere Nachweise vindizirt wurden.

Da mir daran liegen musste, dass in meiner Arbeit dieselben gehörig berücksichtigt würden, so wandte ich mich an den Dozenten der Kiewer Universität, Herrn Magister Paulson, der die Güte hatte, mir den nachstehenden, von einer schönen Tafel begleiteten, Aufsatz darüber zu senden.

Die von ihm beschriebenen Wirbelreste gleichen allerdings denen der *Zeuglodontiden*. Auch könnten sie selbst einem echten *Zeuglodon*, nicht nothwendigerweise einem *Squalodon*, angehört haben, obgleich man bis jetzt in Europa wohl die Reste mehrerer *Squalodonten*, jedoch noch keine eines echten *Zeuglodon* constatirt hat. Da nun aber einem *Zeuglodon* vindizirte Reste erst dann in Wahrheit als solche gelten können, wenn sie sich durch charakteristische Schädel- und Gebisstheile als solche herausstellen, so habe ich dieselben vorläufig einem *Zeuglodon*, jedoch einem noch fraglichen und zwar mit dem *Epitheton Paulsonii* zugewiesen, weil sie, wie derselbe gezeigt hat, auf *Zeuglodon cetoides* sich nicht beziehen lassen. Herr Mag. Paulson hat zwar die Reste einem *Zeuglodon rossicus* zugeschrieben, jedoch möchte ich ihm hierin nicht zustimmen, da man einerseits nicht nachweisen kann: das Meersäugethier, welchem die Reste angehörten, sei auf Russland beschränkt gewesen, andererseits aber im russischen Antheil Polens ein von Pusch beschriebener, weit früher ausgegrabener, Wirbel möglicherweise einer zweiten Art *Zeuglodon* oder *Squalodon* angehören dürfte. Ich zog es daher vor die Art mit dem Namen desjenigen Naturforschers zu bezeichnen, dem wir den ersten genauen Nachweis derselben verdanken.

### Ueber fossile Reste eines in Russland gefundenen Zeuglodon

vom

Dozenten der Kiewer Universität Magister O. Paulson.

#### Tafel XXXIV.

Die einzigen, bis jetzt in Russland gefundenen Reste eines *Zeuglodon* befinden sich in Kiew und bestehen aus 3 unvollkommenen Wirbeln und einer rechten Bogenhälfte eines vierten Wirbels. Die Wirbel weichen, wie aus nachfolgender Beschreibung zu ersehen ist, in einigen Formverhältnissen von *Z. macrospondylus*, *Z. brachyspondylus*, so wie auch vom kleinen *Zeuglodon* ab.

Fundort. Am rechten Ufer des Flusses Tjasma erhebt sich bei Tschigirin der Steinberg (каменная гора), der den Namen von dem auf seinem Gipfel liegenden Mühlsandsteine

erhalten hat. Seiner Bildung nach gehört der Steinberg dem Eocän des Kiewer Tertiär-
beckens an. Die Sohle des Berges wird von einem 30′ mächtigen Lager blauen Thons gebildet, welcher sehr reich an Eisenkies ist, auch findet man in ihm kleine Mengen Quarz
und Glimmer. Charakteristische Fossilien sind für diesen Thon nach den Angaben des
Prof. Rogowitsch: *Lamna Hoppei*, *L. denticulata*, *L. elegans*, *Ostrea callifera*, *Ostrea fla-
bellata*, *Spondylus Bachii* und *Sp. radula*. Ausserdem findet man Steinkerne verschiedener
Mollusken. Ueber diesem Thon liegt eine Schicht bestehend aus grünlichem Sande, mit
Thon untermischt. Auf dem Gipfel des Berges ruht schliesslich, unter den diluvialen An-
schwemmungen, eine 7—35′ dicke Schicht eines gelbgrauen festen Sandsteines, der zu
Mühlsteinen verarbeitet wird. In diesem Mühlsandsteine befinden sich tiefe Spalten, die
nach Angabe des Prof. Feofilaktow mit Löss ausgefüllt sind. In einer solchen Spalte
fand Prof. Rogowitsch einen Rückenwirbel und die rechte Bogenhälfte eines anderen
Wirbels. Die beiden anderen Wirbel stammen südlich von Tschigirin und sind nach Angabe des Prof. Feofilaktow auch im Löss, der die dortigen Schluchten ausfüllt, gefunden.
Ein solcher Fundort führt zur Annahme, dass Tschigirin nicht der Stammort dieser Reste
ist; sondern, dass die Wirbel nur in Folge einer Fluth oder einer anderen Ursache in diese
Gegend verschleppt sind; daher die Frage: welcher Periode der tertiären Bildungen sie
angehören, offen bleibt.

Allgemeine Beschreibung der Wirbel. Alle 3 Wirbel, wie auch die rechte Bogenhälfte eines vierten Wirbels, sind vom Gesteine gar nicht eingeschlossen; ihre Oberfläche ist von einer äusserst dünnen Sandsteinschicht überzogen, die ihr eine gelbliche
Färbung verleiht; nur die Emissarien waren von diesem Sandsteine vollständig erfüllt, der,
beiläufig bemerkt, viel fester, als Löss ist. Die braune Rinde der Wirbel ist petrificirt und
der Säge weniger zugänglich als Eisen. Die Zellen der Diploë sind vollständig leer.

Betrachten wir einen Wirbel im Querschnitt (Fig. 3 b) so erscheint die *Substantia dura*
an der unteren Fläche und an den Seiten 3,5 Cm. dick; an der oberen, der Neuralfläche, so
dünn, wie Postpapier. Der ganze innere Raum wird von einer dunkel-braunen *Substantia
spongiosa* ausgefüllt, die sich in die *Processus transversi* fortsetzt. An der oberen Fläche der
*Proc. transv.* bleibt die Rinde gleich dick, an der unteren dagegen wird sie, je weiter der
Fortsatz sich vom Wirbelkörper entfernt, dünner. Die Bögen besitzen gar keine *Subst.
spong.*, dagegen ist sie stark entwickelt im *Proc. muscularis* (Fig. 4 b) und weniger stark
in der Mitte des *Proc. spinosus* (Fig. 4 a a). Nirgend findet man in der *Subst. spong.*
der Wirbelkörper Steinkerne, welche nach J. Müller, die im Leben enthaltene Knorpelmasse
(?) ersetzt haben sollen; doch erwähnt er, dass einzelne unter den langen Wirbeln ganz ossi-
ficirt waren. Die Epiphysen besitzen eine Dicke von 0,5—0,9 Cm. Bei fehlender Epiphyse zeigt die Fläche der Diaphyse eine ähnliche strahlige Zeichnung, wie sie J. Müller
auf Tab. VIII. Fig. 5 abbildet. Alle 3 Wirbel bieten in der Mitte auf der Neuralfläche
2 Emissarien, die den Wirbelkörper durchbohren und an der unteren Fläche sich öffnen,
mit Ausnahme des Rückenwirbels auf dessen unterer Fläche (Fig. 1 a), nur vorne sich ein

kleines Loch befindet. Der Querfortsatz des Rückenwirbels ist sehr kurz und die Querfortsätze der beiden Lendenwirbel gehen am Rande der Basis der Wirbelkörper ab (Fig. 3 b)
und sind in der Mitte bedeutend dicker, als an den Rändern, woher es auch den Anschein
hat, wenn der Wirbel von der Epiphysenfläche abgebildet ist, dass der Querfortsatz etwas
über der Basis des Wirbelkörpers gelegen ist (Fig. 2 b). Der *Proc. muscularis* liegt am
vorderen Theile des Wirbelbogens und bildet einen dicken Fortsatz (Fig. 4 a).

Was den Bau der *Substantia dura* anbetrifft, so zeigt sie überall die charakteritsische,
concentrisch-blättrige Structur eines *Zeuglodon*. Ist eine Schicht abgelöst, alsdann ist die
Oberfläche der darunter liegenden wieder glatt (Fig. 2 a — bb und c). Die Schichten blättern sich in einer Dicke von 0,5—1 Cm. ab; die abgeblätterte Schicht besteht wiederum
aus einer verschiedenen Zahl paralleler Schichten, die mit der Lupe sehr gut zu unterscheiden sind. Sie werden durch sehr kleine, in Reihen gestellte, Löcher abgegrenzt.
Nirgends konnte ich aber weder die senkrechten Bälkchen finden, welche nach J. Müller die
Schichten in Verbindung setzen; noch die Faserung, wie sie in Tab. V. Fig. 5, 5*, 5**
abgebildet ist. Die von mir gegebene Abbildung Fig. 5 weist nach, dass beim Uebergange
der *Subst. spong.* in die *Subst. dura* sich Diploenschichten mehr oder weniger mit compacten
Rindenschichten abwechseln. Mit anderen Worten: die Rinde ging im Leben nach innen
zu, unter partieller Schmelzung, allmälig in die *Subst. spong.* über; während sich die Rinde
aussen, vom Periost aus, verdickte. Einen solchen Verschmelzungsprozess wird man gewahr
an der Schicht a (Fig. 3 b). Der oberste Theil der Schicht, der schon zur Bildung des Bogens dient, ist compact; während der übrige Theil spongiös geworden ist.

Abgesehen von den senkrechten Bälkchen und der, von J. Müller erwähnten, Faserung, führt uns der Bau der Wirbel und die Structur der Rinde zur Annahme, dass die
bei Tschigirin gefundenen Wirbel einem *Zeuglodon* angehört haben.

Specielle Beschreibung der Wirbel. — Rückenwirbel (Fig. 1 a b).

Die eine Epiphyse ist abgebrochen. Der Körper des Wirbels ist niedrig, seine Breite
verhält sich zur Höhe, wie 7 : 5. Zu jeder Seite der Längsleiste befindet sich auf der Neuralfläche ein kleines Loch. Von den Bögen ist nur der eine etwas oberhalb der Wurzel erhalten. Von den risschentragenden Fortsätzen ist nur einer vollständig erhalten; er ist sehr
kurz, besitzt eine Facette und befindet sich an der Mitte der Seite des Wirbelkörpers. Die
untere Seite des Wirbels (Fig. 1 a) ist flach. Nur in der Mitte erhebt sich eine niedrige
abgerundete Längsleiste und vorne ein Loch für ein Blutgefäss. Nach diesen Kennzeichen
gehört der Wirbel zu den mittleren Rückenwirbeln. Vergleicht man ihn mit dem bei
J. Müller auf Tab. XIV. Fig. 1, 2, 3 abgebildeten, so findet sich, dass die Querfortsätze
eine horizontale Richtung haben und nicht so stark nach unten geneigt sind, wie beim *Z.
macrospondylus.* Länge des Wirbelkörpers 16,5 Cm., Breite 14 Cm., Höhe 10 Cm. Breite
des *Canalis spinalis* 7,5 Cm.

Lendenwirbel (Fig. 2 a b). Beide Epiphysen sind erhalten. Der Körper des Wirbels ist hoch, seine Breite verhält sich zur Höhe wie 8 : 7. Auf der Neuralfläche befinden

sich 2 hinten gelegene ungleich grosse Emissarien. Auf der unteren Fläche des Wirbelkörpers sieht man nur ein grosses Emissarium. Von den Querfortsätzen, die am Rande der Basis des Wirbelkörpers abgehen, ist nur der eine theilweise erhalten und zeichnet sich durch seine Breite aus — er misst an der Basis 21,5 Cm. Der Längendurchmesser des Wirbelkörpers verhält sich zum Querdurchmesser wie 6,5 : 3,9. Länge des Wirbelkörpers 26 Cm., Breite 15,5 Cm., Höhe 14 Cm., Breite des *Canalis spinalis* 7 Cm.

Lendenwirbel (Fig. 3 a b). Die Epiphysen fehlen. Der Wirbelkörper ist noch höher; seine Breite verhält sich zur Höhe wie 3,75 : 3,66. Auf der Neuralfläche befinden sich 2 ungleich grosse Emissarien; auf der unteren Fläche 2 gleich grosse, deren Kanäle sich in der Mitte des Wirbelkörpers vereinigen, um sich auf der Neuralfläche gemeinschaftlich in das grosse Emissarium zu öffnen. Von den Querfortsätzen, die auch am Rande der Basis des Wirbelkörpers abgehen, ist der eine in weiter Strecke erhalten und zeigt eine ungemeine Breite — von der Basis misst er 19,5 Cm. Der Längsdurchmesser des Wirbelkörpers verhält sich zum Querdurchmesser wie 5,7 : 3,75. Länge des Wirbelkörpers 22,8 Cm., Breite 15 Cm., Höhe 14,5 Cm., Breite des *Canalis spinalis* 5,5 Cm.

Beim Vergleich der Breite des *Can. spinalis* beider Lendenwirbel, müsste der zweite dem ersten gefolgt sein; da aber die Wirbel, nach den Untersuchungen von J. Müller, nach hinten ihre grösste Länge in der Lenden- und Schwanzgegend besitzen, so folgt daraus, dass der zweite Lendenwirbel einem anderen Individuum angehört hat. Als einen mittleren Schwanzwirbel kann man ihn nicht ansehen, weil dem, auf weiter Strecke erhaltenen, *Proc. trans.* das charakteristische Loch fehlt.

Bruchstücke der rechten Bogenhälfte eines vierten Wirbels (Fig. 4 a). Diese Bruchstücke sind für uns um so werthvoller, weil bei allen Wirbeln der Wirbelbogen fehlt. An diesem Bogen findet sich an dem vorderen Theile der für *Zeuglodon* charakteristische dicke *Pros. muscularis* ziemlich gut erhalten.

Schlussfolgerung. Beim Vergleich unserer Wirbel mit den Wirbeln von *Z. macro-* und *brachyspondylus* bemerkt man folgende Unterschiede: 1) der Querfortsatz des Rückenwirbels hat eine horizontale Richtung; bei den amerikanischen ist er stark nach unten geneigt; 2) die Querfortsätze der Lendenwirbel besitzen eine ungemeine Breite, die man bei den von J. Müller beschriebenen nicht antrifft, 3) verhält sich der Längsdurchmesser des Wirbelkörpers zum Querdurchmesser bei unseren Lendenwirbeln wie 3 : 2; bei *Z. macrospondylus* aber wie 2 : 1 und bei *Z. brachyspondylus* wie 1 : 1. Wenn es gerechtfertigt ist, erlaube ich mir, auf Grund dieser Unterschiede, den bei Tschigirin gefundenen *Zeuglodon* als *Z. rossicus* zu benennen

---

Nach Abschluss dieses Beitrages erinnerte ich mich eines Zahnes, den ich früher in der Sammlung des Prof. Rogowitch gesehen hatte. Der Zahn ist in Fig. 6 in natürlicher Grösse abgebildet. Die Wurzel ist an 4 Seiten abgeplattet, die Ecken abgerundet; beim Uebergang in die Krone verliert sich die Applattung. Die Krone ist ein wenig gebogen, an

43*

der Spitze stark abgenutzt und der verhältnissmässig dünne Schmelz ist an der Oberfläche
mit Längsfurchen versehen. Unten ist die Wurzel abgebrochen. Die Zahnhöhle ist gewiss
in Folge des Alters geschwunden. Nach Form, Breite und Krümmung zu urtheilen, ist er
dem bei J. Müller auf Tab. XXI. Fig. 5 abgebildeten Zahne sehr ähnlich: auch hat Van
Beneden (*Mém. de l'Acad. de Brux. 1865*) im Texte, so viel ich mich erinnern kann, einen Zahn abgebildet, der dem unsrigen sehr gleicht. Den beschriebenen Zahn hat Prof.
Rogowitch im Diluvialsande bei Kanew gefunden.

### Spec. 2.? Zeuglodon Puschii J. F. Brdt.

Rückenwirbel eines Meersängethiers. Pusch, *Polens Palaeontol. Stuttgart 1837. S. 167.*
Taf. XV. Fig. 4 a b.

Bereits vor etwa 46 Jahren wurde in Polen im Steinbruch der Kalkbrennerei zu
Picklo bei Inowlodz lose in einer Kluft des dichten, weissen Jurakalksteins der Wirbel eines
*Cetaceums* gefunden, den Pusch beschrieb, in natürlicher Grösse abbilden liess und für
einen Rückenwirbel ansah, der am meisten mit denen der Zahnwale übereinstimme. Betrachtet man denselben näher, so bemerkt man auf Fig. 4 b die nach J. Müller für *Zeuglodon* charakteristischen, dorsalen, centralen Emissarien. Auch ähnelt er offenbar theils
manchen der bei J. Müller D. *Zeuglodont. Taf. XVIII, XIX* und *XX* abgebildeten Wirbel von *Zeuglodon*, namentlich dem Taf. XX Fig. 7, 8 und III a dargestellten. Ebenso lässt
sich im Allgemeinen eine gewisse Beziehung zu den Wirbeln der *Z. Paulsonii* nicht verkennen. Namentlich bin ich geneigt, den fraglichen, im Betreff der verschmolzenen Epiphysen, einem erwachsenen Individuum zu vindizirenden Wirbel, wegen seiner convexen Unterseite
und der deutlichen Reste der Querfortsätze, für einen Lendenwirbel zu halten und ihn in eine
gewisse Beziehung zu dem auf meiner *Taf. XXXIV. Fig. 3*, besonders 3 a dargestellten Lendenwirbel des *Zeuglodon Paulsonii* zu bringen. Da indessen der Pusch'sche Wirbel nicht
blos durch schmälere, anders gestaltete, Querfortsätze und einen weit breiterem Körper ab
weicht, sondern überdies etwa nur ¼ so gross als der mit ihm verglichene der *Z. Paulsonii*
ist, so sehe ich mich wegen dieser beachtenswerthen Abweichungen veranlasst, den von
Pusch beschriebenen Wirbel einem, durch künftige Funde allerdings noch näher zu bestä-
tigenden, daher mit einem ? bezeichneten, *Z.? Puschii* zu vindiziren. Zu leugnen dürfte
übrigens nicht sein, dass der Pusch'sche Wirbel auch unverkennbare Aehnlichkeit mit den
von mir auf *Taf. XVIII. Fig. 5, 6 b, c, d* und sowie *Fig. 9—11* abgebildeten, wohl dem
*Squalodon Ehrlichii*, nicht *Oetotheriopsis*, angehörigen Lendenwirbeln besitzt und mit denselben noch genau verglichen zu werden verdient, um seine Differenz oder Identität sicher
festzustellen. Schliesslich ist noch zu bemerken, dass Pusch ausdrücklich betont: im Kalkstein, worin der Wirbel gefunden wurde, kämen keine Höhlen vor und nach Aussage des
Werkvorstehers habe der Wirbel auf keine Weise von aussen in die Kluft hineinkommen
können, er würde demnach von einem Thiere abstammen müssen, welches während der
Bildung des Jurakalkes selbst lebte.

## ANHANG.

### Einige Bemerkungen über aussereuropäische Zeuglodonten.

A. Einige Worte über die in Nord-Amerika gefundenen, in Leidy's *Extinct mammalia* aufgeführten, Reste derselben.

Wenn auch Nord-Amerika den bereits oben gelieferten Andeutungen zu Folge nicht so viel sicher annehmbare, ihm eigenthümliche Gattungen von *Zeuglodontiden* aufzuweisen haben dürfte, als es nach Leidy (*Extinct mamm.*) den Anschein hat, so lässt sich doch wohl die Gattung *Zeuglodon* noch so lange als möglicherweise amerikanische ansehen, bis man in Europa dieselbe noch bestimmter als zeither nachgewiesen, nämlich *Zeuglodon Paulsonii* und *Puschii*, oder selbst nur das erstgenannte, durch Entdeckung von charakteristischen Resten des Schädels und Gebisses als wahre *Zeuglodons* festgestellt hat.

Der Gattung *Squalodon* werden von Leidy (a. a. O. p. 416—424) folgende Arten zugeschrieben: *Squalodon atlanticus*, *Holmesii*, *pelagius*, *pygmaeus* und *protervus* (*Cynorca proterva* Cope). Aus der Zahl dieser Arten ist *Sq. pygmaeus* ohne Frage völlig sicher begründet. Die anderen Arten stützen sich nur auf einzelnen Zähnen, lassen also noch einen näheren, d. h. besonders auf namhafte Schädel- und Gebissdifferenzen bezüglichen, Nachweis wünschen [1]).

Die Arten der Gattung *Delphinodon* (namentlich *Delphinodon mento* und *Wymani*), zu deren Begründung ebenfalls einzelne Zähne dienten, ferner der *Phocagenus venustus*, der nur einen Zahn zur Grundlage hat, erregt denselben Wunsch.

*Zeuglodon* (bei Leidy *Basilosaurus!*) *cetoides* Ow. und *Zeuglodon brachyspondylus* (bei Leidy *Dorudon serratus*) sind nach meinem Dafürhalten unantastbare Arten der Gattung *Zeuglodon*.

Der auf Schwanzwirbel gestützte *Celophis heteroclitus* und der nach einem Zahne aufgestellte *Saurocetus Gibbesii* gehören dagegen zu den Arten und Gattungen, deren Existenz umfassendere Nachweise erfordert und die daher, wie die anderen oben erwähnten, nach meiner Ansicht von den feststehenden zu trennen und mit je einem Fragezeichen zu bezeichnen sind.

B. Einige Worte über neuerdings in Australien gefundene Reste von Squalodon.

*Squalodon Ckinsoni* M'Coy. *Geolog. Mag. IV. 1867. p. 145. Pl. 8. Fig. 1.*

Im tertiären sandigen Miocän von Castle Ostray an der Küste von Victoria in Australien wurden Zähne gefunden, die kleiner sind als die der amerikanischen *Zeuglodonten* und des *Squalodon* aus Malta. Sie ähneln am meisten denen des *Squalodon Gratelonpii*, zeichnen

---

1) Trotz der Unsicherheit der später von Leidy zu *Squalodon* gezogenen *Cynorca proterva* Cope, glaubte der Letztgenannte, wie bereits oben bemerkt (*Proceed. of the Acad. nat. sc. of Philadelphia 1867. p. 144*) statt *Squalo-* | dontidae den Namen *Cynorcidae* als Familiennamen vorschlagen zu können, worin ihm Gill (*Proceed. of the Essex Institute Vol. VI. P. II. p. 122*) folgte.

sich aber durch im Verhältniss grössere Höhe der Zahnkrone und unvollständigere Spaltung der Wurzel aus. Der abgebildete Zahn ist mit einer halbelliptischen Krone versehen, besitzt eine Höhe von 9, eine Länge von 11 und eine Dicke von $5\frac{1}{2}$ Linien. Die Länge der zwei-theiligen Wurzel beträgt 1 Zoll 9 Linien. Die mittlere Spitze neigt sich schräg nach hinten. Die convexe vordere Kante erscheint unregelmässig ausgezackt und in 2 ungleiche Spitzen getheilt. Die kleinere ist ungefähr ein Drittel von dem Gipfel, die grössere ungefähr ein Drittel von der Basis entfernt. Die hintere, kürzere Kante sieht man fast gleichförmig in 3 grosse Spitzen getheilt, von denen die unterste die kleinste ist, während die zwei oberen einander fast gleich, aber grösser sind. Die Oberfläche ist rauh, namentlich mit unregel-mässigen Rinnen, kleinen Körnern und scharfen Erhöhungen versehen. Die untere Hälfte der Wurzel ist zweitheilig, und mit ihrem unteren Ende nach hinten gebogen.

Es sind zur Sicherstellung der Art natürlich noch weit mehr charakteristische Reste erforderlich.

### Unbekannte wohl aber Cetaceen zu vindizirende Wirbel.

#### A Unweit Wien gefundener Wirbel.

##### Taf. XXIII. Fig. 10 und 11.

Im zur Mediterranstufe gerechneten Leithakalk von Margarethen unweit Wien, wurde 1866 ein an das K. K. Mineralienkabinet von Prof. Rothe abgegebener Wirbelkörper ei-nes Cetaceums gefunden, der sich auf keine der *Cetaceen* beziehen lässt, die mir den bis-herigen Untersuchungen zu Folge aus dem wiener Becken oder aus Südrussland bekannt geworden sind.

Er besitzt eine Länge von 83, eine Höhe von 70 und eine Breite 85 Mm. Seine äus-seren Seitenflächen sind in der Mitte leicht ausgebuchtet. Seine obere Fläche ist wenig ge-bogen. Spuren von Fortsätzen und des Neuralbogens werden gänzlich vermisst. Seine un-tere Fläche erscheint völlig kiellos und zugerundet. Ebenso sieht man nichts vom Verhal-ten des Rückenmarkkanales. Die Epiphysen sind verschmolzen. Von vorn oder hinten ge-sehen erscheint er fast abgerundet-herzförmig.

Mit Sicherheit möchte ich denselben zwar weder einem Zahnwal noch einem Barten-wal zuschreiben, jedoch dürfte er wohl eher, im Betracht seiner Grösse, für den eines Bar-tenwales, namentlich einer *Cetotherine*, zu halten sein, als für den eines Zahnwales.

B Einige Worte über drei Wirbel von Cetaceen, deren nicht systematisch bestimmte Zeichnungen in H. v. Meyer's in der paläontologischen Abtheilung des Münchener Museums deponirtem Nachlass sich befinden.

##### Tafel XXIII. Fig. 11—16.

Der eine dieser Wirbel (Taf. XXIII. Fig. 11—13) ist entschieden ein Atlas, wel-cher im wesentlichen dem des *Squalodon Ehrlichii (Taf. XVIII. Fig. 7, 8)* ähnelt. Da nun derselbe aus der Molasse von Baltringen stammt, wo Reste des *Squalodon Meyeri* entdeckt wurden, so könnte man ihn vielleicht mit demselben in Beziehung bringen.

Ueber das, wie der eben erwähnte Wirbel, gleichfalls aus der Molasse von Baltringen stammende, sehr verbrochene, ebend. Fig. 14 dargestellte Wirbelfragment vermag ich keine Deutung zu wagen.

Das Figur 15 und 16 dargestellte, von demselben Fundort stammende, Wirbelfragment kann ich gleichfalls nicht sicher unterbringen. Der Mangel jeder Spur eines Querfortsatzes dürfte für einen Rückenwirbel sprechen, dessen Totalform und Grösse vielleicht auf ein grosses *Cetotherium* aus der Untergattung *Plesiocetopsis* oder *Cethotheriophanes*, oder aber selbst auf einen *Plesiocetus* hinweisen könnte.

Die Originale sämmtlicher Wirbel finden sich nach H. v. Meyer in Probst's Sammlung.

## Schlussbemerkungen.

Ueberblickt man den Inhalt der vorstehenden Arbeit, so geht daraus hervor, dass der grosse Ocean, welcher in sehr entfernter Vorzeit Europa, wenigstens grösstentheils, überfluthete, schon zur Zeit der jurassischen Ablagerungen Barten- und Zahnwale beherbergte. Die aus der Juraformation bisher erhaltenen Reste beschränken sich freilich auf zwei Funde, von denen der eine Halswirbel des *Palacocetus Sedgwickii* Seeley's, der andere aber den Wirbel einer *Zeuglodontine*, namentlich den des fraglichen *Zeuglodon* oder *Squalodon Puschii*, lieferte.

In den eocänen und miocänen Ablagerungen, besonders in den letzteren, hat man dagegen bereits nicht blos zahlreiche, sondern nicht selten mehr oder weniger vollständige, Schädel- oder Skelettheile, ja zuweilen fast ganze Skelete darstellende, Ueberreste von Barten- wie von Zahnwalen entdeckt. Dasselbe gilt von den jüngeren Formationen.

Die in den beiden älteren Tertiärformationen gefundenen Reste von *Cetaceen* gehören zwar bis jetzt meist eigenthümlichen, ausgestorbenen Arten und Gattungen an, nach meiner Ansicht dürften indessen darunter auch solche sein, die nur noch lebenden Arten identische, etwas veränderte, Scheinarten darstellen.

In der Vorzeit waren ohne Frage die *Cetaceen* nicht blos durch zahlreichere Arten und Gattungen, namentlich auch durch bis jetzt noch nicht unter den lebenden nachgewiesene, also wohl ausgestorbene Arten, Gattungen, Unterfamilien, Familien und eine eigene *Tribus* (*Zeuglodontinae*) vertreten.

Aus der der Unterordnung der Bartenwale angehörigen Familie der *Balaeniden* war die Gattung *Balaena* durch zwei oder drei, den lebenden nahe stehende oder damit genau genommen identische, Arten repräsentirt, denen vielleicht in generischer Beziehung drei andere zugezählt werden können, die Van Beneden in drei besondere Gattungen (*Probalaena*, *Balaenula* und *Balaenotus*) versetzte. — Ob Seeley's *Palaeocetus*, den Gray als Typus einer eigenen Familie ansieht, eine echte *Balaenide* war ist etwas zweifelhaft.

Besonders zahlreich war in der Vorwelt die Familie der *Balaenopteriden* vertreten. Auf die Gegenwart solcher Arten, welche der noch lebenden Unterfamilie der *Balaenopterinen*, namentlich den Gattungen *Megaptera* seu *Kyphobalaena* und *Balaenoptera* seu *Pterobalaena* oder auch theilweis *Agaphelus* angehörten, scheinen allerdings einige der oben gemachten Mittheilungen hinzudeuten, so namentlich *Megapteropsis* Van Beneden. Es möchten indessen noch nähere Nachweise wünschenswerth sein, die vielleicht durch im Norden zu machende Funde geliefert werden könnten, da, wie es scheint, die Urheimath der echten *Balaenopterinen* der nördlichen Hemisphäre der höhere Norden gewesen sein dürfte.

Bei weitem die meisten der mir bekannten Arten von fossilen *Balaenopteriden* gehörten meiner Unterfamilie der *Cetotherinen* an. Die von mir in drei Untergattungen (*Eucetotherium*, *Plesiocetopsis* und *Cetotheriophanes*) getheilte, vom caspischen Meer bis England und Portugal nachgewiesene, Gattung *Cetotherium* zählt bereits 14 Arten, wovon freilich einige noch nicht ganz gesichert dastehen. Zu den *Cetotherinen* sind übrigens die durch je eine Art vertretenen Gattungen *Burtinopsis* Van Bened. und *Plesiocetus* Van Bened. zu zählen. Auch die 2—3 Arten enthaltende Gattung *Pachyacanthus* (S. 166—187) darf wenigstens vorläufig als *Cetotherine* gelten. Selbst die Gattung *Cetotheriopsis* (S. 40), welche ich oben (S. 37) als Typus einer eigenen Unterfamilie anzusehen geneigt war, ist vielleicht richtiger als eine solche der Untergattung *Cetotheriophanes* anzunähernde *Cetotherine* zu betrachten, welche in Bezug auf ihre überwölbten Schläfengruben den *Balaenopterinen* zunächst stand ja möglicherweise noch passender denselben anzureihen wäre.

Die Unterordnung der Zahnwale (*Odontocetoidea*) war durch zwei Tribus repräsentirt, wovon die eine mit gleich geformten (*Homoiodontina* seu *Delphinomorphina*), die andere aber mit ungleich gestalteten Zähnen (*Diaphorodontina* seu *Heterodontina* seu *Zeuglodontina*) versehen war.

Aus der erstgenannten noch in der Gegenwart durch zahlreiche Arten und Gattungen vertretenen *Tribus* sind Reste sowohl aus der Abtheilung der nur im Unterkiefer mit Zähnen versehenen Familie (der der *Hypognathodonthidae*) als auch der in beiden Kiefern damit bewaffneten (*Holodontidae*) in namhafter Zahl aufgefunden worden.

Nach Maassgabe der bekannten lebenden *Hypognathodonten*, im Vergleich mit den Resten der ausgestorbenen, scheinen die letzteren in der an Cephalopoden weit reicheren Vorzeit als Vertilger derselben in einer weit grösseren Zahl von Arten, und vielleicht auch Gattungen, vertreten gewesen zu sein, die vermuthlich gleichzeitig mit ihren Nährthieren allmälig ausstarben.

Aus der Unterfamilie der *Physeterinen* wurden oben mehrere Reste aufgeführt. Ob sie aber alle *Physeterinen* waren und verschiedenen Gattungen derselben angehörten, ist noch festzustellen. Aus der Unterfamilie der *Ziphinen* scheint sich indessen eine weit grössere Zahl von Arten über dem Boden des jetzigen Westeuropa's, namentlich Englands und Belgiens, theilweis auch Frankreichs, getummelt zu haben. Die beiden noch lebenden Hauptgruppen der *Ziphinen*, die der *Telosodonten* (d. h. deren Unterkiefer nur vorn Zähne trug), so wie die wo nur die mittleren Zähne entwickelt waren (die der *Mesoodonten*), waren schon damals, ja sogar in viel grösserer Zahl als jetzt, vorhanden.

Vorläufig möchten indessen wohl nur drei Arten der Gattung *Ziphius* (*Z. cavirostris* Cuv., *Z. planirostris* Cuv. und *Z. Cuvieri* Ow. S. 217 und 218), wovon eine Art (*Ziphius cavirostris*) zu den noch lebenden gehört, nebst einem *Mesoodon* (dem *Ziphius longirostris* S. 220) als sicher begründete fossile Arten zu gelten haben. Da man nämlich nicht annehmen kann, dass über dem Boden Antwerpens und des demselben so nahen Suffolk ganz verschiedene Arten von *Ziphinen* sich aufgehalten hätten, so werden die von Van Beneden und Du Bus nach antwerpener Resten (siehe S. 220 und 224), aufgestellten *Ziphinen*, namentlich die unter den Gattungen *Mesoodon*, *Placociphius*, *Ziphirostrum*, *Ziphiopsis*, *Rhinostodes*, *Aporotus* und *Belemnoziphius* Huxl. aufgeführten Arten derselben noch mit den englischen von Owen (S. 219) als *Ziphien*, von Huxley als *Belemnoziphien* beschriebenen genau zu vergleichen sein um die muthmaasslich mit den belgischen identischen englischen Arten genauer festzustellen.

Bemerkenswerth ist es dass über das Vorkommen von Resten von *Ziphinen* in Deutschland und Russland noch Ungewissheit herrscht (s. S. 225). Ebenso hat Leidy in seinen *Extinct mammalia of North-America* noch keine Reste von *Zephinen* aufgeführt.

Fossile und subfossile Ueberreste, welche vielleicht den der verschiedenen Unterfamilien der Familie der *Holodontiden* angehören, wurden in Europa bereits häufig entdeckt. Dieselben lassen sich theils auf noch lebende Gattungen und Arten, theils, wie es wenigstens bis jetzt scheint, meist auf untergegangene beziehen. Namentlich sind Reste von Arten und Gattungen der Unterfamilie der *Orcinen*, *Phocaeninen*, *Delphininen* und vermuthlich auch der der *Platanistinen* gefunden worden.

Zur Unterfamilie der *Orcinen* gehören nach meiner Ansicht (siehe S. 227) die Reste des *Delphinus acutidens* H. v. Meyer als Grundlage einer *Orca Meyeri* und die des *Delphinus Karstenii* v. Olfers als die eines *Globiceps Karstenii*. Den genannten Arten schliesst sich dann als lebende und subfossile Species *Pseudorca crassidens* (S. 228) an.

Als in der Unterfamilie der *Phocaeninen* zu versetzende Reste gelten offenbar die von *Monodon monoceros* (S. 232), ebenso wie die von mir zwei besonderen neuen Untergattungen der Gattung *Delphinapterus* (*Pachypleurus* und *Hemisyntrachelus*) vindizirten Reste von vier *Delphininen*, welche als *Delphinapterus* (*Pachypleurus*) *Nordmanni* und *Fockii* und als *Delphinapterus* (*Hemisyntrachelus*) *Cortesii* und *Brochii* S. 234—242 beschrieben sind.

Die meisten bisher entdeckten Reste von *Holodontiden* lassen sich als von Gliedern der Unterfamilie der *Delphininen* herstammende betrachten. Manche mögen auch möglicherweise die von *Platanistinen* sein.

Die sieben noch fraglichen Arten der Gattung *Delphinus* im engeren Sinne (S. 246—247) zugeschriebenen Reste sind indessen noch zu mangelhaft um mit Sicherheit ihr vindizirt werden zu können. Was die der anderen, oben meist nach umfassenderen Materialien beschriebenen, Arten anlangt, so gehören sie den ausgestorbenen Gattungen *Heterodelphis* (mit *Heterodelphis Klinderi*), *Schizodelphis* (mit *Schizodelphis sulcatus* und vielleicht *canaliculatus*) und *Champsodelphis* (mit *Champsodelphis macrognathus, lophogenius, Valenciennesii, Letochae, Fuchsii, Karreri* und *dubius*) an, welcher letzteren Gattung wie es scheint auch J. Müller's *Delphinopsis Freyeri* einzureihen ist.

Du Bus's *Eurhinodelphis Cocheteuxii* (siehe S. 284) steht wohl in naher Beziehung zu den Gattungen *Schizodelphis* und *Champsodelphis*, ja könnte selbst möglicherweise der einen oder anderen davon angehören. Ob Du Bus's *Scaldicetus Caretti* (S. 283) zu den *Delphininen* gehöre darf noch als zweifelhaft gelten.

Aus der unter den lebenden *Cetaceen* nicht entdeckten, daher allgemein als ausgestorben geltenden, Tribus der *Diaphorodonten seu Zeuglodonten*, welche in die Familie der Nacktnasigen, d. h. mit einer nicht von Nasenbeinen bedeckten äusseren Nasenöffnung versehenen (*Gymnorhinidae seu Zeuglodontidae*) und der der Bedecktnasigen, d. h. mit einer von Nasenbeinen bedeckten äusseren Nasenöffnung versehenen (*Stegorhinidae seu Zeuglodontidae*) sich zerfällen lässt, kann man in Europa für jetzt mit Bestimmtheit nur Repräsentanten von *Squalodontiden* nachweisen; da selbst *Zeuglodon Paulsonii*, besonders aber *Zeuglodon Puschii* als echte *Zeuglodonten* zweifelhaft sind.

Aus der Zahl der europäischen *Squalodonten* dürften gegenwärtig drei Arten (*Squalodon Grateloupii, Meyeri* und *Ehrlichii*) sicherer als die drei anderen (*Sq. antverpiensis, bariensis* und *Gastaldii*) begründet sein, während noch andere (*Sq. Gervaisii, Scillae, Svessii* und *Catulli*) wegen Mangels an Materialien sehr zweifelhaft erscheinen und wenigstens theilweis mit der einen oder anderen der aufgeführten Arten künftig vielleicht zu vereinen sein könnten.

---

## Zusätze und Verbesserungen.

S. 6. Anmerkung 2 Zeile 5 ist zu lesen *Cetotherien* und *Plesioceten* und ebendaselbst Zeile 6 statt die *Plesioceten*-Reste ebenfalls richtiger die *Cetotherien*-Reste zu setzen.

S. 24. Bei *Balaena* Sp. Nordmann Zeile 4 von unten muss statt 3″ breiten, 3″ dicken stehen.

S. 24 möchte zu *Balaena Tannenbergii* Van Bened. folgende Bemerkung nicht unpassend sein: Wäre übrigens, wie Rathke sagt das tannenberg'sche Schulterblatt dem der capschen *Balaena* ähnlich, so liesse sich dasselbe vielleicht auf *Balaena biscayensis* beziehen.

S. 29 Zeile 7 steht Schwankwirbel anstatt Schwanzwirbel.

S. 34. Im Betreff der *Balaenoptera Cuvieri* und *Cortesii* ist S. 149 u. 150 zu vergleichen.

S. 36 Z. 4 von unten steht *Balaena difinita* anstatt *definita*.

S. 44 Z. 4 von unten ist statt *Heterodonten Hyperoodonten* zu setzen.

S. 49 Z. 10 ist anstatt: Von *Plesiocetus* standen u. s. w. zu setzen von den früheren *Plesiocetus* Van Beneden's standen damals nur.

S. 57 Z. 3 von unten ist anstatt *Pachyspondylus Pachyacanthus* zu lesen.

Zu S. 209. Im Betreff der Mittheilungen über die Ziphinen muss ich zu meinem wahrhaften Bedauern bemerken, dass die Bibliothek der Akademie der Wissenschaften den *Vol. VIII. P. 3* der *Transactions of the zool. society of London*, worin die Arbeit des treflichen Flower: *On the recent Ziphoid Whales* steht, erst erhielt als der Druck meiner Untersuchungen über die fossilen *Cetaceen* bereits beendet war.

S. 225 Z. 15 ist anstatt *Balaeniden Balaenopteriden* zu lesen.

S. 295 Z. 23 ist anstatt Verwandte zu lesen Verwandten.

S. 305 Z. 25 muss hinter die das Wörtchen an wegfallen.

Der Literatur der fossilen *Cetaceen* ist hinzuzufügen J. F. Brandt Bemerkungen über die Bartenwale des wiener Beckens *Sitzb. d. Wiener Akad. Bd. LXV.* (1872) und Blicke auf die Zahnwale desselben *ebend. Bd. LXVII.* (1873).

---

## Erklärung der Tafeln.

### Tafel I.

Figur 1. Das Schädelfragment des *Cetotherium* Rathkei von der oberen Fläche gesehen $\frac{1}{3}$ natürlicher Grösse.

Figur 2. Dasselbe von seiner unteren Fläche gesehen $\frac{1}{3}$ nat. Grösse.

Figur 3. Der grösste Theil der vorderen Ansicht desselben $\frac{1}{3}$ nat. Grösse.

Man sieht daran in der Mitte einen Theil der Innenfläche der Nasenbeine, das Siebbein mit seinen queren, miteinander verschmolzenen, theilweis ästigen Muscheln und unten den zweischenkligen *Vomer*.

Figur 4. Profil-Ansicht des Schädels desselben Fragmentes $\frac{1}{3}$ nat. Grösse.

Figur 5. Das Schädelfragment von hinten gesehen $\frac{1}{3}$ nat. Grösse.

Die bei der Zusendung desselben vermisste *Pars condyloidea* des Hinterhaupts ist nach Rathke's Figur ergänzt.

Figur 6. Die äussere Fläche der Nasenbeine in nat. Grösse.

Figur 7. Die Nasenbeine von der inneren Seite gesehen nebst den mit ihnen vereinten, wohl dem Siebbein angehörigen, vorderen (hier unteren) und oberen flügelförmigen Anhängen in nat. Grösse.

Figur 8. Ein Bruchstück des Basaltheiles des Unterkiefers $\frac{1}{3}$ nat. Grösse.

Figur 9. Ein Querschnitt des mittleren und

Figur 10. des vorderen Theiles des Unterkiefers.

### Tafel II.

Figur 1. Umriss des Schädelfragmentes des *Cetotherium* Rathkei von der oberen Seite unter Hinzufügung einiger dem Schnautzentheil desselben angehöriger Bruchstücke des Oberkiefers (b''') und Zwischenkiefers (i', i') und des rechten (A), sowie linken Astes (B) des Unterkiefers.

44*

a″ a‴ Der Hinterhauptsknochen (a′ die Schuppe und a″ a‴ die grossen Zitzenfortsätze desselben).—b, c, c′ die Schläfenbeine (b die Schuppe und c, c′ der Jochfortsatz derselben).—d, d′, d″ die Scheitelbeine (d′ der Stirn- und d″ rechts der Augentheil derselben). — f, f′ die Stirnbeine (f′ der Augentheil derselben). — g der obere Theil der Keilbeinflügel. — h, h′, h″ der Oberkiefer (h Pars maxillaris, h′ frontalis und h″ orbitalis — h‴ Bruchstücke desselben). — i, i, i′, i′ die Zwischenkiefer (i, i, die Nasentheile und i′, i′, Bruchstücke des Schnautzentheiles derselben). — n, n, Nasenbeine. — l der Vomer.

Figur 2. Der Umriss des von unten gesehenen Schädelfragmentes nebst den Unterkieferresten A, B ⅓ nat. Grösse.

a, a″, a‴ das Hinterhaupt (a der Grundtheil, a″, a‴ die Zitzenfortsätze, a‴ a‴ die ungenannten Fortsätze desselben). — b die Bulla tympani. — c, c, c, c die Schläfenbeine (c der Gelenktheil, c′ der Jochfortsatz derselben). — f′, f′, f′, f′ der Augenfortsatz der Stirnbeine. — gg, g′, g′, g′, g″ die Keilbeine (gg das Flügelbein mit dem Hamulus, g′, g″ und g′, g′ der Augentheil des Keilbeins). — Der die Decke der zwischen den Processus innominati des Hinterhaupts, a‴ a‴, der Bulla tympani b, der unteren Flügelbeinen g′, befindliche Höhle m für die Tuba Eustachii bildende Theil der Keilbeinflügel g″. — h, h′ die Oberkiefer (h der Augentheil derselben). — l, l′ der Vomer (l′ der hintere, l der vordere Theil desselben). — n, n′ die Gaumenbeine (n′ der hintere, n der vordere Theil derselben). — o, o′ die Gehörgänge.

Figur 3. Das Fragment eines Basaltheiles eines Unterkieferrastes von der äusseren Seite gesehen.

Figur 4. Dasselbe von der inneren Seite.

Figur 5. Die obere Fläche eines Unterkieferfragmentes ½ nat. Grösse.

Figur 6. Die Innenfläche der Nasenbeine (n, n) mit dem mittleren, die queren Muscheln absendenden, Theile des Siebbeins (m) im Verein mit dem Vomer (l, l) von vorn gesehen.

Tafel III.

Figur 1. Die innere Fläche des Schläfenbeins und des seitlichen Theiles des Hinterhaupts, nebst der inneren, oberen Fläche der mit flügelförmigen Fortsätzen versehenen Pars petrosa ossis temporum. Ueber demselben nach hinten und rechts auf dem Hinterhaupt sieht man ein zitzenförmiges Höckerchen als blosse Andeutung eines Tentoriums. Nat. Grösse.

Figur 2. Untere Ansicht der mit dem Schläfen- und Hinterhauptsbein verbundenen, oben in der Mitte befindlichen Pars petrosa. Unten ist der Gehörgang angedeutet. Nat. Grösse.

Figur 3. Die gesonderte Pars petrosa von der Innenseite. Nat. Grösse.

Figur 4. Die Bulla tympani ihre obere die Mündung enthaltende Fläche nach unten kehrend. Nat. Grösse.

Figur 5. Dieselbe von der äusseren Fläche gesehen.

Figur 6. Der Kalkabguss des Hirns ¾ nat. Grösse.

Figur 7. Der obere Theil eines Humerus von innen gesehen ⅓ nat. Grösse.

Figur 8. Die äussere Fläche desselben.

Tafel IV.

Figur 1—12. Skelettheile, welche ich meist dem Cetotherium Rathkei zu vindiziren geneigt bin, grösstentheils ⅓ nat. Grösse.

Figur 1—4. Ein mit dem Schädel des Cetotherium Rathkei dem Museum der Akademie gesandter Lendenwirbel. Fig. 1 derselbe von vorn, 2 von hinten, 3 von oben und 4 von der Seite.

Figur 5—7. Der Lendenwirbel eines sehr alten Cetotherium's, welcher gleichfalls C.

*Rathkei* angehören könnte aus dem Museum des Kais. Berginstitutes. Fig. 5 von vorn 6, von unten und 7 von hinten.

Figur 8 und 9. Das stark abgeriebene Fragment des linken Schulterblattes, welches ich für das eines sehr alten *Cetotherium Rathkei* zu halten geneigt bin. Fig. 8 dasselbe von aussen, Fig. 9 dasselbe von innen, ½ nat. Gr.

Figur 10—12. Ein kleiner, einem alten Individuum angehöriger, Lendenwirbel der Antipow'schen Sendung, der einer *Cetotherium Rathkei* als *priscum* angehören könnte. Fig. 10 von vorn, 11 von der Seite und 12 von unten.

Figur 13, 14. Einer der mittleren Rückenwirbel eines jüngeren *Cetotheriums* der Antipow'schen Sendung, möglicherweise eher der eines *Cetotherium priscum*. Fig. 13 derselbe von vorn und 14 von unten.

## Tafel V.

Im Museum der K. Akademie der Wissenschaften befindliche Skeletreste Figur 1—3 und 5—14 eines jungen *Cetotherium's* (*Cetotherium Klinderi* J. F. Brdt.?) ⅓ nat. Grösse. Figur 15 und 16 zwei obere, möglicherweise einem älteren Individuum desselben angehörige Rippenfragmente.

Figur 1. Ein basales Unterkieferfragment von der äusseren Seite.

Figur 2. Dasselbe von der inneren Seite.

Figur 3. A Ein Theil desselben nebst seinem Querschnitt B.

Figur 4. Der dem Letzteren entsprechende Theil A nebst dem ihm entsprechenden Querschnitt B vom *Cetotherium Rathkei*.

Figur 5. Die Reste der Wirbelsäule des *Cetotherium Klinderi*. A, B, C, D, E Fragmente der vorderen Rückenwirbel, F, G, H, I, K, L, M Fragmente mittlerer und hinterer Rückenwirbel, N, O, P drei Fragmente von Lenden- und Q, R zwei Fragmente von Schwanzwirbeln—a, b, c, d, e, f, g, h Fragmente von oberen Dornen der Rückenwirbel, i, k, l, m Fragmente von Querfortsätzen der Lendenwirbel, n ein unterer Dornfortsatz.

Figur 6. Das Fragment des Atlasses.

Figur 7, 8, 9. Der Epistropheus, 7 von vorn, 8 von hinten, 9 von der Seite.

Figur 10. Fragment eines der vordersten Rückenwirbel.

Figur 11. Ein Rückenwirbel A von vorn, B von hinten gesehen.

Figur 12. Die Rippen der rechten Seite[1]).

Figur 13. A das Brustbein von aussen und B von innen gesehen.

Figur 14. Das Schulterblatt A mit dem Oberarm B, dem Radius C und dem Ellbogenbein D.

Figur 15 und 16. Zwei obere Rippenenden eines älteren *Cetotherium's*, möglicherweise eines *Cetotherium Klinderi* aus der Umgegend von Nicolajew, also ganz aus der Nähe des Fundortes des genannten *Cetotherium's*, die ich vom Herrn Prof. Knorre und Herrn Schleiden erhielt.

## Tafel VI.

Reste vom *Cetotherium Helmersenii* J. F. Brdt. ⅓ nat. Grösse. Sämmtliche Reste befinden sich im Kais. Berg-Institut zu St. Petersburg.

Figur 1. Das Schädelfragment desselben von oben.

Figur 2. Das Fragment des Basaltheiles der rechten Unterkieferhälfte von aussen gesehen.

---

1) Die Rippenfigur desselben liefert die Rippen der rechten Seite mit Hinzufügung der vorletzten (accessorischen?) Rippe der linken Seite. — Manche der Rippen wurden beim Zeichnen ergänzt, namentlich die abgebrochenen, oberen, Enden der vorletzten derselben.

Figur 3. Die stark zerbrochene Oberseite desselben, hinten und oben die sehr weite Oeffnung des centralen Gefässkanals zeigend.

Figur 4. Ein Theil des zerbrochenen *Vomer*, der nach vorn zu durch die Kalkausfüllung seiner Höhle theilweis ergänzt wird, nebst Fragmenten der Gaumenbeine und des hinteren Theiles der Gaumentheile des Oberkiefers.

Figur 5. Der zweite Schwanzwirbel von vorn.

Figur 6. Derselbe von hinten.

Figur · 7. Derselbe von der Seite.

Figur 8. Derselbe von unten.

Figur 9. Der dritte Schwanzwirbel von vorn.

Figur 10. Derselbe von hinten.

Figur 11. Derselbe von der Seite und Figur 12 von unten.

Figur 13—16. Verschiedene Rippenfragmente.

Figur 17. Das Fragment eines *Humerus*.

### Tafel VII.

Skeletreste des *Cetotherium priscum* J. F. Brdt. ¹⁄₃ nat. Grösse.

Figur 1. A das Nordmann'sche und B, C die beiden Eichwald'schen Unterkieferfragmente, nebst dem weiter nach vorn reichenden, unten zur Seite angebrachten, Antipow'schen (D) von oben gesehen. Fig. 1 B′ die Innenfläche des Eichwald'schen hinteren und C′ des Eichwald'schen vorderen nebst Querschnitten derselben B″, C″.

Figur 2. Die unter Fig. 1 A, B, C dargestellten Fragmente von ihrer Aussenfläche gesehen.

Figur 3. Fragment des Basaltheiles des Unterkiefers eines sehr alten Thieres nebst dem Querschnitt (A) desselben.

Figur 4—6. Der Atlas aus dem tifliser Museum (Fig. 4 von vorn, 5 von hinten und 6 von der Seite).

Figur 7—9. Ein Rückenwirbel aus der Nordmann'schen Sammlung von vorn (Fig. 7), von hinten (Fig. 8) und von der Seite (Fig. 9).

Figur 10. Der Lendenwirbel eines älteren *Cetotherium priscum* mit beginnender Verdickung des Bogens und der Fortsätze aus dem Museum der Akademie.

Figur 11—15. Der Lendenwirbel eines jüngeren Exemplares ebendaher. Fig. 11 von vorn, 12 von hinten, 13 von der Seite, 14 von oben und 15 von unten gesehen.

Figur 16. Ein oberes und Figur 17 ein unteres Rippenfragment der Antipow'schen Sendung des Kais. Berginstitutes.

Figur 18—19. Ein Brustbeinfragment der Romanowski'schen Sendung der Kais. Berginstitutes. Fig. 18 von aussen und Fig. 19 von innen gesehen.

### Tafel VIII.

Lenden- und Schwanzwirbel des *Cetotherium priscum* ¹⁄₃ nat. Grösse.

Figur 1. A drei Lendenwirbel (A, B, C) von der Seite. Davon A aus dem Academischen Museum, B, C zum Antipow'schen Funde gehörige.—D der erste bereits von Eichwald in der «Urwelt» abgebildete Schwanzwirbel.

Figur 1. E die elf Antipow'schen Schwanzwirbel E—P von der Seite. Davon E der zweite, F der dritte u. s. w. Q, R, S, T untere Dornenfortsätze von · der Seite und, U der grösste derselben (Q) von oben.

Figur 2. Die eben bezeichneten Wirbel E—P von oben.

Figur 3, 4. Der erste aufgetriebene Schwanzwirbel eines sehr alten *Cetotherium priscum* aus der Romanowski'schen Sendung unter Fig. 3 von der Seite, 4 von hinten gesehen.

Anm. Die zwischen den Wirbeln an der Figur 1 und 2 befindlichen Zwischenräume deuten auf fehlende Wirbel hin.

## Tafel IX.

Schwanzwirbel sehr alter Individuen nebst Knochen der Extremitäten des *Cetotherium priscum* ¹/₃ nat. Grösse.

Figur 1—5. Ein im Akademischen Museum befindlicher zweiter, stark verdickter Schwanzwirbel eines sehr alten Individuums. Fig. 1 von vorn, 2 von hinten, 3 von der Seite. 4 von oben und 5 von unten gesehen.

Figur 6—9. Ein wohl weiter nach hinten gehöriger, ebenfalls stark verdickter Schwanzwirbel. Fig. 6 von vorn, 7 von hinten, 8 von der Seite und 9 von unten, aus der Romanowski'schen Sendung.

Figur 10. Ein kleinerer *Humerus* von innen und Fig. 11 von aussen. Es ist der schon von Eichwald beschriebene.

Figur 12. Ein grosser *Humerus* von der inneren und Fig. 13 von der äusseren Fläche gesehen, von Romanowski eingesandt.

Figur 14. Ein *Humerus* A, mit dem *Radius* B und dem Fragment der *Ulna* C. Neben dem *Radius* B befindet sich das obere Ende (B'') eines anderen, grösseren, über welchem die Gestalt seiner Gelenkfläche (B') angebracht ist. — Der *Humerus* nebst der *Ulna* stammen aus der Romanowski'schen, der *Radius* sowie das Fragment desselben aus der Antipow'schen Sendung.

## Tafel X.

Verschiedene Skelettheile des alten Individuums von *Cetotherium Mayeri*, J. F. Brdt. ¹/₃ nat. Grösse aus dem Kaiserlichen Berginstitut.

Figur 1. A, B, C Ein Bruchstück des Basaltheiles der rechten Hälfte des Unterkiefers A von aussen, B von oben gesehen C der hinterste Theil desselben um die Mündung des grossen centralen Gefässkanales zu zeigen.

Figur 2 und 3. Die Reste der Wirbelsäule. Fig. 2 dieselben von der Seite und Fig. 3 von oben gesehen. a—h acht Rückenwirbel, i—n fünf Lendenwirbel und o der erste Schwanzwirbel.

Figur 4. Der vorderste der vorhandenen Rückenwirbel (Fig. 2 und 3 a) a von hinten, a' von vorn, a'' von der Seite und a''' von unten.

Figur 5 und 5'. Der dritte der vorhandenen Rückenwirbel (Fig. 1 und 3 c), von hinten (5) und von unten (5').

Figur 6. Der vierte der vorhandenen Rückenwirbel (d) von unten.

Figur 7. Der letzte Rückenwirbel (h) von oben.

Figur 8 und 8 a. Der erste Lendenwirbel (i), von vorn 8 und von unten 8 a.

Figur 9 a, b, c. Der erste Schwanzwirbel a von vorn, b von oben, c von unten.

## Tafel XI.

Schädelreste, Wirbel und Knochen der Extremitäten, die ich meist einem jungen *Cetotherium Mayeri*, vindiziren zu können glaube, nebst dem *Humerus* des alten *Cetotherium Mayeri* ¹/₃ nat. Grösse ebendaher.

Figur 1. Die beiden Reste des Seitentheiles des Hinterhaupts nebst einem Theile der Schläfenschuppe von hinten.

Figur 2. Ein Theil der linken Schläfenschuppe von vorn.

Figur 3. Das rechte der Fragmente von unten. Die Gelenkfläche des Unterkiefers zeigend.

Figur 4. Die Reste der Wirbelsäule von der Seite. Man sieht daran sechs Rückenwirbel (a—f), drei Lendenwirbel (g—i) und sieben Schwanzwirbel (k—q).

Figur 5. Die Reste der Wirbelsäule von oben mit gleicher Bezeichnung der Wirbel.

Figur 6. Der Lendenwirbel eines *Cetotherium Mayeri* mittleren Alters der Akademischen Sammlung. Derselbe 6 a von unten, 6 b von oben, 6 c von der Seite und 6 d von vorn.

Figur 7. Fragment des rechten Schulterblattes des jungen Individuums.

Figur 8. Der *Humerus* des alten *Cetotherium Mayeri* 8 a von innen und 8 c von aussen gesehen.

### Tafel XII.

Die *Bullae tympani* von vier Arten der Gattung *Cetotherium* in nat. Grösse, nebst einem Lendenwirbel aus der Nordmann'schen Sammlung (*C. priscum* nach Nordmann) der aber eher *Cetotherium Mayeri* angehören möchte. ¹/₃ nat. Grösse.

Figur 1 a und 1 b. Die *Bulla tympani*, welche ich dem *Cetotherium priscum* vindiziren möchte von der oberen (1 a) und der inneren Fläche (1 b). — Aus der Nordmann'schen Sammlung.

Figur 2. Die *Bulla tympani* des *Cetotherium Mayeri*. Dieselbe von der oberen 2 a, der inneren 2 b und der unten Fläche 2 c gesehen.

Figur 3 a, b. Die *Bulla tympani* des *Cetotherium Rathkei* von oben (3 a) und (3 b) von der unteren Fläche.

Figur 4 a, b. Eine *Bulla tympani*, die ich mit Bestimmtheit keiner Art von *Cetotherium* zu vindiziren vermag jedoch muthmaasslich für die des *Cetotherium Klinderi* zu halten geneigt bin, von der oberen (4 a) und der inneren (4 b) Fläche, ebenfalls aus der Nordmann'schen Sammlung.

Figur 5 a, b, c. Verschiedene Ansichten des oben S. 127 und 128 erwähnten Wirbels des *Cetotherium Mayeri* Fig. 5 a derselbe von vorn, 5 b von oben und 5 c von der Seite.

### Tafel XIII.

Reste von *Cetotherium* und einer *Delphinoide?*, die ich für jetzt nicht bestimmten Arten zu vindiziren wage.

Figur 1. Der von Nordmann einem *Cetotherium pusillum* vindizirte Epistropheus nach dem Original-Exemplar in nat. Grösse. 1 a von vorn, 1 b von hinten, 1 c von unten und 1 d von der Seite gesehen.

Figur 2. Der erste Schwanzwirbel eines alten, aber kleineren *Cetotherium's* (*Cetotherium incertum?*). ¹/₃ nat. Grösse: 2 a von vorn, 2 b von hinten, 2 c von der Seite, 2 d von oben und 2 e von unten gesehen.

Figur 3—8. Verschiedene wohl *Cetotherien* angehörige Rippenbruchstücke. ¹/₃ nat. Grösse. Fig. 3. Oberes Rippenbruchstück aus dem akademischen Museum. Fig. 4. Eine nur im oberen Theile unvollständige Rippe aus dem tiflisser Museum.—Fig. 5, 6 Zwei untere Rippentheile ebendaher.— Fig. 7. Das von Nordmann beschriebene, dem *Cetotherium priscum* vindizirte Fragment nach dem Original von neuem gezeichnet. — Fig. 8 und 8 a. Das von Eichwald in der Urwelt seinem *Ziphius priscus* vindizirte Rippenfragment mit seinem Querschnitt 8 a.

Figur 9, 10, 11, 12, 13. Rippenfragmente, welche mit dem Schädel des *Cetotherium Rathkei* eingesandt wurden und möglicherweise einem jüngeren Individuum desselben angehören könnten mit ihren oberen a, a und ihren b, b Querdurchschnitten.

Figur 14 a und 14 b. Ein linkes Schulterblatt welches das eines *Cetotherium priscum* sein könnte, von der äusseren (14 a) und der inneren Fläche (14 b), von der inneren Fläche ¹/₃ nat. Grösse.

Figur 15. Ein im Kursker Gouvernement gefundener Oberkiefer-Rest eines (S. 225) erwähnten *Cetaceums*, den ich für den einer *Ziphiine* (*Ziphius Blasii?*) halten möchte. ¹/₃ nat. Grösse.

## Tafel XIV.

Figur 1—5. Der einer noch zweifelhaften Art von *Cetotherium* (*Cetotherium ambiguum*) vindizirte vorderste Schwanzwirbel des K. K. Hofmineralienkabinets zu Wien. ½ nat. Grösse. Fig. 1. Derselbe von der Seite, 2 von vorn, 3 von hinten, 4 von oben und 5 von unten gesehen.

Figur 6—26. Darstellungen von Theilen des *Pachyacanthus Suessii* meist ½ nat. Grösse.

Figur 6. Der Basaltheil des Unterkiefers des *Pachyacanthus Suessii* von der inneren und

Figur 7. von der äusseren Seite betrachtet. ⅔ nat. Gr.

Figur 8. Ein Bruchstück des Atlasses des *Pachyacanthus Suessii* von der unteren Seite und

Figur 9. von der inneren gesehen, so dass unten in der Mitte die Grube für den Epistropheus wahrgenommen wird.

Figur 10. Das Fragment des Epistropheus desselben Thieres von der unteren Seite gesehen.

Figur 11. Das Fragment eines vorderen Halswirbels. von vorn und

Figur 12. eines hinteren Halswirbels von unten.

Figur 13. Einer der vordersten Rückenwirbel von hinten gesehen um rechterseits sowohl die auf seinem Körper, als auch die am Ende seines Querfortsatzes befindliche Grube zur doppelten Einlenkung einer Rippe zu zeigen. — Eine zweite Darstellung desselben findet sich S. 181.

Figur 14—16. Ein mittlerer Rückenwirbel. Figur 14 derselbe von der Seite, 15 von hinten und 16 von unten gesehen.

Figur 17, 18 und 19. Einer der mittleren Rückenwirbel. Figur 17 von der Seite, 18 von hinten und 19 von unten.

Figur 20 und 21. Einer der hinteren Rückenwirbel. Figur 20 von der Seite und Figur 21 von hinten.

Die Figuren 8—16 nach Originalen des K. K. Wiener Hofnaturalienkabinetes, Fig. 17—21 aber nach Exemplaren der Sammlung des Herrn v. Letocha.

Figur 22—25. Der Lendenwirbel eines sehr jungen Individuums von *Pachyacanthus Suessii*, den das Museum der St. Petersburger Akademie der Wissenschaften Herrn Karrer verdankt; von der Seite (Fig. 22), von vorn (Fig. 23), von hinten (Fig. 24) und von oben (Fig. 25) gesehen.

Figur 26. Bruchstück einer Rippe desselben mit ihrem Querschnitt (a).

## Tafel XV.

Die Wirbelsäule des *Pachyacanthus Suessii?* nach einem Exemplar der Sammlung des Herrn v. Letocha. ½ nat. Grösse. (Ob vielleicht einem *P. Letochae* angehörig?)

Figur 1. Der Hals- und Rückenwirbeltheil derselben von der Seite gesehen. a—f Fragmente der Hals- und g—m der Rückenwirbel.

Figur 1 A. Die Fragmente der Halswirbel (a—f) von der unteren Seite.

Figur 2. Zwei hintere Rückenwirbel (n, o) und fünf Lendenwirbel (p—t) von der Seite.

Figur 3. Der aus fünfzehn Wirbeln (u—z und α—ς) gebildete Schwanztheil nebst sieben *Processus spinosi inferiores* (k—k) ebenfalls von der Seite.

Figur 4. Die beiden vorderen Rückenwirbel (n, o) nebst fünf Lendenwirbeln (p—t) von oben gesehen.

Figur 5. Die Schwanzwirbelsäule (Fig. 3) ebenfalls von oben gesehen.

## Tafel XVI.

Theile von Wirbelsäulen nebst Rippen, welche, mit Ausnahme der Figur 4—8 dargestellten Rippen, im K. K. Hofmineralienkabinet sich befinden und der dickdornigen Form von *Pachyacanthus Suessii* angehören. ½ nat. Grösse.

Figur 1. Die Theile einer Wirbelsäule von der Seite — a, b, c Rückenwirbel, d—i Lendenwirbel, k—r Schwanzwirbel. Darunter drei Fragmente von unteren Dornfortsätzen (s, t, u).

Figur 2. Dieselben von einem anderen Exemplar von oben gesehen (a, b, c Rückenwirbel, d—h Lendenwirbel, i—l Schwanzwirbel).

Figur 3. Acht Schwanzwirbel eines anderen Exemplares (a—h) von der Seite.

Figur 4—8. Rippen, welche zu der auf Tafel XV dargestellten, im Besitze des Herrn v. Letocha befindlichen, weniger dickdornigen Wirbelsäule, gehören. (Fig. 8 vielleicht die vorderste Rippe.)

Figur 9—18. Verschiedenen Exemplaren angehörige Rippen der dickdornigen Varietät (Art?) nach Resten des K. K. Hofmineralienkabinetes, 9—11 vordere, schmälere Rippen.

Figur 19, 20. Zwei Rippenbruchstücke ebendaher.

Figur 21, 22. Zwei untere Dornfortsätze von vorn. $^1/_2$ nat. Grösse.

## Tafel XVII.

Verschiedene Wirbel, zwei Brustbeine und Knochen der Extremitäten von *Pachyacanthus.*

Figur 1—3. Ein hinterer Lendenwirbel eines alten Individuums des K. K. Wiener Hofmineralienkabinets 1 von vorn. 2 von hinten und 3 von unten. $^1/_2$ nat. Grösse.

Figur 4, 5, 6. Ein zweiter Schwanzwirbel eines anderen Individuums ebendaher.—4 von vorn, 5 von hinten, 6 von unten. $^1/_2$ nat. Grösse, ebendaher.

Figur 7. Ein Lendenwirbel mit einem ungemein stark aufgetriebenen Dornfortsatz von vorn gesehen. $^1/_2$ nat. Gr., ebendaher.

Figur 8. Einer der hinteren Rückenwirbel mit aufgetriebenem Dorn von vorn. $^1/_2$ nat. Gr.

Figur 9. Ein Rückenwirbel von der Seite. $^1/_3$ nat. Gr.

Figur 10. Ein aus zwei Stücken bestehendes Brustbein, wovon das obere Stück (*manubrium*) a in der Sammlung des Herrn v. Letocha, das untere b im K. K. Hofmineralienkabinet sich befindet. $^1/_2$ nat. Grösse.

Figur 11. Die vordere Hälfte (*Manubrium*) eines anders gestalteten Brustbeins des K. K. Hofmineralienkabinetes. $^1/_2$ nat. Grösse.

Figur 12. Das fast vollständige Knochengerüst der vorderen, linken Extremität von der äusseren Seite gesehen, aus der Sammlung des Herrn v. Letocha. $^1/_2$ nat. Gr. A die Gelenkgrube des Schulterblattes.

Figur 13. Das rechte Schulterblatt $^1/_3$ nat. Grösse, nach einem Exemplar des K. K. Hofmineralienkabinets.

Figur 14. Das Oberarmbein (A) nebst der *Ulna* und dem *Radius* (B) von der inneren Seite gesehen. $^1/_2$ nat. Grösse. Nach einem kleineren Exemplare (b) des K. K. Wiener Hofmineralienkabinets.

Figur 15. Ein von der vorderen, schmäleren, Seite gesehener *Humerus*. Ebendaher. $^1/_3$ nat. Grösse.

## Tafel XVIII.

Darstellungen von Wirbeln des *Pachyacanthus trachyspondylus* J. F. Brdt. (1—4) und des *Squalodon Ehrlichii* Van Bened.?[1]) (5—11 d).

Figur 1. Der dritte und die folgenden Halswirbel (A—E) nebst einem Rückenwirbel (F) des *Pachyacanthus trachyspondylus* von der Seite in nat. Grösse nach Originalen des K. K. Hofmineralienkabinetes.

---

1) In Folge späterer Forschungen scheint es mir annehmbarer, dass die von mir früher der *Cetotheriopsis linziana* S. 42 ff. zugeschriebenen und auf Tafel XVIII als solche bezeichneten Wirbel (Figur 5—11), dem *Squalodon Ehrlichii* angehörten. Siehe *Sq. Ehrlichii* S. 326 und den die Gattung *Stenodon* betreffenden Anhang S. 332. S. 48 Z. 2 ist deshalb statt Taf. XIX, Taf. XVIII und Z. 3 st. der *Cetotheriopsis* des *Squalodon Ehrlichii* zu lesen.

Figur 2. Dieselben Wirbel von oben.

Figur 3. Der Wirbel (1 D) von unten.

Figur 4. Der Wirbel (1 D) von vorn und etwas von unten.

Figur 5. Der Atlas (a) nebst mehreren Lenden- (b—d) und Schwanzwirbeln (e—g) des *Squalodon Ehrlichii* Van Bened. von der Seite. Nach Originalen des linzer Museums. $\frac{1}{4}$ nat. Grösse.

Figur 6. Dieselben Wirbel von der Seite.

Figur 7. Der Atlas von vorn und Figur 8 von hinten gesehen.

Figur 9—11. Die drei Lendenwirbel b, c, d von vorn gesehen.

## Tafel XIX.

Schädeltheile der *Cetotheriopsis linziana* aus dem Museum zu Linz [1]).

Figur 1. Das Schädelfragment von oben $\frac{1}{4}$ nat. Grösse.

Figur 2. Dasselbe von der Seite.

Figur 3. von hinten und

Figur 4. von unten gesehen.

Figur 5. Die beiden Fragmente des Oberkiefers (a, b) von oben. $\frac{1}{3}$ nat. Grösse.

Figur 6. Der untere Theil des Oberkieferfragmentes (Figur 5 b) von der unteren Fläche. Daran die verschobenen Bruchstücke des Zwischenkiefers a, a, a, a und das grössere Bruchstück des Oberkieferknochens b', b', b', b', b'. $\frac{1}{2}$ nat. Grösse.

## Tafel XX.

Figur 1—12. Verschiedene Darstellungen von Skelettheilen des *Cetotherium Cuvieri*, welche ich der Güte des Herrn Professors Cornalia in Mailand verdanke. — Figur 13—16. Capellini entlehnte Darstellungen der wichtigsten Theile des *Cetotherium Capellinii* J. F. Brdt.

Figur 1. Der Schädel des *Cetotherium Cuvieri* von der Oberseite. $\frac{1}{10}$ nat. Grösse.

Figur 2. Ein rechter Unterkieferast desselben. $\frac{1}{12}$ nat. Grösse.

Figur 3. Der Atlas $\frac{1}{10}$ nat. Gr.

Figur 4. Der Epistropheus $\frac{1}{10}$ nat. Gr.

Figur 5. Einer der anderen Halswirbel.

Figur 6—11. Drei Lendenwirbel. $\frac{1}{6}$ nat. Gr.

Figur 6. Einer derselben von hinten und Fig. 7 von der Seite. — Fig. 8. Ein anderer von vorn und Fig. 9 von der Seite. — Fig. 10. Ein dritter von vorn und Fig. 11. von der Seite gesehen.

Figur 12. Das rechte Schulterblatt A mit dem Oberarmbein B, dem *Radius* C und der *Ulna* D. $\frac{1}{10}$ nat. Grösse.

Figur 13. Die von Capellini versuchte Restauration der oberen Ansicht des Schädels des *Cetotherium Capellinii*. (Der Unterkiefer könnte vielleicht, nach Maassgabe von Figur 15 und dem des *Cetotherium Cuvieri*, etwas zu kurz und zu stark gekrümmt sein?) $\frac{1}{20}$ nat. Gr.

Figur 14. Der Hinterhauptstheil des Schädels. $\frac{1}{15}$ nat. Gr.

Figur 15. Ein linkes Unterkieferfragment. $\frac{1}{15}$ nat. Gr.

Figur 16. Die *Bulla tympani.* $\frac{1}{2}$ nat. Grösse.

---

1) In Bezug auf *Cetotheriopsis linziana* ist die in meinen Schlussbemerkungen darüber gemachte Mittheilung zu beachten. Ebenso ist die S. 44 erwähnte, wenn auch geringe, Möglichkeit in Betracht zu ziehen: der *Cetotheriopsis* vindizirte Schädel könne *Pachyacanthus* angehören. Um denselben der letztgenannten Gattung zu vindiziren erscheint er mir freilich viel zu gross, besonders wenn ich dabei den Schädel vom *Cetotherium Rathkei* berücksichtige.

### Tafel XXI und XXII.

Vom Herrn Professor Gastaldi aus Turin gütigst übersandte Darstellungen von Skelettheilen des *Cetotherium Cortesii.* $^{1}/_{10}$ nat. Gr.

### Tafel XXI.

Figur 1. Der Schädel von oben.

Figur 2. Derselbe (A) von der Seite mit dem Unterkiefer (B).

Figur 3. Derselbe von unten.

Figur 4. Derselbe von vorn.

Figur 5. Derselbe von hinten.

Figur 6. Eine Reihe von Wirbeln, die Herr Professor Gastaldi bei San Damiano entdeckte. a—e hintere Rückenwirbel, f—m Lendenwirbel, n—s Schwanzwirbel.

Figur 7. Der Atlas von vorn.

Figur 8. Derselbe von hinten.

Figur 9. Derselbe von oben.

Figur 10. Derselbe von unten.

Figur 29. Das vordere Rippenpaar (?).

### Tafel XXII.

Figur 11. Der Epistropheus von hinten.

Figur 12. Derselbe von vorn.

Figur 13. Derselbe von oben und

Figur 14. Derselbe von unten.

Figur 15. Ein Halswirbel von vorn.

Figur 16. Derselbe von unten.

Figur 17. Ein Lendenwirbel von oben.

Figur 18. Derselbe von unten.

Figur 19. Derselbe von vorn.

Figur 20. Derselbe von der Seite.

Figur 21. Der erste Schwanzwirbel von hinten, Figur 22 von oben und Figur 23 von der Seite, die untere Fläche nach oben kehrend.

Figur 24. Ein mittlerer Schwanzwirbel von unten und Figur 25 von vorn.

Figur 26. Einer der vorletzten Schwanzwirbel von vorn und Figur 27 von unten.

Figur 28. Eine *Ulna.*

Figur 30. Eine der breite Rippen.

Figur 31. Eine der schmalen, langen Rippen.

Figur 32. Zwei Beckenknochen?

Figur 33. Ein Oberarm.

### Tafel XXIII.

Figur 1—3. Schädelansichten des *Cetotherium Vandellii* Van Bened. Copien nach Vandelli.

Figur 1. Der Schädel von oben.

Figur 2. Eine, von der der Figur 1 etwas abweichende Hirnkapsel desselben.

Figur 3. Der Schädel von hinten gesehen.

Figur 4—8. Verschiedene Ansichten des der fraglichen Gattung *Cetotheriomorphus* zu Grunde liegenden Wirbels in nat. Gr.

Figur 4. Derselbe von vorn, 5 von hinten, 6 von oben, 7 von unten und 8 von der Seite gesehen.

Figur 9. Ein Bruchstück des Oberkiefers des *Cetotherium Helmersenii* von unten gesehen, in nat. Gr. als Ergänzung zu Tafel VI und zum Vergleich mit einem ähnlichen Bruchstück des Oberkiefers der *Cetotheriopsis linziana* Tafel XIX Fig. 6. Nat. Grösse.

Figur 10 und 11. Der S. 342 beschriebene Wirbel einer Cetacee (? *Cetotherine*) aus dem Leithakalk des wiener Beckens. ½ nat. Gr.

> Figur 10. Derselbe von der Seite und Figur 11 von vorn.

## Tafel XXIV.

Figur 1—10. *Delphinapterus Foekii* J. F. Brdt. — Figur 11 a—e. *Delphinapterus Nordmanni* J. F. Brdt. ⅓ nat. Grösse.

> Figur 1. Mehrere Wirbel von der Seite gesehen. Darunter zwei Lendenwirbel a, b nebst elf Schwanzwirbeln c—u. Unter den Schwanzwirbeln c—h sind drei untere Dornfortsätze α, β, γ dargestellt.

> Figur 2. Dieselben Wirbel von oben gesehen.

> Figur 1 a. Der vordere der Lendenwirbel von vorn gesehen.

> Figur 1 b. Der zweite der Lendenwirbel ebenfalls von vorn gesehen.

> Figur 3 a. Das Fragment eines Halswirbels von vorn und b von der Seite gesehen.

> Figur 4. Das Fragment eines Rückenwirbels a von vorn und b von der Seite gesehen.

> Figur 5—10. Mehrere Rippenfragmente, ¼ nat. Grösse, mit ihren in natürlicher Grösse dargestellten Querdurchschnitten a, b.

> Figur 11 a—e. Ein Lendenwirbel des *Delphinapterus Nordmanni*. (Derselbe von oben (a), von unten (b), von der Seite (c), von vorn (d) und von hinten (e) gesehen.)

## Tafel XXV und XXVI.

*Heterodelphis Klinderi* J. F. Brdt. Figur 1—26. (in nat. Grösse) nebst Kieferfragmenten von *Schizodelphis canaliculatus* (*Delphinus canaliculatus* H. v. Meyer). Figur 27—29 (⅔ nat. Gr.)

Figur 1. Eine *Bulla tympani* des *H. Klinderi* von oben und Figur 2 dieselbe von unten gesehen.

Figur 3. Ein Bruchstück des Oberkiefers mit vier Zähnen von der Seite. Figur 4 Dasselbe von der Unterseite.

Figur 5, 6. Zwei einzelne Zähne.

Figur 7 aa', bb'. In ihrer Lage im Gestein beobachtete Fragmente des Unterkiefers von oben gesehen. aa' der rechte, bb' der linke Kiefertheil.

Figur 8. Seitenansicht des linken Kiefertheils b, b'.

Figur 9. Der von der hinteren Fläche dargestellte Atlas.

Figur 10—12. Drei andere Halswirbel.

Figur 13. Fragmente der sieben vordersten Rückenwirbel, a—g von der Seite.

Figur 14 A, B. Einer der hinteren Rückenwirbel, A von oben und B von vorn.

Figur 15 A, B. Einer der mittleren Lendenwirbel, A von unten, B von vorn.

Figur 16. Die beiden hintersten Lendenwirbel a, b und der erste Schwanzwirbel e von der Seite gesehen.

Figur 17. Dieselben von oben gesehen.

Figur 18. Der Schwanzwirbel (e) von hinten gesehen.

Figur 19 A, B, C. Einer der hinteren Schwanzwirbel, A von oben, B von unten und C von vorn.

Figur 20 und 21. Zwei fast vollständige Rippen.

Figur 22 und 23. Zwei Rippenfragmente.

Figur 24. Das Brustbein.

Figur 25. Das linke Schulterblatt.

Figur 26. Das Oberarmbein.

Figur 27. Ein Fragment des Unterkiefers von *Schizodelphis canaliculatus* von der Seite. $^{2}/_{3}$ natürlicher Grösse.

Figur 28. Ein anderes Fragment desselben von unten.

Figur 29. Ein drittes Fragment desselben von oben.

Tafel XXVII.

?*Delphinus brachyspondylus* J. F. Brdt.

Figur 1. Eine Reihe von Wirbeln desselben. $^{2}/_{3}$ nat. Gr. A (a—c) Halswirbel, B vordere Rückenwirbel, C ein mittlerer Rückenwirbel, D, E Lendenwirbel, F—H Schwanzwirbel.

Figur 2. Der Atlas von vorn gesehen. $^{1}/_{6}$ nat. Gr.

Figur 3. Die Vorderseite des Epistropheus. ($^{1}/_{6}$).

Figur 4. Ein hinterer Halswirbel. ($^{1}/_{6}$).

Figur 5. Ein restaurirter Rückenwirbel von hinten. Figur 6 von der Seite und Figur 8 von oben. $^{1}/_{3}$ nat. Grösse.

Figur 7. Einer der vordersten Rückenwirbel von oben gesehen. $^{1}/_{2}$ nat. Gr.

Figur 9.? Der Querfortsatz eines der hintersten Lenden- oder vordersten Schwanzwirbel in natürlicher Grösse.

Figur 10. Einer der vorderen Schwanzwirbel von oben und Fig. 11 von der Seite in nat. Gr.

Figur 12. Einer der vorderen Schwanzwirbel von vorn. $^{1}/_{2}$ nat. Gr.

Figur 13, 14. Fragmente unterer Dornfortsätze, in nat. Gr.

Figur 15—19. Verschiedene Fragmente von Rippen in nat. Gr.— Figur 16 ist durch die Schuld des Zeichners mit dem obern Ende nach unten gerichtet.

Figur 20 Das restaurirte Fragment eines Schulterblattes. $^{1}/_{6}$ nat. Gr.

Figur 21. Die Knochen des Oberarms und Unterarms den *Humerus* (A), den *Radius* (B) und die *Ulna* (C) darstellend. $^{1}/_{6}$ nat. Gr.

Figur 22 möchte ich für das Fragment des Querfortsatzes eines Lendenwirbels halten. (nat. Gr.)

Tafel XXVIII.

*Champsodelphis Letochae* J. F. Brdt.

Figur 1. Ein bedeutendes Fragment des Unterkiefers von oben gesehen.

Figur 2. Mehrere Wirbel. Davon sind a, b, c Halswirbel, d, e Rückenwirbel, f, g Lendenwirbel.

Figur 2 a'. Der Epistropheus von oben und 2 a'' von der Unterseite.

Figur 2 c. Einer der Halswirbel von vorn.

Figur 2 e. Ein Rückenwirbel von der unteren Fläche gesehen.

Figur 3 a. Ein Lendenwirbel von oben gesehen.

Figur 3 b. Ein vorderer Schwanzwirbel im Profil.

Figur 4. Der Oberarm A mit dem *Radius* B und der *Ulna* C von der Innenseite.

Figur 5. Die Aussenfläche des Oberarms. — Unter Figur 4 sind vier Handwurzelkochen D, E, F, G und unter diesen vier Phalangen H, I, K, L angebracht.

Ausser den genannten Handwurzelknochen sieht man noch die breiteren Flächen von zwei anderen Handwurzelknochen M, O und die schmäleren, warzigen Flächen von vier Handwurzelknochen N, P, Q, R.

Sämmtliche Figuren wurden in natürlicher Grösse dargestellt.

Tafel XXIX.

*? Champsodelphis Fuchsii* J. F. Brdt.

Im K. K. Hofmineraliencabinet zu Wien von Herrn Konopicki nach dem mit g und m bezeichneten Fundou, mit Ausnahme des Brustbeins (Fig. 5), in natürlicher Grösse[1]) gezeichnete Abbildungen.

Figur 1. A, B, C der zweite, dritte und vierte Halswirbel, D ein vorderer Rückenwirbel, E ein mittlerer Rückenwirbel und F ein Lendenwirbel eines kleineren und G—I drei der vorderen Schwanzwirbel eines grösseren Individuums. Sämmtliche Wirbel im Profil dargestellt.

Figur 1. A Der Epistropheus von vorn.

Figur 1. C Der vierte Halswirbel im Profil und von vorn.

Figur 1. E Der mittlere Rückenwirbel von oben gesehen.

Figur 1. F Der Lendenwirbel von oben gesehen.

Figur 2, 3, 4. Drei Fragmente von Rippen.

Figur 5. Das Brustbein von der inneren Fläche gesehen. ²/₃ nat. Gr.

Figur 6. Ein Fragment des linken Schulterblattes.

Figur 7. A Der *Humerus*, B der *Radius* und C die *Ulna*.

Figur 8. Mehrere im Profil dargestellte Wirbel eines kleineren (dem Funde g entlehnten) Individuums. K Ein hinterer Rückenwirbel, L—Q Schwanzwirbel. Figur 8 K' der Rückenwirbel von unten gesehen.

Figur 9. Der Querfortsatz eines Lendenwirbels.

Figur 10. Der obere Dornfortsatz eines Wirbels.

Figur 11. Der Lendenwirbel eines anderen Individuums von oben gesehen.

Figur 12—18. Eine *Bulla tympani* nebst mehreren Wirbeln nach Originalen der v. Nordmann'schen Sammlung in nat. Gr.

Figur 12. Die *Bulla tympani* von unten.

Figur 13. Dieselbe von oben gesehen.

Figur 14. Ein Rückenwirbel von der Seite und Figur 15 von vorn gesehen.

Figur 16. Ein Lendenwirbel im Profil.

Figur 17. Derselbe von vorn gesehen.

Figur 18. Einer der vorderen Schwanzwirbel im Profil.

Tafel XXX.

*? Champsodelphis Karreri* J. F. Brdt.

Figur 1. A—M Verschiedene, wohl wenigstens meist demselben Individuum angehörige, Wirbel. ²/₃ nat. Grösse, von der Seite gesehen.

A der Epistropheus, B ein Rückenwirbel, C, D, E Lendenwirbel, F—M Schwanzwirbel. — I A Der Epistropheus von vorn, I D' einer der hinteren Rückenwirbel von oben gesehen.

Figur 2. N, O, P Vordere und mittlere Schwanzwirbel, die denen der Figur 1 F—K vielleicht eingeschaltet werden könnten, wenn sie nicht einem kleineren Individuum angehörten. ²/₃ nat. Gr.— Unter denselben zwei ansehnliche Reste unterer Dornfortsätze X, Y.

Figur 3. R, S, T. Drei grosse vordere Schwanzwirbel, die einem grösseren Individuum als die durch Figur 1 und 2 dargestellten Wirbel angehörten. ¹/₃ nat. Gr.

Figur U. Der Körper eines kleineren (?) vorderen Rückenwirbels. ²/₃ nat. Gr.

Figur V. Der Körper eines kleineren Lendenwirbels. ²/₃ nat. Gr.

---

1) Von Fund m wurden in natürlicher Grösse ge- | 6 und 7 A, vom Fund g Fig. 7 B, C, Fig. 8 K—Q sowie
zeichnet Fig. 1 A—I, 1 A, 1 C, C', 1 E, 1 F, ferner Fig. 2— | 8 k nebst Fig. 9 und 10.

Figur W, W'. Der Körper eines grossen Lendenwirbels. ²/₃ nat. Gr. W derselbe von oben und W' von der Seite gesehen.

Figur 4—9. Mehrere Fragmente von Rippen. ²/₃ nat. Grösse. Darunter wohl das des vordersten Rippenpaares Fig. 4 und das einer der mittleren oder hinteren Rippen Fig. 8.

Figur 10. Das Brustbein von der inneren Seite gesehen. ¹/₃ nat. Gr.

Figur 11. Fragmente eines Schulterblattes. ¹/₃ nat. Gr.

Figur 12. Das Knochengerüst der Brustflossen ²/₃ nat. Gr.—a der *Humerus*, b der *Radius*, c die *Ulna* und d—g Phalangen.

Figur 13. Ein fast vollständiges Schulterblatt, welches aber vielleicht dem *Ch. Karreri* nicht zugeschrieben werden kann (da es sich zu dem von *Pachyacanthus* Tafel XVII. Fig. 12, 13 hinneigt). ¹/₃ nat. Grösse.

Figur 14, 15, 16. Drei Lendenwirbel, welche mir zu denen des *Ch. Karreri* nicht wohl zu passen scheinen und deshalb einem *Champsodelphis dubius?* zugeschrieben wurden. ²/₃ nat. Gr. Fig. 14. Ein vorderer Lendenwirbel von oben, Fig. 14. A von unten und 14 B von vorn gesehen. 15, 16. Zwei der hintersten Lendenwirbel von oben.

Sämmtliche Figuren wurden auf Grundlage von Materialien des K. K. Hofmineralienkabinetes gezeichnet.

## Tafel XXXI.

Figur 1—7, sowie Figur 10—13. Darstellungen von Theilen des *Squalodon Ehrlichii* Van Beneden. Figur 8—9. *Bulla tympani* des *Zeuglodon cetoides?* Ow. ²/₃ nat. Grösse.

Figur 1 und 2. Der von Weishaupt restaurirte und bildlich dargestellte, im Museum zu Linz aufbewahrte, Schädelrest des jüngeren Individuums des *Squalodon Ehrlichii*. ¹/₄ nat. Gr. Figur 1. Derselbe von der Seite und 2 von oben gesehen. Darunter die beiden hintersten Backenzähne desselben 1 a, 1 b.

Figur 3. Der ebendaselbst vorhandene obere Theil des Schädels eines älteren Individuums nach einer Photographie. ¹/₃ nat. Gr.

Figur 4. Die grössere linzer *Bulla tympani* des *Sq. Ehrlichii* von der oberen Seite und Figur 5 von der unteren gesehen. In nat. Gr.

Figur 6. Eine kleinere *Bulla tympani* desselben von der oberen und Fig. 7 von der unteren Seite gesehen, gleichfalls in nat. Gr.

Figur 10. Einer der vorderen einwurzlichen mit kegelförmiger Krone versehenen Zähne. ¹/₂ nat. Gr. 10 a Ein Querdurchschnitt desselben.

Figur 11 a, b, c und Figur 12 a, b. Zwei in verschiedenen Ansichten dargestellte Backenzähne eines älteren *Squalodon Ehrlichii* nach Suess. a. a. O. in nat. Gr.

Figur 13. Ein dritter Zahn eines älteren Individuums desselben ebendaher.

## Tafel XXXII.

Figur 1—23. Darstellungen der Reste des *Squalodon Gastaldii* J. F. Brdt. — Figur 24 a, b, c Zahn des *Squalodon? Suessii.*

Figur 1 und 2. Basaltheile des Unterkiefers mit einzelnen Zähnen a, b, c. ¹/₄ nat. Gr.

Figur 3. Ein Bruchstück des mittleren Unterkiefertheiles. ¹/₄ nat. Gr.

Figur 4—9. Mehrere einzelne Zähne in nat. Gr.

Figur 10. Ein von vorn und 10 a von der Seite gesehener Halswirbel. ¹/₂ nat. Gr.

Figur 11. Ein von der Seite und Figur 12 von vorn gesehener Halswirbel. ¹/₂ nat. Gr.

Figur 13. Ein von der unteren, 14 der seitlichen und 15 der vorderen Fläche gesehener Lendenwirbel. $\frac{1}{2}$ nat. Grösse.

Figur 16. Die obere Ansicht eines Lendenwirbels. $\frac{1}{2}$ nat. Grösse.

Figur 17. Die untere und Figur 18 die vordere Ansicht eines Lendenwirbelfragmentes. $\frac{1}{2}$ nat. Gr.

Figur 19 und 21 zwei von oben und 20 sowie 22 von vorn gesehene Lendenwirbel. $\frac{1}{2}$ nat. Grösse.

Figur 23. Eine Rippe. $\frac{1}{2}$ nat. Gr.

### Tafel XXXIII.

Verschiedene Cetaceenwirbel nach Zeichnungen des in der paläontologischen Sammlung zu München aufbewahrten Nachlasses H. v. Meyer's.

Figur 1—6. Verschiedene Ansichten zweier von mir S. 235 muthmasslich auf *Delphinapterus Nord-manni* bezogener Schwanzwirbel. $\frac{1}{2}$ nat. Gr.

Der eine der Schwanzwirbel Fig. 1 von der Seite, 2 von vorn und 3 von unten gesehen. Der andere der Schwanzwirbel Fig. 4 von der Seite, 5 von vorn und 6 von unten gesehen.

Figur 7—10. Ein von mir muthmaasslich dem *Delphinapterus Fockii* zugeschriebener Lendenwirbel. $\frac{1}{2}$ nat. Gr. Derselbe Fig. 7 von der Seite, 8 von oben, 9 von vorn und 10 von unten gesehen.

Figur 11—13. Ein möglicherweise *Squalodon Meyeri* angehöriger Atlas. $\frac{1}{2}$ nat. Gr.

Figur 14. Ein bis jetzt nicht zu deutendes Fragment eines Halswirbels. $\frac{1}{2}$ nat. Gr.

Figur 15 und 16. Ein vielleicht einer *Balaenopteride* (*Cetotherine?*) angehöriger Ruckenwirbel. $\frac{1}{2}$ nat. Grösse, 15 von der Seite und 16 von vorn gesehen.

### Tafel XXXIV.

Auf *Zeuglodon Paulsonii?* bezügliche, von Fremin nach der Natur gezeichnete, vom Herrn Do-zenten Paulson mitgetheilte Darstellungen.

Figur 1. Ein Rückenwirbel von oben, a von unten und b von vorn.

Figur 2 und 3. Zwei Lendenwirbel.

Figur 4. Bruchstück der rechten Bogenhälfte eines vierten Wirbels.

Figur 3 b und 5 erläutern die blättrige Schichtung der Wirbel.

Figur 6. Einer der muthmaasslich dazu gehörigen vorderen, einwurzligen Zähne in nat. Grösse.

### Geologischer Anhang.

Da es mir für die genauere Kenntniss der Fundorte der Hauptmasse der von mir beschriebenen tertiären fossilen Reste der Cetaceen wünschenswerth erschien die in Russland und Oesterreich genauer ermittelte Verbreitung der tertiären Ablagerungen übersichtlich mitzutheilen, so bat ich einige meiner Freunde, welche Gelegenheit hatten darauf bezügliche selbstständige Beobachtungen zu machen, die Resultate derselben mir gütigst in gedrängter Kürze mitzutheilen. Die nachstehenden Aufsätze sind es, welche die gefälligen Mittheilungen enthalten.

#### Ueber die tertiären Bildungen des südlichen europäischen Russlands
von
Professor des K. Berginstitutes Barbot de Marny in St. Petersburg.

Die Ablagerungen der Tertiärperioden bieten im europäischen Russland eine grössere Ausdehnung als sie auf den älteren geologischen Karten desselben angegeben sind. Sie bedecken nicht nur als dicke Lage die krystallinischen Felsbildungen des ganzen südlichen Russlands, sondern sind auch als mehr oder weniger zerstreute Inseln aus den meisten mittleren Gouvernements bekannt.

Die palaeogenen Bildungen (Eozän und Miozän) zeigen, ungeachtet ihrer enormen Ausdehnung von den Ufern der mittleren Wolga bis zum Königreich Polen, nur wenige Punkte mit gut erhaltenen Petrefacten. In letzterer Hinsicht sind als bemerkenswerth zu nennen: die concretionären Sandsteine von Antipowka an der Wolga im Gouv. Saratow, welche *Venericardia planicosta*, *Turritella Dixoni* u. a. enthalten; ferner der Spondylus-Thon von den Ufern des Dnepr bei Kiew (mit *Spondylus Buchii*, *Ostrea gigantea* und andere mehr), dann der Spondylus-Mergel von Kalinowka im Cherson'schen Gouv. und endlich die Sandsteine von Traktemirow und Buczack am Dnepr, im Gouv. Kiew. Unter den Spondylusschichten lagern mächtige Schichten von Ligniten (Schurowka im Gouv. Kiew und die Umgegend von Elisawetgrad im Gouv. Cherson), während in den Kiewer Sandbildungen, welche über den Spondylusabsätzen liegen, sich nur dünne Schichten von Lignit finden. Die Oligocänformation erstreckt sich von Preussen aus in das Königreich Polen, sowie in die Gouv. Grodno und Kurland. Sie besteht hauptsächlich aus eisenhaltigen und Glauconitsanden; bei der Stadt Grodno am Nimen sind ihr Lignitlager untergeordnet.

Bemerkenswerth ist es, dass die paläogenen Ablagerungen sich im südlichen Russland nicht in Berührung mit den neogenen befinden, sondern dass die letzteren gleichsam von den ersteren getrennte Becken bilden.

Neogene Bildungen (Miocän und Pliocän) finden sich in Wolhynien, Podolien, Bessarabien, dem chersonschen, ekaterinoslavschen und dem taurischen Gouvernement, dann im Lande der donischen Cosaken und im astrachanischen Gouvernement. Sie bestehen theils aus reinen meerischen oder salzhaltigen aus brakischen Wassern niedergeschlagenen, theils aus Flussabsätzen gebildeten Schichten. Alle diese Absätze haben in dem wiener tertiären Becken ihre Repräsentanten oder Homologe.

Die reinen Meeres-Ablagerungen bieten zwei Etagen und entsprechen der Miocänformation.

Die unterste Etage, das Haupt-Aequivalent des wiener Tegels, (Tegel von Baden), fand man bisher nur in Wolhynien und Podolien. Sie besteht aus Sand, Thon und Conglomeraten. Sie bietet eine reiche Fauna von halbtropischen See-Mollusken.

Die oberste marine oder sarmatische Etage besteht aus Kalksteinen, Thon (Tegel von Hernals), sowie theilweis aus Sandablagerungen und bedeckt nicht nur die vorher erwähnten Bildungen in Wolhynien und Podolien, sondern setzt sich ununterbrochen von den Grenzen Bessarabiens bis zu den Ufern des asowschen Meeres fort. Die Fauna dieser Etage ist unvergleichlich ärmer, bietet aber uns die ersten reichlicheren Reste von Säugethieren.

Das grosse sarmatische Binnenmeer theilte sich höchst wahrscheinlich gegen die pliocäne Periode in gesonderte Becken, die an Salzgehalt verloren, brakisch wurden. Die Reste derselben umsäumen das gegenwärtige schwarze, asowsche und kaspische Meer. Diese theilweis brakwasserlichen Ablagerungen, welche als pontische und kaspische bezeichnet werden, entsprechen der Congerien-Schicht des wiener Beckens.

Die pontische Etage tritt am ganzen nördlichen Ufer des schwarzen Meeres vorzugsweis als poröser Kalkstein auf, der aus Bruchstücken einiger Arten von *Cardium* und *Congeria* besteht. Es ist derselbe Kalkstein, welchen die Schriftsteller als Steppenkalk, odessaer oder kertscher Kalk bezeichnen.

Die kaspische Etage, welche, als Gegensatz zur vorigen, aus Sand und Lehm besteht, bildet die an das kaspische Meer sich anschliessenden Steppen. Der fragliche Absatz enthält andere Repräsentanten der so armen Fauna des brakischen Wassers. Namentlich finden sich darin die von Eichwald beschriebenen Adaknen, Didaknen u. s. w.

Den gleichfalls pliocänen Flussabsätzen muss man die ungeheuer mächtigen Sandlager zuzählen, welche sich in den Gouvernements Podolien, Kiew und Cherson befinden, worin man Reste von *Mastodonten* antraf. Diese augenscheinlich den Sandablagerungen von Belvedere im wiener Becken entsprechenden Absätze bilden die baltische Stufe.

Als allerhöchste oder diluviale Decke des ganzen südlichen Russlands erscheint ein gelblicher, sandhaltiger Lehm, welcher kalkige Concretionen enthält. Dieser, Reste von Landconchylien und Mammuthknochen bietende, Lehm ist nichts anders als das Homologon des Lösses des westlichen Europas.

Ein ähnlicher sandhaltiger Lehm erfüllt die höhlenartigen Vertiefungen des pontischen Kalksteines von Odessa, worin man dort zahlreiche Reste des *Mammuth*, ausgestorbener Rinder (*Bos primigenius* und *urus*), des *Höhlenbären*, der *Höhlenhyäne* u. s. w. entdeckte.

Aus den vorstehenden Mittheilungen ergiebt sich, dass fossile Säugethierreste in Russland aus drei geologischen Horizonten bekannt sind, 1) aus der sarmatischen Etage, 2) aus der baltischen und 3) aus dem Löss und den ihm angehörigen Höhlenausfüllungen.

. Als Hauptfundorte der Reste von Wasser-Säugethieren (*Cetotherium*, *Phoca*, *Manatus*, *Delphinus*,) in der sarmatischen Etage (Murchison's caspische, obere, und untere Bildungen) sind Kischinew, Kertsch und Anapa anzuführen.

Nach *Abich*[1]) soll Ziphius (er meint offenbar *Cetotherium*) bei Kertsch auch in der pontischen Etage vorkommen, namentlich in den ihr zugehörigen eisenhaltigen Thongebilden.

Zu den bemerkenswerthen Fundorten von Säugethier - Resten in der baltischen Etage muss man die bei Rachny-Lesowyje, im Gouvernement Podolien anführen, in dessen Nähe beim Bau der Eisenbahn 1868 Zähne vom *Mastodon* gefunden wurden. Es ist dies dieselbe Localität, aus der die von Eichwald als *Dinotherium proavus* beschriebenen Reste herstammen.

Ein herrlicher, in der Odessaer Universität aufbewahrter, Kiefer eines Mastodon ist in derselben Stufe nahe bei Balta, auf der Station Bissulow, gefunden worden.

Die von v. Nordmann beschriebenen Reste der reichen diluvialen Fauna wurden hauptsächlich bei Odessa, so in der Quarantaene-Schlucht und beim Nerubais'kischen Vorwerk ausgegraben. — Sie stammen jedoch auch zum Theil aus Höhlen, wo sie sich auf sekundärer Lagerstätte befinden.

———

Mein geehrter Freund und College von Helmersen hatte die Güte, hinsichtlich der östlichen Ausdehnung der tertiären Schichten Russlands mir folgende Bemerkungen mitzutheilen.

Die Tertiärformationen des südlichen Russlands setzen sich notorisch bis zum Aralmeer, in der Richtung nach dem Balchasch aber noch weiter nach Osten fort. In den centralasiatischen Steppen hat man überhaupt zu unterst bereits die Juraformation, über ihr untere und obere Kreide, dann eocäne, miocäne und pliocäne Schichten gefunden.

Um Fusse des Ustjurt finden sich jüngere tertiäre Ablagerungen (Murchison's ältere und jüngere kaspische Bildungen), die oberen Lagen derselben bestehen aus miocänen Schichten.

Nördlich und östlich vom Aralufer hat man jüngere tertiäre Ablagerungen beobachtet, welche Reste solcher Mollusken enthalten, die noch jetzt im Aral leben.

Die zwischen Aral und Balchasch liegenden Seen sind, wie er selbst, nur Reste des grossen Urmeeres, welches ebenso Centralasien wie Europa überfluthete

———

1) Geologie der Halbinsel Kertsch und Taman 1865 S. 27.

### Ueber am Ostufer des kaspischen Meeres und in Persien beobachtete Tertiärbildungen

von

Magister Ad. Goebel.

Anzeichen vom Vorkommen aralo-caspischer Schichten lassen sich am Ostufer des Caspi bis zum Golf von Astrabad hin verfolgen. Gewiss ist, dass die östliche Fortsetzung der Alburskette, welche Iran von Turan scheidet, auch die äusserste südöstliche Grenze derselben zu sein scheint, da sie jenseits dieses Gebirgszuges nicht mehr beobachtet sind. Auf beiden Abhängen und den Stufenländern dieses Hochgebirges, so wie über das ganze persische Reich bis nach Afghanistan und den indischen Ocean hin ist die Tertiärformation mächtig entwickelt. Es sind vorwiegend Nummulitenschichten, welche zum Theil älteren sedimentären Formationen aufgelagert, zum Theil direct krystallinischen Gesteinen (meist Basalten, Trachyten und deren Derivaten) aufliegend und von diesen gehoben, an den Gehängen der zahlreichen, meist O-W. streichenden Bergzüge auftreten. In der Alburskette der Provinz Astrabad sind die Nummulitenschichten in Höhen von 7—9000 Fuss anzutreffen. Im centralen Chorassan (im Bagran-Kuh) werden sie von mächtigen Flyschbildungen überlagert. Scheinen somit in dem angegebenen Länderraume die tertiären Bildungen, so weit sie bis jetzt bekannt sind, einen sehr gleichförmigen oceanischen Charakter zu tragen, so finden sich dafür im westlichen Theile von Persien, wie in Armenien und Kleinasien mehr eigenartige, für sich abgeschlossene, tertiäre Becken, analog denen in Süd- und Mittel-Europa. So sind neben den eocenen noch die neogenen (miocaenen und pliocaenen) Bildungen entwickelt im Taurus Kleinasiens, in der Provinz Aderbeidjan in der Umgebung des Urmia-sees, in Kurdistan, auf der Hochebene von Erzerum, wie in Armenien, südlich vom Ararat, an den Küstenstrichen des persischen Meerbusens, der Insel Warrah u. s. w. Auch weisen miocaene Versteinerungen in der Hochebene zwischen Teheran und Kum auf ein solches Becken hin.

Reste von Cetotherien, sowie Haifischzähne sind in der Hochebene zwischen Caspi und Aral in miocaenen caspischen Ablagerungen, welche die Kreideformation überdecken, auf der Halbinsel Mangyschlak (bei Chauga-Baba, 40 Werst östlich vom Fort Alexandrowsk) von mir gefunden worden. Auch kommen Knochen von Pachydermen noch weiter östlich nach dem Aralsee zu im Ala-tau-Bergzuge vor. Endlich sind zahlreiche Knochenreste verschiedener Säugethiere in den oberflächlichen Alluvien der Gegend von Maragha im Westen des Urmia-Sees enthalten, welche die Herren Akademiker Abich und Brandt bereits beschrieben haben.

---

### Allgemeines über das Wiener Becken

vom

Dr. Th. Fuchs.

Die Ablagerungen anorganischen Materials, welche die Niederung des Wiener Beckens ausfüllen, lassen sich ihrer Entstehungsweise nach in zwei Kategorien sondern:

1. Ablagerungen, welche sich unter allgemeiner Wasserbedeckung bildeten.

(In der Mitte des Beckens hauptsächlich zarter blauer Thon sog. Tegel; gegen die Ränder zu gröbere Materialien, Sand, Strandgerölle und Kalkbildungen.)

2. Ablagerungen, welche nach der Umwandlung des ehemaligen Beckens in trockenes Land durch die erodirende Thätigkeit strömenden Wassers hervorgebracht wurden.

(Massen von Flussgeschieben und Ueberschwemmungsgebilde, stellenweise mit eingeschalteten Sumpfbildungen.)

Die Umwandlung des ehemaligen Meeresbeckens in trockenes Land fällt merkwürdiger Weise mit keinem geologischen Hauptabschnitte zusammen. Es gehören zur Tertiärformation nicht nur sämmtliche submarine Ablagerungen, sondern auch noch die ältesten Flussbildungen. Diese tertiären Flussbildungen, aus ungeheuren Massen von tief rothbraun gefärbten Quarz-Geschieben und Sand bestehend, werden Belvederschichten (Belvederschotter und Belvedersand) genannt, und sind wohl zu unterscheiden von den jüngeren diluvialen und alluvialen Flussbildungen.

NB. Von verschiedener Seite ist zu wiederholtenmalen die Ansicht ausgesprochen worden, dass das wiener Becken nach Ablagerung vom Belvederschotter abermals unter Wasser gesetzt worden sei. Alle derartigen Ansichten scheinen mir jeden Grundes zu entbehren.

### Wechsel der Fauna (Meeresfauna).

In Bezug auf den Wechsel der Fauna, welchen man im wiener Becken kennen gelernt, ist es zur Erlangung einer richtigen Einsicht unumgänglich nothwendig, die Wasserfauna und die Landfauna gesondert zu betrachten; da die Veränderungen in diesen beiden Faunen in gar keiner Beziehung zu einander stehen und durchaus nicht zur selben Zeit erfolgten.

In der Bevölkerung des Wassers hat ein dreimaliger allgemeiner Wechsel stattgefunden.

1) Die älteste Fauna ist die sog. Mediterranfauna. Sie ist die reichste und mannigfaltigste von allen. Sie hat im Allgemeinen den Typus der jetzigen Mittelmeerfauna, bereichert durch tropische Formen. Man findet eine Menge von Korallen, Echinodermen, Bryozoen, Foraminiferen, Krabben, Balanen, Haifische, Rochen, sowie eine unglaubliche Fülle und Mannigfaltigkeit von Conchylien (Austern, Pecten, Spondylus, Arca, Pectunculus, Lucina, Cardita, Chama, Venus, Tellina, Psammobia, Corbula, Panopaea, Solen, Conus, Strombus, Oliva, Ancillaria, Cypraea, Mitra, Voluta, Pyrula, Murex, Fusus, Pleurotoma, Cerithium, Turritella, Turbo, Trochus, Bulla, Calyptraea, Patella und Dentalium). Ein Theil der Conchylien ist mit noch lebenden Mittelmeerarten identisch. Von Seesäugethieren finden sich hauptsächlich Halitherienreste.

Anm. Es kommen wohl auch die von Delphininen, sowie auch von grossen Cetotherien vor, doch hat man von denselben bisher noch nichts Vollständigeres gefunden.

2) Die zweite Fauna, die sogenannte sarmatische Fauna zeichnet sich durch grosse Armuth und Einförmigkeit aus und gleicht darinn sehr der Fauna des schwarzen Meeres, Korallen, Echinodermen, Balanen, Krabben, Haifische und Rochen sind noch nicht aufgefunden, Bryozoen und Foraminiferen sehr artenarm. Die Conchylienfauna besteht aus kaum 30 Arten der Gattungen Cardium, Mactra, Tapes, Ervilia, Donax, Modiola, Cerithium, Buccinum, Trochus, Rissoa und Paludina, deren Arten jedoch in der Regel in unglaublicher Menge angehäuft sind. Von Seesäugethieren sind die Halitherien nicht wahrgenommen; dafür findet man eine grosse Menge von Robben, Delphinen und anderen Cetaceen.

3) Die dritte Fauna, die sogenannte Congerienfauna, trägt einen ausgesprochen brakischen Charakter und ähnelt am meisten der Fauna des caspischen Sees. Sie besteht zum grössten Theil aus eigenthümlichen mit Siphonen versehenen Cardien, aus Congerien und zahlreichen Melanopsisarten. Häufig finden sich auch Sumpfconchylien beigemengt. Seesäugethiere sind bisher noch niemals gefunden worden.

*Anm.* In den meisten Arbeiten über das wiener Becken findet man die Mediterranfauna als marine, die sarmatische Fauna als brakische, die Congerienfauna als Süsswasserfauna bezeichnet. Es ist dies ein arger Verstoss gegen die Natur der Dinge. Die Congerienfauna ist durchaus keine Süsswasserfauna, sondern im Gegentheil eine ganz typische Brakwasserfauna. Die sarmatische Fauna aber ist nur in dem Sinne eine brakische Fauna, als die Fauna des schwarzen Meeres eine solche ist.

Gliederung der submarinen Ablagerungen nach den 3 Faunen.

Nach den vorerwähnten drei Faunen werden denn auch die submarinen Ablagerungen in drei Abtheilungen getheilt.

1. Ablagerungen der Mediterranstufe.

Sie zerfallen in sehr viele Glieder. Die wichtigsten sind:

*a*) Sand von Loibersdorf, Sande von Eggenburg und Gauderndorf, Tegel von Laa [1] (Schlier.).

*b*) Leythakalk, Sand von Neudorf, Sand von Pötzleinsdorf, Tegel von Grinzing und Gainfahren, Tegel von Baden und Vöslau.

Alle diese verschiedenen Ablagerungen sind im Wesentlichen gleichaltrig und stellen nur die nach Maasgabe der verschiedenen äusseren Verhältnisse mannigfach abgeänderten Glieder einer und derselben Meeresfauna dar. Sie entsprechen ausserhalb Oesterreich der oberen Meeresmollasse Bayerns und der Schweiz (Mollasse von St. Gallen) [2], den Faluns der Touraine, den Faluns von Bordeaux, Salles und Dax; dem Serpentinsand von Turin, dem Tortonien von Tortona, Modena und Bassano, den Miocænbildungen von Corsica, Sardinien, Malta, Corfu, Griechenland, Aegypten und Kleinasien.

---

1) Nicht zu verwechseln mit Laa am wiener Berge, wo grosse Ziegelgruben in Congerienschichten angelegt sind.

2) In welcher der *Delphinus canaliculatus* Meyer gefunden wurde.

*Anm.* Rolle und in neuerer Zeit auch Suess halten die Ablagerungen unter *a* (Loibers-
dorf-Loa) für etwas älter als die Ablagerungen unter *b* (Leythakalk-Vöslau) und unterscheiden folgerichtig im wiener Becken eine ältere und eine jüngere Mediterranstufe.
Diese Ansicht wird jedoch bisher von der Mehrzahl der wiener Geologen bekämpft.

2. Ablagerungen der sarmatischen Stufe.

. Man unterscheidet:

1) Sand und Kalk (Cerithiensand, Cerithienkalk).

2) Tegel (Tegel von Hernals).

Sie entsprechen genau dem älteren oder marinen Steppenkalk Südrusslands und der
Krim (der Fundstätte der Cetotherien).

3. Ablagerungen der Congeriestufe.

Man unterscheidet:

1) Sand und Kalk (Congeriensand, Congerienkalk).

2) Tegel (Congerientegel oder Tegel von Inzersdorf).

Sie entsprechen dem jüngeren oder brakischen Steppenkalke Südrusslands (Kalkstein von Odessa) und den Cardienthonen der Krim.

### Wechsel der Landfauna.

Was die Veränderungen betrifft, welche sich in der Landfauna zeigen, so ist hierüber
Folgendes zu bemerken:

1) In den Ablagerungen der mediterran- und der sarmatischen Stufe finden sich dieselben Landsäugethiere. Mastodon angustidens und tapiroides, Dinotherium bavaricum,
Rhinoceros div. sp., Tapirus priscus, Listriodon splendens, Palaeomeryx Kaupii, Anchi-
therium aurelianense, Hyotherium Soemmeringi, Amphicyon. Es ist dies die erste Säugethierfauna des wiener Beckens und entspricht derjenigen von Georgsmünd in
Bayern, von Sansans und Orleans in Frankreich.

2) In den Ablagerungen der Congeriestufe (Tegel von Inzersdorf), so wie in dem älteren Theile der Flussbildungen (Belvederschotter, Belvedersand) findet man eine zweite
Fauna von Landsäugethieren u. z.: Mastodon longirostris, Dinotherium giganteum, Acera-
therium incisivum, Hippotherium gracile, Sus erymanthias, Antilope div. sp. Machairodus
cultridens, Hyaena hipparionum. Es ist dies die zweite Säugethierfauna des wiener
Beckens und entspricht derjenigen von Cucuron bei Vaucluse in Frankreich, Eppelsheim
bei Mainz und Pikermi bei Athen. In neuester Zeit ist sie auch bei Balta im Gouvernement
Cherson gefunden worden.

3) In dem jüngeren Theil der Flussbildungen (Diluvialschotter und Löss) findet sich
die Diluvialfauna mit dem Mammuth, Rhinoceros tichorhinus, Sus scrofa, Equus caballus,
Bos priscus, Bos primigenius, Cervus Tarandus, elaphus und megaceros, Hyaena spelaea (3
mal bei Wien gefunden). Es ist dies die dritte Säugethierfauna des wiener Beckens,
welche allmählig in die Fauna der Jetztzeit übergeht.

### Allgemein Chronologisches.

Die genauere chronologische Parallelisirung der einzelnen im wiener Becken unterschiedenen Glieder mit den in England, Frankreich, Deutschland und Italien aufgestellten Abtheilungen der Tertiärformation ist durch den Umstand sehr erschwert, dass die Fauna der sarmatischen Stufe und der Congerienstufe sich in allen diesen Ländern nicht vorfindet[1]) und man zur Beurtheilung der Sachlage auf die Anhaltspunkte angewiesen ist, welche die Landfauna und die Flora bieten. Nach dem jetzigen Stande der darauf bezüglichen Studien scheint sich die Sache folgendermaasen zu verhalten:

1) Die Mediterranstufe entspricht der Miocaenformation der oben genannten Länder.

2) Die sarmatische Stufe, die Congerienstufe und der ältere Theil der Flussbildungen (Belvederschotter) zusammengenommen entsprechen den Pliocaenbildungen der oben genannten Länder.

Diluvium.

Historische Zeit.

#### Die geologische Beschaffenheit der Umgebung Wiens und die Fundstätten der Cetaceenreste in Hernals und Nussdorf[2]).

Die Stadt Wien steht auf Congerientegel. Mitten in der Stadt auf dem sogenannten Getreidemarkt hat man bei Gelegenheit der Bohrung eines artesischen Brunnens die Congerienschichten durchfahren und ist in einer Tiefe von circa 50° auf die sarmatische Stufe gestossen. Weiter gegen die westliche Peripherie der Stadt werden die sarmatischen Bildungen in immer geringerer Tiefe getroffen und ausserhalb der Linie[3]) treten sie bereits allenthalben zu Tage. Die Vororte Wiens: Döbling, Währing, Hernals, Neulerchenfeld, Ottakring, Rudolphsheim, Meidling und Gaudenzdorf stehen bereits zum grössten Theil auf Ablagerungen der sarmatischen Stufe. Noch weiter gegen das Gebirge treten sodann unter der sarmatischen Stufe die ältesten Bildungen des wiener Beckens, die Ablagerungen der Mediterranstufe, hervor. (Nulliporenkalk und Amphisteginenmergel vom grünen Kreuz bei Nussdorf, Tegel von Grinzing, Sande von Pötzleinsdorf, Dornbach und Speising.)

Die Ablagerungen der sarmatischen Stufe zerfallen in der Umgebung von Wien in 3 Glieder: den obern sarmatischen Tegel oder Muscheltegel, den sarmatischen Sand oder Cerithiensand und den unteren sarmatischen Tegel.

1) Der obere sarmatische Tegel oder Muscheltegel wird in dem grössten Theil seiner Verbreitung von den Congerienschichten bedeckt und tritt daher nur an wenigen

---

1) Seitdem diese Zeilen geschrieben worden, sind von Ch. Mayer isolirte Partien ächter Congerienschichten bei Bolline im Rhonethal entdeckt worden; es wurde durch dieselben jedoch nur die oben gegebene Parallelisirung bestätigt.

2) Es ist hiebei von den Ablagerungen des Belvederschotters, sowie von den diluvialen und alluvialen Flussbildungen abgesehen, und nur der Bau der submarinen Ablagerungen im Auge behalten worden.

3) Linie = Stadtgrenze.

Stellen offen zu Tage, hingegen wird er bei allen Brunnengrabungen in den Vorstädten und Vororten Wiens zu Tage gefördert, da er durchteuft werden muss, damit man auf die wasserführenden Cerithiensande gelange. Er zeichnet sich durch die grosse Menge muschelführender Schichten aus, und es hat den Anschein, als ob in seinen obersten Schichten Tapes gregaria, in seinen mittleren Cardium obsoletum und plicatum, in seinen tiefsten hingegen Ervilia podolica vorherrschen würde. — Reptilien oder Walthiere sind in diesem Tegel noch niemals gefunden worden, hingegen kommt in einem bestimmten Horizonte eine ziemlich weit verbreitete fischführende Schicht vor, welche namentlich bei den Brunnengrabungen in Gumpendorf sehr häufig erreicht wird und eine ziemliche Anzahl z. Th. grosser Fischabdrücke geliefert hat; dieselben sind jedoch in der Regel sehr mangelhaft erhalten und bisher noch nicht näher untersucht worden.

2) Der sarmatische Sand oder Cerithiensand. Ein gelber Quarzsand mit untergeordneten Geröllagen, festen Sandsteinbänken und Lagen und Nestern von Cer. pictum und rubiginosum. Er ist die Haupt-wasserführende Schichte der Stadt und ist in dem artesischen Brunnen am Getreidemarkt in einer Tiefe von 96° erreicht worden; er ist es der im Westen der Stadt ausserhalb der Linien zu Tage tritt und hier zum grössten Theile jene Anhöhen zusammensetzt, welche die Stadt von dieser Seite umgeben. Als ein Typus derselben kann die bekannte Türkenschanze gelten, deren gewaltige Sandsteinbrüche den grössten Theil des Bausandes für Wien liefern; hier sind auch zu widerholten Malen Reste von Landsäugethieren (Rhinoceros, Mastodon, Dinotherium) gefunden worden. An einigen Punkten enthält der Sand Austern.

3) Der untere sarmatische Tegel zeichnet sich durch seine grosse Armuth an grösseren Conchylien, namentlich an Bivalven aus, hingegen enthalten die Schlemmrückstände oft grosse Mengen von Rissoen und Bithynien, (Rissoa inflata, angulata, Bithynia immutata). In seinem tieferen Theile kommen zuweilen untergeordnete Sandlagen vor, welche eine, der Cerithiensande ähnliche, Conchylien-Fauna, darunter auch Austern, führen. — Dieser Tegel ist das ausschliessliche Lager der in der Umgebung von Wien gefundenen Cetaceen- und Phokenreste, der Trionyx vindobonensis, so wie sämmtlicher von Dr. Steindachner (Sitz. Wien. Akad. 1859) beschriebenen Fischreste. Sämmtliche Ziegeleien westlich von Wien sind in diesem Tegel angelegt, es sind folgende:

1) Hernals. Sehr grosse ausgedehnte Ziegelei an der Strasse nach Dornbach. Im hintersten Theile der Abgrabung zeigt sich folgendes Profil:

2°) Gelber Sand mit Geröllen und abgerundeten Blöcken aus Wiener Sandstein mit Cerithien und Austern (Cerithiensand).

3°) Blauer Tegel, in den oberen Schichten mit eingeschwemmten Gerölllagen, in den tieferen mit kuchenförmigen Septarien.

(Pflanzenreste, Phoca, Cetaceen, Trionyx vindobonensis, Caranx carangopsis, Scorpaenoptera siluridens, Gobius vindobonensis etc.)

2) **Erste Ziegelei an der Nussdorfer-Strasse.** (Englisch später Kreindel.)

Unter einer ziemlich mächtigen Ablagerung von feinem, gelbem Sande folgt blauer, petrefaktenarmer Tegel und darunter abermals Sand mit Geröllen und einzelnen Austern. Die Schichten sind sehr gestört und fallen ziemlich steil gegen das Gebirge ein, gegen die Strasse zu sind sie plötzlich abgeschnitten, umgebogen und von mächtigen Lössmassen bedeckt.

3) **Zweite Ziegelei an der Nussdorfer Strasse.** (Kreindel.)

Unter einer mächtigen Lössmasse kommen gelbe Cerithiensande mit Cerith. pictum und Murex sublavatus und darunter der Tegel zum Vorschein. Der Löss enthält häufig Mammuthreste.

4) **Dritte Ziegelei an der Nussdorfer Strasse.** (Schegar, gegenwärtig Hauser.)

Der Cerithiensand ist hier durch Denudation vollständig entfernt; unter einer 5° mächtigen Decke von Löss und diluvialen Geschieben folgt unmittelbar blauer, homogener, petrefaktenarmer, sarmatischer Tegel, der mit einer Tiefe von 5° noch nicht durchfahren wurde. Der Löss enthält Reste von diluvialen Säugethieren, der Schotter häufig, auf sekundärer Lagerstätte, abgerollte marine Petrefakten.

---

**Verzeichniss der in der sarmatischen Stufe bei Wien vorkommenden Conchylien.**

Die mit einem * versehenen Arten kommen nur in den tiefsten Schichten vor.

*Murex sublavatus* Bast., *Buccinum duplicatum* Sow., *Columbella scripta* Bell., *Cerithium rubiginosum* Eichw., *C. pictum* Bast., *C. disjunctum* Sow., *C. nodosoplicatum* Hörn., *C. spina* Partsch, *Trochus podolicus* Eichw., *T. Poppelacki* Partsch, *T. Orbignyanus* Hörn., *T. pictus* Eichw., *Natica helicina* Broce., *Nerita Gualtelompana* Fér., *Rissoa angulata* Eichw., *R. inflata* Eichw., *Paludina (Bithynia) stagnalis* Bast., *P. immutata* Frauenf., *Melanopsis impressa* Krauss., *Bulla Lajonkaireana* Bast., *Solen fragilis* Eichw., *Tapes gregaria* Partsch., *Mactra podolica* Eichw., *Ervilia podolica* Eichw., *Donax lucida* Eichw., *Cardium plicatum* Eichw., *C. obsoletum* Eichw., *Modiola volhynica* Eichw., *M. marginata* Eichw., *Ostrea sarmatica* Suess in litter. (gingensis Schlth. var. sarmatica.)

**Uebersicht der tertiären Bildungen des wiener Beckens im Vergleich mit den ausserösterreichischen von Th. Fuchs.**

| Tertiaer. | | Tertiaer. | | | Quatern. |
|---|---|---|---|---|---|
| Miocaen. | | Pliocaen. | | | Quatern. diluvial. |
| Mediterran-Stufe. | Sarmatische Stufe. | Congerien-Stufe. | Belveder Stufe. | | Diluvial-Stufe. |
| Helix, Clausilia, Pupa, Succinea, Achatina, Lymnaeus, Planorbis. | Unio, Planorbis, Paludina, Melania, Neritina. | Cardita div. sp. z. T. spec., Congerien, gyd von Inzersdorf. Characta der Fauna Caspisch (brackisch). Melanopsis, Paludina, Valencinnesia. | | | Helix, Clausilia, Pupa, Paludina, Lymnaeus, Planorbis. |
| Charakter der Fauna Mediterran, durch tropische Formen bereichert. Korallen, Echinodermen, Bryozoen, Krabben, Balanen. — Haifische, Rochen, Ostrea, Pecten, Chama, Spondylus, Pectunculus, Arca, Lucina, Cardita, Cytherea, Venus, Tsapes, Corbula, Mactra, Solen, Cardium, Buccinum, Cerithium, Trochus, Bissoa. (Lauter marine Arten.) Halitherium. — Squalodon Ehrlichii, Cetotheriopsis, Cetotherium. | Charakter der Fauna. Fossilisch. (Keine Korallen, Echinodermen, Balanen, Haifische, Rochen.) Kaum 39 Molluskengenera, Cardium, Tapes, Mactra, Modiola, Ervilia, Solen, Buccinum, Cerithium, Trochus, Bissoa, Neritina. Halitherium. — Goden. Geschiebe und Sand (Hohenruckersdorf, Bottendrechtelter), Beivedere. Leythakalk. Sande von [Nussdorf] u. Neudorf. Tegel von Grinzing und Dornbach. Tegel von Baden, Gainfahren, Tegel von Baden und Voslau. Wieder Leythakalk, Tegel von Ins. (Sekter). Tegel von Eggenburg, Sande von Gauderndorf und Loibersdorf und von Linz. (Squalodon Ehrlichii, Halitherium, Cetotheriopsis). | Cerithienkalk. Cerithiensand. Sarmatischer Tegel. (Tegel von Hernals.) Phoca pontica, Cetotherium, Delphinus. | | | 3te Säugethierfauna. Mammuth. Rhinoceros tichorhinus. Sus scrofa. Equus caballus. Bos primigenius, urus. Cervus megaceros, tarandus, elephas etc. |
| Wiener Becken. | | | | | |

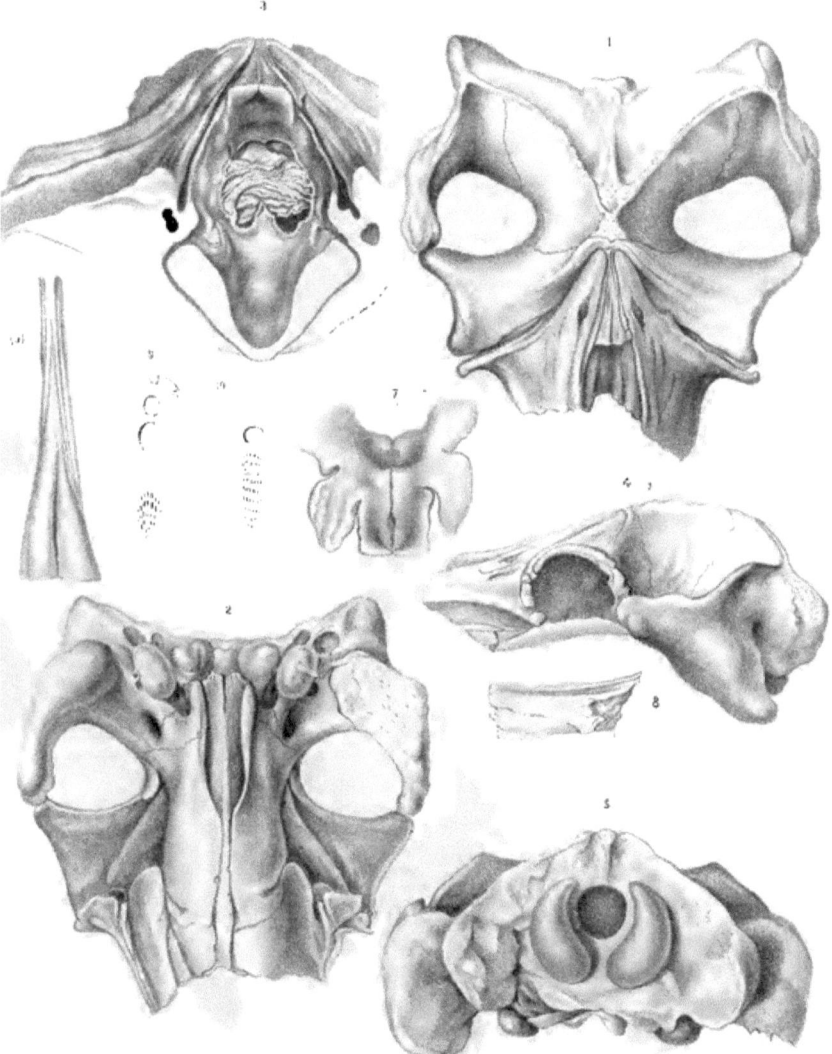

Cetotherium Rathkei J.F.Brdt.

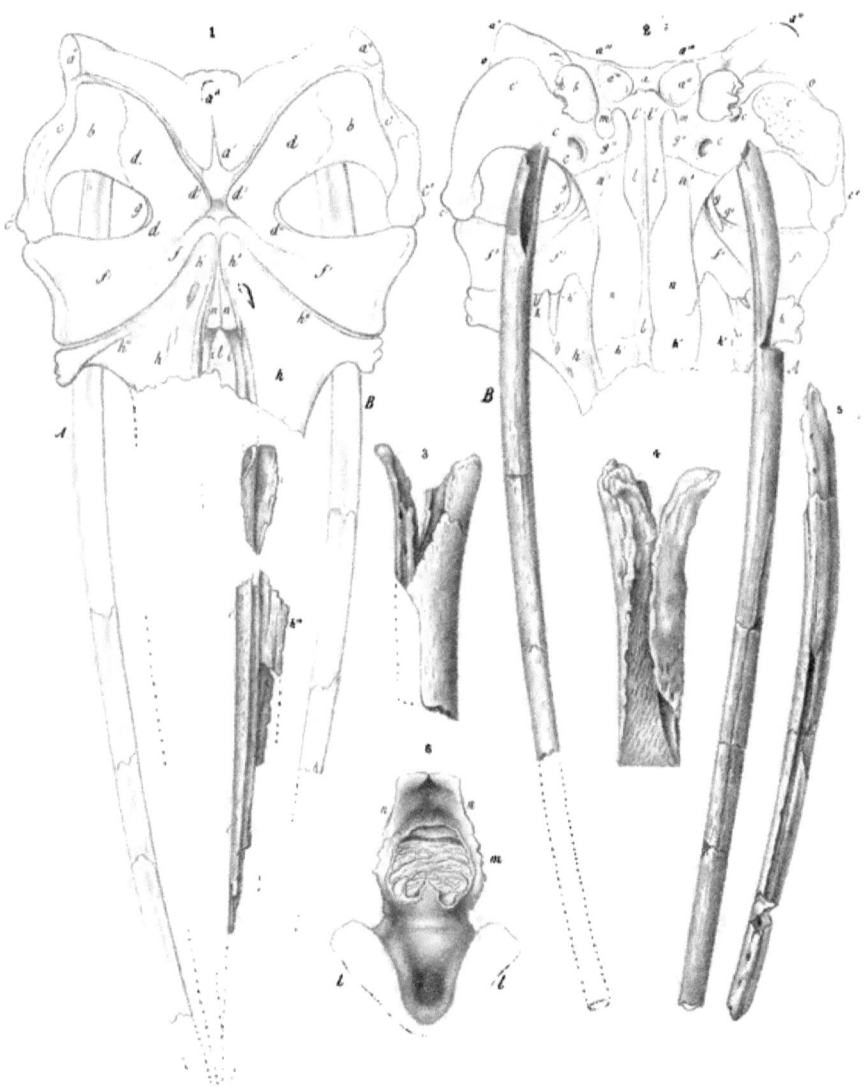

Cetotherium Rathkei J.F.Brdt.

Pents et Owsjanikow del          . Owsjanikow in lap. del          Lith. A. Münster Bass. Ostr. 2 L. N° 7.

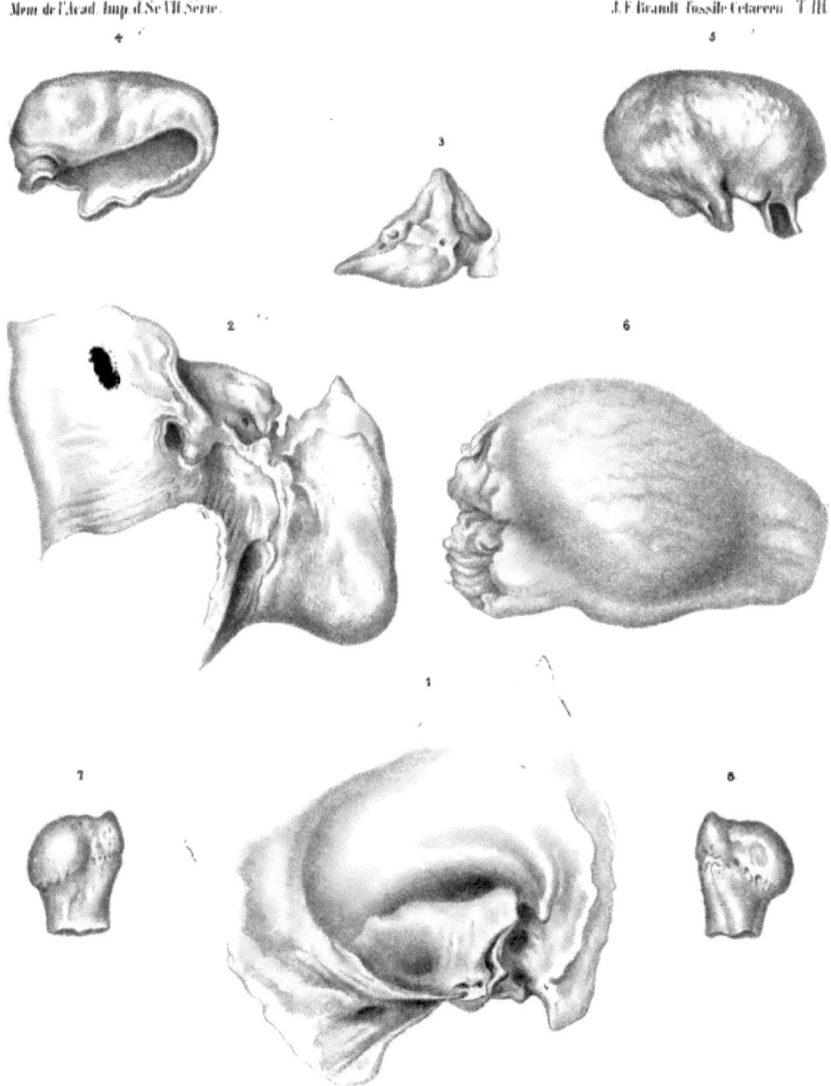

Cetotherium Rathkei J.F.Brdt.

Profs et Owsjanikow del　　　　　　　Owsjanikow in lap. del　　　　　　　Lith A Münster Wass. Ostr 2 L. N 7.

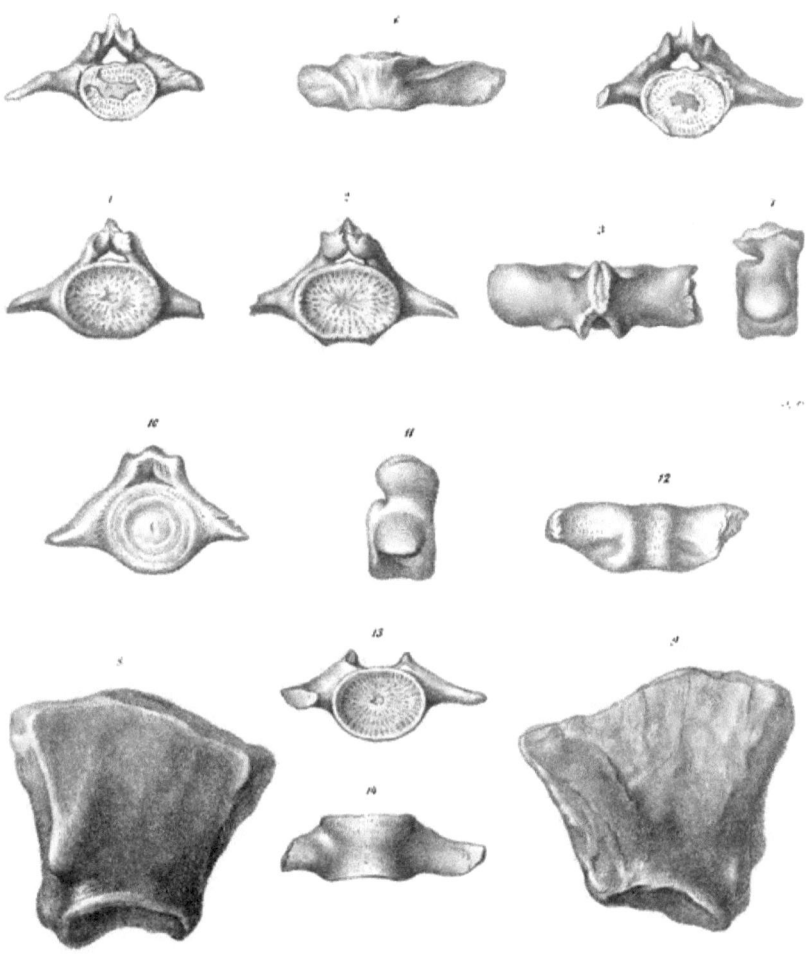

Cetotherium Rathkei ?

Penis et thesgannione del.                          Overganhoue in lap del                          Lith. A. Munster Wass Ostr 24, N°7.

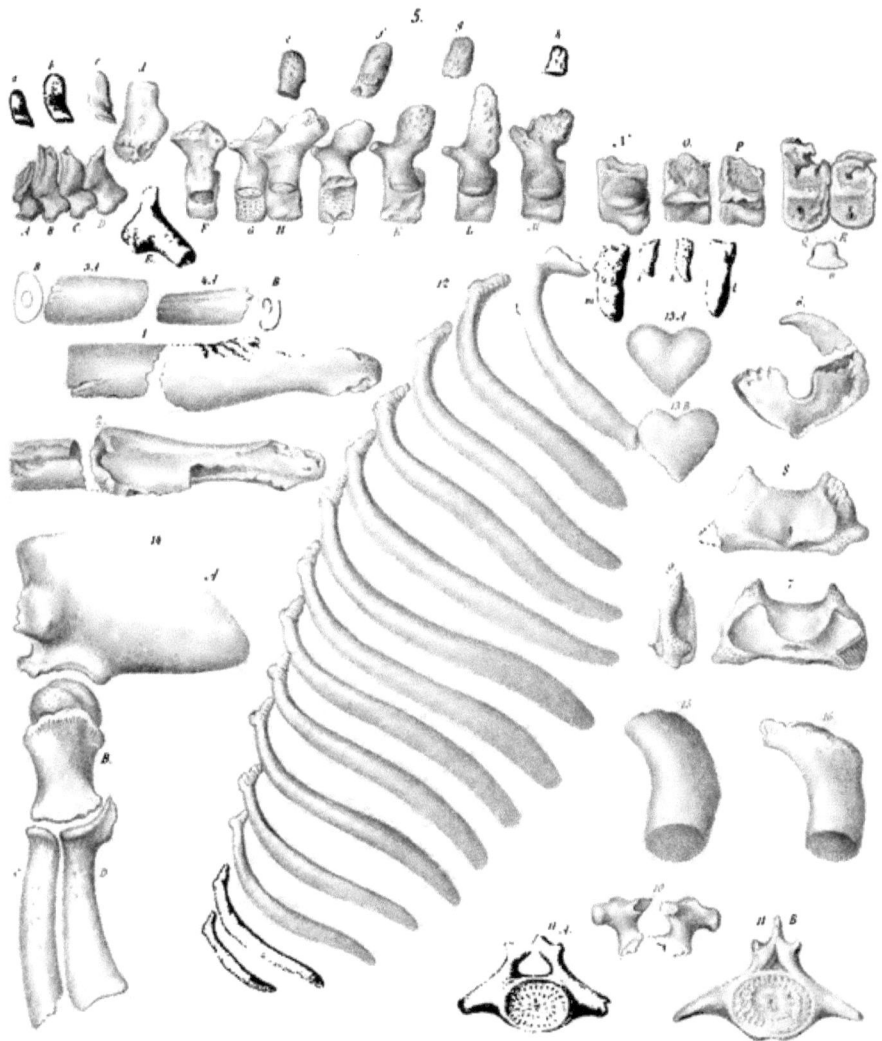

Cetotherium Klinderi ♀ jun.

Mem. de l'Acad. Imp. d. Sc. VII. Série.

J. F. Brandt fossile Cetaceen. T. VI.

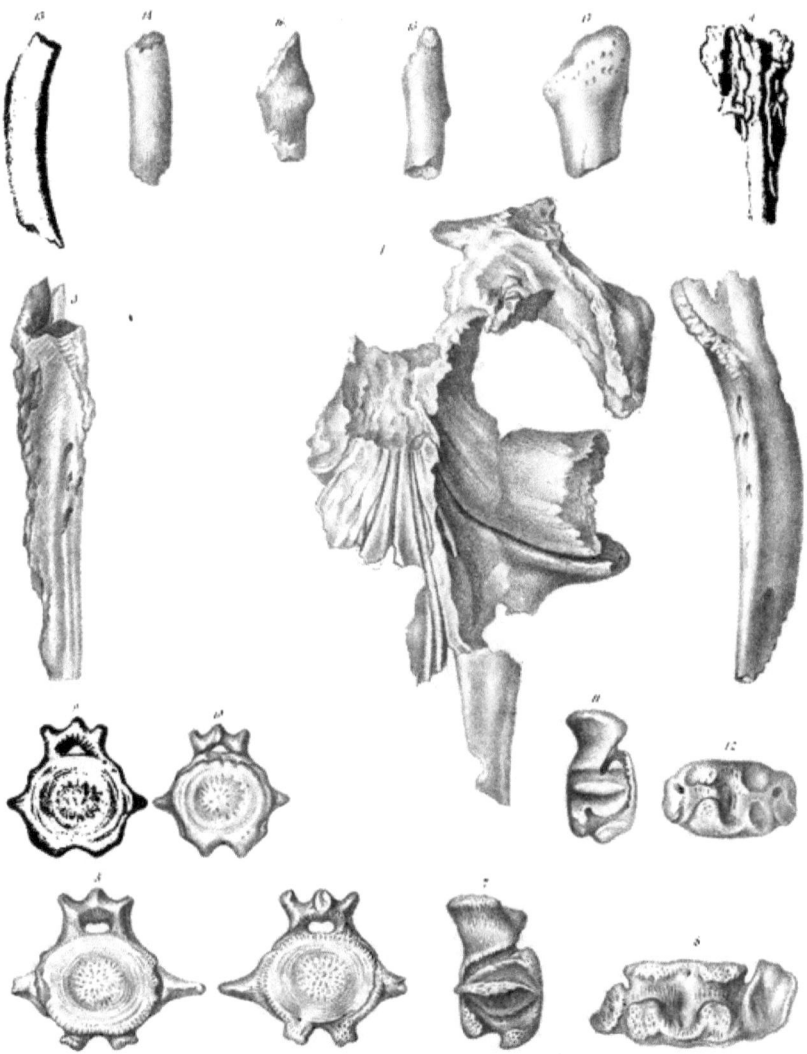

Cetotherium Helmersenii. J. F. Brdt.

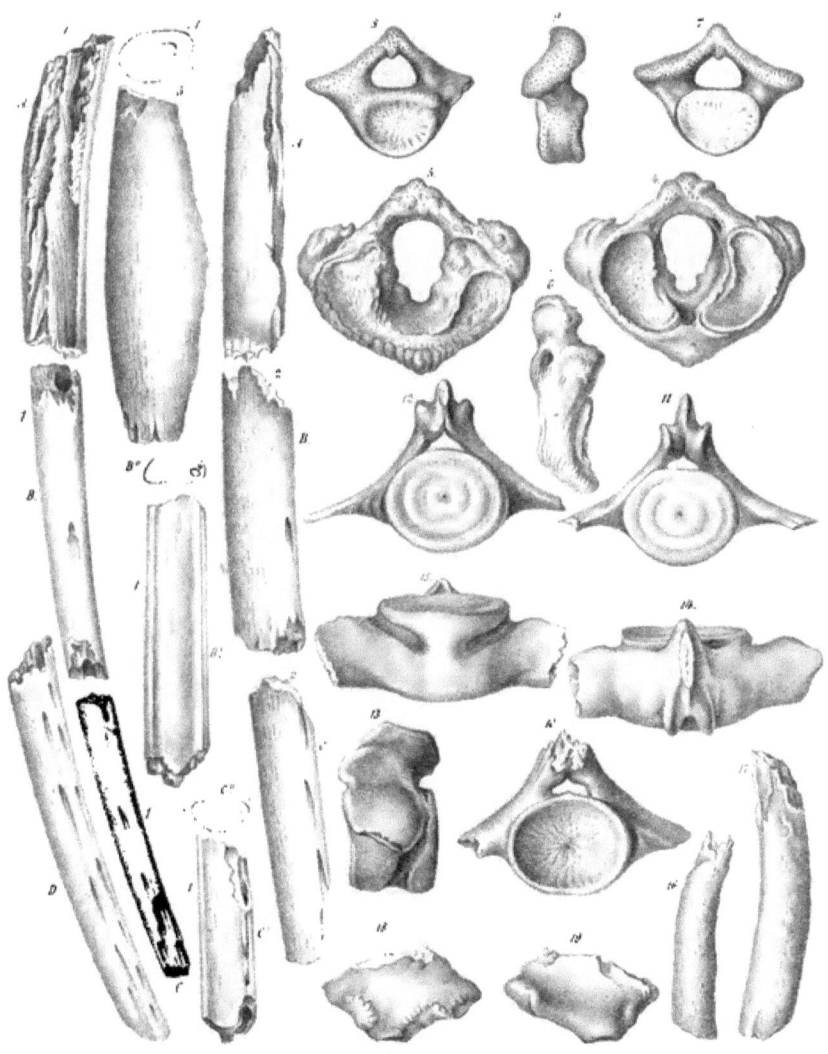

Cetotherium priscum. J.F.Brdt.

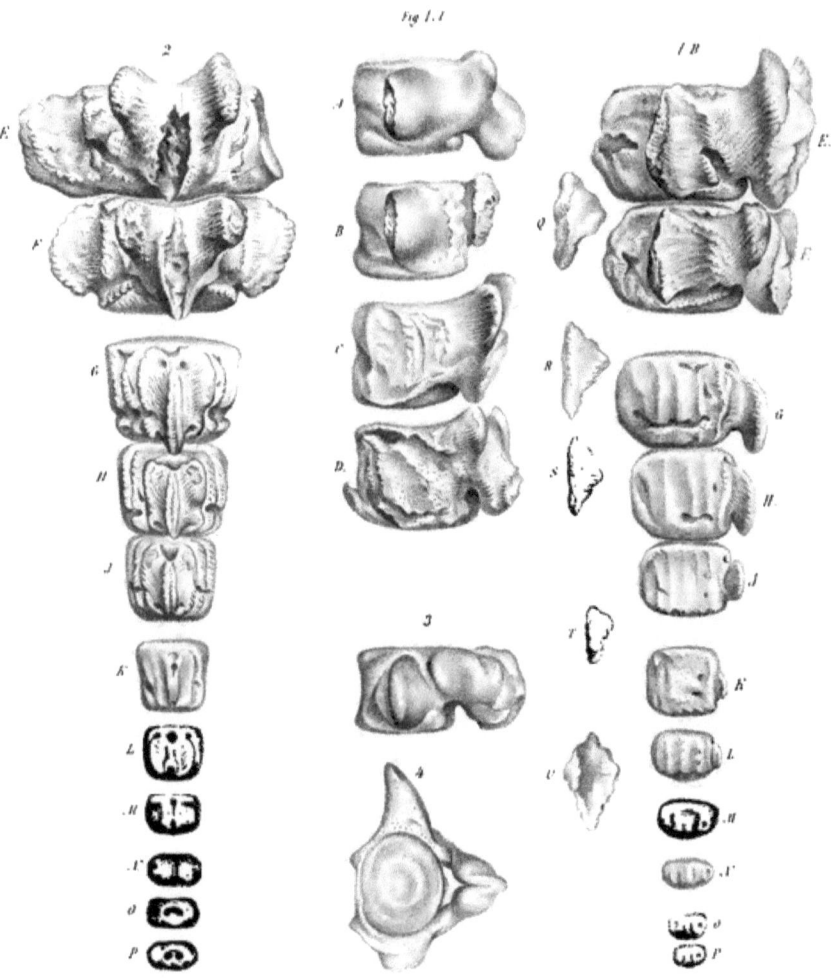

Cetotherium priscum J.F.Brdt.

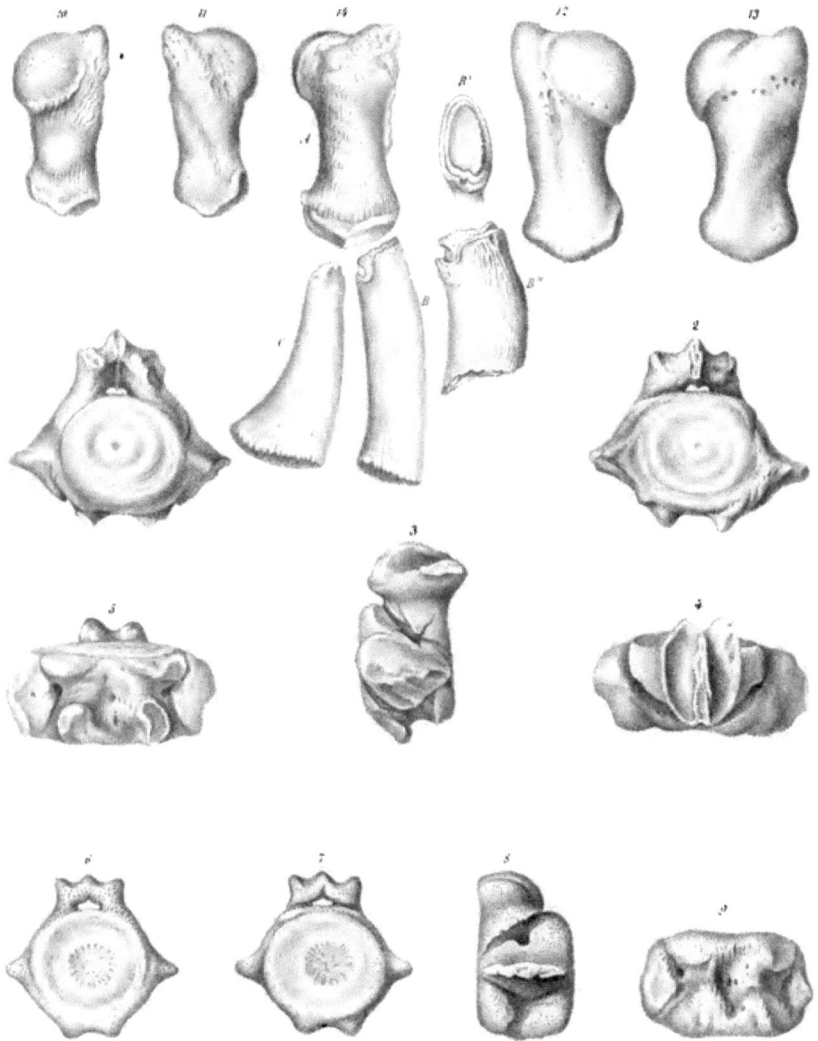

Cetotherium priscum J.F.Brdt.

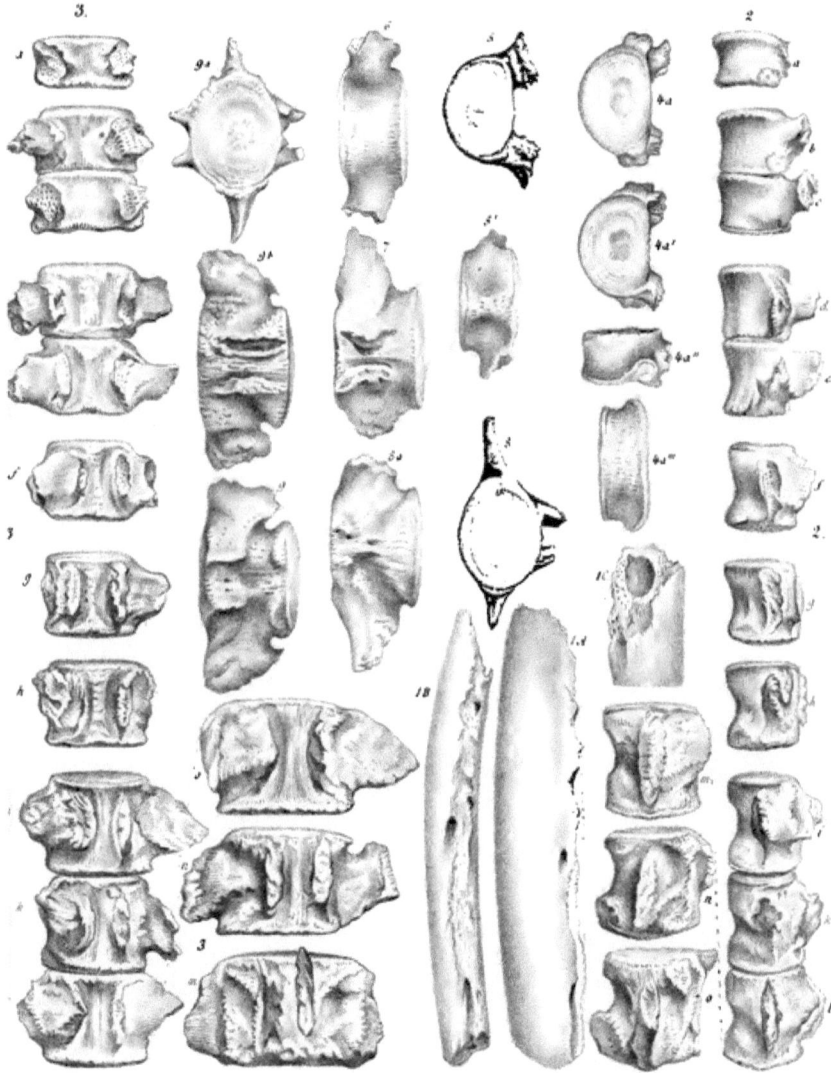

Cetotherium Mayeri adult .J.F.Brdt.

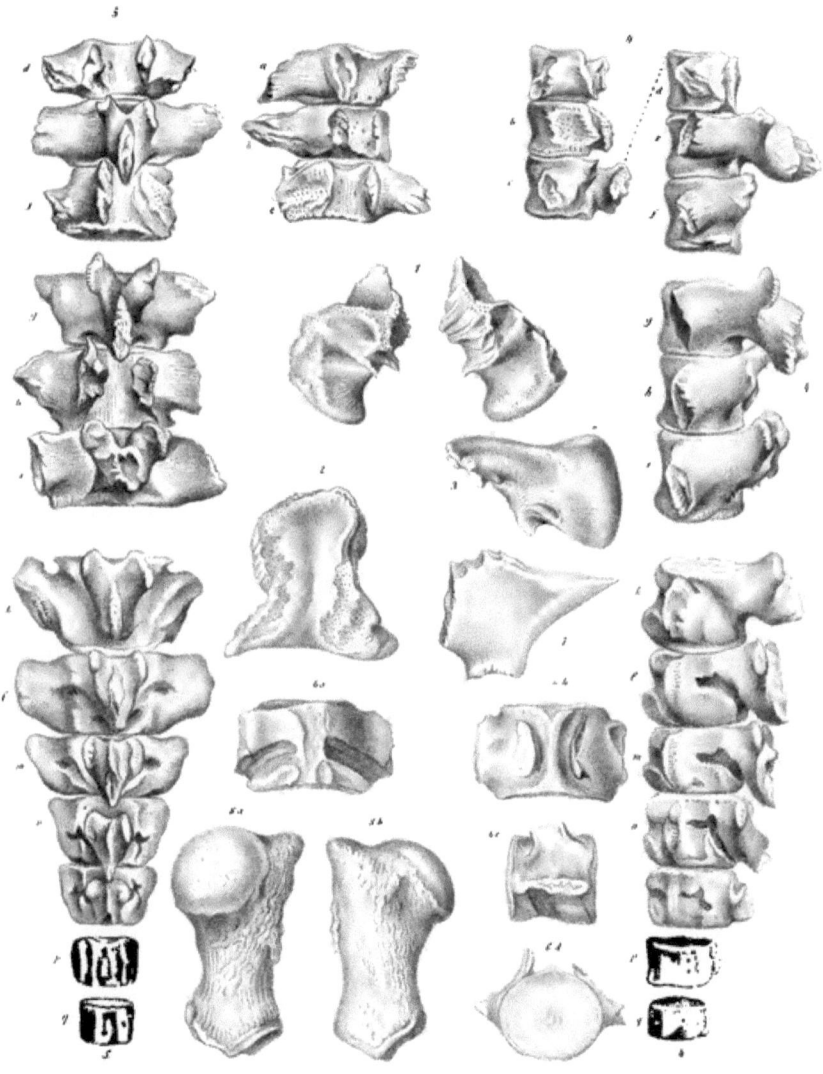

1+ 2 Honoratus ? aus

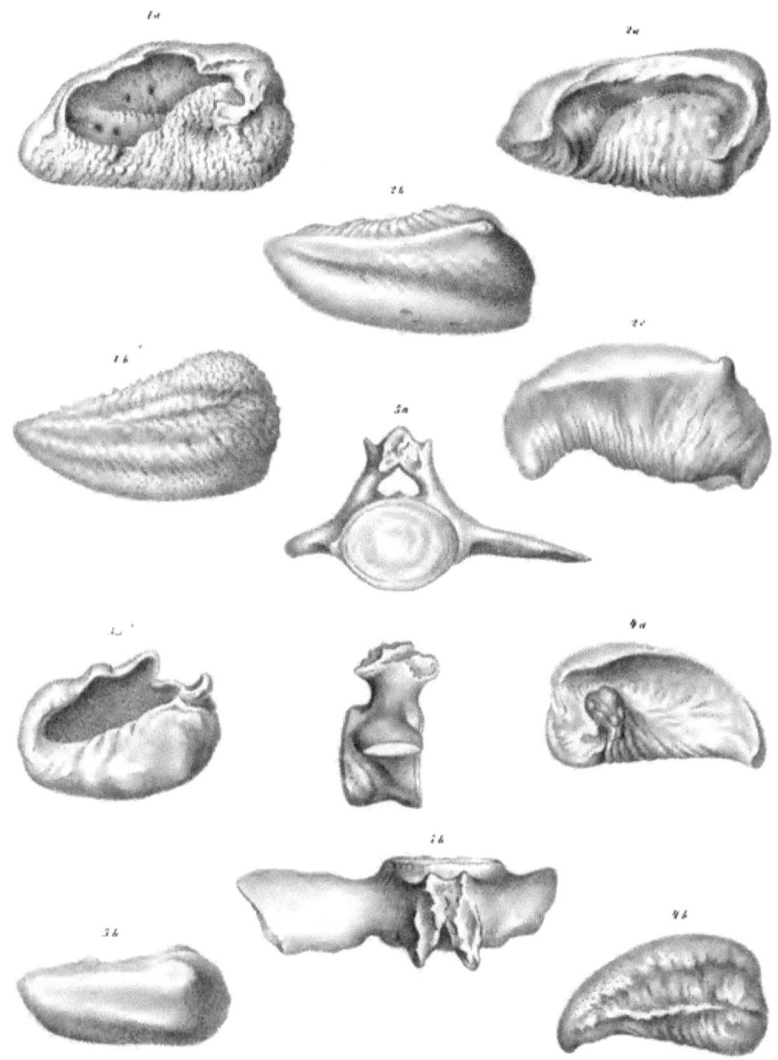

1 - 4 Cetotheriorum bullae tympani   5. Vertebra lumbalis Cetotherii Mayeri &

Obersposcht v..ne Lip del                                                                Lith. A. Muenster Wien St.in 71 V.

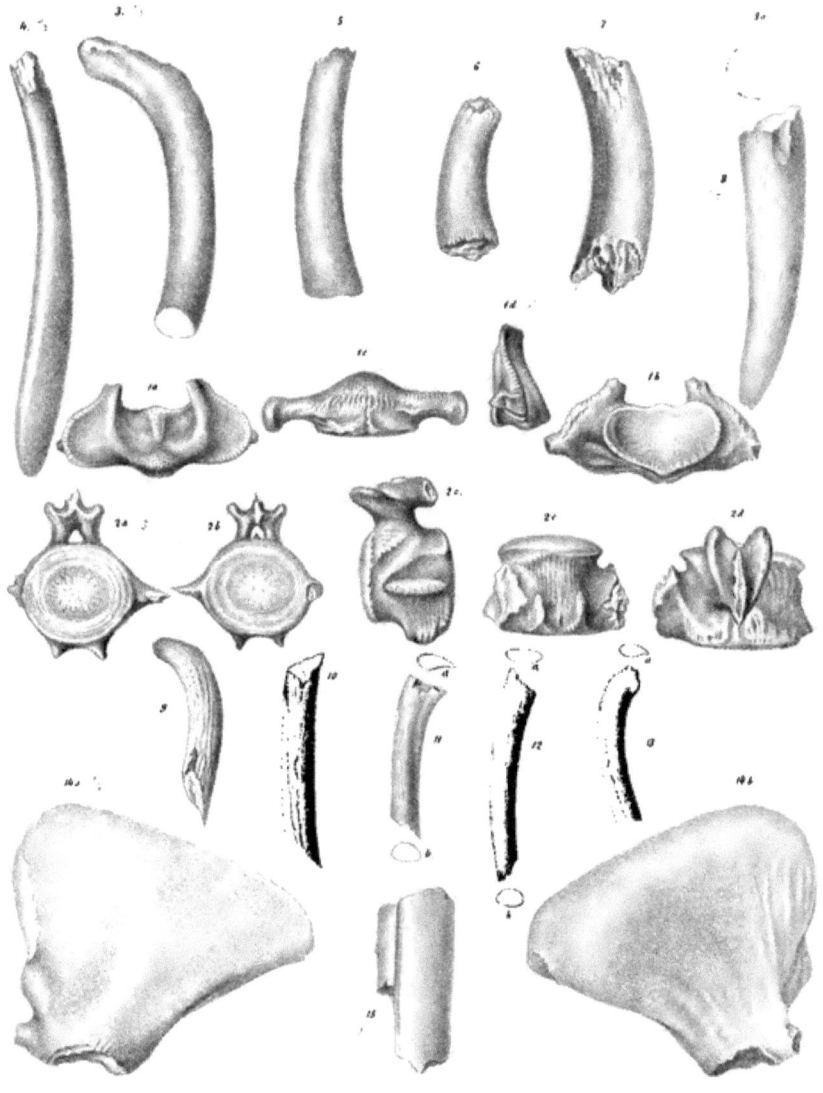

Cetotheriorum ? partes variae.

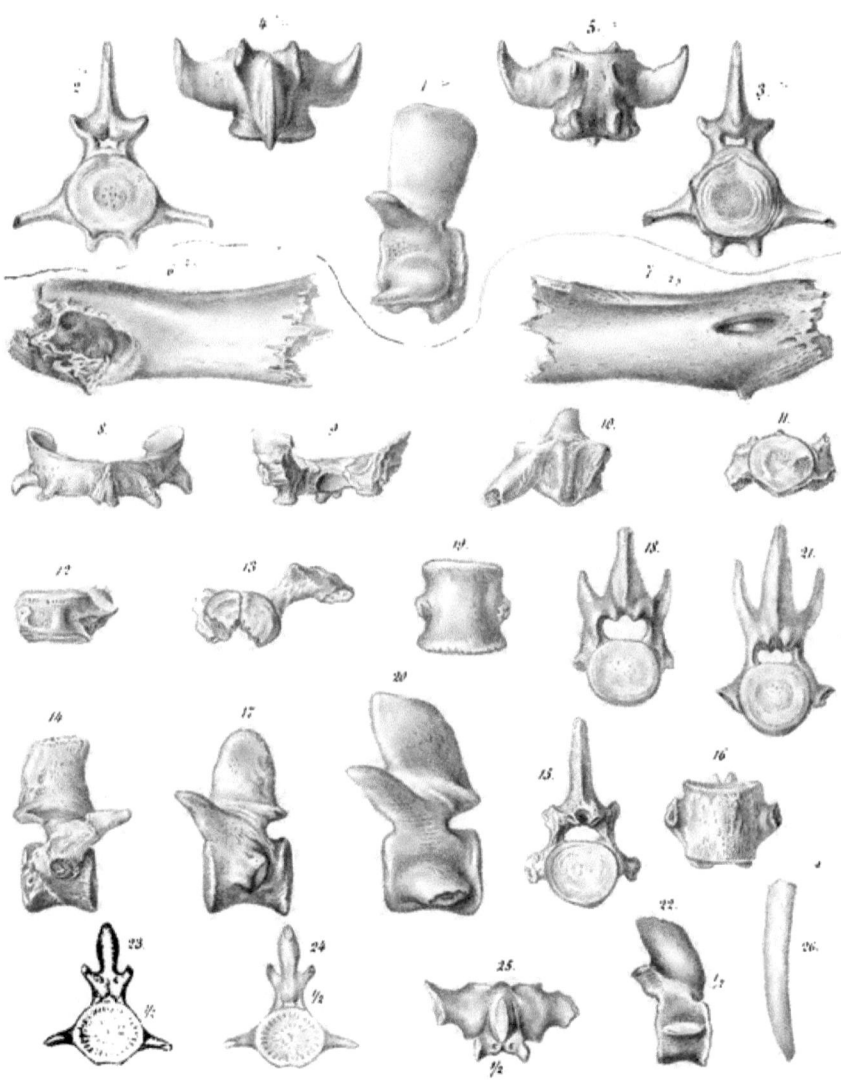

Koneprocks et Gregorithen del　　　　　　　　　　　　　　　Lith A. Münster Wass Ostr :: S° 7.

1-5 Cetotherium ambiguum ? 6-25 Pachyacanthus Suessii Brdt.

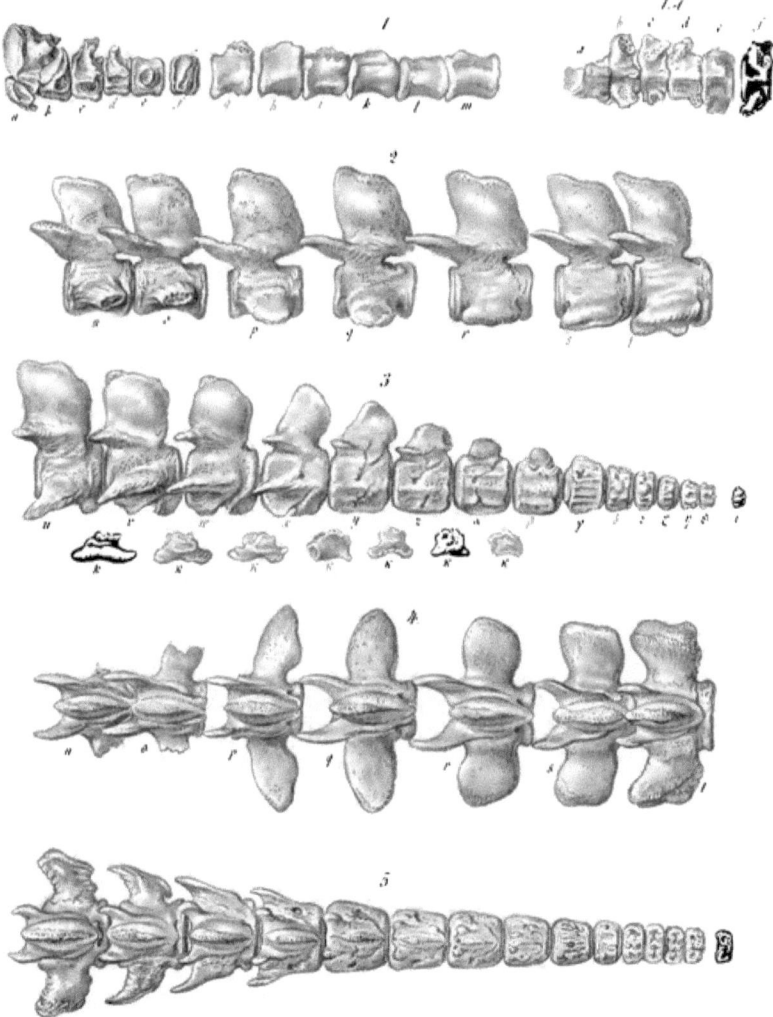

Pachyacanthus Suessii Brdt

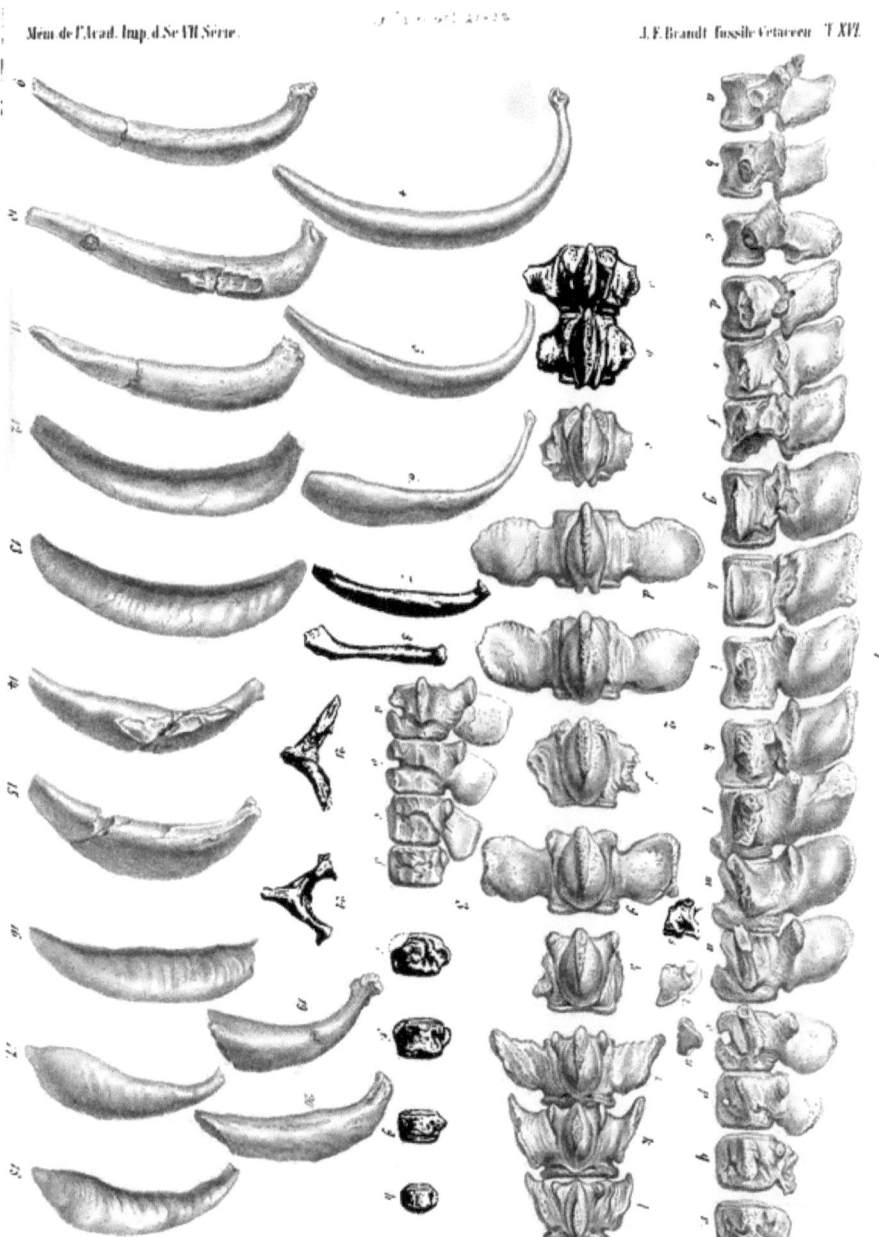

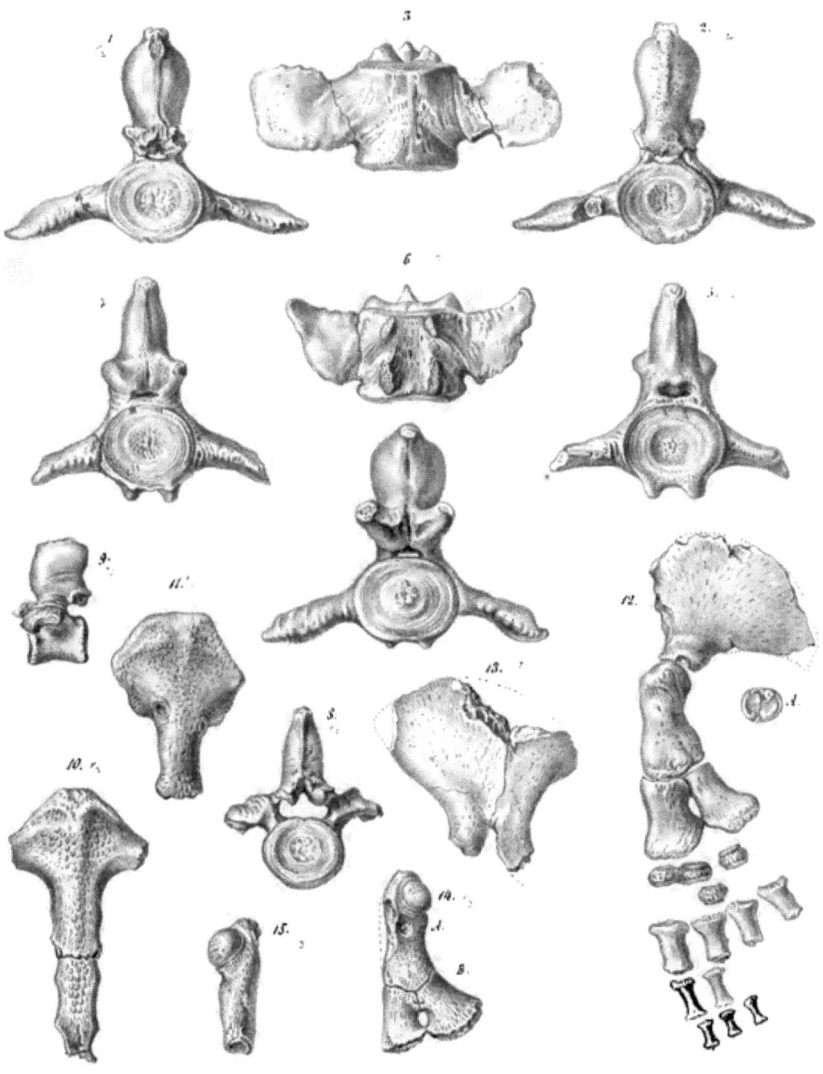

Pachyacanthus Suessii Brdt.

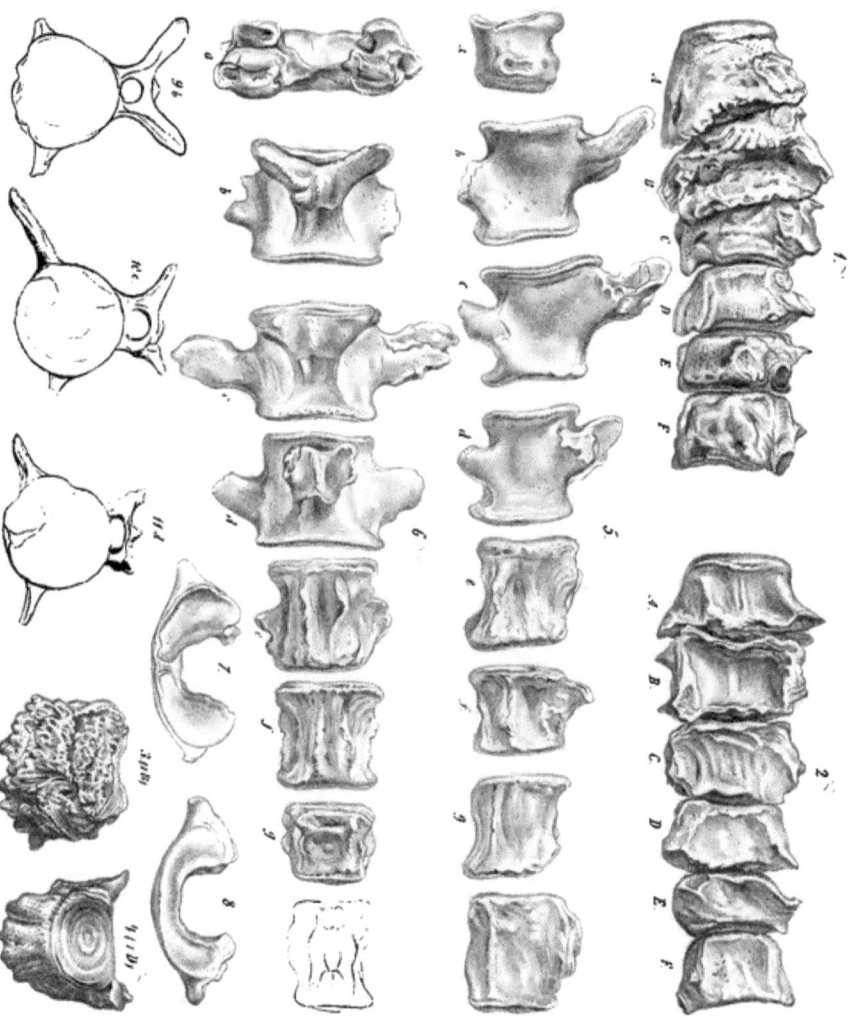

1.4 Pachyacanthus trachyspondylus Brdt . 5.11 Cetotheriopsis liuziana Brdt.

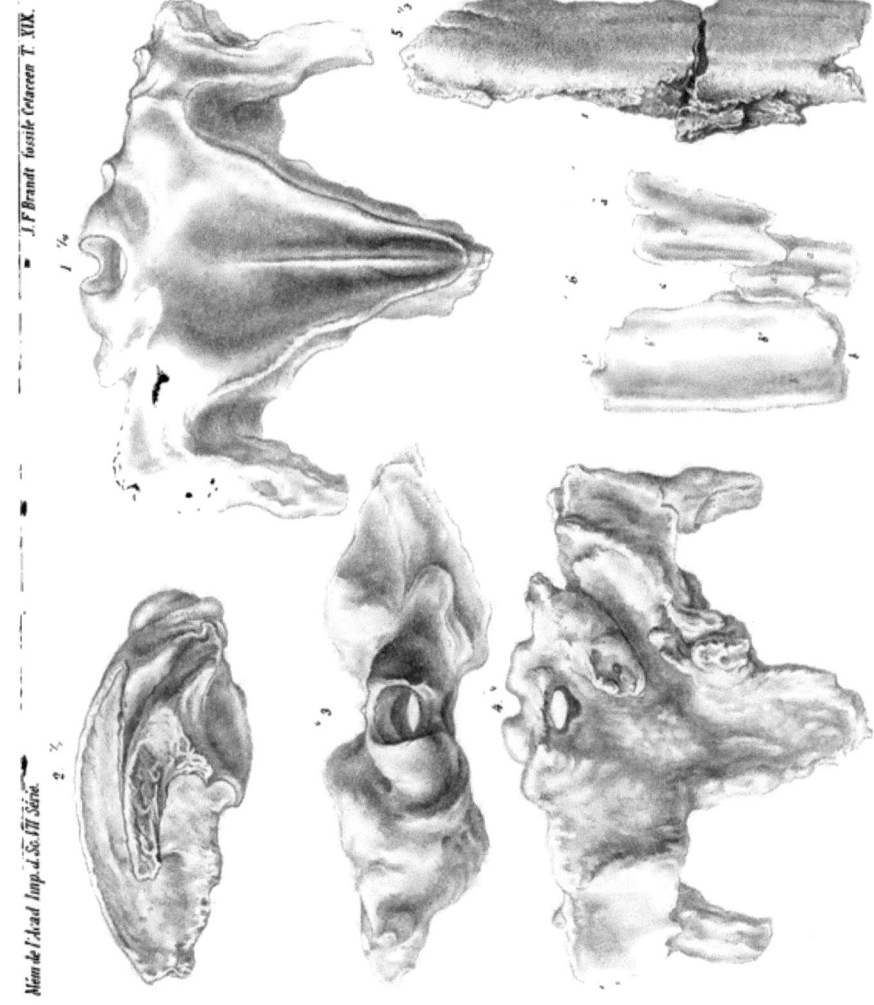

1-16 = Balaenoptera

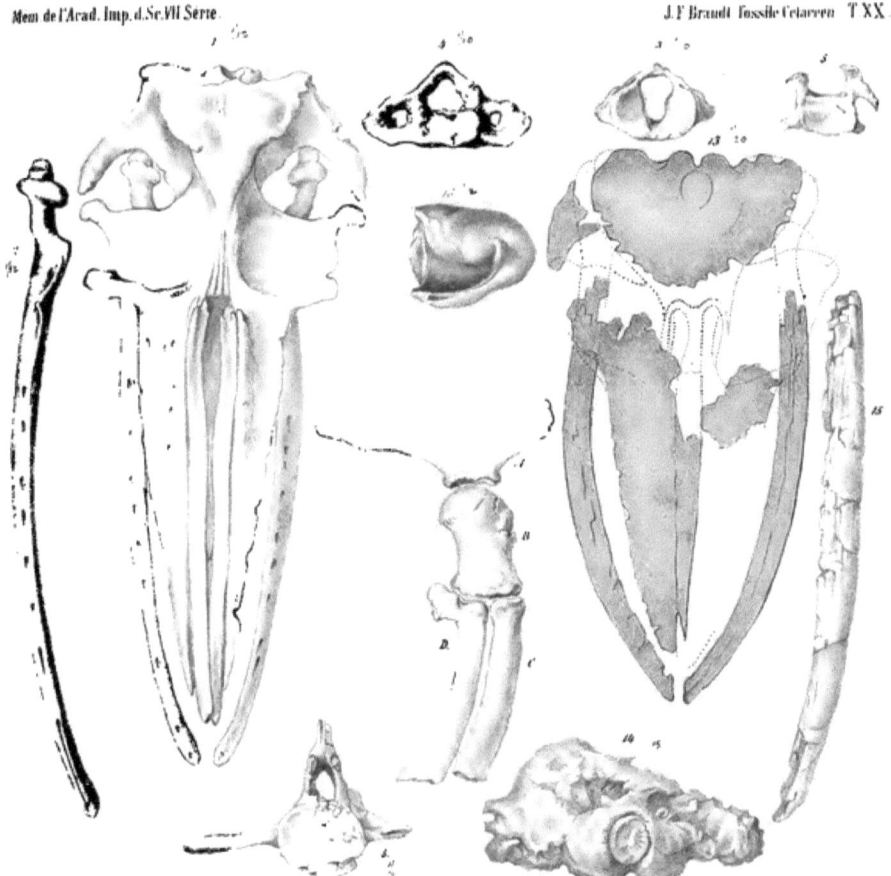

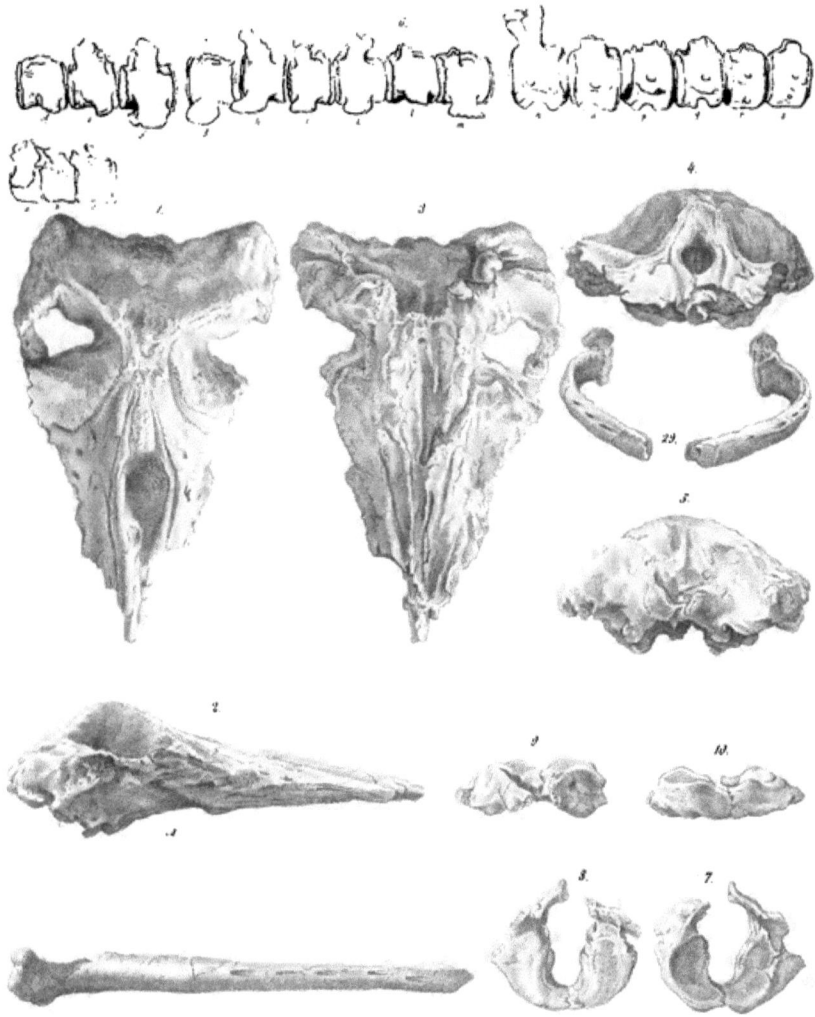

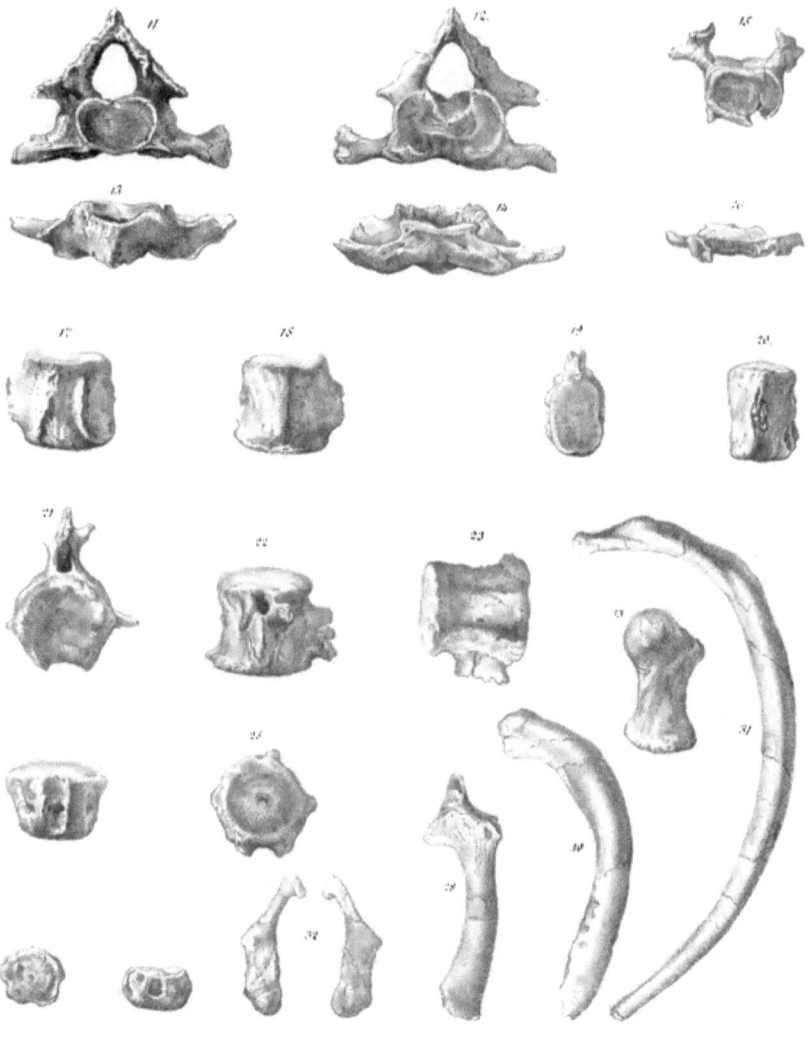

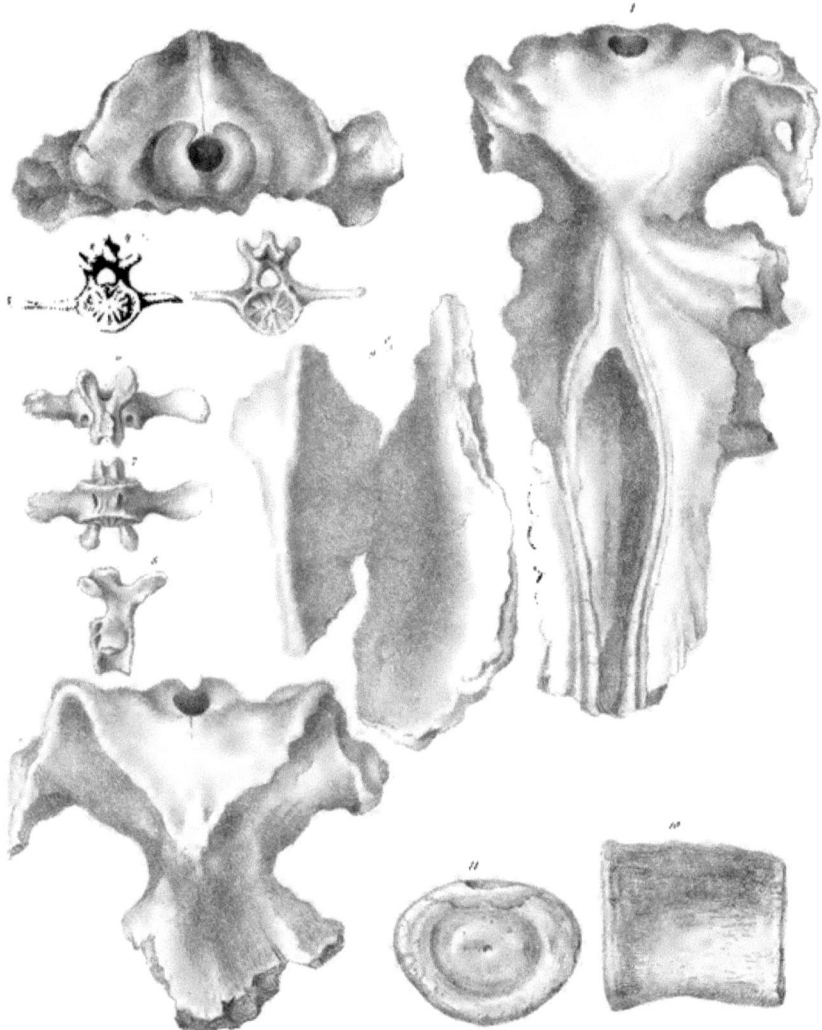

Fig.1-3 Cetotherium Vandellii V. Bened. Fig.4-8 Cetotheriomorphus dubius J.F.Brdt.

Mém. de l'Acad. Imp. d.Sc.VII Série.

J. F. Brandt  fossile Cetaceen. T. XXIV.

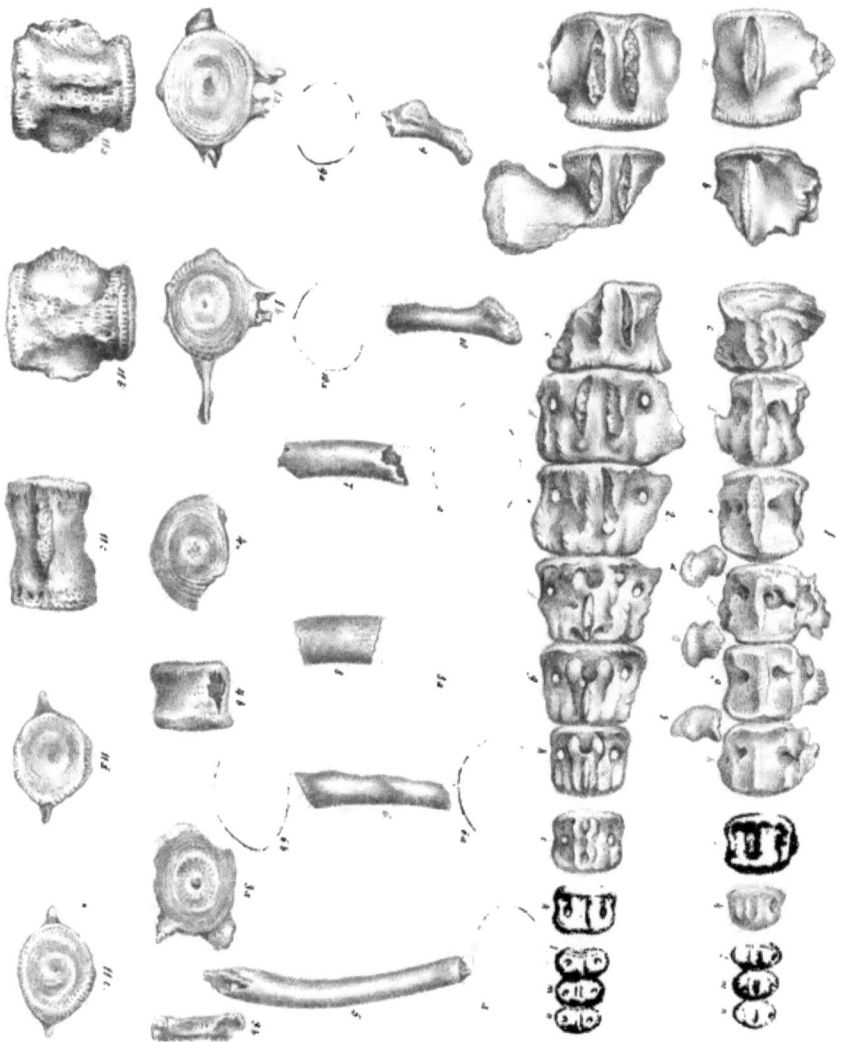

Fig.1-10 Delphinapterus Fockii J.F. Brdt. Fig 11a-c Delphinapterus Nordmanni J.F. Brdt.

Mem. de l'Acad. Imp. d.Sc.VII Série.

J. F. Brandt fossile Cetaceen. T. XXV.

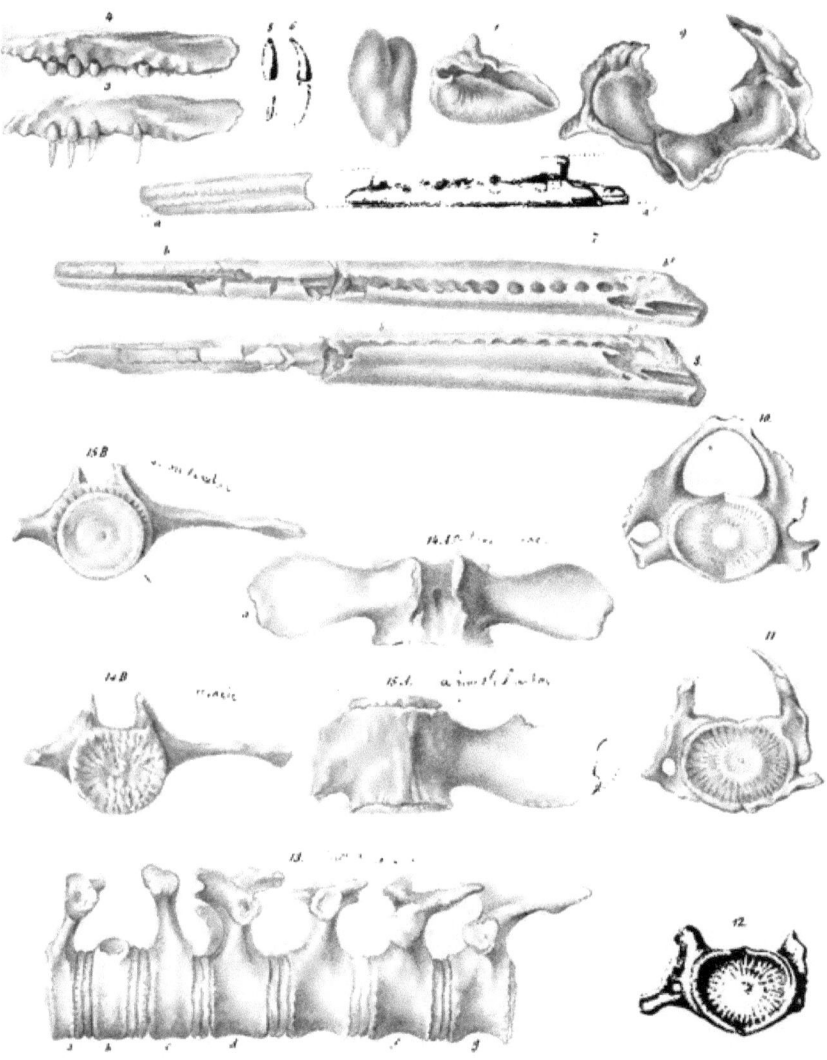

Heterodelphis Klinderi J.F.Brdt.

$\frac{1}{1}$

Organikow del.

Lith. A. Münster Wass. Ostr. ? L. N? 7.

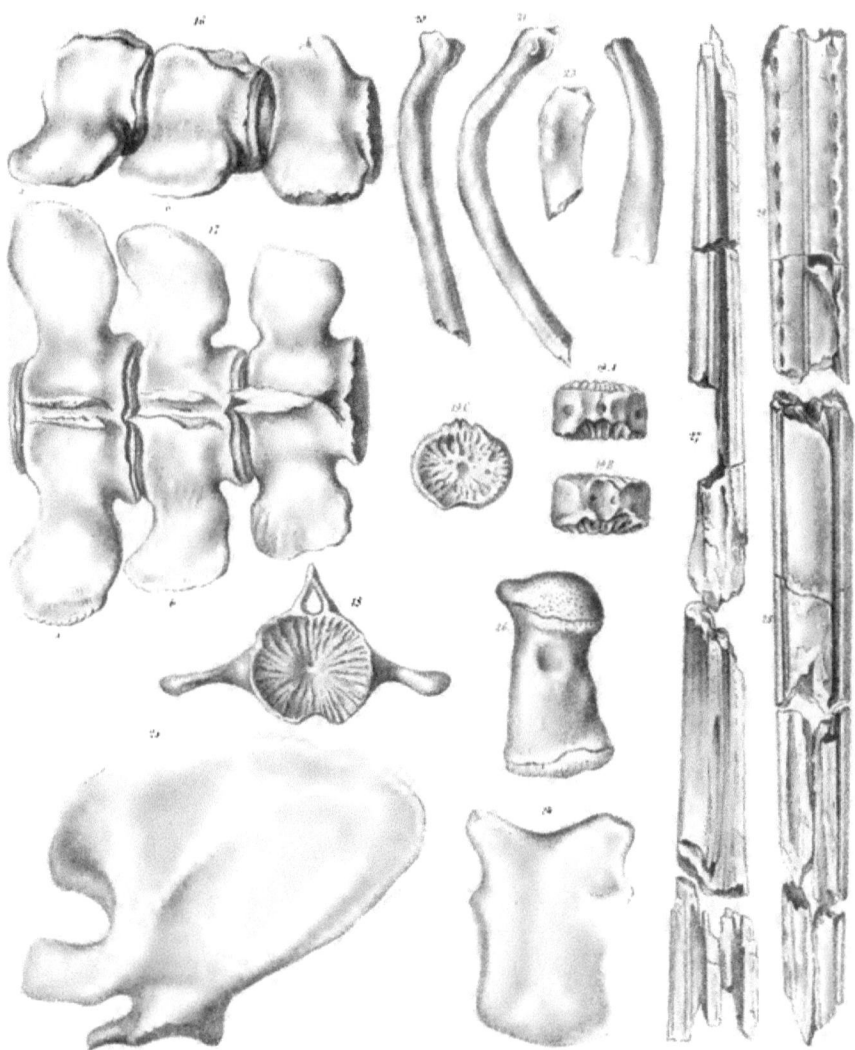

Fig 1-26 Heterodelphis Klioderi J.F. Brdt. Fig. 27-29 Schizodelphis canaliculatus.

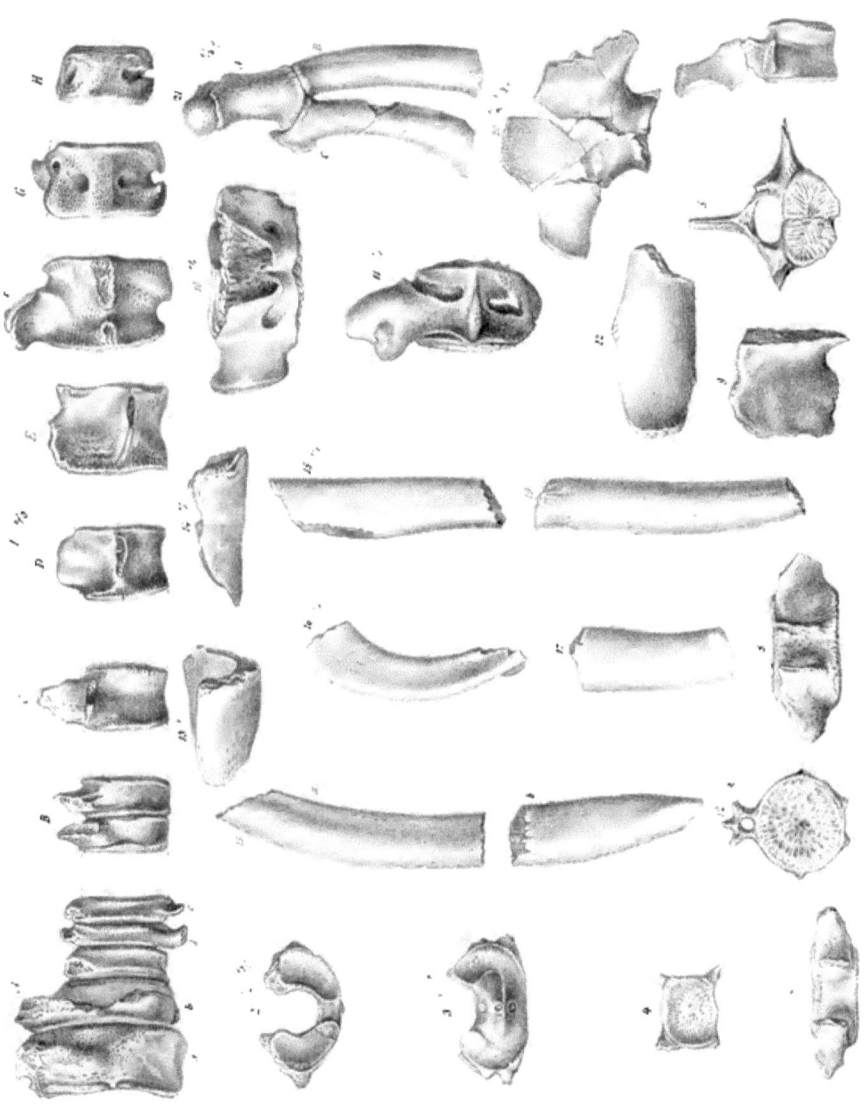

Delphinus (?) brachyspondylus J.F.Brdt.

Mem de l'Acad. Imp. d Sc VII Serie

J. F. Brandt Fossile Cetaceen T. XXVIII.

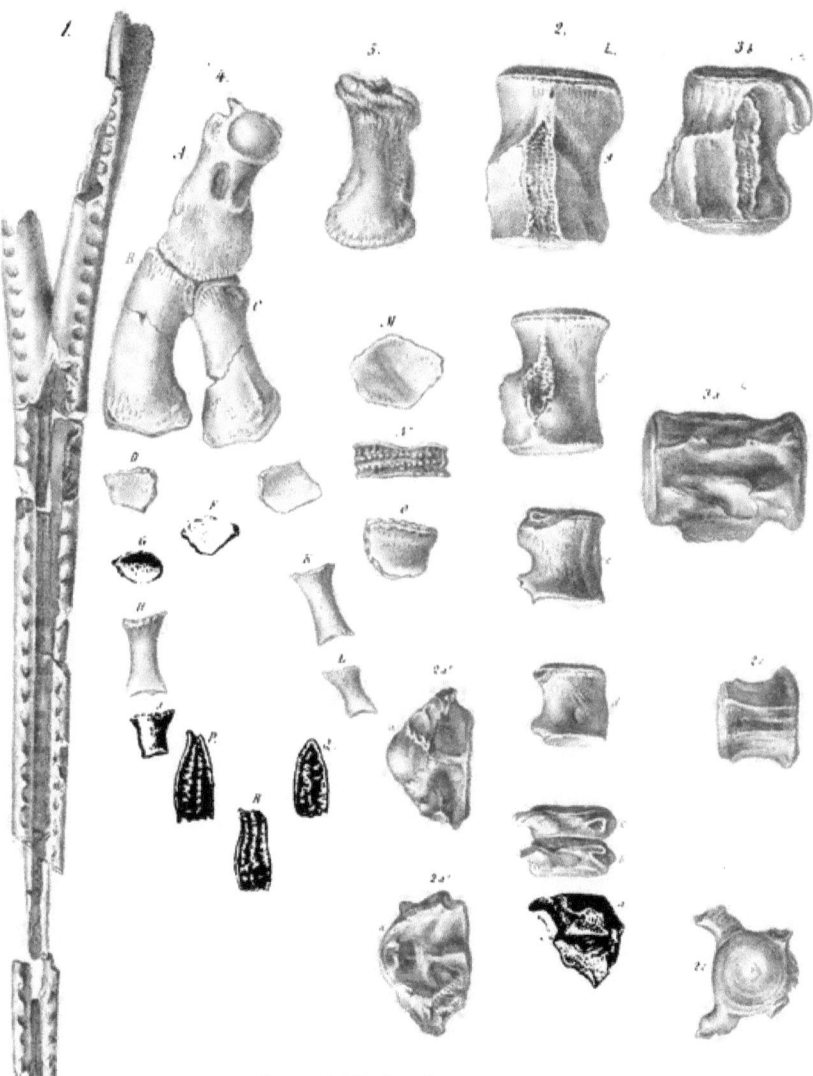

Champsodelphis Letochae J.F.Brdt.

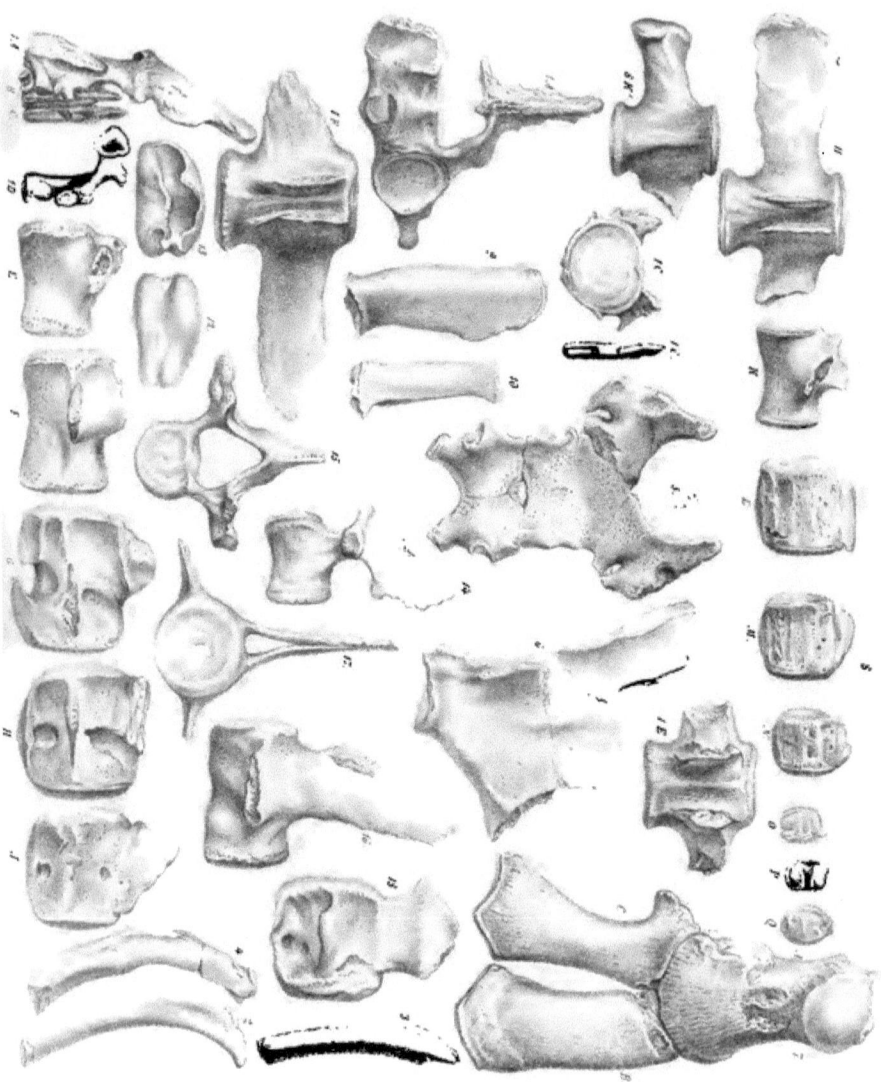

Champsodelphis Fuchsii J.F.Brdt.

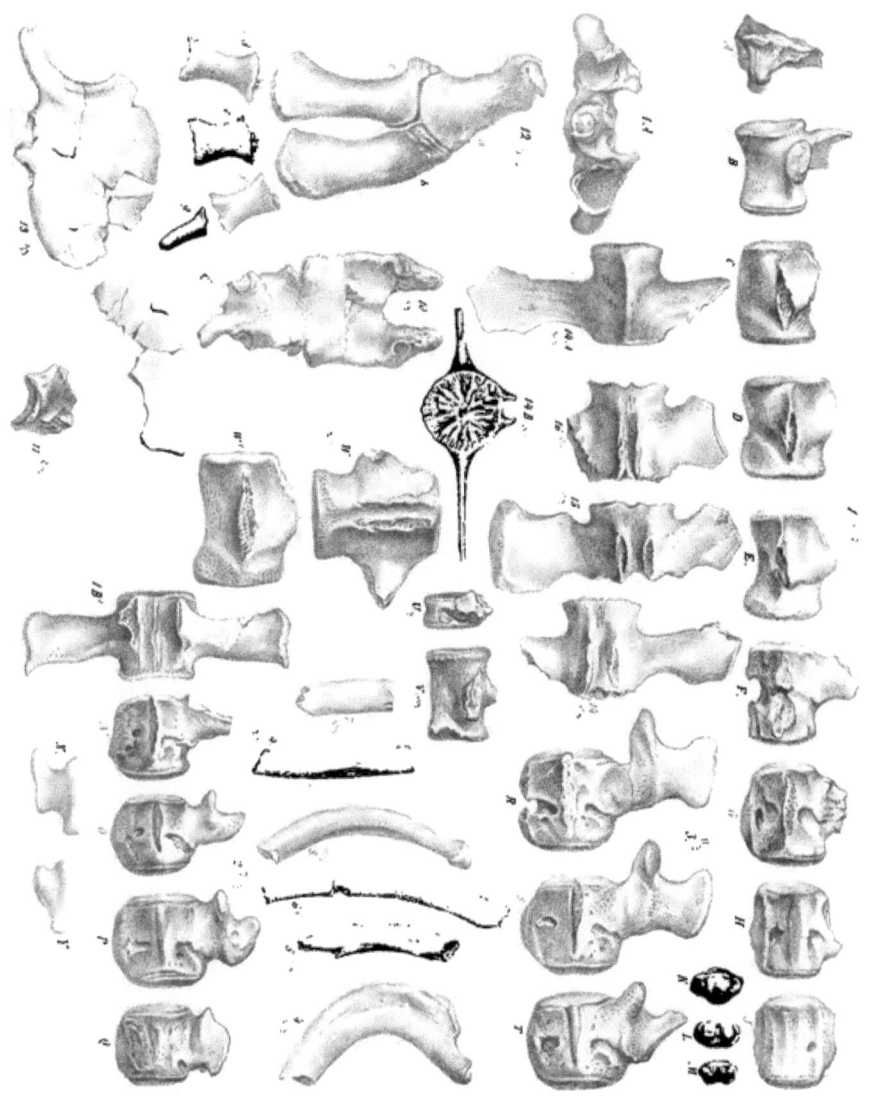

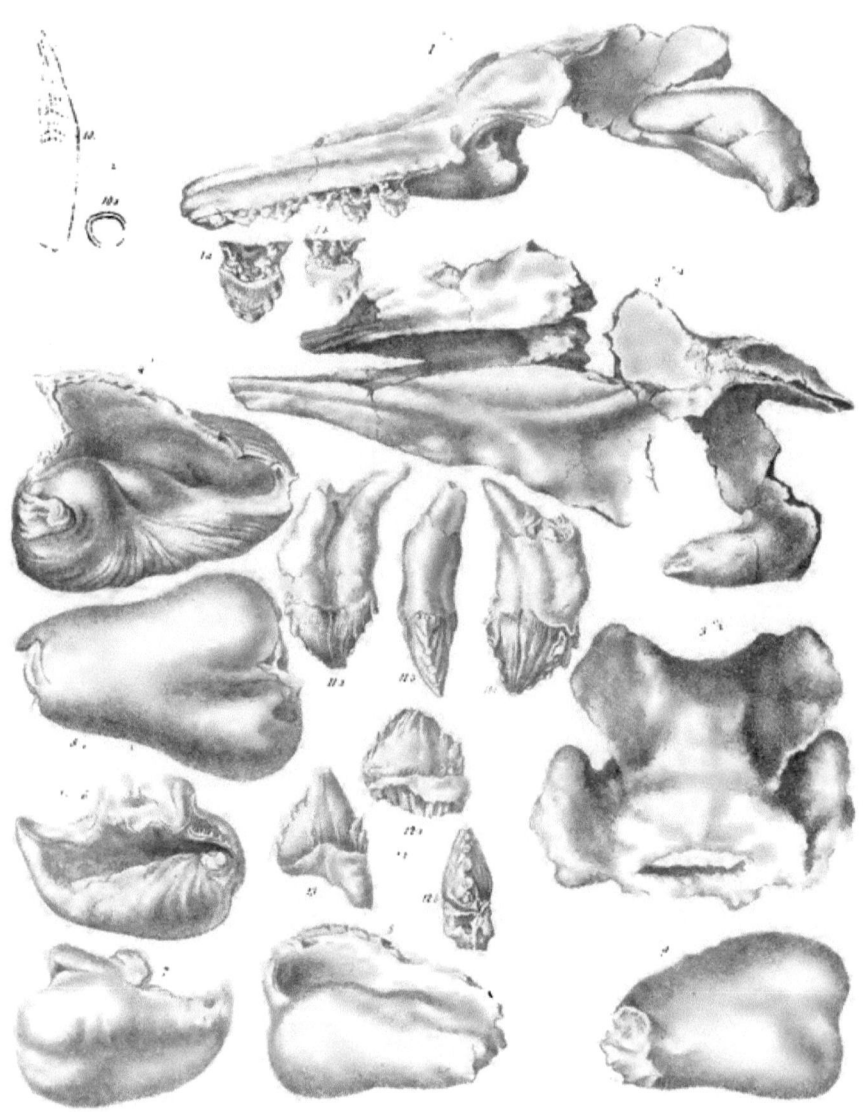

Squalodon Ehrlichii Van Bened.

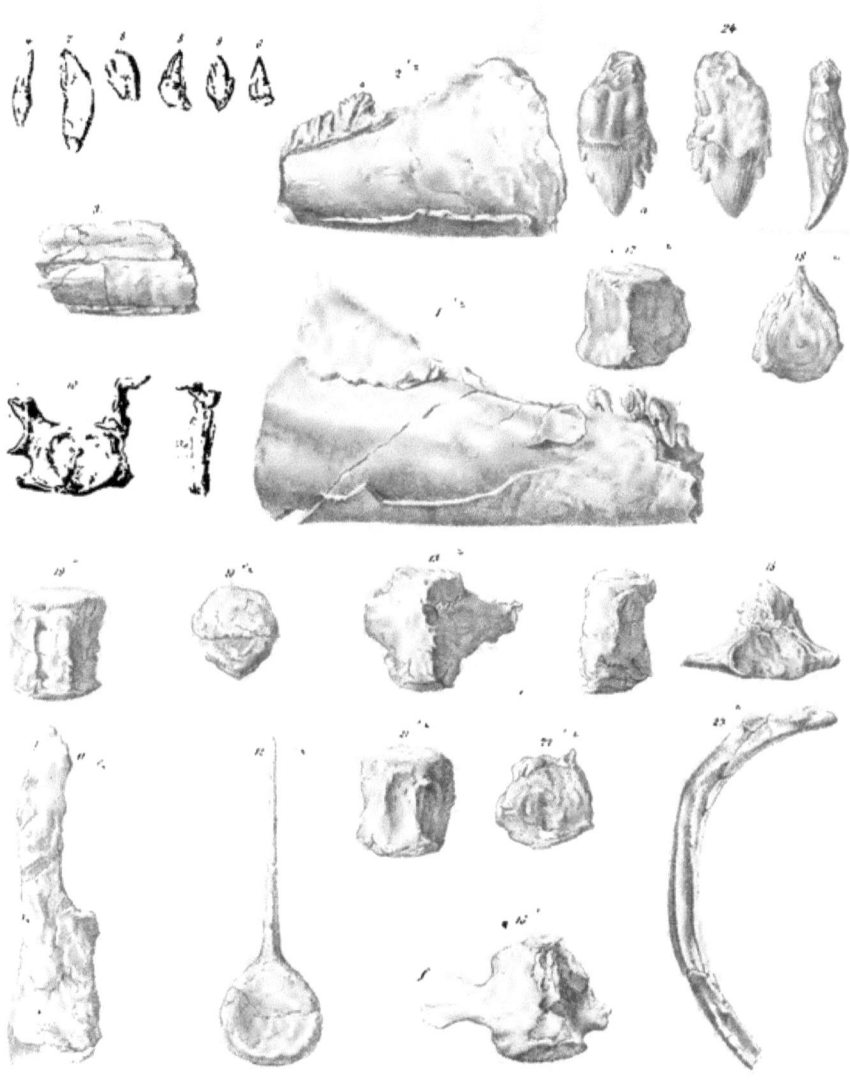

Squalodon Gastaldii J. F. Brdt.

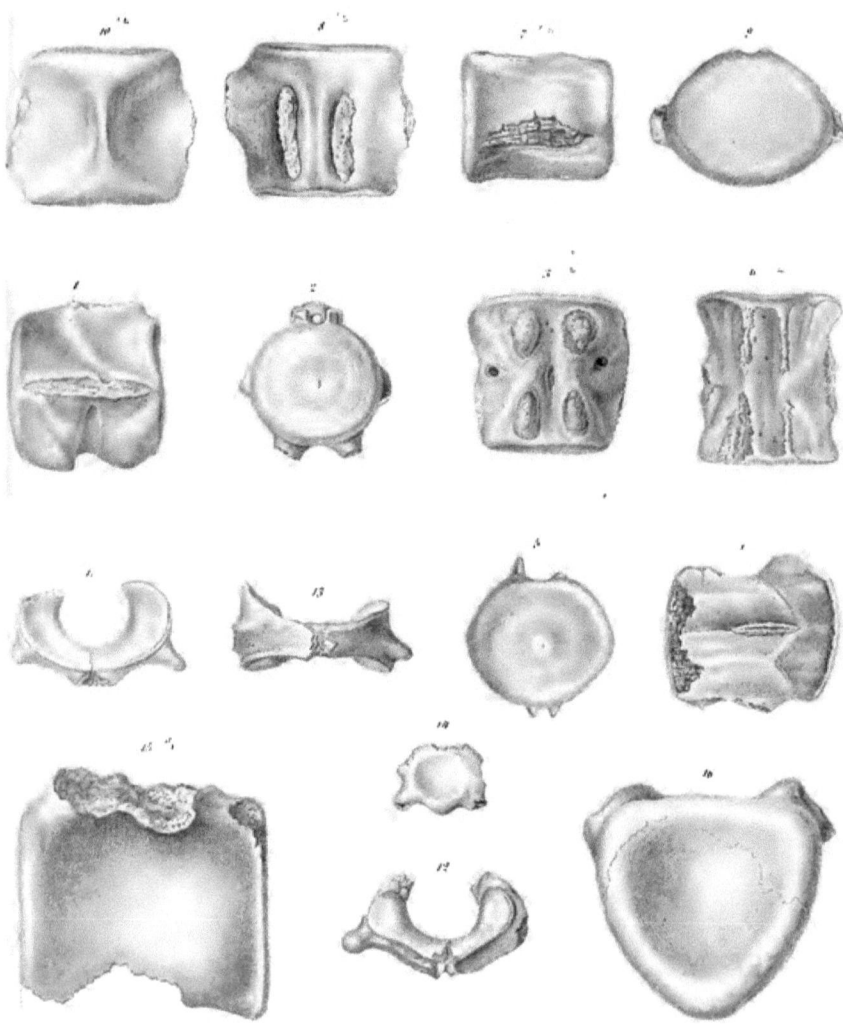

Fig.1-6 Delphinapterus Nordmanni. Fig.7-10 Fockii. 11-16 Vertebrae Cetacei ignoti

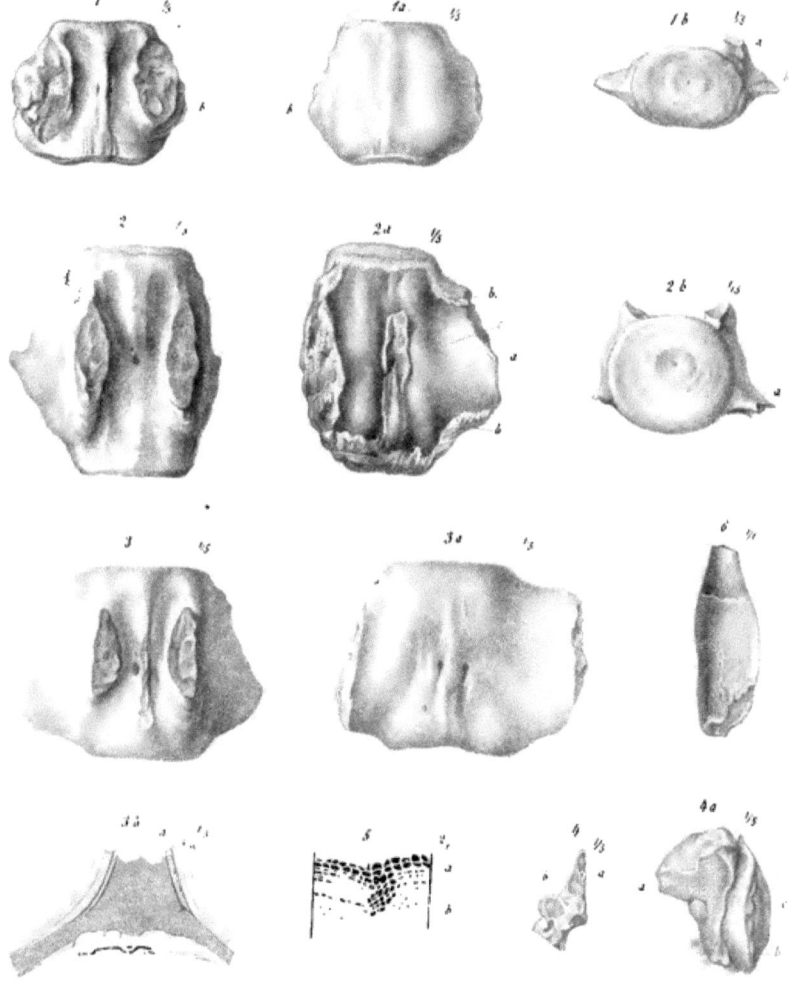